유용한 공식

산술평균치	$\overline{X} = \frac{\Sigma X}{n}$	(공식 4.1)
표준편차(정의 공식)	$S = \sqrt{\frac{\Sigma (X - \overline{X})^2}{n}} = \sqrt{\frac{SS}{n}}$	(공식 5.2)
SS(계산 공식)	$SS = \Sigma X^2 - \frac{(\Sigma X)^2}{n}$	(공식 5.3)
z 점수	$z = \frac{X - \overline{X}}{S}$	(공식 6.1)
공분산	$Cov = \frac{\Sigma(X - \overline{X})(Y - \overline{Y})}{n}$	(공식 7.1)
피어슨 *r*(정의 공식)	$r = \frac{\Sigma XY - \frac{(\Sigma X)(\Sigma Y)}{n}}{\sqrt{\left(\Sigma X^2 - \frac{(\Sigma X)^2}{n}\right)\left(\Sigma Y^2 - \frac{(\Sigma Y)^2}{n}\right)}}$	(공식 7.3)
*X*에 대한 *Y*의 회귀식: 원점수 공식	$Y' = \overbrace{\overline{Y} - r\left(\frac{S_Y}{S_X}\right)\overline{X}}^{\text{절편}} + \overbrace{r\left(\frac{S_Y}{S_X}\right)}^{\text{기울기}}X$	(공식 8.4)
회귀식: *z* 점수 공식	$z_{Y'} = rz_X$	(공식 8.5)
예측의 표준오차	$S_{Y \cdot X} = S_Y\sqrt{1 - r^2}$	(공식 8.8)
평균치의 표준오차	$\sigma_{\overline{X}} = \frac{\sigma}{\sqrt{n}}$	(공식 10.2)

z 검증통계치	$z = \dfrac{\overline{X} - \mu_0}{\sigma_{\overline{X}}}$	(공식 11.1)
신뢰구간에 대한 일반적 규칙(σ을 알 경우)	$\overline{X} + z_\alpha \sigma_{\overline{X}}$	(공식 12.3)
전집 표준편차에 대한 추정치	$s = \sqrt{\dfrac{SS}{n - 1}}$	(공식 13.1)
추정된 평균치의 표준오차	$s_{\overline{X}} = \dfrac{s}{\sqrt{n}}$	(공식 13.2)
검증통계치 t	$t = \dfrac{\overline{X} - \mu_0}{s_{\overline{X}}}$	(공식 13.3)
μ에 대한 신뢰구간을 위한 일반 규칙(σ를 모를 경우)	$\overline{X} \pm t_\alpha s_{\overline{X}}$	(공식 13.4)
$\sigma_{\overline{X}_1 - \overline{X}_2}$에 대한 추정치 (독립 표본)	$s_{\overline{X}_1 - \overline{X}_2} = \sqrt{\dfrac{SS_1 + SS_2}{n_1 + n_2 - 2}\left(\dfrac{1}{n_1} + \dfrac{1}{n_2}\right)}$	(공식 14.5)
두 독립집단에 대한 t 검증	$t = \dfrac{\overline{X}_1 - \overline{X}_2}{s_{\overline{X}_1 - \overline{X}_2}}$	(공식 14.6)
$\mu_1 - \mu_2$의 신뢰구간에 대한 규칙	$(\overline{X}_1 - \overline{X}_2) \pm t_\alpha s_{\overline{X}_1 - \overline{X}_2}$	(공식 14.7)
효과크기(표집 추정치)	$d = \dfrac{\overline{X}_1 - \overline{X}_2}{s_{통합}} = \dfrac{\overline{X}_1 - \overline{X}_2}{\sqrt{\dfrac{SS_1 + SS_2}{n_1 + n_2 - 2}}}$	(공식 14.8)
두 종속표본들에 대한 t 검증: 직접-차이계산법	$t = \dfrac{\overline{D}}{\sqrt{\dfrac{SS_D}{n(n - 1)}}} = \dfrac{\overline{D}}{\sqrt{\dfrac{\Sigma D^2 - (\Sigma D)^2/n}{n(n - 1)}}}$	(공식 15.5)

통계분석 논리의 기초

Edward W. Minium · Robert C. Clarke · Theodore Coladarci 지음

김아영 · 차정은 옮김

WILEY 박학사

역자 서문

이 책은 Minium과 Clarke이 1983년 집필하였던 『*Elements of Statistical Reasoning*』을 기초로 Coladarci가 합류하여 내용을 전면적으로 개편한 1998년도 개정판의 번역판이다. 원 저자들이 이 책을 주로 심리학, 교육학, 그리고 그와 관련된 학문 영역의 학생들을 염두에 두고 만들었다고 한 바대로, 이 책은 사회과학 전공자들이 경험적 연구 논문을 이해하고 또한 직접 수행하기 위한 기초를 제공한다. 특히 문과로 분류되는 사회과학 영역의 전공자들은 상대적으로 수학에 관한 흥미나 관심이 적은 경향이 있다. 대학에서 오랫동안 통계를 강의해 오면서 문과 영역 학생들이 심리통계, 교육통계, 사회통계 등의 과목이 이 분야를 공부하는데 필수적이라는 사실에 당황하고 기피하려는 것을 자주 경험하면서, 통계라는 과목을 좀 더 친근감을 가지고 이해하기 쉽게 접근할 수 있게 하는 교재의 중요성을 절감하였다. 그런 측면에서 이 책은 통계 책이면서도 수학적이거나 기술적인 측면보다는 논리적 이해를 강조하여 풍부한 실제 상황을 예로 들어 통계적 논리에 대한 자세한 설명을 제공한다. 특히 이 책에서는 학생들의 이해와 적용을 위해 모든 핵심적 분석기법들의 수행절차를 단계적으로 제시하고 있으며, 각 장마다 많은 연습문제들을 제시함으로써 통계공부는 내용이해만으로 되는 것이 아니라는 점을 강조하고 있다.

이 책의 또 다른 특징은 컴퓨터를 활용한 접근을 포함하지 않고 있다는 것이다. 이 또한 이 책이 지향하는 개념적 이해의 중요성을 강조하는 것과 맥을 같이 한다. 즉, 실제로 원자료를 조직하고, 수치를 공식에 대입하여 계산해 봄으로써 자료에 대한 감을 잡을 수 있고 분석결과의 타당성을 판단할 수 있는 능력을 키울 수 있다는 것이다. 통계적 개념과 분석 원리에 대한 충분한 이해가 없이 컴퓨터를 이용해서 단순히 분석결과를 얻는 것만으로는 사회과학 연구에서의 통계적 적용에 대한 완숙을 이루기 어렵기 때문이다.

이 책의 내용은 학부수준에서 한 학기에 마치기에는 양이 좀 많은 편이나, 석사수준의 공부를 위한 통계적 기초를 다지기 위한 목적에서는 적절하다고 생각된다. 특히 기초수준의 다른 통계교재에서 거의 다루지 않는 통계적 검증력과 효과크기에 대한 분석과 비모수적 기법에 대한 내용은 다양한 통계적 접근의 충실한 기초를 제공한다. 따라서 학부에서 사용할 때는 전공영역에 따라 몇 가지 통계적 이론을 다루는 장들은 제외시킬 수 있을 것이며, 대학원 수준에서는 기술통계부분을 간단히 요약하고 지나가면 후반부의 통계적 검증력과 효과크기, 다양한 가설검증 기법들, 그리고 비모수적 기법 등을 충분히 다룰 수 있을 것이다.

지루한 번역 작업을 끝까지 잘 마칠 수 있도록 물심양면으로 도와준 역자들의 가족들에게 감사하고, 마지막으로 이 책의 출판을 맡아 주신 박학사의 임직원들께 감사의 뜻을 전한다.

2006년 8월
김아영
차정은

차 례

12 추 정 법 233

13 σ를 알 수 없을 경우 μ에 대한 통계적 가설검증: 단일집단 t 검증 247

14 두 전집 평균치들의 비교: 독립표본 267

15 종속표본 평균치들의 비교 293

16 Pearson 상관계수에 관한 추론 311

제 1 장

개 관

1.1 왜 통계학을 해야 하는가?

예전에 어떤 현인(賢人)이 **통계학자**를 "자료를 수집해서 혼란을 제기하는 사람(one who collects data and draws confusions"[1])이라고 말한 적이 있다. 또 어떤 현인은 통계학자들을 보고 그들은 근거도 없는 전제를 가지고 어려운 절차를 밟아가며 남들에게는 뻔한 결론을 일삼아 지어내는 족속들이라고 하였다. 그리고 그 후 19세기 영국의 정치가인 Benjamin Disraeli는 "이 세상에는 세 종류의 거짓말이 있다: 거짓말, 터무니없는 거짓말, 그리고 통계"라는 믿고 싶지 않은 주장을 한 적도 있었다.

통계학에 대한 이러한 묘사들은 정당한가? 분명히 우리는 그렇지 않다고 생각한다. 어느 강에나 항상 미꾸라지 한 마리가 있어서 물을 흐려놓듯이, 우리들 중에는 위에서 이야기한 편견들이 꼭 들어맞는 그런 통계학자들이 있다. 그러나 그들은 우리를 대표하는 사람들이 아니고 예외적인 경우이다. 왜 통계학을 때때로 회의적인 시선으로 바라보게 되는지에 대한 가능한 이유들(수학에 대한 불안감이나 친숙하지 않은 것에 대한 불신 등)은 끝이 없지만, 적절히 적용될 때 통계적인 추론은 모호하지 않고 **명확하게 기능한다**는 것은 분명하다. 간단히 말해, 우리가 이 책을 쓰는 목적은 여러분에게 적절한 적용방법을 알려 주고자 하는 것이다. 그렇게 되면 여러분은 여러분이 읽고 있는 연구논문들을 보다 잘 이해할 수 있게 되고, 비판적인 시각을 제공해 줄 수 있는 후원자가 될 수 있을

1) (역자 주) 여기서 통계학자들은 자료를 수집해서 결과를 잘 요약하고 결론을 내리는 것이 아니라 혼란만 가중시키는 것을 비아냥거리기 위해 conclusion 대신 confusion이라는 단어를 사용한 것이다.

것이며, 더 나아가서 여러분의 경험적인 질문에 대한 답을 찾기 위한 기초적인 통계적 분석을 실시할 수 있게 될 것이다.

통계학은 단지 사람들이 일상적으로 하고 있는 것을 정형화하는 것에 불과하다. 실제로 이 책에서 논의하는 기본적인 개념과 절차들은 표면상으로는 유사하지 않더라도 사실은 일상생활에서 흔히 접하고 있는 것들이다. 여러분은 Eric Clapton이나 Bob Dylan의 콘서트에서 다양한 연령층(**변산성**)의 관객을 볼 수 있다. Maine 주의 여름은 일반적으로 덥기 때문에(**평균**), 여러분은 그곳으로 휴가를 간다면 오리털 파카를 가지고 가지 않는다. 여러분은 베이비 부머(1946~1965년 사이에 출생한 사람들)들이 볼보 스테이션 웨건을 좋아하는 것을 볼 수 있다(**상관**). 여러분은 교수가 이틀 연속해서 출석 체크를 하지 않는 사람이면, 출석 체크한 바로 다음 수업은 빠져도 된다고 생각할 것이다(**확률**). 여러분이 방금 만난 어떤 사람과 몇 분을 이야기한 후(**표본**), 그 사람을 좋아하지 않는다고 결론 내린다(**일반화, 추론**). 소문난 식당에 가서 별 볼일 없는 식사를 한 후에 여러분은 주방장이 쉬는 날이었는지 아니면 식당이 사실상 망해가고 있는지를 궁금해 할 것이다(**통계적 유의미성**).

이런 예들은 얼마든지 계속할 수 있지만, 여러분은 요점이 무엇인지 알았을 것이다. 정식으로 계산하는 것이건 아니면 단순히 생활하는 것이건 간에, 여러분은 의식적이든 아니든 통계적 추론의 기저에 있는 기본적 개념과 원리들을 적용하고 있는 것이다.

그렇다면 형식적인 통계적 추론은 무엇을 수반하는가? 이 책이 두 부분으로 구성된 것을 보고 알 수 있듯이, 통계적인 추론은 일반적으로 기술통계와 추리통계의 두 가지 유형으로 나누어진다.

1.2 기술통계

심리학을 전공한다고 밝힌 신입생 중 남학생의 비율은 얼마나 되는가? 여학생의 비율은 얼마나 되는가? 그러한 비율이 4학년 졸업생들에서는 다른가? 이 졸업생들 중에서 얼마나 많은 수가 대학원에 진학하는가? 졸업 10년 후에 심리학 분야에서 전문가로 종사하는 비율은 얼마나 되는가? 청소년 보호 관찰이나 정신과 또는 사회사업과 같은 관련 분야에서 일하는 비율은 얼마나 되는가? 심리학과 관련이 없는 분야에서 일하는 사람들의 비율은 얼마나 되는가? 이러한 예들은 관심의 대상이 되는 자료의 특성을 의미 있고 편리한 방법으로 기술하도록 해 주는 **기술통계**(descriptive statistics)에 관한 질문들이다. 위의 예들에서 **빈도**(frequency)와 **비율**(proportion)은 통계적 기술에 도움이 될 것이다.

기술통계의 목적은 보다 쉽게 이해될 수 있도록 자료들을 조직화하고 요약하는 것이다.

지난 10년 동안 입학한 신입생의 평균 연령은 어떠한가? 변해 왔는가? 변했다면 어떻게 변해 왔는가? 지난 10년 동안 대학원생들의 평균 GRE(Graduate Record Examination) 점수는 어떠한가? 그 평균은 변해 왔는가? 그 변화를 보여 주는 한 가지 방식은 지난 10년간의 평균 연령이나 평균 점수를 도표로 작성하는 것이다. 이러한 질문들은 자료를 기술하는 데 도움을 줄 수 있는 부가적 도구인 **평균**(average)과 **도표**를 사용하는 예가 된다.

우리는 다음 장들에서 기술통계 절차들을 살펴보게 되겠지만, 다음과 같은 상황을 생각해 보자. 여러분의 통계 교수인 김 교수는 수업 첫날에 기초적인 수학시험을 보았다. 김 교수는 그 시험 점수들을 크기순으로 배열한 후 제일 잘한 사람과 제일 못한 사람의 점수 간 거리가 그다지 크지 않고 학급 평균이 과거의 점수보다 더 높다는 것을 알게 된다. 김 교수는 학생들의 일반적인 준비도가 높고, 또 구성원들이 수학적 능력 면에 있어서 서로 아주 다르지 않기 때문에 가르치는 일이 쉬울 것이라는 점을 다행스럽게 생각했다. 그리고 여러분은 여러분의 수행 수준이 여러분 반에 있는 학생의 90%보다 높았다면 기뻐할 것이다. 이러한 경우들은 많은 기술통계들의 도구를 사용하는 예가 된다. 즉, 점수를 순서대로 나열하여 제시하는 **빈도분포**(frequency distribution), 한 집단의 점수 중 한 개인의 점수의 상대적 위치를 기술하는 방법인 **백분위**(percentile), 점수의 변산성(variability)에 대한 측정치인 **범위**(range) 등의 사용을 예시하는 것이다.

이들은 자료를 기술하기 위해서 연령, GRE 점수 등과 같이 각기 하나의 변수와만 관련된 것들이라서 위에서 제시한 예제들은 **단변량**(univariate) 절차를 사용하는 것들이다. 그러나 종종 연구자들은 **이변량**(bivariate) 절차라고 불리는, 사람이나 사물의 두 가지 속성이 동시에 관련된 자료를 기술하는 것에도 관심을 둔다. 예를 들어, 만약 여러분이 친구가 얼마나 많은지(인기도), 그리고 얼마나 사교적인가(외향성)에 대한 25명의 정보를 가지고 있다면, 여러분은 인기도와 외향성은 서로 관련성이 있는지를 알아낼 수 있다. 사람들 사이에서 인기가 많은 사람이 외향성의 수준이 높은가 혹은 반대로 인기가 낮은 사람이 외향성이 낮은가? **상관계수**(correlation coefficient)는 이와 같은 관련성의 특성과 정도를 묘사하는 이변량 통계치이고, **산포도**(scatterplot)는 이들의 관계를 시각적으로 표현하는 유용한 도구이다.

여러분이 자료를 기술하는 과제에 어떻게 접근하는가와는 상관없이, 자료를 조직화하고 요약해서 보다 이해를 쉽게 하는 것이 목적인 기술통계를 사용하는 기저의 원리에 대한 시각을 잃어서는 안 된다. "통계를 사용해야 할 것인가?"라는 질문이 생기면, "통계를 사용하면 그 자료가 전달하려는 내용이 더 분명해질 것인가?"라고 질문해 보고, 만일 **그 대답이 긍정적이 아니면 통계처리는 하지 말아야 한다.**

1.3 추리통계

이미지가 좋지 않은 외국 정부에 대한 연방정부의 국가보조금에 대한 납세자에 대한 태도는 어떠한가? 여러분이 상상하는 것처럼, 여론 조사원은 이 나라에 있는 모든 납세자에게 이와 같은 질문을 던지는 것은 불가능하다는 것을 안다. 대신에 그들은 납세자들의 하나의 무선 **표본**(sample)의 태도를 조사하여, 전체 납세자들, 즉 **전집**(population)의 태도가 어떠한지를 추정한다. 다른 어떤 추정과 마찬가지로 그 결과에는 무선오차(random error) 혹은 **표집변이**(sampling variation)가 있게 마련이다. 즉, 동일한 전집의 무선 표본들이라도 동일한 결과를 산출하지는 않는다. 하지만 다행스럽게도, 표본을 적절히 선택하면, 오차의 크기를 알아낼 수 있다.

추리통계(inferential statistics)로 알려진 통계 사용의 두 번째 분야는 이런 종류의 질문에 답하기 위한 기초를 제공한다. 이러한 절차는 전집 중에 하나의 집단을 검토함으로써 더 큰 집단, 전집에 대한 추론을 이끌어내는데 우연오차를 설명할 수 있게 한다.

> 추리통계는 전집에서 나온 하나의 표본의 특성을 기초로 하여 그 전집에 대한 결론을 내릴 수 있게 한다.

여기서는 **통계치**(statistic)와 **모수치**(parameter)를 구분하는 것이 핵심이다. 통계치는 표본의 특성(예를 들어, 연방정부의 국가보조금에 호의적인 **설문조사에 응한** 납세자들의 비율)을 나타내는 반면, 모수치는 전집의 특성(연방정부의 국가보조금에 호의적인 **전체** 납세자들의 비율)이다. 따라서 통계치들은 모수치를 추정하거나 추론할 때 사용된다.

추리통계의 또 다른 적용은 특히 어떤 실험의 결과를 평가하는 데 적합하다. Melo라는 새로운 약물이 아동의 과잉 행동을 줄일 수 있는가? 여러분이 무선적으로 선정한 두 개의 과잉 행동을 보이는 아동들의 집단 중에서, 한 집단에게만 약물을 처방했다고 가정하자. 모든 아동들은 그 다음 주에 그들의 교실에서 관찰되었다. 이 연구의 결과로부터 여러분은 약물을 처방받은 아동들에서 평균적으로 과잉 행동이 적게 나타났다는 것을 알아냈다.

이러한 두 집단 간의 차이들 중 일부는 집단을 무선적으로 선정할 때 우연요인이 개입되기 때문에 두 집단이 모든 점에서 동일한 처치를 받았을 때도 기대할 수 있는 것들이다. 연구자가 부딪치는 의문은, "관찰된 차이가 우연 표집변이 한계 내에 있는가" 하는 것이다. 만일 어떤 가정이 충족된다면, 통계이론은 하나의 답변 근거를 제공할 수 있다. 만일 여러분이 얻은 차이가 우연변이에 의해 설명될 수 있는 것보다 더 크다는 것을 발견한다면, 여러분은 분명히 다른 요인들(약물이 강력한 후보자가 될 것임)이 과잉행동에 영향을 미치고 있다고 추론하게 될 것이다.

추리통계의 이러한 적용은 상관연구의 결과를 평가하는 데도 역시 도움이 될 수 있다. 앞서 제시한 예에서와 같이 인기도와 외향성 간의 관계를 평가할 때에도 여러분은 과잉행동 실험에서 얻어진 차이를 평가할 때와 마찬가지로 얻어진 상관관계를 평가할 수 있다. 다시 말해서, 이러한 상관이 우연 표집변이에서 기대할 수 있는 정도보다 큰 가를 평가할 수 있고, 만약 그렇다면, 인기도와 외향성은 전집에서도 관련성이 있을 것이다.

1.4 행동연구에서 통계학의 역할

통계학은 그 자체로는 시작도 끝도 아니다. 문제는 연구 중인 문제의 본질에 근거를 둔 질문으로 시작된다. Melo가 과잉행동을 감소시키는가? 인기도는 외향성과 관련이 있는가? 이러한 질문들을 **실질적 질문**[2)]이라고 한다. 우리는 그 질문을 신중히 구성하고, 다듬고, 경험적으로 (즉, 자료를 활용해서) 답을 찾기 위한 적절한 방법론을 결정한다.

이제 통계학이 기능을 할 시간이다. 예를 들어, 여러분의 연구가 평균(과잉행동 실험에서와 같이)을 필요로 한다고 하자. 여러분은 각 집단의 평균을 계산하고, **통계적 질문**을 제기한다. 두 평균은 표집변이로만으로 설명할 수 없을 정도로 다른가? 통계적 질문은 통계적 지수 – 이 경우에는 평균 – 에 관한 질문이라는 점에서 실질적 질문과는 다르다. 만약, 적절한 통계적 절차를 적용한 후에 두 평균이 우연에 의한 것으로만은 믿기 어려울 때 여러분이 제기한 통계적 질문에 대한 결론인 **통계적 결론**(statistical conclusion)을 내리게 된다.

이제 실질적 질문으로 되돌아가 보자. 만일 중요한 가정들이 충족되고, 연구의 조건들이 주의 깊게 조작되었다면, 여러분은 적어도 여러분의 실험 범위 안에서는 약물이 차이를 만들었다고 결론내릴 수 있을 것이다. 이것이 여러분의 최종 결론이며 또한 **실질적 결론**이다. 비록 실질적 결론이 부분적으로는 통계적 결론으로부터 유도된다 할지라도, 다른 요인들 역시 고려되어야 한다. 따라서 연구자는 실직적인 결론에 도달하는 데 있어서 통계적 결론과 방법론의 적절성을 모두 고려해야 한다.

2) 실질적 질문은 "연구문제"라고도 부른다.

실질적 질문과 통계적 질문 간에 밀접한 관계가 있다 할지라도 그것이 똑같은 것은 아니라는 것을 이해하는 것이 중요하다. 여러분은 통계적 질문은 자료의 통계적 속성(평균이나 상관)에 관심을 갖는다는 것을 기억할 것이다. 종종 특정한 실질적 질문을 조사하는 데 적용될 수 있는 대안적인 통계적 질문들이 있다. 예를 들어, 매우 높은 수준의 과잉행동을 보이는 학생들의 **비율**이 두 조건 간의 우연 변이의 한계 이상으로 차이가 있는지를 물을 수 있다. 이 경우에 통계적 질문은 평균이 아닌 비율이라는 또 다른 통계적 지수에 관한 것이다.

따라서 통계학을 숙달하기 위한 과제 중 하나는 일부는 특정한 실질적 질문에 대해 여러 가지 통계적 접근들 중에서 어느 것을 선택하고 조합할 것인가를 배우는 일이다. 연구를 설계할 때 어떤 통계적 분석이 수행되어야 하는가에 대한 질문은 실질적 질문을 다듬고 관련 증거를 얻기 위한 계획을 세워나가는 과정 속에서 다루어져야 한다.

요약하자면 **통계적 절차의 사용은 항상 중간 단계**이다. 연구의 전형적인 단계는 다음과 같다:

『실질적 질문』⇒『통계적 질문』⇒『통계적 결론』⇒『실질적 결론』

1.5 변수와 측정

기술통계와 추리통계는 **변수**(variable)들에 적용된다.

변수란 다양한 값들을 갖는 사람, 장소, 혹은 사물의 특성이다.

행동과학에서 변인이라고도 불리는 변수들은 종종 연령, 지능, 반응시간, 교육수준, 신념이나 태도, 통제소재, 사회성, 학업성취, 공격성, 자존감과 같은 **사람들**의 특성을 반영한다. 단순하지만, **변화하는 것**이라는 변수에 대한 정의적 특성을 기억하는 것은 매우 중요하다. 충분히 변화하지 않는 "변수"는 여러분도 나중에 알게 되겠지만, 통계적 분석을 망칠 수 있다.[3)]

통계분석은 숫자들 없이는 가능하지 않고, 숫자들은 **측정**(measurement) 없이는 있을 수 없다.

3) 만약 이 말이 황당하게 느껴지면, 여러분의 표본에 외향적인 사람이 아무도 없을 경우 인기도와 외향성 간의 관련성을 평가할 때의 어려움을 잘 생각해 보면 알 것이다.

측정은 여러분이 연구하려는 특성에 숫자를 부여하는 과정이다.

예를 들어, "20세"는 **연령**과 같은 속성을 측정하는 것이 될 수 있고, "115"는 **지능**에 대한 개인 측정치가 될 수 있고, 1점에서 5점 척도에 "3"은 이 사람의 **사회성**의 측정치가 될 수 있고, 이 가상적 대상이 여성이라고 하고, **성별**에 대해서 "2"를 부여할 수 있다(남자들을 "1"로 부여한다면).

그러나 숫자들은 사람을 현혹시킬 수 있다. 위에서 언급한 네 가지 속성들(연령, 지능, 사회성, 성별)은 모두 숫자의 형태로 표현되었지만 이 숫자들은 그들의 기저 속성이 매우 다를 수 있다. 그러므로 이들 숫자들을 어떻게 해석하고 취급해야 하는가도 달라진다. 이제 우리는 변수의 속성들에 대해 고려할 점들과 해석과 취급에 대한 시사점에 대해 다루고자 한다.

질적 변수 대 양적 변수

범주 변수(categorical variable)라고도 알려진 **질적 변수**(qualitative variable)의 값은 **양**보다는 **종류**에 있어서 다르다. 성별은 좋은 예이다. 남자와 여자가 생식 기능(질적인 구분)에 있어서 분명히 다르기 때문에, 한 집단이 다른 집단보다 크다든가, 작다든가(양적인 구분) 하는 것은 의미가 없다.[4] 그리고 이는 인위적인 측정치가 다르게 제시될지라도 마찬가지이다. 질적 변수들의 다른 예는 대학전공, 혼인상태, 정치적 소속, 거주 지역, 인종 등이 있다.

반면에, **양적 변수**(quantitative variable)들에 부여된 숫자는 특성들의 **양**의 차이를 나타내기 위한 것이다. 연령, 지능, 사회성과 같이 위에서 살펴본 변수들은 양적 변수에 해당된다. 40세는 10세보다는 더 나이가 많고, IQ 120은 IQ 90보다는 더 지능이 높음을 나타내고, 사회성에서 5점의 평정을 받은 아동은 4점을 평정 받은 아동에 비해 좀 더 사회적일 것이다. 따라서 양적 변수들의 값은 양에 있어서 차이가 난다. 곧 알게 되겠지만, 양적 변수의 속성은 크게 다를 수 있다.

측정에서의 척도

1946년 Harvard의 심리학자인 S. S. Stevens는 「측정에서의 척도들(Scales of meas-

4) 만약 여성과 남성이 평균적으로 어떤 변수들에서건(예를 들면, 키, 힘, 연간 소득) **양**에서 차이가 있다면 문제의 척도는 더 이상 성별이 아니다. 오히려 그것은 남성과 여성이 서로 다르다고 관찰되는 어떤 다른 변수에 대한 척도이다.

urement)」이라는 매우 영향력 있는 논문을 집필했는데, 여기서 변수들을 분류하는 보다 정교한 틀을 도입하였다. 통계적 분석(예: Gaito, 1980; Stine, 1989 참조)에 대한 그의 유형학의 함의에 대한 심각한 논쟁은 있지만, 그럼에도 불구하고 Stevens는 자료의 성질을 고려하는 데 도움이 되는 틀을 제공하였다. Stevens는 변수들은 명명척도, 서열척도, 등간척도, 비율척도의 네 가지 척도 중에 하나에 속한다고 주장하였다.

명명척도(Nominal Scales) 명명척도에서의 수치들은 연구하고 있는 대상들이 속한 범주에 "이름"을 붙인 것에 불과하다. 따라서 해석은 양에 대한 것이라기보다는 종류에 대한 표현으로 제한된다(따라서 질적 변수는 명명척도를 의미한다). 예를 들어 보면, 연구자가 인종에 대해 다음과 같이 값을 부여했다고 하자: 1 = Italian, 2 = Irish, 3 = Asian, 4 = Hispanic, 5 = African American.[5] 1이라는 값을 가진 사람은 4라는 값을 가진 사람과 다르다는 결론을 내리는 것은 맞지만 이 자료에서 더 이상의 언급은 할 수 없다. 예를 들어, 여러분이 3<5라고 해서, Asian이 African American보다 작다고 주장할 수 없고, 1 + 3 = 4라고 해서 Italian과 Asian을 더하면 Hispanic이 된다고 할 수 없다는 점이다. 물론 **숫자**들은 신경쓰지 않아도 되고, 이것은 아무 의미가 없는 것이다. 이러한 논의에서의 교훈은 모두 같다. 즉, 변수의 측정을 위한 척도 수준을 기억하고 각 척도에 맞는 해석과 조작을 가하는 것에 신경을 써야 한다는 것이다.

서열척도(Ordinal Scales) 명명척도와는 달리 서열척도에서의 값들은 연구에서 사용되는 특성들의 정도나 양이 "순위"가 다름을 반영할 수 있다. 예를 들어, 달리기에서 결승점을 통과한 순서대로 달리기 순위를 매긴 것처럼, 학급에서 시험을 끝낸 순서대로 학생들의 등수를 매겼다면 이는 서열척도를 나타내는 것이다. 여러분은 1등인 사람은 다른 높은 등수를 받은 사람들에 비해서 시험을 **빨리 끝내고, 빨리 달린** 사람이라는 것을 알 수 있다.[6] 그러나 이 부가적인 정보에는 한계가 있다. 서열 값은 무엇보다 "크거나" "작다"는 관계만을 의미한다. 첫 번째 학생이 세 번째 학생보다 **얼마나** 빨랐는지, 혹은 두 학생들 간의 끝낸 시간의 차이가 세 번째와 네 번째 학생의 차이와 같았는지, 2등 한 학생이 소모한 시간이 4등 한 학생의 소모한 시간의 반이었는지에 대해서는 알 수 없다. 서열 정보로는 이와 같은 해석은 할 수 없다.

---

5) 각 사람은 하나의 범주에만 속해야 한다. 즉, 범주들은 **상호배타적**(mutually exclusive)이어야 하며 다섯 가지 범주는 모든 연구 참여자들의 인종을 다 나타내야 한다. 즉, 범주들은 **망라적**(exhaustive)이어야 한다.

6) 직관에는 반하는 것일지 모르겠지만, 예를 들어, 높은 점수, 적은 오류, 빠른 시간 등등, 잘한 것에 낮은 순위(1, 2등)를 메기는 것이 관례이다.

등수는 서열척도의 고전적인 예이지만, 행동과학 분야에서는 자주 사용되는 다른 예들도 있다. 우리가 2장에서 다루게 될 백분위는 서열척도에 해당된다. 백분위는 다른 사람들의 수행(다른 것이 아닌)에 대한 개인의 상대적인 수행을 나타내는 것이다. 많은 행동과학 연구자들이 태도, 신념, 의견들을 측정하기 위해서 많이 사용하는 Likert 유형의 문항들(1 = 매우 동의하지 않음, 2 = 동의하지 않음 등등)은 서열척도의 예이다. 수입, 교육, 직업 등이 반영되는 사회경제적 지위도 서열 범주의 세트(1 = 하위 계층, 2 = 중산층, 3 = 상위 계층)로 표현되는데 이 역시 서열척도이다.

등간척도(Interval Scales) 등간척도에서의 값들은 "동일한 간격"을 가짐으로써 서열척도의 기본적인 단점을 극복했다. 예를 들어, 등간척도에서는 3과 5의 차이는 7과 9에서의 차이나 24와 26에서의 차이가 기저 특성의 측면에서 같다는 것이다. 섭씨온도계를 생각해 보면, 30℃에서 10℃로 떨어지는 것은 50℃에서 30℃로 떨어지는 것과 동일하다.

그러나 등간척도의 제한점은 **임의 영점**(arbitrary zero)에서 찾을 수 있다. 섭씨온도계의 예를 들어 보면, 물이 어는 온도를 임의적으로 0℃로 잡았다. 열이 없거나 분자의 활동이 멈추는 온도는 대략 −273℃에 해당된다. 따라서 여러분은 30℃의 날씨가 10℃의 날씨에 비해서 세 배 더 덥다고 이야기할 수 없다. 이는 그림 1.1에서 A의 지점이 B의 지점보다 세 배 더 크다고 말하는 것이다. 이와 같이 비율을 포함하는 진술은 등간척도 자료에 대해서는 할 수 없다.

행동과학에서 등간척도의 예는 어떤 것들이 있는가? 성취도, 적성, 성격, 태도 등의 합산측정치들은 행동과학자들에게 등간척도로 취급받는다. 이러한 척도들이 실제적으로 등간적인 자료를 만드는가에 대해서는 약간의 불확실성이 존재하지만, 많은 연구자

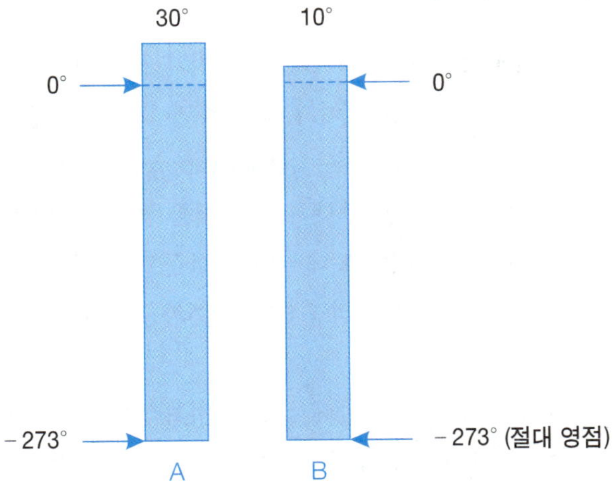

그림 1.1 섭씨온도계 상의 절대 영점과 30°와 10°의 비교. 30°(A열)는 10°(B열)보다 세 배만큼 덥지 않다.

들은 이러한 가정에 문제가 없다고 생각하는 것으로 보인다.

비율척도(Ratio Scales) 측정에서 마지막 척도는 비율척도이다. 여러분이 추측하듯이, 등간척도의 특성을 가지고 있으며 비율적인 진술을 허용한다. 이것은 비율척도가 **절대 영점**(absolute zero)을 가지고 있기 때문이다. 예를 들어, 무게에서 "0"은 측정한 속성이 명백히 없다는 것을 의미한다: 무게 없음. 영. 무. 아무 것도 없음. 결과적으로, 230파운드의 라인백커를 맡은 미식축구 선수는 115파운드의 경마 선수보다 두 배로 무겁고, 30세는 10세보다 3배 나이가 많고, 25피트짜리 Adagio 요트는 50피트짜리 Kookaburra 요트의 반이라고 할 수 있다. 무게, 나이, 길이는 모두 비율척도이다.

물리적인 측정치들(무게, 높이, 거리, 소요시간)과 더불어 **셀 수 있는** 변수들은 역시 비율척도에 해당된다. 지각변별과제에서 피험자가 범한 오류의 숫자들, 한 사람이 가지고 있다고 보고한 친구의 숫자, 수업시간 동안에 선생님이 사용하는 언어적 비난의 수효 등을 예로 들 수 있다. 전집 크기 또한 비율척도에 해당된다.

어떤 척도든 간에 비율척도의 자료를 해석할 때에는 주의를 기울여야 한다. 10점과 20점짜리(맞은 단어) 두 개의 어휘검사 점수를 생각해 보자. 20점은 10점의 두 배를 나타내는 것인가? 이러한 해석은 특정한 검사의 수행인 경우에 해당된다(여러분은 내가 알고 있는 것의 두 배의 단어를 알고 있다). 그러나 20점을 받은 학생은 10점 받은 학생보다 2배 많은 어휘를 가지고 있다고 결론짓는 것은 공평하지 못하다. 왜인가? 왜냐하면, "0점"을 받았다고 하더라도 어휘가 완전히 없는 것이 아니라 이 검사에서 특정 단어에 대한 지식이 없는 것을 의미하는 것이기 때문이다. 다시 말해서, 어떠한 측정 수준의 척도에서도 적절한 해석이 중요한 것이다.

1.6 근사치, 계산의 정확성, 반올림

어떤 숫자들은 **정확한 수**(exact numbers)이다. 만일 우리가 30명의 피험자를 사용하여 실험을 한다면 30은 정확한 수라고 말할 것이다. 왜냐하면 그것은 어떤 오차의 한계도 포함하지 않기 때문이다. 정확성이 부족한 수는 **근사치**(approximate numbers)로 알려져 있다. 측정 결과로 얻어지는 수는 보통 근사치이다. 예를 들어 우리가 파운드 단위로 무게를 측정한다면 52파운드라는 무게는 그 대상이 51파운드나 53파운드보다 52파운드에 더 가까우며 따라서 실제 무게는 51.5파운드나 52.5파운드 사이의 어딘가에 있음을 의미한다.

정확한 수와 근사치를 모두 포함하는 계산에서 답의 정확성은 포함된 근사치의 정확성에 의해 제한된다. 그러한 계산에서 우리는 "소수점 몇 자리를 지켜야 할까?"라는 의

문에 부딪힌다. 우리가 줄 수 있는 최선의 대답은 "의미 있어 보이는 어떤 자리라도"이다. 만일 무게가 가장 가까운 파운드 단위까지로 측정되어 세 가지 대상의 전체 무게가 67파운드라면 평균 무게는 22.3 또는 대략 22파운드라고 보고하는 것이 타당한 것 같다.[7] 그것을 22.33333이라고 보고하는 것(8자리까지 나타내는 보통 계산기의 결과)은 그 수에 처음부터 내포된 부정확성을 고려한다면, 불필요할 뿐만 아니라 명백히 잘못된 것이다. 반면에 가장 가까운 10파운드 단위로 반올림하는 것(예: 20 파운드)은 우리에게 주어진 정확성을 포기하는 것이므로 바람직하지 못할 것이다.

이 책에서 여러분이 풀게 되는 대부분의 연습문제들은 일련의 계산을 통해 하나의 답을 요구하는 것이다. 여기서, 부정확성이 쉽게 혼입될 수 있다. 그러나 여러분이 계산기를 사용한다면 문제가 되지 않는다. 중간 단계의 계산결과를 저장함으로써 여러분의 계산기의 기억 능력을 이용하면 소수점 이하에 대한 계산도 쉽게 할 수 있다. 그리고 나서 계산결과들을 합쳐서 최종 답을 결정하는데, 이때는 이치에 맞는 숫자로 반올림해야 한다.[8] 앞으로 제시될 많은 문제들에서도 우리는 거의 마지막 답에 대해서는 가까운 소수점 이하 두 자리로 반올림을 하게 될 것이다.

일반적으로 반올림은 다음의 예시와 같이 단순한 과정이다.

가장 가까운 정수로:	5.4	☞	5
	10.73	☞	11
	− 12.6	☞	− 13
가장 가까운 소수점 이하 한 자리로:	46.28	☞	46.3
	158.639	☞	158.6
	.05732	☞	.1
가장 가까운 소수점 이하 두 자리로:	2.50193	☞	2.50
	− 3.08399	☞	− 3.08
	74.359	☞	74.36

그러나 여러분이 109.500000의 가장 가까운 정수로 반올림하는 방법은 어떤가? 109인가, 아니면 110인가? 90.250000을 가장 가까운 소수점 이하 한 자리로 반올림을 한다면 90.2인가, 아니면 90.3인가? −.865000을 가장 가까운 소수점 이하 두 자리로 반올림을 한다면 −.86인가, 아니면 −.87인가? 7.421500을 가장 가까운 소수점 이하 세 자리로 반올림을 한다면 7.421인가, 아니면 7.422인가? 여기서는 임의적이기는 하지만,

7) 여기서 제시하는 특정한 평균치는 "산술평균치" 즉 67/3으로 4장에서 설명하도록 하겠다.

8) 만약 이 방식을 따르지 않을 때는 때때로 여러분의 답이 우리의 답과 약간의 차이가 날 수 있다. 특히 중간 과정의 계산이 포함되는 문제들에서 더욱 그럴 것이다.

가장 가까운 짝수로 만드는 흔한 방식을 따른다. 이 방식을 따르면 110, 90.2, –.86, 그리고 7.422가 답일 것이다. 이 결과는 몇몇 경우에는 올림을 사용하였고, 몇몇 경우에는 내림을 사용하였기 때문에(즉 올림을 해야 하는 숫자가 짝수인 경우는 버리고, 홀수인 경우에는 올리는 방식) 체계적인 편파성을 방지한다.

1.7 컴퓨터, 통계분석, 그리고 초보자

개인용 컴퓨터가 어디서나 존재하지 않는 시절을 기억하는 학생들과 교수들의 수가 줄어들었다. 요즘은 컴퓨터가 예전의 다량의 종이, 잘 깎여진 연필, 그리고 계산기들을 대신하여 통계분석에서 중심을 차지하고 있다. 손으로는 몇 시간 혹은 며칠이나 걸리던 것들도 몇 번의 키보드 조작 후에 나노세컨드(nanosecond)만 지나면 결과를 얻을 수 있다. 통계학자들에게는 컴퓨터는 분명히 생명을 연장시켜 주는 기계이다.

연구자들과 중급 과정에 있는 학생들도 기계적으로 컴퓨터를 사용하여 통계분석을 하지만, 이 책에서는 의도적으로 컴퓨터 사용은 다루지 않을 것이다. 우리는 통계를 처음 시작하는 학생들은 통계 분석의 원리와 기초적인 기술을 이해하기 위해서 손으로 종이를 넘기고, 공식을 계산하는 것이 필요하다고 믿기 때문이다. 예를 들어, 표준편차의 공식과 정의를 공부하고 나서, 자료를 계산하는 컴퓨터 키보드조작을 배워야 한다. 그러나 표준편차에 대해서 보다 본질적이고 지속적인 이해는 손으로 그 값을 계산함으로써 얻어진다고 믿는다. 직접적, 개인적 경험이 중요하며, 이를 대신할 수 있는 것은 없다.

1.8 통계학을 공부할 때의 요령

통계학은 어려운 학문인가? 그럴 수도 있고, 아닐 수도 있다. 일반적으로 통계를 공부하는 방법을 배우는 것은 주의집중, 관심, 계산의 정확성을 필요로 한다. 그러나 그것이 특별히 어려운 것은 아니다. 통계학에서 "왜"를 배우는 것은 난이도의 범위에 따라 다양하다.

통계책을 읽는 속도는 얼마로 예상할 수 있는가? 독서속도와 이해정도는 사람에 따라 다르다. 수학에서의 4쪽 분량의 과제는 역사에서의 4쪽 분량의 과제보다 시간을 더 필요로 할 것이다. 분명히 통계책을 소설이나 평범한 역사책처럼 읽기를 기대해서는 안 된다. 어떤 부분은 이 장처럼 빨리 나갈 것이다. 그러나 어떤 부분에서는 집중이 요구되고 여러 번 읽어야 할 때도 있을 것이다. 간단히 말해서 여러분이 어떤 장을 빨리 읽어 나갈 수 없을지라도 바보처럼 느낄 필요도 없고, 조바심을 낼 필요도 없다. 그 대신 주의집중을 하고, 숙고하는 시간이 필요하다는 것을 깨달아야 한다. 예를 들어, 통계적 추론의 형식적인 논리는 대부분의 사람에게는 새로운 사고방식이고, 익숙해지기 위해서는 시간이 필요하다. 새로운 방식은 속도를 늦추려하지 않는 사람에게는 어려움이 될 수도 있다. "급할수록 천천히!"라는 말을 항상 상기해야 한다.

많은 학생들이 수학 영역에서 어려움이 있을 것이라 예상한다. 보통 수준의 계산과 방정식의 특성에 익숙해질 필요가 있다. 방정식에서 "무엇이 진행되고 있는지"를 알 수 있는 것이 계산된 통계치가 어떤 영향을 미치며, 또 어떤 방식으로 영향을 미치는지를 이해하는 데 필요하다. 이러한 이해는 엉뚱한 결과를 잡아내는 데 도움을 줄 것이고, 이런 능력은 계산 오류를 (시험 때가 아니라) 초기에 찾아낼 수 있게 한다.

질문과 문제들이 각 장의 마지막 부분에 포함되어 있다. 안심할 수 있을 정도로 이것들을 충분히 풀어보아야 한다. 문제들은 그것을 푸는 방법, 중요한 평가연습, 실제문제와 방법론적 접근 간의 연관성을 수립하는 것과 통계적 관계를 이해하는 것을 연습하도록 고안되었다. 강의를 담당한 강사가 모든 문제를 다 풀라고 공식적으로 지정하지 않을지라도 모든 질문과 문제들을 생각해 보는 것은 유익할 것이다.

기초 통계학 과정의 누적적인 특성에 대해 한마디 해야만 하겠다. 전 단계에서 배운 것은 다음에 나올 것을 위한 기초가 된다. 그러므로 학생들이 "앞에서 공부한 것을 기억"하는 것이 매우 중요하다. 만일 여러분이 어느 부분에서 어려움을 갖는다면 교수에게 도움을 청하라. 지체하지 말라. 기다리는 것으로 문제가 해결된다고 생각하는 사람들이 옳을 수도 있지만, 과제들이 상호의존적이지 않은 과목에서보다 통계과목에서 그 위험은 더 크다. 그것은 중간 발디딤대가 상실된 사다리를 오르려는 것이나 모든 단어의 의미를 모르면서 유추문제를 이해하려는 것과 같다. 벼락치기 공부를 하는 것은 통계학에서 가장 효과적이지 못하다. 통계학 공부를 성공적으로 해내는 것은 규칙적인 학습에 달려 있고, 만약 이렇게 한다면, 시험 준비를 하는 데 상대적으로 적은 시간이 필요할 것이다.

"전체를 보려고" 항상 노력하라. 첫째, 이것은 계산을 할 때 그 효과가 나타난다. 여러분의 계산결과를 보라. **그것이 이치에 맞는가?** 대부분의 숫자가 60대와 70대에 있는데 평균은 53이라는 것을 발견할 때 의심하는 것을 게을리하지 말라. "눈동자는 통계학자의 가장 강력한 도구이다"라는 것을 기억하라. 둘째, 통계학의 속성이 사다리 같기 때문에 이전에 배운 개념, 원리, 기술들을 현재 공부하는 것과 연결시키려고 노력하라. 이러한 관련성은 찾으면 발견할 수 있을 것이다. 이러한 노력을 하게 되면 여러분은 통계학이 개별적인 기법의 집합이 아니라 학문의 합의된 과정임을 깨닫게 될 것이다. 그리고 또한 마스터하기도 쉽다는 것을 알 수 있을 것이다.

연습문제

정의 또는 설명하라

용어 및 개념

기술통계	측정
단변량	질적 변수
이변량	양적 변수
추리통계	측정에서의 척도
통계치	명명척도
모수	서열척도
표집	등간척도
전집	비율척도
실질적 질문	절대영점
통계적 질문	임의영점
통계적 결론	정확한 수
실질적 결론	근사치
변수	

질문 및 문제

참고: *가 있는 문제는 부록 A에 답이 제시되어 있다.

***1.** 다음의 변수들은 어떤 측정에서의 척도를 반영하는가?

(a) 반응시간

(b) 도시화(1 = 도시, 2 = 교외, 3 = 전원)

(c) 축구 선수 옷에 쓰여진 등번호

(d) SAT 점수

(e) 심리치료의 종류

(f) 대학순위(도서관 보유 측면에서)

(g) 학급 크기

(h) 종교(1 = 기독교, 2 = 가톨릭, 3 = 유대교 등등)

(i) 음식점 평정(*에서 ****)

(j) 점성술 기호

(k) 자동차 연비

2. 1번 문제에서 질적 변수는 무엇이고, 양적 변수는 무엇인가?

3. 다음 세 가지 문제에 대해서 1번 문제에서 나온 변수들에 대해 생각해 보라.
   (a) 비율변수는 서열변수로 낮아질 수 있는가?
   (b) 서열변수는 비율변수로 높아질 수 있는가?
   (c) 서열변수는 명명변수로 낮아질 수 있는가?

*4. 다음에 나온 숫자들을 반올림하라.
   (a) 가장 가까운 정수: 8.545, −43.2, 123.01, .095
   (b) 가장 가까운 소수점 이하 한 자리 수: 27.33, 1.9288, −.38, 4.9746
   (c) 가장 가까운 소수점 이하 두 자리 수: −31.519, 76.0048, .82951, 40.7442

제 1 부

기술 통계

제 2 장

빈도분포

2.1 자료를 왜 조직화해야 하나?

아마도 지금쯤이면 여러분은 통계적 작업에서는 관찰치들의 집단, 흔히 큰 집단을 다룬다는 것을 알고 있을 것이다. 1장에서 본 바와 같이, 관찰치 또는 **자료**(data)는 다양한 형태로 나타난다. 그것은 파운드로 나타내는 무게, 매일의 온도, 경제학 중간고사 점수와 같은 수치로 된 양적 자료일 수도 있고, 눈 색깔, 정당, 좋아하는 테너 가수와 같은 질적인 자료일 수도 있다. 그 자료들이 어디서 나왔는지 특성이 무엇이든지 간에 그것을 있는 그대로 보면 흔히 혼란스러운 모습으로 보이기 때문에, 거기서 어떤 의미를 찾아내기 위해서 우리는 관찰치들을 조직하고 요약해야 한다.

이런 일을 하는 – 즉, 통계적 자료를 조직화하고 요약하는 – 가장 기본적인 방법은 **빈도분포**(frequency distribution)를 만드는 것이다. 빈도분포는 어떤 다양한 점수값들이 있는지 그리고 얼마나 많은 점수들이 각 값에 속해 있는지를 나타내고, 이는 질적 변수와 양적 변수 모두에서 사용될 수 있다. 어떤 경우든지 빈도분포는 혼란스러운 상황을 정리해 준다. 빈도분포의 작성은 질적 변수보다는 양적 변수들과 관련된 절차가 좀 더 많기 때문에 이 장의 대부분은 양적 변수들의 빈도분포를 작성하는 법을 다룰 것이고, 마지막 부분에서 질적 변수에 관련된 절차를 다룰 것이다.

2.2 양적 변수들에 대한 빈도분포

여러분의 심리학 강사인 Casteñeda 씨가 그의 수업을 듣는 50명의 학생들에게 선다형

표 2.1 50명 학생의 심리학 시험 점수

75	89	57	88	61
90	79	91	69	99
83	85	82	79	72
78	73	86	86	86
80	87	72	92	81
98	77	68	82	78
82	84	51	77	90
70	70	88	68	81
78	86	62	70	76
89	67	87	85	80

시험을 보게 하고 채점하였다고 상상해 보자. 그는 학생들이 어떻게 했는지 알고 싶어 할 것이다. 표 2.1과 같이 다루기 어렵게 제시된 성적부를 대강 훑어보는 것은 별 도움이 되지 않는다. 전반적으로 학생들은 시험을 어떻게 보았는가? 점수들은 어디에 모여 있는가? 시험에서 낙제한 학생은 얼마나 되는가? 여러분의 점수가 89점이라면 다른 학생들에 비해 얼마나 잘 한 것인가? 이러한 질문들은 자료가 "처음에 받은 그 상태"라면 답변하기 어려울 것이다.

자료가 의미하는 바를 파악하기 위한 가장 단순한 방법은 점수들을 순서대로 정렬하는 것이다. 이렇게 하기 위해서, Casteñeda 씨는 가장 높은 점수와 가장 낮은 점수를 써

표 2.2 빈도수(f)와 함께 크기 순서대로 조직된 표 2.1의 점수

점수	f	점수	f	점수	f
99	1	83	1	67	1
98	1	82	3	66	0
97	0	81	2	65	0
96	0	80	2	64	0
95	0	79	2	63	0
94	0	78	3	62	1
93	0	77	2	61	1
92	1	76	1	60	0
91	1	75	1	59	0
90	2	74	0	58	0
89	2	73	1	57	1
88	2	72	2	56	0
87	2	71	0	55	0
86	4	70	3	54	0
85	2	69	1	53	0
84	1	68	2	52	0
				51	1

놓고, 이 두 극단점수를 포함하여 내림차순으로 **가능한** 모든 점수들을 배열한다. 표 2.1의 자료에서 가장 큰 수는 99이고, 가장 작은 수는 51이다. 표 2.2의 "점수" 열에서 볼 수 있듯이 가능한 점수들을 순서대로 기록한 것이 99, 98, 97, ⋯, 51이다.

여러분의 강사는 50개의 정렬되지 않은 점수들의 집합인 표 2.1로 돌아가서, 새로 순서대로 나열된 목록에 발생 **빈도**(frequency), f를 세어서 기록한다. 이렇게 한 결과가 표 2.2의 f 열과 같이 나타난다.

빈도분포는 순서대로 제시된 점수들과 그 점수들의 발생 빈도를 보여 준다.

일단 자료가 **묶이지 않은 자료 빈도분포**라고 부르는 이런 방식으로 조직화되면, 손쉽게 흥미 있는 관찰을 많이 할 수 있다. 예를 들어, 점수의 범위가 51에서 99점까지라고 하더라도, Casteñeda 씨는 분포의 정점은 86점(그가 생각할 때 나쁘지 않은)으로 보이고, 67점에서 92점 사이에 대부분의 점수가 있다는 것을 보게 된다. 두 명의 학생이 다른 학생들보다 뛰어나고, 네 명의 학생은 뒤쳐지는 것 같다. 여러분의 점수가 89점이라면, 이는 분포의 정점 위쪽에 해당된다. 실제로 더 높은 점수를 받은 학생들은 6명밖에 안 된다.

2.3 묶은 점수

개별 점수들을 점수들의 집단, 혹은 **급간**(class intervals)으로 묶으면, 표 2.2와 같이 점수들이 넓게 퍼져 있는 경우에는 더 쉽게 점수들의 의미를 파악할 수 있다. 표 2.3은 심리학 시험 점수들을 급간으로 묶는 두 가지 방법을 보여 준다. 두 방법은 **급간의 크기**(interval width)에서 차이가 있는데, 하나는 급간의 크기가 5이고, 다른 하나는 급간의 크기가 3이다. 급간의 크기는 i라고 표현된다. 따라서 표 2.3에 제시된 두 빈도분포는 $i = 5$와 $i = 3$이다. 급간의 가장 높은 점수와 낮은 점수를 급간의 **점수한계**(score limits)(예를 들어, A 분포에서 95-99와 같이)라고 한다.

표 2.2와 표 2.3을 비교하여 보면, 개별 점수들에 대한 빈도보다는 급간에 대한 빈도가 높은 것을 알 수 있다. 결과적으로 급간에 대한 빈도는 개별 점수 빈도에 비해서 불규칙하게 변화하지 않는다. 그러므로 **묶여진 자료 빈도분포**는 한 눈에 "자료의 형태"를 볼 수 있도록 한다. 높은 점수와 낮은 점수, 점수들이 몰려 있는 곳 등등. 예를 들어, 표 2.3의 A분포에서 여러분은 분포의 상단에 점수들이 몰려 있고 하단으로 가면서 줄어드는 것을 볼 수 있다(문제가 쉬워서 그런가? 아니면 동기화된 학생들이 많은가?). 이는 표 2.2로는 알아차리기가 좀 어렵고, 표 2.1에서 파악하는 것은 사실상 불가능한 일이다.

표 2.3 서로 다른 급간 크기(i)를 가진 묶은 자료 빈도분포표로 변환된 표 2.1의 점수

분포 A: $i = 5$		분포 B: $i = 3$	
점수한계	f	점수한계	f
95–99	2	96–98	2
90–94	4	93–95	0
85–89	12	90–92	4
80–84	9	87–89	6
75–79	9	84–86	7
70–74	6	81–83	6
65–69	4	78–80	7
60–64	2	75–77	4
55–59	1	72–74	3
50–54	1	69–71	4
	$n = 50$	66–68	3
		63–65	0
		60–62	2
		57–59	1
		54–56	0
		51–53	1
			$n = 50$

그러나 두 가지 제한점을 고려해야 한다. 첫 번째는 점수들이 묶이면 어떤 정보들은 불가피하게 사라지게 된다. 표 2.3에 분포 A를 예를 들어 보면, 급간 95-99에 있는 두 점수들이 **어느 위치**에 있는지에 대한 정보는 알 수 없다. 둘 다 이 급간의 한쪽 끝에 있는지, 둘 다 다른 쪽에 있는지, 아니면 퍼져 있는지를 알 수 없다. 합쳐지기 전의 자료로 돌아가지 전에는 알 수 있는 방법이 없다. 두 번째는 개별 점수들을 묶을 수 있는 방법이 **한** 가지가 아니라는 점이다. 표 2.3은 동일한 원자료를 묶을 수 있는 서로 다른 방법들을 제시하고 있다.

2.4 급간을 만들기 위한 몇 가지 지침들

주어진 점수들을 한 가지 방법 이상으로 묶을 수 있다면 어떤 급간을 사용해야 할지를 어떻게 결정해야 하는가? 다행히 자료를 이해하기 쉽도록 자료를 조직하고 요약하기 위한 널리 받아들여지는 규칙이 있다. 아래에 제시된 처음 두 가지 지침은 꼭 따라야 한다. 이를 따르지 않으면 기저 분포의 형태에 대한 잘못된 인상을 줄 수 있다. 이에 비해, 나머지 지침들은 기본적으로는 임의적인 것이기 때문에, 상황에 따라서 수정될 수도 있고, 자료

를 보다 정확하게 나타내기 위해서 몇 가지 추가될 수도 있다. 요령은 언제 규칙을 깨도 되는가를 아는 것이다. 이러한 규칙의 사용은 상식이나 판단과도 조화를 이루어야 한다.

1. **모든 급간은 동일한 폭이어야 한다.** 이 규칙은 보통 그 자료가 제시하는 전체적인 형태를 더 쉽게 알도록 해 준다. 이 규칙은 몇몇 낮은 점수들이 여러 급간에 걸쳐서 흩어져 있을 경우, 맨 아래 급간을 "열린 형태"(예를 들어, "<50")로 만들어서 해당 빈도를 기록하는 식으로 변형시켜 적용될 수도 있다.
2. **급간은 분포 전체를 통해서 연속적이어야 한다.** 표 2.3의 B부분에는 급간 93-95에 속하는 점수가 없다. 그렇다고 이 급간을 생략하는 것은 그릇된 인상을 갖게 할 것이다.
3. **가장 높은 점수를 포함하는 급간이 맨 위에 위치하도록 한다.** 이 규칙은 새로운 표를 읽는 방법을 매번 배워야 하는 어려움을 덜어준다.
4. **급간은 10개에서 20개 사이가 바람직하다.** 점수에 비해서 급간 폭(i)을 크게 하여 적은 수의 급간을 사용하면, 정보의 손실이 생긴다. 전체 분포에 대해서 **하나**의 급간을 사용하면 무슨 정보를 줄 수 있겠는지 생각해 보라. 반대로, 급간이 너무 많으면 더욱 복잡하고, 급간을 사용하는 목적을 잃게 된다.[1] 여기서 특히 "요령"이 필요하다. 여러분이 i를 10을 선택할지 20을 선택할지 아니면 다른 수를 선택할지는 여러분의 자료를 잘 나타낼 수 있는 급간의 폭이 얼마인가에 달려 있다. 표 2.3의 두 분포에서 우리는 한 눈에 보아도 분포의 모양이 보다 두드러지고 $f=0$인 급간을 포함하고 있지 않기 때문에 분포 A를 선호한다.
5. **급간의 폭으로 짝수가 아닌 홀수를 선택한다.** 3장에서 보겠지만, 홀수 급간은 소수점이 필요 없는 급간의 **중앙값**(interval midpoint)을 가지기 때문에 사용하기 편하다. 급간의 폭을 정수로 시작하면, 급간 중앙값도 정수가 된다.
6. **점수 하한계치를 급간 폭의 배수로 한다.** 이러한 규칙은 또한 급간구성과 해석을 더 쉽게 해 준다.

2.5 묶은 자료의 빈도분포 구성

이러한 지침들을 기억하면, 우리는 일련의 점수들을 묶은 자료의 빈도분포로 바꿀 준비가 된 것이다. 표 2.3의 A 빈도분포를 만드는 절차에 대한 예시를 단계적으로 제시할 것이다.

---

1) 수치들의 범위가 제한적일 경우에는 급간을 전혀 사용하지 않는 것이 더 나을 수도 있다($i=1$). 예를 들어, **한 가정의 어린아이의 수**와 같은 변수들의 빈도분포를 상상해 보라.

표 2.4 빈도를 결정하기 위한 셈표시 체계

점수한계	셈표시	f
95-99	||	2
90-94	||||	4
85-89	𝍸 𝍸 ||	12
80-84	𝍸 ||||	9
75-79	𝍸 ||||	9
70-74	𝍸 |	6
65-69	||||	4
60-64	||	2
55-59	|	1
50-54	|	1
		$n = 50$

1 단계. 최저 점수와 최고 점수를 찾는다. 우리 자료에서는 각각 51과 99가 된다.

2 단계. 최고 점수에서 최저 점수를 빼서 점수의 범위를 찾는다. 99 − 51 = 48.

3 단계. 범위를 10이나 20으로 나누어 적절한 급간 폭이 어느 정도인지 확인하고, 편리한 폭을 선택한다. 10으로 나누면 4.8이고 올리면 5가 되며, 20으로 나누면 2.4이고 올리면 3이 된다. 우리는 $i = 5$로 하기로 한다. (표 2.3에서는 예시의 목적에서 **두** 가지 i 값들에 기초한 빈도분포를 다 제시하였다. 물론 실제에서는 하나의 빈도분포면 된다.)

표 2.5 GPA에 대한 묶은 자료 빈도분포

GPA	f
3.80-3.99	2
3.60-3.79	3
3.40-3.59	4
3.20-3.39	6
3.00-3.19	5
2.80-2.99	9
2.60-2.79	7
2.40-2.59	2
2.20-2.39	3
2.00-2.19	3
1.80-1.99	1
1.60-1.79	1
	$n = 46$

4 단계. 최저 급간을 결정한다. 최저 점수가 51점이기 때문에, 가장 낮은 급간의 시작 지점을 50으로 선택한다(급간 폭인 i의 배수임). $i = 5$이기 때문에 4(즉, 5 − 1)를 더하면 가장 낮은 급간 지점은 50-54이다. (5를 더했으면 급간의 폭이 6이 된다. i는 점수한계 간의 차이를 의미하는 것이 아닌 급간에 포함된 점수들의 개수를 반영하는 것임을 기억해야 한다.)

5 단계. 모든 급간을 기록하되, 가장 높은 점수를 포함한 급간을 위쪽에 놓는다. 급간은 연속적이고, 동일한 폭으로 결정되었다: 50-54, 55-59, …, 95-99.

6 단계. 셈표시 체계(tally system)를 이용하여 원점수들을 해당 급간 속에 표시한다. 표 2.4에서는 셈표시 체계를 보여 주었지만, 셈표시는 보통 최종 빈도분포에는 포함시키지 않는다.

7 단계. 각 셈표시를 빈도로 전환한다. 급간에 해당되는 빈도는 f로 표시한다. 점수들의 총합인 n(물론, 전체 빈도의 합과 같아야 함)은 빈도열의 하단에 표시한다.

급간 크기와 점수한계는 **항상** 원래 점수의 정확성과 같은 정도의 정확성을 보일 것이다. 예를 들어 위의 예시에서 심리학 시험 점수는 정수이고, 그 결과 각 급간에 대한 점수한계뿐 아니라 급간 크기 또한 정수이다. 그러나 대학 기숙사에 있는 학생들에 대한 소수점 이하 두 자리까지 정확한 평점(GPA)의 빈도분포를 작성하려 한다고 생각해 보자. 표 2.5는 결과로 나올 수 있는 빈도분포이다. 급간 폭은 .20이고 점수한계는 **소수점 이하 두 자리**까지 나타내고 있음에 주목하라.

2.6 상대빈도분포

한 연구자가 최근에 십대 표본에게 우편으로 발송한 설문지 중에서 45부를 돌려받았다. 회수된 수가 많다고 할 수 있는가? 만약 처음에 50개의 설문지를 보냈다면 전체의 90%가 회수되었다고 할 수 있다. 그러나 1,500명에게 설문지를 보냈다면 45부는 전체의 3%에 지나지 않는다. 어떤 목적을 위해서는 "얼마나 많은가?"라는 질문에 대한 답이 우리가 알고자 하는 것을 제공해 주지만, 어떤 경우에는 "**비율**이 얼마인가?" 또는 "몇 **%**인가?"라는 질문이 더 적절한 것이다. 그리고 많은 경우에 **두** 질문에 대한 답을 모두 아는 것이 중요하다.

빈도분포에서 각 급간에 대한 **절대빈도**(absolute frequencies)는 각각을 전체 사례수에 대한 비율이나 백분율로 바꿈으로써, 쉽게 **상대빈도**(relative frequency)로 바꿀 수 있다. 이 결과가 바로 **상대빈도분포**(relative frequency distribution)이다.

표 2.6 상대빈도분포

점수한계	f	비율	백분율(%)
95-99	2	.04	4
90-94	4	.08	8
85-89	12	.24	24
80-84	9	.18	18
75-79	9	.18	18
70-74	6	.12	12
65-69	4	.08	8
60-64	2	.04	4
55-59	1	.02	2
50-54	1	.02	2
	n = 50		

> 상대빈도분포는 점수들과 그 점수들이 나타내는 전체 사례수에 대한 비율 또는 백분율을 보여 준다.

표 2.6의 각 급간의 상대빈도를 얻기 위해 우리는 급간의 각 빈도를 그 분포의 전체 사례수로 나누어 준다(f/n). 비율은 소수로 나타내거나 1에 대한 상대적인 부분으로 표현된다. 백분율(100에 대한 상대적인 부분)[2]은 비율에 100을 곱함으로써 산출된다[$(f/n)100$]. 두 번째 계산을 할 필요는 없다. 비율에서 소수점을 오른쪽으로 두 자리만 옮기면 백분율을 얻을 수 있다. 백분율의 일반적인 기호는 %이다.

표 2.6으로부터 여러분은 급간 85-89 사이에 해당되는 심리학 시험 점수의 비율이 .24(12/50)라는 것을 알 수 있다. 이는 학급의 약 4분에 1에 해당하는 24%와 같다. 상대빈도를 제시하는 데 있어서, 소수점 두 자리의 비율로 할 것인지, 백분율로 할 것인지는 더 이상 중요하지 않다.[3] 예외가 있기는 하지만 소수점 두 자리의 비율을 사용하게 되면 .004(백분율로 표현하면 .4%)와 같이 너무 작은 값을 다루게 된다.

상대빈도는 특히 **사례수**가 다른 둘 또는 그 이상의 빈도분포를 비교할 때 유용하다. 표 2.7은 Casteñeda 교수 학급($n = 50$)과 그가 강의하는 저녁강의 학급($n = 20$)의 심리학 시험 점수 분포를 제시하고 있다. 두 집단의 분포를 비교하는 것은 쉽지 않기 때

2) 퍼센트는 라틴어의 "백에 대한"이란 말에서부터 왔다.

3) 때때로 비율(혹은 퍼센트)이 1.00(혹은 100)으로 합쳐지지 않아도 놀라지 말아야 한다. 계산을 잘못한 것이 아닌 한 약간의 부정확한 결과는 단순히 이런 절차를 적용했을 때 생기는 반올림에 의한 오차를 반영하는 것이다.

표 2.7 두 상대빈도분포의 비교

점수한계	영역 1 *f*	영역 1 %	영역 2 *f*	영역 2 %
95-99	2	4	2	10
90-94	4	8	3	15
85-89	12	24	5	25
80-84	9	18	4	20
75-79	9	18	3	15
70-74	6	12	1	5
65-69	4	8	1	5
60-64	2	4	1	5
55-59	1	2		
50-54	1	2		
	$n = 50$		$n = 20$	

문에 두 분포를 상대빈도로 바꾸어 동일한 기준을 가지게 되면 의미 있는 비교가 더 쉬워진다.

2.7 정확한계

지금까지 우리는 특정 급간의 한계를 결정할 때 **실제로 얻을 수 있으며** 그 급간 내에 속해 있는 최고 점수와 최저 점수를 급간 한계로 사용해 왔다. 이것은 그 급간의 점수한계(score limit)이며 대부분의 목적을 충족시킬 것이다. 그러나 어떤 경우에는 점수한계보다는 **정확한계**(exact limit)[4]라는 입장에서 생각하는 것이 유용한 경우가 있다. 정확한계라는 개념은 특정 점수의 의미를 더 정확하게 살펴볼 때 쉽게 이해된다.

우리가 언급해 왔던 Casteñeda 씨의 시험 점수에서 세 개의 가능한 인접 점수 86, 87, 88을 생각해 보자. 87이라는 점수는 86이나 88점으로 나타내는 것보다 87점에 더 비슷한 지식수준을 나타낸다고 생각하는 것은 합당하다. 따라서 87이라는 점수는 86.5에서 87.5까지 걸쳐진 것으로 취급될 수 있을 것이다. 한 점수에 대한 이러한 해석은 그림 2.1에 예시되고 있다. **점수의 한계는 그 점수값 아래에 있는 측정의 최소 단위의 1/2에서부터 그 위에 있는 1/2까지의 범위라고 한다.**[5] 만일 우리가 1인치의 1/10까지를 측정한다면 2.3인

4) 정확한계는 급간의 진짜한계(real limit) 혹은 참한계(true limit)라고도 한다.

5) 나이만은 예외이다. 어떤 사람의 나이가 25세라고 하면 그는 자기 나이가 25.0에서 26.0 사이에 있음을 의미하는 것이다.

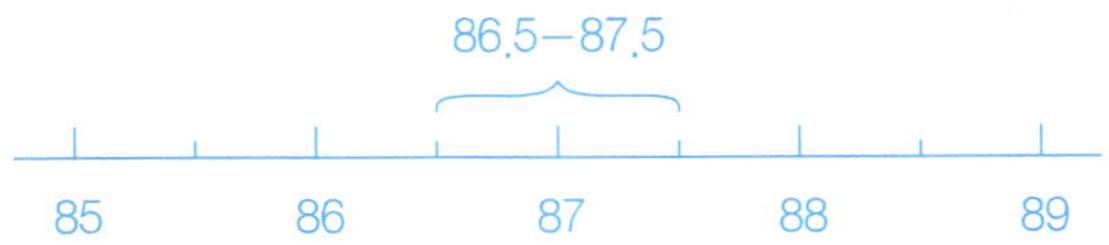

그림 2.1 87점의 정확한계

치의 점수가 나타내는 범위는 2.3 ± .05인치 또는 2.25～2.35인치까지이다. 만일 우리가 가장 가까운 10파운드까지 석탄의 무게를 달고 있다면 780파운드라는 무게는 780 ± 5파운드 또는 775～785파운드까지를 나타낸다.

이제 85–89 급간을 생각해 보자. 85라는 점수는 84.5까지 내려가고 89라는 점수는 89.5까지 올라가기 때문에 85–89라는 간격은 아마도 84.5와 89.5라는 **정확한계** 사이의 모든 것을 포함하는 것으로 취급될 것이다. Casteñeda 교수의 심리학 시험 점수의 전체 분포에 대한 정확한계를 알아보기 위해 표 2.8을 보라. 각 급간의 정확 하한계가 바로 아래 급간의 정확 상한계로 동시에 사용됨을 주목하라. 모든 점수는 정수로 보고되기 때문에 어떤 것도 정확한계 위에 정확하게 놓일 수 없다. 그것은 마치 급간들을 구분하는 전혀 두께가 없는 벽이 있는 것과 같다.

급간에 소수점이 있어도 전혀 문제가 되지 않는다. 예를 들어, 표 2.5A에 있는 2.60–2.79 급간을 생각해 보자. 2.60이라는 GPA는 2.595–2.605 사이의 모든 것을 포함하며, 2.79라는 GPA는 2.785에서 2.795까지의 점수를 포함한다. 따라서 2.60–2.79 급간의 정확한계는 2.595와 2.795이다.

2.8 누적백분율 빈도분포

특정 점수치 **이하에 놓이는** 사례들의 백분율을 아는 것은 유용하다. "Casteñeda 교수의 심리학 시험 점수에서 80점 이하에 놓이는 점수들은 몇 %인가?" "9살짜리 남자 아이들 중 몇 %가 4피트보다 작은가?" "임용고시에서 합격점 이하에 해당되는 교사 지원자는 몇 %인가?" 이런 종류의 질문은 분포가 **누적백분율**(cumulative percentage) 형태로 제시될 때 아주 쉽게 답할 수 있다.

> 누적백분율 빈도분포는 각 급간의 **상위 정확한계** 이하에 놓인 사례들의 백분율을 보여준다.

우리는 계속 표 2.8에서 제시된 Casteñeda 교수 학급의 심리학 시험 점수 누적백분율 빈도분포를 예로 사용할 것이다. 이러한 분포를 작성하는 절차는 다음과 같다:

표 2.8 정확한계와 함께 제시된 묶은 빈도분포에 대한 누적빈도와 백분율

점수한계	정확한계	f	Cum. f	Cum. %
95-99	94.5-99.5	2	50	100
90-94	89.5-94.5	4	48	96
85-89	84.5-89.5	12	44	88
80-84	79.5-84.5	9	32	64
75-79	74.5-79.5	9	23	46
70-74	69.5-74.5	6	14	28
65-69	64.5-69.5	4	8	16
60-64	59.5-64.5	2	4	8
55-59	54.5-59.5	1	2	4
50-54	49.5-54.5	1	1	2
		$n = 50$		

1 단계. 묶은 자료 빈도분포를 작성한다(표 2.8에 쉽게 참고하기 위해 정확한계가 포함되었다).

2 단계. 다음은 **누적빈도분포**를 계산한다. 이것들은 해당 급간의 **상위 정확한계 이하**에 놓이는 전체 빈도들이다. 이를 표 상단에 "Cum. f"라고 표시한다. 우리는 50-54 급간에 있는 한 개의 사례들에 대해 "1"라고 써 넣음으로써 맨 아래 줄부터 시작한다. 이것은 한 개의 사례가 정확 상한계 54.5 이하에 놓임을 말해 준다. 그 다음 급간인 55-59로 올라가면, 하나의 사례가 추가되어, 59.5 이하에 있는 누적 사례수는 2이다. 각 급간의 빈도를 바로 아래에 있는 급간의 누적빈도에 더함으로써 맨 위까지 계속해 나아간다. 맞았는지 확인하기 위해서는 제일 위의 급간에 대한 누적빈도는 전체 사례수인 n과 같아야 한다.

3 단계. 마지막으로 누적빈도들은 n으로 나누고, 소수점을 오른쪽으로 두 자리 이동함으로써 누가 백분율 빈도로 전환한다.[6] 이는 표 상단에 "Cum. %"라고 표시한다.

누적백분율은 f 칸에 있는 수치들은 급간들의 **상위** 정확한계 이하에 놓이는 사례들의 백분율을 제시한다. 예를 들어 Casteñeda 교수 학급의 심리학 시험 점수 64%는 84.5 이하이며, 46%는 79.5 이하에 놓인다. 기술통계치들과 같이, 누적백분율 역시 자료의 속성에 대해서 이야기할 수 있도록 하는데 유용하다. 만약 Casteñeda 교수의 등급 기준이 80점을 B의 최저 점수로 한다면, 표 2.8에서 보는 바와 같이 거의 절반보다 적은 학

6) 소수점을 그냥 두면 누적백분율이 아닌 누적비율을 얻게 된다.

생들(46%)이 이 시험에서 B 이하의 등급을 받았다는 것을 알 수 있다. 이 점수들 중에서 중간 지점 – 누적백분율 빈도가 50%인 – 은 80-84 급간에 해당되는 정확한계 어딘가에 위치하고 있다(왜 그런지 알 수 있는가?).

2.9 백분위 점수와 백분위

백분위 점수(percentile score)와 **백분위**(percentile rank)로 구성되는 백분위 체계는 현재 우리가 논의한 누적백분율 빈도분포와 밀접히 관련되어 있다. 백분위 점수와 백분위는 교육측정이나 심리측정에서 알려진 집단의 수행에 대해서 개인의 상대적인 위치를 보고하기 위해서 널리 사용된다.

백분위는 주어진 어떤 점수 이하에 놓이는 **사례들의 백분율**이다. 어떤 분포에서 43점 이하에 놓이는 사례들이 75%라면, 이 점수의 백분위는 75이다. 반대로, 백분위 점수는 분포에 있는 사례들에 대하여 제시된 백분율이 그 이하에 놓이게 되는 **점수**이다. 앞선 예에서 75번째 백분위 점수는 43점이다. 즉, 43점은 75%의 학생들이 그 이하에 있는 지점이라는 것이다. 백분위 점수는 종종 기호 형태로 표현되는데, 예를 들어, 75번째 백분위라면 P_{75}라고 표현되고, P는 "백분위 점수"를 나타내고, 아래 첨자는 백분위를 나타낸다. 따라서 $P_{75} = 43$이라고 표현할 수 있다.

백분위와 백분위 점수는 혼동되어서는 안 된다: 백분위는 0에서 100 사이의 값만 취하는 백분율이고, 백분위 점수는 분포 내에 있는 어떠한 값도 가질 수 있는 점수이다.

표 2.8과 같이, 자료가 묶여져 있는 경우에는 바로 백분위와 백분위 점수를 구하는 것은 불가능하다. 예를 들어, 표 2.8에서 77점의 백분위는 28과 46 사이의 어딘가인데, 이는 구간의 하위와 상위 정확한계의 누적백분율이 이에 속하기 때문이다. 묶은 자료에 대해서는 각 급간에 빈도가 고르게 분포되어 있다는 가정 하에 내삽법(interpolation)을 이용하여 백분위를 산출하게 된다.[7] 적은 표본이거나 급간 폭이 큰 경우에는 보다 덜 정확하게 추정치가 산출된다. 만약 여러분이 정확한 백분위 점수와 백분위를 계산하고자 한다면, **묶이지 않은** 자료에 대한 누적 빈도분포를 이용하여 산출하는 것을 추천한다.

백분위 점수와 백분위에 대한 주의사항

여러분이 백분위를 사용한다면 두 가지 주의사항을 기억해야 한다. 첫 번째는, 백분위는 **상대적**인 위치를 반영하는 것으로, "백분위"를 **절대적**인 수행을 반영하는 "답을 맞힌 비

---

7) 내삽법에 관한 보다 자세한 사항은 Minimum, King, & Baer(1993)를 참고하라.

율"로 혼동하지 말라는 점이다. 극도로 어려운 시험에서 몇 개의 정답을 맞혀 학급 동료들에 비해서 매우 뛰어난 수행을 보여 준 학생을 상상해 보자: 그는 매우 높은 백분위에 비해서 매우 낮은 맞힌 비율을 보일 것이다. 반대로, 매우 낮은 백분위는 매우 낮은 맞힌 비율을 의미하는 것이 아니다.

두 번째는 백분위 점수와 백분위는 항상 어떤 측정한 집단에 근거하고 있다는 것이기 때문에 해석 시에 그 집단을 기억하고 있어야 한다. 만일 여러분이 여러분의 통계수업에서 혼자 수학 전공자라면, 첫 번째 시험에서 95번째 백분위 점수를 받았다고 하더라도 축하할 일이 아니다. 그러나 만약 여러분이 그 학급에서 혼자만 수학 전공자가 아닌데 이와 같은 점수를 받았다면, 축하할 일이다.

백분위 점수를 사용하는 데 있어서 세 번째 주의사항은 "정상분포"에 대한 이해를 필요로 한다는 점이다. 이러한 이유로, 부가적인 주의사항은 6장에서 제시될 것이다.

2.10 질적 변수들에 대한 빈도분포

이 장의 처음에서 언급했듯이, 빈도분포는 질적 변수들을 대상으로 해서도 작성될 수 있다. 유치원 교사가 착한 행동을 한 학생들에게 보상을 어떻게 해 주는지 알고자 하는 경우를 상상해 보자. 여러분은 30명으로 구성된 교사 표본을 선정하고 **주요** 보상 전략이 어떤 것인지를 물어 본다(비록 교사들이 다양한 전략을 사용한다고 하더라도 여러분은 가장 많이 사용하는 것을 알고자 한다). 여러분은 모든 교사가 착한 행동에 대해 세 가지 주요 보상 전략, 즉 특전을 주는 것, 스티커를 주는 것, 언어적 칭찬 중 하나를 보고한 것을 알아냈다.

우리는 여러분이 "주요 보상 전략"이 질적이거나 명명 변수인 것에 동의한다고 믿는다: 특전, 스티커, 언어적 칭찬은 양에서의 차이가 아닌 종류에서의 차이를 보인다. 표 2.9에서 보는 것과 같은 결과 자료를 빈도분포로 조직하기 위해서는 다음과 같이 두 가지 단순한 단계를 따른다.

1 단계. 변수를 구성하는 범주들을 나열한다. 여러분의 입장에서 나타날 수 있는 편파성을 배제하기 위해서, 알파벳 순서나 빈도의 수가 많은 순서대로(표 2.9와 같이) 배열한다.

2 단계. 각 범주에 해당하는 빈도, f를 기록하고, 원할 경우 해당 백분율도 기록할 수 있다. 빈도 열의 하단에 전체 사례수인 n을 보고한다.

질문: 이 빈도분포에 **누적** 빈도들과 백분율을 포함하는 것이 적절한가? 물론 아니다,

표 2.9 질적(명명) 변수에 대한 빈도분표

주된 보상 전략	f	%
언어적 칭찬	21	70
스티커	6	20
특전	3	10
	$n = 30$	

"스티커" 이하에 해당되는 선생님의 수를 확인하는 것이나 질적 변수에서 다른 범주를 택한 선생님의 수를 확인하는 것(1장에서 아시아인이 아프리카계 미국인보다 작다고 주장하는 것이 의미 없는 것처럼)은 의미 없는 일이다. 누적 지수는 점수의 기저에 연속체가 있음을 시사하고, 따라서 변수가 적어도 서열척도 이상일 경우에 적용한다.

2.11 요약

자료들이 어떤 형태로 조직화되기 전까지는 자료가 의미하는 바를 이야기하는 것은 쉽지 않다. 빈도분포들은 자료의 의미를 보다 쉽게 알 수 있도록 해 준다. 빈도분포는 각 점수별 절대빈도(얼마나 많은가?)와 상대빈도(비율이나 백분율은 얼마인가?), 급간이나 범주 등을 알려 준다. 양적 변수들에 있어서는 누적백분율 빈도분포는 어떤 점수 혹은 급간 이하에 있는 백분율을 나타낸다. 이러한 빈도분포는 백분위 점수와 백분위를 확인할 수 있게 해 준다.

연습문제

정의 또는 설명하라

용어 및 개념

빈도분포	상대빈도분포
묶은 점수	정확한계
급간	누적빈도
급간 폭	누적백분율
급간 중앙값	백분위 점수
점수한계	백분위

백분율 누적백분율 빈도분포
비율

기호

f *n* *i*
Cum. *f* Cum. %
P_{75}

질문 및 문제

참고: *가 있는 문제는 부록 A에 답이 제시되어 있다.

***1.** 다음의 가설적인 분포에 대한 급간(점수한계)에 대해 이의를 제기할 것이 있으면 열거하라.

점수한계
25-30
30-40
40-45
50-60
60-65

2. "빈도분포를 작성하는 규칙은 수많은 경험에 의해 신중하게 발전되어 왔으므로 엄격하게 지켜야 한다." 이 말에 동의하는가? 이유를 설명하라.

***3.** 점수들의 집합에서 가장 낮은 점수와 가장 높은 점수가 아래에 제시되어 있다. 각각의 경우에, 점수들은 급간으로 묶여져야 한다. 각각에 대해 (1) 범위를 정하고, (2) 급간의 폭을 선정하고, (3) 최하위 급간의 점수한계와 (4) 최상위 급간의 점수한계를 정하라(최하위와 최상위 사이의 급간들을 열거하지 말고 하라).

(a) 24, 70
(b) 27, 101
(c) 56, 69
(d) 187, 821
(e) 6.3, 21.9
(f) 1.27, 3.47
(g) 36, 62

4. 아래의 급간에서 (1) 급간폭, (2) 급간의 정확한계, (3) 바로 위의 급간의 점수한계와 정확한계를 기술하라. (점수들은 특별히 달리 명시되지 않은 한 가장 가까운 정수나 제시된 소수점 단위로 반올림하는 것으로 가정할 것.)

(a) 10–14
(b) 20–39
(c) 2.50–2.74
(d) 1.0–1.9
(e) 30–40(가까운 십 단위로 반올림한 것)

***5.** 다음 비율을 백분율로 바꾸어라(비율과 같은 정확도로 백분율을 보고하라).
(a) .26
(b) .05
(c) .004
(d) .555
(e) .79

6. 다음 백분율을 비율로 바꾸어라(동일한 정확도를 적용하라).
(a) 42%
(b) 6.6%
(c) 43.7%
(d) 78%
(e) .8%

***7.** 예방의학 프로그램의 일부로, 이동병원은 정신과 치료 센터에 거주하는 직원 30명에 대한 다양한 측정치를 얻었다. 다음은 심장이완 혈압에 대한 결과이다.

81	91	89	81	79	82
70	92	80	64	73	86
87	72	74	75	90	85
83	82	79	82	78	96
77	85	83	87	88	80

30명의 점수의 범위가 96 − 64 = 32이기 때문에, i의 가능한 값은 2나 3이다.
(a) 우리는 어떻게 i의 두 개의 값을 구했는가?
(b) $i = 3$으로 하고 최저 급간을 63–65로 하는 빈도분포를 작성하라; 점수한계, 정확한계, 빈도, 백분율, 누적빈도, 누적백분율 등을 포함하라.
(c) $i = 2$로 하고 최저 급간을 64–65로 하는 빈도분포를 작성하라; 백분율, 누적빈도, 누적백분율 등을 포함하라.
(d) 여러분은 $i = 2$와 $i = 3$ 중에서 어떤 것을 더 선호하는가? 그 이유는 무엇인가?

8. 다음은 불안 검사 점수에 대한 누적빈도분포이다.

불안점수	빈도(f)	누적빈도(Cum. f)	누적백분율(Cum. %)
79	1		
73	1		
70	1		
67	1		
66	1		
64	1		
63	2		
62	2		
61	3		
60	4		
59	2		
58	2		
57	2		
56	1		
55	1		
53	1		
52	1		
49	1		
45	1		
39	1		

(a) 표에서 비어 있는 두 개의 열을 채워 넣어라(누적백분율은 가장 가까운 정수로 반올림하라).

(b) 제시된 점수들의 누적백분율을 계산하라: 67, 57, 49.

(c) 전체 사례의 약 3분의 2는 어떤 점수 이하에 놓이겠는가?

(d) 5분의 1은 어떤 점수 이하에 놓이겠는가?

(e) 어떤 두 점수 사이에 이 분포의 중앙이 위치하는가?

9. 여러분의 연구 참가자 중에서 인종적 분류가 다음과 같다고 가정해 보자: 아프리카계 미국인, $n = 25$; 백인, $n = 90$; 아시아인, $n = 42$; 스페인계, $n = 15$; 기타, $n = 10$. 이 자료에 대해서 빈도분포를 작성하라.

***10.** 남자의 빈도분포와 여자의 빈도분포를 동일한 변수에 대해서 비교하려 한다고 상상해 보자. 그런데 여자가 남자보다 많다. 여러분은 원래 빈도에 관심을 두어야 하는가, 아니면 상대빈도에 관심을 두어야 하는가? 그 이유는? 여러분의 논리를 뒷받침할 수 있는 예를 제시하라.

11. 표 2.5에서 제시되었던 다음 자료의 정확한계를 제시하라.

GPA	정확한계	빈도(f)
3.80-3.99		2
3.60-3.79		3
3.40-3.59		4
3.20-3.39		6
3.00-3.19		5
2.80-2.99		9
2.60-2.79		7
2.40-2.59		2
2.20-2.39		3
2.00-2.19		3
1.80-1.99		1
1.60-1.79		1

***12.** 여러분 대학의 2학년 학생 60명의 GPA 성적이 다음과 같다고 상상해 보자. 급간 폭을 .30으로 하고, 최저 급간의 점수한계를 .90-1.19로 하는 상대빈도분포(비율 사용)를 작성하라.

3.08	1.81	3.63	2.52	2.97	3.48	1.00	2.70	2.95	3.29
1.40	2.39	4.00	2.69	2.92	3.34	3.00	3.37	3.01	2.11
2.36	3.23	2.99	2.61	3.02	3.27	2.65	3.89	1.60	2.31
3.93	2.98	3.59	3.04	2.88	3.76	2.28	3.25	3.14	2.85
3.45	3.20	1.94	3.80	2.58	3.26	2.06	3.99	3.06	2.40
2.44	2.81	3.68	3.03	3.30	3.54	3.39	3.10	3.18	2.74

13. 경제학 시험에서 대학생들이 다음과 같은 점수를 얻었다.

41	33	18	41	36	50	27	34	36	36
36	36	39	33	40	48	29	41	28	39
30	44	41	39	45	30	36	27	21	46
40	47	46	47	35	24	32	46	33	39
33	45	39	31	37	46	34	18	30	35
27	42	27	31	33	44	39	36	24	27
30	24	22	33	36	54	54	46	32	33
24	24	36	35	42	22	42	45	27	41

급간 폭은 3이고 최하위 급간의 점수한계가 18-20인 빈도분포를 작성하라. 빈도를 상대빈도로 바꿔라(비율 사용).

***14.** 문제 13의 점수들로 급간 폭이 5이고 최하위 급간이 15-19인 상대빈도분포(비율사용)를 작성하라. 그 결과를 문제 13의 분포와 비교하라. 큰 급간 크기, 따라서 적은 급간의 수를 사용했을 때 어떤 이점이 있는가? 그 이유를 설명하라.

제 3 장

도표의 작성

3.1 왜 자료를 도표화하는가?

2장에서 본 바와 같이, 자료를 표로 제시하는 것은 자료의 특성과 의미를 보다 분명하게 드러낸다. 자료를 **시각적**으로 제시할 때는 더욱 분명하게 나타난다. 표로 구성된 자료에 전적으로 기초하지만, 그림은 종종 표가 힌트만 주는 내용을 생생히 볼 수 있도록 돕는다. 즉, 한 장의 그림이 천 마디 말(혹은 숫자)보다 의미 있을 수 있다.

매우 다양한 종류의 도표들이 있고, 다양하고 상세한 도표를 작성할 수 있는 방법을 기술한 책들은 쉽게 구할 수 있다. 우리는 행동과학에서 두드러지게 많이 사용되는 빈도분포에 대한 제시 방법만을 다룰 것이다. 질적 자료들을 도표화할 수 있는 막대도표(bar chart)부터, 양적 자료들을 도표화할 수 있는 히스토그램(histogram)과 빈도절선도표(frequency polygon)를 살펴보고자 한다.

3.2 질적 자료의 도표: 막대도표

유치원 선생님들이 사용하는 보상 전략을 다룬 표 2.9의 자료로 다시 돌아가 보자. 그림 3.1은 이 자료에 대한 **막대도표**를 보여 준다. 막대도표는 두 개의 축을 가지고 있는데, 하나는 가로축(*X*축, **가로좌표**)이고, 하나는 세로축(*Y*축, **종좌표**)이다. 변수의 범주는 알파벳순이나 빈도의 순으로 가로축에 적는다. 절대빈도(f)나 상대빈도(%)는 세로축에 나타낸다. 각 범주 위에 막대나 동일한 크기의 사각형을 그리는데, 높이는 해당 범주의 빈도에 해당된다. 막대들 사이의 공간은 자료의 범주적 속성을 표현한다. 축 이름을 붙

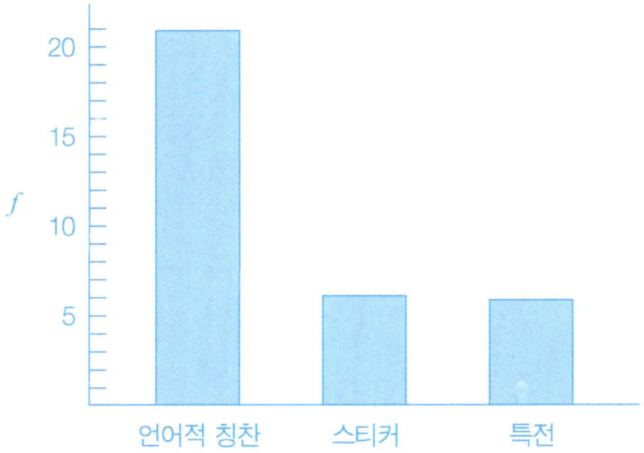

그림 3.1 표 2.9로부터 가져온 자료를 사용한 막대도표

여주고 의미를 잘 나타내주는 쉬운 제목을 붙이기만 하면 끝이다.[1)]

3.3 양적 자료의 도표: 히스토그램

막대도표의 개념은 **히스토그램**이라고 불리는 형태로 양적 자료에 쉽게 일반화될 수 있다. 기본적인 생각은 동일하지만 히스토그램은 그리는데 시간이 약간 더 든다.

표 3.1에 있는 자료를 히스토그램으로 표현하면 그림 3.2와 같다. 이 히스토그램은 동일한 폭의 막대들로 구성되어 있는데, 각 막대들은 급간에 해당되는 빈도를 나타낸다. 막대도표에서와 마찬가지로 축 이름도 동시에 붙여지며, 절대빈도나 상대빈도가 히스토그램의 세로축에 나타낸다. 막대도표와 다르게 히스토그램의 막대는 자료의 양적인 속성을 반영할 수 있도록 – 막대의 경계가 붙어 – 연속적이다. (변수가 서열변수인 경우에는 값들의 불연속성을 반영할 수 있도록 막대들 사이의 간격을 띄워 놓는 예외가 있을 수 있다.) 가로축의 값들인 급간은 왼쪽에서 오른쪽으로 갈수록 적은 수에서 큰 수로 서열화된다.

표 3.1처럼 그림 3.2는 50-54의 급간부터 95-99까지의 점수 범위를 보여 주고 있을 뿐 아니라 가장 많은 수의 점수들이 85-89 사이에 존재한다는 것을 보여 준다. 이 히스토그램은 또한 분포의 기저 모양, 즉 상위 부분에 점수들이 많고, 하위 부분에 점수들이 적다는 것을 보여 준다. 점수 분포의 기저 모양에 대한 것은 표 3.1을 가지고도 알 수 있지만 이와 같은 관찰은 전형적으로 히스토그램으로부터 보다 즉각적으로 가능하다.

---

1) **파이차트**는 막대도표에 대한 대안으로 인기가 있다. 특히 인쇄매체에서는 더욱 그렇다. 이름이 말하는 것처럼 파이차트는 원의 한 부분으로 각 유목의 빈도를 나타낸다. 파이차트를 정확하게 만들려면 콤파스나 각도기 그리고 원은 360도로 이루어졌다는 지식이 필요하다.

표 3.1 심리학 시험 점수

점수한계	정확한계	중앙값	f
(100-104)	(99.5-104.5)	(102)	
95-99	94.5-99.5	97	2
90-94	89.5-94.5	92	4
85-89	84.5-89.5	87	12
80-84	79.5-84.5	82	9
75-79	74.5-79.5	77	9
70-74	69.5-74.5	72	6
65-69	64.5-69.5	67	4
60-64	59.5-64.5	62	2
55-59	54.5-59.5	57	1
50-54	49.5-54.5	52	1
(45-49)	(44.5-49.5)	(47)	
			$n = 50$

히스토그램을 만들 때 중요하게 고려해야 할 두 가지 문제가 있다: 급간에 대한 명칭을 어떻게 붙이는가와 두 축을 어떻게 척도화할 것인가 하는 것이다.

급간의 명명

히스토그램의 가로축에 급간 눈금을 기록하는 방식에 대한 일정한 규칙은 없다. 그림 3.3은 일반적으로 사용되는 네 가지 방식을 보여 주고 있다. 정확한계(그림 3.3a)를 이용하는 방식은 네 가지 중에서 기술적으로는 가장 정확하지만 가장 번거로운 방식이다.

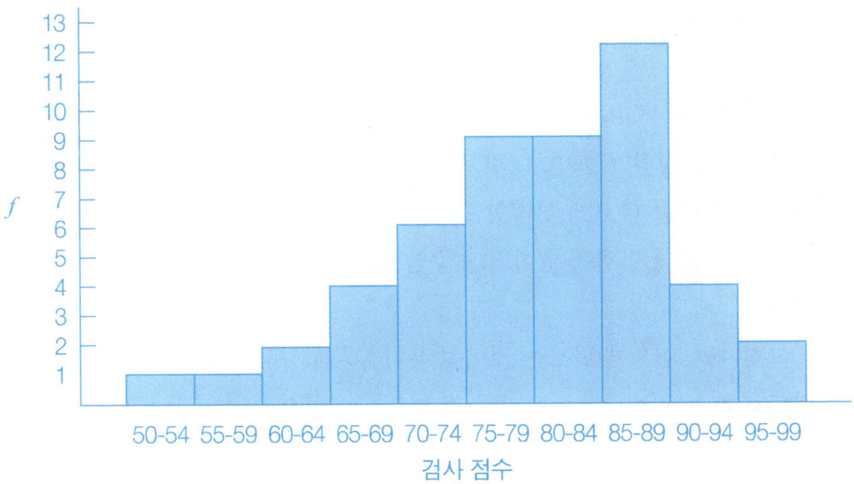

그림 3.2 표 3.1의 자료를 사용한 히스토그램

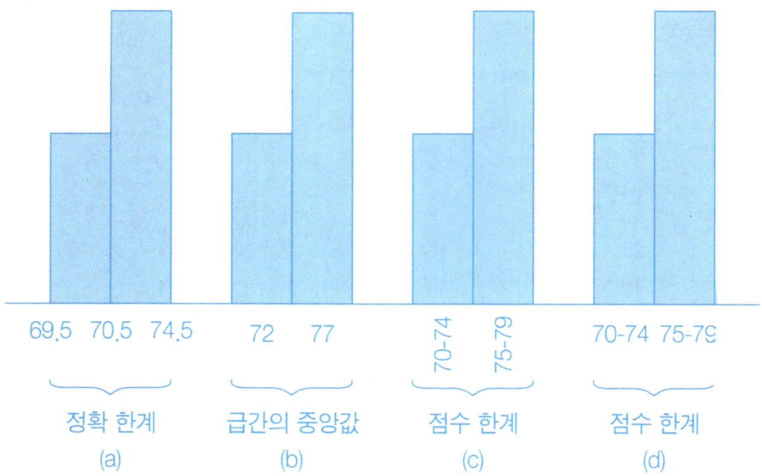

그림 3.3 급간의 명칭을 정하는 네 가지 방식

중간값(midpoints, 그림 3.3b)을 사용하는 것은 가장 간단하지만 기초가 되는 급간을 정확히 알 수 없는 단점이 있다. 우리 입장에서는 점수한계를 사용하는 방식이 정확성과 편리함 사이의 균형을 잘 맞춘 것이라고 생각된다(그림 3.3c, 그림 3.3d). 여기에 제시된 두 가지 예에서, 우리는 그림 3.3d의 방식이 좀 더 간단하기 때문에 선호한다. 그러나 선택은 여러분에게 달려 있다. 어떤 방식을 사용하든지 간에 분명하고 일관성을 가지고 사용하면 된다.

히스토그램의 척도

가로축과 세로축의 비율은 어떻게 정하는 것이 좋은가? 이것은 각 축의 상대적인 길이가 주어진 빈도분포에 대한 인상을 다르게 하게 때문에 중요한 문제이다. 실제로 원칙이 없는 사람은 두 축의 상대적인 길이를 조작함으로써 시각적인 인상을 쉽게 왜곡시킬 수 있다.

그림 3.4a와 3.4b는 그림 3.2에 대한 두 개의 다른 형태이다. 그림 3.4a에 대한 인상은 상대적으로 평평한 반면, 그림 3.4b는 좁고 뾰족한 분포로 생각된다. 물론 자료는 동일하지만 두 축을 다르게 설정함으로써 도표는 상당히 달라진다. 축을 늘이거나 줄임으로써 또는 빈도의 범위를 늘이거나 줄임으로써 우리는 우리가 원하는 대로 보이게 만들 수 있다.

그렇다면, 어떻게 만드는 것이 좋은가? 흔히 사용되는 방법은 세로축을 가로축의 3/4 정도로 하는 것이다. (도표의 폭과 높이는 도표의 경계선들이 아니라 도표로 그려질 자료의 범위를 가지고 치수를 결정해야 한다.) 가능하다면 세로축은 빈도수 0을 포함하도록 한다. 얻어진 빈도들이 커서 이렇게 하기는 것이 이상해질 경우, 적어도 잘못된 인상

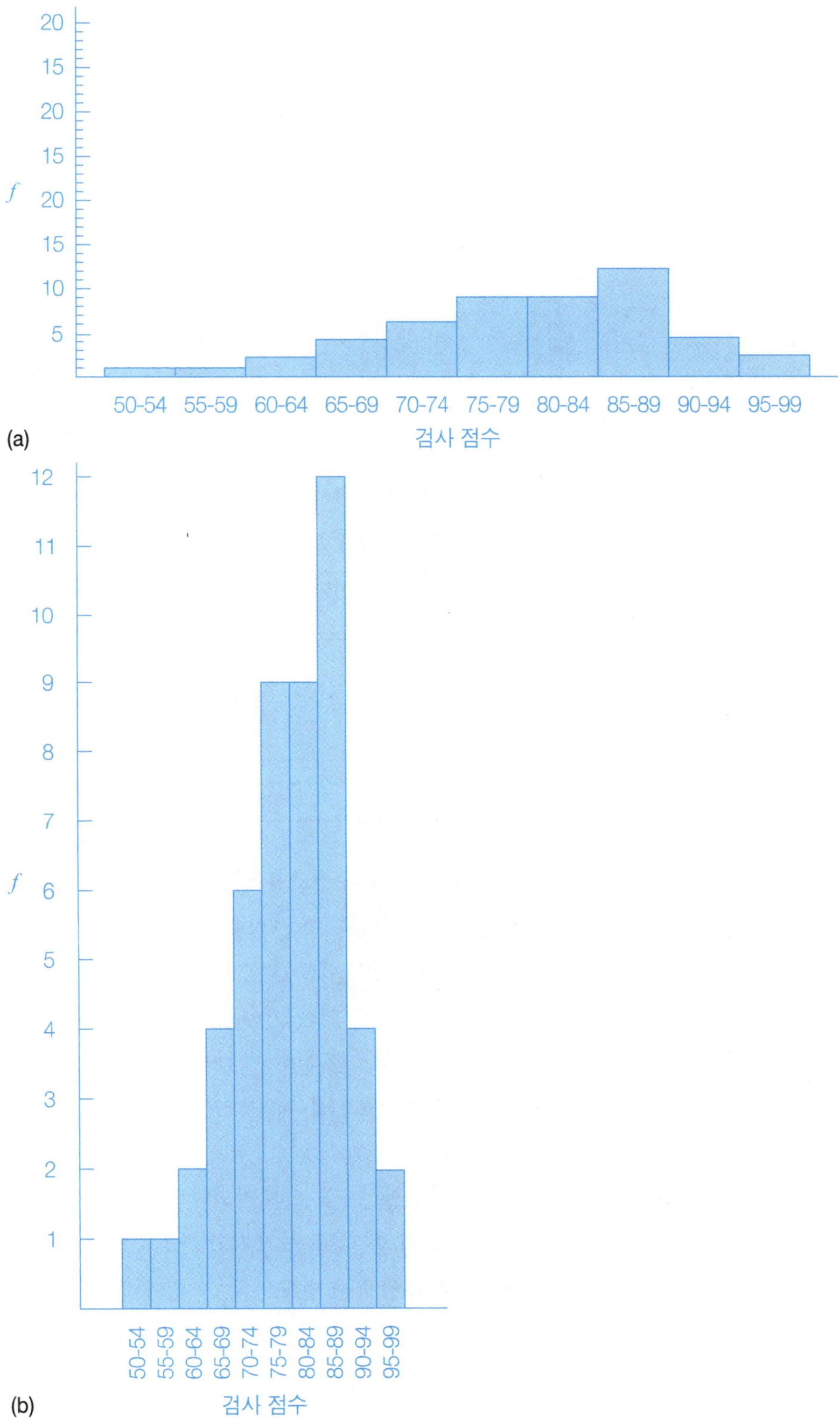

그림 3.4 축의 척도 변화 효과(표 3.1의 자료)

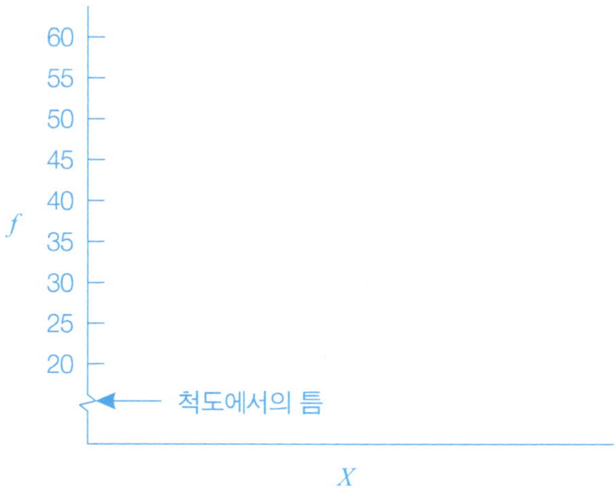

그림 3.5 영에 해당하는 빈도가 없는 경우: 수직 축을 분리해 놓은 예

을 주는 도표가 되는 것은 피할 수 있을 만큼 충분히 빈도들의 범위를 유지하는 것이 좋다. 이 경우에는 그림 3.5와 같이 수직축에 독자들의 눈에 띌 수 있도록 분명하게 분리시켜놓은 "틈"을 주는 것이 바람직한 방법이다. 간단히 말해서 히스토그램을 작성할 때에는 양심에 따라서 그려야 할 것이다. 그리고 히스토그램을 검토할 때에도 주의해야 할 것이다.

3.4 빈도절선도표

빈도절선도표(frequency polygon)는 빈도분포를 도표화하는 또 다른 방법이다. 이는 2장에서 소개되었던 **급간의 중간값**(interval midpoints)을 이용하는 것이다. 급간의 중간값은 급간의 점수한계들(정확한계를 선호한다면 이를 이용해도 됨)의 가운데 지점에 위치하는 점을 찾으면 된다. 표 3.1에서 97이라는 중간값은 두 점수한계의 차이(99 − 95 = 4)를 2(4/2 = 2)로 나누고, 하위 점수한계에 이 값을 더함(95 + 2 = 97)으로써 구할 수 있다. 이는 구간의 **정확한계**(94.5–99.5)를 이용하여 계산하더라도 동일한 결과가 산출된다.

표 3.1의 자료는 그림 3.6에 빈도절선도표로 제시되었다. 이러한 도표를 그리기 위해서는 히스토그램에서와 같이 급간의 **중간값들**을 가지고 가로축의 눈금을 만들어야 한다. 각 중간값 위에 급간의 중간값에 해당하는 빈도와 같은 높이에 점을 찍는다. 그리고 나서 이 점들을 직선으로 연결한다. 만일 여기서 멈추면, 그 도표는 X축에 닿지 않을 것이다. 그것을 X축까지 "내려오게" 하려면, 우선 점수들이 있는 마지막 급간 바로 다음에 있는 가장 낮은 급간과 가장 높은 급간, 두 개의 급간을 찾아야 한다(표 3.1의 괄호 안에

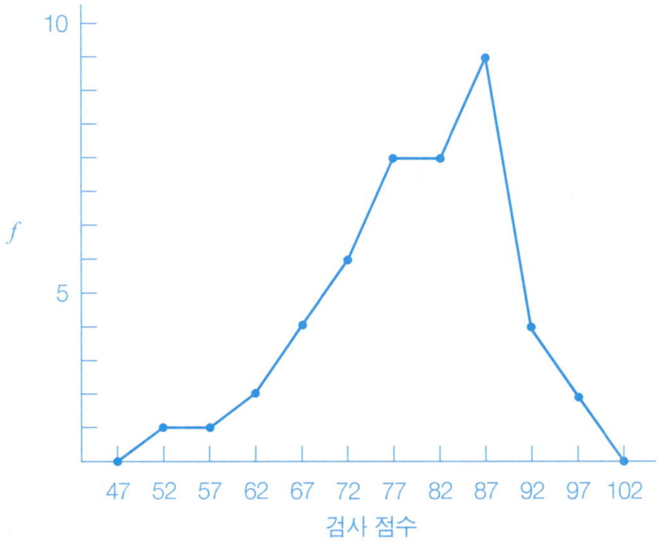

그림 3.6 표 3.1의 자료를 사용한 빈도절선도표

서 이를 볼 수 있다). 빈도 0에 그려진 이러한 급간들의 중간값이 도표와 연결된다. 그림 3.6에서는 설명하기 위해 점들을 표시했지만 통상적으로 선으로만 표시한다. 히스토그램에서와 마찬가지로 절대빈도나 상대빈도 중 어느 것이나 빈도절선도표로 나타낼 수 있다.

그림 3.2와 그림 3.6을 비교함으로써 여러분은 빈도절선도표의 주요한 장점을 알 수 있을 것이다: 히스토그램의 사각형의 뾰족한 모서리가 사라졌기 때문에 모양이 좀 더 부드러워졌다. 결과적으로 빈도절선도표는 여러분에게 기저 분포의 모양에 가까운 형태를 볼 수 있도록 해 준다.

3.5 서로 다른 분포들의 비교

두 개 이상의 빈도분포를 비교하는 것은 빈도절선도표와 같은 도표를 그리는 방법을 사용하면 더 쉬워진다. 분포들의 사례수가 같지 않을 경우에는 **상대빈도**를 이용하면 훨씬 쉽게 비교할 수 있게 된다. 그림 3.7은 Casteñeda 교수(표 2.7)가 가르치는 두 교실의 심리학 시험 점수들을 비교한 것이다. 그림 3.7을 보면 저녁에 수업하는 학생들의 점수가 다른 학급보다 더 나은 점수를 보이고 있고, 범위도 좁음을 쉽게 확인할 수 있다. 왜 그런지는 여러분의 상상에 맡기기로 한다.

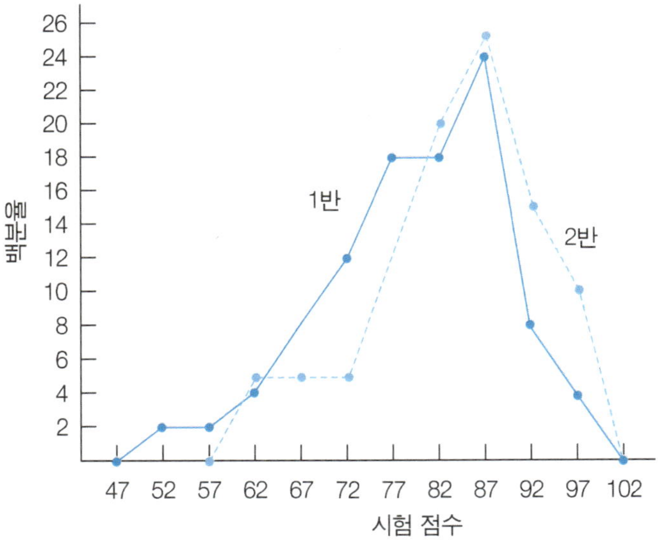

그림 3.7 표 2.7의 자료를 사용한 두 분포의 비교

3.6 상대빈도와 비율면적

히스토그램과 빈도절선도표를 그릴 때, 우리는 빈도(또는 상대빈도)를 나타내기 위해 그래프의 **높이**를 사용하였다. 이제 우리는 도표 밑의 **면적**도 빈도를 나타낼 수 있음을 볼 것이다. 면적을 빈도로 해석하는 것은 앞으로 이 책의 다른 장들로 가면 더 중요해질 것이다.

면적과 빈도와의 관계, 또는 더 정확히 **비율면적과 상대빈도**와의 관계를 설명하기 위해서, 우리는 다음과 같은 분포를 사용해 볼 것이다.[2)]

점수한계	f	비율
12–14	2	.10
9–11	6	.30
6–8	8	.40
3–5	4	.20
	$n = 20$	

아주 큰 종이에 이 분포의 히스토그램을 그린다고 가정해 보자. 각 급간은 폭은 3인치로 세로축의 빈도분포는 1인치로 한다. 이것이 그림 3.8(축소된 형태이지만)이다. 각 막대의 면적은 폭(3인치)×높이로 구할 수 있다. 또한 한 막대의 비율면적은 그 막대의 면적을 전체 히스토그램 밑의 전체면적 (모든 막대들을 합한 것, 60평방 인치)으로 나눔으로써 얻을 수 있다. 그 결과가 아래에 제시되어 있다:

---

2) 물론 실제로 이렇게 적은 급간을 사용하는 일은 거의 없을 것이다.

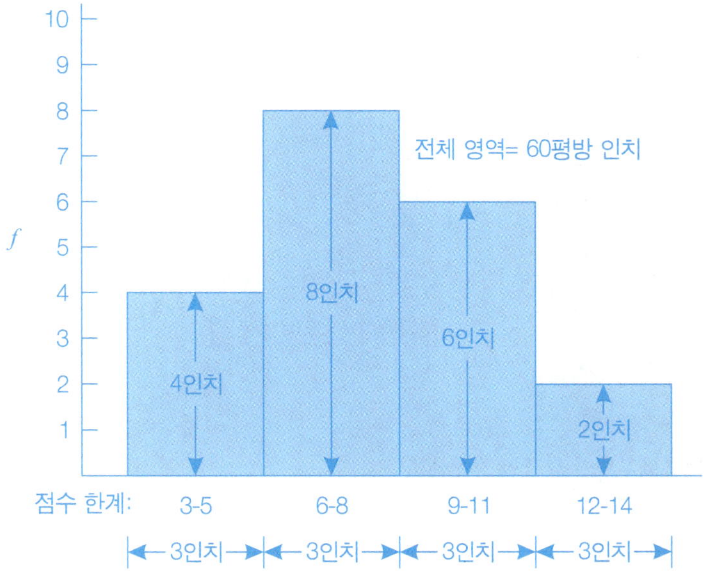

그림 3.8 3.6절의 빈도분포에 대한 히스토그램

점수한계	빈도(f)	면적($W \times H$)	비율면적
12-14	2	3×2 = 6	6/60 = .10
9-11	6	3×6 = 18	18/60 = .30
6-8	8	3×8 = 24	24/60 = .40
3-5	4	3×4 = 12	12/60 = .20
		60평방 인치	1.00

비율면적은 앞에서 제시된 상대빈도와 같다는 것에 주목하라. 따라서 하나 또는 그 이상의 급간에 대한 상대빈도는 그 급간에 포함된 히스토그램 밑의 면적 비율과 같아야 한다. 예를 들어 9-11 급간 아래에 놓이는 개인의 상대빈도는 .20 + .40 = .60이다. 이것은 그림 3.8에서 9-11 급간의 히스토그램 밑에 있는 면적의 비율과 동일하다. 동일한 폭을 가진 막대들을 사용한 히스토그램을 그리는데 사용된 척도와는 상관없이 동일하다는 것을 알 수 있을 것이다. 즉, 우리는 **히스토그램(막대도표)의 막대들은 동일한 폭을 사용해야 한다**고 이 장 앞부분에 명기하였다.

우리는 사각형의 면적을 구하는 절차가 매우 간단하기 때문에, 히스토그램을 사용하여 상대빈도와 면적간의 관계를 전개해 왔다. 그러나 히스토그램에 적용되는 사실들은 우리가 앞으로 보게 될 매끈한 빈도곡선에 대해서도 마찬가지이다. 왜냐하면 하나의 매끈한 곡선 밑의 면적은 아주 좁은 막대를 가진 히스토그램과 매우 유사하기 때문이다. 이것은 그림 3.9에 나타나 있는데 이른바 **정상곡선**이라 하는 것이며, 통계학에서 흔히 볼 수 있는 분포형태로서 다음과 같은 일반적 원리를 갖게 된다.

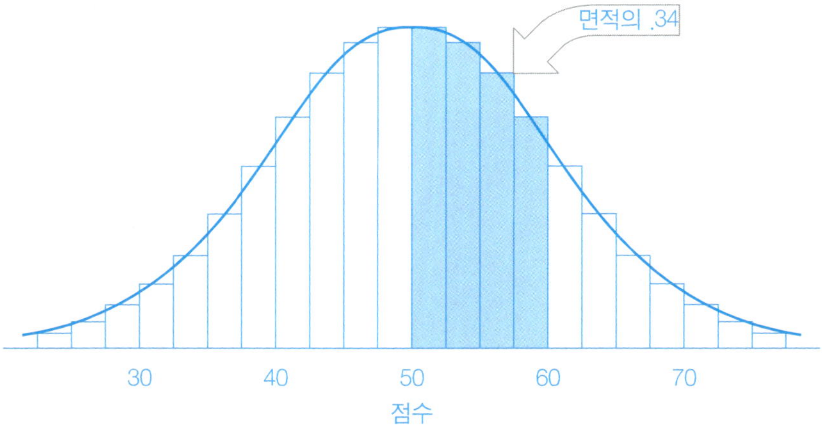

그림 3.9 히스토그램이 첨가된 정상분포

> 어떤 두 점수 사이의 빈도곡선 밑에 있는 면적비율은 그 점수들 사이에 있는 사례들의 상대빈도

그림 3.9는 이 원리를 나타내고 있다. 전체 면적의 .34(또는 34%)가 50점과 60점 사이에 놓여 있으므로 그 사례들의 .34(또는 34%)는 50점과 60점 사이의 점수들을 가져야 한다. **이 원리는 앞으로 나올 통계적 추론에서 수없이 적용될 것이므로 몸에 배도록 하라.**

3.7 빈도분포의 특성

상세하게 그려지고 잘 이름 붙여진 히스토그램이나 빈도절선도표를 조사해 보면 한 집단의 점수들에 대해 많은 것을 알 수 있다. 그러나 몇 가지 주요한 특성을 가지고 도표가 구체적으로 제시하는 것이 무엇인지를 요약하는 것이 중요하다. 이러한 특성을 사용하는 것은 한 분포에 대한 특징을 매우 간결한 방식으로 전달해 주고 결과를 더 명확히 해주는 비교와 분석을 가능하게 해 준다. 이러한 특성들은 다음 장들에서 상세히 검토될 것이고, 이후로 이 책에서 계속 사용될 것이다. 그것들이 무엇인지 살펴보기로 한다.

집중경향(Central Tendency)

점수 척도 상에서 그 분포의 중앙은 어디에 위치하는가? 점수들은 어느 점수 주위에 몰려 있는가? 두 질문은 모두 집중경향의 특성을 다루는 것이다. 그림 3.10a는 집중경향이 서로 다른 두 가지 분포가 제시되어 있다. 한 분포에서 나온 점수들이 다른 분포에서 나

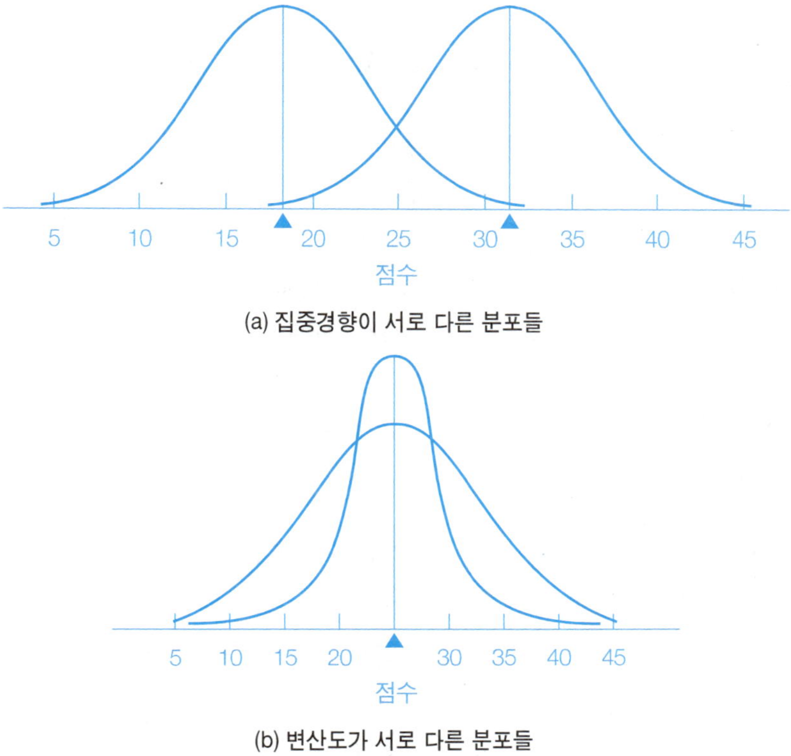

그림 3.10 빈도분포의 형태: 집중경향과 변산도에서의 차이

온 점수들보다 전반적으로 가로축에서 오른쪽으로 더 멀리 나가 있다는 것을 알 수 있다(따라서 그림 3.7의 두 분포를 비교할 때, 여러분은 그들의 집중경향을 관찰해야 한다). 다음 장에서는 집중경향에서 많이 사용되는 몇 가지 측정치를 보게 될 것이다.

변산도(Variability)

점수들이 중간 지점에 가까이 모여 있는가 아니면 가로축을 따라 퍼져 있는가? 이 질문은 분포의 변산도에 관한 것이다(따라서 그림 3.7의 두 분포의 변산성에 관해 관찰해야 한다). 그림 3.10b는 변산도가 다른 두 분포를 나타낸 것이다. 변산도의 측정치들은 5장에서 논의될 것이다.

형태(Shape)

분포의 형태는 어떠한가? 점수들은 우리가 "정상곡선"이라 부르는 흔한 종 모양을 이루는가, 아니면 다른 식으로 분포되어 있는가? 어떤 모양의 빈도분포들은 행동과학에서 상당히 일관되게 나타난다. 그림 3.11에는 이러한 예들이 제시되어 있는데, 간단히 아래에서 다루고, 분포의 형태에 대해서는 4장에서 좀 더 자세히 다루기로 한다.

정상분포(Normal Distribution) 정상분포(그림 3.11a)는 – 유명한 "종 모양의 곡선" – 많은 신체적(예를 들어, 키), 심리적(예를 들어, 적성), 심동적(예를 들어, 근육의 강도) 변수들에 대한 분포들의 특징이다. 자연은 정상곡선을 선호하는 것처럼 보인다. 그러나 일부 주장과는 달리 충분한 자료를 수집한다고 해서 모든 변수에서 정상분포를 보이는 것은 아니다. 어떤 변수들(예를 들어, 연간 수입, 반응 시간)은 그냥 정상분포가 아니고, 많은 자료들은 변하지 않는다는 것은 사실이다. 그럼에도 불구하고, 정상분포는 통계적 추론에서 상당히 중요하고, 여러분은 이후의 장들에서 이에 대해 많이 듣게 될 것이다.

양봉분포(Bimodal Distribution) 양봉분포(그림 3.11b)는 동일한 척도에 두 개의 정상분포가 약간 겹쳐서 놓인 것과 같다. 양봉분포의 두 개의 봉우리는 집중경향의 두 개의 위치를 가리키고, 표본 내에 두 개의 집단이 있다는 것을 의미한다. 예를 들어, 양봉분포는 남자와 여자의 신체적인 힘의 강도를 테스트해서 얻을 수 있는 분포이다. 예기치 않게 양봉분포를 얻었다면 즉각적으로 **왜** 이러한 현상이 일어났는지를 알아보아야 한다.

편포된 분포(Skewed Distribution) 그림 3.10c와 그림 3.10d는 많은 점수들이 어느 쪽으로 치우쳤는가에 따른 편포된 분포를 보여 준다. 점수가 오른쪽으로 가면서 줄어드는 형태를 **정적 편포**(positive skew)되었다고 하고, 점수가 왼쪽으로 가면서 줄어드는 형태를 **부적 편포**(negative skew)되었다고 한다.[3] 매우 어려운 시험은 정적으로 편포된 분포를 산출할 것이고, 매우 쉬운 시험은 부적으로 편포된 분포를 산출할 것이다.

편포된 분포에 대한 전문용어는 그림 3.11c와 그림 3.11d에서와 같이 엄지를 뻗고 주먹 쥔 손을 이용하면 쉽게 기억할 수 있다. 주먹은 점수가 많이 몰린 것을 나타내고, 엄지는 분포의 꼬리를 나타내며, 엄지의 방향은 편포된 방향을 나타낸다. 편포된 방향은 많은 쪽을 의미하는 것이 아니라, 분포의 꼬리에서 적은 방향을 의미한다(프로 운동선수들은 미국의 소득을 나타내는 분포가 **편포**되게 만드는 경향이 있다).

J형 분포(J-Shaped Distribution) J형 분포는 극단적으로 부적 편포된 분포로서, 너무 심해서 분포의 높은 쪽 끝이 가로 축으로 내려와서 만나지 않는 (J자를 닮은) 형태이다. 대부분의 점수들이 가능한 최고 점수인 천장에 있다. 예를 들어, 고등학교 3학년 학

---

3) 이 전문용어는 마이너스 값(왼쪽)부터 플러스 값(오른쪽)까지 무한대의 범위를 갖는 이론적 수치를 가지는 척도를 나타낸다.

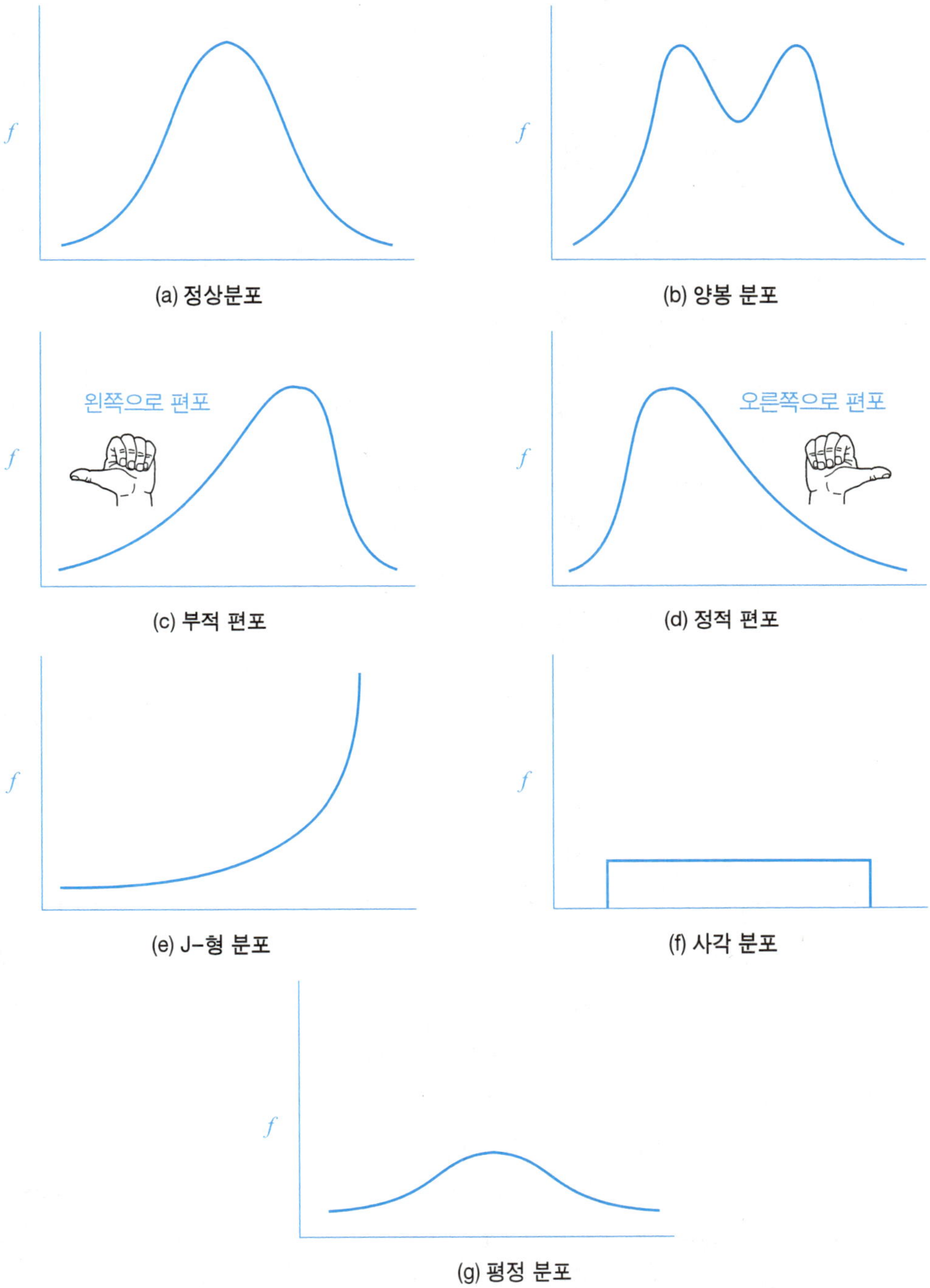

그림 3.11 분포들의 형태

생들이 8학년 어휘시험을 보았다면, 그림 3.11e와 같은 분포를 보였을 것이다. 대부분의 고등학교 3학년 학생들은 몇몇 불행한 예외를 제외하고는 모든 단어를 다 알고 있었을 것이다.

반대가 되는 분포, 즉 최하 점수(예를 들어, 오답 없음, 모두 틀림, 빠른 반응)에 점수들이 많이 모여 있는 경우 정반대의 분포가 가능할 것이라고 생각한다면 맞았다. 이러한 분포는 예상대로 **역 J형 분포**(reverse J curve)라고 부른다.

사각분포(Rectangular Distribution) 사각분포(그림 3.11f)에서는, 한 집단의 등수들과 같이 모든 점수들이 1의 빈도를 가지는 분포를 말한다. 이 경우를 제외하고는, 실제 현장에서 사각분포를 많이 볼 수 없을 것이다.

첨도(Kurtosis) 첨도는 분포의 뾰족함을 의미하는 말이다. 분포에 있는 점수들이 좁게 몰려 있다면 이 분포는 **급첨**(leptokurtic)이라고 부른다. 그림 3.10b에 뾰족한 분포는 급첨 분포의 예이다. 반대로, 상대적으로 평평한 형태의 분포는 **평첨**(platykurtic)이라고 부른다. 이 분포들 사이의 분포는 **중첨**(mesokurtic, 예를 들어, 그림 3.11a와 같은 정상분포)이라고 부른다. 한편, 여러분은 이 재미있는 용어들의 어원이 궁금하다면, "lepto"는 "좁은"을 의미하고, "platy"는 "넓은 혹은 평평한"을 의미하고, "meso"는 "중간"을 의미한다.

3.8 요약

빈도분포가 자료의 중요한 특성을 볼 수 있도록 해 주는 데 유용하기는 하지만, 도표로 제시하는 것이 일련의 자료에 대한 중요한 특징들을 더 알기 쉽게 해 준다. 막대도표는 질적 자료를 도표화하는 데 가장 일반적인 방법이고, 히스토그램과 빈도절선도표는 양적 자료를 도표화하는 방법이다.

히스토그램에서 각 급간에 대한 빈도는 그 급간의 정확한계 사이에 그려지는 막대의 높이로 표시된다. 빈도절선도표에서는 빈도에 상응하는 높이에 있는 각 급간의 중간지점 위에 점으로 표시한다. 그리고 나서 그 점들은 직선으로 연결된다. 둘 또는 그 이상의 분포들에 대한 비교는 특히 빈도절선도표와 같은 도표법을 적용하면 더 쉽게 할 수 있다. 여기에서 상대빈도를 사용하는 것은 사례수가 같지 않을 경우에 생기는 문제들을 피할 수 있을 것이다.

도표를 작성하는데 다음과 같은 몇 가지 지침이 있다. 점수들은 대개 가로축, 빈도(또는 상대빈도)는 세로축에 제시한다. 도표의 높이보다 넓이가 다소 크게 축의 눈금을 조절한다. 또한 축에는 이름을 붙여야 하고 의미 있는 정보를 제공해 주는 제목을 달아야 한다. 그러나 어떤 자료에 꼭 맞는 유일한 도표란 없고, 점수들을 묶는 방법이나 두 축의 척도를 달리 함으로써 다른 형태의 도표가 만들어질 수도 있다. 여러분의 목적은 항상 자료를 분명하고, 정확하게, 그리고 공정하게 전달하기 위한 것이다.

빈도는 히스토그램이나 빈도절선도표에서 높이로 표시되지만, 그 도표 밑의 면적에 대해서도 알아야 한다. 어떤 두 점 사이의 상대빈도는 그 점 사이의 면적의 비율과 동일한데, 이와 같은 관련성은 나중에 다시 설명할 것이다.

마지막으로, 빈도분포를 세 가지 주요 특성인 집중경향, 변산도, 형태 등의 견지에서 서술하는 것은 유용한 것임이 입증될 것이다. 다음 장들에서 이러한 특성들을 상세히 다루기로 한다.

연습문제

정의 또는 설명하라

용어 및 개념

막대도표	양봉분포
X축과 Y축	정적편포
가로좌표와 세로좌표	부적편포
히스토그램	J 곡선
빈도절선도표	사각분포
비율면적	첨도
집중경향성	급첨
변산도	평첨
정상분포	중첨

질문 및 문제

참고: *가 있는 문제는 부록 A에 답이 제시되어 있다.

***1.** 왜 통계 지식이 많은 사람은 도표보다 빈도분포를 검토하기를 선호하는가? 이런 입장에 반대하는 주장은 어떤 것이 있겠는가?

2. 막대도표와 히스토그램의 유사점과 차이점을 기술하라.

***3.** 다음의 각 급간에 대해 중간값을 제시하라(점수들은 달리 명시되어 있지 않는 한 가장 가까운 정수나 나타나 있는 소수점 자리로 반올림한 것으로 가정하라).

(a) 10–14

(b) 200–399

(c) 2.50–2.74

(d) 3.00–3.19

(e) 30–40 (10의 자리로 반올림)

***4.** 이 장에서 제시한 지침에 따라서 2장의 문제 7에서 얻은 심장 혈압의 분포를 보여 주는 히스토그램을 작성하라(두 축에 대한 명칭과 제목도 제시하라).

5. 위 문제의 히스토그램을 빈도절선도표로 전환하라.

6. 문제 4번과 5번에서 Y축을 빈도 대신 백분율을 사용했다고 가정해 보자. 새로운 도표에서 어떤 점이 달라지고, 어떤 점이 그대로인가?

7. 표 2.5에 있는 GPA 자료를 기초로 히스토그램을 작성하라.

***8.** 위 문제를 빈도절선도표로 전환하라.

9. 2장의 9번 문제에 대한 인종에 대한 도표를 작성하라.

10. 위 문제에서 인종 자료에 대한 빈도절선도표를 작성하고자 하는 친구에게 여러분은 어떻게 충고해 주겠는가?

***11.** 다음 분포의 가능한 모양을 기술하라.

(a) 25세 대규모 표본의 키

(b) 5학년생 30명과 9학년생 30명의 동일한 수학시험 점수(하나의 빈도분포로 합친 경우)

(c) 고등학교 학생들의 언어 적성

(d) 매우 뛰어난 대학에 지원한 학생들의 SAT 점수

(e) 미국 대학교들의 신입생의 나이

(f) 16세 표본에서의 알코올 소비량(1주간 음주 횟수)

12. 다음은 30명의 시골 아동들과 60명의 도시 아동들의 "환경 인식"에 대한 설문지를 완성한 후에 얻은 자료이다.

환경인식 점수	시골 아동 빈도(f)	도시 아동 빈도(f)
65-69	2	2
60-64	3	0
55-59	4	1
50-54	5	3
45-49	6	4
40-44	4	7
35-39	2	10
30-34	2	12
25-29	1	9
20-24	0	6
15-19	1	4
10-14	0	2
	$n=30$	$n=60$

(a) 두 자료에 대한 빈도절선도표를 작성하고 두 분포를 비교하라(두 축에 대한 분명한 명칭과 제목을 제시하라).

(b) 두 분포로부터 여러분은 어떠한 결론을 도출할 수 있겠는가?

***13.** 어떤 경우에 도표가 커져야 하는가? 어떤 경우에 작은 도표가 받아들여지는가?

제 4 장

집중경향

4.1 집중경향의 개념

일반 사람들에게 "평균"은 아마도 통계적 개념 중에서 가장 친숙할 것이다. 플로리다의 2월은 얼마나 따뜻한가? BMW의 연비는 어떻게 되는가? 패션모델들은 키가 얼마나 큰가? 아무개의 GPA는 얼마인가? 평균은 행동연구자들의 말 속에는 어디서나 존재한다. 편모들의 전반적 수입 수준은 얼마나 되는가? 백인들과 아시아계 미국인들은 양적 추론 능력에서 차이가 있는가? 학교 교장들 사이에서 흔히 볼 수 있는 리더십 스타일은 어떤 것인가? 평균은 이러한 질문들의 근거이며, 광범위하게 말해서 관찰치 집합의 "전형적"이거나 "대표적인" 것이 무엇인가를 의미한다.

"평균"은 여러분도 알게 되겠지만 **집중경향 측정치**(measure of central tendency)에 대한 비공식적이고, 부정확한 용어이다. 이 장에서 우리는 행동과학 분야에서 많이 사용되는 세 가지 집중경향치인 최빈치(mode), 중앙치(median), 산술평균치(arithmetic mean)를 살펴보려고 한다. 여러분이 이들의 속성이 어떻게 다른지를 이해하고, 또한 이러한 차이점들을 어떻게 적절하게 해석하고 적용해야 하는지를 이해하는 것은 중요한 일이다.

4.2 최빈치

가장 단순한 집중경향의 측정치는 **최빈치**(Mode)로 어떻게 세는지만 알면 된다.

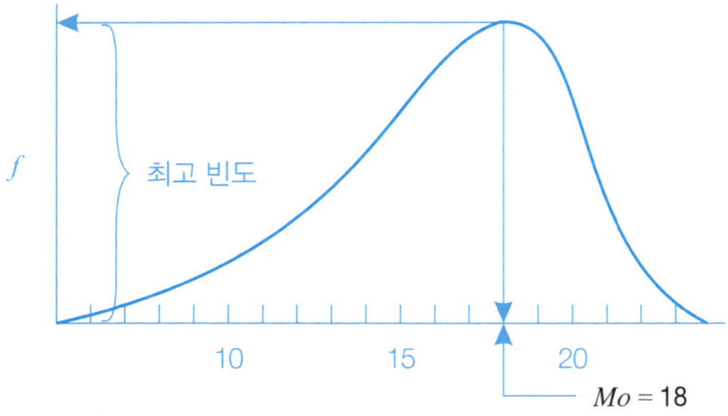

그림 4.1 최빈치, *Mo*를 보여주는 철자법 시험 점수 분포

> **최빈치**(기호: *Mo*)는 가장 흔히 나타나는 점수이다.

표 2.2로 돌아가서, 빈도 열을 살펴보자. 86점이 가장 높은 빈도를 보이고 있기 때문에 이것이 이 분포에서 바로 최빈치, **최빈점수**(modal score)가 되는 것이다. 그림 4.1에 있는 철자법 시험 점수 도표를 검토해 보자. 최빈치는 곡선에서 가장 높은 점에 해당되는 점수로 이 경우에는 18점이다. 이제 여러분은 그림 3.11b의 두 개의 봉우리를 가진 분포를 왜 **양봉**(bi- modal) 분포라고 불렀는지 알 수 있을 것이다.[1)]

이러한 수학적 원시성으로 인해서 최빈치는 통계적 추론에서는 거의 사용되지 않는다. 그러나 이것은 기술적 도구로서는 꽤 유용할 수 있다. 더욱이, 명명이나 질적 변수들에 대해서는 **유일하게** 사용할 수 있는 집중경향의 측정치이다. 따라서 결혼 여부, 인종, 대학전공과 같은 측정치에 대한 집중경향을 보고할 때에는 최빈치를 사용해야 한다.

4.3 중앙치

중앙치(Median)는 약간 다르게 정의된다.

> **중앙치**(기호: *Mdn*)는 관찰치들을 크기 순서로 배열하였을 때 가운데 해당하는 점수로 위에 있는 점수의 수와 아래 있는 점수의 수가 동일하다.

다섯 개의 점수가 있다고 가정해 보자:

8, 10, 11, 13 15
↑

1) 양봉분포가 되기 위해서는 두 개의 봉우리가 모두 **같은** 높이여야만 할 필요는 없다.

중간지점은 그 아래에 두개의 점수가 있고, 위에 두 개의 점수가 있는 11이며, 따라서 중앙치는 11이다.

만약 점수의 수가 짝수라면 여러분은 두 개 점수들의 가운데 지점을 택하게 된다. 앞선 5개의 숫자에 6번째 숫자를 더한다고 가정해 보자:

$$8, 10, 11, 13, 15, 16$$
$$\uparrow$$

두 개의 중간점수는 현재 11과 13이고, 이들의 중간점은 12로 이 분포의 중앙치가 된다. 만약 두 개의 중간점수가 같다면 어떻게 될까?

$$8, 10, 13, 13, 15, 16$$
$$\uparrow$$

13과 13의 중간점은 13이므로 중앙치는 13이다.

이러한 예들로부터, 여러분은 중앙치는 어떤 경우에는 실제 점수와 일치할 수도 있지만 어떤 경우에는 그렇지 않을 수도 있다는 것을 알았을 것이다. 중앙치가 분포를 똑같이 나누기만 하면 이것은 문제가 되지 않는다.

중앙치는 어떤 분포에서는 특히 매력적인 측정치가 되는 중요한 속성을 가지고 있다. 분포의 중간 점수로 정의되기 때문에 **중앙값은 점수들이 서로 얼마나 멀리 떨어져 있는가는 상관이 없고, 위와 아래에 얼마나 많은 점수들이 있는가에 상관이 있을 뿐이다.** 위에 제시된 5개의 숫자들에서 가장 큰 수를 150으로 바꿔 보자:

$$8, 10, 11, 13, 150$$
$$\uparrow$$

중앙치는 이러한 변화에 영향을 받지 않는데, 원래의 중앙치가 나온 **점수들의 개수**는 변하지 않았기 때문이다. 중앙치는 극단치에 둔감하기 때문에 여러분이 극단적으로 편포된 분포의 집중경향을 기술하고 싶을 때 유리하다.

중앙치의 정의에 따르면, 중앙치는 또한 빈도곡선을 동일한 **면적**으로 나누는 지점이라고 할 수 있다. 이는 앞서(3.6절 참조) 살펴본 바와 같이, 상대빈도와 면적의 관계에 따른 것이다. 이러한 속성은 그림 4.2에서 볼 수 있다.

중앙치는 측정의 척도가 적어도 서열척도라면 집중경향의 적절한 측정치이다. 예를 들어, "정치학"이 **대학 전공**의 중앙치라고 하는 것, "프랑스"가 **국적**의 중앙치라고 하는 것이나 "까페 라떼"가 **선호되는 음료수**의 중앙치라고 하는 것 등은 의미가 없는 일이다. 이 변수들은 명명척도를 나타내고 따라서 기저의 연속선이 존재하지 않는다.

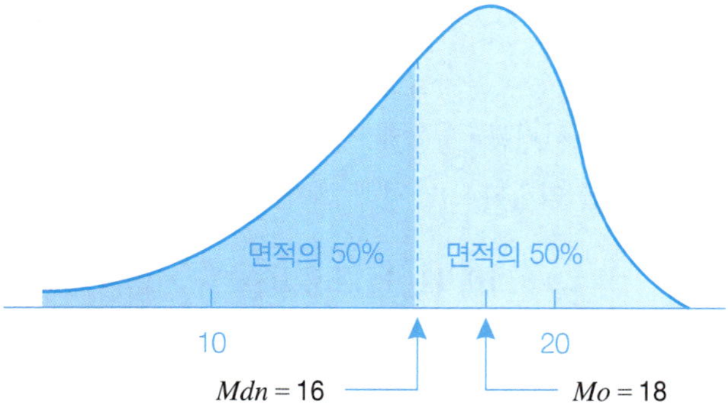

그림 4.2 최빈치, *Mo*와 중앙치, *Mdn*을 보여 주는 철자법 시험 점수 분포

4.4 산술평균치

보통 사람들은 산술평균치(Arithmetic Mean)를 의미할 때 "평균(average)"이라고 말한다. 불행하게도, 사람들은 각 측정치들 간의 정의에 있어서 심오한 차이가 있음에도 불구하고 **어떤** 집중경향 측정치도 **평균**이라는 용어를 사용한다. 이는 혼란과 잘못된 해석을 초래하고, 때로는 속이기까지 한다. 따라서 **평균**이라는 용어를 여러분의 단어장에서 없애버리고, 대신에 여러분이 생각하는 집중경향의 측정치에 대한 정확한 용어를 사용하기를 권하고, 또 다른 사람들도 그렇게 할 것을 주장하기 바란다.

짧게 말해서, 산술평균치는 보통 **평균치**(mean)라고 지칭하는데, 우리는 이 관례를 따를 것이다. 평균치는 $\overline{X}$(X바)라는 기호로 나타낸다.[2)]

산술평균치, $\overline{X}$는 모든 점수들의 합을 그 점수들의 수로 나눈 것이다.

비록 여러분이 초등학교 때부터 평균치를 계산해 왔지만, 공식으로 이 정의를 표현하기 전에 부가적인 기호체계를 소개할 필요가 있다. 대문자로 X라고 표현되는 것은 **관찰치**들의 특정한 집합을 나타낸다. 예를 들어, 4, 5, 15라는 점수들은 이와 같이 표현될 수 있다:

$$X: 4, 5, 15$$

여기까지는 별 문제가 없다. 다음으로 **사례수**를 나타내는 기호는 n이다. 위의 경우에 $n = 3$이다.

2) 통계책에서는 $\overline{X}$가 통상적으로 사용되지만 연구논문에서는 미국심리학회의 논문작성 지침서(APA, 1994)에 따라 M이라는 기호를 사용한다. 이와 같은 논문에서는 중앙치는 *Mdn*으로 최빈치는 "mode"라고 쓴다.

마지막으로 필요한 중요한 요소는 **합산**의 조작을 나타내는 기호이다. 이는 그리스어의 대문자, Σ(시그마)이다. Σ는 "~의 합"으로 읽는다. 위에 제시된 세 점수들 앞에 Σ를 위치시키면, 여러분은 이들을 합산해야 한다: $\Sigma 4, 5, 15 = 4 + 5 + 15 = 24$. 만약 우리가 세 개의 점수들을 X로 표현하면 $\Sigma X = 24$로 표현된다.

여러분은 이제 평균치를 위한 공식을 이해하는 데 필요한 것을 다 알았다.

산술평균치

$$\overline{X} = \frac{\Sigma X}{n} \quad (4.1)$$

우리가 가진 세 점수의 평균은 $(4 + 5 + 15)/3 = 24/3 = 8$이다.

평균치는 분포의 **균형지점**으로, 여러분의 어린 시절에 시소와 유사하다고 볼 수 있다. 수치에 따라 점수들이 하나의 판자 위에 퍼져 있는 시소를 상상해 보면, 평균치는 균형지점의 위치와 일치한다. 이는 그림 4.3에서 보여 주었다. 시소와 같이 점수 하나가 변하면 균형지점 또한 변한다. 값이 15에서 12로 변하면, 균형지점은 7($\overline{X} = 7$)로 변하고, 값이 15에서 6으로 변하면, 균형지점은 5($\overline{X} = 5$)로 변한다.

중앙값이나 최빈치와는 달리 평균치는 **분포 안에 있는 점수들의 정확한 위치 혹은 크기에 반응한다는 점이다**. 이러한 반응성은 다음의 중요한 원리로부터 나온다.

평균치에 대한 점수들의 편차의 합은 항상 0이다. 즉, $\Sigma(X - \overline{X}) = 0$이다.

다시 말해서 각 점수들이 평균치로부터 얼마나 다른지를 알면, **음의** 편차들(평균치 이하의 점수들은 음의 방향으로 벗어난다)의 합은 **양의** 편차들의 합과 똑같을 것이며, 따라서 모든 편차들의 합은 0이 된다.

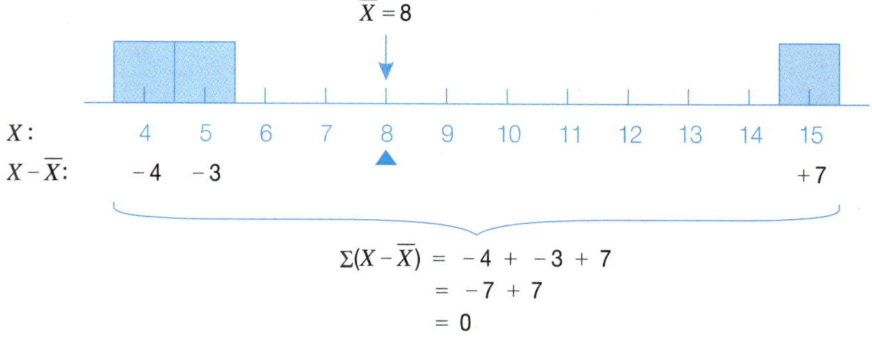

그림 4.3 균형지점으로의 평균치(▲)

그림 4.3으로 돌아가 보면, 세 개의 점수들에 대한 편차가 제시되어 있다. 편차인 $X-\overline{X}$는 각 점수로부터 평균치를 빼면 구할 수 있다. $X=4$라면, 편차는 $4-8=-4$이다. 즉, 이 점수는 평균치로부터 4점 아래에 위치하고 있다. $X=5$라면, 편차는 $5-8=-3$이고, $X=15$라면, 편차는 $15-8=+7$이다. 음의 편차들의 합이 -7이고, 양의 편차가 $+7$로 균형이 맞는다. 따라서 편차들의 합이 0이라는 원리는 만족된다:

$$\Sigma(X-\overline{X})=(-4)+(-3)+(+7)=0$$

편차의 합이 0이기 때문에, 평균치는 중앙치와 최빈치는 가지고 있지 않은 **대수학적 속성**을 가진다. 따라서 평균치는 여러분이 앞으로 나올 장들에서 보겠지만, 집중경향 측정치에 대한 공식들 중에서 두드러진다.

측정의 척도 수준은 어떠한가? 분명히, 명명변수에 대해서 평균치를 계산하는 것은 의미 없는 일이다.[3] 사실상, 평균치를 계산하기 위해서는 엄격한 이론적 관점에서는 등간척도가 요구된다. 그러나 실제에서 적용할 때 얼마나 엄격하게 할 것인지에 대해서는 심각한 논란의 여지가 있다.

평균치들의 통합

때때로 각각의 집단의 평균에 기초하여 전체적인 평균, 즉 **총평균**(grand mean)을 구할 필요가 있다. 여기서는 일반적으로 통용되는 방식을 적용하여, 집단의 소속을 밝히는데 아래 첨자를 사용하려고 한다. 여러분이 두 집단의 자료($\overline{X}_1=10$과 $\overline{X}_2=30$)를 가지고 있다고 가정하자. 총평균은 $(10+30)/2=20$인가? 다시 말해서, 단순히 두 평균을 다시 평균내면 되는가? **각 집단에 속한 사례수($n_1=n_2$)가 동일하다면** 그렇다. 만약 $n_1=100$이고, $n_2=5$라면 어떨까? 여러분이 총평균은 30보다는 10(더 큰 집단의 평균)에 훨씬 더 가까울 것이라고 생각했다면 옳은 생각이다. 총평균을 계산하기 위해서 우리는 $\overline{\overline{X}}$라는 기호를 사용하는데, 각각의 **사례수**에 비례하여 두 평균치에 **가중치**를 주어야만 한다. 구체적으로 보면:

3) 이 말에 대한 예외로 이분(dichotomous)변수로부터 평균치를 계산할 때가 있다. 여러분이 연구참여자를 0(남자)과 1(여자)로 코딩을 한다고 하자. 모든 0과 1의 평균치는 여자인 표본의 **비율**과 같을 것이다.

총평균

$$\overline{\overline{X}} = \frac{(n_1\overline{X}_1) + (n_2\overline{X}_2)}{n_1 + n_2} \tag{4.2}$$

만약 두 평균치에 대한 n_1=100이고, n_2=5라면, 이 공식의 분자는 (100)(10) + (5)(30) = 1000 + 150 = 1150이다. 이 값을 100 + 5 = 105로 나누어주면 여러분은 총평균을 구할 수 있다: $\overline{\overline{X}}$ = 1150/ 105 = 10.95이다. 105명의 학생이 거의 첫 번째 집단으로부터 왔다면 여러분은 $\overline{\overline{X}}$가 $\overline{X}_2$보다는 $\overline{X}_1$에 가깝다는 사실에 놀라지 않을 것이다. 실제로, $\overline{\overline{X}}$는 여러분이 두 평균들을 반으로 나눈 값과는 상당한 차이가 있는, $\overline{X}_1$의 1점 내에 있다.

4.5 집중경향과 분포의 대칭성

평균치, 중앙치, 최빈치의 정의가 다르므로 우리는 한 분포에서 그 값들이 다르리라고 예상한다.

정확히 **대칭적인 분포**에서는 분포의 반쪽은 다른 쪽의 거울상이다. 이런 분포를 그린 종이를 잘라내서 반으로 접으면 완벽히 일치한다는 것을 확인할 수 있다. 이 경우에는 평균치와 중앙치는 같은 값을 가진다: 가운데 있는 점수는 대수학적 균형지점이기도 하다. 최빈치는 어떤가? 그림 4.4a와 같이 **정상분포**에서 최빈치는 평균치와 중앙치와 같다. 완벽한 정상분포에서는 $\overline{X} = Mdn = Mo$이다. 그러나 이 조건은 정확하게 대칭적인 **양봉분포**에서는 적용되지 않는다. 이러한 분포에서는 평균치와 중앙치는 같지만, 양 옆에 두 개의 최빈치를 갖게 된다(그림 4.4b).

평균치, 중앙치, 최빈치의 특성에 대한 정의를 다시 생각해 보면 여러분은 **편포된 분포**에서 이것들의 상대적인 위치를 예측할 수 있을 것이다. **부적으로** 편포된 분포인 그림 4.4c를 생각해 보자. 최빈치는 가장 큰 빈도를 보인 점수이기 때문에 분포에서 가장 높은 지점에서 나타난다. 그러나 중앙치는 위와 아래를 반으로 나누는 점수이기 때문에 이 조건을 만족하기 위해서는 최빈치 왼쪽에 위치하게 된다(그림 4.2를 보라). 분포의 모양과 관계없이 중앙치는 항상 가운데 점수이다. 반면에 평균치는 분포의 왼쪽 꼬리 끝에 있는 극단 점수들에 의해 "당겨지고"(평균치는 균형지점이기 때문이다), 결과적으로 중앙치보다 왼쪽에 놓이게 된다. 부적으로 편포된 분포에서는 $\overline{X} < Mdn < Mo$의 순으로 나타난다. 같은 논리로, **정적으로** 편포된 분포(그림 4.4d)에서는 $Mo < Mdn < \overline{X}$임을 알 수 있다.

이러한 이유로, 집중경향의 측정치들(특히 평균치와 중앙치)의 상대적인 위치는 분포

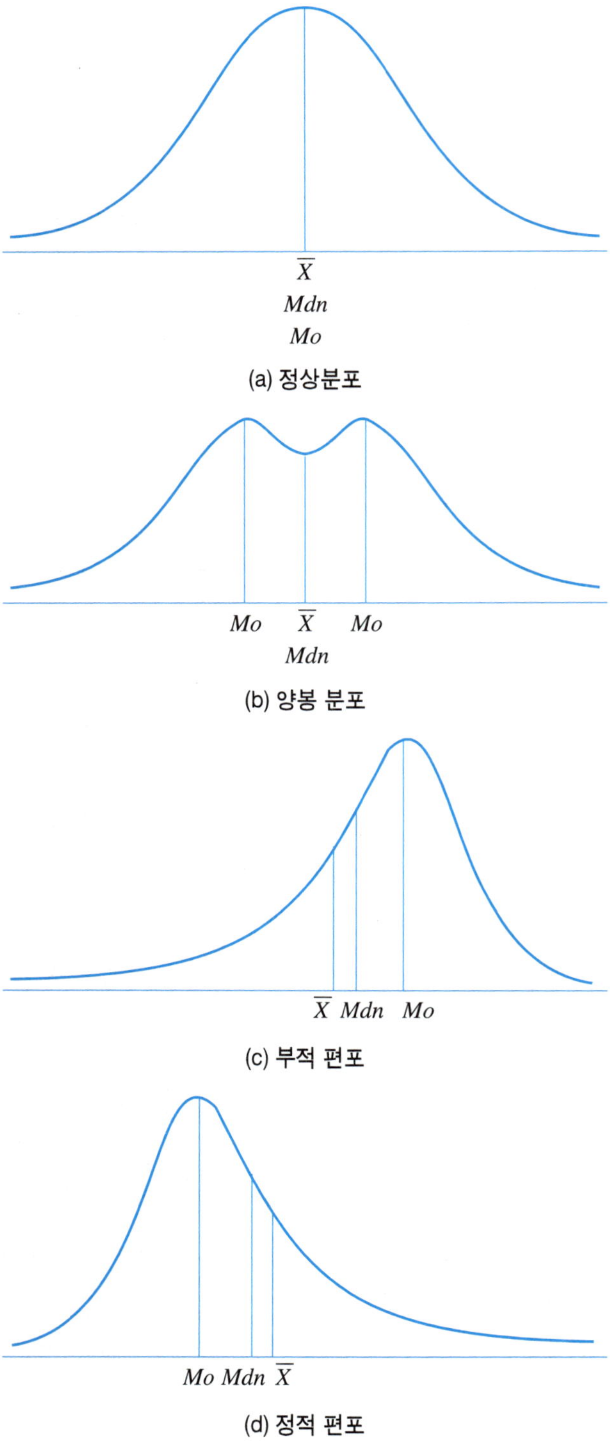

그림 4.4 다양한 분포들에서 $\overline{X}$, Mo, Mdn의 상대적인 위치

의 편포성 여부와 방향을 파악하는데 사용되기도 한다. 빈도분포나 히스토그램을 검토하는 것을 대신할 만한 방법은 아니지만, 만약 집중경향 측정치들이 눈에 띄게 서로 다르면 편포성을 의심할 충분한 근거가 된다.

4.6 어떤 집중경향 측정치를 사용할 것인가?

위의 논의에서는 집중경향 측정치는 하나 이상을 계산하는 것이 중요하다는 제안을 하였다(최빈치만 보고하면 되는 질적 자료를 다루는 것이 아니라면). 각 측정치는 분포의 집중경향에 대한 서로 다른 측면들을 알려 준다. 여러분의 자료를 보다 충분히 이해하려면 그것들을 모두 검토하는 것이 좋다. 그리고 자료가 정상성으로부터 벗어난 경우에 자료를 보다 정확하게 요약하려면, 하나 이상의 측정치를 보고해야 한다.

그러나 집중경향치가 요구되는 공식의 경우 필요한 것은 중앙치나 최빈치가 아닌 **평균치**이다. 이것은 또한 통계적 추론에서 사용되는 측정치이다. 평균치에 대한 선호는 수학적 취급의 용이성과 표집의 안정성이라는 두 가지 속성에 기초하고 있다.

수학적 취급의 용이성

평균치는 중앙치와 최빈치와는 달리 산술적이고 대수학적인 조작을 할 수 있다. 따라서 중요한 통계적 공식과 절차에 더 쉽게 적용된다. 앞으로 우리는 평균치가 다른 통계적 절차에 알게 모르게 포함되어 있다는 것을 거듭 발견하게 될 것이다. 더 자세한 통계적 분석을 진전시켜야 할 경우 평균치는 거의 대부분 가장 유용한 측정치이다.

표집 안정성

여러분이 대형 강의에서 무선적으로 선택된 네 개의 학생집단으로부터 시험 점수를 얻었고, 각 집단의 평균치, 중앙치, 최빈치를 계산했다고 상상해 보자. 여러분은 아마도 네 개의 평균치 간에는 차이가 별로 없고, 네 개의 중앙치 간에는 약간 차이가 나고, 네 개의 최빈치 간에는 더 큰 차이가 나는 것을 발견하게 될 것이다. 즉, 평균치는 집중경향의 세 가지 측정치 중에서 가장 **안정적**이다. 이것은 "표집변이"가 가장 적다는 증거이다. 이러한 경향성은 표본들이 전집에 관한 추론을 하는 데 사용되는 통계적 추론에서 매우 중요한 특성인 것이다.

4.7 요약

집중경향의 세 가지 측정치인 최빈치, 중앙치, 평균치는 행동과학에서 공통적으로 사용되는 것이다. 이것은 양적인 용어로 점수들의 위치를 서술하는 요약적인 수치이다. 최빈치는 어떤 점수들이 가장 많이 나타나는지를 말해 주고, 중앙치는 그 분포를 반으로 나누어주는 점수이며, 평균치는 분포의 균형지점이다(우리가 흔히 "평균"으로 생각하는 값이다). 이러한 세 가지 측정치들은 한 분포에 있는 점수들의 위치에 다르게 반응하므로, 동일한 분포에서 다른 값을 가질 수 있는데, 특히 그 분포가 비대칭적일 때 더욱 그렇다.

최빈치는 질적 혹은 명명 변수들에서 유일하게 사용할 수 있는 집중경향 측정치이다. 다른 변수들을 기술할 때에는 세 가지 측정치들을 모두 고려하는 것은 중요하다. 그러나 평균치가 수학적 취급의 용이성과 표집의 안정성에서 가장 우수하기 때문에 통계 공식이나 절차들에서 가장 선호되는 집중경향 측정치이다.

연습문제

정의 또는 설명하라

용어와 개념

평균	균형지점
최빈치	$\overline{X}$의 대수적 속성
최빈점수	총평균
중앙치	수학적 취급의 용이성
평균치	표집의 안정성

공식

$$\overline{X} = \frac{\sum X}{n}$$

$$\overline{\overline{X}} = \frac{(n_1\overline{X}_1) + (n_2\overline{X}_2)}{n_1 + n_2}$$

기호

Mo *Mdn* *X* Σ

질문 및 문제

참고: *가 있는 문제는 부록 A에 답이 제시되어 있다.

1. 세 가지 집중경향 측정치 각각에 해당되는 빈도곡선의 외형적 특성들을 나열하라.

*2. 다음의 점수집합 각각에 대해 최빈치, 중앙치, 평균치를 찾아라.

(a) 12, 10, 8, 22, 8

(b) 14, 12, 25, 17

(c) 10, 6, 11, 15, 11, 13

3. 히스토그램이나 빈도절선 도표를 통해 가장 쉽게 추정되는 집중경향 측정치는 무엇인가? 그 이유는?

4. 어느 회사 소식지에서 따온 다음의 인용문에서 저자는 통계적인 가르침을 주려고 시도하였다.

> 가장 잘못 사용되는 단어 중에 하나는 "평균(average)"이라는 단어이다. 이것은 흔히 "평균치(mean)"와 혼동된다. 차이는 다음과 같다: 만약 5개의 제품을 2, 3, 5, 8, 67달러에 팔았다고 한다면, 평균 가격은 17달러이다. 중앙치나 평균치의 가격은 5달러이다. 5달러 이상에 두 가지 가격이 있고, 그 이하에 두 가지 가격이 있기 때문에 중간 가격이 된다. 이 가격들의 평균은 중간 가격일 수도 아닐 수도 있다.

이 저자의 설명이 정확한지 한 문장씩 평가하라.

5. (a) 점수들의 분포에서 "균형지점"은 무엇을 의미하는가? $\Sigma(X - \overline{X}) = 0$이라는 표현은 이 개념과 어떠한 관계가 있는가?

(b) 2, 5, 7, 8, 13이라는 점수들을 가지고 $\Sigma(X - \overline{X}) = 0$이라는 것을 보이라.

*6. 각 분포의 예상되는 모양을 기술하라.

(a) $\overline{X} = 52$, $Mdn = 55$, $Mo = 60$

(b) $\overline{X} = 78$, $Mdn = 78$, $Mo = 78$

(c) $\overline{X} = 50$, $Mdn = 50$, $Mo = 60, 40$

(d) $\overline{X} = 28$, $Mdn = 26$, $Mo = 20$

*7. 다음 분포들에 대한 평균치, 중앙치, 최빈치의 예상되는 상대적 위치를 기술하라.

(a) 대도시에 사는 가정의 수입

(b) 대규모 25세 남자 집단의 키

(c) 매우 쉬운 시험에서의 점수

(d) 대단위 대학생 집단에서 1년 동안 빠진 수업의 수

8. 어느 신문 기사에서 미국 가정의 **반 이상**이 평균 이하의 수입이라고 주장하였다. 이 주장이 맞는다고 할 수 있을지 설명하라.

9. 어느 지역 초등학교에서 유치원, 1학년, 2학년을 가르치는 선생님은 4명이고 학급당 평균 15명의 학생이 있다. 그러나 3, 4, 5, 6학년을 가르치는 선생님은 5명이고 학급

당 평균 18명의 학생이 있다. 이 학교의 9명 선생님들이 가르치는 학생 수의 평균치는 얼마인가?

***10.** 25개로 구성된 특정 점수 분포에 대한 $\overline{X} = 23$, Mdn = 28, $Mo = 31$이었다. 나중에 보니 채점을 잘못해서 34점을 43점이라고 하였다.

(a) 정확한 $\overline{X}$ 값은 얼마인가?

(b) 이러한 잘못이 *Mdn*과 *Mo*에 어떠한 영향을 주는가?

***11.** 만약 여러분이 학교심리학자인데, 여러분 학교 학생들의 자존감 점수의 중앙치를 올리는 데 관심이 있다고 가정해 보자. (1) 가장 낮은 자존감 점수를 가진 학생들, (2) 가장 높은 자존감 점수를 가진 학생들, (3) 중앙치 바로 밑에 점수를 가진 학생들, (4) 중앙치 바로 위에 점수를 가진 학생들 중에서 어떤 학생들의 점수를 올리는 데 가장 노력을 많이 하겠는가? 그 이유를 설명하라.

***12.** 표 2.2에 있는 점수들의 분포에서 평균치, 중앙치, 최빈치는 얼마인가?

13. 표 2.5에 있는 GPA 분포에서 최빈치는 어디에 위치하는가?

***14.** 다음의 자료에서 알 수 없는 집중경향 측정치는 무엇인가? 그 이유는 무엇인가?

밤에 공부한 시간	빈도(f)
5시간 이상	6
4	11
3	15
2	13
1시간 이하	8

15. 다른 조건들이 모두 같을 경우, 연구의 최종 목표가 통계적 추론을 하는 데 있다면, 어떤 집중경향 측정치를 선호하겠는가? 그 이유를 설명하라.

제 5 장

변 산 도

5.1 집중경향으로는 불충분: 변산도의 중요성

자주 이야기가 되기는 하지만 사실은 아닐 것 같은 불행한 이야기가 있다. 목적지에 도착하려면 부대원들이 강을 건너야만 하게 된 어느 장군의 이야기이다. 이 장군은 주변에 다리도 없고, 배도 없었기 때문에, 강의 깊이를 물어보았다. "평균 수심은 단지 2피트 밖에 안 된다."는 말을 듣고, 그는 확신에 차서 대원들에게 강을 걸어서 건널 것을 명령하였다. 그리고 군인들의 대부분은 익사하였다는 이야기이다.

Harvard의 고생물학자인 Stephen J. Gould의 말에 따르면, "집중경향은 추상적인 개념이고, 변이(variation)는 현실이다."(Gould, 1996, pp. 48-49) 집중경향 측정치들은 정보를 제공해 주기는 하지만, 전체 이야기를 다 해 주지는 않는다. 분포를 제대로 이해하기 위해서는 점수들의 **변산도**(variability)에 대해서 물어야 한다. 변산도의 함의는 강을 건너는 예에서 잘 볼 수 있다. 여러분이 중학교 수학 교사로 3학년 기하를 가르칠 두 반을 배정받았다고 상상해 보자. 여러분은 학생들의 준비도를 파악하기 위해서 지난 학년 말에 치른 표준화 수학검사 점수를 이용하여 분포를 작성하였다. 두 분포는 그림 5.1에 제시되어 있다. 여러분은 2반에 있는 학생들이 준비도 점수가 좀 더 변산도가 있음을 확인할 수 있다. 두 집단 학생들의 **평균**은 두 반이 비슷하지만 2반에서는 수준이 낮

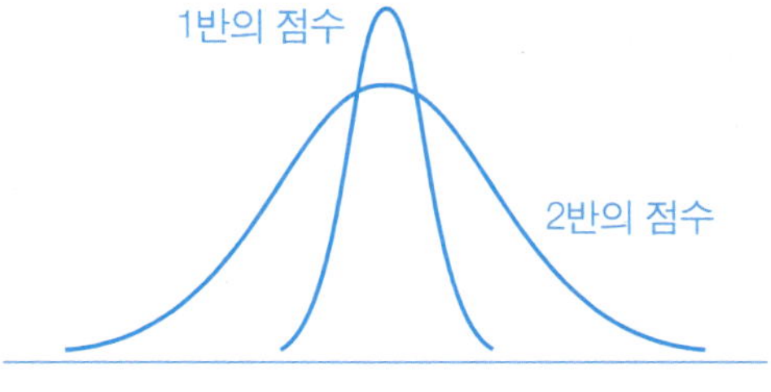

그림 5.1 집중경향은 같고 변산도가 다른 두 개의 분포

은 학생들은 보충지도를 해 주고 우수한 학생들은 도전하게 만들어야 하는 부가적인 과업에 직면하게 될 것이다. 분명히, 상황은 집중경향의 비교만을 가지고 알 수 있는 것보다 훨씬 복잡하다.

변산도 역시 행동과학자들에게 가장 기본적인 관심 대상이다. 사실상, 개인들 간의 변산도, 실험상황에서의 변산도, 변수들 간의 공변성 등등, 변산성에 대한 연구가 아니라면 아무 것도 할 것이 없다. 이 장에서는 변산도의 세 가지 측정치인 범위, 분산, 표준편차에 대해서 살펴볼 것이다. 이들 각각은 나름대로 분포 속의 점수들의 **펴짐** 혹은 **분산된 정도**를 말해 준다.

5.2 범위

여러분은 앞에서 빈도분포를 작성할 때 **범위**(range)에 대해서 알았다(2장). 범위의 정의는 간단하다:

> 범위는 분포에서 가장 높은 점수와 가장 낮은 점수 간의 차이이다.

변산도의 다른 측정치들처럼, 범위는 **거리**(distance)이다. 집중경향 측정치들이 **위치**(location)를 반영하는 것과는 대조적이다. 예를 들면 세 가지 점수들의 집합은 모두 척도상의 다른 지점에 놓여 있는 데도 동일한 범위(20점)를 갖는다.

3, 5, 8, 14, 23

37, 42, 48, 53, 57

131, 140, 147, 150, 151

범위는 변산도를 측정하는 가장 간단한 측정치이고, 점수의 분포에 대한 기초적인 검사로써 상당히 유익하다. 이는 또한 자료 입력에 있어서의 오류를 찾아내는 데에 상당히 도움이 되기도 한다. 예를 들어, 통계 프로그램이 변수의 범위를 제시할 때, 대부분 **최소값**과 **최대값**을 제공한다. 이 값들에 대한 즉각적인 검토는 음의 IQ 점수와 같이 있을 수 없는 자료에 대한 경고를 해 줄 수 있다. 보통 범위에서 "벗어난" 값들은 앞으로 공부하게 될 보다 세련된 변산도 측정치에 영향을 미치기는 하지만, 이들의 영향은 다른 변산도 측정치들에서는 그렇게 두드러지지 않기 때문에 놓칠 수도 있다.

그러나 범위는 두 가지 제한점을 가진다. 첫째, 분포에서 가장 극단에 있는 두 값에만 영향을 받기 때문에, 범위는 표본에 따라서 상당히 달라질 수 있어 **안정성**이 부족하

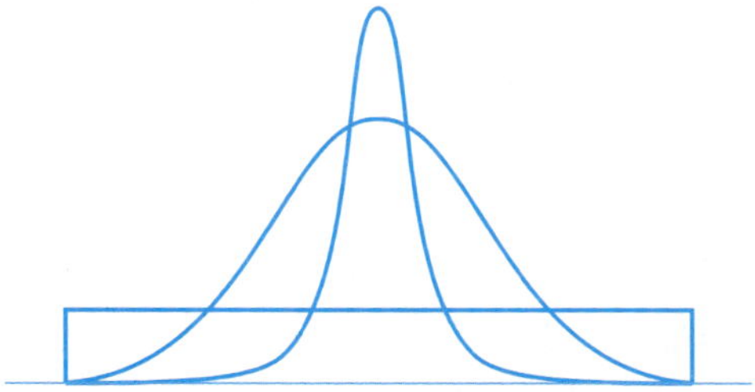

그림 5.2 동일한 범위의 세 가지 다른 형태의 분포

다.[1] 둘째, 범위는 가장 높은 점수와 가장 낮은 점수들 사이에서 어떤 일이 벌어지고 있는지에 대해서는 전혀 정보를 주지 않는다. 예를 들어, 그림 5.2에 있는 세 개의 분포를 보면, 매우 다른 형태로 점수들이 분포되어 있지만 모두는 동일한 범위를 가진다.

유익하긴 하지만, 범위는 변산도의 단일한 측정치로서 충분하지는 못하다. 분포의 모든 점수들에 반응하는 측정치가 필요하다.

5.3 변산도와 평균치로부터의 편차

앞 장에서 소개된 개념인 **편차점수**로 돌아가기로 한다.

> 편차점수, $X - \overline{X}$는 한 점수가 평균치로부터 떨어진 거리를 나타낸다.

여러분은 편차들은 평균치 **이하**에 있는 편차와 평균치 **이상**에 있는 편차가 동일하며, 따라서 편차점수의 합을 구하면 반드시 0이라는 사실을 기억할 것이다(그림 4.3 참조). 수학적으로는 $\Sigma(X - \overline{X}) = 0$이라고 표현한다.

편차점수들은 평균치로부터의 거리이기 때문에 이들은 역시 변산성을 반영하는 측정치로 사용될 수 있다. 즉, 원점수들이 넓게 퍼져 있다면, 평균치로부터 많이 떨어지게 될 것이고, 따라서 편차점수들은 큰 값(대수학적인 부호는 무시한다면)을 가질 것이다. 이는 표 5.1에 있는 세 분포들을 비교함으로써 알 수 있다.

이들 자료들을 주의 깊게 살펴보자. 표 5.1에 있는 세 세트의 점수들은 동일한 범위를 가지고 있지만, 이들 분포들은 평균치 주변에 몰려 있는 정도가 상당히 다르다. 분포 A에 있는 세 개의 중간점수들은 바로 평균치에 해당된다. 두 개의 극단 점수인 1과 9를 제

1) 사분위간범위(interquartile range)는 제 1 사분위수와 제 3 사분위수(P_{25}와 P_{75})에 해당되는 덜 극단적인 두 점수들에 근거하여 보다 안정적인 지수를 제공한다. **준사분위간범위**(semi-interquartile range)는 사분위간범위를 2로 나눈 값이다. 그러나 연구에서는 거의 사용되지 않기 때문에 더 이상 언급하지 않을 것이다.

표 5.1 변산도가 다른 세 분포

분포 A		분포 B		분포 C	
X	$X-\overline{X}$	X	$X-\overline{X}$	X	$X-\overline{X}$
9	$9-5=+4$	9	$9-5=+4$	9	$9-5=+4$
5	$5-5=0$	6	$6-5=+1$	8	$8-5=+3$
5	$5-5=0$	5	$5-5=0$	5	$5-5=0$
5	$5-5=0$	4	$4-5=-1$	2	$2-5=-3$
1	$1-5=-4$	1	$1-5=-4$	1	$1-5=-4$
$\Sigma X=25$ $\overline{X}=25/5=5$	$\Sigma(X-\overline{X})=0$	$\Sigma X=25$ $\overline{X}=25/5=5$	$\Sigma(X-\overline{X})=0$	$\Sigma X=25$ $\overline{X}=25/5=5$	$\Sigma(X-\overline{X})=0$

외하면 이 분포에는 변산성이 없다. 이는 또한 세 개의 중간값의 편차점수가 0이라는 점으로 증명되고 있다. 분포 B는 약간 더 변산성이 있다고 할 수 있다. 그리고 분포 C에 있는 원점수들은 편차점수가 입증하듯이 평균치 근처에 몰려 있지 않다.

편차점수들을 어떻게 변산성의 **단일한** 측정치로 만들 수 있을 것인가? 평균치로부터의 편차점수는 논리적 접근으로는 가능해 보이지만, 여러분은 $\Sigma(X-\overline{X})$는 항상 0이라는 사실을 기억해야 한다! 여러분은 음수 기호를 무시하고, 편차점수의 절대값에 기초하여 평균치를 계산해야 한다. 그러나 이 접근은 수학적 관점에서 문제가 있다(자세한 내용은 생략하기로 한다).

각 편차점수들을 **자승**하면 문제는 해결된다. 이렇게 하면 음의 편차들이 모두 양수가 된다. 그리고 이렇게 자승을 하는 조작은 단순히 음수 부호를 없애는 것보다 수학적으로 취급이 용이하다.

이제부터는 자승한 편차점수들에 기초한 두 개의 서로 밀접하게 관련된 변산성의 측정치를 검토할 것이다. 두 측정치 모두 통계학에서 상당히 중요하다.

5.4 분산

우리가 S^2이라는 기호로 표현하는 **분산**(variance)은 자승한 편차점수들의 평균치이다. 이 공식을 편리하게 표현하기 위해서 **자승합**(sum of squares)을 나타내는 SS라는 기호를 도입하고자 한다. 이 중요한 용어는 분산공식에서 분자에 해당되는 것으로, 평균치로부터 떨어진 점수들을 자승한 것들의 합을 의미한다.

분산

$$S^2 = \frac{\Sigma(X - \overline{X})^2}{n} = \frac{SS}{n} \tag{5.1}$$

n = 사례수

표 5.1로 돌아가서, 범위가 다루지 못한 세 분포의 변산도의 차이를 확인하기 위하여 SS와 분산을 계산할 것이다. 분포 A의 SS는 $(+4)^2 + (0)^2 + (0)^2 + (0)^2 + (-4)^2 = 32$, 분포 B의 SS인 $(+4)^2 + (+1)^2 + (0)^2 + (-1)^2 + (-4)^2 = 34$보다 작다. 이 두 분포는 분포 C의 SS인 $(+4)^2 + (+3)^2 + (0)^2 + (-3)^2 + (-4)^2 = 50$보다 작다. SS를 각각의 n(이 경우에는 5)으로 나누어주면 여러분은 6.4, 6.8, 10, 세 개의 분산을 구할 수 있다. **분산은 분포 속의 각 점수들에 반응하기 때문에, 분산은 정교성이 떨어지는 변산도의 측정치(범위)가 밝히지 못한 차이를 밝힐 수 있다.**

분산은 좀 더 고급수준의 통계적 절차와 특히 추리통계학에서 가장 많이 사용된다. 그러나 분산은 서술적이거나 해석적인 도구로서는 치명적인 약점을 가지고 있다. 계산된 분산값은 **자승된** 측정치의 단위로 표시된다. 표 5.1의 자료는 어휘시험 점수이다. 이 경우에 분포 A의 평균치는 5개 **단어를 맞힌 것**인데, 분산은 6.4 **제곱된 단어**를 맞췄다는 것이다. "제곱된 단어"라는 것은 우선 이해하기가 쉽지 않을 뿐만 아니라, 제곱을 하는 것은 보다 기술적인 측면에서 문제가 된다. 만일 한 분포의 점수들이 다른 분포의 점수보다 평균치로부터 **2배**가 떨어져 있다면, 첫 번째 분포의 분산은 두 번째 분포의 분산보다 실제로 **4배**로 커지게 될 것이다. 따라서 분포에 대한 해석이 목적인 경우에는 분산이 거의 사용되지 않는다.

5.5 표준편차

분산의 문제를 해결하는 방법은 간단하다. 제곱근을 취하면 된다. 분산에 제곱근을 취함으로써 결과 통계치인 **표준편차**(standard deviation)가 원래의 측정 단위로 표현되는 것을 보장받을 수 있다. 예를 들어, 만약 분산이 6.4 **제곱된 단어를 맞혔다**는 것이라면 표준편차는 $\sqrt{6.4} = 2.53$ **단어를 맞힌 것**이 될 것이다. 따라서 표준편차, S는 단순히 분산에 제곱근을 취한 것이다.

표준편차(정의 공식)

$$S = \sqrt{\frac{\Sigma(X - \overline{X})^2}{n}} = \sqrt{\frac{SS}{n}} \qquad (5.2)$$[2]

표준편차의 계산

이제부터 표준편차의 계산을 보다 자세히 다루려고 한다. 두 가지 접근방법을 제시할 것이다. 첫 번째 방법은 **정의 공식**(defining formula)인 공식 5.2를 이용하는 것인데, 이 방법은 결과적으로 표준편차의 속성에 관한 중요한 통찰을 제공할 것이다. 두 번째 방법은 보기에는 더 어려워 보이지만, 사용하기에는 훨씬 더 쉬운 **계산공식**(calculating formula)을 적용하는 것이다.

정의 공식 공식 5.2를 사용하는 표준편차 계산을 표 5.2의 자료를 사용하여 예시할 것이다. 이 계산을 하기 위해서는 다섯 단계가 필요하다.

1 단계. $\overline{X}$를 구한다.

10개 점수들의 합인 ΣX는 70이고, 이를 n으로 나누면, 평균치 7이 산출된다. 이는 표 5.2의 ❶에 제시되어 있다.

2 단계. 각 점수들로부터 평균치를 뺀다.

이 계산들은 $(X - \overline{X})$라고 적힌 열에 나타나는 계산이다. 첫 번째 X값인 12를 예를 들어 보면, 차이는 $12 - 7 = +5$가 나온다. 편차점수들의 합은 0으로 (❷)에 제시되어 있다.

3 단계. 각각의 $(X - \overline{X})$를 자승한다.

이 값들은 마지막 열인 $(X - \overline{X})^2$에 제시되어 있는데, $(+5)^2 = 25$, $(+4)^2 = 16$, …, $(-5)^2 = 25$. (참고: "…"는 이 열에서 16에서 25 사이에 있는 7개의 값들을 의미한다.)

4 단계. $(X - \overline{X})^2$의 값을 합산하여 SS를 구한다.

결과는 ❸에서와 같이, $SS = 86$이다.

5 단계. 공식 5.2에 SS와 n을 대입하여 S를 계산한다.

즉, $S = \sqrt{SS/n} = \sqrt{86/10} = \sqrt{8.6} = 2.93$ (❹)

---

2) 「미국심리학회 발행규정」을 따르는 저널에서는 표준편차에 대한 기호를 SD로 표현한다.

표 5.2 정의 공식을 사용한 표준편차의 계산

X	$(X-\overline{X})$	$(X-\overline{X})^2$
12	$12-7=+5$	$(+5)^2=25$
11	$11-7=+4$	$(+4)^2=16$
9	$9-7=+2$	$(+2)^2=4$
8	$8-7=+1$	$(+1)^2=1$
7	$7-7=0$	$(0)^2=0$
6	$6-7=-1$	$(-1)^2=1$
6	$6-7=-1$	$(-1)^2=1$
5	$5-7=-2$	$(-2)^2=4$
4	$4-7=-3$	$(-3)^2=9$
2	$2-7=-5$	$(-5)^2=25$
❶ $\Sigma X=70$ $\overline{X}=70/10=7$	❷ $\Sigma(X-\overline{X})=0$	❸ $SS=\Sigma(X-\overline{X})^2$ $=25+16+\cdots+25=86$ ❹ $S=\sqrt{SS/n}=\sqrt{86/10}$ $=\sqrt{8.60}=2.93$

이 자료의 표준편차는 약 3이다. 여러분은 "3이 무엇을 의미하는지" 궁금해 할 수 있다. 평균치와 마찬가지로, 측정의 단위가 무엇인지에 따라 다를 것이다: 오류 3개, IQ 3점, 맞춘 문제 3개, 읽은 책 3권, 번 돈 3달러, 떠나버린 애인 3명.

정의 공식을 사용함으로써 여러분은 표준편차에 영향을 주는 것에 대해 쉽게 알 수 있고, 왜 다른 변산도의 측정치보다 우수하다고 하는지를 보다 쉽게 이해할 수 있을 것이다. 표준편차의 핵심은 *SS*이다. 표준편차가 큰지 작은지 혹은 어느 정도인지는 *SS*가 큰지 작은지 혹은 어느 정도인지에 따라 달라진다. 이러한 통찰을 가지면, 여러분은 표 5.1에 있는 세 개의 분포가 **왜** 다른 표준편차를 갖는지를 이해하게 되고, 표 5.2에 점수 2와 12가 *S*의 크기에 **어떻게** 영향을 미칠지 이해할 수 있게 된다.

각 점수로부터 평균치를 빼고, 각 차이 점수를 제곱하고, 이들을 합산하는 것은 성가신 일이다. 그리고 이것은 평균치가 소수점을 포함하고 있다면 더욱이 그렇다. 여기서는 표준편차를 더 잘 이해하고, 보다 현명하게 사용하라는 교육적인 목적에서 정의 공식을 제시하였다. 그러나 쉽게 계산하는 데는 **계산** 공식(물론 컴퓨터를 제외하고는)을 능가하는 것은 없다.

계산 공식 표준편차에 대한 계산용 공식은 정의 공식과 수학적으로 같다. 즉, 어느 공식을 사용하더라도 동일한 답을 얻을 것이다. 두 공식의 주요한 차이는 *SS*를 어떻게 계산하는가에 있다.

표 5.3 계산 공식을 이용한 표준편차 계산

X	X^2
12	144
11	121
9	81
8	64
7	49
6	36
6	36
5	25
4	16
2	4
❷ $\Sigma X = 70$	❶ $\Sigma X^2 = 576$

❸ $(\Sigma X)^2 = (70)^2$

$= 4900$

❹ $SS = \Sigma X^2 = (\Sigma X)^2 / n$

$= 576 - (4900/10)$

$= 576 - 490$

$= 86$

❺ $S = \sqrt{SS/n}$

$= \sqrt{86/10}$

$= \sqrt{8.60}$

$= 2.93$

SS(계산 공식)

$$SS = \Sigma X^2 - \frac{(\Sigma X)^2}{n} \tag{5.3}$$

공식 5.3을 이용하여 *SS*를 계산해서 그 결과를 공식 5.2에 대입하면 된다.[3] 공식 5.3이 약간 위압적이지만, 그러나 실제로는 훨씬 계산하기 쉽다는 것을 알게 될 것이다. 표 5.3에서 정의 공식에서 사용했던 동일한 10개의 점수들을 가지고 계산 방법을 예시할 것이다.

1 단계. 각 점수를 자승한다.

3) 표준편차를 위한 계산공식 전체는

$$S = \sqrt{\frac{\Sigma X^2 - \frac{(\Sigma X)^2}{n}}{n}}$$

이다. 제곱근을 없애면, 분산을 위한 계산공식을 얻을 수 있다.

자승한 점수들인 X^2은 표 5.3에 두 번째 열에 나타나 있다:

$12^2 = 144,\ 11^2 = 121,\ \cdots,\ 2^2 = 4.$

2 단계. ΣX^2**을 계산한다.**

표 5.3에 ❶에 있는 ΣX^2는 자승한 점수들을 합산함으로써 구할 수 있다: $144 + 121 + \cdots + 4 = 576.$

3 단계. ΣX **와** $(\Sigma X)^2$**을 계산한다.**

ΣX는 평균치 공식의 분자에서 사용되었던 점수들의 합계이고, $(\Sigma X)^2$은 그것의 자승이다. 10개 점수들에 대해서는 $\Sigma X = 70$(❷)와 $(\Sigma X)^2 = 4900$(❸)이다.

> **주의사항!** ΣX^2과 $(\Sigma X)^2$의 구분에 있어서, **여러분은 괄호를 기억해야 한다!** 나중에 사용된 용어에서 괄호는 점수들을 **합산한 후**에 그 합산을 **자승**하라는 의미이다. 전자에서는 이것이 없기 때문에 점수들을 **자승한 이후**에 자승된 값들을 **합산**하라는 의미이다.

4 단계. 공식 5.3을 이용하여 SS**를 계산한다.**

$SS = 576 - 4900/10 = 576 - 490 = 86$(전에 계산했던 것과 달라지지 않았다는 것을 확인할 수 있다). 이것은 ❹에 제시되어 있다.

5 단계. 공식 5.2에 SS**와** n**을 대입하여** S**를 구한다.**

즉, $S = \sqrt{SS/n} = \sqrt{86/10} = \sqrt{8.6} = 2.93$ (❺).

표준편차에 대한 이해

표준편차의 의미에 대해 편안해지려면 시간이 좀 걸릴 수 있다. 지금은 이 개념을 "완전히" 이해하지 못하는 것 같지만 다른 사람들도 비슷한 처지에 있을 것이다. 공식 5.2는 표준편차가 편차점수 자승의 평균치에 제곱근을 취한 것임을 보여 주었다. 이 정의는 아직은 여러분이 편치 않게 느낄 수도 있다. 그러나 여러분이 표준편차를 원래의 측정 단위(예를 들어, IQ 점수)로 표현된 분포의 "평균 산포도"로 생각하는 것은 나쁘지 않다. 부정확하고, 세련되지는 않았지만, 이와 같은 부연설명은 이러한 중요한 통계치를 이해하는 데 도움을 줄 수 있을 것이다.

시간이 지나면 표준편차의 의미를 이해하게 될 것임을 약속한다.

5.6 분산과 표준편차의 우월성

행동 자료를 분석하는 데 있어서 분산과 표준편차는 다른 변산도의 측정치에 비해 어디서나 사용된다. 집중경향 측정치로써 평균치가 많이 사용되는 이유와 마찬가지로 수학적 취급의 용이성과 표집의 안정성 때문이다.

첫째로, 분산과 표준편차는 범위나 그와 비슷한 부류들보다는 수학적 취급이 용이하다. 분산과 표준편차는 산술적이고 대수학적인 조작을 가할 수 있기 때문에 기술통계학이나 추리통계학의 여러 절차에 분명하게 나타나 있기도 하고, 내재되어 있기도 하다.

둘째로, 분산과 표준편차는 표집의 안정성이 높다는 장점을 가지고 있다. 반복되는 무선표본들에서, 그들 각각의 수치들은 범위나 관련된 지수들보다 변화가 적다. 즉, 표집변이가 적다는 것이다. 다시 말하지만, 이 속성은 통계적 추론에서 상당이 중요한 속성이다.

주의사항: 분산과 표준편차는 물론 범위보다는 덜 하지만 모두 극단 점수에 민감하다. 분산과 표준편차는 편차점수의 **자승**들을 다루기 때문에, 평균치로부터 세 배만큼 떨어진 극단 점수의 편차점수의 자승은 9배가 될 것이다($3^2 = 9$). 따라서 **분포가 아주 극단적인 점수를 몇 개 갖고 있거나 매우 편포되어 있으면, 분산과 표준편차를 해석할 때 주의해야 한다.**

5.7 표준편차와 정상분포

앞에서 우리는 표준편차를 분포의 평균 산포도 값으로 생각하라고 제안하였다. 이 통계치의 의미에 대한 통찰은 다양한 맥락에서 그것이 어떻게 기능하는지 앎으로써 얻을 수 있다. 가장 유용한 분포형태인 정상곡선에서 **거리 측정치**로 사용하는 것에 대한 검토로부터 시작해 보자.

이상적인 정상분포에서는 평균치에서 시작하여 표준편차의 배수만큼 아래와 위로 이동하면 다음과 같은 사실을 발견할 것이다.

$\overline{X} \pm 1S$는 점수들의 약 68%를 포함한다.[4]
$\overline{X} \pm 2S$는 점수들의 약 95%를 포함한다.
$\overline{X} \pm 3S$는 점수들의 약 99%를 포함한다.

4) $\overline{X} \pm 1S$는 평균치 위 1표준편차로부터 평균치 아래 1표준편차까지를 의미한다.

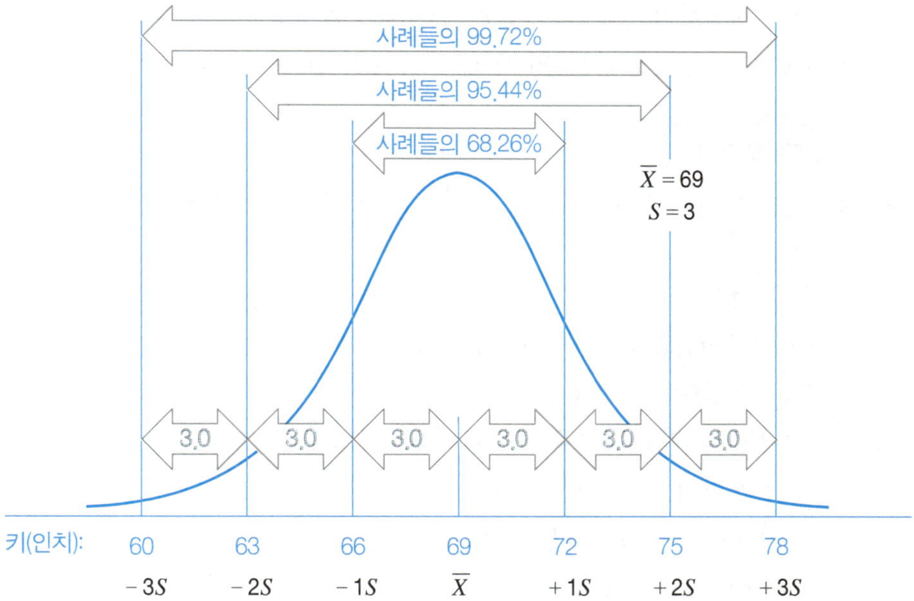

그림 5.3 성인 남자 키에 대한 빈도분포: 정상분포에 기초한 상대빈도

이와 같은 관련성은 다음 장에서 상세히 다룰 예정이라서 여기서는 간단히 살펴보기로 한다. 그림 5.3은 성인 남자의 키에 대한 정상분포를 보여 주고 있는데, $\overline{X}=69$인치고, $S=3$인치다. 위의 세 개의 진술문에서와 같이 남자들의 약 68%는 키가 66~72인치 사이(69인치 ± 3인치), 약 95%는 키가 63~75인치 사이(69인치 ± 6인치)이고, **거의 대부분의** 남자들(99.72%)은 키가 60~78인치 사이(69인치 ± 9인치)이다.

이러한 결과는 정상분포 가정에 기초하고 있다. 그러나 매우 편포된 분포에서도, 여러분은 $\overline{X} \pm 1S$는 사례들의 다수를 포함하고, $\overline{X} \pm 2S$는 대다수의 사례를 포함하고, $\overline{X} \pm 3S$는 몇몇을 제외한 거의 모든 사례를 포함하고 있음을 알게 될 것이다.

5.8 두 분포의 평균치 비교: 변산도의 관련성

두 분포의 평균치들을 비교하는 것은 표준편차 사용을 평가할 수 있는 또 다른 상황을 제공한다. 두 집단의 평균치 점수 간에 1점 차이가 나는 것을 알았다고 가정해 보자. 즉, $\overline{X}_1 - \overline{X}_2 = -1.0$이다. 이것은 큰 차이인가? 만일 측정치가 대학의 누적 GPA라면, 그 차이는 완전히 한 단계 다른 **학점**을 나타낼 수 있는 차이이다. 만약 측정치가 SAT **점수**라면, 그 차이는 분명히 무시할 만한 것이다.

두 평균치 간의 차이를 적절하게 평가하기 위해서는 그 평균치가 기초한 **척도** 혹은 측정 체계를 고려해야 한다. GPA 척도(0점에서 4점)에서의 1점은 상당히 큰 수치이지만, SAT 척도(200점에서 800점)에서의 1점은 미미한 수치이기 때문이다.

> 두 평균치 간 차이의 숫자상의 크기는 차이를 판단할만한 적절한 준거체계가 없이는 의미가 없다. 표준편차는 이러한 관점에서 중요한 준거체계가 된다.

SAT 점수의 표준편차는 100점이고, GPA의 전형적인 표준편차는 .4이다. 1점 차이는 **표준편차 단위로 표현될 수 있는데**, GPA 차이는 $-1/.4=-2.5$ 표준편차이고, SAT 차이는 $-1/100=-.01$ 표준편차이다.

이때 우리가 분포들을 모두 정상분포라고 가정한다면, 이러한 차이는 그림 5.4에 나타난 것 같이 될 것이다. SAT의 두 분포는 거의 완전히 겹쳐 있고($-.01S$), GPA의 두 분포에서는 상당한 분리($-2.5S$)가 생긴 것에 주목하라. 이것은 "원점수"의 차이를 표준편차 단위로 표현하는 것의 가치를 보여 주는 것이다.

효과크기

여러분이 실제 변수들을 다루게 되면, 비교해야 하는 두 분포의 표준편차가 똑같지는 않지만, 비슷한 경우가 많다는 것을 발견하게 될 것이다. 이러한 경우에는 어떤 형태로든 두 표준편차를 합쳐서(혹은 **통합**해서) 두 평균치의 차이의 크기를 평가하는 데 사용하는 것이 적절하다. 평균치 차이를 "통합된(pooled)" 표준편차로 나누어서 얻은 지수를 **효**

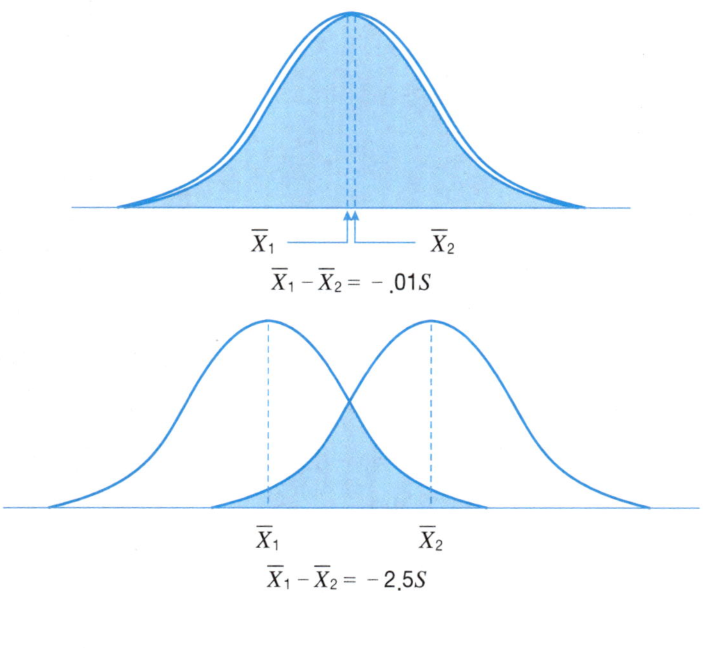

그림 5.4 평균치들의 차이가 다른 두 분포에서 점수들이 겹치는 정도

과크기(effect size: ES)라고 부른다:

> 효과크기
>
> $$ES = \frac{\overline{X}_1 - \overline{X}_2}{\sqrt{\frac{SS_1 + SS_2}{n_1 + n_2}}} = \frac{\overline{X}_1 - \overline{X}_2}{S_{통합}} \quad (5.4)$$

공식 5.4에서 분자는 간단하다. 즉, 두 평균치($\overline{X}_1$과 $\overline{X}_2$)의 차이를 의미한다. 분모는 두 집단의 표준편차를 결합한 것으로 약간 더 복잡하다. 물론, 이것은 두 표준편차의 평균치를 구하는 것처럼 간단할 수는 없다. 대신에 여러분은 각각의 표준편차에서 쉽게 산출될 수 있는 자승합인 SS_1과 SS_2를 가지고 계산해야 한다.

표 5.4 효과크기의 계산

	$\overline{X}$	S	n
집단 1	48.00	9.80	20
집단 2	53.00	10.20	20

두 평균치의 차이가 위와 같을 때 효과크기는 다음과 같은 단계를 통해 계산한다:

1 단계. 두 평균치 사이의 차이를 계산한다.

$\overline{X}_1 - \overline{X}_2 = 48.00 - 53.00 = -5.00$

2 단계. 표준편차로부터 각각의 SS를 계산한다.

- 공식 5.2로부터 시작한다:

$$S = \sqrt{\frac{SS}{n}}$$

- 각 변을 자승한다:

$$S^2 = \frac{SS}{n}$$

- 각 변에 n을 곱한다.

$$nS^2 = SS$$

- 각 집단의 SS를 계산한다.

$$SS_1 = n_1S_1^2 = (20)(96.04) = 1920.80$$
$$SS_2 = n_2S_2^2 = (20)(104.04) = 2080.80$$

3 단계. 통합된 표준편차를 계산한다.

$$S_{통합} = \sqrt{\frac{SS_1 + SS_2}{n_1 + n_2}} = \sqrt{\frac{1920.80 + 2080.80}{20 + 20}} = \sqrt{\frac{4001.6}{40}} = \sqrt{100.04} = 10.00$$

4 단계. 평균치 차이를 통합된 표준편차로 나누어준다.

$$ES = \frac{\overline{X}_1 - \overline{X}_2}{S_{통합}} = \frac{-5.00}{10.00} = -.50$$

따라서 첫 번째 집단의 평균치는 두 번째 집단의 평균치에 비해서 1/2 표준편차 정도 낮다.

표 5.4는 효과크기를 계산하는 방법을 예시하고 있다. 이 예에서 두 평균치들은 .50 표준편차만큼 차이를 보인다. 특히, 첫 번째 집단의 평균치는 두 번째 집단의 평균치보다 1/2 표준편차만큼 작다($ES = -.50$). 효과크기에 대한 널리 사용되는 지침은 $ES = .20$이면 "작음", $ES = .50$이면 "중간" 크기, $ES = .80$이면 "큰" 것으로 간주하는 것이다(Cohen, 1988). 그러나 이러한 판단은 항상 연구하는 변수, 도구, 실험 참가자에 따라서 결정되어야 한다.

두 분포의 평균치를 비교하는 문제는 기술통계학이나 추리통계학에서 빈번히 발생한다. 평균치의 차이의 크기를 생각할 때 표준편차 단위로 표현하는 것에 익숙해지면 도움이 된다는 것을 알 수 있을 것이다. 우리는 6장에서 효과크기의 의미에 대해서 보다 자세히 다룰 것이고, 통계적 추론 부분에서 또 다시 다룰 것이다.

5.9 요약

변산도의 측정치들은 분포를 기술하는 데 중요하고, 통계적 추론에서 특히 결정적인 역할을 한다. 우리는 이 장에서 범위, 분산, 표준편차의 세 가지 측정치에 대해서 살펴보았다. 모두가 분포에서의 점수들의 퍼짐이나 산포도를 양적인 용어로 기술하는 요약치이다. 범위는 가장 높은 점수와 가장 낮은 점수 사이의 거리를 말한다. 분산은 편차 점수 자승의 평균치이고, 표준편차는 이 값에 제곱근을 취한 것이다. 분산은 고급 통계학에서는 중요하지만, **자승된** 단위로 나타내기 때문에 점수들이 퍼진 정도를 기술하려는 실제적인 상황에서는 거의 사용되지 않는다.

분산과 표준편차는 모두 정의 공식이나 계산 공식을 사용하여 계산할 수 있다. 정의 공식을 사용하면 두 통계치의 속성에 대한 보다 큰 통찰을 얻을 수 있는 반면, 계산 공식은 훨씬 사용이 쉽고, 따라서 손으로 계산할 때에 선호되는 공식이다.

범위에 비해 분산과 표준편차는 수학적 취급이 용이하고 표본이 달라져도 보다 안정적인 특성을 가졌다. 여러분은 표준편차가 정상곡선과 관련이 있고, 나아가서 두 평균치들 간의 차이의 크기를 평가하는 데 사용될 수 있다는 것을 알았다.

연습문제

정의 또는 설명하라.

용어와 개념

변산도
퍼짐
산포도
범위
편차점수
분산
자승합
표준편차
정의 공식
계산 공식
수학적 취급의 용이성
표집의 안정성
거리 측정치로서의 표준편차
효과크기

공식

$$S^2 = \frac{\Sigma(X - \overline{X})^2}{n} = \frac{SS}{n} \qquad S = \sqrt{\frac{\Sigma(X - \overline{X})^2}{n}} = \sqrt{\frac{SS}{n}}$$

$$SS = \Sigma X^2 - \frac{(\Sigma X)^2}{n} \qquad ES = \frac{\overline{X}_1 - \overline{X}_2}{\sqrt{\dfrac{SS_1 + SS_2}{n_1 + n_2}}} = \frac{\overline{X}_1 - \overline{X}_2}{S_{\text{통합}}}$$

질문 및 문제

참고: *가 있는 문제는 부록 A에 답이 제시되어 있다.

1. 변산도의 측정치가 같이 제시되지 않았을 때 "평균(average)"으로는 충분치 않거나, 터무니없이 잘못 이해되는 "실생활"의 예(이 장에서는 제시된 것 이외의 것)를 세 가지 들라. 변산도의 측정치가 왜 필요한지를 설명하라.

2. 5개의 원점수들이 있는 표본에서 각각의 점수는 편차점수로 바꿀 수 있다. 다음은 그 편차점수들 중 4개의 값이다: −4, +2, +3, −6. 나머지 편차점수의 값은 무엇이겠는가?

***3.** 다음의 점수들의 범위, 분산, 표준편차를 계산하라. S^2과 S는 **정의** 공식을 사용하여 계산하라.

(a) 3, 8, 2, 6, 0, 5
(b) 5, 1, 9, 8, 3, 4
(c) 6, 4, 10, 6, 7, 3

4. **정의** 공식과 **계산** 공식을 이용하여 다음 점수들의 표준편차를 계산하고, 두 공식을 사용할 때 상대적으로 어느 것이 쉬운지에 대해 의견을 제시하라.
X: 2.5, 6.9, 3.8, 9.3, 5.1, 8.0

5. $S^2 = 18$이고, $SS = 900$이면 n은 얼마일까?

***6.** 다음의 통계치들에서, 분포에 있는 모든 점수들에 1점씩을 더 했을 때 영향을 받는 것

은 무엇인가? 이러한 사실로부터 일반화할 수 있는 사실은 무엇인가?

(a) 최빈치
(b) 중앙치
(c) 평균치
(d) 범위
(e) 분산
(f) 표준편차

7. 어떤 분포에서 모두 다가 아닌 몇 개의 점수에 1점씩을 더해서 분산을 **줄이려고** 한다면, 어느 점수들에 더하겠는가? 만약 분산을 **증가시키려고** 한다면 어떻게 해야 하는가?

*8. 40개 점수의 평균치, 중앙치, 범위, 표준편차를 계산한 후에, 가장 낮은 점수가 잘못 기록되었고, 더 낮아져야 한다는 것을 발견하였다. 이것을 수정할 경우 위의 통계치 중에서 영향을 받는 것은 무엇인가?

9. 왜 분산은 기술통계치로는 잘 사용되지 않는가?

*10. 50문항짜리 검사 점수로부터 평균치와 표준편차 쌍을 구했다고 상상해 보자. 이 정보만 가지고 각 분포의 가능한 형태를 기술하라. (제시된 정보가 다른 분포 형태임을 암시한다고 생각하지 않는 한 정상분포를 가정하라.)

(a) $\overline{X} = 29, S = 3$
(b) $\overline{X} = 29, S = 4$
(c) $\overline{X} = 48, S = 4$
(d) $\overline{X} = 50, S = 0$

*11. 다음 점수들의 집합을 생각해 보자.

(1) 8, 8, 8, 8, 8
(2) 6, 6, 8, 10, 10
(3) 4, 6, 8, 10, 12
(4) 1004, 1006, 1008, 1010, 1012.

(a) 가장 작은 변산도를 나타내는 것은 어느 것인가? 가장 큰 변산도를 가지는 것은 어느 것인가?
(b) 각 집합에 대해 평균치를 계산하라. 편차점수로부터 분산과 표준편차를 직접 계산하라.
(c) 문제 11(b)의 결과는 집중경향과 변산성 간의 관계에 대해 무엇을 시사해 주는가?

12. 다음의 표준편차들에 해당하는 자승합(SS)을 계산하라($n = 30$).

(a) 12
(b) 9

(c) 6
(d) 4.5

13. SAT- V는 $\overline{X} = 500$이고 $S = 100$이다.
(a) 400점과 600점 사이에 몇 %의 점수가 속하겠는가?
(b) 300점과 700점 사이에는?
(c) 200점과 800점 사이에는?

***14.** 대학 물리학 수업에서 학생들의 평균치가 67.2인데, Duane이 73점을 받았다.
(a) 이 정보만으로 그의 수행이 어떻다고 말할 수 있는가?
(b) $S = 20.2$라고 가정해 보자. 이제는 그의 수행이 어떻다고 말할 것인가?
(c) $S = 2.2$라고 가정해 보자. 이제는 그의 수행이 어떻다고 말할 것인가?

***15.** 고등학교 학생들의 성차를 연구하는 데 다음과 같은 결과를 얻었다고 상상해 보자.

수학 성취도		언어 능력	
남자($n = 32$) $\overline{X}_M = 48$, $S_M = 9.0$	여자($n = 34$) $\overline{X}_F = 46$, $S_F = 9.2$	남자($n = 32$) $\overline{X}_M = 75$, $S_M = 12.9$	여자($n = 34$) $\overline{X}_F = 78$, $S_F = 13.2$

(a) 수학 성취도의 통합된 표준편차는 얼마인가?
(b) 언어능력의 통합된 표준편차는 얼마인가?
(c) 이들 평균치들의 효과크기를 계산하라.
(d) 두 효과크기의 정도에 대한 여러분의 인상은 어떤가?

제 6 장

정상분포와 표준점수

6.1 간단한 역사: Francis Galton 경과 정상곡선

빈도분포는 여러 형태를 갖는다. 그러한 형태 중의 하나인, **정상곡선**(normal curve)은 매우 흔히 나타나고 놀랄 만큼 다양한 영역에서 나타난다.[1] 사탕무우의 수확량, 아동의 정신능력, 콘크리트 표본들의 분쇄 강도, 7월에 밭에 있는 옥수수 대의 크기, 환자로부터 반복하여 얻은 혈액표본들 속의 혈구 수, 남자들의 모자 크기, 이러한 모든 것은 보기 좋은 종 모양의 정상곡선 형태에 매우 가깝다.

발견에 발견을 거듭한 후에 정상곡선의 광범위한 적용 가능성이 나타난 것은 19세기였다. 19세기 후반에, Francis Galton 경(Darwin의 사촌)은 심리학과 교육학에서 중요한 영역인 "개인차"에 대한 연구를 처음으로 시작했다. 다양한 정신적 · 신체적 특성에서 사람들이 서로 어떻게 다른지에 관한 연구를 하여, 그는 정상곡선이 대부분의 많은 예들을 비교적 잘 나타내 주는 것을 발견하였다. 그는 자연현상에 대한 정상곡선의 적용 가능성에 대해 큰 감명을 받았다. 정상곡선을 오차의 빈도법칙(Law of Frequency of Error)으로 칭하면서, 그는 다음과 같이 말했다:

> 나는 "오차의 빈도분포"가 우주질서의 경이로운 형태를 표현하는 만큼 상상력을 자극하는 그 무엇도 알지 못한다. 만약 그리스 사람들이 오차의 빈도법칙을 알았더라면, 그들은 그 법칙을 의인화해서 신으로 섬겼을 것이다. 그것은 극심한 혼돈 가운데서 조용히 표면에 나서지 않으면서 지배한다. 덩어리가 커지고, 무질서가 더욱 두드러질수록

1) 19세기 수학자 Karl Friedrich Gauss의 독창적인 작업으로 인해, 정상곡선을 Gaussian **분포** 혹은 **곡선**이라고 부르기도 한다.

> 그것은 더욱 완전히 지배한다. 그것은 비논리(unreason)에 대한 최고의 법칙이다. 혼란스러운 요소들의 커다란 표본을 취해서 그들을 크기 순서대로 정렬할 때마다, 뜻밖의 가장 아름다운 정상형태가 처음부터 내내 잠재해 있음을 증명해 준다.(Galton, 1889, p. 66)

Galton이 정상분포를 법칙이 있는 행동으로 묘사한 것은 약간 너무 지나쳤지만, 행동과학의 초기 시절 그의 열성은 분명히 이해할 만하다. 그러나 모든 변수들이 정상곡선을 따르는 것은 아니다. 예를 들어, 연간 수입, 반응 시간, 교육 연한, 가족 크기, 숙달 검사에서의 수행은 모두 비정상 분포(이 경우에는 편포된 분포)로 규정될 수 있다. 더욱이, 자연적으로 발생하는 상황 하에서는 정상분포를 나타내는 변수들일지라도 조건이 바뀌면 정상분포가 되지 않을 수 있다. 남녀의 신장분포를 두 집단으로 따로 분리해서 측정하면 정상적이더라도, 두 집단을 합치면 양봉적(bimodal)이 된다. 공간추론능력은 전체 성인들에서는 정상적으로 분포하지만, 기계기술자 집단에서는 부적으로 편포될 것이다.

그럼에도 불구하고, 정상곡선은 실제 변수들의 여러 분포 형태에 대해 서술해 줄 뿐만 아니라 많은 표본 통계치(나중에 우리가 서술하겠지만)에 대해서도 서술해 준다. 예를 들어, 십대 청소년 전집으로부터 100개의 무선 표본을 추출하여 각 표본의 평균치를 계산한다면, 이 평균치들의 분포는 정상곡선에 가까운 경향이 있다. 이와 같은 상황에서는, 정상곡선이 매우 적합하며 통계적 추론에서 가장 중요한 속성이다.

이제 정상곡선을 좀 더 자세히 살펴볼 때가 왔다. 정상곡선이 무엇인지, 그것의 속성이 어떠한지, 통계적 모형으로 얼마나 유용한지, 그리고 문제에 답을 얻기 위해 어떻게 사용할 것인지에 관해 알 필요가 있다.

6.2 정상곡선의 성질

정상곡선이 **이론적으로** 만들어낸 것이고, 수학적인 모형이며, 특정 상황에서 취할 수 있는 분포 형태에 대한 이상적인 개념이라는 사실을 이해하는 것은 중요하다. 실제 자료에서 정상곡선의 속성을 만족시킬 수 있는 **경험적** 분포는 존재하지 않는다. 그러나 앞서 말했지만, 경험적 분포들은 종종 정상곡선에 대한 타당한 근사치를 제공한다. 이러한 실례들에서는, 자료들이 "정상적으로 분포한다"고 말하는 것은 전혀 문제가 없다.

원에 대한 등식이 크고 작은 원들을 모두 묘사하는 것처럼, 정상곡선의 등식도 일군의 정상곡선들을 모두 묘사한다. 그림 6.1과 같이 정상곡선들은 평균치와 표준편차가 다를 수 있다. 그러나 그들은 몇 가지 특성들을 공유하기 때문에 모두 정상곡선군의 구성원이다.

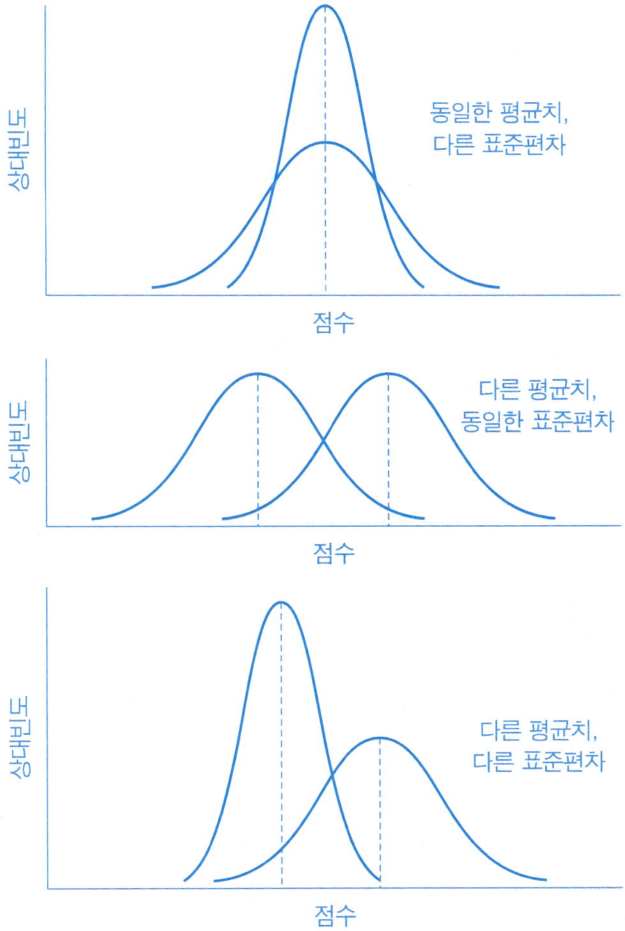

그림 6.1 다양한 정상분포들

이 특성들은 어떤 것들인가? 첫째로, 모든 정상곡선은 **대칭적**이다: 즉, 정상곡선의 왼쪽 반은 오른쪽 반을 거울에 비춘 것과 같다. 둘째로, 그들은 **단봉형태(unimodal)**로, 중앙에 최빈치를 갖고 있다. 사실상 **평균치, 중앙치, 최빈치는 모두 같은 값**을 갖는다. 셋째로, 정상곡선은 친숙한 **종 모양**의 형태를 갖는다. 곡선의 가운데에서 출발하여 바깥쪽으로 나가면, 곡선의 높이는 처음에 점차적으로 하강하다가 빨라지고 마지막에는 느려진다. 넷째로, 호기심을 갖게 하는 중요한 상황은 정상곡선의 양끝에 있다. 곡선이 수평축으로 빠르게 하강하더라도, **곡선은 결코 축에 닿지 않으며**, 아무리 멀리 나가도 그러하다.[2] 이러한 속성은 왜 경험적 분포가 절대로 완벽한 정상이 될 수 없는가를 보여 준다.

2) 정상곡선에서는 이를 **점근적(asymptotic)**이라고 부른다.

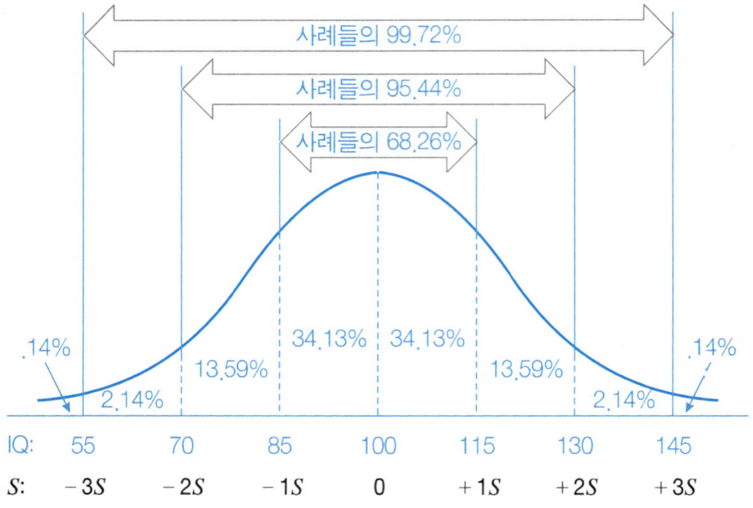

그림 6.2 표준편차 구간 내에 포함된 사례들의 상대빈도 ($\overline{X} = 100$, $S = 15$)

6.3 표준편차와 정상분포에 대한 기타 사항

3.6절에서 상대면적과 상대빈도의 관계에 대해서 살펴본 적이 있다. 그것은 앞으로도 계속적으로 사용할 중요한 관계이다. 여러분은 이 점을 확실히 하기 위해 3.6절을 복습하기 바란다.

또한 정상곡선 밑의 면적과 표준편차 단위들 간에도 정확한 관계가 있는데, 이것은 5.7절에서 잠깐 다루었다. 이 관계를 보다 자세히 탐구하기 위해서 지능검사 점수의 정상분포를 그려 놓은 그림 6.2를 검토하기로 한다($\overline{X} = 100$, $S = 15$).

정상분포에서는 평균치와 평균치 위 1표준편차 지점 사이, 즉 $\overline{X}$와 $+1S$ 사이에 34.13%의 면적이 놓인다. 3.6절의 논의에서와 같이, $\overline{X}$와 $+1S$ 사이 또는 IQ점수 100에서 115 사이에 사례들의 34.13%가 있다는 것이다.

> 하나의 빈도 곡선의 특정 부분 밑에 있는 **면적**의 비율은 바로 그 위치에 있는 **사례들**의 비율과 같다.

정상곡선은 대칭적이기 때문에, $\overline{X}(100)$와 $-1S(85)$ 사이에도 34.13%의 사례가 있다. 이 둘을 합하면 $\overline{X} \pm 1S$는 정상곡선에서 점수들의 68.26%를 포함하고 있다는 것을 의미한다. 즉, IQ 점수들의 2/3를 약간 넘는 수가 85점($-1S$)부터 115점($+1S$) 사이에 놓인다. 정상곡선의 종 모양 특성을 알고 있다면, 평균치로부터 1표준편차 사이에 그렇게 많은 점수들이 놓인다는 사실에 놀라지 않을 것이다.

예상할 수 있듯이, 백분율은 곡선이 수평축에 다가갈수록 점점 줄어든다. $+1S$와 $+2S$

사이에는 단지 13.59%가 포함되고, $-1S$와 $-2S$ 사이에도 동일한 백분율이 포함되게 된다. $\overline{X} \pm 2S$는 정상분포의 점수들의 95.44%를 포함하고 있다는 것을 알 수 있을 것이다: 13.59% + 34.13% + 34.13% + 13.59%. IQ들의 약 95%가 70($-2S$)과 130($+2S$)점 사이에 있다.

$+2S$와 $+3S$ 사이(2.14%)와 $-2S$와 $-3S$ 사이(2.14%)에는 상대적으로 적은 사례들이 포함되고, 그 이상은 더 적은 사례가 포함된다(각 극단치 당 .14%). 정상분포의 대부분의 사례(99.72%)는 평균치로부터 ±3표준편차 안에 포함된다. 이 자료로부터 여러분은 대부분의 IQ 점수들은 55점($-3S$)부터 145점($+3S$) 사이에 포함된다고 말할 수 있다. 단, IQ 점수의 .28%만(1%의 약 1/4)이 55점 이하이거나 145점 이상일 것이다. 이러한 극단적인 IQ를 보이는 개인들은 상당히 예외적이다.

여러분은 이러한 정확한 값들은 완벽한 정상분포의 가정을 요구한다는 사실을 기억해야 한다. 비정상분포에서는 다른 값들을 얻게 된다. 그러나 우리가 5.7절에서 지적했듯이, 편포된 분포에서조차 $\overline{X} \pm 1S$에는 다수의 사례들이 포함되고, $\overline{X} \pm 2S$에는 대다수의 사례들이, $\overline{X} \pm 3S$에는 몇몇 사례를 제외한 전체라고 할 수 있는 사례들이 포함된다.

6.4 z 점수

정상곡선의 면적과 표준편차 단위의 관계는 통계적 추론에 근본적인 문제들에 대한 답을 제공하는 데 유용하게 사용될 수 있다. 다음과 같은 유형의 질문은 통계적 작업에서 흔히 볼 수 있다. **평균치가 100이고 표준편차가 15인 정상분포에서, 115점 이상에 놓이는 사례의 비율은 얼마나 되는가?**

실제적으로 여러분은 이제까지 논의된 내용으로부터 이러한 구체적인 질문에 대해 답할 수 있다. 첫째로, 여러분은 $\overline{X} = 100$이고, $S = 15$인 분포에서 115점은 평균으로부터 1표준편차 위에 있는 점수($115 - 100 = 15 = 1S$)라는 것을 알아야 한다. 더욱이, 그림 6.2로부터 100점에서 115점 사이에는 사례들의 34.13%가 포함되고, 100점 이하는 사례들의 50%가 포함된다는 것을 알 것이다.[3] 따라서 사례들의 84.13%가 115점 **이하**에 놓이게 된다. $\overline{X} = 100$이고, $S=15$인 정상분포에서는 여러분은 100으로부터 이 백분율을 빼서 사례들의 약 16%가 115점 **이상**에 해당된다고 확신을 가지고 결론지을 수 있다.

3) 여러분은 정상분포가 **대칭적**이라는 사실을 기억하거나, 그림 6.2에 있는 평균치 이하의 4개의 백분율을 더함으로써 이 값을 얻을 수 있다.

그러나 120점이나 95점은 어떤가? 여러분은 이 두 점수들의 이상이나 이하에 해당하는 정확한 면적이 그림 6.2에서는 분명하지 않다는 것을 알 수 있다. 다행히도, 정상곡선의 각 점수들에 해당되는 면적을 구체화한 표가 만들어져 있다. 하지만, **모든** 정상곡선에서 동일한 용어로 점수들의 위치를 표현할 수 있는 방법을 찾아야 한다. 원점수로는 분명히 이러한 작업을 할 수 없다. 예를 들어, 그림 6.2의 115점은 평균치 위로 1표준편차에 있지만, $\overline{X} = 135$이고 $S = 10$인 정상분포에서는 전혀 다른 위치에 놓인다. 즉, 이 점수는 평균치 **아래로** 2표준편차에 놓이게 된다.

해결책은 원점수를 **표준점수**(standard score: **표준화된** 혹은 **유도된** 점수)로 변환하는 것이다.

> 표준점수는 표준편차를 측정의 단위로 사용하여 해당 분포의 평균치를 기준으로 점수의 위치를 표현하는 것이다.

복잡하게는 들리지만, 이 말은, 여러분도 금방 알게 되겠지만, 두 단락 전에 했던 것과 다를 것이 없다.

표준점수에는 여러 가지 유형이 있다. 당분간 우리는 ***z* 점수**에 초점을 맞추려고 한다. *z* 점수라는 개념은 통계적 작업에서 상당히 중요하고, 이 장과 다음 장들에서 많이 사용하게 될 것이다.

> *z* 점수는 원점수가 그 분포의 평균치 이상 또는 이하에 얼마만큼의 표준편차 거리를 두고 놓이는지를 말해 준다.

$\overline{X} = 100$이고 $S = 15$인 분포에서 115점은 *z* 점수 $+1.00$에 해당되는데, 이는 평균치 위로 1표준편차만큼 떨어져 있다는 것을 의미한다. *z* 점수는 점수에 대한 두 가지 사항을 즉각적으로 알려 주기 때문에 편리하다. 즉, 점수의 부호는 그 점수가 평균치 위에 있는지 아래에 있는지를 말해 주고, 그 절대값은 (표준편차 단위로) 얼마나 큰가를 알려 준다.

다음 공식이 보여 주는 것과 같이, *z* 점수는 단순히 편차점수를 표준편차로 나누어주면 된다.

> *z* 점수
>
> $$z = \frac{X - \overline{X}}{S} \qquad (6.1)$$

115점이 $\overline{X} = 100$이고 $S = 15$인 분포와 $\overline{X} = 135$이고 $S = 10$인 분포에서 어디에 해당되

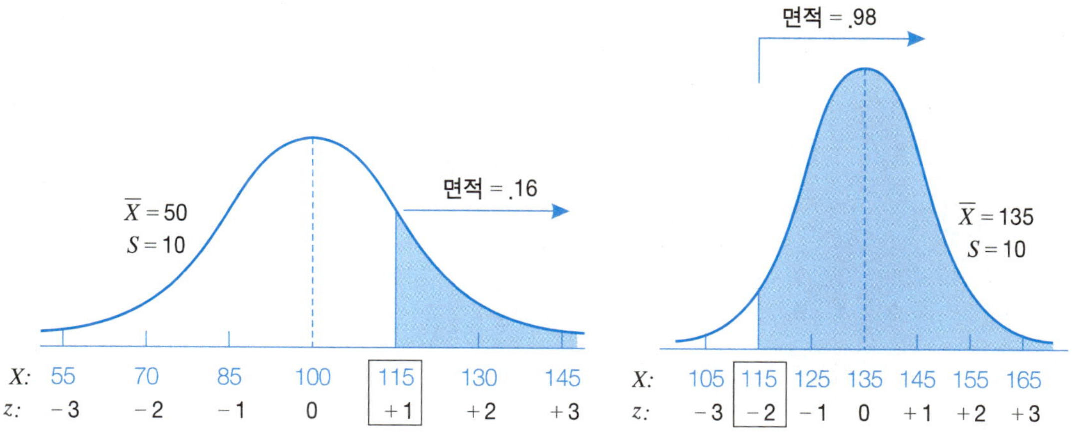

그림 6.3 서로 다른 평균치와 표준편차를 가진 두 분포에서의 원점수와 z 점수

는지 확인해 보자. 각각의 z 값은 다음과 같다.

$$z = \frac{115 - 100}{15} = \frac{+15}{15} = +1.00 \quad \text{그리고} \quad z = \frac{115 - 135}{10} = \frac{-20}{10} = -2.00$$

원점수가 동일하다고 하더라도 각각의 분포에서 서로 다른 **상대적** 위치를 가진다. 이는 그림 6.3에서 보듯이, $z = +1.00$ 이상에 해당되는 사례들은 16%이고, $z = -2.00$ 이상에 해당되는 사례들은 98%라는 사실을 알 수 있을 것이다(좀 더 진행하기 전에, 그림 6.2에서 이들의 백분율을 확인하라).

이제는 $\overline{X} = 50$과 $S = 10$인 정상분포를 생각해 보자. 이 분포에서 60점은 평균치 위의 1 표준편차에 해당된다. 따라서 그것은 $z = +1.00$으로 표시된다. 이 점수는 $\overline{X} = 100$과 $S = 15$인 분포에서의 115점과 상대적으로 같은 위치에 놓인다. 그림 6.4에서와 같이, 점수들의 16%가 그것이 속한 분포에서 115점을 넘는 것과 마찬가지로, 점수들의 16%가 그것이 속한 분포에서 60점을 넘는다는 것을 알 수 있다.

마지막으로, 120점이나 95점 같은 **이상한** 점수는 어떤가? 문제될 것이 없다. $\overline{X} = 100$이고, $S = 15$이면 각각의 z 값은 다음과 같다.

$$z = \frac{120 - 100}{15} = \frac{+20}{15} = +1.33 \quad \text{그리고} \quad z = \frac{95 - 100}{15} = \frac{-5}{15} = -.33$$

120점은 평균치 위로 1.33 표준편차에 해당되는 반면, 95점은 평균치 아래로 .33 표준편차에 해당된다. (그림 6.2로 돌아가 보자. 이 그림은 각각의 X 값으로부터 두 개의 z 점수를 계산하는 데는 부족하지만, 각 z 점수의 방향과 일반적인 크기는 z 점수의 그럴듯한 값을 그림 6.2로부터 대충 "눈대중"으로 확인하게 해 준다.)

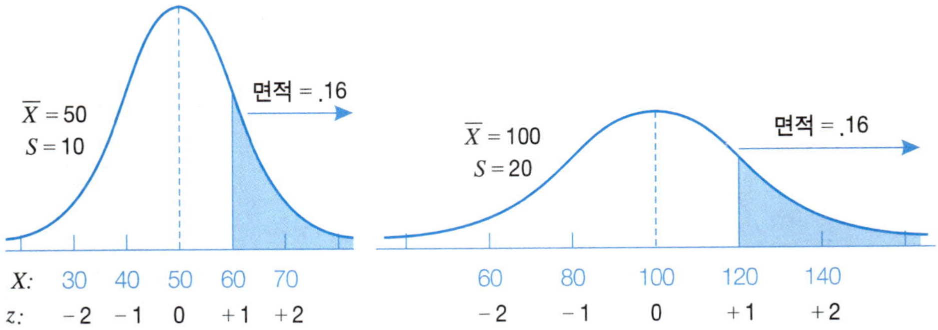

그림 6.4 서로 다른 평균치와 표준편차를 가진 두 분포에서의 원점수와 z 점수

이제 필요한 것은 앞에서 언급한, 특정한 z 점수에 대한 정상극선 밑의 정확한 면적을 제시한 표이다. z 점수를 알면, 예를 들어, $z = +1.33$이면, 여러분은 그 값 이상(혹은 이하)에 해당되는 사례들의 정확한 비율을 얻을 수 있다.

계속 진행하기 전에 주의사항이 있다. 통계 초심자들의 일반적인 오해는 원점수를 표준점수로 변환하면, 비정상분포가 정상분포가 된다는 생각이다. 이것은 사실이 아니다. **표준점수의 분포는 원점수의 분포와 모양이 꼭 같다.** 단지 점수의 수치가 달라지니까 평균치와 표준편차가 달라지는 것뿐이다. 기술적인 용어로, 원점수의 표준점수로의 변환은 "선형변환(linear transformation)"이라고 한다. 분포를 "정상화"하기 위한 대안적인 변환방법들이 있지만 이 책의 범위를 넘어서는 것이다.

6.5 정상곡선표

다음 두 절에서, 여러분은 **정상곡선을 따르거나 정상곡선에 근접하는 분포와 관련된** 흔히 접하는 문제에서 정상곡선표를 어떻게 적용하는지를 배울 것이다. 6.6절에서는 위에서 살펴본 첫 번째 문제 유형인 특정한 점수가 주어졌을 때 정상곡선에서 면적을 찾는 방법을 살펴볼 것이다. 6.7절에서는 반대의 질문인 면적이 주어졌을 때 특정한 점수를 찾는 방법을 살펴볼 것이다.

우선 부록 B의 표 A에 완전한 표가 제시되어 있는 정상곡선표의 체제를 먼저 검토해보자. 편의상 표 6.1에 이 표의 일부를 제시하였다.

길기는 하지만, 표 A는 단지 세 가지 정보만 제시하고 있다. 첫 번째 열은 z의 값을 포함하고 있다. (표 6.1은 z 점수를 0.95에서 1.04까지 보여 준다.) 그리고 각 z 점수에 대해서 두 가지 사실을 알 수 있다. 두 번째 열은 평균치와 z 점수 사이의 면적을 보여 주고, 세 번째 열은 z 점수 밖의 면적을 보여 준다. (**면적**은 **사례의 비율**과 같다는 점을 기억

표 6.1 표 A 내용의 일부

z	평균치와 z 사이의 면적	z 밖의 면적
1	2	3
•	•	•
•	•	•
•	•	•
0.95	.3289	.1711
0.96	.3315	.1685
0.97	.3340	.1660
0.98	.3365	.1635
0.99	.3389	.1611
1.00	.3413	.1587
1.01	.3438	.1562
1.02	.3461	.1539
1.03	.3485	.1515
1.04	.3508	.1492
•	•	•
•	•	•
•	•	•

하라.)

첫 번째 열에서 z = "1.00"을 찾아보자. 평균치와 z 점수 사이의 면적은 .3413(약 34%)이고, 이 점수 밖의 면적은 .1587(약 16%)인 것을 알 수 있다. 물론, 이것은 그림 6.2와 그와 관련된 설명에서 알았을 것이다. $z = 1.03$ 이상인 사례들의 비율을 얼마인가? 그것은 .1515(또는 15%)라는 것을 쉽게 알 수 있다.

표 6.1에 음수가 없다는 것에 주목할 필요가 있다. 표 A에서도 이를 찾을 수 없을 것이다. 정상곡선은 대칭적이기 때문에, 면적 관계는 곡선의 양쪽 반에서 동일하다. 따라서 z 점수에서 양수나 음수의 구분은 필요가 없고, 두 번째와 세 번째 열이 두 가지 상황을 해결해 준다. 예를 들어, 표 6.1에 있는 두 번째 열은 $z = -1.00$과 평균치 사이의 면적이 .3413이라는 정보를 제공하고 있다. $z = +1.00$의 면적인 .3413과 합해지면, $-1S$와 $+1S$ 사이에 사례들의 약 68%가 포함된다는 친숙한 사실을 확인하게 된다(그림 6.2).

통계적 추론에서 빈번히 당면하게 되는 문제들에서 표 A를 어떻게 사용할 수 있는지를 알아보자.

6.6 점수를 알 경우 면적 구하기

우리는 이 과정을 예시하기 위해서 다섯 가지 문제를 제시할 것이다. 각 문제들은 점수가 주어졌을 때, 면적을 구하는 일반적인 문제의 변형들이다.

문제 1

$\overline{X}=100$과 $S=20$인 정상분포에서, 80점 이하인 사례의 비율은 얼마인가?

이 문제는 그림 6.5로 설명된다.[4] 제일 먼저 여러분이 할 일은 80점을 z 점수로 바꾸는 것이다.

$$z=\frac{X-\overline{X}}{S}=\frac{80-100}{20}=-1.00$$

이제 부록의 표 A에서 $z=1.00$(정상곡선의 대칭성으로 인해 음수 부호는 무시할 수 있다는 사실을 기억하라)을 찾아 세 번째 열에 있는 면적을 확인한다. 왜 세 번째 열을 보는가? z "**밖**"은 항상 분포의 **꼬리** 쪽을 의미하기 때문에, 음의 z 점수 "**밖의 면적**"은 그 "**이하의 비율**"과 같다. 세 번째 열의 값은 .1587로 .16으로 반올림 할 수 있다. **정답: 사례의 .16 또는 16%가 80점 이하에 있다.**

전체적으로 문제 1에서 사용한 말은, 주어진 점수 이하에 놓이는 사례들의 퍼센트인 **백분위**의 개념(2.9절)을 포함하고 있기 때문에 친숙하게 들릴 것이다. 따라서 **표 A는 점수들이 정상적으로 분포되었다고 가정하면 주어진 점수의 백분위를 구할 때도 사용될 수 있다.** $X=80$을 $z=-1.00$으로 변환하고, 표 A를 보면, 원점수 80점이 백분위 점수로 16, 혹은 16번째 백분위에 해당된다는 것을 알 수 있을 것이다. 다른 말로 하면, $P_{16}=80$이다.

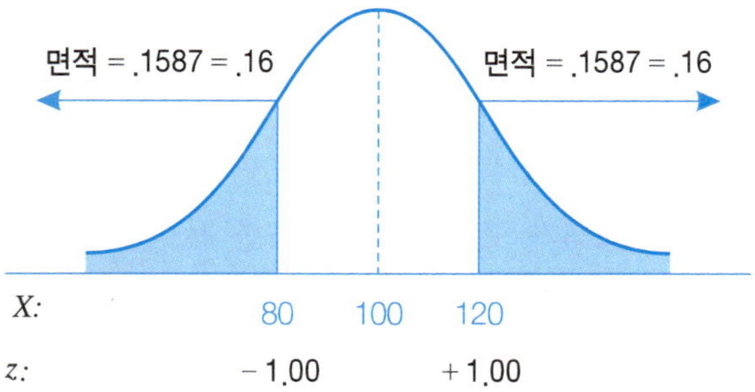

그림 6.5 정상분포($\overline{X}=100$과 $S=20$)에서 $X=120$ 이상인 비율과 $X=80$ 이하인 비율

4) 이 문제와 다음 문제들을 풀 때, 그림 6.5와 같이 그림을 그리면서 푸는 것이 진전 상태를 파악하는데 도움이 된다는 것을 알게 될 것이다.

문제 2

$\overline{X}=100$이고 $S=20$인 정상분포에서, 120점 이상인 사례의 비율은 얼마인가?

120에 대한 z 점수는 +1.00이다.

$$z=\frac{120-100}{20}=+1.00$$

표 A에 $z=+1.00$을 찾아서 세 번째 열을 보자. (여러분은 점수"이상의 비율"은 "그 이상의 면적"을 의미하기 때문에 세 번째 열을 보면 된다.) 그 값은 .1587 또는 그림 6.5에서와 같이 .16이다. **정답: 120점 이상인 사례는 .16 또는 16%이다.**

문제 3

$\overline{X}=100$이고 $S=20$인 정상분포에서, 80점 이상인 사례의 비율은 얼마인가?

여러분은 문제 1번으로부터, 여기서도 z 점수가 −1.00이라는 사실을 알고 있다. 그림 6.6은 이 문제를 해결하기 위해서는 **두 개의** 면적을 구할 필요가 있다는 것을 알려 준다. 즉, 평균치와 z 점수인 −1.00 사이의 면적과 평균치 이하의 면적을 **더해야 한다.** $z=1.00$에 대한 두 번째 열의 값은 첫 번째 면적을 제공해 주는데, 이 값은 .3413이다. 정상곡선은 대칭적이기 때문에, 평균치 이상의 면적은 전체 곡선 면적의 반인 .5000에 해당된다. 결과적으로 그림 6.6에서 칠해진 면적은 전체 면적의 .3413 + .5000 = .8413 또는 .84이다. **정답: 80점 이상인 사례는 .84 또는 84%이다.**

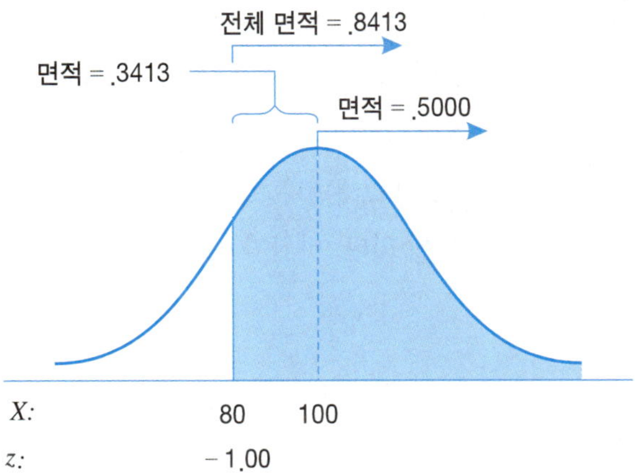

그림 6.6 정상분포($\overline{X}=100$, $S=20$)에서 $X=80$ 이상인 점수들의 비율

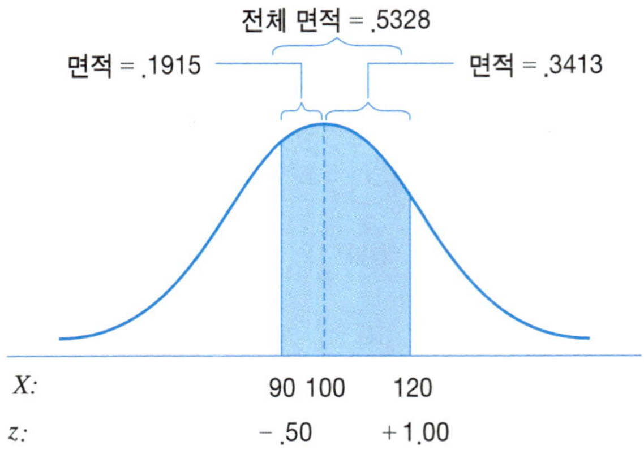

그림 6.7 정상분포($\overline{X}$ = 100, S = 20)에서 X = 80과 X = 120 사이에 있는 점수들의 비율

문제 4

$\overline{X}$ = 100이고 S = 20인 정상분포에서 90과 120 사이에 있는 점수들의 비율은 얼마인가?

먼저, 여러분은 필요한 z 점수들을 구해야 한다.

$$z = \frac{90 - 100}{20} = -.50 \qquad z = \frac{120 - 100}{20} = +1.00$$

그림 6.7에서 보는 바와 같이, 이 문제도 역시 두 면적들의 합산이 필요하다. 표 A로부터 평균치와 z = .50 사이의 면적(.1915)을 찾고, 평균치와 z = 1.00 사이의 면적(.3413)을 찾는다. 이들의 합계는 .1915 + .3413 = .5328 또는 .53이다. **정답: 90점에서 120점 사이에 있는 사례는 .53 또는 53%이다.**

문제 5

$\overline{X}$ = 100이고 S = 20인 정상분포에서 110과 120 사이에 있는 점수들의 비율은 얼마인가?

이 문제는 두 점수 모두가 평균치 이상이라는 점만 제외하고는 문제 4와 유사하다. 그러나 풀이방법이 약간 달라진다. 이것에 답하는 한 가지 방법은 110 이상인 점수들의 비율을 찾아서 이 값에서 120 이상인 점수들의 비율을 빼는 것이다. 두 면적의 차이가 이 두 점수들 사이에 있는 사례들의 비율을 분리해낸다.[5)]

이 문제와 풀이가 그림 6.8에 제시되어 있다. 마찬가지로, 먼저 원점수 값을 z 점수로 바꾼다.

5) 이러한 종류의 문제를 처음 풀 때, 하나의 z 점수로부터 다른 하나를 빼고 그 차이에 상응하는 면적을 찾는 실수를 범하기 쉽다. 이렇게 하면 안 된다. 구해야 하는 것은 두 **면적** 간의 차이이다.

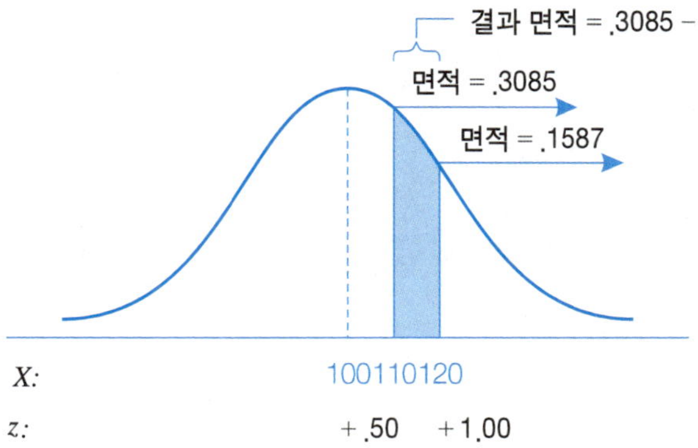

그림 6.8 정상분포($\overline{X}$ = 100, S = 20)에서 X = 110과 X = 120 사이에 있는 점수들의 비율

$$z = \frac{110 - 100}{20} = +.50 \quad \text{그리고} \quad z = \frac{120 - 100}{20} = +1.00$$

표 A를 사용하여 두 면적을 결정한다. $z = +.50$ 이상인 면적은 .3085이고, $z = +1.00$ 이상인 면적은 .1587이다. 이들 간의 차이인 칠해진 면적은 .3085 − .1587 = .1498 또는 .15이다. **정답: 110점에서 120점 사이에 있는 사례는 .15 또는 15%이다.**

만일 점수들의 비율이 아닌 **사례수**가 요구된다면, 비율에다 그 분포에 있는 전체 점수의 **개수**를 곱하기만 하면 된다. 따라서 문제 5에서 그 분포 속에 2,000개의 점수들이 있다면 그들 중 (.1498)(2000) = 299.6 또는 300개의 사례가 110과 120점 사이에 포함된다.

6.7 반대의 과정: 면적을 알 경우 점수 찾기

앞 절에서, 점수가 알려진 경우에 면적을 알아내는 문제를 다루었다. 여기에서는 **면적을 알 경우 점수를 찾는 것이다.** 이것은 앞 절에 서술된 절차의 반대절차를 따라가야 한다. 세 가지 일반적인 유형의 문제가 아래에 제시되어 있다.

문제 6

$\overline{X}$ = 100이고 S = 20인 정상분포에서, 그 사례들의 상위 20%와 하위 80%를 분리시키는 점수를 찾아라. 절차를 보여 주기 위해서 우리는 풀이를 몇 가지 단계로 나누었다.

1 단계. 그림 6.9와 같이 여러분의 진행 상태 파악에 도움이 되도록 그림을 그린다.

2 단계. 표 A의 정상곡선표로 가서, 이번에는 세 번째 열인 "z 밖의 면적"이 .20과 가장

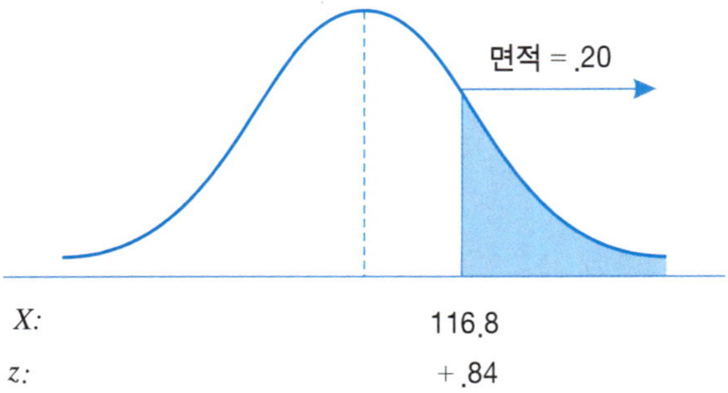

그림 6.9 정상분포($\overline{X}$ = 100, S = 20)에서 상위 20%와 나머지를 구분하는 점

가까운 값을 찾는다. 그것은 .2005이다. 그 다음에 첫 번째 열로 가서 그것에 해당하는 z 값을 찾는다. 그것은 .84이다. 앞에서처럼 표 A는 양과 음의 z 점수를 구별하지 않기 때문에, **우리는 그러한 정보를 보완해야 한다.** 나머지와 구분되는 **상위** 20%라는 것을 보면, 그 점수는 평균치 **이상**이 되어야 한다. 따라서 z의 값은 **양**이 된다. 즉, $z = +.84$이다. 이것은 그림 6.9에 제시되어 있다.

3 단계. 마지막으로, z 점수를 다시 원점수인 X로 바꾸어야 한다. z 점수 +.84 는 그 점수가 평균치로부터 .84 표준편차 위에 있다는 것이다. 20의 .84는 .84 곱하기 20이기 때문에 구하는 값은 $100 + (+.84)(20) = 100 + 16.8 = 116.8$이다. **정답: 사례들의 상위 20%와 하위 80%를 구분하는 점수는 116.8점이다.**

이는 80번째 백분위 점수는 116.8점이라는 것이나, $P_{80} = 116.8$이라고 말하는 것과 같다.

문제 7

$\overline{X}$ = 100과 S = 20인 정상분포에서, 그 사례들의 하위 20%와 상위 80%를 분리시키는 점수를 찾아라.

앞에서와 같이, 세 번째 열에서 .20에 가까운 값을 찾는다. 하위 20%와 나머지를 분리하는 점을 찾는 것이기 때문에 이번에는 평균치 **이하**의 점수를 찾아야 한다. 따라서 z 값은 **음의** 값을 가지게 된다. 이는 그림 6.10에 제시되어 있다. 문제 6에서 적용한 동일한 공식을 통해서 X 값을 계산하면 된다. $100 + (-.84)(20) = 100 - 16.8 = 83.2$이다. **정답: 하위 20%와 상위 80%를 나누는 점은 83.2점이다.**

이는 20번째 백분위 점수는 83.2점이라는 것이나, $P_{20} = 83.2$이라고 말하는 것과 같다.

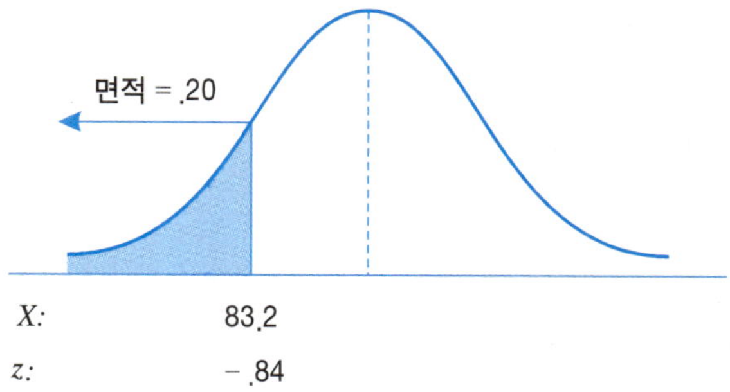

그림 6.10 정상분포($\overline{X}$ = 100, S = 20)에서 관찰치들의 하위 20%와 나머지를 나누는 점

문제 8

$\overline{X}$ = 100과 S = 20인 정상분포에서, 중간 점수들의 95%를 포함하는 점수한계는 무엇인가?

그림 6.11은 이 문제를 예시한다. 사례들의 95%가 대칭적으로 위치한 점수들 사이에 놓이기 위해서는, 상위한계 이상에 2.5%가 있어야 하고, 하위한계 이하에 2.5%가 있어야 한다. z 밖의 면적이 사례들의 2.5%가 해당되는 z 점수는 얼마인가? 표 A에 있는 세 번째 열을 보면, 여러분은 z = 1.96 밖의 면적이 .0250(2.5%)임을 알 수 있을 것이다. 이 z 값은 두 개의 z 값임을 기억하라. 하나는 하한계인 $z_L = -1.96$이고, 다른 하나는 상한계인 $z_U = +1.90$이다(하한계를 L로 표시하고, 상한계를 U로 표시하였다). 여러분의 마지막 과제는 X_L와 X_U에 해당하는 값을 결정하는 일이다.

$$X_L = 100 + (-1.96)(20) = 100 - 39.2 = 60.8$$
$$X_U = 100 + (1.96)(20) = 100 + 39.2 = 139.2$$

정답: 중간 점수들의 95%가 해당되는 한계는 60.8점과 139.2점이다. 이는 $P_{2.5} = 60.8$과 $P_{97.5} = 139.2$라고 말하는 것과 같다.

이 시점에서, 표 A에 기초한 면적과 사례의 백분율에 대한 **어떠한** 진술을 하든 정상분포를 전제하는 것처럼, 1번부터 8번 문제들은 정상분포(혹은 상당히 유사한 분포)이어야 한다는 점을 강조한다. 예를 들어, 부적으로 편포된 분포에서는 z = 0(역시, 평균 점

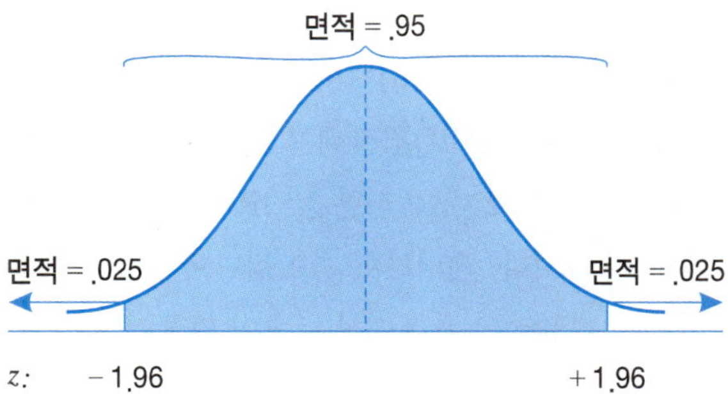

그림 6.11 정상곡선($\overline{X}$ = 100, S = 20)에서 관찰치들의 가운데 95%를 포함하는 한계

수는 50번째 백분위 점수이다) 이하에 해당되는 사례가 50%가 아니다. 여러분이 4.5절에서 배울 것 같이 이러한 분포들의 평균치와 중앙치의 상대적인 위치로 인해서 부적으로 편포된 분포에서는 사례들의 반보다 적은 수가 평균치($z = 0$) 이하에 있다.

6.8 다른 분포들의 점수 비교

여러분은 6.4절에서 z 점수가 **모든** 정상곡선들에서 비교 가능한 용어로 위치를 표현하는 방식을 제공해 준다는 것을 알았다. z 점수로 변환하는 것은 원래 변수의 척도를 **표준화**하는 것이기 때문에 분포들의 평균치와 표준편차가 달라서 생기는 문제는 해결될 수 있다.

> 모든 점수들이 z 점수로 변환되면, 분포의 원래의 평균치와 표준편차와는 상관없이 그 평균치($\bar{z}$)는 0이 되고, 표준편차(S_z)는 1이 된다.

따라서 표 A에 있는 값들은 **표준정상분포**(standard normal distribution)라고 불리는 $\overline{X} = 0$이고 $S = 1$인 정상분포의 값을 반영한 것이다.

어느 분포나 $\bar{z} = 0$이고 $S_z = 1$이기 때문에, z 점수와 표 A는 (두 분포가 정상성에 근접한다고 가정될 때) 서로 다른 분포에서 나온 점수들을 비교하는데 유용하다. 여러분이 사회학 중간고사($\overline{X} = 40$과 $S = 10$)에서 60점을 받고, 기말고사($\overline{X} = 65$와 $S = 15$)에서 80점을 받았다고 가정해 보자. 어느 시험을 더 잘 본 것인가? 두 시험의 평균치와 표준편차가 다른 것을 감안하면 기말고사에서의 높은 점수는 오해하기 쉽다. 각 점수를 z 점수로 변환하면 보다 적절한 비교가 가능해진다. 중간고사는 $z = +2.00$이고, 기말고사는 $z = +1.00$이다. 여러분은 분명히 두 시험 모두 동료들에 비해서는 잘했지만, 중간고사에서 더 잘했다(그림 6.12 참조).

표준점수가 서로 다른 분포들의 점수를 비교할 수 있도록 해 주기는 하지만, **표준점수들의 비교가 의미 있으려면 참조집단이 유사해야 한다.** 두 점수가 동일한 학생집단에서부터 산출되었기 때문에, 두 사회학 z 점수를 비교하는 데는 어려움이 없었다. 그러나 여러분이 만약 GRE(Graduate Record Examination)에서 평균치 위 1/2 표준편차 점수 $z = +.50$)인 550점을 받고, Stanford-Binet IQ검사에서 평균치 위 1 표준편차 점수 $z = +1.00$)인 116점을 받았다고 가정해 보자. 여러분은 GRE에서의 수행보다 IQ 검사가 더 낫다고 결론지을 수 있는가? 아니다, 왜냐하면 참조집단이 동일하지 않기 때문이다. Stanford-Binet 검사가 성인의 대표적인 표본에서 규준이 만들어진 반면에, GRE 규준

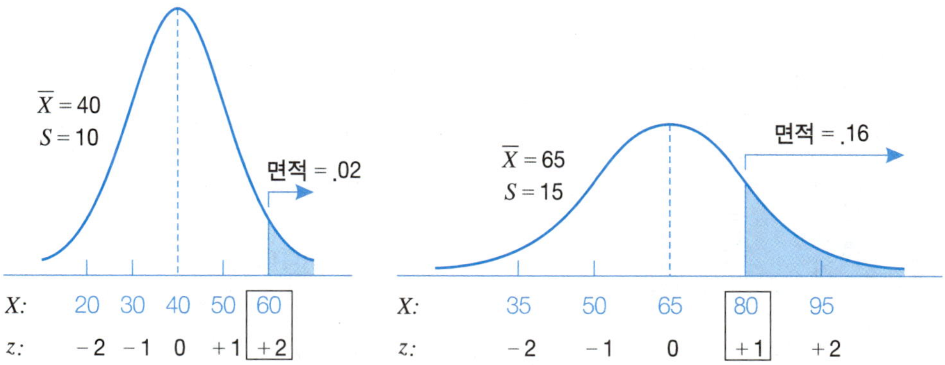

그림 6.12 평균치와 표준편차가 다른 두 분포들에서의 점수 비교

은 대학원에 가고자 하는 보다 선택적인 성인을 대상으로 하였다. 여러분은 보다 선택적인 집단에서는 **상대적으로** 낮은 점수를 받을 것이다. 다시 말하지만, 비슷한 참조집단들과 비교할 때만 표준점수가 타당하게 비교될 수 있다.

이 말은 약간 익숙하게 들릴 것이다. 이것은 백분점수와 백분위(2.9절)를 사용할 때도 주목해야 하는 같은 주의사항이다.

6.9 다른 종류의 표준점수들

z 점수를 사용하는 데는 몇 가지 불편한 점이 있다. 첫째, 주어진 분포에서 양의 값과 음의 값 모두를 다루어야 한다. 둘째, 의미 있는 정보를 제공하려면, *z* 점수는 적어도 소수 둘째 자리까지 점수를 보고해야 하기 때문에 소수점을 다루어야 한다. 셋째, *z* 점수는 이 점수들의 속성에 익숙하지 않은 대중과의 의사소통 문제가 있다. 만일 어느 심리학자가 학부모와의 면담시간에 부모들에게 그들 아이의 도덕적 추론점수가 "0"이라고 나타난 것이 사실상 전혀 문제가 없다는 것을 설명해 주어야 한다고 상상해 보라.

이러한 불편함을 피할 수 있기 때문에 ***T* 점수**는 *z* 점수에 대한 널리 사용되는 대안이다. *z* 점수와 같이 *T* 점수는 고정된 평균치와 표준편차를 가지도록 "표준화"되었다.

> 모든 점수가 *T* 점수로 변환되면, 평균치($\overline{T}$)는 50이고, 표준편차(S_T)는 10이다.

앞의 진술문을 세밀히 살펴보면, 여러분은 어떠한 *z* 점수도 그에 상응하는 *T* 점수로 표현될 수 있다는 것을 알 수 있을 것이다. 예를 들어, *z* 점수가 +1.00(평균치 위 1 표준편차)이라면, *T* 점수 60(평균치 위 1 표준편차)에 해당되고, *z* 점수가 −.50이면, *T* 점수로는 45점에 해당된다. z 점수와 마찬가지로, T 점수는 평균치 위나 아래로 어느 정도의 표준편차만큼 떨어져 있는지를 말해 줌으로써 원점수의 위치를 알려 준다.

T 점수는 공식 6.2를 이용하면 z 점수로부터 쉽게 계산된다.

T 점수

$$T = 50 + 10z \tag{6.2}$$

예를 들어, $z = -1.70$에 상응하는 T 점수는 다음과 같다.

$$T = 50 + (10)(-1.7) = 50 - 17 = 33$$

그림 6.13은 몇 가지 다른 표준점수 척도들과 함께 z 점수와 T 점수 간의 관계를 보여 주고 있다. 각 표준척도는 원점수를 **표준편차 단위를 가지고 평균치와 비교되는** 위치를 알려 주는 공통된 특징을 가지고 있다. 평균치 위로 1 표준편차 떨어진 지점의 점수는 z 점수가 $+1.00$이고, T 점수는 60인 것처럼, GRE나 SAT에서는 600점이고, Wechsler IQ에서는 115, Stanford-Binet IQ에서는 116이다.

어색한 부호나 소수점에도 불구하고, 우리는 z 점수가 표준편차 단위에서 **직접적인** 의미를 줄 수 있다는 두드러진 장점을 가진다는 것을 알아야 한다. 특별히 머리를 쓰지 않아도 -1.50이라는 z 점수는 평균치로부터 **아래로 1과 1/2** 표준편차 떨어진 점수라는 사실을 알 수 있다. 물론 다른 표준 점수들도 비록 직접적이지는 않지만 비교 가능한 값을 산출해 준다. **어떠한 표준점수를 사용하든 간에, 척도를 표준화하던 X, $\overline{X}$, S값은 변화하지만 분포의 모양은 변하지 않는다는 사실을 반드시 기억해야 한다.**

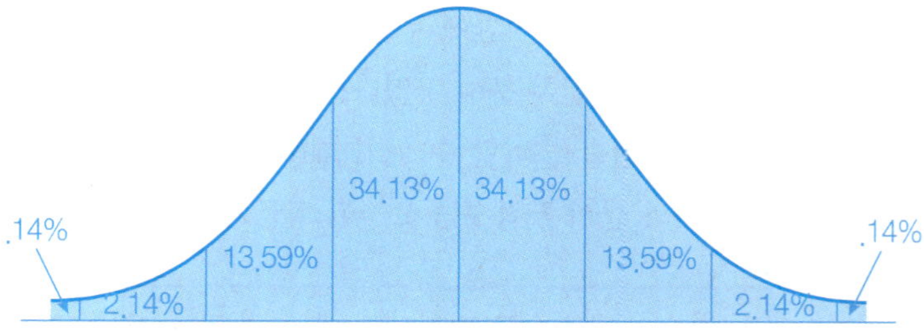

z 점수:	−3	−2	−1	0	+1	+2	+3
T 점수:	20	30	40	50	60	70	80
SAT, GRE (하위척도):	200	300	400	500	600	700	800
웩슬러 IQ:	55	70	85	100	115	130	145
Stanford–Binet IQ:	52	68	84	100	116	132	148

그림 6.13 정상분포에서의 표준점수들과 대략적인 백분율에 대한 예시

6.10 효과크기에 대한 해석

우리는 5.8절에서 효과크기(*ES*)에 대한 개념을 소개한 바 있다. 거기서 여러분은 두 평균치 간의 차이는 "통합된" 표준편차에 대한 비율로 표현함으로써 평가될 수 있다는 것을 알았다. 즉,

$$ES = \frac{\overline{X}_1 - \overline{X}_2}{S_{통합}}$$

효과크기는 *z* 점수와 상당히 유사하다. 각 분포가 정상적으로 분포되어 있다면, 표 A를 적용하여 효과크기를 백분위 맥락 안에서 해석할 수 있다.

논리는 상당히 간단하다. 표 5.4로 돌아가 보자. $\overline{X}_1 = 48$, $\overline{X}_2 = 53$, $ES = -.50$이다. 여러분이 두 분포를 하나의 수평축에 나란히 위치시켜본다고 상상해 보자. 이 효과크기

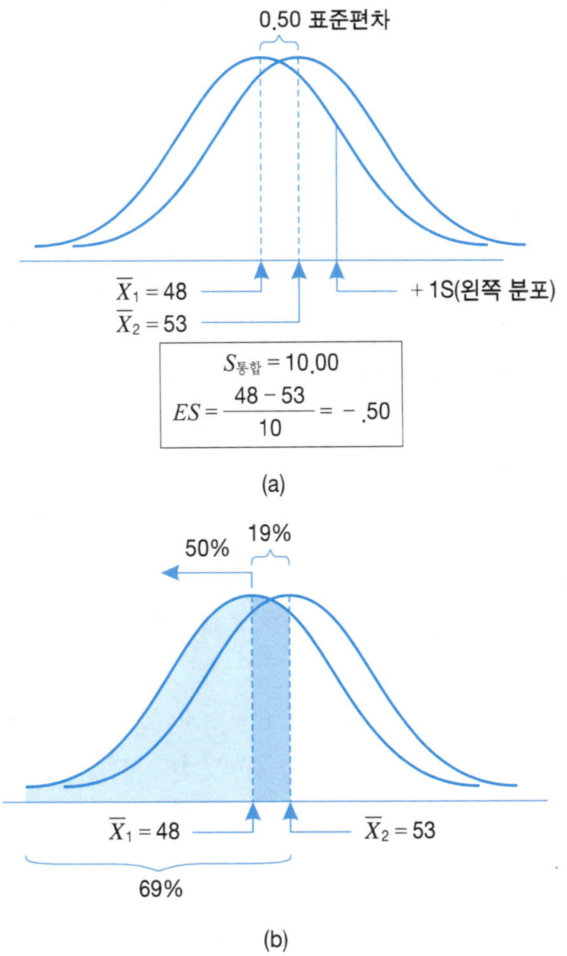

그림 6.14 정상분포 관점에서의 효과크기에 대한 해석

는 두 평균치가 표준편차의 .50만큼 떨어져 있다는 것을 말해 준다. $\overline{X}_1$는 $\overline{X}_2$보다 1/2 표준편차만큼 왼쪽에 있다(그림 6.14a 참조).

다시 표 A로 돌아가 보면, $z = .50$에 대한 두 번째 열에서 면적이 .1915 또는 19%라는 것을 확인할 수 있을 것이다. 효과크기의 개념을 적용하면, 낮은 집단을 준거로 사용할 경우 두 번째 열은 두 평균치 사이의 면적을 나타낸다. 정상성이 가정된다면, 첫 번째 집단의 50%가 평균치인 48 이하에 포함된다는 것을 알 수 있을 것이다. 여러분은 두 번째 열을 통해서 이 평균치와 $\overline{X}_2$에 해당되는 53점 사이에 또 다른 19%가 포함된다는 것을 알 수 있을 것이다. 따라서 그림 6.14b에서 보이는 바와 같이 첫 번째 집단의 69%가 $\overline{X}_2$ 이하에 놓인다.

만약 두 평균치들 간에 차이가 없다면, 여러분은 $\overline{X}_2$ 이하에 단지 50%만 존재할 것이고 그 반대도 마찬가지일 것이라고 예상할 수 있을 것이다. 두 백분율의 차이는 – 이 경우에는 50%와 69% – 두 평균치의 차이의 크기를 평가하는데 유용한 서술적 장치이다.

이와 같이 효과크기를 해석하는 것은 정상곡선 밑의 면적과 표준편차 단위의 관계에 기초한 것이다. 이 장 어디에서와 마찬가지로, 표 A에 근거한 해석은 정상성으로부터 벗어난 분포들에서는 정확하지 않게 된다.

6.11 백분위와 정상분포

위의 문제 1에서 본 바와 같이, 백분위는 정상성 가정이 어느 정도 만족된다면 표 A로부터 산출될 수 있다. 그럼에도 불구하고, **백분위가 등간척도가 아니라**는 사실을 이해하는 것은 중요하다. (이는 2.9절에서 여러분에게 주의시킨 백분위 점수의 세 번째 주의사항에 해당된다.)

그림 6.15를 보면, 정상곡선 아래에 백분위 점수와 z 점수를 같이 위치시켜 놓았다. z 점수 척도는 동일한 1 표준편차 단위로 퍼져 있는 반면, 백분위는 분포의 중앙에 몰려 있고, 꼬리 쪽은 퍼져 있는 것을 확인할 수 있다. 이러한 현상은, 백분위는 사례들이 어디에 있는지를 반영하고 또한 대부분의 사례들은 분포의 중앙에 있기 때문에, 예상할 수 있는 것이다.[6)]

그러나 결과적으로 백분위는 분포의 중앙에 있는 점수들 간의 차이를 과장하고, 극단에 있는 점수들 간의 차이를 축소한다. 수평축에서 다양하게 위치한 1 표준편차의 차이들이 백분위 점수에서는 어떨 지 생각해 보자. 평균치와 평균치($z = 0$)로부터 위로 1 표

6) 이는 두드러지게 편포되지 않은 단봉분포를 가정한다.

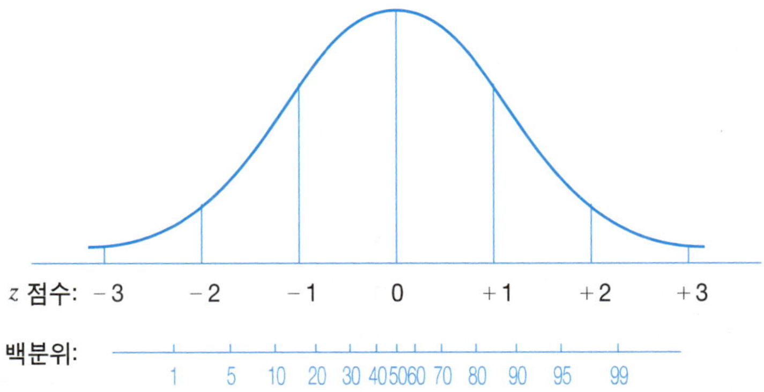

그림 6.15 정상분포에서의 z 점수와 백분위(Test Service Bulletin, 1955)

준편차 떨어진 지점($z = +1.00$)으로 가면 백분위에서의 변화는 34점이 된다. 즉, 50번째 백분위로부터 80번째 백분위로, P_{50}에서 P_{84}로 바뀐다.[7] 그러나 $z = +1.00$에서 $z =$ $= 2.00$으로 1 표준편차 변화하는 것은 백분위에서는 P_{84}에서 P_{98}로 단지 14점만큼만 변화하게 된다. $z = +2.00$에서 $z = +3.00$으로 변화하게 되면 백분위는 P_{98}에서 $P_{99.9}$로 단 2점만큼만 변화하게 된다. 꼬리 쪽으로 가면 갈수록 아주 적은 사람들만이 있기 때문이다.

이제 반대 과정을 생각해 보자. 분포의 중앙에서의 백분위 차이와 꼬리 쪽에서의 동일한 백분위 차이가 표준편차 단위에서는 어떨지 비교해 보자. 예를 들어, P_{50}에서 P_{60}의 10점 차이는 z 점수에서는 $z = 0$에서 $z = .25$로 단지 1/4 표준편차 차이에 불과하지만, P_{89}에서 P_{99}의 10점 차이는 $z = 1.23$에서 $z = 2.33$으로 1.10 표준편차 차이에 해당된다. $S = 3$인치인 키에 대한 자료에서는(그림 5.3) P_{50}과 P_{60} 사이의 차이는 1인치 미만이다: (.25)(3인치) = .75인치. 그러나 P_{89}와 P_{99} 사이의 차이는 거의 3.5인치나 된다. 즉, (1.10)(3인치) = 3.3인치이다. 분명히 키에서 10점의 백분위를 더하는 것의 의미는 어느 지점에서 더하느냐에 따라서 달라진다.

백분위 점수 척도의 장점은 해석의 용이성에서 찾을 수 있다. 그러나 여러분이 접하는 대부분의 분포에서 이 척도는 등간이 아니라는 심각한 단점이 있다. 따라서 여러분이 백분위 점수 척도를 사용할 때에는 이 점을 잊지 말아야 한다.

---

7) 표 A를 이용하여 동일한 결과를 얻을 수 있을 것이다. 이렇게 하기가 어려우면 문제 1을 다시 살펴보라.

6.12 정상곡선과 확률

우리는 통계적 추론의 중심적 역할 때문에 정상곡선에 많은 주의를 기울여왔다. 이러한 정상곡선의 중심적 역할은 이번 장의 초점인 기술통계에 관해서도 마찬가지이다.

나중에 알게 되겠지만, 정상곡선은 추리통계의 다양한 측면에서도 역시 중심적인 역할을 하게 된다. 정상곡선은 사건들의 **발생확률**에 대한 질문에 답을 하는데 사용될 수 있기 때문이다. 예를 들어, 성인의 약 16% 정도가 웩슬러 IQ에서 115점($z = +1.00$) 이상이라는 것을 안다면, 성인 전집으로부터 IQ가 115 이상인 사람이 무선적으로 선택될 확률에 대해서 이야기할 수 있을 것이다. (확률이 .16이라는 것을 의심된다면 여러분이 맞을 것이다.) 확률에 대한 질문은 평균치와 (곧 접하게 될) 상관계수와 같은 다른 통계치에 대해서도 역시 가능하다. 확률에 대한 질문에 답함으로써, 여러분은 궁극적으로 초기의 연구문제에 대한 실질적인 결론에 도달할 수 있게 되는데 그것이 바로 연구의 핵심이다.

여러분이 알다시피, 정상곡선의 중요성은 단순히 서술적인 유용성을 훨씬 넘어서는 것이다. 우리는 이 주제를 확률 분포로서의 정상곡선에 대해 알아보는 9장을 시작할 때 다시 다룰 것이다.

6.13 요약

매우 보편적인 정상분포는 기술통계학과 추리통계학 모두에 광범위하게 적용시킬 수 있다. 모든 정상곡선이 동일한 기본적 모양을 지닐지라도, 평균치와 표준편차에서는 차이가 날 수 있다. 이 문제에 대처하기 위해, 우리는 원점수를 z 점수로 바꾸는데, 그것은 어떠한 정상곡선에서도 비교할 수 있는 특정 점수의 위치를 나타내는 방식이다. z 점수는 그 점수의 위치가 평균치 이상 또는 이하에 얼마나 많은 표준편차로 떨어져 있는지를 말해 준다. z 점수는 또한 표준점수라고도 하는데 평균치가 0으로 표준편차가 1로 표준화되었기 때문이다. z 점수가 반드시 정상적으로 분포하는 것이 아님을 기억하는 것이 중요하다. z 점수는 그것을 유도해낸 원점수들과 같은 형태로 분포한다.

정상곡선에 수반되는 문제에는 기본적으로 두 가지 유형이 있다. 점수의 위치가 알려졌을 때 곡선 밑의 면적(사례의 비율)을 찾는 것과 면적이 알려졌을 때 점수의 위치를 알아내는 것이다. 정상곡선은 두 평균치들의 차이가 효과크기로 표현되었을 때에도 해석하는데 도움을 준다. 표 A는 이러한 목적으로 사용되는데, 이러한 목적을 위해서는 정상성 가정이 중요하다.

z 점수가 불편한 소수점과 음의 값을 갖기 때문에, 예를 들어, 평균치가 50이고, 표준

편차가 10인 T 점수와 같은 다른 종류의 표준점수들이 많이 도입되고 있다. 표준점수는 준거체제를 제공하기 때문에 원점수에 의미를 부여할 수 있다. 그것이 갖는 "표준적인" 특성으로 인해, 각기 다른 분포들에서 나온 점수들을 비교할 수 있게 된다. 그러나 이러한 점수들이 나온 준거집단의 속성이 점수의 해석에 영향을 주기 때문에 항상 준거집단의 속성을 유념하는 것이 중요하다.

표준점수처럼 백분위도 개인의 수행을 잘 알려진 준거집단의 수행과 비교함으로써 그 의미를 도출해낸다. 백분위가 이해하기는 더 쉽지만, 대부분의 분포에서 (특히 정상분포에서) 잘못 해석할 위험이 있는데, 왜냐하면 백분위에서의 똑같은 차이가 점수들의 척도 상에 있는 모든 점들에서 항상 같은 의미를 갖지는 않기 때문이다.

연습문제

정의 또는 설명하라

용어와 개념

정상곡선
정상적으로 분포된 자료
표준점수
표준화 점수
유도된 점수
z 점수
정상곡선표
평균치와 z 사이의 면적
z 밖의 면적
참조집단
T 점수
정상곡선과 효과크기
정상곡선과 백분위
정상곡선과 확률
표준정상분포

공식

$$z = \frac{(X - \overline{X})}{S} \qquad X = \overline{X} + (z)(S) \qquad T = 50 + 10z$$

질문 및 문제

참고: *가 있는 문제는 부록 A에 답이 제시되어 있다.

1. 정상곡선의 다양한 속성에는 어떤 것들이 있는가?

***2.** 대규모 대학생 집단에게 실시한 외향성-내향성 검사점수의 분포에서 $\overline{X} = 82$, $S = 12$ (높은 점수는 내향성을 의미한다)이다. 다음의 점수들을 z 점수로 바꾸라.

(a) 70
(b) 90
(c) 106
(d) 100

(e) 62
(f) 80

3. z 점수 각각을 문제 2의 분포에서 나온 외향성-내향성 점수로 다시 바꾸라(가장 가까운 정수로 반올림하라).
(a) 0
(b) −2.10
(c) +1.82
(d) −.75
(e) +.25
(f) +3.10

4. 정상곡선을 하나 잘 그리고 문제 3의 z 점수 각각에 대해, 그 분포상의 위치를 가능한 정확히 지적하라.

***5.** 정상분포에서, 다음의 점수들의 사례의 비율은? (소수점 4자리까지 보고하라.)
(a) $z = +1.00$ 이상?
(b) $z = -2.00$ 이하?
(c) $z = +3.00$ 이상?
(d) $z = 0$ 이하?
(e) $z = -1.28$ 이상?
(f) $z = -1.62$ 이하?

6. 정상분포에서, 다음의 점수들 사이에 있는 사례의 비율은?
(a) $z = -1.00$과 $z = +1.00$
(b) $z = -1.50$과 $z = +1.50$
(c) $z = -2.28$과 $z = 0$
(d) $z = 0$과 $z = +.50$
(e) $z = +.75$와 $z = +1.25$
(f) $z = -.80$과 $z = -1.60$

***7.** 정상분포에서, 다음에 놓이는 사례의 비율은?
(a) $z = -1.00$과 $z = +1.00$ 한계 밖
(b) $z = -.50$과 $z = +.50$ 한계 밖
(c) $z = -1.26$과 $z = +1.83$ 한계 밖
(d) $z = -1.96$과 $z = +1.96$ 한계 밖

***8.** 정상분포에서, 다음의 경우에 해당하는 z 점수는 얼마인가?
(a) 중간 사례들의 99%를 포함

(b) 중간 사례들의 95%를 포함
(c) 중간 사례들의 75%를 포함
(d) 중간 사례들의 50%를 포함

9. 정상분포에서, 다음에 해당하는 z 점수는 얼마인가?
(a) 상위 5% 이상
(b) 상위 1% 이상
(c) 하위 5% 이하
(d) 하위 75% 이하

10. Maine Educational Assessment(MEA)는 Maine 주에 있는 특정 학년의 모든 학생들에게 실시되는 시험으로 $\overline{X} = 250$과 $S = 50$이다.
(a) 상위 30%와 하위 70%를 구분하는 점수는 얼마인가?
(b) 70번째 백분위 점수(P_{70})는 얼마인가?
(c) 40번째 백분위 점수(P_{40})는 얼마인가?
(d) 중간 사례들의 80%를 포함하는 MEA점수는 얼마인가?

***11.** $\overline{X} = 500$이고 $S = 100$인 정상분포에서, 각 점수들의 백분위를 찾아라.
(a) 400
(b) 450
(c) 380
(d) 510
(e) 593
(f) 678

12. 문제 2에 있는 점수들을 T 점수로 변환하라.

13. 아래에 있는 다섯 개의 점수들은 동일한 원점수 분포로부터 산출된 것이다. ($\overline{X} = 35$, $S = 6$인 정상분포라고 가정하자.) 아래의 점수들을 수행의 수준이 가장 좋은 것부터 나쁜 것 순으로 배열하라.
(a) 백분위 = 84
(b) $X = 23$
(c) 편차점수 = 0
(d) $T = 25$
(e) $z = +1.85$

***14.** z 점수의 평균은 항상 0이다. 항상 z 점수의 반은 음수이고, 반은 양수인가? (답에 대한 이유를 설명하라.)

15. 수학문제해결력 검사(점수는 문제를 맞힌 문항 수를 의미한다)의 $\overline{X} = 20$이고, $S = 5$

라고 한다. P_5와 P_{25}, P_{45}와 P_{65} 중에서 문제해결력 능력에서 더 큰 차이를 보이는 것은 어느 것인가? 왜 그런가? (정상분포를 가정하라.)

16. 5장의 15번 문제에서 계산한 효과크기를 생각해 보자. 6.10절에서 논의한 정상곡선 밑의 면적이라는 맥락에서 이를 해석해 보라.

제 7 장

상관관계

7.1 관련성의 개념

이제까지는 하나의 변수에 대한 빈도분포, 집중경향성, 변산도와 같은 **단변량**(univariate) 통계치와 절차들에 초점을 맞추었다. 여러분은 이제 두 가지 변수를 **동시에** 연구하는 **이변량**(bivariate)의 세계로 들어갈 것이다.

사회경제적 지위(SES)는 지능과 관련이 있는가? SAT 점수는 대학에서 공부를 얼마나 잘 하느냐와 관계가 있는가? 공간 추리력은 수학능력과 관계가 있는가? 학생당 지출과 학업 성취와는 어떤 관계가 있는가? 불안이 과제수행과 관련이 있는가? 이러한 질문들은 **두 변수들 간의 관련성**에 대한 것이다. 이러한 질문들은 *X*라는 한 변수의 값이 *Y*라는 다른 변수의 값과 "어떻게 연결되어 있는가"를 묻는다. 낮은 SES일수록 낮은 IQ 값과 관련되어 있고, 높은 SES 값은 높은 IQ 값과 관련되어 있는가? 즉, 두 변수는 **상관이 있는가**(correlate)? 혹은 **같이 변화하는가**(covary)?

이러한 질문은 단변량 정보로는 해결되지 않는다. 빈도분포, 평균치, 분산 등을 검토한다고 해서 두 변수 간에 관계가 있는가를 알 수는 없다. 여러분은 반드시 **이변량** 기법들을 도입해야만 한다.

상관계수(correlation coefficient)는 두 양적 변수들의 선형 관련성의 정도를 측정하는 이변량 통계치로, 행동과학 영역에서 상당히 인기가 많다. 실제로, 실질적인 질문이 실험실 실험이나 집단 비교가 특히 적절하지 않은 몇몇 학문분야들은 상관계수에 크게 의존하고 있다.

이 장에서 우리는 보편적으로 널리 사용되는 관련성의 특정 측정치, **피어슨 적률 상관계수**(Pearson product- moment correlation coefficient)에 초점을 맞추려고 한다. 우선 관련성을 그림으로 제시하는 것으로부터 시작하기로 한다.

7.2 이변량 분포와 산포도

상관에서의 문제는 **짝진 점수**(paired scores)들의 자료에서 시작한다. 부모의 교육정도와 자식들의 교육정도, 자기존중감 점수와 동료 – 인기 평정, 등 다양한 경우들이 해당된다. 첫 번째 예처럼 두 집단이 관련될 수도 있고, 두 번째 예처럼 동일한 개인에 대한 두 가지 측정치일 수도 있다. 그러나 자료는 **어떤 의미 있는 방식으로 짝지어진 점수들로 구성**되어야 한다. 만약 점수들이 짝지어지지 않았으면, 관련성은 검토될 수 없고, 결과적으로 상관계수는 계산될 수 없다.

표 7.1에는 대학생 30명의 공간추리력검사(X)와 수학능력검사(Y)의 가상적인 점수들이 제시되어 있다. 예를 들어, 첫 번째 학생은 두 척도에서의 점수가 각각 85와 133이다. 점수들의 쌍을 대충 살펴본 후에 여러분은 아마도 표를 보는 것만으로는 두 변수들 간에 관련성이 있는지를 빠르고 쉽게 결정하는 것이 쉽지 않다는 것에 동의할 것이다. X에서 낮은 값들은 Y에서도 낮은 값을 보이는가? 반대로, 전반적으로 X에서 높은 값이면 Y에서도 높은 값들을 보이는가? 표의 자료를 가지고 이러한 말을 하는 것은 매우 어려운 일이다.

여러분은 3장에서 자료를 그림으로 제시하는 것이 단변량 분포의 속성을 보다 빠르고 생생하게 전달해 준다는 것을 배웠다. 이것은 이변량 분포에서도 동일하게 적용된다. 그림 7.1은 이변량 분포를 보여 주는데 가장 유용한 방안이라고 할 수 있는 **산포도**(scatterplot)의 형태로 자료를 보여 준다.

산포도는 각 변수 당 하나씩 두 개의 동일한 길이의 축을 가지고 있다("이변량"). 그림 7.1의 수평축은 공간추리력 검사(X)의 점수들을 나타내고, 수직축은 수학능력검사(Y)의 점수들을 나타낸다. 그림에서 보여 주듯이, 두 축이 교차되는 지점에 낮은 값(이 경우에는 45와 60)들이 만나게 되도록 각 축에 두 변수들의 척도에 따라 눈금을 표시한다. 이 척도로부터 두 변수들이 각각 다른 평균치와 표준편차를 가졌다는 것을 알 수 있다. 공간추리력 점수들은 비교적 낮고($\overline{X} = 70.00$ 대 $\overline{Y} = 100.00$), 덜 퍼져 있다($S_X = 9.97$ 대 $S_Y = 14.83$). (통계치들을 바로 알 수 있도록 표준편차에 아래 첨자를 붙였다.)

각 점, 또는 **자료점**(data point)들은 학생들의 두 점수를 동시에 나타낸다. 예를 들어, 그림 7.1의 왼쪽 아래에 있는 자료점은 $X = 50$점과 $Y = 70$점을 받은 12번 학생이며, 오른쪽 상단 구석에서 1번 학생($X = 85$점과 $Y = 133$점)을 찾을 수 있을 것이다.

산포도를 작성하기 위해서는 모눈종이, 자, 연필, 각 점을 정확하게 찍을 수 있는 좋은

표 7.1 두 검사에서의 가상적인 점수들: 공간추리력과 수학능력($n = 30$)

학생	X: 공간추리력	Y: 수학능력
1	85	133
2	79	106
3	75	113
4	69	105
5	59	88
6	76	107
7	84	124
8	60	76
9	62	88
10	67	112
11	77	90
12	50	70
13	76	99
14	63	96
15	72	103
16	77	124
17	67	93
18	71	96
19	58	99
20	63	101
21	51	78
22	68	97
23	88	115
24	75	101
25	71	112
26	86	76
27	69	110
28	54	89
29	80	112
30	68	87
$n = 30$	$\overline{X} = 70$ $S_X = 9.97$	$\overline{Y} = 100$ $S_Y = 14.83$

눈만 있으면 된다. 시각적인 정보를 제공하기 때문에 산포도의 검토는 상관분석 작업의 **필수적인** 부분으로 간주해야 한다.

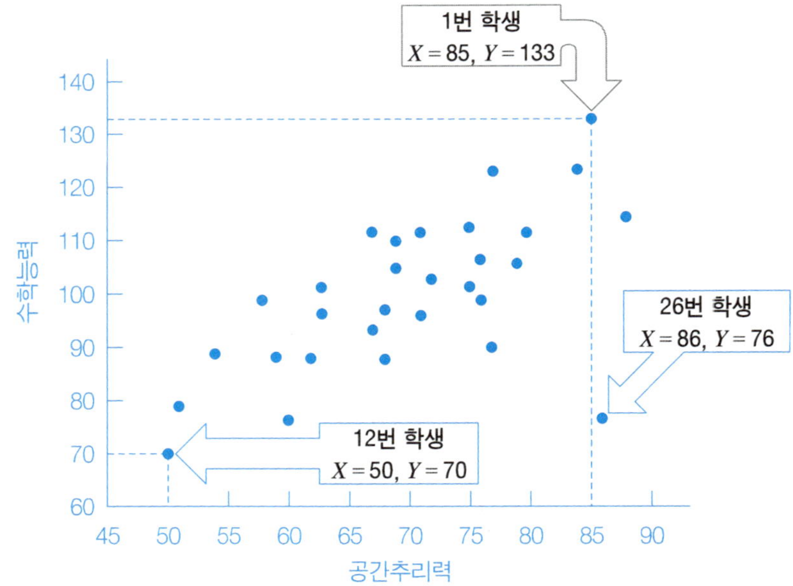

그림 7.1 공간추리력과 수학능력간의 관계에 대한 산포도($n=30$)

관련성

무엇보다도 먼저, 산포도는 두 변수 사이에 관련성이 있는가를 알려 준다. 두 변수들 간의 관계가 강하면 강할수록, 자료점들은 가상적인 직선을 따라 모이게 된다. 그림 7.1에 있는 자료점들은 26번 학생(이 학생에 대해서는 더 얘기할 것이다)을 제외하면 **타원**의 형태로 모여 있다. 이것은 일반적으로 X의 값이 실제로 Y의 값과 "같이 움직인다"는 것을 시사한다. 즉, 하나가 높아지면 다를 것도 높아진다는 것이다. 표 7.1을 눈으로 보아서 내릴 수 있는 결론이 별로 없는 것에 비해, 산포도가 시각적으로 얼마나 두드러진 효과를 제공하는지 주목하라. 그림 7.2b와 7.2e 역시 타원형의 산포도를 보여 준다.

만약 두 변수들 간에 관련성이 **없다**면, 자료점들은 그림 7.2a와 같이 산탄 총알이 퍼진 것처럼 무선적으로 퍼져 있을 것이다. (이 산포도는 예를 들어, 성인의 IQ와 신발크기 간의 관련성 같은 경우라고 할 수 있다.) 만약 관계가 **완벽하다**면, 모든 자료점들은 하나의 가상적인 직선 위에 놓이게 된다(그림 7.2c와 그림 7.2d를 보라). 그러나 실제 현장에서는 완벽한 관계는 접할 수 없다.

방향

두 변수 간에 관련성이 있다면, 산포도는 이 관련성의 **방향**도 또한 보여 줄 것이다. 그림 7.1은 **정적**(positive), 혹은 직접적인 관련성을 보여 주고 있다. 즉, 타원이 왼쪽 아래 구석으로부터 오른 쪽 위로 올라가 있다. X 값이 높아질수록 Y 값도 높은 값을 가지고, X

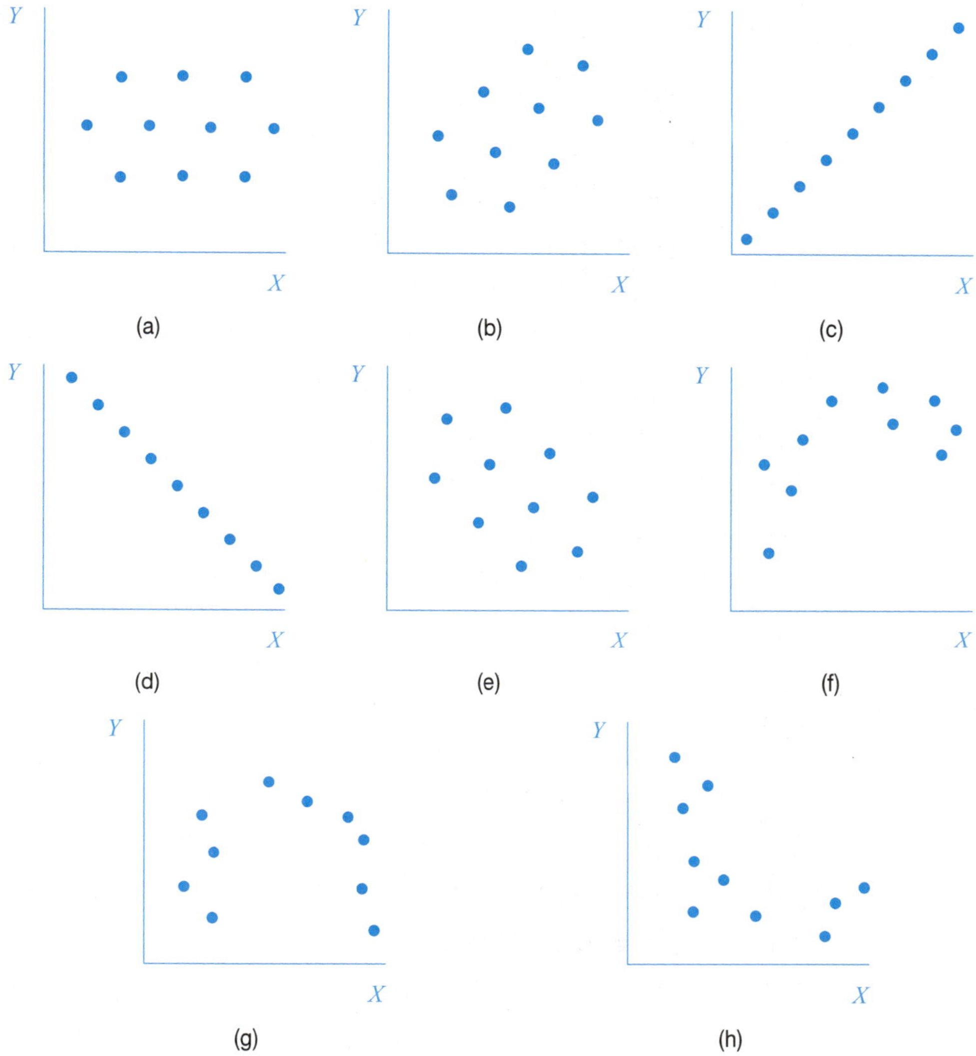

그림 7.2 다양한 이변량 분포들을 예시하는 산포도

값이 낮아질수록 Y 값도 낮은 값을 가진다. 정적인 관계는 그림 7.2b와 7.2c에서도 나타내고 있다. 반대로 **부적**(negative), 혹은 역의 관계에서는 자료점들이 왼쪽 위 구석으로부터 오른 쪽 아래로 내려가 있다. 그림 7.2d와 7.2e에서 볼 수 있다. X 값이 높아질수록, Y 값이 **내려가고**, X 값이 낮아질수록 Y 값이 **높은** 값을 가진다. 부적 관계의 예로는 잠을 못잔 시간(X)과 주의집중(Y) 간의 관계를 들 수 있다.

관련성의 방향은 강도와는 무관하다. 예를 들어, 그림 7.2b와 그림 7.2e는 똑같이 강력한 관련성을 보여 주지만 방향에 있어서 차이를 보이고 있다. 그림 7.2c와 그림 7.2d도 마찬가지 현상을 보이고 있다.

국외자

변수의 점수 범위에 대한 빠른 검토만으로도 의심스러운 자료를 확인할 수 있는 것과 마찬가지로, 산포도도 의심스러운 자료점들에 대한 경고를 해 줄 수 있다. 예를 들어, 그림 7.1에서 오른쪽 아래에 있는 자료점은 다른 자료들로부터 떨어져 있고, 그래서 이런 사례들은 **국외자**(outlier)라고 부른다. 이 사례는 상대적으로 높은 공간 추리력($X = 86$)을 가졌지만 매우 낮은 수학능력($Y = 76$)을 가진 26번 학생이다. 이러한 불일치는 채점에서의 오류이거나, 26번 학생의 "일진이 나쁜 날"이거나, 아니면 특이한 인지적 프로파일을 반영하는 것일 수 있다. 이런 경우에는 이 학생에 대한 추가적인 검토를 해야만 가능한 설명을 찾아낼 수 있고, 따라서 적절한 행동을 취할 수 있다.[1)]

단순히 각 변수의 **범위**를 살피는 것으로는 26번 학생에 대한 아무것도 알아낼 수 없었다는 것을 주지하라. 무슨 문제가 있음을 알려 주는 것은 단변량이 아니라 **이변량** 공간에서의 이 학생의 위치이다. 여러분은 국외자들이 상관계수의 크기에 영향을 미친다는 것으로 알게 될 것이다.

비선형성

그림 7.1은 공간추리력과 수학능력의 관계가 **선형적**(linear) 혹은 직선적임을 보여 주고 있다. 이는 자료점들이 모두 직선 위에 놓이는 것을 의미하는 것이 아니고, 이 경우도 분명히 그렇지 않다. 그보다는, **직선이 자료점들의 전체적인 윤곽을 정확하게 대표할 수 있을 경우, 관련성은 선형적이라고 말할 수 있다.** 왼쪽 아래 구석으로부터 오른 쪽 위 구석으로 그려진 직선이 이변량 분포를 정확하게 나타내고 있는 그림 7.1의 경우가 바로 이 경우이다. (그림 7.2b, 7.2c, 7.2d, 7.2e는 모두 자료점들이 직선적인 형태를 보여 주는 경우이다.)

이제 그림 7.2f를 살펴보자. X와 Y의 값이 잠깐 동안은 함께 증가하다가 X의 값이 더 높은 값으로 증가함에 따라 Y의 값은 감소하기 시작한다. 이것은 **곡선적**(curvilinear) 관계를 예시하는 것으로 **곡선**이 이 자료점들의 전반적인 윤곽을 가장 잘 대표해 준다. (그림 7.2g와 7.2h 역시 자료점들의 형태가 곡선적인 예들이다.)

비선형성을 확인하기 위해 산포도를 검토해야 하는 데는 적어도 두 가지 이유가 있다. 첫째, 잠시 후에 제시할 피어슨 상관계수는 **선형** 관계에 대한 측정치이기 때문에 비선형성에 대한 증거가 있을 경우에는 적절하지 않다. 둘째, 비선형성의 존재는 여러분이 조사하고 있는 현상에 대한 매우 중요한 사실을 알려 주는 것일 수 있다. 그림 7.2f에서 X

---

1) 예를 들어, 두 점수 중 하나가 잘못 채점된 것으로 판명되면 이 자료는 추가 분석에서는 제거해야 한다.

는 10개 학급에서 **하루에 과학수업을 한 시간**이라고 하고, Y는 학기 말의 각 학급 **과학성취 평균치**라고 가정해 보자. 이 그림의 곡선성은 너무 강의시간을 늘이는 것은 성취도의 감소를 가지고 온다는 것을 시사하는 것일 수 있기 때문에 이는 매우 중요한 정책적인 함의를 가진다고 할 수 있다.

위에서 제시한 모든 이유 때문에 상관계수를 계산하기 전에 산포도를 살펴보는 것은 상관 연구에서 필수적인 요소로 간주되어야 한다. **항상 자료에 대한 산포도를 그려본다.**

7.3 공분산

산포도는 정말로 많은 정보를 제공한다. 그러나 이것만으로는 충분하지 않다. 단변량분포를 집중경향성이나 변산도라는 하나의 수치로 묘사할 수 있는 것처럼 두 변수들 간의 선형성의 정도와 방향도 하나의 수치로 표현할 수 있다. 왜 그런지를 이해하는 것이 중요하기 때문에, 피어슨 상관계수의 수학적 장치인 **공분산**(covariance)에 대한 세밀한 검토로부터 시작하기로 한다.

공분산을 소개하기에 앞서, 우리의 관심은 **선형적** 관계에 국한된다는 것을 다시 한 번 강조한다. 다행히, 행동과학에서의 대부분의 관계는 선형적이고, 여러분이 연구문헌에서 발견할 수 있는 상관계수의 95%는 피어슨 상관계수이다(Glass and Hopkins, 1996, p. 110). 그럼에도 불구하고, **여러분의** 자료의 선형성에 대한 가정을 확인하기 위해서 산포도를 검토하는 것은 언제나 중요한 일이다.

공분산으로 돌아가서, 공식은 다음과 같다.

공분산

$$\text{Cov} = \frac{\Sigma(X - \overline{X})(Y - \overline{Y})}{n} \tag{7.1}$$

다른 많은 경우들에서처럼, 공식 7.1은 이를 분해해서 재조합을 하면 보다 많은 의미를 파악할 수 있다. 4단계를 포함하는 공분산 계산으로부터 시작하기로 한다.

1 단계. X와 Y를 편차점수로 표현한다: $X - \overline{X}$ 그리고 $Y - \overline{Y}$.

2 단계. 각 개인의 짝진 편차점수들의 곱을 계산한다. 이를 **교차곱**(cross product)이라고 하는데, 이 항은 공분산의 분자에서 $(X - \overline{X})(Y - \overline{Y})$로 나타난다.

3 단계. 교차곱을 합산한다: $\Sigma(X - \overline{X})(Y - \overline{Y})$.

4 단계. 점수 쌍의 개수인 n으로 나누어준다.

빠른 예시를 위해 공식 7.1을 5명의 점수들에 적용해 보자:

사람	X	Y	$X-\overline{X}$	$Y-\overline{Y}$	$(X-\overline{X})(Y-\overline{Y})$
A	9	13	+4	+4	+16
B	7	9	+2	0	0
C	5	7	0	−2	0
D	3	11	−2	+2	−4
E	1	5	−4	−4	+16
$n=5$	$\overline{X}=5$	$\overline{Y}=9$			$\Sigma(X-\overline{X})(Y-\overline{Y}) = +28$ Cov = +28/5 = +5.6

이 표는 5개의 원점수 쌍, 그에 해당되는 편차점수, 다섯 개의 교차곱을 보여 준다. 예를 들어, A라는 사람의 두 점수는 $X=9$이고, $Y=13$이고 따라서 편차점수는 각각 $9-5=+4$와 $13-9=+4$가 된다. 이에 해당되는 교차곱은 $(+4)(+4)=+16$이다. 5개의 교차곱을 더하면 +28이 나오고 이를 $n=5$로 나누어주면, 공분산이 +5.6으로 산출된다. 교차곱을 계산하고 더할 때 부호를 유지하는 것은 반드시 필요한 일이라는 것을 기억해야 한다. (그리고 두 수가 동일한 부호일 경우에는 양의 교차곱이 산출되지만, 두 수가 다른 부호일 경우에는 음의 교차곱이 산출된다는 점을 기억해야 한다.)

공분산의 논리

관련성의 측정치로서 공분산은 충분한가 그렇다면 왜 그런가? 우리는 정적으로 관련되어 있는 두 변수가 어떤 의미를 가지는지에 대해 재진술함으로써 시작하고자 한다.

> 두 변수들 사이에 정적인 관계가 있으면, X의 평균치 이상의 점수들은 Y의 평균치 이상의 점수들과 관련되어 있고, 반대로 X의 평균치 이하의 점수들은 Y의 평균치 이하의 점수들과 관련되어 있다.

이러한 이유로 익숙한 **편차점수**는 공식 7.1의 분자에서 볼 수 있듯이 공분산의 중요한 부분이 된다.

그림 7.3에서는 우리의 원 산포도는 $\overline{X}$와 $\overline{Y}$가 있는 두 개의 선에 의해 네 개 부분으로 나누어졌다. 수직축 오른쪽에 있는 자료점들은 $(X-\overline{X})$이 양의 값을 가지고, 왼쪽에 있는 자료점들은 $(X-\overline{X})$이 음의 값을 가진다. 유사하게 가로축 위쪽에 있는 자료점들은 $(Y-\overline{Y})$이 양의 값을 가지고, 가로축 아래쪽에 있는 자료점들은 $(Y-\overline{Y})$가 음의 값을 가

진다. 각 자료점들에 대해서 $(X - \overline{X})$와 $(Y - \overline{Y})$가 **동일한** 부호일 경우에는 교차곱이 양의 부호를 가지고, 반대의 경우에는 음의 부호를 가진다. 결과적으로, Ⅰ과 Ⅲ **사분면에 있는 모든 자료점들의 교차곱은 양의 값이고,** Ⅱ와 Ⅳ **사분면에 있는 모든 자료점들의 교차곱은 음의 값을 가진다.**

공식 7.1로 돌아가 보자. n은 언제나 양수이기 때문에 공분산의 **부호는** 전적으로 분자인 $\Sigma(X - \overline{X})(Y - \overline{Y})$의 부호에 따라 달라지게 된다. 자료점들이 Ⅰ과 Ⅲ 사분면에 집중되어 있다면, 양의 교차곱이 Ⅱ와 Ⅳ사분면의 음의 교차곱보다 커져서 $\Sigma(X - \overline{X})(Y - \overline{Y})$의 값이 양이 되고, 공분산도 양이 된다. 반대로, 자료점들이 Ⅱ와 Ⅳ사분면에 집중되어 있다면, 음의 교차곱이 Ⅰ과 Ⅲ사분면의 양의 교차곱보다 커져서 $\Sigma(X - \overline{X})(Y - \overline{Y})$의 값이 음이 되고, 공분산도 음이 된다.

더욱이, 공분산의 **크기**는 한 가지 부호의 교차곱이 다른 부호를 가진 교차곱보다 더 많아지는 정도에 따라서 결정된다. 일반적으로 자료점들이 두 사분면(Ⅰ과 Ⅲ **또는** Ⅱ와 Ⅳ)에만 주로 몰려 있으면, 한 가지 부호로 된 교차곱이 다른 부호를 가진 교차곱보다 커지게 되고, $\Sigma(X - \overline{X})(Y - \overline{Y})$의 값이 커져서 결국 공분산도 커지게 된다.

그림 7.3에서 여러분은 아마도 정적이고 상당한 정도의 공분산을 기대할 수 있을 것이다. 30개 중에서 22개의 자료점들이 양의 방향인 Ⅰ과 Ⅲ사분면에 놓여 있다. 확인해 보자.

표 7.1을 확대한 표 7.2에는 30명 학생들에 대한 편차점수와 교차곱이 포함되어 있다. 22개의 편차점수는 **모두 양의 값이거나 음의 값**이기 때문에 교차곱 22개는 모두 양이 된다. 다시 말해서, 공간추리력에서 평균치 이상인 사람들은 수리능력에서 평균치 이상이고, 공간추리력에서 평균치 이하인 사람들은 수리능력에서 평균치 이하인 경향을 보인

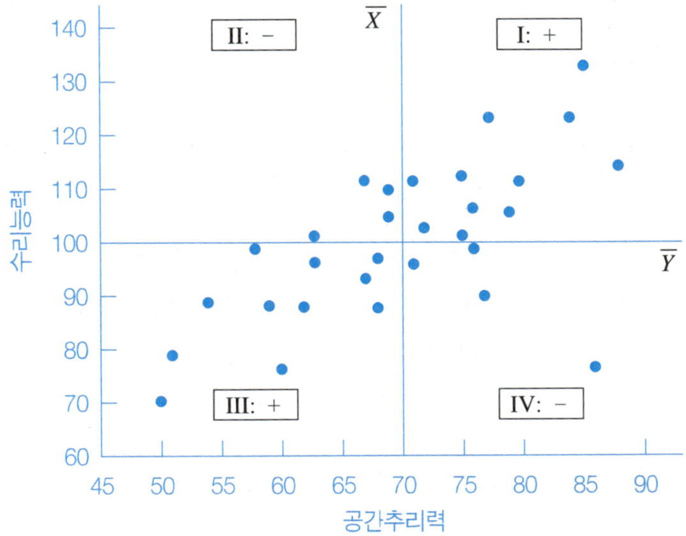

그림 7.3 산포도
사사분면의 교차곱

표 7.2 원점수, 편차점수, 교차곱과 공분산

학생	X: 공간추리력	Y: 수학능력	❶ $X-\overline{X}$	❷ $Y-\overline{Y}$	❸ $(X-\overline{X})(Y-\overline{Y})$
1	85	133	+15	+33	+495
2	79	106	+9	+6	+54
3	75	113	+5	+13	+65
4	69	105	−1	+5	−5
5	59	88	−11	−12	+132
6	76	107	+6	+7	+42
7	84	124	+14	+24	+336
8	60	76	−10	−24	+240
9	62	88	−8	−12	+96
10	67	112	−3	+12	−36
11	77	90	+7	−10	−70
12	50	70	−20	−30	+600
13	76	99	+6	−1	−6
14	63	96	−7	−4	+28
15	72	103	+2	+3	+6
16	77	124	+7	+24	+168
17	67	93	−3	−7	+21
18	71	96	+1	−4	−4
19	58	99	−12	−1	+12
20	63	101	−7	+1	−7
21	51	78	−19	−22	+418
22	68	97	−2	−3	+6
23	88	115	+18	+15	+270
24	75	101	+5	+1	+5
25	71	112	+1	+12	+12
26	86	76	+16	−24	−384
27	69	110	−1	+10	−10
28	54	89	−16	−11	+176
29	80	112	+10	+12	+120
30	68	87	−2	−13	+26
$n=30$	$\overline{X}=70$ $S_X=9.97$	$\overline{Y}=100$ $S_Y=14.83$			❹ $\Sigma(X-\overline{X})(Y-\overline{Y}) = +2806$ ❺ Cov $= +2806/30 = +93.53$

다. 몇 개의 음의 교차곱은 눈의 띄는 하나를 제외하고는 상당히 작은데, 이것이 앞서 언급한 국외자이다(26번 학생에 대해서는 후에 설명을 추가하고자 한다.)

우리는 다시 공분산을 계산하는 단계를 제시하고자 하는데, 이번에는 표 7.2에 있는 자료를 이용하기로 한다.

1 단계. 각각의 X와 Y를 편차점수로 표현한다: $X-\overline{X}$와 $Y-\overline{Y}$(표 7.2에서 ❶과 ❷에 각

각 나타나 있음). 예를 들어, 1번 학생의 경우 값들은 85 − 70 = +15와 133 − 100 = +33이고, 2번 학생의 경우에는 79 − 70 = +9와 106 − 100 = +6이다.

2 단계. 각 사람의 편차점수 쌍의 교차곱을 구한다(❸). 다시 1번과 2번 학생의 경우에 교차곱은 각각 +495와 +54이다.

3 단계. ❹에서 보는 바와 같이, 교차곱을 합산한다:
$\Sigma(X-\overline{X})(Y-\overline{Y}) = 495 + 54 + \cdots + 26 = +2806$

4 단계. 교차곱을 관찰된 쌍의 수인 n으로 나눈다:
$+2806/30 = +93.53 = \text{Cov}$ (❺)

공분산은 +93.53이기 때문에 여러분은 공간추리력과 수리능력이 어느 정도 관련이 있고, 그 관련성은 정적이라는 것을 알 수 있다.

그러므로 공분산은 관련성의 **방향과 강도**에 대한 정보를 알려 준다. 이것을 세 개의 매우 간단한 이변량 분포 자료를 산포도와 함께 제시한 표 7.3을 가지고 보다 자세히 설명하기로 한다. 먼저 이변량 분포인 A와 B를 비교해 보면, 전자는 완벽한 **정적** 관련성을 보이는 반면, 후자는 완벽한 **부적** 관련성을 보인다. 편차점수와 교차곱의 부호에서 중요한 차이가 있음을 주목해야 한다. 분포 A에서의 교차곱은 편차점수 쌍의 두 부호가 동일하기 때문에 (0을 제외하고는) 모두 양수이다. 그러나 분포 B에서는 관련성은 완벽하게 부적이다. 즉, 편차점수 쌍의 두 부호가 동일하지 않기 때문에 교차곱 모두 음수이다. 결과적으로 두 공분산은 부호만 다른 완벽히 동일한 값, +8 대 −8을 가진다. 분포 C와 같이 두 변수가 관련성이 **없을** 경우, 부호들은 일관성 있는 형태를 보이지 않는다. 양의 교차곱은 음의 교차곱으로 상쇄되어 결과적으로 공분산은 "상관이 없는 상태"를 만족시키는 숫자인 0이 된다.

세 가지 비현실적인 자료를 사용하기는 했지만, 공분산의 속성에 대한 부가적인 통찰을 얻을 수 있기 바란다. 공분산의 마지막 속성은 공분산이 관련성의 일반적인 측정치로 왜 부적절한지를 보여 준다.

공분산의 크기는 관련된 변수들의 기본 척도나 측정 단위에 의해 결정된다.

이변량 분포 A(표 7.3)로 돌아가서 각 Y값에 2를 곱했다고 가정해 보자. 이것은 (산포도를 다시 그려보면 나타나겠지만) 완벽한 정적 관련성을 보이기 때문에 X와 Y의 **기저 관계**는 변화시키지 않는다. 하지만, 여러분의 수학적 조작은 결과적으로 공분산의 크기를 전에 비해 **2배**로 증가시키는 흥미로운 파장효과를 가져온다. 이러한 효과를 표 7.4에서 예시하였는데, 계속 읽기를 진행해 나가기 전에 이것을 먼저 공부할 것을 권한다. 이

표 7.3 서로 다른 공분산을 가진 세 가지 이변량 분포

(a) A 이변량 분포(완벽한 정적 상관)

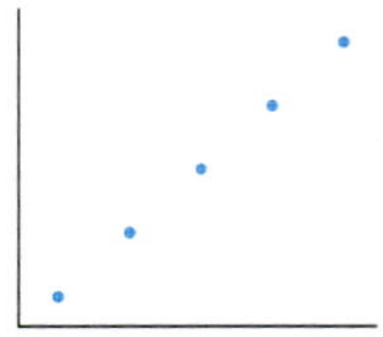

사람	X	Y	$X-\bar{X}$	$Y-\bar{Y}$	$(X-\bar{X})(Y-\bar{Y})$
A	9	13	+4	+4	+16
B	7	11	+2	+2	+4
C	5	9	0	0	0
D	3	7	−2	−2	+4
E	1	5	−4	−4	+16
	$\bar{X}=5$	$\bar{Y}=9$			$\Sigma(X-\bar{X})(Y-\bar{Y})=+40$
	$S_X=2.828$	$S_Y=2.828$			$\text{Cov}=+40/5=+8$

(b) B 이변량 분포(완벽한 부적 상관)

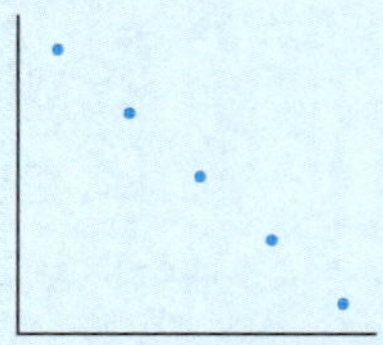

사람	X	Y	$X-\bar{X}$	$Y-\bar{Y}$	$(X-\bar{X})(Y-\bar{Y})$
A	9	5	+4	−4	−16
B	7	7	+2	−2	−4
C	5	9	0	0	0
D	3	11	−2	+2	−4
E	1	13	−4	+4	−16
	$\bar{X}=5$	$\bar{Y}=9$			$\Sigma(X-\bar{X})(Y-\bar{Y})=-40$
	$S_X=2.828$	$S_Y=2.828$			$\text{Cov}=-40/5=-8$

(c) C 이변량 분포(선형적 관계없음)

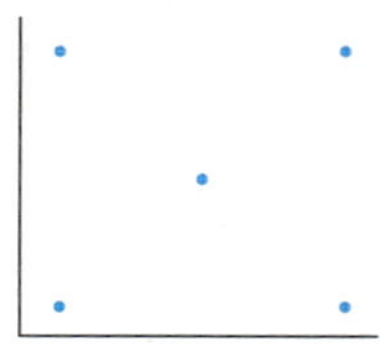

사람	X	Y	$X-\bar{X}$	$Y-\bar{Y}$	$(X-\bar{X})(Y-\bar{Y})$
A	9	5	+4	−4	−16
B	9	13	+4	+4	+16
C	5	9	0	0	0
D	1	5	−4	−4	+16
E	1	13	−4	+4	−16
	$\bar{X}=5$	$\bar{Y}=9$			$\Sigma(X-\bar{X})(Y-\bar{Y})=0$
	$S_X=3.578$	$S_Y=3.578$			$\text{Cov}=0/5=0$

표 7.4 Y에 2를 곱했을 때 공분산에 미치는 효과(표 7.3a와 비교)

사람	X	$2Y$	$X-\bar{X}$	$(2Y-\bar{Y})$	$(X-\bar{X})(2Y-\bar{Y})$
A	9	26	+4	+8	+32
B	7	22	+2	+4	+8
C	5	18	0	0	0
D	3	14	−2	−4	+8
E	1	10	−4	−8	+32
	$\bar{X}=5$ $S_X=2.828$	$\bar{Y}=18$ $S_Y=5.657$			$\Sigma(X-\bar{X})(2Y-\bar{Y}) = +80$ Cov = +80/5 = +16

러한 이유로 동일한 사람에 대해서 몸무게와 **센티미터**로 측정한 키의 공분산은 몸무게와 **인치**로 측정한 공분산에 비해 2.54배 커지게 된다.[2)]

따라서 공분산은 해석하는데 어려움이 있다. 여러분은 아마도 공간추리력과 수리능력의 공분산이 +93.53인데 이를 해석하고자 할 때 문제가 있음을 발견했을 것이다. 이 값은 작은 가, 혹은 큰 가, 어느 정도인가? 누구도 말할 수 없다. 더욱이, 공분산들은 쉽게 서로 비교할 수 없다. +93.53은 표 7.3a의 공분산인 +8보다 상당히 큰 수치이지만, 첫 번째 경우에 **기저 관계**가 더 강하다고 말할 수 없다 (실제로 그렇지 않다).

"치수에 상관없는" 관련성에 대한 측정치가 필요하다 – 키를 인치로 쟀거나 센티미터로 쟀다고 해도 달라지지 않는, 혹은 z 점수 대신에 T 점수가 사용되었다고 해도 달라지지 않는 측정치라야 한다. Francis Galton 경과 몇몇 다른 사람들의 결정적인 도움으로 Karl Pearson은 1896년에 그 방법을 세상에 보여 주었다.

7.4 피어슨 r

X나 Y 척도를 바꾸는 것은 해당 표준편차를 정확히 같은 정도만큼 변화시키는 것이라는 것을 알았다. 예를 들어, 표 7.4에 있는 두 배로 증가한 Y값의 표준편차는 5.657로 원래 표준편차인 2.828의 **두 배**이다(표 7.3a). "학문적 인정에 대한 억누를 수 없는 야망과 한니발을 알프스를 넘게 하고 마르코 폴로를 중국으로 가도록 만든 것과 같은 욕구와 결단력을 가진"(Stigler, 1986, p. 266) Karl Pearson은 이와 같은 척도 효과는 공분산을 두 표준편차의 곱으로 나누면 없어진다는 것을 보여 주었다. 그 결과는 차원에 상관없고, 측정 단위와는 무관한 관련성의 측정치이다. 이것이 바로 **피어슨 적률상관계수**(Pearson

2) 1인치는 2.54 센티미터와 동일하다.

product- moment coefficient of correlation) 또는 간단히 말해서 **피어슨 *r***로 알려진 것이다.

> 피어슨 r(정의 공식)
>
> $$r = \frac{\Sigma(X - \overline{X})(Y - \overline{Y})/n}{S_X S_Y} = \frac{\text{Cov}}{S_X S_Y} \tag{7.2}$$

다시 말하면, r은 단순히 공분산을 두 표준편차의 곱으로 나눈 것이다. 표 7.3a와 표 7.4에 있는 자료를 대입하면, 공식 7.2는 **동일한 *r*값**인 +1.00을 산출한다. 아래의 계산을 비교함으로써 여러분은 피어슨 계산공식의 장점을 이해할 수 있을 것이다. 두 번째 상관계수식의 분자에서 교차곱이 "두 배"(+80)가 된 것이 분모의 Y의 표준편차(5.657)가 "두 배"가 된 것과 상쇄됨으로 두 경우 모두에서 $r = +1.00$이라는 값이 산출되는 것이다.

$$r_{\text{표 7.3a}} = \frac{+40/5}{(2.828)(2.828)} = \frac{+8}{8} = +1.00 \qquad r_{\text{표 7.4}} = \frac{\overbrace{+80}^{(40)(2)}/5}{(2.828)\underbrace{(5.657)}_{(2.828)(2)}} = \frac{\overbrace{+16}^{(+8)(2)}}{\underbrace{16}_{(8)(2)}} = +1.00$$

r의 속성

공분산의 단순한 확장인 Pearson r은 몇 가지 기본적인 속성을 공유한다. 가장 두드러진 것은 r의 부호는 관련성의 **방향**을 반영하고, r의 절대값은 관련성의 **크기**를 반영한다. 공분산과 r의 주요한 차이는, 중요한 것으로서, 선형 관계의 측정치로서 피어슨 r의 우수성을 설명해 주는 것이다.

> 두 변수들의 기저 척도가 무엇이든 간에 r의 크기의 범위는 0에서 ± 1.00이다.

관련성이 없을 때에는 $r = 0$이고, 완벽한 관련성이 있을 때에는 $r = +1.00$이거나 $r = -1.00$이고, 중간 정도의 관련성은 r의 두 극단치 사이 어딘가에 놓이게 된다. 다시 말하지만 이것은 변수의 척도나 측정 단위와는 상관없이 사실이다. 만약 사회경제적 지위(SES)와 z 점수로 표현한 학업성취와의 상관이 $r = +.35$라면, 연구자가 학업성취를 T 점수를 사용하기로 결정하였다고 하더라도 r은 +.35가 산출된다. 이는 피어슨 r이 X에서의 **상대적** 위치에 따른 Y의 **상대적** 위치가 일치하는 정도를 반영하기 때문이다. X와 Y의 **상대적** 위치는 원점수를 백분율이나 표준점수로 바꾸거나 인치를 센티미터로 바꾸거나 어떠한 자료의 **선형변환**이 있더라도 전혀 영향 받지 않는다. 선형변환은 특정한 변수에 상수를 더하거나, 빼거나, 곱하거나, 나누는 것을 의미한다. 산포도가 말해 주듯이 기저의 선형적 관련성은 이러한 선형변환 후에도 변하지 않으며, 결과적으로 피어슨 r도 마찬가지이다.

공분산에서와 마찬가지로, r의 부호는 강도와는 상관이 없다. 만약 피로와 지각 변별력 검사에서의 정답률 간의 상관이 −.45라면, 피로와 **오답률** 간의 상관도 +.45이다.

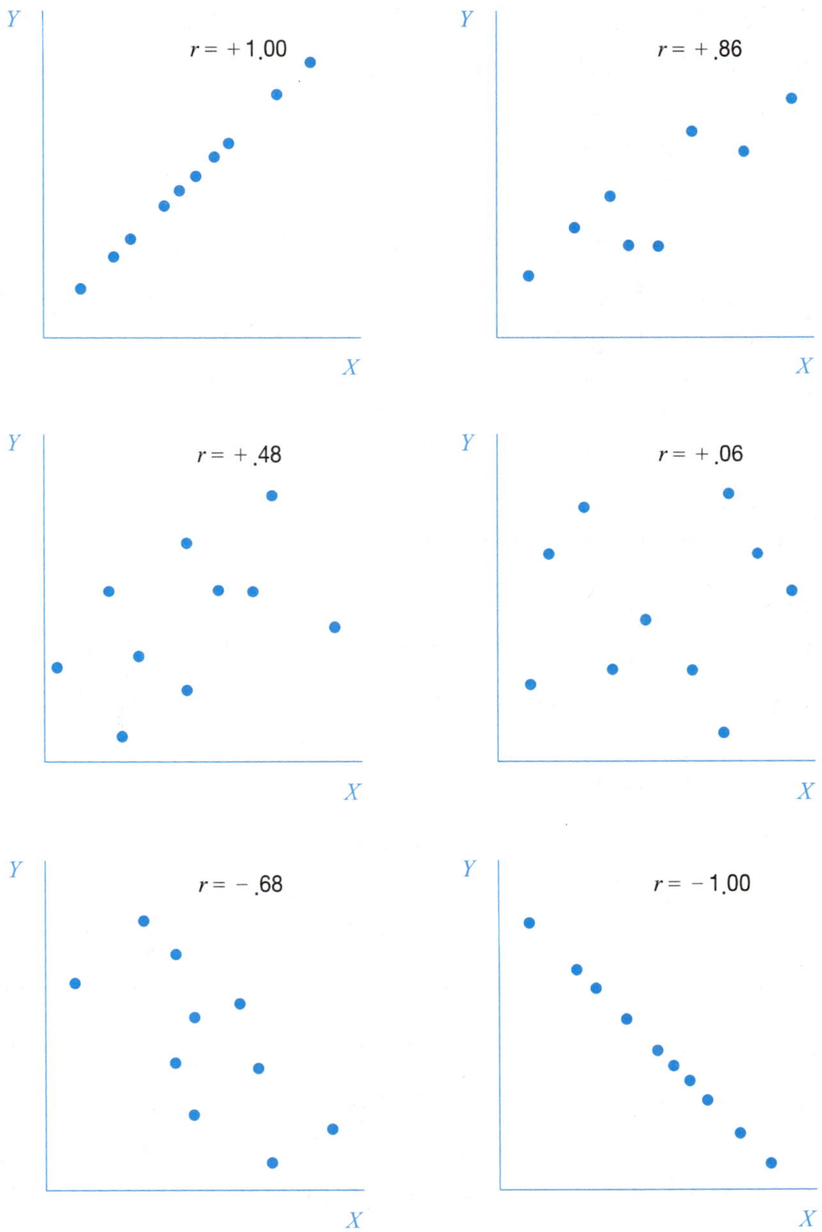

그림 7.4 다양한 정도의 상관을 보이는 산포도

관련성의 정도(.45)는 두 경우에서 동일하고, 단지 부호만 바뀔 뿐이다. 어떤 변수들에서는 높은 점수가 높은 수행의 지표가 될 수 있지만, 다른 변수들에서는 낮은 점수가 동일한 의미를 가질 수 있다. 간단히 말해서, **r의 부호는 언제나 관련된 변수의 맥락 속에서 고려해야 한다.** 7.7절에서 이에 대해서 좀 더 언급할 것이다.

경험이 쌓이게 되면, 여러분은 해당 산포도를 눈으로 검토하기만 해도 r의 대략적인 값을 판단할 수 있게 될 것이다. 예를 들어, 그림 7.4는 다양한 상관 정도에 해당하는 산포도를 보여 주고 있다. 그림 7.1은 어떤지 궁금할 것이다. 공간 추리력과 수학능력 간의 상관은 $r = .63$으로, 표 7.2에 있는 적절한 값들을 대입하여 구할 수 있다.

$$r = \frac{\text{Cov}}{S_X S_Y} = \frac{+2806/30}{(9.97)(14.83)} = \frac{+93.53}{147.86} = +.63$$

현장에서 여러분이 볼 수 있는 r값의 범위는 해당 학문분야의 현상적 특성에 따라 다르다. 심리검사들 간의 상관을 검토하는 것이 아니라면, 일반적으로 행동과학에서는 ±.70 이상이 되는 경우는 드물다. 그리고 어떤 학문분야에서라도, (동일한 변수들끼리의 상관을 구하는 이상한 일을 하지 않는 한) r값이 ±1.00인 경우는 볼 수 없을 것이다.

7.5 r의 계산: 계산 공식

표준편차의 경우에서와 같이, 피어슨 r은 정의 공식(공식 7.2)에 의해서도 계산될 수 있고, 동등한 계산 공식에 의해서도 계산될 수 있다. 계산 공식은 첫눈에 보이기는 약간 복잡해 보이지만 장황한 편차점수들을 계산하지 않기 때문에 결국 사용하기에 더 쉽다.

피어슨 r(계산 공식)

$$r = \frac{\Sigma XY - \frac{(\Sigma X)(\Sigma Y)}{n}}{\sqrt{\left(\Sigma X^2 - \frac{(\Sigma X)^2}{n}\right)\left(\Sigma Y^2 - \frac{(\Sigma Y)^2}{n}\right)}} \qquad (7.3)$$

이 공식을 분해해 보기로 하자. 공식 7.3의 분자는 교차곱의 합인 $\Sigma(X - \overline{X})(Y - \overline{Y})$와 같다. 분모를 보면, 두 개의 식 중에서 첫 번째 것은 기억할 것이다. 이는 공식 5.3으로 5장에서 자승합(SS)을 계산할 때 소개되었던 것이다. 두 번째 것은 동일한 공식을 Y 점수에 적용한 것이다. 따라서 분모에 있는 두 식은 SS_X와 SS_Y가 근호($\sqrt{}$) 안에 함께 있는 것이다.

표 7.5 계산 공식을 사용하여 피어슨 r을 구하는데 필요한 항

사람	X	Y	X^2	Y^2	XY
A	9	13	81	169	117
B	7	9	49	81	63
C	5	7	25	49	35
D	3	11	9	121	33
E	1	5	1	25	5
$n=5$	$\Sigma X=25$	$\Sigma Y=45$	$\Sigma X^2=165$	$\Sigma Y^2=445$	$\Sigma XY=253$

이러한 계산 방법을 7.3절의 초반에 제시되었던 자료를 사용하여 표 7.5에서 예시하고 있다. 적절한 사용을 하기에는 사례수가 너무 적지만, 이 표가 r의 계산과정을 보여주는 데는 문제가 없을 것이다. 우선 n, ΣX, ΣY, ΣX^2, ΣY^2, ΣXY값을 찾아야 한다. 겁낼 필요는 없다. 새롭게 등장한 항은 ΣXY뿐이고, XY의 교차곱의 합을 의미한다. ΣXY는 편차점수를 이용한 교차곱이 아닌 **원점수**의 교차곱을 의미하는 것에 주목하라. 예를 들어, 사람 A에 대해서는 $X=9$와 $Y=13$을 곱해서 117이라는 XY 교차곱을 얻을 것이다.

표 7.5의 각 열 하단에는 6개 항들의 값이 나타나 있다. 이 여섯 개의 값을 직접 계산해서 우리가 계산한 것과 같은 수치가 나왔는지 확인해 보는 것은 의미 있는 일이다. 이제 이 값들을 공식 7.3에 대입하여 풀어보자.

$$r=\frac{\Sigma XY-\dfrac{(\Sigma X)(\Sigma Y)}{n}}{\sqrt{\left(\Sigma X^2-\dfrac{(\Sigma X)^2}{n}\right)\left(\Sigma Y^2-\dfrac{(\Sigma Y)^2}{n}\right)}}$$

$$=\frac{253-\dfrac{(25)(45)}{5}}{\sqrt{\left(165-\dfrac{(25)^2}{5}\right)\left(445-\dfrac{(45)^2}{5}\right)}}$$

$$=\frac{253-225}{\sqrt{\left(165-\dfrac{625}{5}\right)\left(445-\dfrac{2025}{5}\right)}}$$

$$=\frac{28}{\sqrt{(40)(40)}}=\frac{28}{\sqrt{1600}}=\frac{28}{40}=+.70$$

표준편차를 계산할 때와 같이 여러분은 ΣX^2과 $(\Sigma X)^2$, 그리고 ΣY^2과 $(\Sigma Y)^2$을 꼭 구분해야만 한다. 이러한 부호들을 혼동하고, 실수하는 것은 아주 쉬운 일이다.

7.6 상관관계와 인과관계

여기서 중요한 강조점은 **상관관계가 인과관계를 시사하는 것은 아니다**라는 것이다. 상관관계와 인과관계를 절대 혼동하면 안 된다. 어느 연구자가 약물의 용량을 변화시켜 생리적 반응에서 그에 상응하는 변화를 발견한다면, 용량의 차이가 반응의 차이를 **초래**했다고 결론짓는다. 이런 예에서는 인과관계로 돌리는 것이 이치에 맞는다. 그러나 환자들이 각기 다른 처치 집단에 무선적으로 배정되는 통제된 실험을 하지 않은 경우에는 인과관계로 해석하는 것은 아주 잘못된 것이다.

이것은 특히 상관 연구에서 더욱 그렇다. *X*와 *Y*의 상관관계가 나타났으면, 우연성 외에 세 가지 가능한 설명이 있을 수 있다(그림 7.5 참조).

1. *X*가 *Y*의 원인이다.
2. *Y*가 *X*의 원인이다.
3. 제 삼의 요인(*Z*)이나, 여러 요인들의 복합적 효과(*a*, *b*, *c*, *d*)가 *X*와 *Y* 둘 다의 원 인이다.

예를 들어, 수없이 많은 연구에서 교사의 열정(*X*)이 학생들의 학업성취(*Y*)에 상관이 있다는 것이 발견되었다. 교사의 낮은 수준의 열정은 학생들의 낮은 학업성취와 관련되어 있고, 교사의 높은 수준의 열정은 학생들의 높은 학업성취와 관련되어 있다. 이와 같은 상관은 교사가 그 학과목을 좋아하는 것이 학생들에게 옮겨간 것을 시사하는 것인가 ($X \rightarrow Y$), 아니면 방안에 가득 찬 열심히 공부하는 높은 성취도를 가진 학생들 때문에 교사가 이런 것인가($Y \rightarrow X$)? 아니면 혹시 교사의 열정과 학생들의 학업성취 모두 교육에

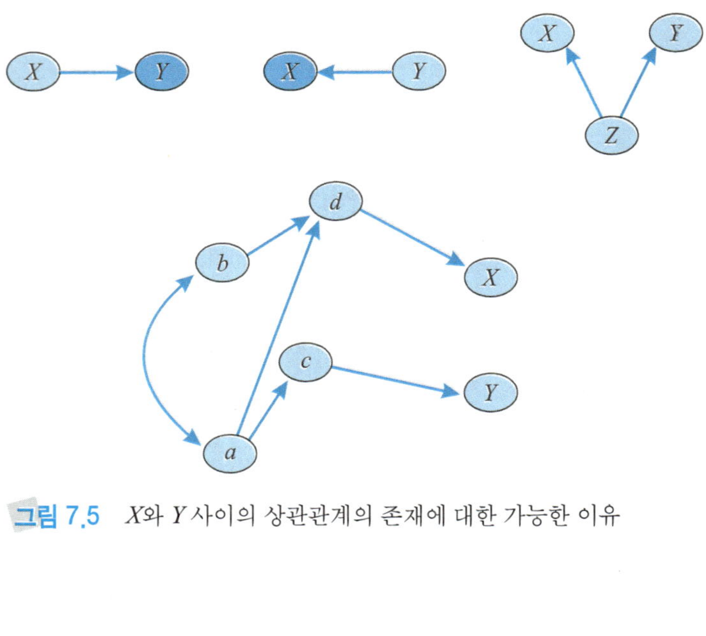

그림 7.5 *X*와 *Y* 사이의 상관관계의 존재에 대한 가능한 이유

대한 공동체의 지원정도와 같은 제3의 변수인 *Z*가 원인이 되었을 수도 있다. 상관계수는 이 세 가지 설명 중 어느 것이 가장 그럴 듯한 것인가에 대해 답을 해 주지 않는다.

> *X*와 *Y*의 상관은 두 변수들 사이에 반드시 인과관계가 있다는 것을 의미하는 것은 아니다. 인과관계를 이야기 하려면, 통계적인 관련성을 보여 주는 것 이상의 이론적 근거에 기초하여야 한다.

부가적인 변수들을 넣고 소위 “통계적 통제”라고 불리는 절차를 수행함으로써 이변량 상관계수의 제한점을 극복하려는 고급 상관분석 절차가 있다. 부분상관(partial correlation), 다중회귀(multiple regression), 구조방정식모형(structural equation modeling) 등은 이러한 절차들의 예이다. 그러나 아무리 세련된 통계적 분석이라고 하더라도 **원인과 결과에 대한 논리적 판단이 가장 중요하다**. 통계적 분석에서 논리적 판단을 대체할 수 있는 것은 없다.

7.7 피어슨 *r*에 영향을 주는 요인들

두 변수들 간의 기저 관계와는 상관없이 *r*의 크기에 영향을 주는 몇 가지 주요한 요인들이 있다. 따라서 상관 연구를 수행할 때, 그리고 다른 사람들이 보고한 상관계수들을 평가할 때 각 요인들을 고려하는 것은 중요한 일이다.

선형성

*r*은 두 변수들 간의 **선형적** 관련성의 크기와 방향성을 반영한다는 것을 잊어서는 안 된다. 대다수의 변수들의 관계가 선형적이지만, 비선형적 관계도 발생한다. 예를 들어, 정신능력과 심동적 기술은 연령의 범위가 5세에서 80세라면 연령과 곡선적으로 관련되어 있을 수 있다.

이변량 분포가 선형성으로부터 벗어난 정도만큼, *r*은 그 관련성을 과소평가하게 될 것이다. 예를 들어, 그림 7.6a와 7.6b는, 전자는 직선적 관계성을 가지는 반면, 후자는 곡선적 관계를 가진다는 것을 제외하고는 동일한 정도의 “관련성”을 나타낸다. 그러나 *r*의 값은 각각 +.85와 +.54로 차이가 있다. 그림 7.6b에서 낮은 *r*은 관련성이 약하다는 것을 의미하는 것이 아니라, **선형** 관계가 약하다는 것을 의미한다. 그림 7.6c는 *X*와 *Y*의 강력한 관련성인 **완벽한 곡선적** 관련성을 보여 주고 있다. 이 경우에는 $r = 0$이다. 이들 변수들 간에는 **직선적인** 관련성은 전혀 없다는 것이다. **선형적 관련성이 없다는 것과 관련성이 없다는 것**

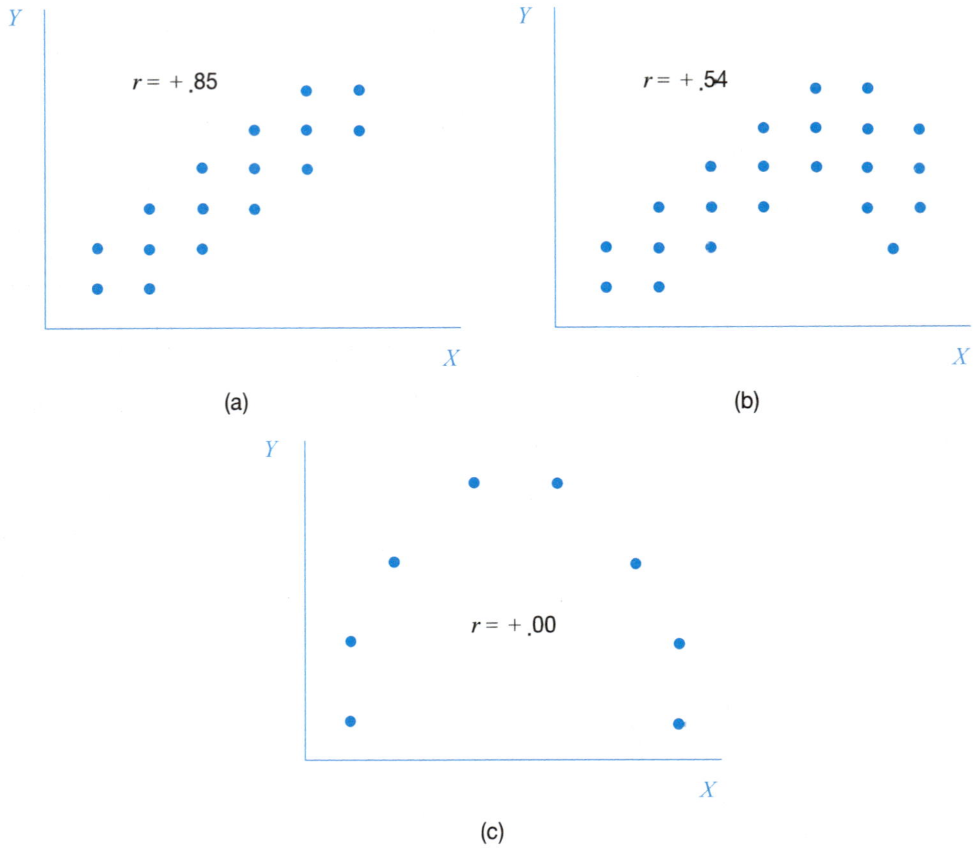

그림 7.6 곡선성이 피어슨 r에 미치는 효과

을 혼동하면 안 된다. 여러분이 상관관계에 대한 작업을 할 때 습관적으로 산포도를 검토하면 혼동하지 않을 것이라고 확신한다. 어떤 경우라도 X와 Y 사이에 곡선적 관련성이 있으면 피어슨 r을 사용하는 것은 부적절하다.

국외자

따로 떨어져 있는 자료점, 또는 국외자는 피어슨 r의 크기에 영향을 미치는데, 영향의 방향은 산포도에서의 국외자의 위치에 따라 달라진다. 그림 7.1의 오른쪽 아래 구석에 위치한 26번 학생을 생각해 보자. 비록 하나의 자료점이지만 26번 학생은 이 자료에서 전반적인 선형적인 경향성을 방해한다. 여러분이 이 학생이 없을 경우에 r이 더 커질 것이라고 생각한다면 맞는 생각인데, 26번 학생을 제거하면 원래의 $r = +.63$에서 $r = +.79$로 크게 달라진다.

r에서의 이러한 증가는 그림 7.1에서 국외자의 위치를 고려함으로써 **공간적으로** 이해

가 될 수 있다. 26번 학생이 없다면, 가상적인 직선 근처로 자료들의 "모임"이 약간은 좁혀질 것이다. r에서의 증가는 여러분이 공분산에서 국외자가 없어졌을 때의 효과를 생각한다면 **수학적으로도** 이해될 수 있을 것이다. 공분산의 분자는 26번 학생의 상당히 큰 음수의 교차곱(−384; 표 7.2)을 제거함으로써 커지게 될 것이고, 커진 공분산은 큰 r을 산출할 것이다.

국외자를 제거하는 것은 물론 상관을 **축소**시킬 수도 있다. 다시 말해서, 이는 산포도에서 자료점의 위치가 어디인가에 따라서 다르다. 이 책의 범위를 한참 넘어서는 것이기는 하지만 국외자에 대한 결정을 내릴 때 적용하는 공식적인 통계적 준거들이 있다(Acton, 1959). 한 마디로, 보다 높은 상관계수를 위해 국외자를 제거하거나 남겨두는 일은 하지 말아야 한다.

범위의 제한

1장에서 변수에 대한 정의를 소개할 때, 충분히 변화하지 않는 변수는 통계분석을 어렵게 만들 수 있다고 했다. 상관관계가 이러한 사례를 제공한다. 상관에서의 변산성은 불에서 산소와 같은 역할을 한다. 다른 것들이 동일하다면 **X나 Y의 제한된 변산은 변산성이 더 큰 경우에 얻어지는 것보다 낮은 피어슨 r을 산출할 것이다.**

이 예시를 생각해 보자. 새로운 고용인들을 선발하는 검사의 효율성을 검토하는 이상적 방법은 모든 지원자에게 검사를 실시하고, **그들을 모두 고용하여**, 그들 모두에 대해서 검사점수와 이후의 생산 실적 간의 상관을 알아내는 것이다. 그러나 실제로 채용검사와 이 후의 생산성 간의 상관은 선정절차에서 살아남아서, 채용되고, 나중에 생산성 자료가 수집될 때에도 여전히 일을 하고 있는 훨씬 **선택된 집단**에 근거한다. 따라서 채용검사 검증 연구에 사용된 고용인들은 전체 지원자들의 상위 집단만을 대표하게 된다. 이러한 **범위의 제한**은 r의 크기에 중요한 영향을 미치게 된다.

그림 7.7a는 **모든** 지원자들을 근거로 할 경우 가능한 산포도이다. 즉, 고용 결정은 검사점수와는 **무관하게** 이루어지는 경우이다. 이 그림에서는 검사점수와 이후 생산성 간에 중간 정도의 관련성을 보여 주고 있다. 이제는 검사점수가 60점 이상인 지원자들만 채용되었다고 생각해 보자. 이들은 그림 7.7a의 수직선의 오른쪽에 있는 집단이다. 그림 7.7b는 지원자 중에서 보다 선택된 집단에 기초했을 때 얻어진 산포도를 보여 준다. (이 그림에서 두 축은 그림 7.7a와 비교하기 위해서 조정되었다.) 그림 7.7b에서는 검사 점수와 이후의 생산성 간의 관계에 대한 증거가 많이 약화되었고, 따라서 이 자료에 대한 피어슨 r은 매우 낮아졌을 것이다. 인사 담당자가 검사의 효과성에 대한 연구를 위해 이렇게 제한된 집단의 자료만 사용한다면, **모든** 지원자에게 다 사용하기 위한 선발도구로

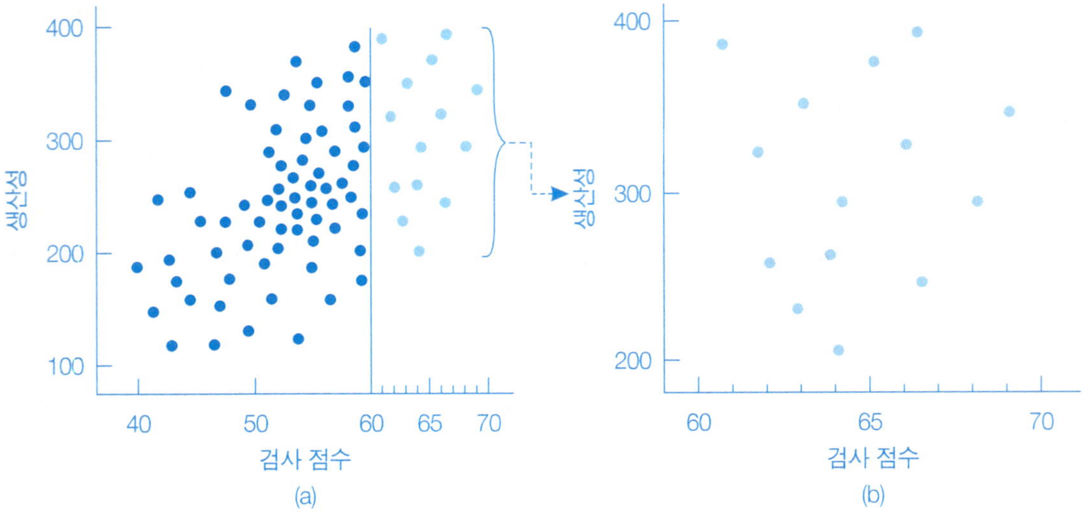

그림 7.7 범위의 제한이 없는 경우(a)와 제한이 있는 경우(b)의 관련성

서의 가치를 과소평가하게 될 것이다.

따라서 r의 크기는 그 변수들 간의 근본적인 관계뿐만 아니라 X와 Y의 변산도의 정도에 따라서도 달라지게 된다. 이는 여러분이 연구문제를 개념화할 때 기억해야 할 중요한 원리이다. 예를 들어, 여러분이 연구를 시작할 때 Beck의 우울증 검사(Beck Depression Test)에서 "중증"인 사람들만 선택해서, 그들의 **우울 정도**와 관심의 대상이 되는 어떤 변수와의 상관을 보는 것은 의미가 없는 일이 될 것이다. 마찬가지로, 여러분이 영재 학생들에 대해서 연구하고자 한다면, 여러분은 **학업성취도**와 다른 변수들과의 관계를 알아보는 것을 주저하게 될 것이다. 그리고 여러분이 우수한 대학의 입학처장이라면 학생들의 SAT 점수와 대학의 GPA 간에 상관이 낮아도 놀라지 않을 것이다.

분산과 표준편차, 산포도에 대한 세심한 검토는 여러분의 자료에서 이러한 제한된 변산성이 존재하는 가를 알려 줄 것이므로, 이를 습관적으로 실시하는 것이 필요하다.

맥락

다양한 요인들이 어떻게 단독으로 혹은 여러 가지가 혼합되어 상관계수에 영향을 줄 수 있는지를 보았다. 피어슨 r은 사용되는 특정한 도구들에 의해서도 영향을 받을 수 있다. 수입과 "지능"과의 상관은 연구자가 지능의 구인을 어떻게 정의하고 측정하는지에 따라 달라진다. 참여자의 인구통계학적인 특성 역시 피어슨 r에 영향을 줄 수 있다. 동일한 도구에 의해 측정된 동일한 변수가 주어진다면, r은 연구 참가자들의 연령, 성별, SES 그리고 기타 인구통계학적인 특성들에 따라서 달라질 수 있다.

> r에 영향을 줄 수 있는 많은 요인들 때문에 두 변수들 간의 **유일한** 상관계수라는 것은 없다. 오히려 r은 그것에 영향을 미칠 수 있는 요인들과 그것이 구해진 특정 조건들에 대한 전체적인 시각에서 해석되어야만 한다.

이것이 바로 좋은 연구보고서가 사용된 척도에 대한 상세한 서술, 연구 참여자, 상관계수가 구해진 상황 등을 포함시키는 이유이다. 여러분도 이와 같이 해야 한다.

7.8 관련성의 강도에 대한 판단

특정한 크기의 상관계수가 표시하는 관련성은 얼마나 강한가? 관련성의 강도를 판단하는 두 가지 방식을 이미 언급했다. 즉, 산포도에 나타난 형태와 0에서 ±1.00이라는 r의 이론적인 범위의 관점에서이다.

이론과 선행 연구들은 관련성의 강도를 판단하기 위한 세 번째 방식을 제공한다. 상관관계는 수치만을 가지고 판단할 수 없다. 예를 들어, 두 개의 기계 적성 검사들 간의 상관이 +.20이라고 보고되었다면 상관이 작다고 할 수 있다. 그러나 팔뚝에 난 털의 조밀도와 대학 GPA 간의 상관이 +.20이라면 굉장히 큰 값이라고 할 수 있을 것이다. r의 크기는 항상 이론과 선행 연구에 기초하여 여러분이 예상하는 맥락 속에서 판단되어야 한다.

r^2: 공통 분산의 비율

r의 강도를 평가하는 네 번째 방식은 다소 추상적이긴 하지만 매우 중요하다. 어느 지역의 대학교 신입생 무선표집에 대해서 학업적성검사(SAT)와 대학 1학년 GPA 간에 +.50의 상관이 얻어졌다고 가정하자. 이 r값은 학생들 간에 GPA에서의 차이 또는 변이가 SAT 점수에서의 차이와 관련이 있음을 나타내는 것이다. 즉, 이들 점수는 **공변**한다는 것이다. 즉, SAT 점수의 범위를 낮은데서 높은 데로 이동시키면 학생들의 GPA도 그와 마찬가지로 증가하는 전반적 경향성이 있다. 그러나 이러한 공통변이(또는 공통 관계)는 결코 완전하지 않다. 이 r에 대한 산포도를 살펴보면 일반적 경향성에 대한 많은 개별적인 예외들을 찾아낼 수 있다. SAT 점수가 낮은 일부 학생들은 공부를 잘 하고 있으며 높은 SAT 점수를 가진 일부 학생들은 잘 못하고 있다. 이러한 예외는 SAT에서의 변이가 신입생 GPA에서의 모든 변이를 독자적으로는 "설명"할 수 없다는 것을 나타낸다. GPA 변이의 일부는 학생들의 동기, 학습 습관, 건강, 전공 등에서의 차이와 같은 다

른 요인들을 반영하는 것이다.

GPA 변이는 SAT에서의 변이와 얼마만큼 관련되어 있으며 다른 요인들과는 어느 정도로 관련이 있는가? 다른 말로, SAT 점수와 대학 GPA의 분산에서 두 변수가 공유하는 **공통 분산**(common variance)의 비율은 얼마인가? 그 대답은 상관계수의 제곱인 **결정계수**(coefficient of determination)로 알 수 있다.

> 결정계수 r^2은 두 변수가 공유하는 공통 분산의 비율이다.

현재 제시된 예에서는, $r^2 = .50^2 = .25$로 GPA 분산의 25%가 SAT 점수 변이에 의해서 설명되고 반대의 경우도 마찬가지이다. 즉, 이들 두 변수들의 분산 중에서 25%가 **공통** 분산이다. 이들 간의 차이 $1 - r^2$을 계산하면 이 둘 중 어느 한 변수의 분산의 75%는 다른 변수와 전혀 상관이 없는 요인들과 연결되어 있다는 것을 알 수 있다. 이 차이는 **비결정계수**(coefficient of nondetermination)라고 불린다.

이 중요한 개념을 명료하게 하는데 도움이 되는 그림을 제시하였다. 각 변수의 분산을 원으로 표현하면, 두 원이 겹치는 부분이 공통분산에 해당된다. 그림 7.8a와 같이 두 변수들 간의 $r^2 = 0$이라면, 겹치는 부분이 없다. 즉, X와 Y의 공통분산이 없다는 것은 한 변수의 변이는 다른 변수의 변이와는 전혀 관련이 없다는 것을 의미한다. 그림 7.8b에서는 $r^2 = .25$로 두 변수들이 25% 겹칠 때를 보여 주고 있다. 만약 X와 Y가 완벽하게 관련되어 있다면, 그림 7.8c처럼 $r^2 = 1.00$로 완전히 겹치게 된다.

이 결정계수는 피어슨 r의 의미에 대해 추가적인 조명을 해 준다. **상관계수는 백분율은 아니다.** 예를 들어, .50의 상관은 "50% 관련성" 혹은 "50%의 관계"를 의미하는 것이 아니다. 즉, $r = .50$를 결정계수로 표현하게 되면 $r = \pm 1.00$으로 관련성의 정도를 표현했을 때의 "반"보다는 상당히 적은 것으로 나타난다(.25 대 1.00). 사실상, 다른 변수의 분산의 절반 정도를 설명하기 위해서는 .71 정도의 상관이 요구된다(즉, $.71^2 = .50$이다).

7.9 다른 상관계수들

앞에서 언급했듯이, 피어슨 r은 행동과학에서 가장 널리 사용되는 상관계수이다. 그러나 관련성에 대한 다른 측정치가 필요한 상황이 종종 발생한다. 예를 들어, 곡선성이 있다든가, 하나 혹은 두 개의 변수가 연속적이지 않고 이분변수인 경우이다. 한 가지 예외를 제외하고는, 이러한 절차들에 대한 조치는 보다 고급 교재(Glass and Hopkins, 1996)에서 다루도록 한다. 그 예외는 스피어만 순위상관(Spearman rank correlation)

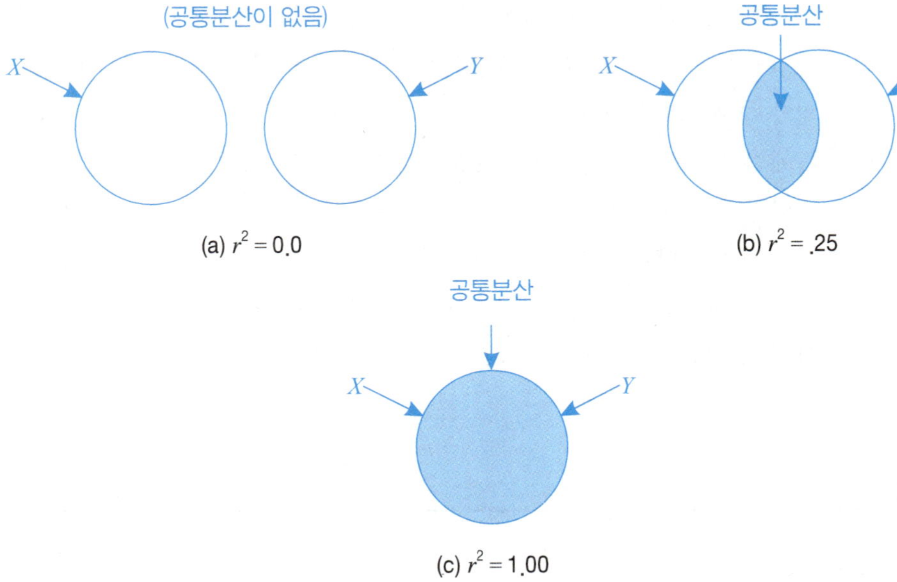

그림 7.8 r^2과 공통분산에 대한 예시

으로 서열 자료에서 사용하는 피어슨 r의 특수한 경우이다. 이 방법은 21장에서 다룰 것이다.

7.10 요 약

어떤 변수의 변이가 다른 변수의 변이와 어느 정도로 관련되는지를 결정하는 것은 행동과학의 여러 영역의 연구에서 중요한 것이다. Pearson r은 두 가지 양적 변수들이 선형적 관계일 때 적절하다. 그 크기는 자료의 점수들이 최적 직선에 모여 있는 정도에 따라 결정되며, 관련성이 전혀 없는 0부터 모든 점수들이 일직선상에 놓이는 1까지 변화한다. 관련성의 강도는 r의 크기에 달려 있는데, 그 부호(+나 −)는 두 변수가 정적(직접적)으로 관련되는지 또는 부적(역)으로 관련되는지를 알려 준다. 피어슨 r은 공분산을 두 표준편차의 곱으로 나눈 것과 같기 때문에, r은 점수들의 선형변환에 의해 영향을 받지 않는다. 따라서 r은 원점수, 표준점수, 백분율 어느 것을 사용하든지 간에 동일하고, 또한 측정의 단위가 미터법이거나 영국식 도량형 체계거나 간에 상관없이 동일한 값을 산출하게 된다.

다양한 요인들이 r의 크기에 영향을 준다. 비선형성과 범위의 제한은 r의 값을 감소시키는 경향이 있다. 동떨어져 있는 사례나 국외자도 역시 r에 영향을 주는데, r이 약화될 것인지 강화될 것인지에 관한 효과의 방향은 산포도 내의 국외자의 위치에 따라 결정된다. 비선형성과 국외자에 대한 증거를 위해서 산포도를 검토하는 것과 적절한 변산성을 확인하기 위해서 평균치와 표준편차를 검토하는 것은 중요하다. 사용된 구체적인 측정치와 참여자의 특성과 같은 다른 조건들도 r에 영향을 줄 수 있다. 따라서 이 모든 요인들에 대한 충분한 서술은 연구보고서의 필수적인 부분이다.

널리 사용되는 r에 대한 해석은 r^2의 차원에서 하는 것인데, 그것은 한 변수에서의 변이와 관련된 다른 변수에서의 분산의 비율을 제시해 준다. 예를 들어 두 변수들 간의 상관이 $-.40$이라면, 공통분산은 16%라는 것이다. 즉, X 분산의 16%는 Y의 변이에 의해서 설명된다는 것이고 그 반대도 마찬가지이다.

연습문제

정의 또는 설명하라.

용어와 개념

이변량	선형적 관련성
관련성	비선형성
상관관계	곡선적
공변	공분산
짝진 점수	교차곱
산포도	피어슨 상관계수
이변량 분포	상관과 인과관계
자료점	r에 영향을 미치는 요인들
타원형	범위의 제한
관련성의 강도	공통분산의 비율
정적(직접적) 관련성	결정계수
부적(역의) 관련성	비결정계수
국외자	

기호

X, Y

$r^2, 1-r^2$

공식

$$\text{Cov} = \frac{\Sigma(X-\overline{X})(Y-\overline{Y})}{n}$$

$$r = \frac{\Sigma(X-\overline{X})(Y-\overline{Y})/n}{S_X S_Y} = \frac{\text{Cov}}{S_X S_Y}$$

$$r = \frac{\Sigma XY - \dfrac{(\Sigma X)(\Sigma Y)}{n}}{\sqrt{\left(\Sigma X^2 - \dfrac{(\Sigma X)^2}{n}\right)\left(\Sigma Y^2 - \dfrac{(\Sigma Y)^2}{n}\right)}}$$

질문과 문제

참고: *가 있는 문제는 부록 A에 답이 제시되어 있다.

1. 이 장에서 언급되지 않은, 다음과 같은 현상이 나타나리라고 예상되는 변수들의 쌍에 대한 몇 가지 예를 제시하라.

(a) 정적 상관

(b) 부적 상관
(c) 상관이 전혀 없음

2. 산포도를 검토하는 것이 중요한 이유는 무엇인가?

***3.** (a) 이 장에서 제시된 가이드라인을 이용하여 아래의 자료에 대한 산포도를 작성하라.

X	Y
11	12
9	8
8	10
6	7
4	4
3	6
1	2

(b) 관련성의 강도와 방향에 관련하여 이 산포도가 여러분에게 주는 인상은 어떤 것인가?
(c) 여러분은 국외자나 곡선성에 대한 증거를 발견할 수 있는가?
(d) 다음 문제로 넘어가기 전에 이 그림을 보고 시각적 인상에 기초하여 피어슨 r 값을 추정해 보라.

***4.** (a) 문제 3에 있는 자료를 이용하여 정의공식과 계산공식을 이용하여 r 값을 산출하라.
(b) 결정계수의 맥락에서 r을 해석하라.

***5.** 문제 3 자료에서 공분산은 얼마인가?

6. (a) 문제 3의 자료를 이용하여 X의 값을 2로 나눈 다음 $X/2$와 Y 간의 관련성을 보여주는 산포도를 작성하라.
(b) 원 산포도에서 받은 인상과 비교할 때 새롭게 작성된 산포도에서 받은 인상은 어떤가?
(c) $X/2$와 Y의 공분산은 얼마인가?
(d) 공분산은 이러한 변환으로 어떤 영향을 받는가?
(e) $X/2$와 Y 간의 피어슨 r은 얼마인가? 문제 4의 처음 r과 비교하면 어떤가?
(f) 선형변환(예를 들어, 각 점수를 반으로 나눈)이 두 변수들 간의 선형적 관련성의 정도에 미치는 효과에 관해서 위에서와 같은 결과를 어느 정도 일반화할 수 있겠는가?

***7.** 문제 3a에 있는 자료 중에서 제일 아래에 있는 사례인 $X = 1$과 $Y = 2$를 $X = 1$과 $Y = 12$로 바꾼다고 가정해 보자.

(a) 계산은 하지 말고, 이러한 변화가 공분산의 분자와 공분산 자체에 어떤 영향을 미칠지 말해 보라.

(b) 전반적으로 이러한 변화가 r에 어떤 영향을 미치는가?

(c) 문제 8로 넘어가기 전에 새로운 r 값을 추정해 보라.

***8.** 문제 7의 r을 계산하라.

9. X와 Y의 공분산이 -72이고, $S_X = 8$이고, $S_Y = 11$이라면 r 값은 얼마인가?

10. $r = -.47$이고 $S_X = 6$이고, $S_Y = 4$라면 X와 Y의 공분산은 얼마인가?

11. 어떤 점수들에 대해서, $S_X = 3$이고, $S_Y = 5$이다. 공분산의 값 중에서 가능한 최대값은 얼마인가? (r의 범위는 음수와 양수가 모두 가능하다는 것을 기억하라.)

***12.** 대규모 성인 집단에서 IQ(X)와 단어 재인 검사에서 맞춘 개수(Y) 간의 상관이 +.60이라는 값을 얻었다. 아래 문제에서 제시된 각각의 경우에 r은 영향을 받는가? 만약 영향을 받는다면 어떻게 받겠는가? (각각의 변형은 독립적으로 다루어라.)

(a) Y를 **틀린** 단어의 수로 바꾼다.

(b) 각 IQ 값을 10으로 나눈다.

(c) Y에 10점씩을 더한다.

(d) 무작위로 일부 IQ 점수에는 1점씩을 더하고 일부 IQ 점수에서는 1점씩을 뺀다.

(e) 단어 재인 점수를 z 점수로 변환시킨다.

(f) IQ가 120점을 넘는 성인들의 자료만을 이용하여 r을 계산한다.

13. 낮은 r은 반드시 두 변수간의 "관련성"이 적다는 것을 의미하는가? (설명하라.)

***14.** 공군적성검사 점수(X)와 조종사 유능성(Y) 간의 상관을 구할 경우, 경력이 있는 조종사보다는 사관학교에서 더 높다는 것을 알게 되었다. 왜 그런지를 어떻게 설명하겠는가?

15. 몇몇 연구에서 숙제할 때 부모가 얼마나 도와주는가(X)와 학생의 학업성취(Y)가 강한 **부적** 상관이 있다는 것을 발견했다. 즉, 숙제할 때 부모의 도움을 받는 아동들은 도움을 적게 받거나 전혀 도움을 받지 않는 학생에 비해 낮은 성취를 보인다는 것이다. 이 두 변수들이 왜 부적으로 관련되었는가에 대한 가능한 설명들에 대해 논의하라. 상관으로부터 인관관계를 추론할 수는 없지만, 어떠한 설명이 가장 설득력이 있다고 생각하는가?

제 8 장

회귀와 예측

8.1 상관관계 대 예측

고등학생들의 SAT와 같은 학업적성검사 점수는 그 학생들의 대학에서의 GPA와 관련이 있다. 일반적으로 SAT에서 좋은 점수를 받은 학생은 SAT에서 낮은 점수를 받은 학생보다 좋은 성적을 받을 것이다. 여러분이 대학 입학처 직원이라면, 언어영역 점수인 SAT-V가 650점인 학생의 GPA가 얼마라고 예측하겠는가? 그리고 이 예측에 대한 오차의 범위가 어느 정도라고 말할 것인가? SAT-V와 대학 GPA의 관계가 완벽하지 않다면, 특정한 점수로부터의 예측은 "확실한 것"이 아니라 다만 "가능성이 높은 것"이다.

위의 내용은 **예측**(prediction)에서의 문제를 예시한 것이다. 즉, 어떤 측정치(SAT-V)에서 현재의 위치를 앎으로써 미래의 수행(대학 GPA)을 예측하는 것이다. 여러분은 이것이 앞 장의 주제인 상관관계와 어떤 관계가 있는지 궁금할 것이다. 상관과 예측은 상당히 밀접하게 관련되어 있다. 두 변수 간에 상관이 없다면, 하나를 가지고 다른 하나를 예측하는 것은 의미가 없을 것이다. 그러나 r의 크기가 예측 가능성에 대한 지표가 되기는 하지만 상관계수 자체는 예측을 어떻게 하는지 알려 주지 않는다.

그렇다면, 예측을 하기 위해서는 어떻게 해야 하는가? 학업적성검사 점수를 통해 대학 학점을 예측하는 예를 들어보자. 그림 8.1의 산포도를 보자. X 변수는 고등학교 최종학년에서 나온 SAT 점수이고 Y 변수는 Fumone 대학의 신입생 GPA(평점)이다.[1)]

---

1) 12명의 매우 작은 표본은 일을 간단하게 해 줄 것이다. 정상적으로는 훨씬 더 많은 사례가 필요하다.

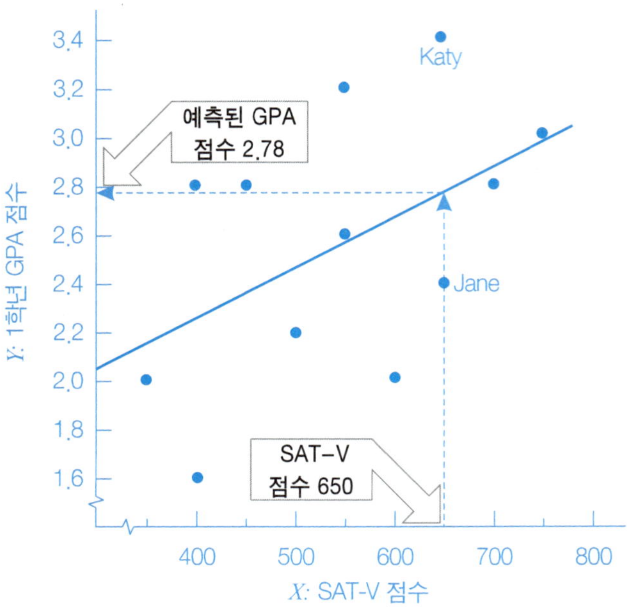

그림 8.1 Fumone 대학의 SAT- V 점수(X)로 예측된 1학년 GPA 점수(Y)

SAT 점수 650에 대해 예측된 GPA 2.78을 얻기 위하여 자료에 맞추어진 직선 하나가 사용되었다는 것에 주목하라. 이 직선을 이용하면 다른 SAT 점수에 대해 예측된 GPA를 얻을 수 있다. 이것은 두 변수 간의 관계의 경향성이 직선에 의해 타당하게 기술될 경우 "최적(best fit)"의 직선은 쉽게 찾아질 수 있고, X 값으로부터 Y 값을 예측할 목적으로 사용될 수 있다는 사실을 예시하는 것이다. 이러한 직선을 **회귀선**(regression line)이라고 부르고, 그림 8.1에서와 같이 예측은 직선 위에서 특정 X 값(예: 650)에 상응하는 Y 값(예: 2.78)을 찾음으로써 이루어진다.

상관계수가 +1이거나 −1이라면, 모든 사례들은 직선 위에 정확히 놓이며, 예측에는 오차가 없을 것이다. 상관계수가 작아지면 반드시 어느 정도 **예측오차**(prediction error)가 있게 된다. 예를 들어, Katy와 Jane의 실제 GPA는 SAT 점수 650으로부터 예측된 2.78에서 상당히 떨어진 위와 아래에 놓여 있다. 상관계수가 작을수록 예측오차는 커질 것이다.(이것이 사실이라는 것을 알아보기 위해 그림 7.4의 다양한 산포도를 다시 살펴보자.)

결과적으로 해야 할 과제는 두 가지이다. 즉, 한 변수의 위치를 아는 것으로부터 다른 한 변수의 위치를 예측하는 것과 예측 오차의 한계를 결정하는 것이다. 우리는 다음 절들에서 이러한 두 가지 과제를 다루려고 한다.

8.2 최적선 결정하기

자료에 대한 최적 직선을 찾는다는 것은 말이야 좋지만, 그 "최적선"이 구해졌는지는 어떻게 알 수 있겠는가? 사실 "최적선"은 여러 방식으로 정의될 수 있다. Pearson r을 관련성의 지표로 사용할 때와 예측을 목적으로 할 때 적용하는 법을 살펴보자.

최소자승기준

Y는 예측되는 변수의 **실제** 점수 값을 나타내고 Y'(Y 프라임)은 그것에 상응하는 **예측된** 값을 나타내도록 한 것이다. (X는 계속 예측변수를 나타낸다.) 예측오차는 실제 값과 예측된 값 사이의 불일치이다. 그러므로 예측오차는 편차점수로 $\overline{Y}$보다는 Y'으로부터 Y의 편차를 이용한다.

$$\text{오차} = (Y - Y')$$

이것이 그림 8.2에서 Katy과 Jane의 사례로 보여 주고 있다. 두 학생은 동일한 SAT 점수($X = 650$)를 가지고 있었기 때문에 동일하게 예측된 GPA($Y' = 2.78$)가 나왔는데, 그들의 실제 GPA는 각각 3.40과 2.40이다. 그들의 예측 오차는 다음과 같다.

$$\text{Katy: 오차} = (Y - Y') = (3.40 - 2.78) = +.62$$
$$\text{Jane: 오차} = (Y - Y') = (2.40 - 2.78) = -.38$$

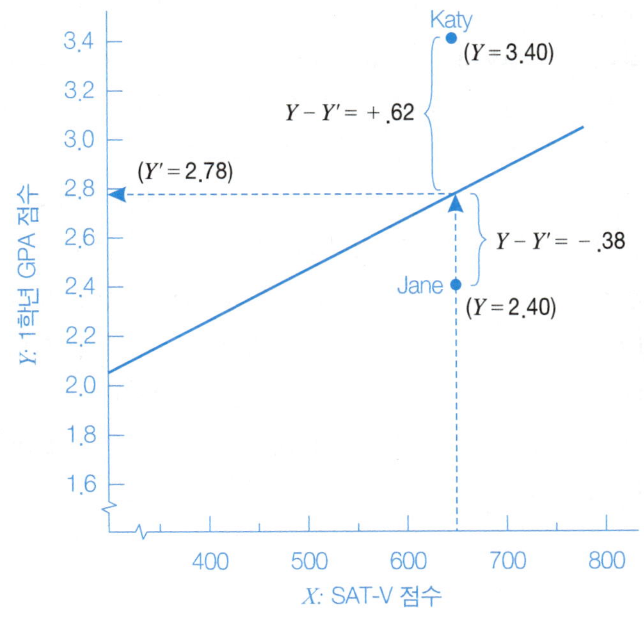

그림 8.2 Fumone 대학 표본에서 나온 두 사례의 예측오차

오차가 선 위쪽에 있는 경우는 양수이고 아래쪽에 있는 경우는 음수라는 것에 주의하라. 사실상 회귀선은 전체로서의 산포도에 대한 예측오차($Y - Y'$)의 값이 **최소화**하는 식으로 그려지게 된다.

최적선에서는 모든 사례에 대한 자승된 예측오차의 합이 가능한 한 작아지게 된다. 다시 말해서 $\Sigma(Y - Y')^2$이 최소가 된다.

여러분은 보다 친숙한 $\Sigma(Y - \overline{Y})^2$와 $\Sigma(X - \overline{X})^2$와 같이 $\Sigma(Y - Y')^2$이 자승합이라는 것을 알 수 있을 것이다. 이 경우에는 **오차 자승합**(error sum of squares)이다. 따라서 잘 맞는 적절한 회귀선이 되려면 다른 직선들을 사용했을 때에 비해서 오차 자승합이 작아야 한다. 이것이 바로 오차 **자승합**의 크기가 **가장 작다**는 **최소자승기준**(least-squares criterion)이라고 부르는 것이다.

"평균치의 연속"으로서의 회귀선

만일 회귀의 직선성이 유지되면, 회귀선은 사실상 "평균치의 연속"으로 생각될 수 있다.

회귀선으로부터 얻어진 예측된 값은 어떤 의미에서는 각각의 특정 X 값에 상응하는 Y 값들의 평균치에 대한 추정치이다.

이것은 Fumone 대학 예에 대한 그림 8.3에 예시되어 있다. 2.57인 $\overline{Y}$는 350에서 750까지의 범위에 있는 X 점수를 가진 12개 사례 전체 표본에 대한 평균 GPA이다. 반면에 Y'인 2.78은 $X = 650$인 **경우들에 대해서만** Y의 평균치를 추정한 것이다. 그러나 우리 표본에서 단지 두 경우, Katy와 Jane만 SAT 점수가 650인데 그들의 Y 점수(3.40과 2.40)들의 평균은 2.78이 되지 않는다. 사실상, Y'의 2.78은 **추정된** 평균치일 뿐이다. 우리가 Y의 평균치로 **기대**하는 것은 우리 표본에 있는 두 경우만이 아닌 SAT-V 점수가 모두 650인 많은 사례의 표본에 대해 이루어져야 한다. 마찬가지로 Y'의 2.31은 $X = 425$인 Y 점수의 빈도분포에 대한 추정된 평균치이다. 어느 한 표본에서 SAT-V 점수가 정확히 425인 경우는 전혀 없지만, 사용 가능한 자료에 가장 적합한 회귀선은 만일 그러한 SAT-V 점수를 가진 학생이 있었더라면 기대될 수 있는 평균 GPA 추정치를 제시하고 있다. 보다 현실적인 표본 크기라면 많은 X 값들을 나타낼 수 있고, Y에 대한 해당 추정치에 대해서 큰 확신을 가질 수 있을 것이다.

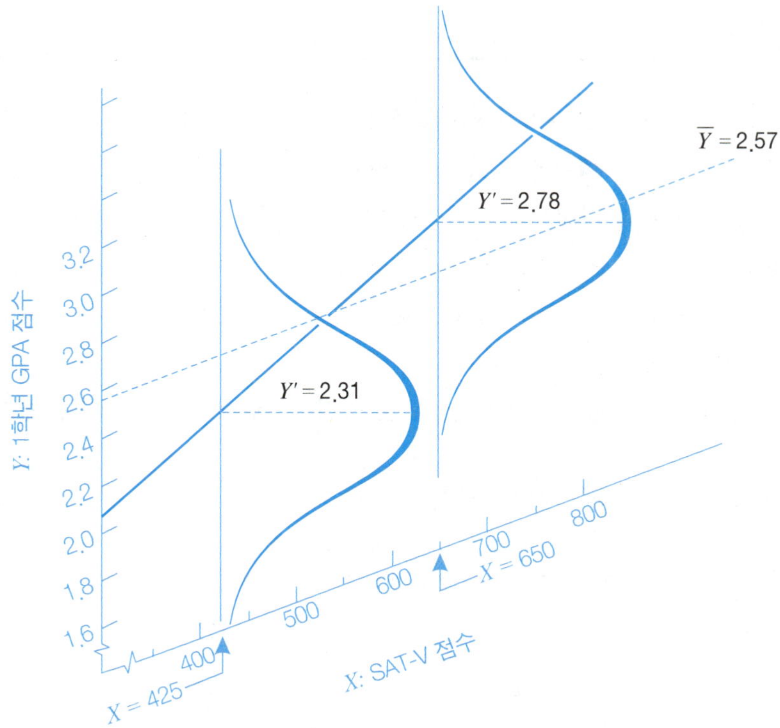

그림 8.3 Fumone 대학 예시: "평균치의 연속"으로써의 회귀선

*Y*로부터 *X*의 예측

그림 8.1의 자료에 대해 **두 번째** 최적선이 있다. 앞에서 본 것과 반대로, 신입생 GPA로부터 SAT-V 점수를 예측한다고 가정하자. 따라서 최소자승기준은 GPA에서의 예측오차가 아닌 SAT-V에서의 예측오차를 최소화하도록 적용되어야 할 것이다(이를 시각적으로 나타내려면 그림 8.1의 축을 바꾸면 된다). $S_X = S_Y$가 아닌 이상, 두 회귀선은 동일하지 않을 것이다. 실제로 관심 있는 것은 양방향에서가 아닌 **한 가지** 방향에서 예측하는 데에 있다. 예를 들어, 신입생 GPA를 가지고 SAT-V를 예측하는 것은 의미 없는데, 이는 SAT-V 변수가 GPA보다 **선행하는** 변수이기 때문이다. 따라서 "선행되는" 변수로 "후속" 변수를 예측하는 것이 논리적이다.

*X*로부터 *Y*를 예측하는 것에 대한 논의는 여기서 줄일 것이다. 이 맥락에서는 *X*는 **독립변수**로 *Y*는 **종속변수**라고 말할 수 있다. 더욱이, *X*로부터 *Y*를 예측하는 것은 *X*에 *Y*를 **회귀**시키는 것이다. 이러한 차이를 기억하려면 종속(dependent)변수는 독립변수에 "**종속되는**(depending on)" 것이라고 생각하면 된다. 어떤 사람이 대학에서의 GPA를 얼마나 잘 받겠는가 하는 것은, 무엇보다도 학업적성인 SAT-V에 종속되어 있다.

8.3 회귀식: 원점수 형태

모든 직선은 방정식을 가지며 X에 대한 Y의 회귀선도 예외는 아니다. 실제로 산포도에서 회귀선의 위치는 **회귀식**(regression equation)이라는 것에 의해 결정된다.

여러분은 중학교 시절에 직선이 **기울기**와 **절편**이라는 두 개의 항에 의해서 정의된다는 것을 기억할 것이다. 기울기는 b로 표현되는데 이는 회귀선의 각(평각, 예각 혹은 둔각)과 방향(정적 혹은 부적)을 나타낸다. 절편은 a로 표현되는데 $X = 0$일 때의 예측된 Y 값을 의미한다.[2)]

어떠한 X 값에 대한 Y의 예측 값이라도 공식 8.1을 이용해서 구할 수 있다.

X에 대한 Y의 회귀식: 원점수 공식

$$Y' = a + bX \tag{8.1}$$

여기서

기울기

$$b = r\left(\frac{S_Y}{S_X}\right) \tag{8.2}$$

그리고

절편

$$a = \overline{Y} - b\overline{X} \tag{8.3}$$

공식 8.2와 8.3을 공식 8.1에 대입하면, 회귀식의 전체 식을 구할 수 있다.

X에 대한 Y의 회귀식: 원점수 공식

$$Y' = \overbrace{\overline{Y} - r\left(\frac{S_Y}{S_X}\right)\overline{X}}^{\text{절편}} + \overbrace{r\left(\frac{S_Y}{S_X}\right)}^{\text{기울기}}X \tag{8.4}$$

공식 8.4가 어떻게 기능하는지 보기로 하자. 이 공식을 이용하여 그림 8.1에서 예시되었

2) X축이 0(그림 8.1과는 달리)에서 시작하면, 절편은 항상 회귀선이 Y축과 만나는 점이다.

표 8.1 그림 8.1에 대한 통계치 요약

SAT- V		GPA
$\overline{X} = 545.80$		$\overline{Y} = 2.57$
$S_X = 123.20$		$S_Y = .52$
	$r = +.50$	

던 SAT- V에서 650점을 받은 학생의 예측된 GPA를 산출하려고 한다.

1 단계. 표 8.1에 제시된 적절한 요약 통계치들을 가지고 공식 8.2와 8.3에 다음과 같이 대입한다.

$$b = r\left(\frac{S_Y}{S_X}\right) = +.50\left(\frac{.52}{123.2}\right) = (+.50)(.0042) = .0021$$

$$a = \overline{Y} - b\overline{X} = 2.57 - .0021(545.8) = 2.57 - 1.15 = 1.42$$

2 단계. 공식 8.1에 1 단계에서 구한 기울기와 절편을 대입하여 이 자료에 대한 완전한 회귀식을 구한다.

$$\begin{aligned} Y' &= a + bX \\ &= 1.42 + .0021X \end{aligned}$$

3 단계. SAT- V 650점을 이제 단계 2의 공식에 대입하여 예측된 GPA 값을 구한다.

$$\begin{aligned} Y' &= 1.42 + .0021(650) \\ &= 2.78 \end{aligned}$$

만약 여러분이 다른 예측을 하기 원한다면, 회귀식에 적절한 X 값을 대입하기만 하면 될 것이다. $X = 425$를 이용하여 그림 8.3에서 본 예측을 확인해 보자.

$$\begin{aligned} Y' &= 1.42 + .0021X \\ &= 1.42 + .0021(425) \\ &= 2.31 \end{aligned}$$

예측된 Y 값을 찾기 위해서는 보통 지금 한 것과 같이 회귀식을 사용한다. 예측된 Y 값은 또한 그래프를 통해서도 얻어질 수 있다. 회귀선을 그리는 것은 매우 쉬운 일이다.

1 단계. 공식 8.4를 이용하여 X의 두 점(X 값에서 가장 낮은 값과 가장 높은 값을 고른다)에 대한 Y' 값을 구한다. 여러분은 X_1, Y_1'과 X_2, Y_2' 두 개의 지점을 얻었다.

2 단계. 원 산포도에 있는 X축과 Y축을 이용하여 모눈종이에 이들 두 점을 찍는다.

3 단계. 두 지점을 통과하는 직선을 그린다. 확인 방법으로, 회귀선은 반드시 $\overline{X}$와 $\overline{Y}$, 그리고 절편을 통과해야만 한다.

여러분이 도표를 통해서 Y'의 값을 추정하기를 원하지 않는다고 하더라도, 예시적인 목적으로 산포도 위에 회귀선을 덧그려보는 것이 필요하다. 그림 8.4는 7장에서 공간추리력과 수학능력 사이의 관계(그림 7.1 참조)를 회귀선으로 보여 주고 있다. 이 직선을 그리기 위해서 다음의 요약 통계치를 사용해서 시작하기로 한다.

공간추리력		수학능력
$\overline{X} = 70$		$\overline{Y} = 100$
$S_X = 9.97$		$S_Y = 14.83$
	$r = +.63$	

이 자료에 대한 기울기는

$$b = r\left(\frac{S_Y}{S_X}\right) = +.63\left(\frac{14.83}{9.97}\right) = (+.63)(1.49) = +.94$$

이고, 절편은

$$a = \overline{Y} - b\overline{X} = 100 - .94(70) = 100 - 65.8 = 34.2$$

이다. 완성된 회귀식은 $Y' = 34.2 + .94X$로 $X_1 = 55$를 대입하면 $Y_1' = 85.9$이고, $X_2 = 85$를 대입하면 $Y_2' = 114.1$로 이 값들을 이용하여 그림을 그릴 수 있다. 두 Y' 값을 직선으로 연결한다. 이 직선은 $\overline{X}$와 $\overline{Y}$의 교차점을 통과하게 된다. (**질문**: 여러분은 국외자가 이 직선의 위치에 어떤 영향을 주었다고 생각하는가?)

8.4 원점수 기울기에 대한 해석

잠깐 공식 8.2로 돌아가 보자. 이 공식으로부터 여러분은 r이 움직이는 대로 b도 움직이는 것을 알 수 있다. 만약 r이 양수이면, b도 양수가 될 것이고, r이 음수이면, b 또한 그럴 것이다. 만약 $r = 0$이면 b 역시 0이 되는 것을 알 수 있다. 이러한 유사성에도 불구하고 r과 b는 보통 다른 값을 가지고, 때로는 매우 다른 값을 가진다. 공식 8.2에서 볼 수 있듯이 $S_X = S_Y$인 경우만은 예외인데, 이러한 경우는 원점수 자료에서는 거의 있을 수 없다.

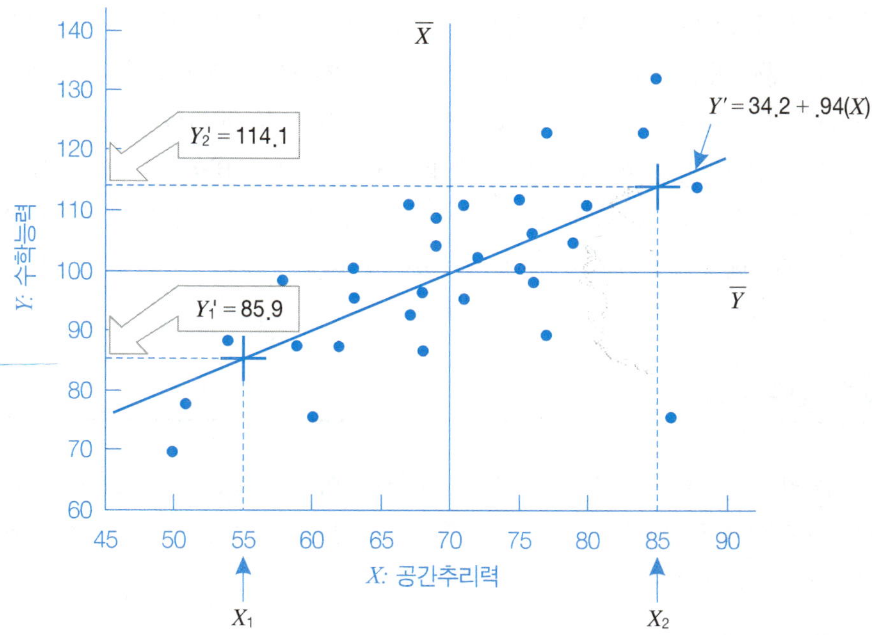

그림 8.4 공간추리력과 수학능력 사이의 관련성에 대한 X로부터 Y의 회귀선(그림 7.1로부터). Y' 값은 $X_1 = 55$와 $X_2 = 85$에 대해 표시됨.

> 기울기는 항상 X와 Y의 단위라는 맥락 속에서 해석되어야 한다. 즉, X에서 한 단위만큼 증가하면 Y에서는 b 단위만큼 달라진다.

그림 8.4의 경우에서와 같이, 공간 추리력 검사에서의 1점 증가는 수학능력 검사에서 +.94점의 변화에 상응한다. 원점수 기울기는 때로는 ±1.00보다 클 수 있다. 다시 말하지만 이는 두 변수들의 기저 척도에 달려 있다. 만약 이 예제에서 임의적으로 Y 값을 두 배로 만든다면, $S_Y = 29.66$(S_X와 r은 그대로임)이 된다. 새로운 기울기는 다음과 같다.

$$b = +.63\left(\frac{29.66}{9.97}\right) = (+.63)(2.97) = +1.87$$

즉, 공간 추리력 검사에서 1점 증가하면, 이번에는 수학능력검사에서 1.87점이 증가하게 된다.

X와 Y 사이에 어느 정도의 상관이 있는 경우라고 하더라도 b 값은 작아 보일 수 있다. Fumone 대학의 예에서, 여러분은 $b = .0021$이라는 것을 보았다. 이는 기울기로서는 상당히 작은 값이라는 데 놀랄 것이지만, 기울기는 X와 Y의 기저 척도의 단위로 표현된다는 것을 기억해야 한다. 즉, SAT-V **점수**가 1점 증가할 때(500에서 501), 평점은 +.0021

평점 증가한다(2.47에서 2.4721). 이 표본에서 SAT-V의 범위가 350점부터 750점이고, 대학 평점의 범위는 1.6에서 3.4점이기 때문에 이 기울기의 값은 그다지 작은 것은 아니다. 예를 들어, SAT-V에서 10점이 증가하면(500에서 510), (10)(.0021) = .021 평점 증가하는 것이고(2.47에서 2.49), SAT-V에서 100점이 증가하면, (100)(.0021) = .21 평점 증가하는 것이다(2.47에서 2.68). 이러한 공변이의 정도는 두 변수가 $r = .50$인 경우에 기대할 수 있는 것과 일치하는 것이다.

8.5 z 점수 형태의 회귀식

회귀식은 z 점수 형태로 표현될 수 있는데, 이렇게 하면 매우 간단하면서도 의미 있는 정보를 제공하는 식이 된다. 만약 X와 Y의 원점수를 z 점수로 바꾸면, 회귀식은 다음과 같이 단순해진다.

> 회귀식: z 점수 공식
>
> $$z_{Y'} = rz_X \tag{8.5}$$
>
> 여기서, $z_{Y'} = z$ 점수로 표현된 예측된 Y 값
>
> $r = X$와 Y의 상관
>
> $z_X = X$의 z 점수

공식 8.5를 주의 깊게 살펴보면, z_Y의 예측된 값은 z_X에 대한 **비율**이고, 그 비율이 r과 같다는 것을 알 수 있다. 표 8.1에 있는 자료를 가지고 SAT-V가 650점인 학생에 대한 z_X를 계산할 수 있다. $z_X = (650 - 545.8)/123.2 = +.85$이다. 따라서 이 학생은 $\overline{X}$보다 .85 표준편차 높은 위치에 있다. $r = +.50$이라면, 이 학생의 GPA는 $\overline{Y}$보다 .42 표준편차 높은 위치에 있다고 예측할 수 있다. $z_{Y'} = rz_X = (+.50)(-.85) = +.42$.

이 공식이 앞 절에서 사용된 공식 8.4와 같은 결과가 나온다는 것을 증명하기는 쉽다. 방금 계산된 $z_{Y'}$ 값은 예측된 GPA인 2.78로 전환될 수 있으며 그 답은 앞에서 얻어진 것과 같다.

$$\begin{aligned} Y' &= \overline{Y} + (z_{Y'})(S_Y) \\ &= 2.57 + (+.42)(.52) \\ &= 2.78 \end{aligned}$$

8.6 상관관계와 예측에 관한 통찰

z 점수 접근법은 실제로 예측하는 작업에서 항상 편리한 것은 아니고, 공식 8.4가 훨씬 더 직접적이다. 그러나 공식 8.5는 상관과 예측의 특성에 대해 귀중한 통찰들을 얻을 수 있기 때문에 주의 깊게 살펴볼 필요가 있다.

이 공식에서 눈에 띄는 r의 위치에 주목하라. z 점수로 표현될 때 Pearson r은 회귀선의 기울기이다. 이것이 사실인지 알아보기 위해서 기울기 공식인 $b = r(S_Y / S_X)$를 보다 자세히 살펴보자. 자료가 z 점수로 변환되었을 때, $S_X = S_Y$이면 $b = r$이다. 상관이 높을수록, 그 선은 위로 가파르게 기울 것이다(r이 음수라면 아래쪽으로 기울 것이다). 표준점수의 기울기에 대한 해석은 단위가 표준편차라는 것만 차이가 있을 뿐 원점수의 기울기에 대한 해석과 동일하다.

X에서 1 표준편차가 증가할 때마다, Y는 r 표준편차만큼 변화한다.

그림 8.5에는 $r = +1.00, +.50, +.25, 0$에 해당되는 네 개의 회귀선이 제시되어 있다. 이 그림은 완벽한 상관으로부터 0의 상관으로 변화할 때 어떤 일이 생기는지 예시하고 있다.

$r = \pm 1.00$일 경우

$r = \pm 1.00$인 경우를 생각해 보자(그림 8.5a). 여기서 Y의 예측된 z 점수는 예측에 사용되는 X의 표준점수와 **동일**하다 즉, $z_{Y'} = (+1.00)z_X = z_X$이다. 한 개인의 X에서 **상대적 위치**는 Y에서의 **상대적 위치**와 동일하다. X에서 1 표준편차만큼씩 증가하면 Y' 역시 1 표준편차만큼씩 증가한다. 그렇다면 r이 완벽한 **부적** 상관이면 어떤가? $z_{Y'} = (-1.00)z_X = -z_X$이다. 즉, z_Y의 예측된 값은 z_X와 부호만 다르고, 동일한 절대값을 가진다는 것이다.

$r < 1.00$일 경우

r이 완벽한 ± 1.00이 아닌 경우에는 예측된 Y 점수들은 Y의 평균치 근처로 더 가까이 모여 있다. 예를 들어, $r = +.50$이라고 가정해 보자(그림 8.5b). 평균치 위 2 표준편차에 위치한 X 값으로부터 예측된 Y 값은 평균치 위 1 표준편차에 있다. $z_{Y'} = (+.50)(+2.00) = +1.00$이다. 마찬가지로, $z_X = +1.50$이라면, $z_{Y'} = (+.50)(+1.50) = +.75$가 산출된다. 따라서 $r = +.50$인 경우에는, $z_{Y'}$는 z_X 값의 **이분의 일**이 되고, $r = +.25$인 경우에는, $z_{Y'}$는 z_X의 **사분의 일**이 된다. 동일한 원리는 r의 값이 **음수**인 경우에도 적용된다.

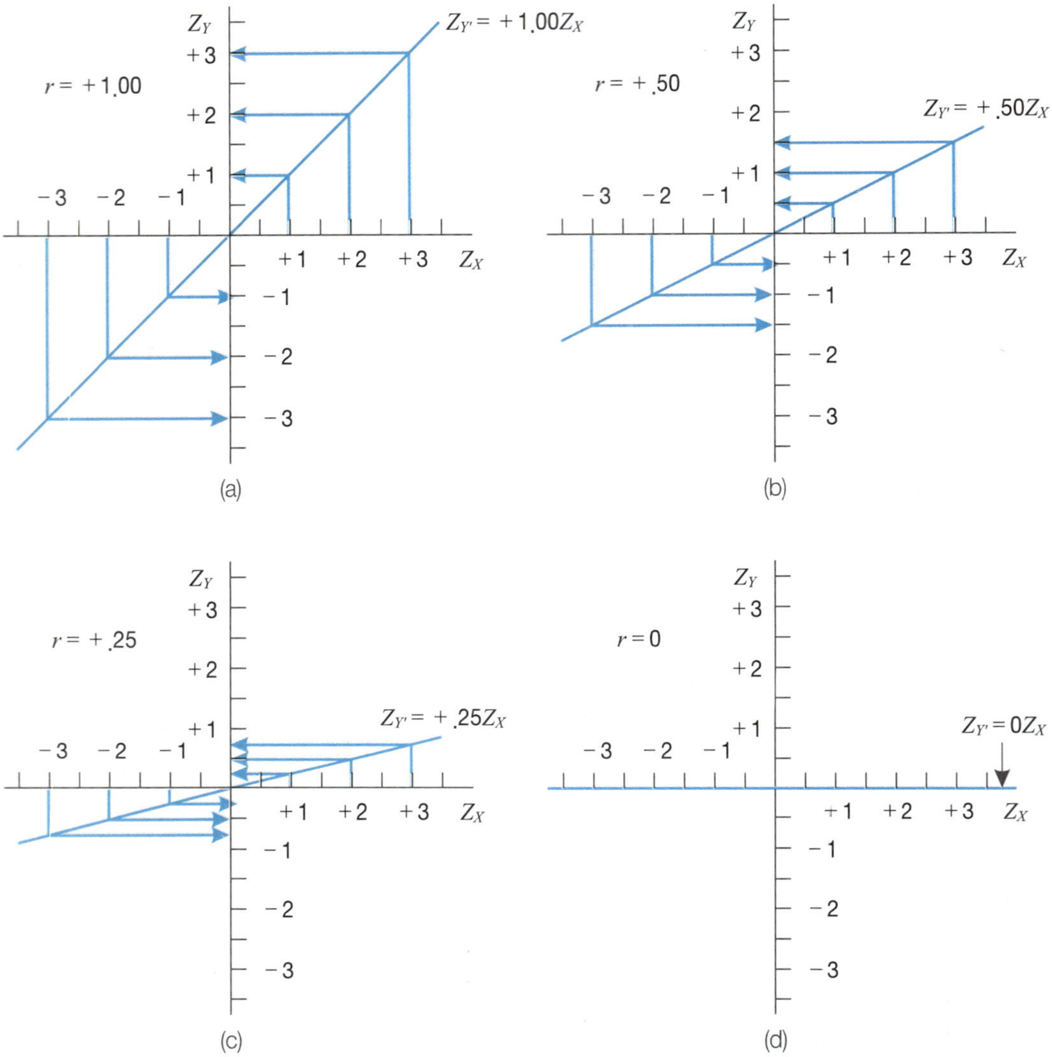

그림 8.5 네 가지 r 값에 대한 회귀

한 가지 다른 점은 수학적인 부호가 변화한다는 것이다. $r = -.50$이고 $z_X = +2.00$이라면 $z_{Y'} = (-.50)(+2.00) = -1.00$이다.

X 점수로부터 Y를 예측할 때 평균으로 더 가까워지려는 이러한 경향성은 **평균으로의 회귀**(regression toward the mean)로 알려져 있다. 일반적으로 Francis Galton 경이 이러한 현상을 밝힌 사람으로 공을 인정받는다. 그의 가장 뛰어난 연구인 "회귀 효과"(오늘날에는 이렇게 불리는)는 인간의 키와 관련된 것으로, 그는 키가 큰 부모들은 평균적으로 그들보다 더 작은 자식(그러나 여전히 크기야 했지만)을 두고, 키가 작은 부모들은 평균적으로 그들보다 더 큰 자식을 둔다는 것을 관찰했다. Galton은 자식들의 키는 전

집의 키의 평균치로 "회귀"한다는 것을 보여 주었다. (여러분은 그가 이전에 강낭콩의 무게에서도 동일한 경향성을 관찰했다는 것을 알고 있을 것이다.) 회귀 효과는 상관이 완벽하지 않은 **모든** 관계에서 나타나는 특성이다. 평균치로의 회귀는 (a) 사전검사에서 낮은 점수를 받았기 때문에 참여자로 선정되었고, (b) 어떤 종류의 개입이 있고, (c) 개입의 효과를 알아보기 위해 사후검사가 실시된 교육학이나 심리학적 개입에서 특히 분명하게 나타난다. 평균적으로 참여자는 **전혀 개입이 없었던 경우라도** 사후검사에서 향상을 보이게 된다.[3] 이것은 (대부분의 경우 그렇지만) 사전검사와 사후검사의 상관이 1보다 작기 때문이다. 결과적으로 참여자들은 사전검사에서 했던 것보다는 사후검사에서는 덜 극단적이 된다. 보다 공식적으로 말하면, $r<1.00$일 때는 X 값이 $\overline{X}$ 값과 비슷해지는 것보다 Y'의 값이 $\overline{Y}$에 더 비슷해진다. 공식 8.5에서 보는 바와 같이, 얼마나 비슷해질 것인가는 r의 크기에 달려 있다. 여기서 핵심 단어는 "평균적으로"라는 것이다. 예측된 값은 특정한 X 값에 대한 Y **평균치**에 대한 하나의 추정치이며, 하나 밖에 없는 유일한 값이 아님을 기억하라. 키 큰 부모가 그보다 큰 자녀를 가진다거나, 사전검사에서 낮은 점수를 받은 학생이 상대적으로 사후검사에서 더 낮은 점수를 받을 가능성은 여전히 존재한다.

$r = 0$일 경우

두 변수들 사이에 관련성이 없다면(그림 8.5*d*) Y의 예측된 값은 항상 평균치가 될 것이다.

$$Z_{Y'} = (r)(z_X) = (0)(z_X) = 0$$

(0이라는 z는 평균치에 해당된다는 것을 기억하라.) 이것은 X와 Y가 상관이 없다는 것이고, X 값에 관계없이 모든 경우에서 Y의 평균치를 예측할 것이다. 이것은 이치에 맞는데, 그 이유는 만일 $r = 0$이고, X 값(팔뚝의 털의 조밀도)을 아는 것이 Y를 예측하는데 아무런 도움도 되지 않는다면, Y의 평균치(대학 GPA)는 직관적으로도 그럴듯한 "예측치"이기 때문이다. 사실상 이러한 경우에 더 이상 무슨 말을 할 수 있겠는가?

이것은 또한 $r = 0$일 때 X에 대한 Y의 회귀선이 왜 **수평적**인지를 설명해 준다. X와 Y 사이에 상관이 없을 때 절편은 어떻게 되는지 보기로 하자.

$$a = \overline{Y} - b\overline{X} = \overline{Y} - (0)\overline{X} = \overline{Y}$$

$r = 0$일 때, 회귀선은 Y축에서 $\overline{Y}$를 지나게 된다. (그림 8.5처럼 z 점수에 근거해서 산

3) 연습이나 성숙에 의한 향상은 없다는 것을 가정한다.

포도를 그리면 회귀선은 X축 위에 놓이게 된다.) 여러분이 어떤 X를 선택하든지 간에 $r = 0$이면 Y의 예측된 값은 Y의 평균치가 된다.

마지막 한 가지 주의할 점은 그림 8.5에서 보면, r에 **상관없이** $X = \overline{X}$일 때에는 $Y' = \overline{Y}$라는 것이다. 여러분이 X 변수에서 평균이면, 가장 좋은 예측은 두 변수 간의 상관에 관계없이 Y 변수에 대해서도 평균이 될 것이다. 즉, $z_X = 0$(X의 평균치)이면, $z_{Y'} = rz_X = r(0) = 0$이다. 이것은 어떤 산포도에서도 회귀선은 $\overline{X}$와 $\overline{Y}$가 교차하는 지점을 통과한다는 사실을 말해 준다.

8.7 회귀와 자승합

자승합의 개념은 8.2절에서 살펴본 바와 같이 회귀선을 결정하는 최소자승기준에 핵심이 된다. 최적선은 오차 자승합인 $\Sigma(Y - Y')^2$을 최소화해야 한다. 회귀분석에서 사용되는 자승합은 **세 가지**가 있다. 이들 자승합과 이들 간의 관계를 잘 이해함으로써 여러분은 회귀와 예측에 대한 더 많은 이해를 할 수 있게 될 것이다.

친숙한 Y의 자승합인 $\Sigma(Y - \overline{Y})^2$부터 시작하기로 한다. 이는 각 점수가 평균으로부터 떨어진 편차에 관심을 두는 것으로 $\Sigma(Y - \overline{Y})^2$은 Y에 있어서의 **전체 변이**를 반영하는 것으로 **전체 자승합**(total sum of squares)이라고 불린다. $Y - \overline{Y}$는 SAT- V 점수들에서 대학 GPA를 예측하는 그림 8.6a에서 예시하는 바와 같다.

이변량 회귀의 맥락에서 보면, Y에서의 변이는 단지 두 가지 이유 때문이다. 첫 번째 이유는 X에 의한 것이다. 이 경우에는 대학 1학년 GPA의 전체 변이는 부분적으로 SAT- V 점수에서의 변이로 설명된다. 이 변이는 Y에서 **설명된 변이**(explained variation)인 $\Sigma(Y' - \overline{Y})^2$ 자승합에 의해 표현될 수 있다. 이 항의 핵심인 $Y' - \overline{Y}$의 편차점수는 주어진 X에서 회귀선과 $\overline{Y}$ 간의 차이이다(그림 8.6b). $\Sigma(Y' - \overline{Y})^2$이 큰 지 작은 지는 X와 Y 사이의 관계의 정도를 반영하는 것이다. r이 크다면(가파른 기울기), Y' 대부분의 값들이 $\overline{Y}$로부터 많이 떨어져 있을 것이고, 자승하고 합산한 결과인 $\Sigma(Y' - \overline{Y})^2$은 큰 값을 가질 것이다. 반대로 r이 0이라면, 회귀선은 평평할 것이고, 모든 X에 대해서 $Y' - \overline{Y}$일 것이다. 결과적으로, $\Sigma(Y' - \overline{Y})^2 = 0$이 될 것이다.

Y에서의 변이에 대한 두 번째 이유는 X 이외에 규명되지 않은 관련 변인들에 의한 것이다. 이러한 변이는 8.2절에서 보았던 오차 자승합인 $\Sigma(Y - Y')^2$으로 이는 이러한 맥락에서는 Y에서의 **설명되지 않은 변이**(unexplained variation)를 반영한다(그림 8.6c). $r = \pm1.00$인 경우에는 예측이 완벽해진다. $Y - Y' = 0$이기 때문에 $\Sigma(Y - Y')^2$는 0이 된다. 즉, $r = \pm1.00$인 경우에는 Y에서 설명되지 않은 변이는 없는 것이다; X가 모든 것을 설

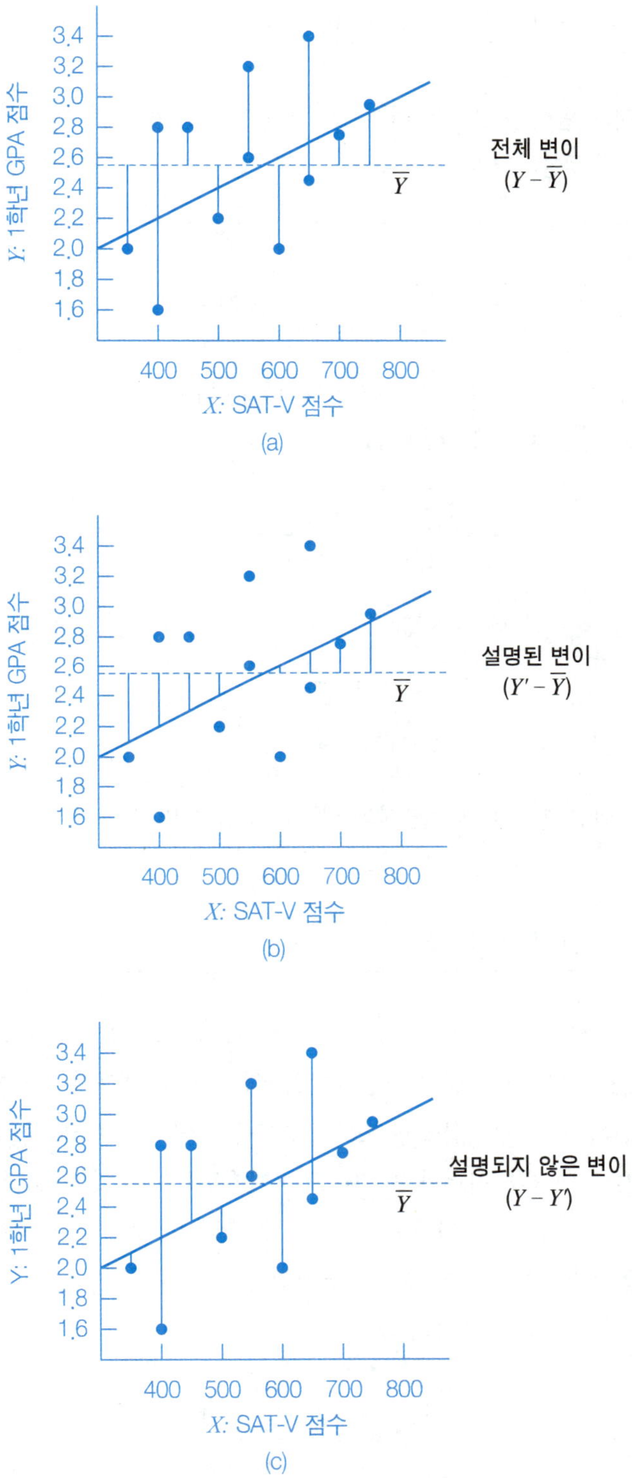

그림 8.6 전체 변이, 설명된 변이, 설명되지 않은 변이

명하게 된다. 그러나 $r=0$이면, 실제 Y와 예측된 Y' 사이의 상당한 차이가 생기며 이것은 큰 $\Sigma(Y-Y')^2$ 값으로 나타난다.

따라서 Y에서 전체 변이는 설명된 변이와 설명되지 않은 변이 두 가지를 모두 반영한다. 수학적으로 이를 표현하면 다음과 같다.

Y에서의 전체 변이

$$\Sigma(Y-\overline{Y})^2 = \Sigma(Y'-\overline{Y})^2 + \Sigma(Y-Y')^2 \tag{8.6}$$

이로부터, 설명되는 변이의 비율이 전체에서 차지하는 비율을 결정할 수 있는데 이는 결정계수라고 한 r^2과 동일한 값이다(7.8절).

$$\frac{\text{설명된 변이}}{\text{전체 변이}} = \frac{\Sigma(Y'-\overline{Y})^2}{\Sigma(Y-\overline{Y})^2} = r^2$$

이 용어에 제곱근을 씌우면 r과 같은 값이 산출된다:

$$\sqrt{\frac{\Sigma(Y'-\overline{Y})^2}{\Sigma(Y-\overline{Y})^2}} = r$$

이 장을 시작할 때 언급했듯이, 상관관계와 예측은 상당히 밀접히 관련되어 있다!

8.8 예측오차의 한계 측정: 예측의 표준오차

이제 우리는 8.1절에서 제시한 질문에 답하려고 한다. 특정한 예측 오차의 한계를 어떻게 결정하는가? 놀랄 것도 없이, 오차 자승합인 $\Sigma(Y-Y')^2$이 이 과제에서는 핵심이다.

5장에서 배운 바와 같이 자승합을 n으로 나누어준 것이 분산이고, 분산에 제곱근을 씌우면 표준편차가 산출된다. 이러한 지식을 오차 자승합에 적용할 수 있다. 구체적으로 말하면, 예측오차의 **분산**은 $\Sigma(Y-Y')^2/n$이다. 이에 제곱근을 씌우면 예측오차의 **표준편차**로 **예측의 표준오차**라고 불리고 $S_{Y \cdot X}$라고 표기된다.

예측의 표준오차

$$S_{Y \cdot X} = \sqrt{\frac{\Sigma(Y-Y')^2}{n}} \tag{8.7}$$

$S_{Y \cdot X}$는 회귀선에 대해서 자료지점들이 "평균적으로 퍼진 정도"로 생각할 수 있다. 보다

공식적으로 말하면,

> 예측의 표준오차, $S_{Y \cdot X}$는 예측된 Y' 값들에 대한 실제 Y값들의 표준편차이다.

$S_{Y \cdot X}$는 예측오차의 한계를 측정하는데 상당히 중요한 역할을 담당한다. Fumone 대학 표본이 실제로 그림 8.1에서 제시된 12명이 아닌 (12명은 실제 예측을 하기에는 너무 적다) 수 백 명으로 이루어져 있다고 가정하더라도 그 결과는 표 8.1에 제시된 것과 동일하다. 표 8.1에 제시된 자료는 Fumone 대학에 지원한 학생들의 1학년 GPA를 예측 혹은 추정할 수 있는 회귀식의 근거를 제공한다.

SAT-V에서 650점을 얻은 지원자를 생각해 보자. 비록 회귀식이 1학년 GPA를 2.78로 예측하더라도,[4] 이 지원자가 정확히 그 점수를 얻으리라고 기대하지는 않는다. **예측된 값은 단지 SAT 650점을 얻은 학생들에 대한 GPA의 평균치에 대한 "최선의 추정치(best estimate)"일 뿐이다**(그림 8.3 참조). 그 학생들의 일부는 예측된 것보다 더 높은 GPA를 얻을 것이고, 일부는 더 낮은 점수를 얻을 것이다. 만일 우리가 그 점수들이 예측된 점수보다도 얼마나 높고 낮은지를 안다면, 이 특정 지원자에 대한 예측에 "오차의 한계"를 부여할 근거를 갖게 될 것이다. 회귀식, 특히 $S_{Y \cdot X}$는 이러한 근거를 제공한다.

공식 8.7이 예측의 표준오차의 특성에 대한 중요한 통찰을 제공하기는 하지만 실제로 사용하기에는 불편하다. 다음의 등가 공식을 사용하면 보다 편리하다는 것을 알 수 있을 것이다.

> 예측의 표준오차(대안 공식)
>
> $$S_{Y \cdot X} = S_Y\sqrt{1 - r^2} \qquad (8.8)$$

이 공식을 살펴보면, 상관이 높을수록 예측의 표준오차는 작아지는 것을 알 수 있다. 이는 8.6절에서 우리의 논의를 생각해 본다면 이치에 맞는 이야기이다. 즉, r이 낮을 때에는 예측된 Y값에 대한 실제 Y에 상당한 변이가 있을 것이지만, r이 높을 때에는 예측된 값들 주변에 실제 값들이 모여 있을 것이다. $r = \pm 1.00$일 때에는 Y의 예측된 값들은 전혀 변이가 없고 $S_{Y \cdot X}$는 0이 된다.

오차의 한계 설정

SAT-V가 650점인 지원자의 예측된 값인 2.78의 오차의 한계를 설정하는데 $S_{Y \cdot X}$를 어

---

4) $Y' = 1.42 + .0021(650) = 2.78$

떻게 적용하는지 살펴보자. 공식 8.8을 앞에서 제시한 자료에 적용해서 예측의 표준오차를 얻는데 사용할 수 있다.

$$S_{Y \cdot X} = S_Y\sqrt{1 - r^2} = .52\sqrt{1 - (.50)^2} = .52\sqrt{.75} = (.52)(.87) = .45$$

여러분은 이제 SAT-V에서 650 점을 받은 사람들의 GPA 분포의 평균치($Y' = 2.78$)와 표준편차($S_{Y \cdot X} = .45$)에 대한 추정치를 다 가지고 있다. 또한 이 분포는 정상인 것으로 가정할 것이다. 여러분이 6장에서 배운 것처럼 어떤 정상분포에서도 사례들의 가운데 95%는 **평균치** ±1.96 **표준편차** 한계 내에 포함되어 있는 것을 안다.[5] $S_{Y \cdot X}$가 (예측 오차의) 표준편차라는 것을 기억하면, 특정한 X 점수를 가진 사람들 가운데 95%가 $Y' = \pm(1.96)S_{Y \cdot X}$ 사이에 있는 Y 점수를 받을 것이라고 기대할 것이다. 이 예에서 이러한 한계치는 다음과 같다.

하한계	상한계
$Y' - 1.96S_{Y \cdot X}$ $2.78 - (1.96)(.45) = 1.90$	$Y' + 1.96S_{Y \cdot X}$ $2.78 + (1.96)(.45) = 3.66$

이러한 한계가 그림 8.7에 제시되어 있다. 이 지원자와 같은 SAT-V 점수(650)를 가진 사람들의 95%가 Fumone 대학의 신입생 GPA가 1.90과 3.66 사이에 있게 될 것이라고 기대할 것이다. 이러한 의미에서 우리는 이 지원자의 GPA가 이들 한계치 내에 놓이게 될 것을 95% 정도 "확신"할 수 있다. 실제 예측을 하는데 있어서 예측오차의 한계에 대한 정보를 포함시키는 것은 언제나 바람직하다. 그러한 정보가 부족한 경우에 사람들은 흔히 그 수행이 예측된 값에 의해 "적중"되었다고 생각한다. 이 예에서 나타난 바와 같이, 그러한 생각은 잘못된 것이다.

정상곡선에 대해 알고 있는 것을 사용하여, 95% 이외의 신뢰수준에 대한 한계치도 계산할 수 있다. 68%인 경우는 $Y' \pm (1.00)S_{Y \cdot X}$이 될 것이고, 99%인 경우는 $Y' \pm (2.58)S_{Y \cdot X}$가 될 것이다. (여러분은 부록 B에 있는 표 A를 통해 우리가 어떻게 "1.00"과 "2.58"을 얻었는지 확인할 수 있는가?)

r과 예측오차 간의 관계

예측오차는 $r = 0$일 때 최대가 되는데 이 경우에는 다음과 같은 공식이 성립된다.

5) 만약 빨리 기억해내고 싶으면, 6장의 6.7절에 제시된 8번 문제를 확인해 보라.

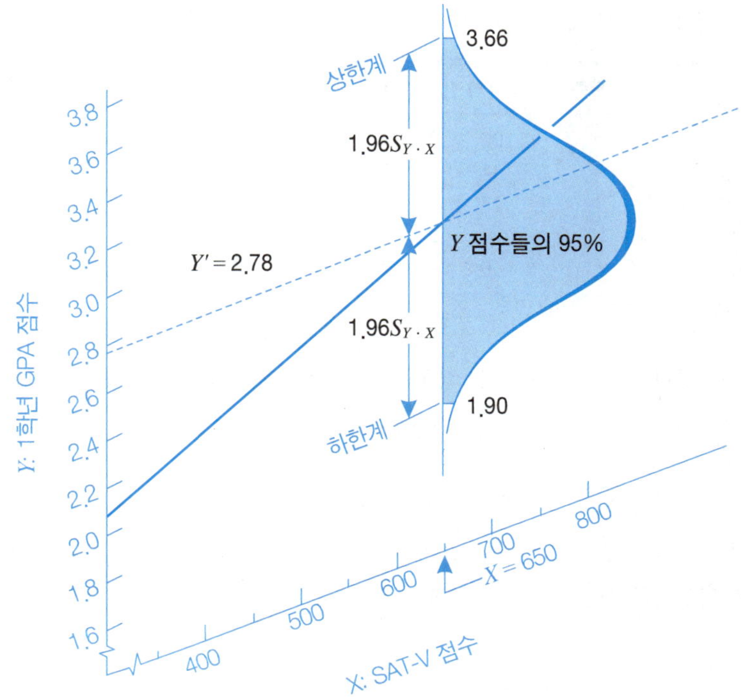

그림 8.7 Fumone 대학의 예: $X = 650$인 경우 실제 Y 값의 95% 한계

$$S_{Y \cdot X} = S_Y\sqrt{1 - 0^2} = S_Y\sqrt{1} = S_Y$$

즉, X가 전혀 Y와 관련이 없는 경우로 예측오차는 Y 값들 자체가 다양한 만큼(S_Y)의 변산성($S_{Y \cdot X}$)을 가진다는 것이다. 반대로, 최소의 예측오차는 $r = \pm 1.00$일 때 나타나며,

$$S_{Y \cdot X} = S_Y\sqrt{1 - 1^2} = S_Y\sqrt{0} = 0$$

이다. 물론, 이 경우에는 모든 자료점들이 회귀선 위에 놓이기 때문에 예측에 있어서 오차는 **없다**.

예를 들어, $r = .50$일 경우 예측오차는 어떻게 될 것인가? 예측의 표준오차는 $S_{Y \cdot X} = S_Y\sqrt{1 - .50^2} = S_Y\sqrt{.75} = .87S_Y$이다. 여러분은 상관계수가 .50이면 예측오차가 반으로 줄어드는 것을 의미한다고 추측할 수도 있지만 사실 그것은 $.50S_Y$가 아니라 $.87S_Y$이다. 만일 $r = 0$에서 $r = .50$으로 변화할 때 예측오차의 87%가 남는다면, 그것은 13%만이 감소되었다는 것을 의미한다. 표 8.2에는 몇 개의 상관계수 값들과 각각이 예측오차의 감소에 미치는 결과와 함께 제시되어 있다. 이 표는 7.8절에서 설명된 것에 덧붙여, 다양한 크기의 상관계수를 평가하는 또 다른 방식을 제공한다. 우리의 목표가 예측을 하는 것이라면, 상관이 아주 높지 않은 한 예측오차에서의 상당한 감소는 이루어질 수 없음을

표 8.2 그림 8.1에 대한 요약 통계치

r	예측오차에서의 감소(%)
1.00	100
.75	34
.50	13
.25	3
.00	0

알 수 있다. 또한 표 8.2는 주어진 정도의 상관의 증가는 r 값이 낮은 경우에서 보다 높은 경우에 더 많은 효과를 얻을 수 있음을 보여 준다.

가정

위에서 서술한 것과 같은 유형의 예측적 해석을 하기 위해서는 몇 가지 조건이 충족되어야 한다.

1. 독립변수 X와 종속변수 Y의 관련성은 반드시 선형적이어야 한다. 우리는 최적 **직선**으로부터 예측하며, 그러한 예측은 관련성이 두드러지게 곡선적일 경우에는 벗어나게 된다.
2. 오차의 한계를 결정할 때에는 Y'에 대해 얻어진 Y 값의 폭이 모든 Y' 값에서 비슷해야 한다. 이러한 필요조건은 **동분산성**(homoscedasticity)**의 가정**으로 알려져 있다. $S_{Y \cdot X}$의 값은 전체적인 자료로부터 결정된 단일 값이기 때문에, 변이가 분포의 여러 지점에서 다를 수 있다는 가능성을 인정하지 않는다. 그림 8.8은 두 가지의 이변량분포를 보여 주고 있는데, 하나는 동분산성의 특징을 가지며 다른 하나는 그렇지 않다. 후자의 경우는 **이(異)분산성**(heteroscedasticity)이라는 용어를 사용한다.
3. 위에서 서술된 오차의 한계들은(68%, 95%, 99%) Y 값들이 예측된 Y' 값 주위에 **정상적으로** 분포한다는 가정에 기초를 두고 있다.

다행히, 이러한 조건들이 거의 충족되어 Y'과 $S_{Y \cdot X}$가 상당히 정확하다고 믿을 수 있는 경우가 많다. **이들 조건들 중 어느 하나로부터의 중요한 이탈은 산포도를 살펴봄으로써 대개는 감지해낼 수 있다.** 여러분이 자료로 산포도를 그려보아야 할 또 하나의 이유이다.

다음으로 나가기 전에 표집변이라는 마지막 문제를 언급하고자 한다. 회귀선은 **특정한 표본에서** 쌍을 이루는 값들에 의해 결정된다. 참여한 피험자들이 달라지면 비슷하기는 하지만 **동일하지 않은** 결과를 낳는다. 따라서 적은 표본(사례수가 12와 같이)에서 결정된 예측은 "진짜" 회귀선과는 상당히 다를 수 있다. 표집변이를 고려하여 오차의 한계

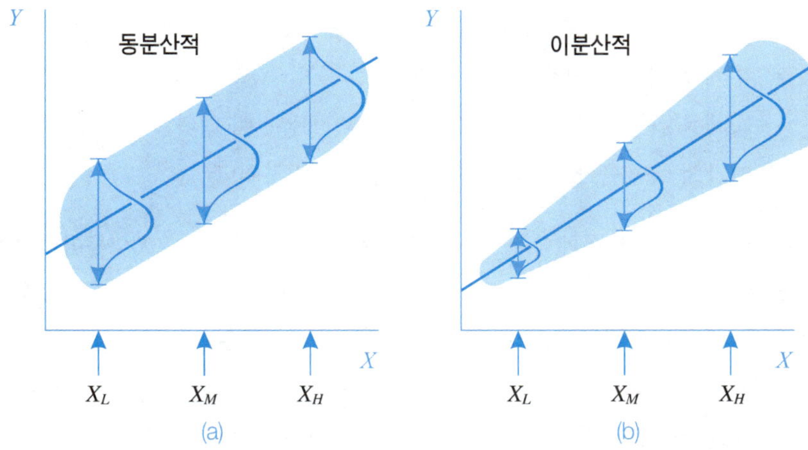

그림 8.8 X 값에 대한 함수로서의 Y에서의 변산성. 아래 첨자 L, M, H는 각각 낮음, 중간, 높음을 의미함

를 계산하는 더욱 복잡한 절차가 있다. 표본 크기가 적어도 100이 넘을 경우에만 여기서 기술한 절차를 신뢰하는 것이 현명하다.

8.9 상관관계와 인과관계(재검토)

"상관은 인과관계를 의미하는 것은 아니다"라는 원칙은 앞 장에서 살펴보았는데(7.6절), 이는 회귀와 예측이라는 주제에서도 마찬가지로 적용되지만, 어떤 면에는 더 맞는 말이다. 인과적 언급이 많은 회귀에 관한 용어에 둘러싸이는 경우 훈련된 연구자들도 때로는 이 중요한 원칙을 잊어버린다. 즉, 종속변수에서의 변이를 "설명"하는 또 다른 변수로부터 "예측"되는 "종속" 변수와 같은 인과적 용어들 때문에 그렇다.

> 모든 회귀식의 뒤에는 **관련성**의 측정치(r)가 있다는 것을 절대로 잊어서는 안 된다.

시간적으로 Y가 X의 뒤를 따르고(대학 GPA와 SAT-V 점수의 예제에서와 같이), 두 변수 간의 관련성이 밝혀졌다고 해도 X가 Y의 원인이라고 결론내리는 것은 논리적 오류이다. 논리학자들은 이러한 오류를 **사후오류**(post hoc, ergo propter hoc)라고 부른다. 즉, "이것 다음에 생겼으므로 이것 때문이다"라는 것이다.

7장의 마지막에 있는 연습문제에서 제시한 부모가 아동의 숙제를 얼마나 돕는가(X)와 학생들의 성취(Y) 간의 부적 상관을 생각해 보자. 여러분은 만약 여러분이 아래와 같이 추론했다면 사후오류를 범하고 있는 것이다.

- 부모들은 어느 정도 그들의 아이들의 숙제를 도와준다.
- 후에 아이들이 성취검사를 친다.
- 숙제를 돕는 것과 성취 점수 간에는 부적 상관이 있다.
- 따라서 숙제를 돕는 것은 성취를 약화시킬 것이다.

이러한 부적 상관관계와 똑 같이 일치하는 것은, 부모들은 **자녀들이 학교에서 공부를 잘 못할 때에만** 숙제를 돕는다는 결론이다. 성취검사가 부모가 도움을 준(혹은 주지 않은) 다음에 치러졌지만 검사에서 낮은 점수를 받은 아동들은 아마도 학교에서 계속 공부를 잘 못했을 것이다. 그리고 아동들이 공부를 잘 못하면, 부모들이 숙제를 도와줄 가능성은 더 높다. 이 부적 상관에 대한 우리의 해석이 맞는지는 몰라도 통제된 실험만이 인과관계에 대한 해답을 줄 수 있다는 사실을 잊어서는 안 된다. 그러므로 상관 자료로부터 결론을 이끌어낼 때 주의해야 하고, 다른 사람들이 내린 결론에 대해서도 비판적인 시각으로 검토해야 한다.

8.10 요약

최적 직선에 대한 방정식인 $Y' = a + bX$는 관계가 선형적이라고 가정되는 경우에 X에 관한 정보를 이용하여 Y를 예측할 때 사용된다. "최적"의 기준은 예측오차 자승합인 $\Sigma(Y - Y')^2$가 최소화되는 것이다. 무엇보다도, 이 최소자승기준은 특정 X 값들에 대해 Y의 평균치를 추정하는 직선인 회귀선이 "평균치의 연속"으로 간주될 수 있다는 의미이다.

회귀방정식에 대한 z 점수 공식은 평균치에 대한 회귀현상을 포함하여, 몇 가지 회귀의 특성을 나타낸다. 실제로 예측을 위한 연구에서는 대개 원점수 공식이 더 사용하기 쉽다.

Y의 예측된 값인 Y'은 추정된 평균치에 지나지 않으며, 따라서 오차가 생기게 마련이다. 회귀의 직선성과 동분산성 가정 위에서, 예측의 표준오차($S_{Y \cdot X}$) 즉, 예측오차의 표준편차는 예측오차에 대해 훌륭한 측정치를 제공한다. 또한 얻어진 점수가 Y' 주위에 정상적으로 분포된다고 가정할 수 있을 때, 회귀선에 대한 예측오차의 한계를 설정하는 것이 가능하다. 이 장에서 설명된 방법은 표본이 클 때 아주 정확할 것이다($n \geq 100$).

관련성의 강도가 일반적으로 상관계수의 크기에 정비례하여 해석될 수 없다는 것을 7장에서 배웠다. 이것은 상관계수(r)의 크기와 예측오차($S_{Y \cdot X}$) 크기 간의 관계에서도 그렇다. r이 0에서 1로 커짐에 따라, 예측의 표준오차는 r이 .50을 충분히 넘을 때까지 매우 서서히 감소한다.

마지막으로, 회귀와 예측에서는 원인과 결과에 대한 결론을 도출할 수 없다. X로부터 Y를 예측할 수 있다는 사실이 X가 Y의 원인이 된다는 것을 의미하는 것은 아니다.

연습문제

정의 또는 설명하라.

용어 및 개념

상관관계 대 예측	기울기
회귀선	절편
최적선	평균치로의 회귀
예측된 점수	전체 변이
예측오차	설명된 변이
오차 자승합	설명되지 않은 변이
최소자승기준	예측의 표준오차
평균으로서의 예측된 점수	예측오차의 한계
	95% 오차 한계
독립변수	r과 예측오차의 감소
종속변수	동분산성
Y로부터 X의 예측	사후 오류

공식

$$Y' = a + bX \qquad b = r\left(\frac{S_Y}{S_X}\right) \qquad a = \overline{Y} - b\overline{X}$$

$$Y' = \overline{Y} - r\left(\frac{S_Y}{S_X}\right)\overline{X} + r\left(\frac{S_Y}{S_X}\right)X$$

$$\Sigma(Y - \overline{Y})^2 = \Sigma(Y' - \overline{Y})^2 + \Sigma(Y - Y')^2$$

$$r^2 = \frac{\Sigma(Y' - \overline{Y})^2}{\Sigma(Y - \overline{Y})^2} \qquad r = \sqrt{\frac{\Sigma(Y' - \overline{Y})^2}{\Sigma(Y - \overline{Y})^2}} \qquad z_{Y'} = rz_X$$

$$S_{Y \cdot X} = \sqrt{\frac{\Sigma(Y - Y')^2}{n}} \qquad S_{Y \cdot X} = S_Y\sqrt{1 - r^2}$$

질문 및 문제

참고: *가 있는 문제는 부록 A에 답이 제시되어 있다.

***1.** 두 가지 퀴즈에서 나온 다섯 쌍의 점수들에 대한 산포도와 *X*로부터 *Y*를 예측하기 위한 최소자승 회귀선이 아래의 그림에 제시되어 있다:

	Keith	Bill	Charlie	Brain	Mick
Quiz 1 (*X*)	8	9	4	2	2
Quiz 2 (*Y*)	10	6	8	5	1

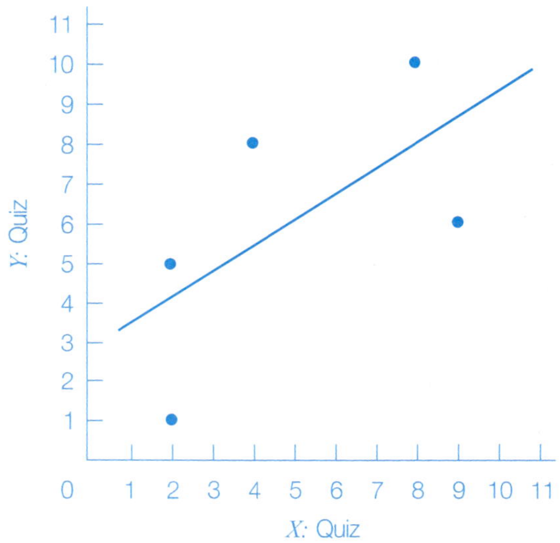

(a) 다섯 명 각각의 예측된 *Y* 점수를 추정하기 위해서 (소수점 이하 한자리까지로) 회귀선에 직선자를 사용하라.

(b) 다섯 명 각각에 대해 예측에서의 오차를 결정하는데 문제 1a에서 나온 답을 사용하라.

(c) 예측오차의 자승합을 계산하는데 문제 1b에서 나온 답을 사용하라.

(d) 만약 다른 어떤 직선이 예측에 사용되었다면 예측오차의 자승합은 문제 1c에서의 답과 비교할 때 어떠할 것인가?

2. 전화판매회사에서 일하는 사람들의 대규모 집단에 대해 판매적성점수와 연간 총 판매량간의 관계가 분석되었다. 판매사원직에 지망한 Ellen M.이라는 사람은 적성검사에서 67점을 받았다. 이로부터 그녀의 연간 총판매량이 35,836달러로 (회귀선을 사용하여) 예측되었다.

(a) 어떤 점에서 35,836달러라는 값이 추정된 평균치라고 볼 수 있는가?

(b) 왜 그것은 실제 평균치가 아니고 추정된 평균치인가?

***3.** 어느 대규모 건강관리기구의 기록으로부터 상당한 크기의 남성 표본을 수집해서 그들의 10세 때의 신장과 성인이 된 후의 신장을 알 수가 있었다. 다음은 이 표 본에 대한 요약 통계치들이다:

10세 때 신장		성인 신장
$\overline{X}=48.3$		$\overline{Y}=67.3$
$S_X=3.1$		$S_Y=4.1$
	$r=+.71$	

(a) 위의 수치들을 사용해서 10세 때의 신장으로부터 성인이 되었을 때의 신장을 예측하기 위한 기울기와 절편을 구하라.(소수점 둘째 자리에서 반올림하라.) 공식 8.1을 이용하여 회귀식을 기술하라.

(b) 이 회귀식을 사용해서 다음의 10세 아동들이 성인이 되었을 때의 신장을 예측하라: Jean P. (42.5인치), Albert B. (55.3인치), Burrhus S. (50.1인치).

(c) Jean의 성인 신장을 보라. 어떤 의미에서 그 값이 평균치라고 할 수 있는가?

***4.** 다음은 문제 1에서 제시된 점수들에 대한 요약 통계치들이다:

$$\overline{X}=5.00,\ S_X=2.97,\ \overline{Y}=6.00,\ S_Y=3.03,\ r=+.62.$$

(a) 이 수치들을 사용해서 X로부터 Y를 예측하기 위한 회귀식의 절편과 기울기를 계산하라.

(b) Keith, Bill, Charlie, Brain, Mick의 예측된 점수를 구하라. 여러분의 답을 문제 1(a)에서 나온 답과 비교해 보라. 불일치에 대해서 설명하라.

(c) 예측된 점수들의 평균치를 계산하고 위의 요약 통계치와 비교하라. 이러한 비교를 통해 어떠한 일반적 결론(반올림에 의한 오차의 한계 내에서의)을 제시할 수 있는가?

(d) 다섯 명에 대한 오차점수의 합을 계산하라. 이것이 예시하는 일반반적 결론을 (반올림에 의한 오차의 한계 내에서) 서술하라.

***5.** 문제 3번과 4번의 기울기를 해석하라.

6. 다음은 어느 소프트웨어 기술자들(A ~ F) 집단에 대해서 고용하기 전에 실시한 직업 선발 고사에서의 점수(X)와 그 일을 시작한지 석 달 후에 감독관들이 매긴 평정 점수(Y)들이다:

	A	B	C	D	E	F
선발고사 점수(X)	14	24	21	38	34	49
감독관의 평정(Y)	7	4	10	8	13	11

(a) 이 자료를 가지고 직업 선발고사 점수로부터 감독관의 평정점수를 예측하기 위한 원점수 회귀식을 만들기 위해 요구되는 요약 통계치들을 계산하라.

(b) 문제 6a에서 나온 수치들을 이용하여 절편과 기울기를 구하고, 회귀식을 제시하라.

(c) 세 명의 소프트웨어 기술자 지원자들이 선발고사에서 각각 18, 32, 42점을 받았다는 것을 알았다. 이들의 예측되는 감독관의 평정점수를 계산하라.

(d) 만약 위의 자료가 진짜라면, 실제 현장에서 예측하기 위해서 문제 6b에서 나온 방정식을 사용하는데 대해 어떤 이의는 없는가?

***7.** 문제 6에서 검사점수와 감독관의 평정 간에 관계가 전혀 없도록($r=0$) X를 고쳤다고 가정해 보자.

(a) 세 명의 지원자에 대한 예측된 감독관의 평정점수는 각각 얼마인가? (설명하라.)

(b) 검사점수로부터 감독관의 평정을 예측한다면 회귀식의 절편과 기울기는 얼마인가? (다시 말하지만, $r=0$이라면.)

8. (a) 8.5×11 인치가 되는 그래프용지에 문제 6의 자료에 대한 산포도를 작성하라. 산포도가 될 수 있는 대로 크고 사각형이 되도록 두 축 위에 눈금을 표시하라. 이제 점들을 표시하고, 8.3절에 기술된 내용을 참고하여 회귀선을 그려라.

(b) 회귀선과 직선자를 이용하여 문제 6c에서 세 명의 지원자에 대한 감독관의 평정점수를 추정하라. 그 결과를 회귀식에서 얻은 Y' 값과 비교하라.

***9.** Gayle는 X 평균치에서 표준편차 1만큼 위에 있다. 그녀의 예측된 점수가 다음과 같다면 X와 Y의 상관은 얼마인가?

(a) $\overline{Y}$에서 표준편차 1만큼 위에 있다면?

(b) $\overline{Y}$에서 표준편차 1/3만큼 아래에 있다면?

(c) $\overline{Y}$에서 표준편차 3/4만큼 위에 있다면?

(d) $\overline{Y}$에서 표준편차 1/5만큼 아래에 있다면?

10. 문제 9에서 각 조건에 대해 z 점수 형태의 회귀식을 제시하라.

***11.** 문제 3에서 서술한 상황을 생각해 보라.

(a) Jean, Albert, Burrhus의 10세 때 신장을 z 점수로 바꾸라.

(b) 그들이 성인이 되었을 때의 신장에 대해 예측되는 z 점수를 구하기 위해 표준 점수 형태의 회귀식을 사용하라.

(c) 문제 11b에서 구해진 예측된 z 점수를 인치로 바꾸고 문제 3b의 결과와 비교하라.

12. (이 문제는 계산이 필요 없음.) 대규모 피험자 집단에서 다음과 같은 요약 통계치를 얻었다. $\overline{X}=52.0$, $S_X=8.7$, $\overline{Y}=147.3$, $S_Y=16.9$였다. Dorothy는 X 점수를 52점 받았

다. 다음의 경우, 그녀의 예측되는 Y 점수는 무엇인가?

(a) $r = 0$?

(b) $r = -.55$?

(c) $r = .38$?

(d) $r = -1.00$?

(e) 문제12a에서 12d까지에 대한 여러분의 답을 산출한 원리를 서술하라.

(f) 공식 8.5가 이 원리를 어떻게 보여 줄 수 있는지 서술하라.

***13.** 다음은 Ecalpon Tech 대학 일학년생들의 자료이다:

적성 점수		일학년 GPA
$\overline{X} = 560.0$		$\overline{Y} = 2.65$
$S_X = 75.00$		$S_Y = .35$
	$r = +.50$	

(a) 원점수 절편과 기울기를 계산하고 회귀식을 제시하라.

(b) Val과 Mike는 적성검사에서 각각 485점과 710점을 받았다. 그들의 1학년 GPA를 예측하라.

(c) 예측의 표준오차를 계산하라.

(d) Val과 Mike의 예측된 GPA에 대한 95% 신뢰구간을 설정하라.

(e) Val과 같은 적성검사 점수를 가진 학생들 중에서 1학년 평균치보다 나은 GPA를 받으리라고 기대하는 비율은 얼마인가?

(f) Val과 같은 적성검사 점수를 가진 학생들 중에서 GPA를 2.0 이하 받으리라고 기대하는 비율은 얼마인가?

(g) Mike와 같은 적성점수를 가진 학생들 중에서 GPA를 2.5 이상 받으리라고 기대하는 비율은 얼마인가?

14. (a) 문제 13b에 답하는데 사용된 절차의 기본 가정은 무엇인가?

(b) 문제 13d～13g에 답하는 데 사용된 절차들의 기본 가정들의 역할을 설명하라.

(c) 가정들이 상당한 정도로 위배되었는가를 확인하기 위한 아주 좋은 방법은 무엇인가?

15. 문제 13에서 서술된 상황을 고려해 보라. 새로 개발된 매우 비싼 검사 프로그램을 도입함으로써 Ecalpon Tech 대학은 적성점수와 GPA 간의 상관을 $r = +.55$로 향상시킬 수 있다. 주요 관심사는 개인의 GPA를 예측하는데 있어서의 정확성이라고 가정하자. 새로운 검사 프로그램은 도입할 가치가 있는가? 여러분의 답을 뒷받침하는 데 필요한 계산을 하라.

16. 8.3절 끝에서 우리는 여러분에게 26번 학생의 위치가 그림 8.4의 회귀선의 위치에 영

향을 줄 수 있는지 생각해 보라고 제안하였다.

(a) 여러분이 이 사례를 제외했다고 가정하고, 절편과 기울기를 재계산하고, 새로운 회귀선을 그려라. 새로운 직선은 원래의 회귀선에 비해 어떤 위치에 놓이는가? 왜 그런가? (최소자승기준을 참고하라.)

(b) 26번 학생의 제외는 절편과 기울기의 크기에 어떤 영향을 주었는가?

(c) 26번 학생을 제외하면, 관련 요약 통계치는 $\overline{X} = 69.45$, $S_X = 9.68$, $\overline{Y} = 100.83$, $S_Y = 14.38$, $r = .79$이다. 새로운 절편과 기울기를 계산하라.

(d) 아래의 그림을 이용하여 가능하면 정확하게 새로운 회귀선을 그려라.(26번 학생은 제외되었다.) 문제 16a와 문제 16b에서 여러분의 응답과 결과를 비교하라.

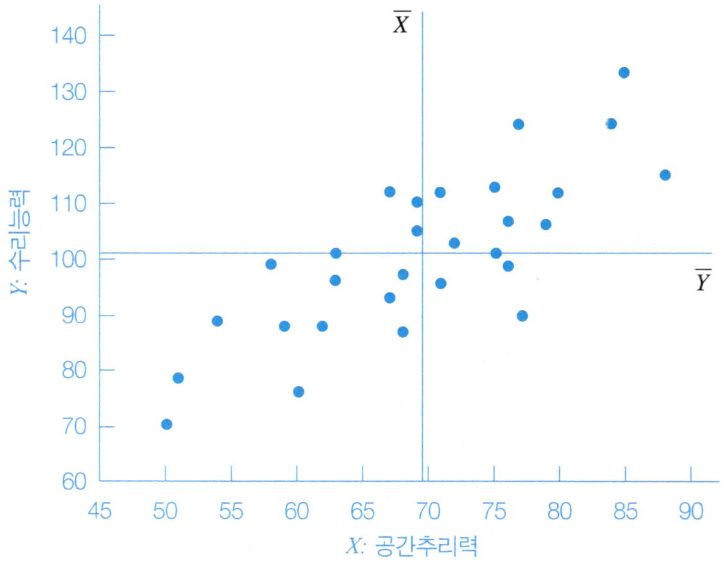

제 2 부

추리 통계

제 9 장

확률과 확률분포

9.1 통계적 추론: 표본결과에서의 우연성에 대한 설명

Fumone 대학교 당국은 학제를 2학기제에서 4학기제로 변경시킬 계획을 하고 있다. 학생회 임원들은 100명의 학생들로 구성된 한 표본에게 이 문제에 대한 의견을 물어서 다음과 같은 결과를 얻었다. 44명은 변경을 찬성하지만 나머지는 그렇지 않았다. 이러한 결과로부터 Fumone 대학 전체 학생들의 44%는 4학기제를 더 좋아한다고 결론지을 수 있을 것인가? 그럴 수는 없다. 무선표집은 원칙적으로 누가 그 표본에 포함될 것인지를 우연요인이 결정짓는 추첨형태의 절차이다. 따라서 학생 100명의 **표본**에서 나타난 백분율은 Fumone 대학의 학생 전체 **전집**의 특성을 나타내는 백분율과는 다를 가능성이 많다. 44%라는 표본에서 나타난 숫자와 비슷할지 모르나, 정확히 같을 것이라고 기대할 수는 없다. 따라서 관찰된 44%를 크게 신뢰하기 전에, 그것이 얼마나 정확한지를 아는 것이 중요하다. 그것은 전체 학생에 대한 참값(true value)의 1∼2% 내에서 정확한가? 또는 순전히 우연에 의해 이 표본에는 제안된 체제 변경에 동조하는 학생들이 많이 포함되어서 15∼20% 정도 높게 나타난 것인가?

장기기억에 대한 약물효과를 실험하고 있는 Sartor교수의 경우를 생각해 보자. 이 교수는 20명의 성인 자원자들을 두 개의 집단에 무선적으로 배정하였다. 실험집단에 배정된 10명에게는 "beta- blocker"라는 약물을 주고, 통제집단에 배정된 10명에게는 위약을 주었다. 이 교수는 그들에게 어느 가족의 여름휴가에 대한 1500 단어로 구성된 이야기의 세부 내용을 기억하게 하는 장기기억 검사를 실시한 결과, 평균적으로 실험집단이 통제집단보다 더 잘 하지 못했다는 것을 발견하였다. 실험집단의 평균치는 36이고, 통제집단의 평균치는 40으로($\overline{X}_E = 36$, $\overline{X}_C = 40$), 효과크기는 $-.25$ 표준편차였다. 이 결과로부터 beta-blocker가 실제로 장기기억을 감소시킨다고 결론지을 수 있는가?

꼭 그렇지 않다. 두 집단은 "추첨의 운"에 의해서 구성되었고, beta-blocker는 전혀 효과가 없을 수 있다. 단지 우연에 의해서 실험집단보다 통제집단에 장기기억력이 좋은 피험자들이 더 많이 포함되었을 수 있다. 만약 그렇다면 Sartor교수가 새로운 자원자들을 대상으로 실험을 수행한다면 유사한 결과를 얻을 수 없을 것이다. beta-blocker가 확실히 장기기억을 감소시킨다고 결론내리기 전에 우연의 가능성을 배제하기 위한 강력한 사례를 확보할 필요가 있다.

이러한 두 가지 사례들은 모두 다음과 같은 기본적인 원리를 예시한다.

> 표본을 구성하는데 내재해 있는 우연요인들은 항상 표본결과에 영향을 준다. 따라서 표본결과는 그것을 염두에 두고 해석되어야 한다.

여러 해 동안 그러한 **표집변이**를 다루는 다양한 기법과 관련된 이론이 개발되어 왔다. 그 결과로 우리는 이제 실제 표본결과를 연구함으로써 "진짜" 상태에 대한 결론을 이끌어 낼 때 우연요인이 야기하는 "오차"를 고려할 수 있다. 이러한 기법들과 이에 관련된 이론은 일반적으로 **통계적 추론**(statistical inference)으로 일컬어진다.

Fumone 대학 여론조사에서, 경영진은 그 집단 일부의 반응만을 조사한 것으로부터 모든 학생들 중 몇 퍼센트가 변경을 선호하는지 **추론**하기를 원한다. beta-blocker 연구에서, Sartor 교수는 실험한 약물의 효과를 이 특정 표본에만 적용하는 것이 아니라 이와 같은 많은 표본에 **적용**하기를 원할 것이다. 따라서 그것을 통계적 **추론**이라 하며, 두 경우에 모두 "추첨의 운"에 기인하는 변이(표집변이)가 제거된다면 어떠한 특성이 남을지를 추론하는 것이 문제이다.

통계적 추론의 문제를 해결하는 열쇠는 다음과 같은 질문에 답하는 것이다. **어떤 유형의 표본 결과들이 우연성에만 근거했을 때 기대될 수 있는가?** 우리가 우연성이 완벽하게 작용하게 하는 방법으로 표본을 선택한다면, 통계적 추론의 기법은 그 답을 제공해 줄 수 있다. 우연성은 사건이 일어날 가능성, 즉 확률이라는 용어로 나타낼 수 있고, 우연성과 그것의 결과에 대한 연구는 **확률이론**(probability theory)으로 알려져 있다. 사실 우리가 다음 장들에서 사용하게 될 통계적 추론의 절차는 확률법칙의 적용에 지나지 않는다.

어떠한 통계 교과서의 확률에 관한 장들을 훑어보고도 쉽게 알 수 있듯이 확률에 관한 공부는 아주 광범위하고 도전적일 수 있다. 우리의 견해는 통계적 추론을 위해 여러분이 알 필요가 있는 주제들은 기초적이고 쉽게 이해될 수 있는 것들이어야 한다는 것이다. 어떤 경우에는 이 주제들이 단순히 여러분이 이미 직관적으로 알고 있는 것들을 형식화 한 것에 지나지 않는 것들이다. 또 어떤 경우에는 여러분이 전에는 생각해 본 적이 없던 방식으로 생각할 것을 요구할 것이다. 그러나 이 모든 경우에 이 내용들 속에 여러분이 이해하지 못할 것은 아무 것도 없다는 것을 알게 될 것이다. 여러분이 확률의 개념을 잘 이해하면 통계적 추론의 나머지들은 매우 쉬운 것이 될 것임을 기억할 필요가 있다.

9.2 확률: 우연성에 대한 연구

일상생활에서 우리가 어느 정도로 확률적 추론을 사용하는가를 깨닫지 못하기 쉽다. 우리 모두는 상당한 불확실성의 세계에 살고 있다. 적절한 결정을 하고 효율적으로 기능하기 위해, 우리는 일어나기 쉬운 사건, 일어날 것 같지 않은 사건, 그리고 그 중간 정도에 놓이는 것들을 구분해야 한다. 예를 들어, 하늘이 어둡고 비가 예고되어 있다면 여러분은 아침에 우산을 가지고 갈 것이지만, 아침 하늘이 특별히 나빠 보이지 않고, 비올 확률이 20%밖에 안 된다고 한다면 우산을 가지고 나가지 않을 것이다. 우리는 교수가 강의실에 있을 것을 가정하고 수업에 가고, 병에 걸릴 가능성 때문에 계곡물을 마시지 않으며, 낯선 사람들이 여러분을 폭행하지 않을 것이라고 가정하고 그 사람들과 함께 엘리베이터에 올라탄다. 실질적으로 모든 결정은 일어날 수도 있거나 일어나지 않을 수도 있는 다양한 사건들의 가능성에 대한 추정을 포함하고 있는 것 같다.

위에 서술된 예에서, 확률 추정치는 **주관적**이고 어떤 일이 일어날 가능성이 어떤지에 대한 일반적 느낌 정도를 포함한다. 통계적 추론의 기초를 위해서는, 보다 객관적이고 정확한 방식으로 확률을 다룰 필요가 있다.

9.3 확률의 정의

의심할 여지없지 여러분은 확률이 어떻게 작용하는지 이미 직관적인 느낌을 가지고 있을 것이다. 동전을 한 번 던져서 앞면이 나올 확률은 얼마인가? 여러분은 쉽게 50/50, 혹은 .50라고 할 것이다. 왜인가? 동전을 던지면 앞면이나 뒷면의 두 가지 가능한 결과만 가능하고, 한 가지 결과가 다른 결과보다 더 일어날 가능성이 높은 것은 아니라고 할 것이다. 그러니까 둘 중 한 가지가 일어날 확률은 .50로 동일하다. 더욱이, 여러분이 악랄한 속임수가 없고, 두 가지 결과가 동시에 일어날 가능성이 없다고 확신한다면(0의 확률), 앞면이나 뒷면이 반드시 나온다는 여러분의 확신은 흔들리지 않을 것이다(1의 확률).

이러한 사실에 기초해서 좀 더 논의를 진행해 보자. 보다 객관적인 용어로는 특정한

사건(event)이 일어날 확률이라는 것은 무엇을 의미하는가? 예를 들어, 잘 섞인 카드 한 벌에서 하나의 카드를 뽑았을 때 다이아몬드를 뽑을 확률은 얼마인가? 같은 상황을 여러 번 반복한다고 생각해 보자. 잘 섞여진 카드 한 벌로부터 하나의 카드를 뽑고, 그 카드를 다시 합쳐서 패를 섞고, 두 번째 카드를 뽑고, 다시 합쳐서 다시 섞고, 세 번째 카드를 뽑는 등등의 일을 반복한다. 이런 사건의 확률 – 다이아몬드 카드를 뽑는 것 – 은 우리가 아주 여러 번 카드를 뽑는다면 장기적으로 볼 때 다이아몬드 카드를 갖게 될 것으로 기대하는 횟수의 비율이다. 우리는 이러한 상황의 매회 반복을 – 이 경우에는 카드를 뽑는 것 – **표집실험**(sampling experiment)이라고 지칭할 것이다.

> 어느 사건에 대한 확률은 무한정으로 긴 일련의 동일한 표집실험에서 그 사건이 일어날 것으로 기대되는 횟수의 비율이다.

이 경우에 "다이아몬드 카드"라는 사건의 확률은 .25이다. 어떻게 .25의 해답이 나왔는가? 분명히 잘 섞여진 카드 한 벌로부터 끝없이 카드를 뽑는 데에 시간을 소모하지는 않았다. 그 대신, 보통 카드 한 벌에는 13장씩으로 이루어진 네 가지 무늬 – 다이아몬드, 하트, 클로버, 스페이드 – 의 52개의 카드가 있다는 여러분의 지식을 사용하였다. 이러한 지식은 표 9.1에 있는 상대빈도분포로 나타날 수 있다. 만일 52개의 가능성이 모두 같다면, 장기적으로 보면 다이아몬드 카드가 25% 선택될 것으로 기대하는 것이 타당하다[즉, 13/52 = 1/4 = .25 (25%)]. 이것은 각각의 가능한 결과가 나타날 가능성이 동일한 상황에서 확률을 구하는 기본적 규칙을 예시한다.

> 만일 모든 가능한 결과가 일어날 확률이 동일하다면, 한 사건의 발생 확률은 모든 가능한 결과에 대한 비율과 같다.

이 경우, 52개의 가능한 결과 중 13이나 .25는 "다이아몬드 카드"에 대한 확률이다. 이 규칙은 물론 동전을 한 번 던지는 경우에도 적용된다. 두 가지 가능한 사건 중 하나는

표 9.1 카드무늬들에 대한 상대빈도분포

무늬	f	상대빈도
다이아몬드	13	.25
하트	13	.25
클럽	13	.25
스페이드	13	.25
	52	1.00

"앞면"이라는 사건으로 앞면을 얻을 수 있는 확률은 1/2이거나 .50이다.

따라서 확률은 비율이며 절대로 일어나지 않는 경우인 0(돼지가 난다)에서 항상 일어나는 1(죽음과 세금) 사이의 숫자로, p라는 기호를 사용한다. 확률은 때로는 비율 형태(예: $p = 1/4$)로 두는 것이 편하더라도, 대개는 소수점(예: $p = .25$)으로 표시한다.

표 9.1은 보통 카드 한 벌에 대해 알려진 지식에 기초하여 작성된 **이론적인** 분포이다. 실제 자료에 기초한 **경험적인** 분포의 예를 들어보자. Geroski 박사의 이상심리학 수업을 듣는 200명 학생들이 있는데, 학기 말에 표 9.2와 같이 학점을 주었다고 가정해 보자. 만일 우리가 그 학급에서 무선적으로 학생 한 명을 뽑는다면, 그가 B 학점을 받았을 확률은 얼마인가? 또는 우리가 정의내릴 때 사용한 말로 한다면, 그 학급으로부터 한 학생을 뽑고 그를 다시 제자리에 넣고, 무선적으로 다시 뽑는 이러한 표집실험 과정을 반복할 때 B를 받은 학생을 뽑을 횟수의 비율은 얼마나 되는가? 그 답은 $p = .30$인데, 200이라는 동일한 가능성 중의 60이 "B 받은 학생"이라는 사건에 의해 특징지어지기 때문이다(즉, 상대빈도 = 60/200 = .30).

9.4 확률분포

표 9.1과 9.2에 있는 상대빈도분포는 **확률분포**라고 할 수 있다. 각 분포는 가능한 결과들(카드나 학생)과 각각을 특징짓는 사건(카드무늬나 학점)을 규정한다. 상대빈도는 여러분이 무선적으로 선택한 특정한 카드가 뽑힐 확률이나 특정한 학점을 받을 학생의 확률을 말할 수 있게 해 준다.

> 어떤 상대빈도분포든지 확률분포로 해석될 수 있다.

여러분이 알 수 있듯이, 적절한 확률분포를 알 때 확률 문제에 대답하는 것은 쉬운 일

표 9.2 학점의 상대빈도분포

학점	f	상대빈도
A	30	.15
B	60	.30
C	80	.40
D	20	.10
F	10	.05
	200	1.00

이다. 그리고 이것은 통계적 추론에서도 마찬가지인데, 이런 사실은 여러분이 앞으로 계속 진행해 나갈수록 점점 더 분명해질 것이다. **통계적 추론 능력은 상황에 맞는 적절한 확률분포에 대한 지식에 기초한다.**

이제 익숙한 동전을 던지기로 돌아가서 확률과 확률분포의 속성과 어떠한 관련된 질문이 있을 수 있는지 탐구해 보기로 한다. 여러분이 동전을 **네 번** 던진다고 가정해 보자. 앞면이 한 번도 안 나올 확률은 얼마인가? 앞면이 두 번 나올 확률은? 세 번 나올 확률은? 네 번 다 앞면이 나올 확률은? 카드 한 벌에서처럼, 이와 같은 질문들에 답하기 위해서 동전 던지기를 네 번 이상 무한한 표집 실험을 할 필요는 없다! 더욱이, 동전을 네 번 던지는 것과 관련된 동전 던지기의 이론적 분포는 $p_{\text{heads}} = p_{\text{tails}} = .50$로 알려져 있기 때문이다. 이것은 수학적 모형에서 나온 **이항식**(binominal expansion)으로 "앞면/ 뒷면" "맞음/ 틀림" "있음/ 없음" 등과 같은 이분변수(두 개의 답을 가지는)에 적절하다.

$p_{\text{heads}} = p_{\text{tails}} = .50$인 동전을 네 번 던지는 상황에 이항식을 적용시켜보면, 표 9.3에 나와 있는 이론적 확률분포를 보여 준다. 이 표에서 첫 번째 열은 동전을 네 번 던졌을 때 가능한 **사건**들을 보여 주는데, 앞면이 나오지 않는 경우, 한 번, 두 번, 세 번, 네 번 나오는 경우들이 가능하다. 동전을 던진 숫자인 n이 (4)라면, 가능한 사건의 수는 $n + 1 = 4 + 1 = 5$와 같다. 빈도(f) 열은 특정한 사건이 관련된 **결과들**의 수를 알려 주고 있고, 보다 일반적인 말로 하면, 서로 다른 사건이 일어날 수 있는 경우의 수를 알려 주고 있다. 각기 다른 경우의 수는 16이다.

다섯 가지 사건에 대한 16가지 결과의 분포는 몇몇 사건은 다른 것들보다 일어나기 쉽다는 것을 보여 준다. 예를 들어, 전혀 앞면이 나오지 않을 경우는 한 가지로 네 번의 던지기에서 모두 뒷면이 나오는 것으로(예: 뒷면, 뒷면, 뒷면, 뒷면), "0 앞면" 사건의 확률은 $p_{0\ \text{heads}} = 1/16 = .0625$이다. 달리 말하면, $n = 4$일 때에는 매우 많은 표집실험을 하면, 앞면이 한 번도 안 나올 가능성은 단지 6% 정도 밖에 안 된다. 반면에, 앞면이 두 번 나올 수 있는 경우는 네 가지나 된다. 즉, 두 번의 앞면과 두 번의 뒷견(예: 앞면, 앞면, 뒷면, 뒷

표 9.3 동전을 네 번 던질 때의 확률분포: 다섯 가지 사건에 걸쳐 분포된 16가지 결과

사건: 앞면의 수	f	상대빈도
0	1	.0625
1	4	.2500
2	6	.3750
3	4	.2500
4	1	.0625
	16	1.000

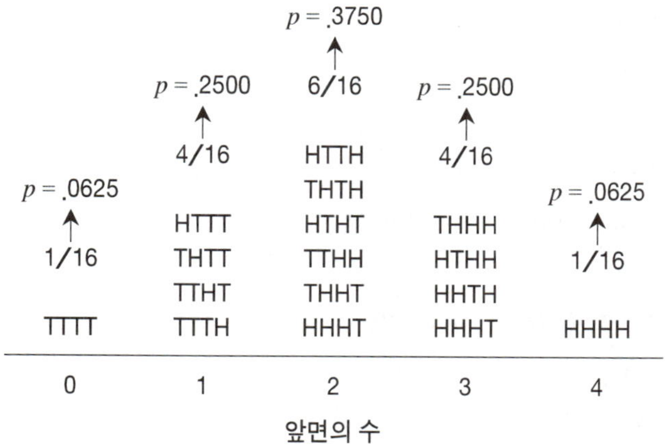

그림 9.1 동전을 네 번 던질 때의 확률분포: 다섯 가지 사건에 걸쳐 분포된 16가지 결과

면), 두 번의 뒷면과 두 번의 앞면(뒷면, 뒷면, 앞면, 앞면), 등등이다. "두 번의 앞면"이라는 사건의 확률은 $p_{2\ \text{heads}} = 6/16 = .375$이다. 즉, $n = 4$일 때 매우 많은 표집실험을 하면, 두 번의 앞면이 나올 확률은 약 37% 정도 된다고 기대할 수 있다. 직관이나 감만으로도 알 수 있듯이, 동전을 네 번 던지면, 전혀 앞면이 나오지 않을 가능성 보다는 두 번 정도 앞면이 나올 가능성이 더 많은데, 기저 확률분포는 그 이유를 분명하게 해 준다. 단순히, 앞면이 전혀 나오지 않는 것보다 두 번의 앞면을 얻는 경우가 더 많다는 것이다.

그림 9.1은 기저의 형태를 생생하게 보여 줄 수 있는 히스토그램과 함께 이러한 확률분포를 제시하고 있다. 여기서 수평축은 다섯 가지 가능한 사건을 보여 주고, 각 열의 높이는 그 사건과 관련된 결과의 수를 의미한다. 우리는 예시적인 목적을 위해 실제 결과(예: 뒷면, 뒷면, 뒷면, 뒷면)를 삽입하였다.[1)] 사건의 상대빈도나 확률은 결과의 각 열 위에 나타나 있다. 예를 들어, 그림 9.1은 "세 번의 앞면"이라는 사건과 관련된 $4/16 = .25$의 확률을 가진 모든 네 가지 결과들을 보여 주고 있다.

9.5 덧셈법칙(OR/addition rule)

이제까지 우리는 독립된 하나의 사건에 대해 다루어 왔다. 여러분은 동시에 둘 또는 그 이상의 사건들에 대해서도 질문할 수 있다. 예를 들어, 동전을 네 번 던질 경우에 한 번도 앞면이 안 나오거나 또는 네 번 다 앞면이 나오는 확률은 얼마인가? 한 사건 **또는** 다른 사건이 일어날 전체 확률을 구하기 위해서는 그림 9.1에 제시된 두 독립적인 확률들을 단순히 더하면 된다. 즉, $p_{0\ \text{heads or}\ 4\ \text{heads}} = .0625 + .0625 = .125$이다. 이 예에서와 같

1) 이항식은 구체적인 결과 자체가 아닌 표 9.3과 그림 9.1과 같은 5개의 상대빈도들을 제공한다.

이, 전체 확률을 구하기 위해서 두 독립적인 사건들의 확률을 더하는 것은 유용한 원리로써 **덧셈법칙**(OR/ addition rule)이라고 부른다.

> 한 사건이나 또는(or) 다른 사건이나(or) 또 다른 사건 중 한 가지가 일어날 확률은, 그 사건들이 상호배타적이라면, 각각의 확률을 더함으로써 구할 수 있다.

우리는 이 규칙이 **상호배타적인**(mutually exclusive) 사건들에게만 적용된다는 점을 강조해야 한다. 즉, 어떤 하나의 사건이 일어나면, 나머지 사건은 일어날 수 없다. 예를 들어, 동전을 네 번 던질 때 여러분은 한 번의 앞면과 세 번의 뒷면 **그리고** 두 번의 앞면과 두 번의 뒷면을 **함께** 얻을 수는 없다. 이러한 간단한 조건은 토요일과 일요일에 비올 확률이 각각 50%이기 때문에 주말에 비올 확률이 100%라고 하는 TV 기상 예보자의 경우(Paulos, 1988, p.4)와 같이 일상생활에서 쉽게 간과될 수 있다.

위의 예 – 앞면이 안 나오거나 네 번 모두 앞면이 나오는 확률 – 는 바로 덧셈법칙의 예이다. 확률에 관한 용어는 일반적으로 매우 미묘하다. 동전을 네 번 던진 것의 확률분포를 가지고 몇 가지 사례들을 검토해 보자. (각 사례에 대해서 생각하는 동안 그림 9.1을 참고하라).

❶ **적어도 세 번 앞면이** 나올 확률은 얼마인가?
"적어도 세 번 앞면"이라는 조건은 세 번 **또는** 네 번 앞면이 나올 때 충족된다. 적어도 세 번 앞면이 나올 확률은 $p_{3\text{ heads}} + p_{4\text{ heads}} = .25 + .0625 = .3125$이다.

❷ **한 번 이하로** 앞면이 나올 확률은 얼마인가?
여러분이 지금은 확률분포의 다른 쪽에 있지만 (앞에서는 ~보다 높은 확률을 생각해야 했으나 여기서는 ~ 이하를 생각해야 하므로), 추론과정은 유사하다. 이 조건은 앞면이 안 나오는 경우 **또는** 앞면이 한 번 나오는 경우이기 때문에, 한 번 이하로 앞면이 나올 가능성은 $p_{0\text{ heads}} + p_{1\text{ heads}} = .0625 + .25 = .125$이다.

❸ **네 번의 앞면이 다 나올 만큼 드문** 사건이 발생할 확률은 얼마인가?
이 확률을 계산하기 위해서는 그림 9.1의 대칭이 보여 주듯이 **네 번** 앞면이 나오는 것만큼이나 "드문", 앞면이 **안 나오는** 경우에 대해서도 알아야 한다. 따라서 확률분포에서 **양쪽 면**이 이 문제에서 사용된 용어가 암시하는 것이고, 따라서 여러분은 각각의 확률을 더해야만 한다. 네 번의 앞면만큼이나 드문 사건에 대한 확률은 $p_{0\text{ heads}} + p_{4\text{ heads}} = .0625 + .0625 = .125$이다.

❹ **세 번의 앞면이 나올 정도로 극단적인** 사건의 확률은 얼마인가?
이 질문 역시 확률분포의 양쪽 면을 이용하게 되는데, 전혀 앞면이 안 나오는 것도

네 번의 앞면이 나올 만큼이나 "극단적"인 것이고, 한 번 앞면이 나오는 것은 세 번 앞면이 나오는 만큼이나 극단적인 것이다. (즉, "드문 만큼"이나 "극단적인 만큼"은 같은 의미이다.) 세 번 앞면이 나올 만큼 극단적인 사건의 확률은 $p_{0\ \text{heads}} + p_{1\ \text{heads}} + p_{3\ \text{heads}} + p_{4\ \text{heads}} = .0625 + .25 + .25 + .0625 = .625$이다.

일방 대 양방 확률

이들 네 가지 사례들은 확률에서 중요한 차별성을 보여 주고 있다. ❶과 ❷처럼 확률분포의 한쪽 면에서 결정되는 경우의 확률을 **일방 확률**(one-tailed probability)이라고 한다. 그러나 ❸과 ❹에서와 같이, 때로는 적절한 확률이 확률분포의 양쪽 부분 모두에 근거해야 한다. 이 경우를 **양방 확률**(two-tailed probability)이라고 부르고, 덧셈법칙은 이 값들을 계산하는데 사용된다.[2)]

이러한 확률적용에서의 차별성과 관련된 문제는 동전 던지기 뿐 아니라 여러 다른 상황에도 관련되어 있다. 여러분이 앞으로 나오는 장들에서 배우게 되겠지만 연구문제의 속성에 따라 일방 확률이 필요한지 양방 확률이 필요한지가 결정된다.

9.6 곱셈법칙

곱셈법칙(AND/multiplication rule)은 이 사건 **또는** 저 사건이 아니라, 이 사건 **그리고** 저 사건이 동시에 일어나는 것에 관심이 있을 때 적용된다. 이런 경우, 개개의 확률들은 더해지는 것이 아니라 **곱해지는** 것이다.

예를 들어, 여러분은 동전을 네 번 던질 때 앞면이 네 번 나올 확률이 $p_{\text{H,H,H,H}} = .0625$라는 것을 알고 있다. 약간 바꿔 말하면, 이는 첫 번째에서 앞면이 나오고, 두 번째에서도 앞면이 나오고, 세 번째에서도 앞면이 나오고, 마지막에도 앞면이 나올 확률을 의미한다. 각각에서 $p_{\text{heads}} = .50$이기 때문에, 전체 시행에서 모두 앞면이 나올 확률은 $.50 \times .50 \times .50 \times .50 = .0625$이다.

> 한 사건 그리고(AND) 다른 사건 그리고(AND) 또 다른 사건이 함께 일어날 확률은 그 사건들이 독립적인 것이라고 가정할 때, 개개의 확률들을 곱함으로써 구할 수 있다.

---

2) 여러분은 또한 "한 쪽만 있는 것" 대 "두 쪽이 있는 것에 대한" 확률로 구분하는 경우도 접하게 될 것이다.

곱셈법칙은 그 사건들이 독립적일 경우에만 적용된다. 한 사건의 발생확률이 다른 사건의 발생여부에 관계없이 정확히 같다면 그 사건들은 독립적이다. 예를 들어, 첫 번째 시도에서 앞면이 나오는 것은 이후의 시도에서 앞면을 얻는 것과는 무관하다.

곱셈정리의 다른 예로서, 다섯 개의 사지선다형 문제로 구성된 예고 없이 실시된 쪽지시험을 생각해 보자. 잘 준비하지 못한 학생이 다섯 문제 모두에 대해 무선적으로 정답을 추측해서 맞힐 확률은 얼마인가? 한 문제에서 정답을 선택할 확률은 1/4 = .25이다. 따라서 첫 번째 문제에서 그리고 두 번째 문제에서 (기타 등등에서) 정답을 추측할 확률은 .25×.25×.25×.25×.25 = .004이다. 쉽지 않은 일이다! (이 사건이 일어나기 힘들다는 것을 이해하기 위해서, 끝없이 예고 없이 시행되는 다섯 문제짜리 쪽지시험을 매번 무선적으로 추측을 통해 답해야 하는 가설적인 학생을 생각해 보자. .004라는 확률은 이 불쌍한 학생이 매 1000번의 퀴즈에서 오직 네 번만 다섯 문제 모두에서 정답을 맞히리라고 기대할 수 있음을 의미한다!)

두 가지 법칙이 적용되는 상황

때로는 사건의 확률을 결정하기 위해서 덧셈법칙과 곱셈법칙이 모두 필요하기도 하다. 많은 예들이 있지만, 이 책의 범위를 넘는 것들도 많다. 그러나 이러한 관점에서 제시하지는 않았지만 이미 두 법칙을 정의하면서 다루었던 사례가 있다. 즉, 한 가지 이상의 결과가 나올 확률에 관한 것이다. 예를 들어, 여러분은 그림 9.1로부터 "세 번의 앞면"과 관련된 사건은 네 가지 결과가 가능하다는 것을 알 수 있다. 즉, $p_{3\ heads} = 4/16 = .25$이다. 덧셈법칙과 곱셈법칙 맥락 속에서 여러분은 두 단계를 거쳐 이 확률을 예측할 수 있다.

1 단계. 네 가지 결과 각각에 대한 확률을 별도로 계산한다.

여기서는 곱셈법칙이 필요하다. 예를 들어, $p_{H,H,H,T}$는 첫 번째 시도에서 앞면이 나오고, 두 번째 시도에서도 앞면이 나오고, 세 번째 시도에서도 앞면이 나오고, 마지막 시도에서 뒷면이 나올 확률이다. 각 시도에서 $p_{heads} = p_{tails} = .50$이기 때문에, $p_{H,H,H,T} = .50×.50×.50×.50 = .0625$이다. 이는 또한 나머지 결과들에도 적용된다. 즉, $p_{H,H,T,H} = .0625$, $p_{H,T,H,H} = .0625$, $p_{T,H,H,H} = .0625$이다.

2 단계. "세 번의 앞면"이 나올 사건의 전체 확률을 계산한다.

전체 확률을 계산하기 위해서는 덧셈법칙이 필요하다. 따라서 $p_{H,H,H,T} + p_{H,H,T,H} + p_{H,T,H,H} + p_{T,H,H,H} = .0625 + .0625 + .0625 + .0625 = .25$가 된다.

9.7 확률분포로서의 정상곡선

여러분은 그림 9.1이 적어도 전체적인 형태는 정상곡선과 유사하다는 것을 알았을 것이다. 사실상, 정상곡선은 이론적인 확률분포로 볼 수 있다. 여러분이 6장에서 배웠다시피, 정상곡선은 면적과 표준편차 단위 간의 관계를 규정한 수학적 모형이다. 이항식과 같은 정상곡선의 상대빈도는 확률의 법칙을 적용함으로써 합리적으로 도출한 이론적인 값이다. 만약 빈도분포가 정상곡선에 근접할 수 있다면, 두 점 사이에 포함되는 사례의 상대빈도 혹은 비율은 정상곡선 표에 의해서 결정될 수 있다. 더욱이, 이러한 상대빈도는 이론적인 값의 수표로부터 얻었고 따라서 이론적 확률분포로서의 정상곡선으로부터 얻은 확률과 같을 것이다.

다음의 세 문제에서 우리는 사건의 확률에 관한 문제에 답하기 위해서 정상곡선을 사용하는 방법을 예시할 것이다. 이분변수(동전 던지기)에서 연속변수(IQ 점수)로 상황이 변했지만, 여러분은 기초가 되는 추론과정은 매우 유사하다는 것을 알 수 있을 것이다.

여러분이 어느 지역의 모든 11학년 학생들의 단어이해검사인 피바디 그림 어휘력 검사(Peabody Picture Vocabulary Test: PPVT) 점수가 들어있는 컴퓨터 CD를 가지고 있다고 상상해 보자. 이 점수들은 평균이 100이고 표준편차가 15(그림 9.2)로 정상적으로 분포되어 있다. 여러분의 컴퓨터가 특정 키를 한 번 누르면 한 명의 PPVT 점수가 무선적으로 선택되도록 프로그램 되었다고 가정하자. 따라서 모든 점수가 선택될 확률은 동일하다.

문제 1

무선적으로 한 개의 PPVT 점수를 뽑을 때, 115점 이상이 뽑힐 확률은 얼마인가?

이 문제는 그림 9.3에 예시되어 있다. 이 사건의 확률은 정상곡선 밑의 해당 면적과 동일하기 때문에 여러분은 먼저 PPVT 115점에 대한 z 점수를 계산해야 한다.

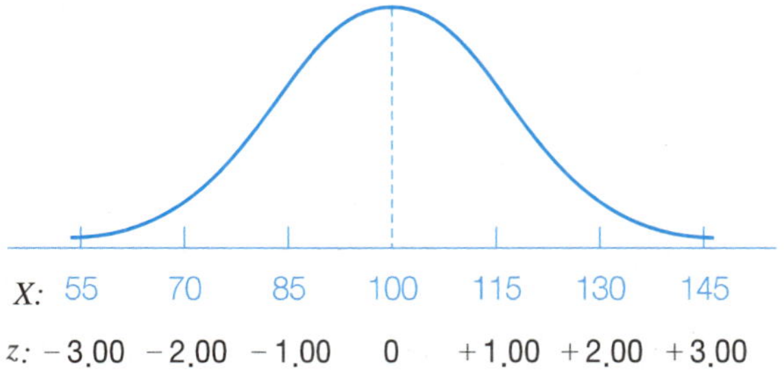

그림 9.2 피바디 그림 어휘력 검사(PPVT)에 대한 점수들의 정상분포곡선

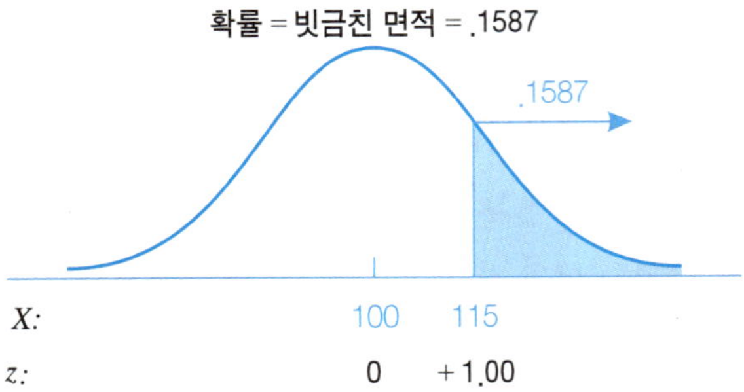

그림 9.3 확률분포로써의 정상곡선: PPVT 점수가 115점 이상인 학생을 선택할 확률

$$z = \frac{X - \overline{X}}{S} = \frac{115 - 100}{15} = +1.00$$

이제는 부록 B에 있는 표 A에서 $z = 1.00$에 해당되는 세 번째 열을 찾아보면, .1587임을 알 수 있을 것이다. 여러분의 관심이 이 분포의 상단(115점 이상)에만 해당되기 때문에 일방확률이라고 할 수 있다. **정답: PPVT 점수를 한 개 선택했을 때 115점 이상일 확률은 .1587 혹은 .16이다.** 다시 말해서, 여러분이 이 분포에서 무선적으로 점수 한 개를 선택하는 행위를 (복원을 하면서) 수없이 반복한다면, 그 중에 약 16% 정도는 115점 이상을 얻을 것으로 기대할 수 있다.

문제 2

무선적으로 한 개의 PPVT 점수를 뽑을 때, 91점 이하가 뽑힐 확률은 얼마인가?

이 문제는 분포의 하단 부분에 있는 점수들에만 관심이 있는 경우이기 때문에 일방확률이라고 부를 수 있다. 우리는 이를 그림 9.4에 제시하였다. 필요한 z 점수는 다음과 같다.

$$z = \frac{91 - 100}{15} = -.60$$

$z = .60$에 해당되는 표 A의 세 번째 열을 살펴보면, 그 값은 .2743이다. (6장에서 배운

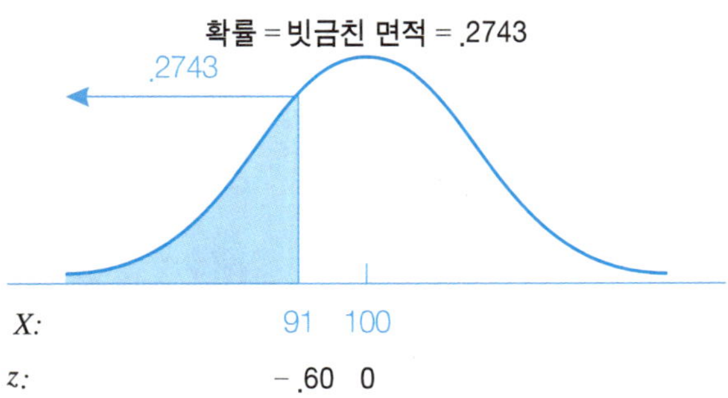

그림 9.4 PPVT 점수가 91점 이하인 학생을 선택할 확률

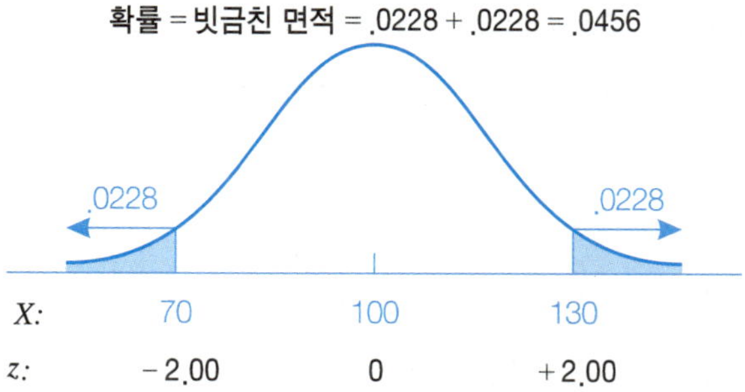

그림 9.5 PPVT 점수가 70점처럼 극단적인 점수를 가진 학생을 선택할 확률

바와 같이 정상곡선의 대칭성으로 인해 음수 부호는 무시해도 좋다는 것을 기억하라.) **정답: PPVT 점수를 한 개 선택했을 때 91점 이하일 확률은 .2743 혹은 .27이다.**

문제 3

무선적으로 한 개의 PPVT 점수를 뽑을 때, 70점과 같은 극단적인 점수가 뽑힐 확률은 얼마인가?

이 문제에서 사용한 용어("~와 같은 극단적인")는 **양방확률**이다. 첫째로, PPVT 점수가 70일 경우에 z 점수를 구해야 한다.

$$z = \frac{70 - 100}{15} = -2.00$$

표 A는 그림 9.5의 왼쪽 부분과 같이, 이 점수 이하에 .0228이 해당된다는 것을 보여 주고 있다. 그러나 +2.00(130점) 역시 −2.00(70점)만큼이나 "극단적인 점수"이기 때문에 양방확률의 정확한 답을 얻기 위해서는 덧셈법칙을 사용하여야 하고, 결과는 .0228 + .0228 = .0456이다. **정답: 70점처럼 극단적인 점수가 무선적으로 선택될 확률은 .0456 혹은 .05이다.**

9.8 적용: 통계적 추론의 기초로서의 확률분포

다행히도, 연구를 통해서 찾아 나가게 되는 실질적인 질문들은 동전을 던지는 것이나 카드를 뽑는 것보다는 상당히 흥미로운 것이다! 그러나 모든 실질적인 결론은 통계적 결론에 기초하고 있고(1.4절 참고), 모든 통계적 결론은 알려진 확률분포에 기초하고 있다. Sartor 교수의 경우에, beta-blocker가 실험군과 통제군 피험자들의 장기기억에 진짜 차이를 가져온다는 결론을 내리기 위해서는, 그의 표본 결과를 **순전히 우연에 의해서만** 얻을 수 있는 확률이 어느 정도인지를 결정해야만 한다. 이것은 약간의 계산과 관련된 확률분포를 활용하면 가능하다. 여러분은 다음 장들에서 이를 어떻게 진행하는지를 보게 될 것이지만, 공식과 논리는 이번 장에서 여러분이 배운 것에 의거하는 것이다.

9.9 요약

통계적 추론은 무선표집변이의 영향력을 고려하고 결론을 내리는 문제이다. 무선표집변이는 "추첨의 운"에 따라 달라지는 결과를 규정짓는 추첨에서의 차이를 말하며, 여기서는 우연요인이 얻어진 표본에 누가 포함될 것인지를 결정한다.

추론의 문제를 해결하는 열쇠는 "우연성만이 작용할 때 어떠한 종류의 표본결과를 기대할 수 있는가?"의 질문에 대답하는 것이다. 바꾸어 말해, 이것은 확률에 대한 연구에 달려 있다.

확률은 불확실성에 대한 확신의 정도를 표시하는 것이다. 한 사건에 대한 확률은 그 사건이 무한히 많은 표집실험에서 일어나리라 기대하는 횟수의 비율이다. 만일 모든 가능한 결과들이 모두 같은 가능성을 가진다면, 한 사건이 일어날 확률은 그 사건에 적합한 혹은 해당되는 가능한 결과의 비율과 동일하다.

이론적인 확률분포는 가능한 모든 결과와 사건을 규정하는 각각의 결과들을 보여 주는 상대빈도분포이다. 이론적인 확률분포는 이항식이나 정상곡선과 같은 수학적 모형에 기초하고 있다. 따라서 관련된 확률분포를 아는 것은 끝없는 표집실험을 시행하지 않고도, 네 번 시도에서 몇 번의 앞면을 얻을 확률이나 정상곡선에서 X만큼 드문 점수를 무선적으로 뽑을 가능성 등을 알 수 있게 해 준다.

확률의 두 가지 기본 법칙이 있는데, 덧셈법칙과 곱셈법칙이다. 첫 번째는, A 사건이나 B 사건의 발생확률은 그 사건들이 상호배타적이라고 할 때 개개 확률의 합이라는 것을 말해 준다. 두 번째는, A 사건과 B 사건의 발생확률은 그들이 상호 독립적일 경우 개개 확률을 곱한 것이라는 말해 준다. 어떤 상황에서는 특정한 사건과 하나 이상의 결과들이 관련되어 있기 때문에 두 법칙이 최종 확률을 구하는데 모두 사용되기도 한다.

일방확률과 양방확률을 구분하는 것은 중요하다. 일방확률은 확률분포의 한 쪽 부분만이 관련되는 것이고, 양방확률은 양 쪽이 모두 관련되어 있는 것이다.

연습문제

정의 또는 설명하라.

용어 및 개념

표본
전집
표집변이
통계적 추론
표집실험
한 사건의 확률
이론적 확률분포
결과 대 사건
이항식
상호배타적 사건
덧셈법칙
독립적 사건
일방 대 양방 확률
곱셈법칙
확률분포로서의 정상곡선

기호

p

질문 및 문제

참고: *가 있는 문제는 부록 A에 답이 제시되어 있다.

1. 어느 심리학 실험에, 피험자 집단이 무선적으로 두 집단으로 나뉘었다. 그리고 나서 두 집단은 서로 다른 처치를 받고 수행에서의 차이가 관찰되었다. 왜 우리는 관찰치들의 분석에 대해 통계적 추론 절차를 적용해야 한다고 생각하는가?

2. 동전을 다섯 번 던져서 매번 앞면이 나왔다고 가정해 보자.
(a) 따라서 여섯 번째 시도에서 뒷면이 나올 가능성이 더 많아지는가? (설명하라.)
(b) 여섯 번째 시도에서 뒷면을 얻을 확률은 얼마인가?

***3.** 지역 재즈 클럽에서 입장권 추첨으로 타는 상으로 6개의 CD와 3개의 휴대용 CD 플레이어, 그리고 초대형 라디오 카세트 플레이어 하나가 주어졌다. 상 받은 사람은 고객의 입장권에 있는 숫자에 의해서 무선적으로 결정되었다. 300개의 입장권이 팔렸고, 불참자는 없다고 가정해 보자. 각각의 고객이 다음의 상품을 탈 확률은 얼마인가? (필요한 경우, 소수점 네 자리에서 반올림할 것)
(a) 어느 한 가지라도 추첨에 당첨될 확률은?
(b) 초대형 라디오 카세트 플레이어를 탈 확률은?
(c) CD 한 개는?
(d) CD 플레이어 한 개는?

***4.** 다음의 문제가 통계학 퀴즈에 나왔다: **만약 대규모 집단의 사람들로부터 한 명이 뽑힌다면 그 사람이 영어의 J자로 시작되는 달에 태어났을 확률은 얼마인가?** Jack Sprat은 J자

로 시작되는 달은 석 달이 있으므로 타당한 확률은 3/12 또는 .25가 될 것이라고 판단했다. Jack의 판단에 대해 어떻게 생각하는가?

5. 아래의 표에서 제시된 200명의 집단으로부터 무선적으로 한 학생을 뽑을 것이다.

	학생의 성별		
과목평점	**남성**	**여성**	**전체**
A	18	12	30
B	30	30	60
C	53	27	80
D	12	8	20
F	7	3	10
	120	80	200

9.3절에 있는 기본 법칙들을 활용하여, 뽑힐 확률을 계산하라.

(a) F 학점을 받은 학생

(b) 여학생

(c) B 학점을 받은 여학생

(d) C 학점보다 낮은 학점을 받은 남학생

***6.** F라는 학점은 다섯 가지 가능한 학점들 중의 하나인데 왜 문제 5a의 답이 1/5 또는 .20이 아닌가?

7. 문제 5에 있는 200명의 학생들 중에서 3명을 무선적으로 선정한다고 가정해 보자. 각 선정 후에서는 학생의 학점과 성별을 기록한 후에 다시 다음 선정을 위해서 다시 복원시킨다. 먼저, 각각의 선정에서 다음의 세 가지 조건이 선정될 확률을 계산하라: B학점의 남학생, A학점의 남학생, 여학생. 그리고 **적절한 법칙들을 활용하여 다음의 각 확률을 계산하라.**

(a) 첫 번째 선정에서 적어도 B 학점 이상 받은 남학생이 뽑힐 확률

(b) 두 번째 선정에서 B 학점 이상의 남학생이나 여학생이 뽑힐 확률

(c) 첫 번째 선정에서 B 학점 이상의 남학생과 두 번째 선정에서 여학생이 뽑힐 확률

(d) 세 번의 선정 모두에서 B 학점 이상의 남학생이 뽑힐 확률

8. 상대빈도분포와 확률분포의 차이가 있다면 무엇인가? (설명하라.)

***9.** 두 개의 공정한 주사위가 던져졌다.

(a) 첫 번째 주사위에서 짝수나 3이 나올 확률은?

(b) 첫 번째 주사위에서는 짝수가 두 번째 주사위에서는 3이 나올 확률은?

10. 다음 중 어느 경우에 사건들이 **상호배타적**인가?

(a) 동전을 던졌을 때 첫 번째에 앞면이 나오는 것과 두 번째에 뒷면이 나오는 것
(b) 남자인 것과 임신하는 것
(c) 심리학 전공생과 생물학 전공생
(d) 기초통계 과목에서 A를 받는 것과 C를 받는 것
(e) 잘 섞여진 완전한 카드 한 벌에서 연속해서 두 번, 세 개의 에이스 카드를 받는 것
(f) 록 음악을 싫어하는 것과 록 콘서트에 가는 것
(g) 한 번 굴린 주사위에서 3과 짝수가 나오는 것
(h) 슬롯머신에서 어느 한 게임에서 돈을 따는 것과 바로 다음 게임에서 돈을 따는 것
(i) 15세인 것과 지난 번 전국선거에서 합법적으로 투표하는 것

***11.** 문제 10에서 묘사된 사례들에서 각 사건들은 독립적인가?

12. A와 B 사건은 **상호배타적**이다. 그것들은 **독립적**이기도 한가? 설명하라.

***13.** 세 개의 바퀴가 독립적으로 돌아가는 슬롯머신이 있다. 손잡이를 잡아당겼을 때, 바퀴들이 돌다가 하나씩 아무데서나 멈춘다. 각 바퀴의 둘레는 25개의 부분으로 나뉘어져 있고, 6가지 종류의 과일 그림이 4개씩 그리고 잭팟 한 개가 그려져 있다. 가운데 바퀴에서 아래의 조건이 나타날 확률은 얼마인가?
(a) 잭팟이 나타날 확률은?
(b) 오렌지가 나타날 확률은?
(c) 과일이 나타날 확률은?

14. 문제 13에 제시된 슬롯머신의 손잡이를 잡아당겼다고 가정해 보자. 다음의 확률은 얼마인가?
(a) 가운데 바퀴에서 오렌지나 레몬 혹은 잭팟이 나타날 확률은?
(b) 바퀴 세 개 모두에서 잭팟이 나타날 확률은?
(c) 바퀴 세 개 모두에서 체리가 나타날 확률은?

***15.** 여러분은 세 개의 연속적인 진위형 문제에서 무선적인 추측을 하였다.
(a) 세 문제 중에서 정확히 두 개를 추측해서 맞힐 수 있는 가능한 방법을 나열하라.
(b) 추측에 의해서 처음 두 문제는 맞히고, 세 번째 문제는 틀릴 확률은 얼마인가?
(c) 세 문제 중에서 정확히 두 개를 추측해서 맞힐 확률은 얼마인가?
(d) 세 문제를 모두를 추측으로 맞힐 수 있는 가능한 방법을 나열하라.
(e) 세 문제 중에서 **적어도** 두 개를 추측으로 맞힐 확률은 얼마인가?

16. 여러분의 통계학 강사가 사지 선다형 문제 다섯 개가 포함된 시험을 주었다.
(a) 이 시험에서 네 문제를 맞힐 수 있는 가능한 경우들을 나열하라.
(b) 다섯 문제 중에서 하나를 추측으로 맞힐 확률은?
(c) 다섯 문제 중에서 하나를 추측으로 틀릴 확률은?

(d) 처음 네 문제는 맞게 추측하고 마지막 문제는 틀리게 추측할 확률은?
(e) 각 문제에 대해 무선적으로 추측해서 네 문제를 정확히 맞힐 확률은?
(f) 무선 추측을 해서 만점을 받을 확률은?
(g) 무선 추측을 해서 적어도 네 문제를 맞힐 확률은?
(h) 무선 추측을 해서 다섯 문제 모두를 틀릴 확률은?

17. 문제 13의 슬롯머신으로 돌아가서 다음 확률을 계산하라.
(a) 두 개의 바퀴에서 오렌지가 나타날 확률은?
(b) **적어도** 두 개의 바퀴에서 오렌지가 나타날 확률은?
(c) 적어도 한 개의 바퀴에서 잭팟이 나타날 확률은?

***18.** SAT의 언어 하위 척도(SAT- V)는 평균이 500이고, 표준편차가 100인 정상분포를 따르도록 만들어졌다. 약 100만 명의 고등학생이 지난해에 SAT를 보았다고 가정해 보자. 만약 무선적으로 한 학생을 뽑는다면, 그 학생의 SAT- V 점수가 다음과 같을 확률은 얼마인가?
(a) 460 이상?
(b) 460에서 540 사이?
(c) 680 이상?
(d) 680 같은 극단적인 점수?
(e) SAT- V 점수가 어떤 두 점수 값 사이에 있을 때 그 확률이 .50이 되겠는가?
(f) SAT- V 점수가 몇 점 이상이어야 확률이 .10인가?
(e) SAT- V 점수가 몇 점 이하이어야 확률이 .10인가?

***19.** 문제 18d의 확률은 일방확률인가 양방확률인가?(설명하라.)

20. 문제 18에서 무선적으로 두 사람을 뽑는다고 가정해 보자. 다음 확률은 얼마인가?
(a) 첫 번째 학생이 적어도 평균으로부터 100점 이상 떨어져 있을 확률은?(방향 에 상관없이)
(b) 두 학생의 SAT- V 점수가 모두 700점 이상일 확률은?
(c) 첫 번째 학생이 650점 이상이고, 두 번째 학생이 450점 이하일 확률은?
(d) 두 학생이 모두 650점 이상이거나 모두 450점 이하일 확률은?
(e) 두 학생이 모두 650점 같은 극단적인 점수를 받을 확률은?

제 10 장

무선표집분포

10.1 동전에서 평균치로

이제 우연성의 법칙에 대한 개관을 하였으므로, 무선표본으로부터 얻을 수 있는 결과들을 보다 자세히 살펴보기로 한다. 일반적인 말로 하면, 무선표본들은 복권추첨에서와 같이 "우연성"이 선정을 한 것으로 여길 수 있음을 기억하라. 이번 장에서 소개되는 개념들은 매우 이론적이기는 하지만 그것은 여러분이 앞장에서 배운 것들을 단순히 확장시킨 것이다. 또한 그것은 표본 결과에 미치는 우연성의 영향을 고려하기 위해 연구자들이 도입하는 절차들, 즉, 통계적 추론 과정의 기초를 제공하는 것이다. 이번 장에서 우리는 널리 사용되는 Stanford-Binet 지능검사를 가지고 다양한 개념들을 설명해 나갈 것이다.

Stanford-Binet 지능검사는 평균치가 100이고 표준편차가 16이 되도록 규준이 만들어졌다. 따라서 10세 아동의 IQ 116점은 **모든 10세 아동들의 분포**에서 평균치로부터 1 표준편차 떨어진 것이다. 여러분이 10세 아동의 IQ 점수들의 전국 전집으로부터 n=64인 표본을 무선적으로 추출하고, 평균치를 계산했다고 가정하자. 전집에 이 표본을 "복원(replace)"시키고, 64명의 두 번째 표본을 뽑고, 다시 평균치를 계산하였다. 이러한 절차를 수없이 반복한다고 가정해 보자. 동전을 던지는 경우나, 카드를 뽑는 경우, 점수 풀에서 개인의 점수를 뽑는 경우들과 마찬가지로 여기서도 우연성은 작용하게 된다. 결과적으로, 표본 평균치는 전국의 10세 아동들의 평균치인 100으로부터 조금씩 다른 정도로 차이를 보일 것이다. 각 표본은 이 전집으로부터 무선적으로 추출되었기 때문에 대부분의 표본평균치가 거의 100에 가까울 것으로 기대할 수 있을 것이다. 그러나 어떤 표본평균치들은 표집변이(우연성)로 인해서 그 값보다 상당히 높거나 낮을 수 있다.

여러분은 실제 현장에서, 심지어는 통계학 수업의 숙제에서 조차도, 위에서 요약한 것처럼 전집에서 반복적으로 표본을 추출할 필요는 **전혀 없지만**, 여러분이 그렇게 했다고 가정하자. **반복해서 표본을 얻었을 때 기대할 수 있는 표본평균치는 얼마인가?** 110보다 큰 IQ의 표본평균치를 얻을 확률은 얼마인가? 90보다 작은 것을 얻을 확률은? 표본 평균치가 95에서 105 사이일 확률은? 만약 무선표집이 가정된다면 이와 같은 문제들은 쉽게 답을 얻을 수 있다. 이러한 질문에 대한 대답은 대규모 집단의 하위집단으로부터 얻은 자료를 가지고 대규모 집단에 관한 추론을 할 때 표집변이를 설명하는 열쇠를 제공해 준다.

다음으로 나가기 전에, 우리가 방금 제기한 질문과 여러분이 9장에서 다루었던 내용 간의 유사성에 주목해 보자. 표본평균이 110 이상(여러분이 기대하는 값이 100일 때)일 확률을 묻는 것은 동전을 네 번 던졌을 때 세 번 이상의 앞면(여러분이 기대하는 값이 단 두 번의 앞면일 때)이 나올 확률을 묻는 것과 유사한 것이다. 이는 역시 110 이상(평균 점수가 100일 때)의 개별 점수를 선택할 확률을 묻는 것에도 적용될 수 있다. 동전과 개별점수로부터 **표본평균치**로 초점은 이동했지만, 기본 논리는 동일하다. 이제 무선표집과 관련된 중요한 개념들을 좀 더 자세히 살펴본 후에 10세 아동의 경우로 돌아가서 표집분포의 개념을 탐색하기로 한다.

10.2 표본과 전집

우리는 **표본**(sample)과 **전집**(population)에 대해 언급해 왔는데, 이제부터 좀 더 정식으로 검토하기로 한다.

> **전집**은 결론을 도출해내려는 대상에 대한 관찰이나 측정의 완전한 집합으로 구성되며, **표본**은 그 전집의 일부이다.

통계적 목적을 위해서 (사용되는 언어에는 항상 분명하게 나타나지는 않지만) 개인이 아닌 **관찰치**들의 표본들과 전집들을 다룬다는 것을 잊지 말라. 예를 들어, 지능의 측정에 관심이 있다면, IQ 점수를 얻은 아동들이 아니라 IQ 점수들로 구성된 표본과 전집을 생각하라는 것이다.

더욱이, "전집"은 나라 전체나, 주 전체, 도시 전체를 언급할 필요는 없다. 전집은 단순히 여러분이 결론을 도출해내기를 원하는 대상을 의미할 뿐 크기가 크고 작은 것은 상관이 없다. 따라서 Fumone 대학 경영진의 경우, 전집은 학교에 다니는 모든 학생이 될 것이다. 그러나 만약 무슨 알 수 없는 이유 때문에 경영진의 관심이 Pratt 교수의 통계학 수업에서 뒷줄에 앉은 학생들로 제한되었다면, 그것이 전집이 되었을 것이다!

마지막으로, 전집은 위에서 정의된 바와 같이 관찰치의 "전체 집합"이 아닌 관찰치들의 **이론적** 집합을 반영할 수 있다. beta-blocker 연구에서, Sartor 교수는 이 약물을 사용할 **가능성이 있는** 모든 사람들에 대한 결론을 이끌어내기를 원한다. 참가자들이 무선적으로 몇 가지 "처치"조건에 배정되는[1] 실험연구에서는 이론적 전집이 일반적이다.

표본은 도대체 왜 필요한가? 많은 상황에서 전체 전집의 모든 관찰치를 다 수집하는 것은 비용이 많이 들고, 비현실적이거나 혹은 불가능하기 때문이다. Fumone 대학 경영진은 모든 학생들의 의견을 조사할 수도 있었지만, 100명의 무선 표본에게 설문을 함으로써 상당한 시간과 비용을 절약하였다. 그리고 전국에 등록된 모든 투표자에게 설문조사를 하는 끔찍한 노력을 상상해 보라! 결과적으로 Sartor 교수의 경우에서처럼, 연구자의 전집이 이론적인 경우, 표본들에 대한 관찰치를 수집하는 방법이외의 다른 선택은 없다.

10.3 통계치와 모수치

표본과 전집을 구분하였으므로, 이제 우리는 표본 관찰치에서 계산된 수치와 전집으로부터 계산된 수치들을 구분할 필요가 있다.

> **통계치**(statistic)는 표본의 특성을 요약한 것이고, **모수치**(parameter)는 전집의 특성을 요약한 것이다.

Fumone 대학에서 설문조사에 응한 대학생의 44%가 2학기제에서 4학기제로의 변경을 선호하였다는 것을 알았을 때, 여러분은 통계치로 제시받았다. 이것은 표본의 특성을 요약하는 것이다. 즉, 100명의 학생들이 제안된 변경에 대해서 어떻게 느끼는지를 요약한 것이다. 이 통계치는 변경을 선호하는 Fumone 대학 **전체** 학생에 대한 비율로서 해당 모수치에 대한 지표 혹은 **추정치**(estimate)로 사용된다. 여러분이 상상할 수 있듯이, 통계치로부터 모수치로의 추론이 설득력을 가지려면 표본과 일반화의 대상이 되는 전집에 대한 세심한 이해가 요구된다. (이에 대해서는 뒤에서 좀 더 다룰 것이다.)

---

1) 실험상황에서 참가자들에 대한 이러한 배정은 **무선화**(randomization)라고 하는데, 이는 전집으로부터 참가자들을 **무선적으로 선택하는** 절차와는 다른 것이다. 우리는 14장에서 실험설계를 위한 통계적 검증에서 사용되는 무선화에 대해서 논의할 것이다.

통계치와 모수치는 다른 통계 기호로 표시한다. 익숙한 기호인 $\overline{X}$는 표본의 평균치로 사실상 통계치이다. 이에 상응하는 모수치는 전집의 평균치로 그리스 기호인 μ("뮤"라고 발음한다)로 표시된다. 변산성에 대해서는, 표본의 표준편차를 나타내는 것은 소문자 s이고, 전집에서의 표준편차는 σ("시그마"라고 발음한다)로 표시된다.[2] 당연히, s^2와 σ^2는 각각 표본과 전집의 분산을 의미한다. Pearson 상관계수를 마지막 예로써 제시할 것인데, r은 표본의 값을 의미하고, ρ("로우"라고 발음한다)는 전집에서의 값을 의미한다. 이 모든 경우에 무선 표본에 기초한 표본통계치는 해당되는 전집 모수치를 추정하는 데 사용된다.

$$\text{통계치} \xrightarrow{\text{추정}} \text{모수치}$$

$$\overline{X} \xrightarrow{\text{추정}} \mu$$

$$s \xrightarrow{\text{추정}} \sigma$$

$$s^2 \xrightarrow{\text{추정}} \sigma^2$$

$$r \xrightarrow{\text{추정}} \rho$$

10.4 무선표집 모델

표본 결과를 해석할 때, **무선표집 모델**(random sampling model)이 우연 요인, 즉 표집 변이를 설명하기 위해 사용된다. 이 모델에서는 표본은 관심의 대상이 되는 전집으로부터 무선적으로 추출된 것이라고 가정한다. 표본은 자세히 연구되고 이 표본 결과들(통계치)과 우연성이 어떻게 무선 표본에 영향을 미치는가(확률이론)에 관한 지식에 기초해서 전집의 특성(모수치)에 관해 추론한다.

다음 장에서 여러분이 직면하게 될 통계적 추론에서의 공통된 문제는 $\overline{X}$로부터 μ를 추론하는 것을 포함하고 있다. 즉, 무선적으로 선택된 표본으로부터 계산한 평균치가 주어졌을 때, 이에 대응하는 전집의 평균치에 대한 최선의 추정치는 무엇인가? 이 문제에 적용된 무선표집 모델이 그림 10.1에 예시되어 있다. 물론 이 그림은 s로부터 σ, s^2으로부터 σ^2, r로부터 ρ, 혹은 해당 통계치로부터 **어떠한** 모수치를 추론하는 과정을 제시하는

---

2) 이전 장에서는 우리는 표준편차를 대문자 S로 표기하였다. 지금부터는 표본과 전집을 구분해야 하기 때문에 일반적인 적용법에 따라 표본의 표준편차를 표기하는데 소문자 s를 사용할 것이다. 그리고 13장에서 여러분은 s의 공식이 S와 약간 다르다는 것을 배우게 될 것이다.

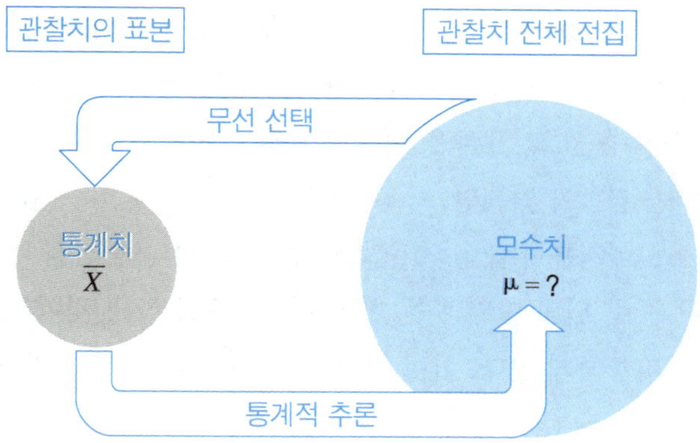

그림 10.1 μ에 대한 추론을 위한 무선표집 모델

데에도 쉽게 변형될 수 있다.

무선표본의 추출

무선표본이란 도대체 무엇을 의미하는가? 무선표본의 정의는 일반적으로 사용되는 무계획적으로 혹은 생각이 없는 과정이라는 "무선"이라는 용어의 사용과는 매우 차이가 있다.

> 무선표본이란 특정 크기의 모든 가능한 표본이 전집으로부터 선정될 확률이 동일한 조건에서 추출된 표본이다.

이러한 과정을 **단순 무선표집**(simple random sampling)이라고 부르는데, 이는 신중하게 수행되는 복권추첨과 같다고 할 수 있다. 여러분이 노동자들의 근로의욕에 대한 조사를 위해서 대규모 펄프공장에서 일하는 노동자의 무선표본이 필요하다고 가정해 보자. 여러분은 종이쪽지에다 전체 1,000명의 이름을 적고, 각 종이쪽지를 작은 캡슐에 집어넣고, 커다란 통에 이 캡슐을 넣어서 잘 섞은 다음, 50개짜리 표본을 하나 추출한다. 여러분이 상상할 수 있듯이, 이러한 과정은 대부분의 상황에서 실용적인 것은 아니다. 다행히도, 난수표(Minium 등, 1993, pp. 236-237)나 난수를 생성하는 컴퓨터 프로그램을 이용하여 단순무선표집을 하는 쉬운 방법이 있다.

무선표집에서는 펄프공장 노동자를 표집하는 경우에서와 같이 **전집에 있는 모든 관찰치(혹은 측정치)는 표본에 선정될 동등한 기회를 가져야 한다.** 실제로 여러분은 전집의 모든 요소가 포함될 동등한 기회를 갖지 **않는다면**, 그 표본은 엄격히 말해서 무선표본이 될 수 없다는 것을 알고 있다. 저녁에만 전화나 방문 면접을 실시하면 저녁에 직장에 나가는 사람들을 자동적으로 제외시키게 되는 경우가 될 것이다.

표본이 무선적이냐 아니냐를 결정하는 것은 우리가 표본을 어떻게 선정하느냐 하는 것이지 우리가 얻은 결과가 아님을 주목하라. 여러분은 결과만을 검토하는 것으로는 표본이 무선적인지 결정할 수 없고, 표본을 어떻게 얻었는지를 알아야 한다. 무선표본의 특성이 전집을 대표하는 **경향**이 있지만, 특정한 무선표본의 특성이 전집의 대표치와는 다를 수 있다. 앞 장에서 여러분이 배운 것을 기억해 보라. 만약 동전을 네 번 던진다면, 가장 대표적인 "표본"은 두 번의 앞면과 두 번의 뒷면을 포함하는 것이다. 그러나 우연성은 **모두** 앞면인 것도 가능하게 한다. 이것은 대표적인 것은 아니지만 무선적인 표본일 수는 있는가? 그렇다.

때로는, 컴퓨터의 도움을 받을지라도 단순무선표집을 선정하는 것은 비현실적이다. 이러한 경우에는, **체계적 표집**(systematic sampling)과 같은 손쉬운 방법이 사용될 수 있다. 예를 들어, 전체 1000명의 종업원들의 이름을 알파벳순으로 정렬하고 매 20번째 사람들을 선정한다면, 여러분은 50명의 공장 노동자들의 표본을 구성할 수 있을 것이다. 이 표본은 완벽하게 무선적이지는 않지만 무선표본을 통해 얻은 결과와 유사한 결과를 얻을 수 있을 것이다. 층화무선표집(stratified random sampling)과 같이, 단순 무선표집에서 기대되는 것 이상으로 표본 결과치의 정확성을 증가시키기 위한 다른 방법들이 있다(Babbie, 1995). 일을 간단하고 직접적으로 진행하기 위해 우리는 단순 무선표집에서 나오는 절차들만 전개할 것이다.

10.5 현장에서의 무선표집

이 책의 나머지 부분에서는 무선표집을 가정할 것이기는 하지만, 행동과학에서 무선표집은 현실적이라기보다는 이상적인 것이다. 잘 정의된 전집으로부터 무선적으로 선택된 표본이라면, 표본으로부터 전집으로의 추론은 상대적으로 간단하다. 그러나 행동 연구자들은 종종(아마도 대부분) **접근 가능한 편의표본**(convenience samples)이라고 알려진 표본들에 의존한다. 실험실의 쥐들, 심리학과 피험자 풀에 속한 대학생, 연구 자원자를 위한 광고에 응한 시민들, 학교에 다니고 있는 아동들, 근처에 있는 사이비 종교단체의 구성원들이 예가 될 수 있다.

편의표본의 사용은 연구자의 자료와 통계적 분석을 반드시 타당하지 않도록 하는 것은 아니지만 이러한 표본의 사용은 표본의 특성을 상세히 묘사하여 **접근 가능한 전집**(accessible population)이라고 표현함으로써 이해를 도울 수 있을 것이다. 접근 가능한 전집은 표본에 포함되는 사람들과 같은 개인들의 전집을 대표하며, 똑같은 방식으로 취급될 수 있다. 어떤 면에서는, 실제로는 아니라고 하더라도 편의표본을 전집으로부터 무선적으로 추출된 것처럼 **가장**하기도 한다. 사실상 이론적인 이 전집은 접근 가능한 전집이다. 바로 이 전집이 통계적 추론이나 일반화의 대상이 되는 것이다.

전집이 사전에 알려진 경우의 무선표집과 관련된 방법들과는 달리, 편의표본들은 연구자(와 독자)가 표본에 관해 알려진 사실로부터 전집을 규정할 것을 요구한다. 이러한 전집은 표본에 대한 신중한 검토를 통해서만 규정될 수 있기 때문에, 연구자는 참여자와 측정치들을 얻은 정확한 상황들에 대해서 자세하게 묘사할 의무가 있다. 그리고 나면 접근 가능한 전집에 대한 분명한 이해를 바탕으로 연구자와 소비자 모두 접근 가능한 전집에 대한 추론을 다른 상황에 적용할 수 있는 정도에 대한 판단을 내릴 수 있게 된다.

10.6 평균치들의 표집분포

우리는 이제 10.1절에서 설명한 10세 아동들의 문제로 돌아가서 통계적 추론에서 핵심이 되는 질문을 상정하기로 한다. **어떤 유형의 표본 결과가 무선표집에 포함되는 우연요인의 결과(즉, 표집변이)로 얻어질 가능성이 있는가?**

여러분은 10세 아동들의 전국 전집에 대해서 Stanford-Binet IQ 검사의 평균치는 $\mu = 100$이고, 표준편차는 $\sigma = 16$이라는 것을 기억할 것이다. 첫 번째 무선표본의 크기가 $n = 64$이고, 표본의 평균치가 $\overline{X}_1 = 103.70$(아래 첨자는 **첫 번째** 집단의 평균치라는 의미임)이었다고 가정해 보자. 이 평균치를 기록한 후에 전집에 표본을 다시 복원시키고, $n = 64$인 두 번째 무선표본을 선정하였다. 이 표본의 평균치는 $\overline{X}_2 = 98.58$이며, 이를 기록한다. 여러분은 그림 10.2 상단에 있는 것과 같은 과정을 계속해서 반복한다. 만약 이와 같은 표집실험을 **독립적으로**(이론적으로 반드시 충족되어야 하는 조건임) 반복하고, 모든 표본 평균치를 가지고 상대빈도분포를 작성한다면, **평균치들의 표집분포**(sampling distribution of means)를 얻을 수 있게 된다. 이것은 그림 10.2의 하단에 제시되어 있다.

> 평균치들의 표집분포는 확률분포이다. 그것은 전집으로부터 무선적으로 선정된 각각 크기가 n인 표본으로 구성된 끝없는 표집실험의 연속을 통해 얻어진 평균치들의 상대빈도분포이다.

그림 10.2에서 보듯이 평균치들의 표집분포는 전집의 평균치($\mu = 100$) 근처에 표본평균치들이 모여 있고, 양쪽 방향으로 갈수록 점점 줄어드는 정상곡선을 따르고 있다. 잠시 후에 이러한 속성들을 살펴볼 것이다.

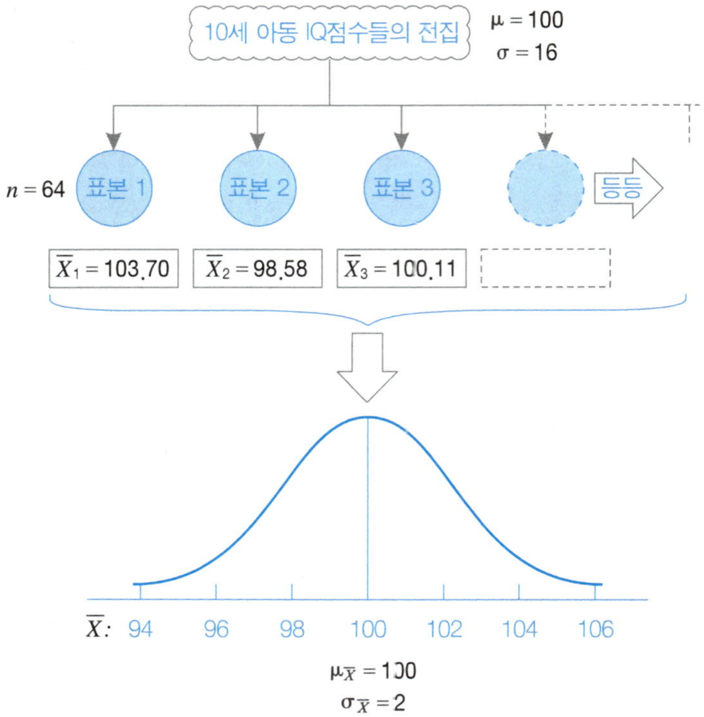

그림 10.2 크기가 $n = 64$인 표본평균치들의 표집분포의 형성과정

평균치들의 표집분포를 개념화하는 대안적인 방법이 있다. 이것은 그림 9.1에서 예시한 바와 같이 이항분포를 적용하여 평균치들의 표집분포를 개념화하는 방식이다. 전국 전집으로부터 10세 아동의 모든 가능한 표본($n = 64$)들을 나열한다고 가정해 보자. 각 아동은 가능한 표본들에 여러 번 포함될 것이다. 즉, 각각의 표본은 다른 표본들이 포함하고 있는 만큼 같은 아동들을 포함하게 될 것이다. 하지만, 동일한 64명의 아동으로 구성되는 두 개의 표본은 없을 것이다. (분명히, $n = 64$인 가능한 표본들의 수는 방대할 것이다.) 여러분이 가능한 표본 하나하나의 IQ 점수 평균치를 구하고 모든 평균치들에 대해서 상대빈도분포를 그린다고 가정해 보자. 결과로 나타나는 분포는 앞 문단에서 묘사한 바와 동일할 것이다. 따라서 평균치들의 표집분포는 다음과 같이 달리 정의할 수 있다.

> 평균치들의 표집분포는 전집으로부터 추출될 수 있는 크기가 n인 모든 가능한 표본들의 평균치에 대한 상대빈도분포이다.

물론 끝없는 표집실험이 필요하기 때문에 실제로 그림 10.2의 분포를 제시하는 것은 불가능하다. 다행스럽게도, 수학자들은 평균치, 표준편차, 형태 등의 규정적 특성들을 유도해낼 수 있었고, 따라서 끝없는 무선표집실험을 계속할 경우 생길 수 있는 결과에 대해 말할 수 있다. 표집분포에 대해 알게 됨으로써 여러분은 이 절의 처음에서 제기된 근본적인 문제에 대해서 답할 수 있게 되었다.

10.7 평균치들의 표집분포의 특성

어떠한 평균치들의 표집분포이든 간에 평균치, 표준편차, 분포의 형태에 의해서 완전하게 규정된다.

평균치들의 표집분포에 대한 평균치

$\mu_{\overline{X}}$의 기호로 나타내는 평균치들의 표집분포의 평균치는 점수들의 전집의 평균치(μ)와 같을 것이다.

평균치들의 표집분포의 평균치

$$\mu_{\overline{X}} = \mu \tag{10.1}$$

이는 아마도 여러분의 직관과 일치할 것이다. 우연히 어떤 표본평균치들은 μ 이상(아마도 상당한 정도로)이 되겠지만, 우연성은 절대 편파적이지 않다. 수많은 표본을 얻는다면, μ 이하인 표본평균치들이 μ 이상인 표본평균치들과 균형을 이루어서 결과적으로 평균치는 전체표집분포의 μ와 같게 되리라 기대할 수 있다.

평균치들의 표집분포의 표준편차

표집분포에서 평균치들의 표준편차는 **평균치의 표준오차**(standard error of the mean)로 알려져 있고, 이는 표본평균치들의 변산성의 정도 즉 표집변이를 반영한다. 평균치의 표준오차는 $\sigma_{\overline{X}}$라는 기호로 표기되고 이는 추출된 각 표본들의 크기(n)와 표본들이 뽑힌 전집에서의 변산성의 정도(σ)와 관련이 있다.

평균치의 표준오차

$$\sigma_{\overline{X}} = \frac{\sigma}{\sqrt{n}} \tag{10.2}$$

표준편차라는 용어 대신에 **표준오차**라는 용어가 사용된 것을 주목하라. 이는 특별한 유형의 분포인 표집분포의 표준편차라는 것을 알려 주기 위한 것이다.[3] 그럼에도 불구하고,

이것은 표준편차이다. 우리는 σ 값을 알 때 공식 10.2로부터 평균치의 표집분포에 대한 표준편차를 쉽게 계산할 수 있다. 그림 10.2의 하단에 예시된 보기의 경우 $\sigma = 16$이고 $n = 64$이다. 따라서 평균치의 표준오차는 다음과 같다.

$$\sigma_{\overline{X}} = \frac{\sigma}{\sqrt{n}} = \frac{16}{\sqrt{64}} = \frac{16}{8} = 2$$

공식 10.2를 더 자세히 살펴봄으로써 몇 가지 통찰을 얻을 수 있다. 첫째로, $\sigma_{\overline{X}}$는 전집에서의 변산성의 크기(σ)에 따라 달라진다. 왜냐하면 σ가 분자에 있기 때문에 전집의 결과들이 더 다양할수록 평균치들의 표준오차가 커지게 된다.

둘째로, $\sigma_{\overline{X}}$는 선정된 표본들의 크기에 달려 있다. 따라서 주어진 전집에 대해 평균치의 표집분포가 단 하나만 있는 것이 아니라, 표본 크기마다 다른 값들을 가진다. 즉, 주어진 전집에 대한 표집분포 **군**(family)이 있다. 그림 10.3에 이러한 표집분포 군 중에서 두 개를 전집 분포에 겹쳐서 제시하였다.

셋째로, n은 공식 10.2의 분모에 나타나기 때문에 n이 커지면 커질수록 평균치의 표준오차는 줄어들게 된다. 즉, 표본이 커질수록 표본 평균치는 μ 근처에 모이게 된다(그림 10.3을 보라). 그것은 우리의 직관과 일치한다. 예를 들어, 무선적으로 선정될 IQ에 대한 극단적으로 작은 표본(예: $n = 3$)은 우연 요인 때문에 μ인 100으로부터 상당히 높거나 낮을 수 있다. 그러나 아주 큰 표본에서, 우연성은 "민주적으로" 작용할 기회를 더 많이 가지므로 높은 IQ와 낮은 IQ는 균형을 이루고 결과는 μ와 상당히 가까운 표본 평균치로 나올 가능성이 많다. 동전을 던지는 경우에도 마찬가지이다. 동전을 두 번 던졌을 때($n = 2$) 한 번의 앞면은 별 일이 아닐 수 있지만, 동전을 10번 던졌을 때($n = 10$) 앞면만을 보았다면 매우 이상하게 생각할 것이다.[4)]

평균치들의 표집분포 형태

통계이론에 따르면, 관찰치들의 전집이 정상적으로 분포되어 있으면, 전집에서 추출된 평균치들의 표집분포 역시 정상적으로 분포하게 된다. 그림 10.3은 이러한 원리를 잘 보여 주고 있다. 만약 전집 분포가 정상곡선을 따르지 않는다면 어떻게 하는가? 통계이론

---

3) 엄격하게 말해서 공식(10.2)는 전집이 한정되어 있고, 표본이 복원되지 않은 상태(예를 들어, 개인이 하나 이상의 표본에서 보이지 않는다면)에서 뽑혔다면 정확하게 맞지는 않는다. 실제에서는 대부분 행동연구에서와 같이 n이 전집의 5% 이하인 경우에는 복원이 큰 문제가 되지 않는다.

4) 단지 5번의 시도만으로도 모두 앞면이 나올 확률은 $.5 \times .5 \times .5 \times .5 \times .5 = .03$이기 때문에 여러분은 10번의 시도 훨씬 전에 아마도 속임수를 의심할 것이다.

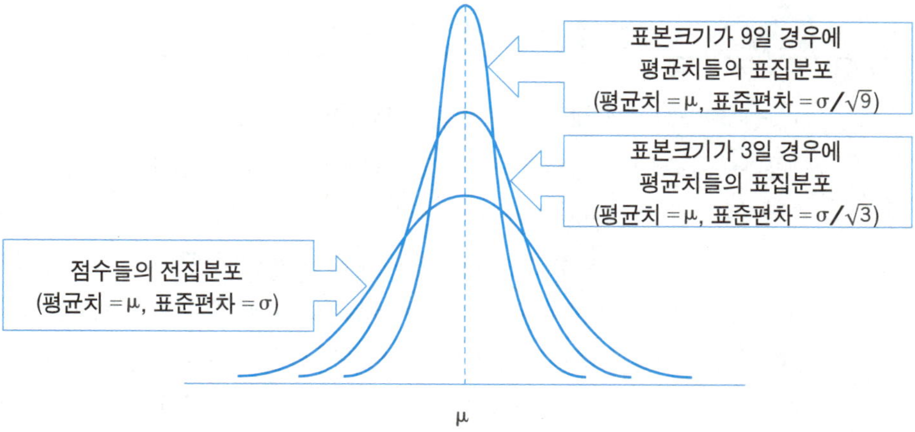

그림 10.3 점수들의 전집과 $n = 3$과 $n = 9$인 경우의 평균치들의 표집분포

의 뛰어난 원리인 **중심극한정리**(central limit theorem)가 여기에서 기능한다.

> 표본들이 무선적으로 선택되었다면 평균치들의 표집분포는 전집의 분포와는 상관없이 표본의 크기가 증가하면 정상형태에 가까워지는 경향이 있다.

많은 전집의 경우, 점수들의 분포는 정상분포와 매우 비슷해서, 중심극한정리의 도움이 별로 필요하지 않다. 그러나 관찰치들의 전집이 정상분포와 상당히 다를 경우조차도, 평균치들의 표집분포는 n이 충분히 클 때 정상적으로 분포하는 것처럼 취급될 수 있다. 얼마나 큰 것이 큰 것인가? 전집분포의 비정상성의 정도에 따라 다르지만, 25에서 30개의 사례면 보통 충분하다.

그림 10.4는 평균치의 표집분포가 n이 증가함에 따라 정상성에 가까워지는 경향을 보여 준다. 그림 10.4*a*에는 점수들에 대한 두 개의 전집이 제시되어 있다. 하나는 사각분포이고, 또 하나는 정적으로 편포된 것이다. 그림 10.4*b*는 $n = 2$인 표본들에서 나타나는 표집분포이다. 이 분포들의 형태가 점수들의 전집의 형태와는 차이가 있고, 그 차이는 정상성 쪽으로 가까워진다는 점을 주목하라. 그림 10.4*c*에서, $n = 25$인 표집분포는 정상분포와 거의 유사함을 알 수 있다.

중심극한정리의 중요성은 아무리 강조해도 지나치지 않다. 중심극한정리로 인해서 매우 다양한 실제 상황에서 **평균치들의 표집분포를 추정하는데 정상곡선을 사용할 수 있다.** 만일 그렇게 할 수 없다면 통계적 추론의 많은 문제들을 해결할 때 매우 곤란할 것이다.

10.8 확률을 계산하기 위한 평균치들의 표집분포의 사용

타당한 평균치들에 대한 표집분포는 특정한 표본평균치가 얼마나 전형적인지 아니면 얼마나 드문 것인지를 알 수 있게 해 준다. 예를 들어, 그림 10.2를 살펴보면 64개의 IQ 점수들의 표본평균치가 101이 되는 경우는 쉽게 나타날 수 있는 반면 106이라는 표본평균치는 나타날 가능성이 매우 낮다는 것을 보여 준다. 통계적 추론의 목적을 위해서는 "쉽게 일어날 수 있는" 혹은 "가능성이 매우 낮은"과 같은 표현보다는 정확성이 더 요구된다. 즉, 구체적인 확률이 필요하다. 이러한 확률은 **모든 표집분포는 확률분포**이기 때문에 표집분포로부터 쉽게 찾을 수 있으며, 오랜 기간에 걸쳐 반복된 표집에서 나타나는 여러 표본 값에 대한 상대빈도를 제공해 준다.

다음의 네 가지 문제들은 통계적 추론에서 여러분이 만나게 되는 기본적인 확률문제에 답하는데 평균치들의 표집분포를 사용하는 방법을 예시해 준다. 이러한 문제들의 기초가 되는 논리는 6장에 있는 여덟 문제들에서 사용된 논리와 동일한 것으로, 점수를 알

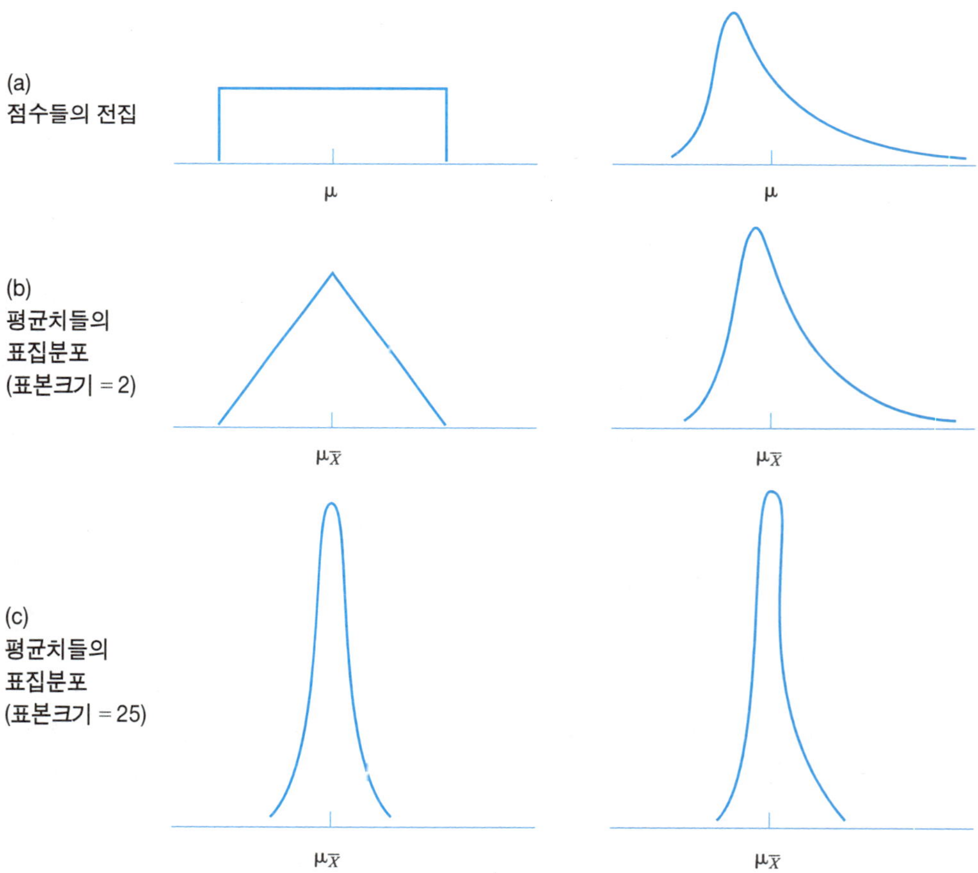

그림 10.4 중심극한정리의 예시

때 정상곡선 밑의 면적을 계산하고(6.6절), 면적을 알 때 점수를 찾아내는데(6.7절) 정상곡선을 사용하는 것이다. 한 가지 차이점은 이전에는 **개별 점수**들에 관심을 두었지만, 지금은 **표본평균치**에 관심이 있다는 점이다. (계속하기 전에 잠깐 시간을 내서 6장에 대한 이해를 새롭게 할 것을 권한다.)

다음 문제들에서는 미국의 10세 아동들의 Stanford-Binet IQ검사 점수들의 분포($\mu = 100$, $\sigma = 16$)가 전집이다. 이 전집으로부터 $n = 64$인 표본을 하나 무선적으로 추출했다고 가정하자.[5]

문제 1

IQ 표본평균치 105 이상을 얻을 확률은 얼마인가?

우선, 한 사건의 발생 확률은 모든 가능한 결과들 중에서 그 사건이 발생될 비율과 같다는 것(9.3절)을 상기함으로써 이 문제를 명료하게 해 보자. 따라서 위의 문제는 다음과 같이 재진술될 수 있다. 즉, $n = 64$인 모든 가능한 표본들 중에서 105 이상의 평균치를 가지는 표본의 비율은 얼마인가? 평균치들의 표집분포는 $n = 64$인 모든 가능한 표본들의 이론적인 분포를 제공해 준다. 여러분의 과제는 표집분포에서 105 이상의 면적만 계산하면 된다. 이 문제에 대한 풀이를 세 단계로 제시하기로 한다.

1 단계. 평균치의 표준오차를 계산한다.

$$\sigma_{\overline{X}} = \frac{\sigma}{\sqrt{n}} = \frac{16}{\sqrt{64}} = \frac{16}{8} = 2$$

2 단계. 평균치의 표집분포의 근사치로 정상곡선을 사용할 것이기 때문에, 여러분은 z 점수로 표본평균치 105의 위치를 재진술해야 할 필요가 있다. 각 점수에서 평균치를 빼고 이를 표준편차로 나누어 z 점수를 구한 공식 6.11을 기억하라.

$$z = \frac{X - \overline{X}}{S}$$

평균치들의 표집분포에서는 표본평균치는 "점수"이고, 전집평균치는 "평균치"가 되고, 평균치의 표준오차는 "표준편차"가 된다. 따라서

5) Stanford-Binet IQ 점수의 전집은 비교적 정상적이다. 그러나 만약 정상적으로 분포되어 있지 않다고 하더라도, $n = 64$이기 때문에 중심극한정리가 기저의 표집분포는 정상분포를, 적어도 표집분포에 대한 근사치로 사용하기에 충분하다는 것을 보장해 준다.

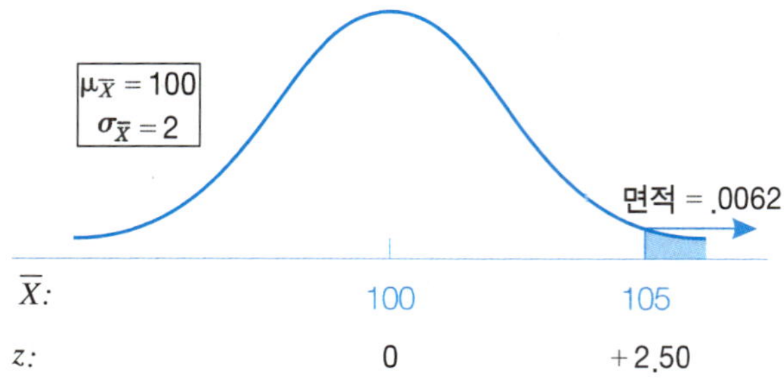

그림 10.5 주어진 값 이상에 있는 표본평균치들의 비율 찾기

> 표본평균치에 대한 z 점수
>
> $$z = \frac{\overline{X} - \mu}{\sigma_{\overline{X}}} \tag{10.3}$$

이 예제에서는,

$$z = \frac{\overline{X} - \mu}{\sigma_{\overline{X}}} = \frac{105 - 100}{2} = +2.50$$

이 z 값은 표본평균치인 $\overline{X} = 105$가 전집평균치인 $\mu = 100$보다 2와 1/2만큼 위에 있음을 말해 주고 있다(그림 10.5를 보라).

3 단계. $z = 2.50$일 때 표 A(부록 B)의 세 번째 열을 보면, 여러분은 이 값 이상의 면적이 .0062라는 것을 알 수 있을 것이다. 따라서 반복적인 무선표집($n = 64$)에서 IQ 표본평균치가 105 이상일 확률이 .0062라는 것이다. **정답: 105 이상의 표본평균치를 얻을 확률은 .0062이다.**

문제 2

전집평균치로부터 5점 이상 떨어진 IQ 표본평균치를 얻을 확률은 얼마인가?

이 문제는 앞의 문제와는 달리, $\mu = 100$ **아래** 혹은 **위**로 5점 이상 떨어진 표본 평균치에 대한 양방 확률을 필요로 한다. 여러분은 IQ 105가 $z = +2.50$이라는 사실과 105 이상의 면적이 .0062라는 것을 알고 있다. (σ와 n이 문제 1과 동일하기 때문에 $\sigma_{\overline{X}}$도 변화하지 않는다는 것을 주목하라.) 95는 μ **아래**에 있고, 105는 μ **위**에 있기 때문에, 95에 대한 z 점수는 -2.50이다. 그리고 정상곡선은 대칭적이기 때문에, 95 이하인 면적 역시 .0062가 된다(그림 10.6 참조). 필요한 확률을 구하기 위해서는 덧셈법칙을 적용하여 105 이상의 면적을 두 배 하면 된다. .0062 + .0062 = .0124. **정답: 전집평균치로부터 5점**

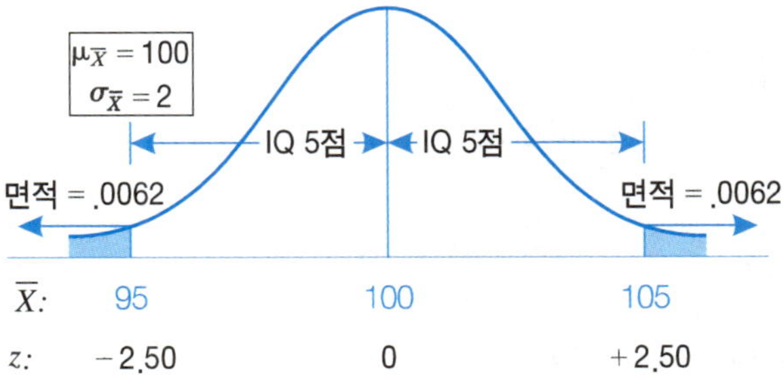

그림 10.6 전집평균치로부터 주어진 크기만큼 떨어진 표본평균치의 비율 찾기

이상 떨어진 IQ 표본평균치를 얻을 확률은 .0124이다.

문제 3

점수가 너무 높아서 무선표집에서 얻을 확률이 .05 밖에 안 되는 IQ 표본평균치는 얼마인가?

이번에는 반대의 절차가 적용되는데, 확률이 주어졌을 때 표본평균치를 찾아야 한다. 표 A에서 정상곡선 밑의 면적이 단지 .05가 되는 z 점수를 찾는다. 이 z 값은 +1.65이다.[6] 여러분의 관심이 표집분포의 오른쪽 부분에만 있기 때문에 적용할 부호는 양수이다.

원하는 표본평균치는 $\mu = 100$으로부터 1.65 표준편차 이상에 있어야 한다. 이제 z 점수를 다시 원점수로 변환시킨다. 공식 10.3에서 $\overline{X} = \mu + z\sigma_{\overline{X}}$가 된다.[7] 따라서,

$$\begin{aligned}\overline{X} &= \mu + z\sigma_{\overline{X}} \\ &= 100 + (+1.65)(2) \\ &= 100 + 3.3 \\ &= 103.3\end{aligned}$$

Stanford-Binet IQ 점수의 전집을 수없이 무선적으로 표집하면($n = 64$), 여러분은 103.3 혹은 그 이상이 되는 표본평균치는 단 5%인 것을 예상할 수 있을 것이다 (그림 10.7 참조). **정답: 103.3 혹은 그 이상의 IQ 표본평균치를 얻을 확률은 .050이다.**

6) 여러분이 표 A에서 볼 수 있듯이, 정확한 z 값은 1.64와 1.65의 두 수표 값 사이에 위치한다. 우리는 보다 엄격한 기준에 따라 둘 중에서 큰 값인 $z = 1.65$를 적용한다.

7) 공식 10.3에서 양쪽 변에 $\sigma_{\overline{X}}$를 곱하면, $z\sigma_{\overline{X}} = \overline{X} - \mu$를 얻을 수 있다. 이제 양쪽 변에 μ를 더하면 (그리고 재정렬하면) $\overline{X} = \mu + z\sigma_{\overline{X}}$를 얻을 수 있다.

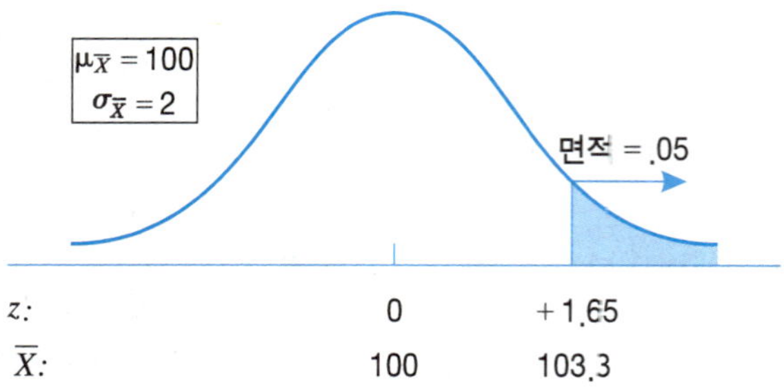

그림 10.7 표본평균치의 주어진 비율을 넘어서는 점수 찾기

문제 4

표본평균치의 가운데 95%를 포함하는 점수한계는 무엇인가?

만약 표본평균치의 95%가 표집분포의 중앙에 있게 된다면, 나머지 5%는 분포의 양쪽으로 동일하게 나누어져야 한다. 즉, 2.5%가 상한계 이상에 있게 되고, 2.5%가 하한계 이하에 있게 된다(그림 10.8 참조). 여러분이 먼저 해야 할 일은 정상곡선에서 면적이 .025에 해당되는 z 값을 찾는 일이다. 표 A로부터 여러분은 이 값이 $z = 1.96$이라는 것을 알 수 있을 것이다. 이제부터 상한계($\overline{X}_U$)와 하한계($\overline{X}_L$)를 구한다.

$$\begin{aligned} z_L &= -1.96 \\ \overline{X}_L &= \mu + z_L\sigma_{\overline{X}} \\ &= 100 + (-1.96)(2) \\ &= 100 - 3.92 \\ &= 96.08 \end{aligned} \qquad \begin{aligned} z_U &= +1.96 \\ \overline{X}_U &= \mu + z_U\sigma_{\overline{X}} \\ &= 100 + (+1.96)(2) \\ &= 100 + 3.92 \\ &= 103.92 \end{aligned}$$

정답: 표본평균치의 가운데 95%는 96.08과 103.92 사이에 있다. 한 번의 무선표본($n = 64$)으로 이 한계치들 사이에 있는 값을 얻을 확률은 .95이다. 여러분은 이 한계치를 넘는 표본평균치를 얻을 확률이 .05라는 사실에 놀라지 않을 것이다.

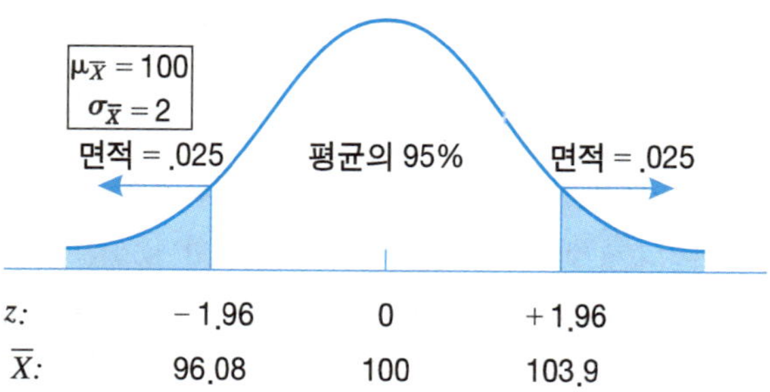

그림 10.8 표본 평균치의 주어진 비율을 포함하는 가운데 위치한 점수한계

10.9 표본크기(n)의 중요성

방금 보았듯이, 문제 4에서 모든 가능한 표본평균치들의 대다수 – 95% – 는 $n = 64$일 때는 μ로부터 대략 4점 이내에 포함된다. 공식 10.2와 그림 10.3에서 여러분은 n이 **작을수록** 표본평균치들이 보다 넓게 **퍼진다**는 것을 알 수 있다. 비현실적으로 작은 표본크기인 $n = 4$에 기초한 표본평균치들의 가운데 95%의 상한계와 하한계를 다시 계산해 보자. 예측할 수 있듯이, 평균치의 표준오차는 n이 줄었기 때문에 훨씬 커지게 된다.

$$\sigma_{\overline{X}} = \frac{\sigma}{\sqrt{n}} = \frac{16}{\sqrt{4}} = \frac{16}{2} = 8$$

새로운 $\sigma_{\overline{X}}$를 대입하여 상한계($\overline{X}_U$)와 하한계($\overline{X}_L$)를 구해 보자.

$$\begin{aligned} z_L &= -1.96 \\ \overline{X}_L &= \mu + z_L \sigma_{\overline{X}} \\ &= 100 + (-1.96)(8) \\ &= 100 - 15.68 \\ &= 84.32 \end{aligned} \qquad \begin{aligned} z_U &= +1.96 \\ \overline{X}_U &= \mu + z_U \sigma_{\overline{X}} \\ &= 100 + (+1.96)(8) \\ &= 100 + 15.68 \\ &= 115.68 \end{aligned}$$

문제 4에서는 μ에서 대략 4점 이내에 가능한 표본평균치들의 95%가 포함되었던 것에 비해서 지금은 84.32와 115.68 사이에 포함되는데, 이는 한 쪽 만하더라도 μ로부터 거의 16점 정도 떨어진 것이다. 다시 말하면, 표본크기가 작으면 표본평균치들은 μ로부터

표 10.1 다양한 n의 값에 따른 평균치에서의 표집변이($\mu = 100, \sigma = 16$)

n	$\sigma_{\overline{X}}$	가능한 표본 평균치의 가운데 95%가 속하는 범위
4	$\frac{16}{\sqrt{4}} = 8.0$	84.32 – 115.68
16	$\frac{16}{\sqrt{16}} = 4.0$	92.16 – 107.84
25	$\frac{16}{\sqrt{25}} = 3.2$	93.73 – 106.27
64	$\frac{16}{\sqrt{64}} = 2.0$	96.08 – 103.92
100	$\frac{16}{\sqrt{100}} = 1.6$	96.86 – 103.14
256	$\frac{16}{\sqrt{256}} = 1.0$	98.04 – 101.96

더 퍼지게 되고, 반대로 표본크기가 커지면 표본평균치들은 μ로부터 덜 퍼지게 된다.

표 10.1은 $\mu = 100$이고 $\sigma = 16$일 때 n의 크기가 각기 다른 경우들의 표집변이 정도를 보여 준다. 가장 큰 표본($n = 256$)의 경우, 모든 가능한 표본평균치들의 **95%**가 μ로부터 **2점 이내**에 있게 된다. 이 표는 통계적 추론에서 중요한 원리를 예시해 주는 것으로, **표본크기가 증가할수록, 전집 모수치에 대한 추정치로서의 표본통계치의 정확성은 증가한다**는 것이다. 우리는 다음 장들에서 이 관계를 좀 더 살펴볼 것이다.

10.10 표집분포 개념의 일반적 원칙

이제까지 우리는 **평균치**들의 표집분포에 대해서만 다루어 왔다. 그러나 표집분포의 개념은 일반적이고 어떤 표본통계치에도 적용할 수 있다. 만약 여러분이 10세 아동들의 무선표본들을 무한히 많이 추출해서 Stanford-Binet IQ의 평균치가 아닌 **중앙치**를 계산한다고 가정하자. 일련의 표집실험에서 얻어진 표본중앙치의 상대빈도는 **중앙치의 표집분포**라고 부를 수 있다. 또는 수많은 무선표본들로부터 각각의 표본 **표준편차**를 계산했다고 가정하자. 이런 경우, 표본 표준편차들의 상대빈도분포는 **표준편차들의 표집분포**가 될 것이다. 그리고 무한한 무선표본으로부터 동일한 두 변수들 간의 Pearson r을 계산했다면, 여러분은 **상관계수들의 표집분포**를 얻을 수 있을 것이다. 일반적 용어로,

> 통계치(중앙치, 평균치, 표준편차나 무엇이든지)의 무선표집분포는 무한한 일련의 동일한 표집실험들로부터 얻은 통계치들의 상대빈도분포이다.

물론, 표집실험이 동일해지기 위해서, 표본크기는 똑같아야 하고, 그 표본들은 동일한 전집에서(복원이 이루어져야 함) 선정되어야 한다.

다음 장에서는 통계적 추론의 개념과 절차를 단일 평균치들을 포함하는 문제에 적용시켜 전개해 나갈 것이다. 나중에 두 개의 평균치나 두 개의 상관계수들의 차이와 같은 다른 전집 모수치에 대한 추론을 시작하게 되면, 세부적인 것은 다를지라도 일반 원리는 여전히 적용된다는 것을 알게 될 것이다.

10.11 요약

무선표집에 대한 가정은 행동 연구자들에 의해서 사용되는 대부분의 추론 절차의 기초가 되고, 이 책에서 전개하는 무선표집모델이 바로 그것이다. 비록 행동연구에서 사용되

는 표본들이 무선적으로 추출되지 않는다고 하더라도, 무선표집을 가정하는 추론 절차의 적용은 해석에 신중을 기한다면 매우 유용할 수 있다.

세 가지 개념들이 무선표집 모델의 기본이 된다.

1. **전집** – 연구자가 결론을 유도해내기 원하는 관찰치들의 집합. 전집의 특성들은 모수치라고 한다.
2. **표본** – 전집의 일부. 표본의 특성들은 통계치라고 한다.
3. **무선표본** – 특정한 크기(n)의 모든 가능한 표본들 각각이 추출될 확률이 똑같이 되도록 하는 식으로 추출된 표본. 이러한 조건이 충족될 경우, 전집의 각 요소는 표본에 포함될 동등한 기회를 갖게 된다.

통계적 추론의 핵심적 질문은 "무선표집 하에서 다양한 표본 결과들을 얻을 확률은 얼마인가?"이다. 이 질문에 대한 답은 관련된 표집 분포에 의해 제공된다. 이것은 표본 평균치, 중앙치, 표준편차, 상관계수 혹은 다른 표본통계치들의 분포가 될 수도 있다. 모든 표집분포는 확률분포이다.

평균치들의 표집분포는 주어진 전집에서 추출한 특정한 크기의 모든 가능한 표본에 대한 평균치들의 상대빈도분포이다. 평균치들의 표집분포에 대한 평균치는 $\mu_{\bar{X}}$라는 기호로 표시하고, 그 값은 μ와 같다. 이 분포의 표준편차(평균치의 표준오차라고 부름)는 $\sigma_{\bar{X}}$라는 기호로 표시하고, 그 값은 $\sigma/\sqrt{n}$이다. $\sigma_{\bar{X}}$에 대한 공식은 작은 크기의 표본에 비해서 큰 크기의 표본이 표집변이가 작다는 것을 보여 준다. 분포의 형태는 그 전집이 정상이라면 정상일 것이다. 그러나 전집이 정상적으로 분포되지 않은 경우라도, 중심극한정리 덕분에 표본크기가 어느 정도 크면 평균치의 표집분포는 정상에 가까울 것이다. 결과적으로, 정상곡선은 다양한 값을 가지는 표본평균치들을 얻을 확률을 결정하는 수학적 모델로 사용될 수 있다.

연습문제

정의 또는 설명하라.

용어 및 개념

표본	편의표본
전집	접근 가능한 전집
통계치	평균치들의 표집분포
모수치	평균치의 표준오차

기호

μ σ σ^2 ρ

무선표집모델
무선표본
중심극한정리
통계치의 표집분포

공식

$$\mu_{\overline{X}} = \mu \qquad \sigma_{\overline{X}} = \frac{\sigma}{\sqrt{n}}$$

$$z = \frac{\overline{X} - \mu}{\sigma_{\overline{X}}}$$

질문 및 문제

참고: *가 있는 문제는 부록 A에 답이 제시되어 있다.

***1.** 어느 뉴스 보도자가 NCAA(전국대학체육협회) 규정 위반으로 주립 대학에 부과된 심각한 제재에 대해서 그 지역에 있는 한 스포츠 바의 손님들을 인터뷰한 후에 "거리에서 만난 일반 사람은 행복하지 않다."고 주장했다.

(a) 뉴스 보도자가 생각하는 전집은 무엇으로 보이는가?

(b) 이 경우에 표본은 무엇인가?

(c) 이 표본이 그가 생각하는 전집의 대표치로 생각할 수 있는가? 만약 그렇지 않다면 이 표본은 왜 편파적이라고 생각하는가?

2. 문제 1과 관련된 표집 문제를 검토한 후에, 여러분의 친구가 **문자 그대로** "거리에서" 사람들을 면접하기로 결정했다. 즉, 시내 중심가 인도에 서서 붙잡고 인터뷰를 할 수 있을 정도로 가까이 다가오는 행인을 전집으로 삼았다. 면접대상자들에 대한 진정한 무선표본을 얻는 것을 방해한다고 생각되는 편파성의 근원 네 가지를 제시하라.

***3.** 종교적 태도에 관한 연구를 하고 있는 한 사회학자가 그의 조수에게 교외에 위치한 대규모 교회에 가서 면접을 실시하기 위한 10명의 무선표본을 추출하라고 지시했다. 추출된 표본은 9명의 여자와 1명의 남자로 구성되었다. 표본속의 성별 분포가 고르지 못한 것을 본 그 조수는 "이 표본은 무선적이라고 볼 수가 없어, 거의 전부가 여자들이야."라고 불평을 하였다. 여러분은 사회학자의 조수에게 어떻게 반응할 것인가?

4. 어떤 특정한 관찰치들에 대한 전집이 양봉적이다(그림 3.11b 참조).

(a) 여러분이 이러한 전집에서 사례수가 3인 무선표본들에 대한 평균치들의 표집 분포에 대한 상당히 정확한 형태를 알기 원한다고 가정하자. 또한 여러분은 무한정한 시간과 자원이 있다고 가정하자. 반복적인 표집을 통해서 여러분이 그러한 분포의 형태를 알아낼 방법을 서술하라.

(b) 이런 전집으로부터 추출된 사례수가 150인 표본들의 평균치들의 표집분포는 어떠리라고 기대하는가? 여러분이 답하기 위해 사용한 원리를 말하라.

***5.** 여러분이 $\sigma_{\overline{X}}$에 대한 공식 10.2를 몰랐다고 가정하라. 만약 여러분이 무한정한 시간과 자원이 있다면, 문제 4의 전집으로부터 추출된 사례수 3인 모든 표본들의 $\sigma_{\overline{X}}$에 대한 경험적 추정치를 어떻게 구하겠는가?

6. 그림 10.4*a*의 평평한 또는 사각분포로부터 추출된 $n = 2$에 대한 평균치들의 표집분포는 왜 양 끝 쪽보다는 가운데에 더 많은 사례들을 갖는지 직관적인 설명을 해 보라. (**힌트**: 매우 높거나 매우 낮은 평균치들이 얻어질 경우의 숫자와 중앙을 향한 평균치들이 얻어질 경우의 숫자를 비교하라.)

7. 어떤 평균치들의 표집분포든 간에 세 가지 규정된 특징들은 무엇인가?

***8.** 어떠한 통계적 추론 문제에서든지 대답해야 하는 핵심적인 질문은 무엇인가?

***9.** 어느 관찰치들의 전집이 $\mu = 100$, $\sigma = 30$으로 정상적으로 분포되어 있다. 여러분이 이 전집으로부터 크기가 36인 표본을 하나 무선적으로 추출했다고 가정하자.

(a) 평균치의 표준오차를 계산하라.

(b) 표본평균치가 92 이상일 확률은 얼마인가?

(c) 표본평균치가 전집평균치 100 보다 8점 이상일 확률은 얼마인가?

(d) 표본평균치가 전집평균치와 (어느 방향으로든지) 4점 이상 다를 확률은 얼마인가?

(e) 그것과 같거나 높은 평균치를 얻을 확률이 .01이 되는 표본평균치는 얼마인가?

(f) 어느 한계 내에 모든 가능한 표본 평균치들의 95%가 포함되겠는가?

***10.** 여러분이 문제 9번의 전집으로부터 표본크기가 36인 표본을 무한히 많이 표집했다고 가정하자.

(a) 결과로 얻어진 표본평균치들의 평균치는 얼마인가?

(b) 표본평균치들의 표준편차는 얼마인가?

(c) 표본평균치들의 분포의 모양은 어떠한가? (어떻게 여러분이 알 수 있었는가?)

11. 신체적 매력에 대한 동료평정 전집은 거의 정상적으로 분포하고 $\mu = 5.2$, $\sigma = 1.6$이다. 전집으로부터 네 개의 평정으로 구성된 하나의 무선표본이 추출되었다.

(a) $\sigma_{\overline{X}}$를 계산하라.

다음의 표본평균치를 얻을 확률은 무엇인가?

(b) 6.6보다 높은 점수는?

(c) 3.8만큼 극단적인 점수는?

(d) 4.4보다 낮은 점수는?

(e) 전집평균치와 전집평균치에서 .5 아래 사이에 있은 점수는?

(f) 전집평균치로부터 (어느 방향으로든지) .5 이상 떨어져 있지 않은 점수는?

(g) 그 점수와 같거나 낮은 평균치를 얻을 확률이 .05가 되는 표본평균치는 얼마인가?

(h) 표본평균치가 그 한계 내에 포함될 확률이 .95가 되는 가운데 위치한 한계는 얼마인가?

12. 표본크기를 100으로 하여 문제 11h를 반복하라.

(a) 평균치의 표준오차에 대한 큰 표본의 효과는 무엇인가?

(b) 큰 표본크기가 표본평균치의 가운데 95%의 한계에 미치는 효과는 무엇인가?

(c) 무선표본의 평균치로부터 전집의 평균치를 추정하려고 할 때 큰 표본을 사용하는 것의 장점을 확인할 수 있는가?

13. 문제 11과 12에서 사용된 평정에 대한 전집분포의 형태에 관해 아무 것도 모른다고 가정하자. 이렇게 아무 것도 모른다는 사실이 문제 11을 푸는데 어떤 영향을 미치는가? 문제 12에 대해서는 어떠한가? (설명하라.)

***14.** 어떤 정상적으로 분포하는 관찰치들의 전집에 대하여 $\sigma = 15$인 것은 아는데 μ는 얼마인지 모른다고 가정하자. 우리는 크기가 50인 무선표본 하나를 추출하여 그 표본평균치를 전집평균치를 추정하는데 사용하려고 한다.

(a) $\sigma_{\overline{X}}$를 계산하라.

(b) 표본평균치가 알려지지 않은 μ 값의 (어느 방향으로든지) 5점 이내에 놓이게 될 확률은 얼마인가?

(c) μ의 (어느 방향으로든지) 2점 이내에 놓이게 될 확률은 얼마인가?

(d) 표본평균치가 μ의 (어느 방향으로든지) ___점 이내에 놓이게 될 확률은 .95이다.

15. 우리는 문제 14의 전집으로부터 50개의 관찰치로 된 무선표본을 하나 추출하였는데 $\overline{X} = 108$이다. 우리가 $\sigma = 15$인 것은 알지만 μ에 대한 값은 모른다는 것을 기억하라.

(a) 표본평균치 108로 미루어 볼 때 107은 μ에 대한 가능한 값으로 타당한가? 확률의 관점에서 설명하라.

(b) 표본평균치로 미루어 볼 때 100은 μ에 대한 가능한 값으로 타당한가?

16. 어느 성격검사 점수들의 전집이 정상적이고 $\mu = 50$이고 $\sigma = 10$이다.

(a) 크기가 25인 표본들에 대한 중앙치들의 표집분포에 대한 상당히 정확한 형태 에 대한 정보를 얻기 위하여 거쳐야 할 절차를 서술하라. (여러분이 무한정한 시간과 자원을 가지고 있다고 가정하라.)

(b) 통계학 이론은 만약 전집분포가 정상적이라면 다음과 같다고 말해 주고 있다.

$$\sigma_{Mdn} = \frac{1.253\sigma}{\sqrt{n}}$$

σ_{Mdn}은 무엇을 나타내는가? (명칭을 제시하라.) 개념적으로 σ_{Mdn}은 무엇인가?

(c) 만약 우리가 전집으로부터 크기가 25인 표본을 무선적으로 추출했다면, 표본의 중앙치가 55 이상에 놓이게 될 확률은 얼마인가? (정상적인 표집분포를 가정하라.)

(d) μ가 알려지지 않은 어떤 정상 전집에서는 표본평균치와 표본중앙치 중에서 어느 것이 μ에 대한 더 나은 추정치가 될 것 같은가? 설명하라.

제 11 장

σ가 알려진 경우 μ에 대한 통계적 가설검증: 단일표본 z 검증

11.1 μ에 대한 가설검증: "재택교육"은 효과가 있는가?

앞 장에서는 통계적 추론의 기본이 되는 표집이론에 대해 개관하였다. 이번 장에서는 그 이론을 행동 연구자들에 의해 가장 널리 사용되고 있는 통계적 추론방법인 **통계적 가설검증**(statistical hypothesis testing)에 어떻게 적용하는지에 대해 배울 것이다. 이것은 **유의도 검증**(significance testing)이라고도 알려져 있다. 우리는 이 접근법의 매우 간단한 예로서 단일 전집의 평균치들에 대한 가설검증 예를 제시할 것이다. 구체적으로, 우리는 σ가 알려진 경우에 μ에 대한 가설검증에 초점을 맞출 것이다.

1980년대 초반부터 미국에서는 전국적으로 교육제도에 만족하지 못하는 점점 많은 부모들이 집에서 자신의 자녀들을 가르치겠다는 막대한 책임을 떠맡기 시작했다. 이것은 전적으로 합법적인 것이다. 어떤 주에서는 부모들이 단순히 아동의 진전 상태를 모니터하는 계획서와 함께 자녀들을 집에서 교육시키기를 원하는 이유서만 제출하면 된다.

여러분은 "재택교육(home schooling)" 운동과 관련된 찬반논쟁들을 상상할 수 있을 것이다. 즉, 옹호자들 그 효율성은 이미 판명이 난 것이라고 주장하고, 비판론자들은 최악이라고 주장한다. 그러나 재택교육은, 결과가 좋던 나쁘던 간에, 효과가 **있는가?** Puedam 대학의 교육심리학과 교수인 Marc Meyer는 이러한 질문에 대해 연구해 보기로 마음을 먹었다. 알고 보니, 그가 살고 있는 주에서 학교를 다니는 모든 4학년 학생들은 그 주를 위해 특별히 개발된 표준화 학업성취도검사를 받는다. 점수들은 $\mu = 250$이고 $\sigma = 50$으로 정상적으로 분포한다.

재택교육을 받는 아동들은 이 검사를 받도록 요구받지 않는다. 이에 좌절하지 않고 Meyer 박사는 재택교육을 받는 4학년생 25명으로 구성된 무선표본 하나를 선정하고 이 아동들로 하여금 검사를 받게 하였다. (그 주에 있는 재택교육을 받는 4학년 아동들 전체 전집에 검사를 실시하는 것은 지나친 경비와 시간을 소모하는 일이 분명하다.) 그의 전반적인 목적은 재택교육을 받는 4학년 아동들의 성취도 점수의 전집 평균치가 그 주의 평균치인 250과 비교하여 어떤지를 알아보고자 하는 것이다. 그의 문제는 다음과 같은 매우 구체적인 질문으로 재진술될 수 있다. "**250은 재택교육을 받는 전집의 평균치로서 적당한 값인가?**" 문제의 전집은 더 이상 학교에 다니는 4학년 학생들의 대규모 집단이 아니라, **재택교육을 받는** 4학년생들의 검사 점수라는 점을 주목하라. 이것은 전집을 결정하는 것은 연구자의 관심과 흥미라는 것을 보여 주는 것이다.

비록 우리는 이와 같이 구체적이고 비교적 단순한 예제를 가지고 통계적 가설검증을 소개할 것이지만, 제시될 전체적인 논리는 일반화 될 수 있는 것이다. 이러한 일반적인 논리는 Meyer 박사의 경우보다 더 복잡한 상황에서의 가설검증과 하나 이상의 전집 평균치에 관한 가설들을 검증하는 데도 적용된다. 다음 장들에서 여러분은 전집의 상관계수와 같은 다른 모수치들뿐만 아니라 둘이나 그 이상의 전집들의 평균치들을 비교하는데 동일한 논리가 어떻게 적용되는지를 보게 될 것이다. 이 장이나 다음 장들에 나오는 모든 경우에서 여러분이 당면할 통계적 검증들은 이제까지 논의된 표집과 확률 원리들에 기초하는 것이다.

11.2 Meyer 박사의 문제 요약

다음의 다섯 단계에서 우리는 Meyer 박사가 그의 문제를 해결하기 위해 사용할 논리와 행동들을 요약할 것이다. 그 후에 우리는 이 과정에 대해 보다 자세히 논의할 것이다.

1 단계. Meyer 박사는 그의 질문을 진술문 혹은 가설의 형태로 재구성 한다. **재택교육을 받는 4학년생들의 학업성취 점수들의 전집평균치는 사실상 250과 같다(즉, $\mu = 250$).**

2 단계. 그는 다음과 같이 질문한다. "**만약 가설이 사실이라면,** $\mu = 250$인 전집으로부터 표본크기가 $n = 25$인 무선표본을 무한히 많이 추출할 경우, 우연성, 즉 표집변이에만 의존하면 어떤 표본평균치를 기대할 것인가?" 10장에서 여러분이 배웠다시피 이러한 정보는 평균치들의 표집분포를 통해 알 수 있다. 이 상황에 관련된 표집분포는 그림 11.1에서 보여 주고 있다. 이 표집분포의 평균치, $\mu_{\bar{X}}$는 250

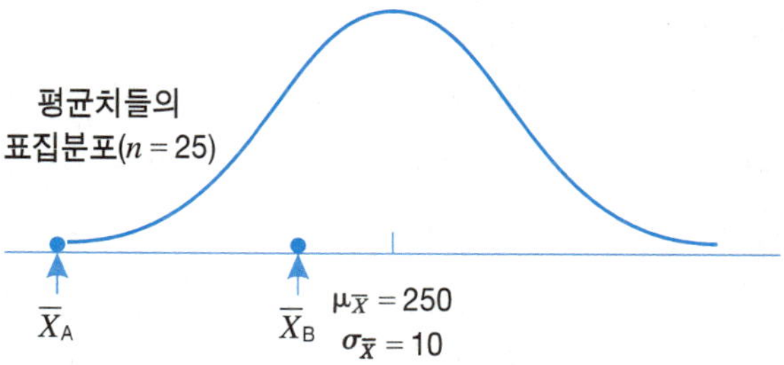

그림 11.1 영가설이 사실일 때 모든 가능한 표본평균치들 중에서 얻은 두 가지 가능한 표본평균치의 위치

이라고 가정된 값이고, 표준오차인 $\sigma_{\overline{X}}$는 다음과 같다.

$$\frac{\sigma}{\sqrt{n}} = \frac{50}{\sqrt{25}} = 10$$

3 단계. 그는 그 주에 있는 재택교육을 받는 4학년생 학생들의 전집에서 무선표본(n = 25)을 선정하여 주가 시행하고 있는 성취도검사를 실시하고, 성취도검사 점수의 평균치인 $\overline{X}$를 계산한다.

4 단계. 그리고 그는 그의 표본평균치를, 표집분포에서 나타난 것과 같은 $n = 25$인 모든 가능한 표본들과 비교한다. 우리는 예시의 목적에서 이것을 μ가 사실상 250일 때 기대되는 표본평균치들의 분포 속에 가능한 두 가지 결과를 삽입한 그림 11.1로 제시하였다.

5 단계. 4 단계의 비교에 기초해서, Meyer 박사는 $\mu = 250$이라는 그의 가설에 대한 두 가지 결정 중 하나를 선택하게 되는데, "기각"하든지 혹은 "수용"하는 것이다. 만약 그가 $\overline{X}_A$ 얻었다면, 그는 가설을 수용할 수 없는 것으로 기각할 것이다. 왜냐하면 $\overline{X}_A$는 **가설이 사실일 경우에** 기대할 수 있는 표본평균치와는 상당히 다르기 때문이다. 즉, $\mu = 250$인 경우에 우연 표집변이만으로는 $\overline{X}_A$만큼 드문 평균치를 얻게 될 확률은 지나치게 낮다. 이것은 매우 일어나기 힘들기는 하지만 **가능한** 일이기는 하다. 반대로, Meyer 박사가 $\overline{X}_B$라는 값을 얻었다면 가설을 타당한 진술문으로 수용할 것이다. 왜냐하면, $\overline{X}_B$는 **가설이 사실일 경우에** 기대할 수 있는 것과 일치하기 때문이다. 즉, $\mu = 250$인 전집에서 단지 우연성에 의해서만 $\overline{X}_B$가 될 확률은 충분하다는 것이다.

위에 제시된 논리는 약간 순서가 바뀐 것이어서 여러분을 놀라게 할지도 모른다. 이것은 통계적 가설검증은 **간접적인 증명**의 과정이기 때문이다. 다시 말해서, 가설을 검증하기 위해서 Meyer 박사는 처음에 **가설이 맞는 것으로 가정한다.** 그리고 그는 적절한 표집분포를 통한 이 가정 하에서 예측되는 모든 가능한 표본 결과들의 계산을 위해서 이러한 가정의 논리적 함의를 따른다. 마지막으로 그는 그의 실제 표본결과가 예상되는 값과 다른지에 대해서 논의한다. 만약 이것이 다르면, 가설은 수용할 수 없는 것으로 기각될 것이다. 만약 결과가 기대되는 것과 다르지 않다면 가설은 타당한 가능성으로 수용된다.

여러분은 Meyer 박사의 표본평균치가 $\overline{X}_A$와 $\overline{X}_B$ 사이 어딘가에 있다면 그의 결정이 어떨지 궁금할 것이다. 표본 값이 가설을 기각할 정도로 드문 경우라는 것은 어떤 것인가? 어떻게 결정하는가? 곧 배우게 되겠지만, 이러한 결정을 위해 만들어진 준거들이 있다.

Meyer 박사의 문제에 대한 전반적인 검토를 기반으로, 이제 우리는 통계적 가설검증에 대한 보다 상세한 설명을 제시할 것이다.

11.3 통계적 가설: H_0와 H_1

위의 1 단계에서 Meyer 박사는 다음의 가설을 설정하였다. **재택교육을 받은 4학년생의 성취도 점수의 전집의 평균치는 250과 같다.** 이는 **영가설**(null hypothesis)이라고 부르고, 기호로는 $H_0 : \mu = 250$으로 표현된다.

> 영가설 H_0은 통계적 가설검증에서 중심적인 역할을 한다. 영가설은 사실이라고 가정된 가설로 공식적으로 검증되는 것이다. 이 가설은 도입할 표집분포를 결정짓는 가설이다. 그리고 이것은 “기각”이나 “수용”으로 최종결정을 하게 되는 가설이다.

사실상 이 시점에서 설정되는 두 번째 가설이 있는데 그것은 **대립가설**(alternative hypothesis), H_1이다.

> 대립가설 H_1은 H_0가설이 기각되었을 때 “지지”되고, “주장”되는 대안적인 전집의 조건을 명시한다. H_1은 일반적으로 연구자의 기저의 연구문제를 반영한다.

현재 사례에서, 대립가설은 $\mu = 250$이 아닌 전집의 조건을 명시한다.

H_1은 두 가지 일반적인 형태 중 하나를 취할 수 있다. 만약 Meyer 박사가 H_0이 허위일 경우에 무엇을 기대해야 할지 분명한 생각이 없이 그의 연구를 시작한다면, 그는 실제 전집의 값이 250보다 높은지 혹은 낮은지를 아는 것에 관심이 있을 것이다. 그는 재택교육을 받는 학생들의 성취도가 250보다 높은지를 아는 것에 관심이 있는 만큼 낮은지를 아는 것에도 관심이 있을 수 있다. 이 경우에는 **비방향적 대립가설**(nondirectional alternative hypothesis), $H_1 : \mu \neq 250$를 설정하게 된다. 비방향적 대립가설은 행동연

구에서 일반적인 것으로 차이의 방향이 어느 쪽이든 간에 “차이”가 있는지 알기를 원할 때 사용하게 된다.

반대로, Meyer 박사가 그의 관심이 어느 한 쪽 방향으로만 치우친 경우에는 **방향적 대립가설**(directional alternative hypothesis)을 설정하게 된다. 아마도 그는 교수법이론과 선행 연구에 기초하여 개별적이고 강도 높은 재택교육의 특성이 학업성취를 **촉진**시킨다고 굳게 믿고 있을 수 있다. 이 경우에는 영가설이 허위라면 실제 전집 값은 250보다 **큰 값**을 갖는다고 가정할 것이다. 여기서 대립가설은 $H_1 : \mu > 250$과 같은 형태가 될 것이다. 만약 반대로, 그가 전집의 값이 250보다 작다고 생각한다면, 대립가설은 $H_1 : \mu < 250$이 될 것이다.

여러분은 이 경우에 선택할 수 있는 세 가지 구체적인 대립가설이 있다는 것을 알 수 있다.

$$H_1: \mu \neq 250 \text{ (비방향적)}$$
$$H_1: \mu > 250 \text{ (방향적)}$$
$$H_1: \mu < 250 \text{ (방향적)}$$

Meyer 박사가 방향적 대립가설을 주장할 강력한 근거를 가지고 있지 않다고 가정하자. 즉, 그는 250으로부터 어느 방향으로건 차이가 있는지에 대한 관심이 있다고 하자. 그러면, 그의 두 통계적 가설은 다음과 같다.

$$H_0: \mu = 250$$
$$H_1: \mu \neq 250$$

H_0과 H_1은 모두 **표본과 통계치에 대한 진술이 아니라 전집과 모수치에 대한 진술문**이라는 것에 주목하라. 즉, 두 통계적 가설은 모두 표본통계치인 $\overline{X}$에 대한 것이 아니라 전집의 모수치인 μ에 대한 것이다. 더욱이 두 가설들은 자료가 검토되기 **전에** 수립된다. 우리는 이 장의 뒷부분에서 H_0과 H_1의 특성에 대해서 더 살펴볼 것이다.

11.4 검증통계치 z

영가설과 대립가설을 진술하고 또한 자료를 수집하였으므로, Meyer 박사는 재택교육을 받는 25명의 그의 표본으로부터 성취도 점수의 평균치를 계산하여 $\overline{X} = 272$라는 값을 얻었다. 만약 전집 평균치가 250이라면 이러한 표본평균치는 얼마나 있음직한 일인가? 보다 공식적인 용어로 하면, $\mu = 250$인 전집으로부터 $n = 25$인 무선표본을 무한히 추출한다면, 250에서 272가 떨어진 만큼의 차이를 보이는 표본평균치들의 비율은 얼마나 되는가? 이 질문에 답하기 위해서 Meyer 박사는 **H_0이 사실일 때** 모든 가능한 표본평균치들 중에서 그의 표본평균치의 상대적 위치를 결정해야 한다. 그는 영가설 하에 설정된 값인 250이 가설적인 표집분포의 평균치와 같다는 것을 알고 있다(그림 11.1을 보라). 그는 $\sigma = 50$이라는 것을 알기 때문에 이 표집분포의 평균치의 표준오차인 $\sigma_{\overline{X}}$를 쉽게 계산할 수 있다.

$$\sigma_{\overline{X}} = \frac{\sigma}{\sqrt{n}} = \frac{50}{\sqrt{25}} = \frac{50}{5} = 10$$

이제 Meyer 박사는 그의 표본평균치인 272를 공식 10.3을 이용하여 z로 변환한다. 통계적 가설검증의 맥락에서 z 점수는 **검증통계치**(test statistic)라고 불리며, H_0을 검증하기 위한 통계치이다. z 점수 공식의 일반적인 구조는 지난번에 본 것과 달라지지 않았지만, 우리는 **영가설**에 있는 μ의 값을 나타내기 위해서 μ 대신에 μ_0를 대입하였다.

z 검증통계치

$$z = \frac{\overline{X} - \mu_0}{\sigma_{\overline{X}}} \tag{11.1}$$

현재 사례에서는,

$$z = \frac{\overline{X} - \mu_0}{\sigma_{\overline{X}}} = \frac{272 - 250}{10} = \frac{22}{10} = +2.20$$

이 요비에서 분자인 22는 표본평균치인 272가 영가설 하에서 모든 가능한 표본평균치의 기대되는 평균치($\mu_0 = 250$)에 비해 22점 높다는 것을 나타내고 있다. 분자인 10으로 나눌 때 22점의 차이는 2.20 표준오차, 즉 z 통계치 혹은 **z 요비**(ratio)로 바뀌게 된다. 이는 하나의 표본으로부터 자료를 얻기 때문에 우리는 이러한 검증을 **단일표본 z 검증**이라고 부른다.

Meyer 박사는 표집분포에서 그의 표본평균치의 상대적 위치를 알아보기 위해서 z 요비를 계산하였다. 그는 익숙한 논리를 이용해서 다음 절에 기술하는 바대로 z 값과 관련된 확률을 평가한다.

11.5 검증통계치의 확률: p 값

이제 다시 핵심 질문으로 돌아가자. $\mu = 250$인 전집이 주어졌을 때 표본평균치인 272는 얼마나 있음직한 것인가? 보다 구체적으로, 평균치가 272만큼이나 벗어난 무선표본을 이 전집으로부터 선택할 확률은 얼마인가?

표 A(부록 B)로부터 Meyer 박사는 $\overline{X} = 272$에 대한 검증통계치 값인 $z = +2.20$을 넘는 정상곡선 밑의 면적이 .0139라는 것을 구했다. 이는 그림 11.2에 오른쪽에 칠해진 면적이다. 그가 찾은 확률값은 .0139인가? 그렇지 않다. 그는 가능한 결과들이 어느 쪽에 있든지 똑같이 관심이 있기 때문에 Meyer 박사는 **비방향적인** 대립가설을 설정했다는 것을 기억해야 한다. 즉, 재택교육을 받는 학생들의 전집 평균치가 언급된 값 250의 위에 있든지 아래에 있든지 상관이 없다. 비록 실제 표본이 표집분포의 한쪽 면에 있다고 해도(두 쪽 면에 동시에 있을 수는 없다), 확률적인 질문을 제기할 때는 Meyer 박사의 H_1의 비방향적인 특성을 존중해야 한다. (H_1은 자료를 수집하기 **전에** 설정된다는 것을 기억하라.) 이 질문은 272만큼이나 떨어진 표본평균치를 선택할 확률에 대한 것이다.

228($z = -2.20$)이라는 평균치도 272($z = +2.20$)만큼 다른 것이기 때문에, Meyer 박사는 덧셈법칙을 사용하여 **양방** 확률 값을 구했다(그림 11.2 참조). 이것은 **양방검증**(two- tailed test)이라고 한다. 그는 그가 얻은 결과인 $p = .0139 + .0139 = .0278$이라는 **정확확률**(exact probability), 혹은 p 값을 구하기 위해서 $z = +2.20$(오른 쪽에 빗금 친 면적)과 관련된 확률과 $z = -2.20$(왼 쪽에 빗금 친 면적)과 관련된 확률을 합쳤다 (실제로, 여러분은 표 A에 나온 값을 두 배하면 될 것이다.)

> p 값은 H_0가 사실일 때 실제로 얻어진 결과만큼 혹은 그 이상으로 H_1에 명시된 방향(들)으로 이탈된 표본결과를 관찰할 확률이다.

따라서 p 값은 H_0이 사실일 때 표본결과가 얼마나 드문 일인가에 대한 측정치이다. Meyer 박사가 $\mu = 250$이 사실일 때, 272만큼 다른 평균치를 얻을 확률은 $p = .0278$이다.

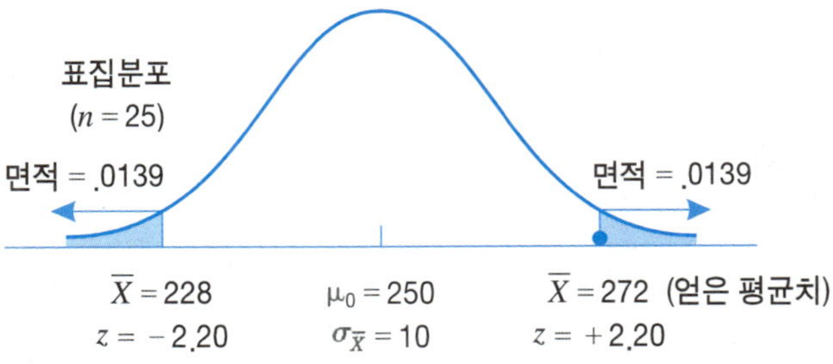

그림 11.2 영가설($\mu = 250$)이 사실일 때 표집분포 속에서 Meyer 박사의 표본평균치($\overline{X} = 272$)의 위치: 그가 얻은 결과에 관한 양방확률은 $.0139 + .0139 = .0278$.

11.6 결정기준: 유의도 수준(α)

이제 Meyer 박사가 그의 결과와 관련된 확률을 알았으니 H_0에 대한 그의 결정은 어떻게 되는가? 분명히 **영가설**($\mu = 250$) **하에서** 그가 얻은 표본평균치와 같이 이탈된 값을 얻는 것은 매우 쉽지 않은 일이다. 즉, $\mu = 250$인 전집으로부터 나온 무한한 수의 무선표본들에서는 250으로부터 이만큼(혹은 그 이상) 이탈된 값을 가지는 평균치는 3%(.0278) 미만이다. 이것은 H_0이 허위라는 것을 시사하는 것이 아닌가?

H_0에 대한 결정을 하기 위해서, Meyer 박사는 확립된 기준이 필요하다. 대부분의 행동연구자들은 표본평균치가 무선표집에서 우연에 의해서 얻을 확률이 .05 이하보다 작을 정도로 드문 확률이면 (비록 여러분이 더 낮은 .01이나 가끔은 .001과 같은 값들도 보겠지만) H_0을 기각한다. 이와 같은 결정기준을 **유의도 수준**(level of significance)이라고 부르고, 기호는 그리스 문자인 α(알파)이다.

> 유의도 수준, α는 H_0을 수용할 수 없는 것으로 기각하기 위해서는 그 표본의 결과가 얼마나 드물게 나타나는 일이어야 하는가를 명시한다. 이것은 그 H_0이 사실이라는 가정에 기초한 일종의 확률(전형적으로 .05, .01, 혹은 .001)이다.

Meyer 박사가 결정기준으로 .05의 유의도 수준($\alpha = .05$)을 적용하기로 했다고 하자. 그는 만약 자신의 표본평균치가, 250보다 훨씬 높거나 낮아서 모든 가능한 표본평균치들 중에서 가장 나타날 가능성이 적은 5%에 해당하면, $\mu = 250$이라는 가설을 기각하게

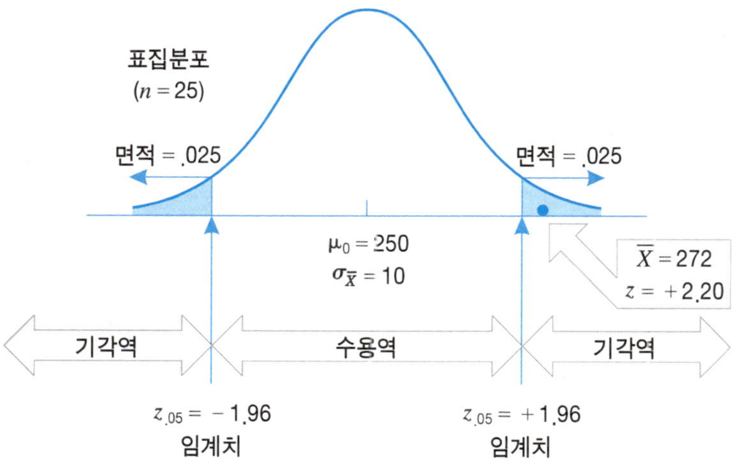

그림 11.3 양방검증($\alpha = .05$)을 위한 기각역. Meyer 박사의 표본평균치($\overline{X} = 272$)는 임계역($+2.20 > +1.96$)에 포함되므로, H_0은 기각되고 H_1이 채택됨.

될 것이다. 이러한 방법이 그림 11.3에 나타나 있는데, H_0이 사실일 때 꼬리 부분의 전체 칠해진 부분은 표본평균치들의 5%에 해당된다. H_1의 비방향적 속성 때문에 .05는 양쪽 꼬리로 각각 2.5%씩으로 나누어진다. 빗금친 꼬리들에 의해서 정의된 영역은 **기각역**(regions of rejection)이라고 부르는데, 표본평균치가 이 영역에 있게 되면 H_0은 수용되지 못하고 기각될 것이기 때문이다. 이러한 영역들은 역시 **임계역**(critical regions)이라고도 알려져 있다.

z의 **임계치**(critical value)들은 기각역들과 가운데 부분인 **수용역**(regions of retention)을 분리시킨다. 10장(10.8절의 문제 4)에서 여러분은 표집분포의 모든 가능한 표본평균치의 95%가 $z = \pm 1.96$ 사이에 있다는 것을 배웠다. 이는 그림 11.3에서도 볼 수 있듯이 $z = -1.96$은 하위 임계역(이 밑으로 면적의 2.5%가 포함된다)의 시작이고, $z = +1.96$은 상위 임계역(이 위로 면적의 2.5%가 포함된다)의 시작이다. 따라서 z의 양방 임계치는 $\alpha = .05$일 때 $z_{.05} = \pm 1.96$이다. 우리는 자료로부터 z의 값을 계산한 것이 아니라(여기서는 아무런 표시도 하지 않고 그대로 두었음), $z(\alpha = .05)$의 **임계치**라는 것을 표시하기 위해서 z에 ".05"라는 아래 첨자를 붙였다.

Meyer 박사의 검증통계치인 $z = +2.20$는 상위 임계치인 $+1.96$($+2.20 > +1.96$)보다 위에 있어서, 그림 11.3에서 보는 바와 같이 기각역에 포함된다. 이는 그의 표본평균치와 관련된 확률이 유의도 수준인 α보다 작다는 것을 의미한다. 따라서 그는 $H_0 : \mu = 250$을 유지할 수 없는 것으로 기각하게 된다. 재택교육을 받는 학생들의 표본이 $\mu = 250$인 전집으로부터 나왔을 **가능성**은 있지만, 이 가능성은 Meyer 박사의 제안이 타당하지 않은 것으로 기각하기에는 너무 낮다($p = .0278$). 만약 그의 z 요비가 -2.20이라도, 그는 동일한 결론에 도달할 것이다(그리고 동일한 p 값을 얻게 된다). 어쨌든 이 경우에 z 요비는 **하위** 기각역에 포함되었을 것이다($-2.20 < -1.96$).

H_0의 유지가능성을 평가할 수 있는 두 가지 방법이 있음을 주목하라. 여러분은 p 값을 α와 비교하거나(이 경우에는 $.0278 < .05$), z 요비를 임계치와 비교할 수 있다($+2.20 > +1.96$). 둘 중에 어떤 방법이든 간에 H_0에 대한 동일한 결론에 도달할 것이다. 이것은 p(면적)와 계산된 z는 그림 11.3에서 보여 주는 것과 같이, 기각역에 대한 표본평균치의 상대적인 위치를 반영하기 때문이다.

양방검증에 대한 결정 규칙들은 표 11.1에서 볼 수 있다. 다음 장들에서 여러분이 배우게 될 통계적 검증에 대한 정확 확률은 손으로 계산해서는 쉽게 구할 수 없다. 따라서 이 책에 나온 대부분의 검증을 할 때는 H_0에 대한 결정을 하기 위해서 검증통계치를 계산한 값과 임계치를 비교하는 것에 의존할 것이다.

Meyer 박사의 경우로 돌아가 보자. H_0의 기각은 $H_1 : \mu \neq 250$에 대한 지지를 의미하는 것이다. 그는 재택교육을 받는 4학년생 전집의 성취도 평균치는 250과는 "다른" 어

표 11.1 양방검증에 대한 결정 규칙들

	H_0의 기각	H_0의 수용
p의 관점:	$p \leq \alpha$	$p > \alpha$
z의 관점:	$z \leq -z_\alpha$ 또는 $z \geq +z_\alpha$	$z > -z_\alpha$ 또는 $z < +z_\alpha$

떤 값을 가진다고 결론을 내리고 검증과정을 끝낼 필요는 없다. 만약 250이 μ로 생각하기에는 그가 얻은 표본평균치인 272보다 너무 낮아서 수용하기 어렵다면, 250보다 **낮은** 값들은 더욱 수용할 수 없다. 따라서 그는 μ는 250보다 **높아야** 한다고 결론내릴 수 있을 것이다. 250보다 얼마나 높아야 하는지에 대해서 말할 수는 없다. (여러분은 다음 장에서 μ가 놓이는 **위치**에 대해서 어떻게 보다 많은 정보를 담은 진술을 할 수 있는지를 배우게 될 것이다.)

표 11.2에 Meyer 박사가 따른 통계적 가설검증 절차를 요약하였다. 더 진행하기 전에 이 표를 잘 검토할 것을 권한다.

표 11.2 Meyer 박사가 실시한 통계적 가설검증에 대한 요약

1 단계. H_0과 H_1을 명세화하고, 유의도 수준(α)을 선정한다.

- $H_0 : \mu = 250$
- $H_1 : \mu \neq 250$
- $\alpha = .05$(양방)

2 단계. 표본을 선택하고, 필요한 표본통계치를 계산한다.

- 표본평균치:

  $\overline{X} = 272$

- 평균치의 표준오차, $\sigma_{\overline{X}}$:

$$\sigma_{\overline{X}} = \frac{\sigma}{\sqrt{n}} = \frac{50}{\sqrt{25}} = \frac{50}{5} = 10$$

- 검증통계치 z

$$z = \frac{\overline{X} - \mu_0}{\sigma_{\overline{X}}} = \frac{272 - 250}{10} = \frac{22}{10} = +2.20$$

3 단계. 영가설 하에서 z의 확률을 계산한다.

양방확률인 $p = .0139 + .0139 = .0278$은 .05보다 작다($p \leq \alpha$). 물론 얻어진 z 요비도 역시 z 임계치를 넘고($+2.20 > +1.96$), 따라서 기각역에 포함된다.

4 단계. H_0에 대한 결론을 내린다.

계산된 z 요비는 기각역($p \leq \alpha$)에 있기 때문에 H_0는 기각되고, H_1는 채택된다.

11.7 유의도 수준과 결정오류

여러분은 발생가능성의 희귀성 기준에 따라 H_0을 기각할 것인지 혹은 수용할 것인지를 결정하고, 또한 이런 점에서 .05나 .01이 일반적으로 사용되는 값이라는 것을 보았다. 어떤 의미에서 이 값들은 임의적인 것이지만, 다른 의미에서는 그렇지 않다. 유의도 수준인 α는 H_0에 대한 결정을 내리려고 할 때 연구자가 기꺼이 감수하겠다는 위험도를 의미하는 것이다. 그림 11.4를 보면 $\alpha = .05$일 때 양방검증이 어떻게 이루어지는지 알 수 있다. H_0이 사실일 때($\mu_0 = \mu_{사실}$), 모든 가능한 표본평균치 중 5%는 어쨌든 H_0이 허위라는 결론을 내리게 한다. **이것은 필연적으로 사실인데,** H_0이 사실일 때 이와 같은 극단적인 평균치들이 (아주 드물기는 하지만) 생기기는 하지만 표본평균치의 5%는 표집 분포의 "기각역"에 포함되기 때문이다. 따라서 여러분이 $\alpha = .05$를 채택했다면, 이것은 **H_0이 실제로는 사실**이라고 하더라도 기각되는 .05의 확률을 수용하겠다는 것을 말하는 것이다. 사실인 H_0을 기각하는 것은 **결정오류**(decision error)이고, 신이 보여주지 않는 한 여러분은 언제 이와 같은 오류가 생기는지 알 수가 없다.

> 유의도 수준인 α는 H_0이 사실일 때 기각될 확률을 나타내주는 것이다. H_0이 사실일 때 H_0이 기각되는 것을 **일종오류**(Type I error)라고 한다.

다소 세련되지 못한 말로 하자면, 일종오류란 "우리가 그렇지 않아야 할 때" 유의한 결과를 얻게 되는 것이다.

이러한 오류를 범할 위험을 줄이기 위해서, 연구자는 α를 낮게 설정할 수 있다. 우리가 그것을 아주 낮은, 예를 들어 $\alpha = .0001$이라고 설정하였다고 가정해 보자. 이제는 우리가 표본의 결과가 아주 특이해서 그것이 일어날 확률이 $p = .002$밖에 안 되는 그런 결과를 얻었다고 가정하자. 우리가 도입한 기준에 따르면, 이것은 H_0의 기각을 허용할 만큼 충분히 드문 결과는 아니다(.002>.0001). 그러므로 우리는, 상식적으로는 영가설이

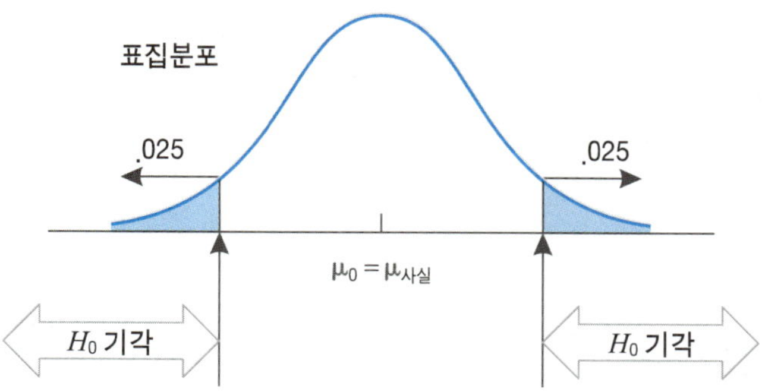

그림 11.4 $\alpha = .05$일 때 양방 검증; H_0이 사실일 때 표본 z 요비의 5%는 H_0의 기각이라는 잘못된 결론을 내리게 함.

허위라고 말할 수 있는데도 불구하고, H_0을 수용해야 한다. 그러므로 α을 낮추는 것은 다른 종류의 오류, 즉 H_0이 **허위**일 때 **수용**하는 오류를 범할 가능성을 증가시키는 것이다. 이것을 "**이종오류**(Type II error)"라고 한다.

이종오류(Type II error)는 허위인 H_0이 수용될 때 범해진다.

우리는 그림 11.5에서 이종오류의 개념을 보여 줄 것이다. 예를 들어, 여러분의 H_0: μ = 150라는 영가설이 양방적 대립가설에 대항해서 검증되려고 하고 5%의 유의도 수준이 도입되었다고 가정하자. 표본을 하나 선정하였고, 그 평균치가 152라는 것을 알았다. 그러면 이제 우리에게는 알려지지 않았지만 전집의 진짜 평균치가 154일 수 있을 것이다. 그림 11.5에, 실선은 영가설이 사실이라는 가정 하의 표집분포이고, 이는 H_0이 사실($\mu_0 = 150$)일 때 있을 수 있는 상황을 표현한 것이다. 진짜 분포는 점선으로 그려진 것으로 진짜 전집의 평균치인 154($\mu_{사실} = 154$) 근처에 중심을 두고 있다. 여러분의 가설인 μ = 150을 검증하기 위해서 여러분은 표본평균치인 152를 실선으로 나타난 표집분포 내의 위치에 따라서 평가해야 한다. 이 분포에 비교해 볼 때, 표본평균치는 H_0을 기각할 만큼 이탈되어($\mu_0 = 150$) 있지 않다. 따라서 여러분의 결정은 영가설인 H_0: μ = 150을 수용하게 된다. 이는 물론 잘못된 결정으로, 이종오류를 범한 것이다. 다른 말로 한다면, (비록 여러분이 알 수는 없었지만) 진짜 차이가 사실은 존재하는데 존재한다고 주장하지 못하는 것이다.

이제 우리는 α = .05나 α = .01이 어떤 의미로는 타협한 수치들이라는 사실을 알았다. 이 수치들은 H_0이 사실상 진실일 때 기각되지 않을(일종오류) 어느 정도의 보증을 해 주는 경향이 있다. 동시에 그것들은 허위인 H_0을 수용할 가능성(이종오류)을 불필요하게 높일 만큼 작지도 않다. 물론 "**엄격한**" 값으로 낮은 α을 사용하는 것이 의미가 있는 특수한 상황들도 있다. 예를 들어, 의료업계에 경비가 많이 들고 방대한 치료법을 추천하기

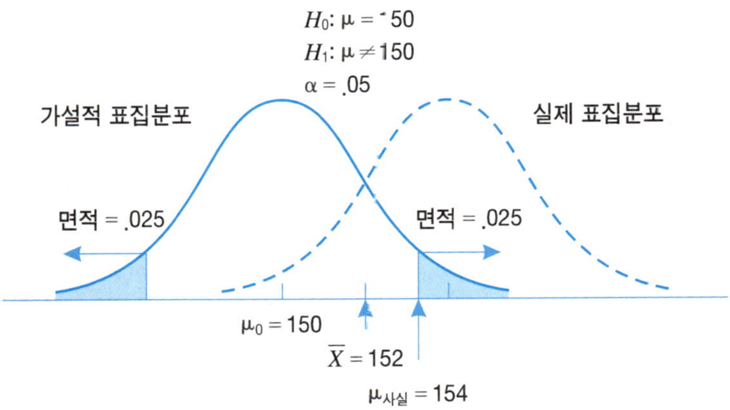

그림 11.5 H_0은 허위인데 $\overline{X}$가 영가설의 수용을 초래하는 경우(이종오류)

전에 H_0이 허위라는 것을 확실하게 하려는 의학 연구자의 경우와 같이 일종오류를 범하는 것이 매우 큰 대가를 치루는 일이면 우리는 낮은 α값($\alpha = .001$)을 적용하기를 원할 것이다. 때때로 여러분은 탐색적 연구를 수행하거나, 자료로부터 예비적 경향성을 알아보고자 하는 연구자들과 같이 보다 높은, 보다 "관대한" 값(예: $\alpha = .10$)을 적용하는 연구자들도 볼 수 있을 것이다.

일종오류와 이종오류 사이의 불가피한 거래 관계에 대한 여러분의 반응은 "이래도 문제고 저래도 문제"라는 것일 것이다. 그러나 통계적 가설검증에서는 두 가지 오류 중 어느 하나를 범할 가능성은 어쩔 수 없는 현실이다. 영가설에 대한 어떤 검증에서든지, 결정오류를 범했는지 범하지 않았는지는 알 수가 없는 일이다. 확률은 항상 여러분 편에 있지만, 여러분의 결정이 잘못될 가능성은 항상 존재하는 것이다. 그렇다면, H_0이 허위일 때 어떻게 하면 그것을 기각할 확률을 극대화할 수 있을 것인가? 이 질문은 통계적 검증의 "검증력"에 대한 것으로 17장에서 이에 대해 다룰 것이다.

11.8 H_0과 H_1의 특성과 역할

H_1이 아니라 H_0이 직접 검증되는 것이다. H_0은 검증의 목적을 위해서 사실이라고 가정한 다음 기각하거나 수용하게 된다. 그러나 **연구의 질문과 더 직접적으로 관련이 있는 것은 통상적으로 H_0이 아니라 H_1이다.**

Meyer 박사의 문제는 그러한 경우의 예제가 된다. 그의 연구문제는 다음과 같다. "재택교육을 받는 4학년생들의 성취도 점수들의 전집의 평균은 그 주의 평균값인 250과 비교해서 어떤가?" 그는 250으로부터 어떤 방향으로든지 다른가에 관심이 있었기 때문에 그의 연구문제는 H_1: $\mu \neq 250$이라는 대립가설을 이끌어냈다. 또는 어느 학교심리학자가 자신이 담당한 지역 학생들의 무선표집이 읽기 준비도에서 평균적으로 전국 평균치인 $\mu = 50$보다 낮은지 알아보기를 원한다고 가정해 보자. 그녀의 가장 중요한 관심은 대립가설을 H_1: $\mu < 50$로 설정할 것을 요구한다. (그러면 그녀의 H_0은 어떻게 되는가?)

만약 **대립가설**이 보통 연구자의 주요한 관심을 반영한다면, 왜 직접 검증하는 것은 H_0인가? 대답은 간단하다.

> H_0는 적절한 표집분포의 위치를 정하는데 필요한 특수성을 제공하기 때문에 직접적으로 검증할 수 있다. H_1은 그렇지 않다.

만약 여러분이 H_0: $\mu = 250$을 검증하고자 한다면, 통계적 이론은 250을 중심으로 하는 평균치들의 표집분포($\mu_{\bar{X}}$ = 250)를 여러분에게 알려 준다. 그러면 여러분은 표본평균치가 이 분포에 어디에 있는지 결정할 수 있고, 다음에 H_0의 기각을 보증할 정도로 충분히 가능성이 없는 것인가를 결정할 수 있다. 반면에, 우리가 예를 들어 H_1: $\mu \neq 250$의 직접적 검증을 시도한다고 가정하자. 여러분은 이것을 사실이라고 가정한 다음 이에 대한 평균치들의 표집분포를 규정해야 한다. 그러나 이 경우에 평균치들의 표집분포는 무엇인가? 특히, 평균치들의 표집분포의 **평균치**인 $\mu_{\bar{X}}$는 얼마인가? 여러분은 말할 수 없다. 즉, 여러분이 알고 있는 것은 그것이 250은 아니라는 것이다. 결과적으로 표본결과에 대한 검증 통계치를 계산할 수 없게 되고, 그것의 확률을 구하는 것도 불가능해진다. 동일한 이유가 읽기 준비도 예시에도 적용된다. 영가설인 H_0: $\mu = 50$은 검증을 위한 50이라는 특정 값을 제공하지만, 대립가설인 H_1: $\mu < 50$은 그렇지 않다.

H_1 대신에 H_0을 검증하는 접근방법은, 비록 이것이 돌아서 가는 것 같기는 해도, 통계적 측면에서 분명히 필요한 일로서, Abelson(1995, p. 9)이 말했듯이 반대를 위한 반대와 같은 "의식화된 시행"의 하나라고 하겠다. 어떤 의미에서는 H_0이란 증거가 그 가설을 뒤집을 정도로 충분히 강한가를 알기 위해서 세워놓은 "꼭두각시"의 일종이라고 하겠다. 이렇게 함으로써 우리는 원래의 연구 질문에 대한 답을 얻게 된다.

11.9 H_0의 기각과 수용

어떤 면에서는, H_0이 수용될 때보다 기각될 때 더 많은 것을 알게 된다. 먼저 기각의 경우를 보자. Meyer 박사는 H_0: $\mu = 250$($\alpha = .05$)을 기각한다. 왜냐하면 250과 얻어진 표본평균 272 사이의 차이는 단지 우연한 표집변이로만 설명하기에는 너무 크기 때문이다. 250은 μ의 값으로 타당한 것으로 보기에는 272에서 아래로 너무 멀리 떨어져 있다. 결과적으로 μ는 250이 아닌 것 같고, 나아가서 250 이상임에 틀림이 없을 것 같다. Meyer 박사는 μ의 값에 대한 어떤 분명한 것을 자신의 표본 결과로부터 알아내었다.

H_0이 수용되면 무엇을 알게 되는가? 만약 Johnson 박사가 결정기준으로 $\alpha = .05$ 대신 $\alpha = .01$을 사용하였다고 가정하자. 이 경우에 z의 임계치는 표집분포의 가운데 99%에 해당되는 값이 된다(양쪽으로 .5% 혹은 .005). 표 A로부터 여러분은 정상곡선의 면적이 $z_{.01} = \pm 2.58$에 의해서 나누어지는 것을 알 수 있다. 그의 표본 z 통계치인 $+2.20$은 그림 11.6에서와 보이는 바와 같이 이제는 수용역에 포함되고, 따라서 H_0은 수용된다. 그러나 이러한 결정은 μ가 250과 같다는 것을 증명하는 것은 **아니다**.

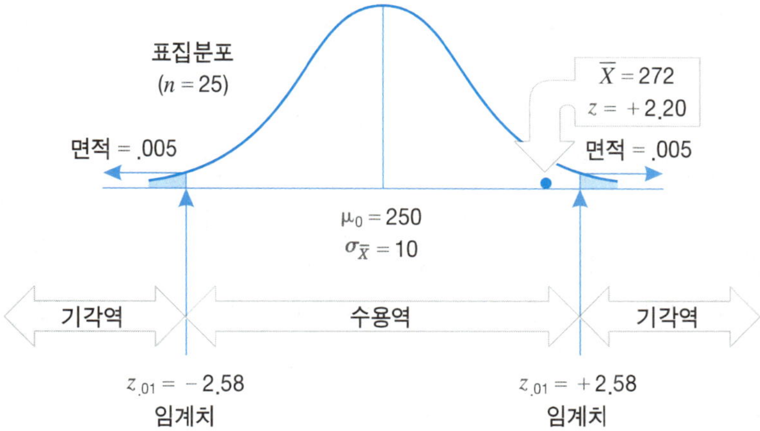

그림 11.6 양방검증에 대한 기각역($\alpha = .01$). Meyer 박사의 표본평균치($\overline{X} = 272$)는 수용역에 포함되고($+2.20 < +2.58$), H_0은 수용된다.

> H_0의 수용은 단지 그것을 기각할 충분한 증거가 없다는 의미일 뿐이며, 따라서 그것이 사실**일 수도 있다**는 것이다. 이는 그것이 사실**이어야 한다거나** 혹은 사실**일 것이라는** 의미가 아니다.

Meyer 박사의 H_0: $\mu = 250$을 수용한 결정은 250과 표본평균치 272의 차이가 우연변이에만 기인한 것이라 할 만큼 작다는 것이다. 즉, 272는 μ(.01이라는 기준 하에서)의 타당한 가능성으로 생각될 수 있을 정도로 250과 가깝다는 것이다. 만약 250이 μ에 대한 타당한 값이라면 255, 260 또는 265과 같이 표본평균치 272와 좀 더 **가까운** 값들도 역시 타당한 값으로 볼 수 있을 것이다. H_0: $\mu = 250$은 정말로 사실인가? 그럴 수도 있고 아닐 수도 있다. 이 사실은 Meyer 박사가 검증을 하기 전부터도 이미 알고 있는 것이다. μ의 참값은 무엇인가? 누가 알 수 있는가? 이런 면에서 그는 자신의 표본결과로부터 사실상 알아 낸 것이 별로 없다.

그럼에도 불구하고, 몇몇 경우에는 유의하지 않은 결과로부터 알게 되는 것도 있다. 잠시 후에 이 문제를 다룰 것이다.

11.10 통계적 유의성 대 중요성

여러분이 앞에서 제시한 논리를 따라왔다면, 표본결과가 H_0을 기각하면 표본결과로부터 무엇인가를 알았기 때문에 **통계적으로 유의하다**(statistically significant)고 말할 수 있다는 사실에 놀라지 않을 것이다. 예를 들어, $\alpha = .05$일 때 Meyer 박사는 그의 표본평균치가 설정된 μ 값인 250보다 "유의하게 높다"고 말하거나, 그의 표본평균치와 설정된 μ의 차이는 ".05 수준에서 유의하다"고 말할 수 있다. 반대로, 표본결과치가 H_0을 수용하면 **통계적으로 유의하지 않다**(statistically nonsignificant)고 말하게 된다. (여기서는 표본평균치는 설정된 μ 값인 250보다 "유의하게 높지 않다"고 말하거나, 그의 표본평균치와 설정된 μ의 차이는 ".05 수준에서 유의하지 않다"고 말할 수 있다.)

여기서 우리는 표본결과의 유의성과 무의미성에 관한 주장에 대해 두 가지를 강조하고자 한다. 첫째는, 통계적인 용어인 "유의한"을 실제적인 용어인 "중요한" "실질적인" "의미 있는" "당연한"과 혼동하지 않도록 매우 신중해야 한다는 것이다.

> 통계적 분석의 결과에 적용하는 "유의한"이라는 말은 정확한 의미를 가진 기술적 용어이다. 즉, H_0이 주어진 결정기준(α)에 따라서 검증되었고 기각되었다는 것이다.

통계적으로 유의한 결과를 얻는 것은 쉽지만(즉, H_0이 기각됨), 그 결과가 너무 사소해서 실질적인 의미에서는 중요성을 찾을 수 없는 경우가 있다. 어떻게 이런 일이 일어날 수 있는가? H_0의 운명은 z의 계산된 값에 달려 있다는 것을 기억하라.

$$z = \frac{\overline{X} - \mu_0}{\sigma_{\overline{X}}}$$

이 공식이 보여 주는 것과 같이, z의 크기는 $\overline{X}$와 μ_0의 차이(분자)가 얼마나 큰 가 뿐 만 아니라, $\sigma_{\overline{X}}$의 크기(분모)에 의해서도 달라진다. 여러분이 기억하다시피 $\sigma_{\overline{X}}$는 $\sigma/\sqrt{n}$과 같은데, 이것은 만약 사례수가 아주 크면 $\sigma_{\overline{X}}$는 매우 작아진다는 것을 의미한다(왜냐하면 σ가 아주 큰 수에 의해 나누어질 것이기 때문이다). 그리고 $\sigma_{\overline{X}}$가 작으면, z는 실제 $\overline{X}$와 μ_0의 차이가 비록 사소하다고 하더라도 커지게 될 것이다.

예를 들어, Meyer 박사가 표본평균치로 μ_0에서 3점 밖에 안 떨어진 $\overline{X} = 253$를 얻었고 그의 표본크기는 $n = 1200$이었다고 가정해 보자. z 요비는 다음과 같다:

$$z = \frac{\overline{X} - \mu_0}{\sigma_{\overline{X}}} = \frac{253 - 250}{50/\sqrt{1200}} = \frac{3}{50/34.64} = \frac{3}{1.46} = +2.05$$

비록 **통계적으로는** 유의하지만($\alpha = .05$), 그럼에도 불구하고 이 z 요비는 중요하지 않은 표본결과에 해당한다. 사실상, μ가 250보다 253에 더 가깝다는 사실을 아는 것이 무슨 **실제적인** 의미가 있는가? 간단히 말해서, **통계적인 유의성은 실제적인 유의성을 시사하는 것은 아니다.** 여기서는 z 통계치의 맥락에서 이 점을 보여 주었지만, 다음 장들에서 여러분은 n이 다른 검증통계치들의 크기에도 정확히 같은 방식으로 영향을 미친다는 것을 알게 될 것이다.

둘째는, 종종 H_0이 수용될 때에도 알게 되는 것들이 있다는 점이다. 이것은, 때때로 그렇듯이, 영가설이 기본 연구문제를 반영할 때 특히 더 그렇다. 예를 들어, 어느 연구자가 수학 문제 해결능력에서 청소년기 소년과 소녀들 간의 알려진 차이가 가정에서 유사한 사회화 훈련을 받은 소년들과 소녀들의 비교에서는 없어진다고 가정할 수 있다. 여러분은 14장에서 두 표본평균치들 간의 차이에 대한 통계적 검증에 대해 배울 것이다. 여기서 H_0은 평균적으로 소년과 소녀들 간에 **차이가 없다**는 것을 반영하는데, 이 경우가 연구자가 가정한 일이 생기는 상황이다. 만약 실제로 이 특정 H_0이 검증되고 수용된다면, 학습에 있어서 성차에 기초한 차이 현상에 대해 상당히 중요한 점을 알게 되는 것이다.

11.11 방향적 대립가설과 비방향적 대립가설

Meyer 박사는 자신의 전집평균치가 **방향에 관계없이** 250과 다른 가를 알고 싶었다. 이러한 관심은 비방향적(nondirectional) H_1과 양방검증(two-tailed test)을 도입하게 만들었다. 어떤 경우에는 연구문제가 방향적(directional) H_1과 **일방검증**(one-tailed test)을 요구하기도 한다.

다시 돌아가서 Meyer 박사의 의도를 수정해 보자. Meyer 박사가 확실한 논리와 선행연구들에 기초하여 재택교육을 받은 경험이 학업적 성취도를 **증진시킨다**고 믿는다고 가정해 보자. 그의 영가설인 H_0: $\mu = 250$은 그대로지만, 이제 그는 **방향적** 대립가설인 H_1: $\mu > 250$을 채택한다. 영가설은 μ가 250보다 **클** 가능성이 충분할 경우에만 기각된다. 표본평균치들이 250보다 클 때에만 이와 같은 증거를 제공하는 것이고, 전체 기각역은 표집분포의 **상위** 꼬리 쪽에만 위치하게 된다.

기각역과 수용역은 그림 11.7에서 보여 주는 것과 같다($\alpha = .05$). 5% 기각역 전체는 **한쪽** 꼬리로 한정된다(이 경우에는 위쪽 꼬리). 이것은 표집분포의 상위 5%를 구분하는 z의 임계치를 필요로 한다. 표 A는 $+1.65$가 필요한 수치라는 것을 보여 준다.[1)]

일방검증을 수행하기 위해서, Meyer 박사는 이전에 했던 것과 동일한 일반적인 방법을 따를 것이다.

1 단계. H_0, H_1, α**를 명시한다.**

- H_0: $\mu = 250$

---

1) 만약 그의 대립가설이 H_1: $\mu < 250$이었다면, Meyer 박사는 표본의 z 요비를 $z_{.05} = -1.65$와 비교함으로써 검증할 수 있는데, $z \leq -1.65$이면 H_0을 기각할 것이다.

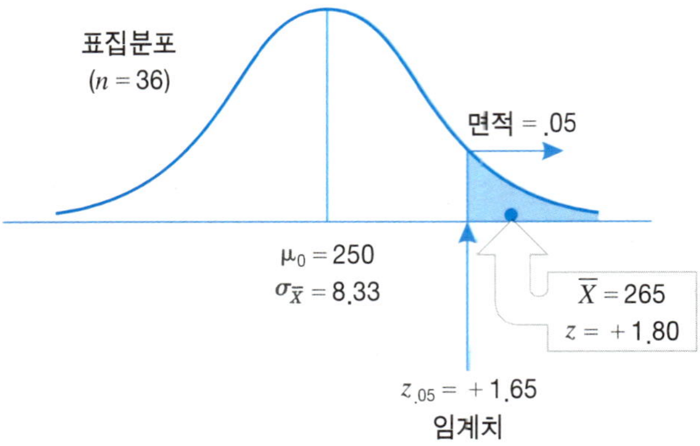

그림 11.7 일방검증에서 기각역(α=.05). Meyer 박사의 표본평균치($\overline{X}$ = 265)는 기각역(+1.80>+1.65)에 포함된다. H_0은 기각되고, H_1이 채택됨.

- H_1: $\mu > 250$
- $\alpha = .05$(일방검증)

2 단계. 표본을 선정하고, 필요한 표본통계치를 계산한다.

(표에서 새로운 수치들을 얻기 위해서, 표본의 크기와 평균치를 바꿔보자.)

- $\overline{X} = 265$
- $\sigma_{\overline{X}} = \dfrac{\sigma}{\sqrt{n}} = \dfrac{50}{\sqrt{36}} = \dfrac{50}{6} = 8.33$
- $z = \dfrac{\overline{X} - \mu_0}{\sigma_{\overline{X}}} = \dfrac{265 - 250}{8.33} = \dfrac{15}{8.33} = +1.80$

3 단계. 영가설 하에서 z의 확률을 결정한다.

표 A는 +1.80의 z 값에 해당되는 일방확률은 $p = .0359$로 .05보다 작다는 것을 보여 주고 있다($p \leq \alpha$). 물론 이 p 값은 얻어진 z 요비와 일치하는 결과를 보여서 z 임계치(+1.80>+1.65)를 넘으며 따라서 그림 11.7에 보는 바와 같이 기각역에 포함된다.

4 단계. H_0에 대한 결정을 내린다.

계산된 z 요비가 기각역에 포함되기 때문에($p \leq \alpha$), H_0은 기각되고, H_1이 채택된다. Meyer 박사는 재택교육을 받는 4학년생의 평균치가 250보다 크다고 결

표 11.3 일방검증을 위한 결정규칙

	H_0의 기각	H_0의 수용
p의 관점	$p \leq \alpha$인 경우	$p > \alpha$인 경우
z의 관점	$z \leq -z_\alpha$인 경우 (H_1: $\mu < \mu_0$) $z \geq +z_\alpha$인 경우 (H_1: $\mu > \mu_0$)	$z > -z_\alpha$인 경우 (H_1: $\mu < \mu_0$) $z < +z_\alpha$인 경우 (H_1: $\mu > \mu_0$)

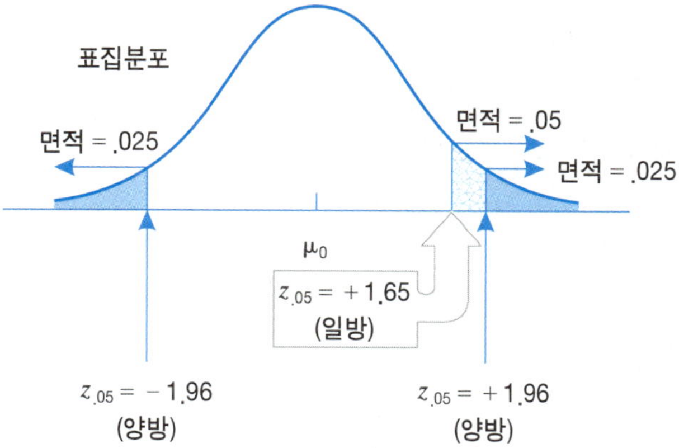

그림 11.8 일방검증 대 양방검증의 기각역: 정확하게 진술된 방향적 H_1의 통계적 이점

론을 내린다. 일방검증에 대한 결정 규칙은 표 11.3에 제시되어 있다.

충분한 근거만 있다면 방향적인 H_1을 진술하는 것에는 장점이 있다. 일방검증을 수행하여 표집분포의 한쪽 끝에 전체 기각역을 설정함으로써 여러분은 H_0를 검증하는데 **더 낮은** 임계치를 갖게 되었다. 결과적으로 **방향적인 H_1이 정당화될 수 있으면 H_0을 기각하기 "쉬워진다."** 그림 11.8을 보면, 양방검증시의 기각역($z_{.05} = \pm1.96$)과 일방검증시의 기각역($z_{.05} = +1.65$)이 모두 나타나 있다. 만약 방향적인 H_1을 진술하고, 표본평균치가 μ_0에 대해서 설정된 방향에 포함된다면, 비방향적인 H_1에서 기각하는 것에 비해서 작은 z 값으로도 H_0을 기각할 수 있을 것이다($\overline{X}$와 μ_0 간의 작은 차이). 계산된 z 값이 그림 11.8과 같이 그물모양으로 표시된 영역에 포함된다면, 양방검증($z_{.05} = \pm1.96$)에서는 통계적으로 유의하지 않을 것이지만, 일방검증($z_{.05} = +1.65$)에서는 유의하게 될 것이다. Meyer 박사의 마지막 결과가 적절한 예로서, 그의 z 값 +1.80은 일방검증($\alpha = .05$)의 경우에만 기각역에 포함된다. 어떤 의미에서는, 정확한 방향적 H_1을 가지고 진행할 수 있는 연구자에게는 통계적 "신망"이 주어진다.

11.12 프롤로그: 실질적인 것과 통계적인 것

여러분이 점점 더 통계적인 세부사항들에 만나게 되면, 행동연구에서 유의도 검증의 역할에 대한 광범위한 시각을 잃기 쉽다. 1장의 1.4절에서 제시했던 모델을 다시 도입해보자.

[실질적 질문] ⇒ [통계적 질문] ⇒ [통계적 결론] ⇒ [실질적 결론]

실질적

실질적 질문
"재택교육을 받는 4학년생들의 학업성취도 점수의 전집 평균치는 그 주의 값인 250보다 높은가?"

통계적

대립가설: H_1: $\mu > 250$
영가설: H_0: $\mu = 250$
유의도 검증: $\alpha = 250$
$z_{.05} = +1.65$
$p = .0359$
$z = +1.80$
통계적 결론: H_0은 기각되고($p < \alpha$), H_1이 지지됨; $\mu > 250$이라고 결론내림

실질적

실질적 결론
"재택교육을 받는 4학년생들의 학업성취도 점수의 전집 평균치는 그 주의 값인 250보다 높다."

그림 11.9 행동연구의 실질적인 측면과 통계적인 측면

유의도 검증은 중간 과정에서 생긴다. 처음에는 실질적 질문이 생긴다. 여기서 연구자는 연구의 "실질" 혹은 보다 큰 맥락에 관심을 두는 것이다. 즉, 재택교육을 받는 아동들의 학업 성취도, 장기기억에 대한 약물효과, 동기에 미치는 보상의 효과 등등. (실질적인 질문을 연구문제라고도 부른다.) 따라서 실질적 질문은 통계적 가설인 H_0와 H_1과 같이 변환되고, 자료가 수집되고, 유의도 검증이 실시되고, 통계적 결론에 도달하게 된다. 이제 여러분은 평균치, 표준오차, 유의도 수준, 검증통계치, 임계치, 확률, H_0의 수용이나 기각이라는 영역에 들어와 있다. 그러나 이들은 최초 연구문제에 대한 실질적인 결론에 도달하려는 목적을 위한 하나의 수단에 지나지 않는다. 그의 통계적 추론과 결론을 통해서, Meyer 박사는 재택교육을 받는 학생들의 학업성취도가 주의 평균치보다 높다는 실질적 결론에 도달했다.[2)]

따라서 실질적 질문이 통계적 작업보다 선행되고, 실질적 결론은 통계적 작업 이후에 진행된다. 우리는 이것을 Meyer 박사의 11.11로부터 나온 방향적 대립가설을 사용해서 그림 11.9에서 예시하였다. 이 그림에서는 통계적인 것과 실질적인 것을 구분했지만, 여러분은 연구과정의 초기부터 통계적인 고려점들이 실질적인 고려점들과 상호작용한다

2) 통계적 분석은 **왜** 유의한 차이를 얻게 되었는지에 대한 결론을 허용하는 것은 아니고, 그것이 실제로 얻어졌다는 것을 보여 주는 것이다. 이러한 결과들은 재택교육의 긍정적인 효과를 말하는 것인가 아니면 학업적으로 뛰어난 아동들의 부모들이 재택교육을 많이 채택하는 것인가를 말하는 것인가?

는 것을 알아야 한다. 이것들은 표본크기의 문제, 그리고 서로 다른 처치조건들에 동일한 사람들을 사용할 것인지 다른 사람들을 사용해야 할 것인지와 같은 문제들에 대해 중요한 시사점을 제공한다. 이들과 관련된 문제는 다음 장들에서 논의하게 될 것이다.

11.13 요약

이번 장에서는 단일표본 z 검증을 사용하여 단일 전집 평균치에 대한 가설을 검증하는 맥락에서 일반적인 통계적 가설검증(유의도검증)의 논리를 소개하였다. 이 과정은 연구문제를 관찰치의 전집 평균치(μ)에 대한 두 개의 통계적 가설로 바꾸는 것으로 시작한다. 영가설인 H_0는 μ가 특정한 값과 같다($\mu = 250$)와 같은 매우 구체적인 가설이다. 대립가설인 H_1은 훨씬 광범위한 것이며 H_0이 사실인 경우 우리가 알아내려고 하는 대립적인 전집의 조건들을 서술하는 것이다. 영가설을 사실이라고 가정하고 우리의 표본결과와 영가설 하에서 기대되는 값을 비교함으로써 H_0을 검증한다. H_0에서 규정된 μ 값은 표집분포의 평균치를 제공하고, $\sigma/\sqrt{n}$는 평균치의 표준오차인 $\sigma_{\overline{X}}$를 제공한다. 이를 가지고 만들어진 z 통계치는 H_0을 검증하는데 사용된다.

만약 우리의 표본결과가 미리 정해 놓은 규준인 유의도 수준 α(보통 .05나 .01)보다 일어날 확률이 적으면 우리는 H_0을 타당하지 못하다고 기각하고, H_1을 지지하고 결과를 "통계적으로 유의한 것"으로 간주한다($p \leq \alpha$). 이 경우에는 z의 계산된 값이 z의 임계치 밖에 포함된 것이다. 반대로, 만약 $p > \alpha$이면, H_0이 타당한 가능성으로 수용되고, H_1은 지지되지 않고, 표본결과는 "통계적으로 유의하지 않다."고 간주한다. 이때에는 z의 계산된 값이 z의 수용역 안에 있다. 일종오류는 사실인 H_0을 기각할 때 범하는 것이고, 반대로 허위인 H_0을 수용하는 것을 이종오류라고 한다.

전형적으로 H_1이 우리의 연구 질문과 좀 더 직접적으로 관련되어 있다. 그러나 H_1은 충분히 구체적이지 못하기 때문에 직접적으로 검증을 할 수가 없다. 즉, H_1이 지지되느냐 지지되지 못하느냐는 구체적인 가설인 H_0의 직접적인 검증의 결과에 의해서다. 한 방향에 관심이 있는 연구문제는 방향적인 $H_1(\mu > 250)$과 일방검증을 유도한다. 방향을 가정하기 위한 강력한 논리가 없는 경우에는 비방향적인 H_1과 양방검증이 타당하다. 일방검증의 결정은 표본결과의 어떠한 검토나 분석 이전에 이루어져야 한다. 행동연구를 수행하는 동안에, 실질적 질문은 통계적 가설검증을 적용하기 전에 제기해야 하고, 통계적 가설검증 후에 실질적인 결론이 뒤따르는 것이다.

연습문제

정의 또는 설명하라.

용어와 개념

유의도 검증
간접적인 증명
영가설
대립가설
방향적 대 비방향적
일방 대 양방 검증
검증통계치
z 요비
단일-표본 z 검증
정확확률
유의도 수준
알파
기각역
수용역
임계치
임계역
p 값
결정오류
일종오류와 이종오류
통계적 유의성
통계적 무의미성

기호

H_0 H_1 μ_0 p α

$z_{.05}$ $z_{.01}$ z_α $\mu_{사실}$

공식

$$z = \frac{\overline{X} - \mu_0}{\sigma_{\overline{X}}}$$

질문 및 문제

참고: *가 있는 문제는 부록 A에 답이 제시되어 있다.

***1.** 어느 커다란 회사의 인사담당 이사가 자기 회사 비서들의 무선표본으로부터 특정한 표준과제에 대한 타자속도를 측정하려고 한다. 그는 자신의 전집 평균치가 이러한 과제에 대한 비서들의 전국 규준인 분당 50단어와 같다는 가설을 검증하기를 원한다. 그의 가설을 검증하기 위한 논리와 절차를 일반적인 용어로 설명하라. (그림 11.1을 이 문제에 맞도록 수정하라.)

2. 문제 1에서의 인사담당 이사는 자신의 표본결과가 $\mu = 50$ 분당 단어라는 가설과 많이 일치하지 않는 것을 발견했다. 이것은 그의 표본에 문제가 있으므로 다른 표본을 선정해야 한다는 것을 말해 주는 것인가? 이에 대해 설명하라.

***3.** 문제 1에서의 인사담당 이사가 그의 회사 비서들의 타자속도가 전국 규준인 50과 다른지를 알아보기를 원한다고 가정해 보자.

(a) H_0을 진술하라.

(b) 이 경우에 H_1의 형태는 방향적인 가설과 비방향적 가설 중에 어떤 것으로 설정해야 하는가? (이에 대해 설명하라.)

(c) H_1을 진술하라.

(d) $z_{.05}$와 $z_{.01}$의 임계치를 구하라.

***4.** 문제 1의 인사담당 이사가 표본 크기가 36인 표본을 구해서 $\overline{X}=48$을 얻었다. $\sigma=10$이고, $\alpha=.05$일 때 양방검증을 실시하라.

(a) $\sigma_{\overline{X}}$를 계산하라.

(b) z를 계산하라.

(c) 이 검증통계치와 관련된 확률은 얼마인가?

(d) 인사담당 이사는 어떤 통계적 결정을 하겠는가? (설명하라.)

(e) 그의 실질적인 결론은 무엇인가?

***5.** $n=100$으로 해서 4a – 4e문제를 반복하라.

***6.** 문제 4번과 문제 5번의 결과를 비교해 보라. 이번 비교를 통해서 유의도 검증에서 n의 역할에 대해 일반화할 수 있는 점은 무엇인가? (설명하라.)

***7.** 문제 6에 대한 일반화를 생각해 보자. 이러한 일반화가 **통계적으로 유의한** 결과와 **중요한** 결과를 구분하는데 주는 의미는 무엇인가?

8. Grant 씨는 그의 지역에 있는 6학년 학생들의 널리 사용되는 적성검사에서의 수행을 전국 규준인 100과 비교하려고 한다. 그의 6학년 학생들로 구성된 무선표본의 결과는 그의 전집에 대한 H_0: $\mu=100(\alpha=.01)$을 수용하게 하는 것이다. 그는 "내 연구는 우리 지역에 있는 평균적인 6학년 학생은 전국 규준인 100점과 정확히 일치하는가를 증명하는 것이다"라고 결론을 내렸다. 이러한 주장에 대해 어떻게 생각하는가?

9. H_0: $\mu=500$이고 H_1: $\mu<500$일 때 다음과 같은 조건에 대한 임계치를 진술하라.

(a) $\alpha=.01$

(b) $\alpha=.05$

(c) $\alpha=.10$

***10.** $H_1 \neq 500$으로 해서 9a – 9c 문제를 반복하라.

(d) 산출된 결과를 문제 9의 결과와 비교해 보고, 두 결과가 왜 차이가 나는지 설명하라.

(e) 유의한 결과를 더 산출하기 쉽도록 하는 것은 어느 것인가? 양방검증인가 일방검증인가(H_1**에서 기술된 방향이 맞을 경우**)?

***11.** 가설검증에서 H_0과 H_1의 역할을 일반적인 용어로 설명하라.

12. H_0: $\mu \neq 75$라는 가설을 직접적으로 검증할 수 있는가?(설명하라.)

13. H_0과 H_1 중에서 "수용"과 "기각"이라는 용어사용을 제한해야 하는 것은 어느 것인가?

14. 어떤 조건에서 방향적인 H_1이 적절한가?(몇 가지 예를 들어보라.)

***15.** $\mu = 60$, $\sigma = 12$가 주어졌다. 다음 상황들에 따라서 z_α, 표본 z 요비, p 값을 보고하고, 이에 따른 통계적 결정을 제시하라. (주의: 일방검증의 경우에는 표본평균치가 H_1의 형태와 동일하다고 가정한다.)

(a) $\overline{X} = 53$, $n = 25$, $\alpha = .05$ (양방검증)

(b) $\overline{X} = 62$, $n = 30$, $\alpha = .01$ (일방검증)

(c) $\overline{X} = 65$, $n = 9$, $\alpha = .05$ (양방검증)

(d) $\overline{X} = 59$, $n = 1000$, $\alpha = .05$ (양방검증)

(e) $\overline{X} = 54$, $n = 50$, $\alpha = .001$ (양방검증)

(f) 문제 15d에서의 단 1점 차이는 통계적으로 유의했는데, 문제 15c에서의 5점 차이는 그렇지 않았던 이유는 무엇인가?

***16.** 연구자는 H_0: $\mu = 3.50$를 검증하려고 한다. 그의 대립가설은 H_1: $\mu \neq 3.50$이다. 다음의 진술문을 완성하라.

(a) 일종오류는 전집 평균치가 ____인 경우에만 가능하다.

(b) 이종오류는 전집 평균치가 ____인 경우에만 가능하다.

17. 통계적 분석에 기초하여 어느 연구자가 영가설인 H_0: $\mu = 250$을 수용하였다. 이 연구자가 범할 수 있는 일종오류의 확률은 얼마인가? (설명하라.)

18. 유의도 수준과 일종오류 확률은 어떤 관계가 있는가?

***19.** Josh는 가능한 한 일종오류를 범하지 않기 위해서 α를 .00001로 설정하였다. 여러분은 Josh에게 어떤 조언을 해 주겠는가?

20. 만약 어느 연구자가 .05의 유의도 수준을 적용해서 H_1: $\mu > 100$에 대항하는 H_0: $\mu = 100$을 검증하기를 원한다고 가정하자. 그러나 만약 그가 표본평균치를 100보다도 훨씬 작은 것을 얻어서 그 H_0이 타당하지 않음을 시사할 수 있다면, 그는 같은 표본 자료를 가지고 자기의 대립가설을 H_1: $\mu \neq 100$($\alpha = .05$)로 바꿀 것이다. H_0이 사실이라고 가정하고, 이 연구자의 결정방략이 일종오류를 범하게 할 확률은 얼마인가? (힌트: 표집분포를 그리고 기각역들을 그려 보라.)

제 12 장

추 정 법

12.1 가설검증 대 추정법

통계적 추론은 무선 표본들로부터 전집에 대한 추론을 하는 과정이다. 행동연구에서 전통적으로 통계적 추론에 대한 우세한 접근방법은 가설검증이며, 이것은 이전 장에서 소개되었고 앞으로도 이 책에서 계속 우리의 초점이 될 접근방법이다. 그러나 통계적 추론에는 다른 접근방법도 있는데 이것이 **추정법**(estimation)이다. 행동 연구자들은 많이 사용하지 않았지만, 추정 절차들도 역시 타당한 방법이며, 당연한 일이지만, 과거에 비해서 점점 그 사용이 증가되고 있다. 이제 추정법이 전통적인 가설검증과 어떻게 다른지 알아보기로 한다.

영가설을 검증할 때 우리는 어떤 **특정한** 조건이 전집에서도 적용되는가를 묻는다. 예를 들어, Meyer 박사는 자신의 표본평균치를 영가설인 H_0: $\mu = 250$에 대해 검증했다. 272라는 평균치를 얻었기 때문에, 그는 H_0을 기각하고, $H_1(\mu \neq 250)$을 채택하고, μ는 십중팔구 250보다 높을 것이라고 결론을 내릴 것이다. 그러나 질문은 여전히 남는다. μ는 250보다 **얼마나 위에** 있는가? 예를 들어, 251도 μ의 가능한 값인가? 어쨌든 이것도 250을 "넘었다." 그러면 260, 272(얻어진 평균치), 280, 290, 또는 250을 넘는 다른 값들은 어떤가? 표본결과가 주어졌을 때, **μ에 대한 적절한 추정치가 얼마인가? μ가 적절하게 포함될 수 있는 평균치들의 범위는 무엇인가?** 이러한 질문들에 대한 대답은 H_0의 단순한 기각에서 알 수 있었던 것 이상의 것을 Meyer 박사의 연구문제에 대해 추가적으로 설명해 주는 것이다. 추정법은 이러한 질문들에 답하게 된다.

가설검증이 유용하게 사용될 수 있는 대부분의 실질적인 질문은 추정법을 통해서도 또한 접근가능하다. 이것은 다음 절들에서 우리가 보여 주려고 하는 Meyer 박사의 문제의 경우에도 그렇다. 그러나 어떤 종류의 문제들은 가설검증이 부적절하고, 추정법이 유일한 해결책일 수 있다. 여러분의 대학 서점의 지배인이 이번 학기에 전체 학생들이 교재를 구입하는데 평균적으로 돈을 얼마나 쓸 수 있는지 알아보기를 원한다고 가정해 보자. 이를 알아보기 위해서, 그녀는 전체 학생들에 대한 하나의 무선표본에게 설문을 실시하였다. 가설검증은 별 소용이 없을 수 있지만, 추정법 절차가 이 문제에 적합할 수 있다. 예를 들어, 서점 지배인이 구체화 할 수 있는 H_0을 설정해 보도록 하자. H_0: μ = \$50은 어떤가? H_0: μ = \$250은 어떤가? 실제로, 어떤 **구체적인 H_0도 즉각적으로 떠오르지 않는다.** 서점 지배인의 관심은 분명히 브다 탐색적이다: 그녀는 H_0을 통해서 μ의 특정 값을 검증하고 싶은 것이 아니라 표본결과로부터 μ를 **추정**하기를 원한다.

이번 장에서 우리는 추정법의 논리에 대해서 살펴보고, μ를 추정하는 절차를 제시하고, 추정법과 가설검증의 상대적인 장점에 대해서 논의할 것이다. 비록 σ를 알 경우의 단일 전집의 평균치를 추정하는 것으로 우리의 논의를 제한하겠지만, 이후에 나오는 장들에서는 다른 복잡하고 현실적인 상황과 μ 이외의 다른 모수치에 대해서도 동일한 논리가 사용된다.

12.2 점추정과 구간추정

모수치에 대한 추정치는 두 가지 형태 중에 하나를 취하게 된다.

> **점추정치**(point estimate)는 표본으로부터 산출되어 전집의 해당 모수치를 추정하기 위해 사용하는 단일한 값, 즉 하나의 "점"이다.

여러분은 10장(10.3절)에서 통계치는 모수치에 대한 추정치라고 한 말을 기억할 것이다. 즉, $\overline{X} \xrightarrow{\text{추정}} \mu$, $s \xrightarrow{\text{추정}} \sigma$, $s^2 \xrightarrow{\text{추정}} \sigma^2$, $r \xrightarrow{\text{추정}} \rho$. **"점추정치"**라는 용어를 사용하지 않았지만, 우리가 기술적으로 무슨 생각을 했었는지 이제는 알 수 있을 것이다. 의견조사는 점추정치의 가장 친숙한 예를 제공한다. 대통령 선거일 전날 저녁에 여러분은 CNN 방송에서 투표자의 55%가 X 후보자를 선호한다는 것을 들었을 때 (투표할 가능성이 있는 사람들의 무선표본에 근거하여), 여러분은 전집에서 투표자의 선호도에 대한 점추정치를 제공받은 것이다. Meyer 박사의 연구에서는, 그의 표본평균치인 $\overline{X}$=272가 그 주에 있는 재택교육을 받는 모든 4학년생의 성취도 평균치에 대해 가장 확신할 수 있는 추정치인 μ에 대한 점추정치인 것이다. 다음 장에서 여러분은 표본 표준편차인 s를 σ에 대한 점추정치로 사용하는, σ를 알지 못하는 경우에 μ에 대한 가설검증을 어떻게 하는지 배울 것이다.

점추정치들은 단독으로 언급되어서는 안 된다. 즉, 표집변이에 기인하는 오류에 대한 어느 정도 허용치가 있는지 보고하지 않으면 안 된다는 것이다. 표집변이가 어떤 점추정치도 오류를 범하게 할 것이라는 것은 통계적 현실이다. 그런데 어느 정도로 그런가? 부가적인 정보가 없으면, 점추정치는 그 점(모수치)에 가까운지 혹은 멀리 떨어져 있는지에 대해서 알 수 없다. Meyer 박사는 272가 μ에 대한 단지 하나의 **추정치**라는 것을 알고 있고, 의심할 여지없이 실제 μ는 272의 아래쪽에 있을 수도 있고 위쪽에 있을 수도 있다. 그러나 μ는 272로부터 어느 쪽으로 **얼마나 떨어져** 있는가? 마찬가지로, 투표자들의 55%라고 한 여론조사원의 발표도 역시 오류를 포함하게 되어 있고, 따라서 수정을 필요로 하게 된다.

여기에서 두 번째 유형의 추정법이 도움을 줄 수 있다.

> **구간추정치**는 전집의 모수치가 포함되리라고 어느 정도 확신할 수 있는 수치들의 범위 혹은 "구간"을 의미한다.

μ에 대한 구간추정치를 제공할 때, Meyer 박사는 그가 사는 주에서 재택교육을 받는 4학년생의 성취도 평균치가 252에서 292 사이(272 ± 20점)에 있다고 말할 수 있고, 여론조사원은 X 후보자에 대해서 전체 투표자의 52%～58%(즉, 55% ± 3%)가 선호한다고 말할 수 있다.

물론 Meyer 박사나 여론조사원의 경우에 모수치들이 보고된 구간에 포함될 것이라고 가정하는 것이 틀릴 수도 있다. **다른 조건들은 같은데, 넓은 구간이 정해졌다면, 이 구간이 전집의 값을 포함할 가능성은 높을 것이며, 좁은 구간이 정해졌다면 모수치가 이 구간의 밖에 있을 가능성이 더 높을 것이다.** 예를 들어, 여론조사원은 후보자 X에 대한 선호도가 전체 투표자의 0%에서 100% 사이라고 한다면 흔들리지 않는 확신을 가질 것이나, 정확하게 55%가 그렇다고 하면 의심을 할 것이다. 따라서 구간추정치는 전집 모수치가 구간 내에 포함될 것이라는 확신의 정도나 **신뢰수준**(level of confidence)에 대한 진술이 수반되어야 한다. 11장의 유의도 수준과 같이 신뢰수준도 미리 정해야 하는데 일반적으로 95%나 99% – 즉, $(1 - \alpha)(100)\%$가 보통이다. 구간 자체는 **신뢰구간**(confidence interval)으로 알려져 있고, 그 한계는 **신뢰한계**(confidence limits)라고 부른다.

12.3 μ에 대한 구간추정치 설정

개별 점수들의 정상분포에서 관찰치들의 95%는 평균치로부터 1.96 표준편차보다 더 멀리 있지 않다고 6장에서 배운 것을 기억하라(6.7절). 다시 말하면, 정상분포에서는 평균치보다 1.96 표준편차만큼 크거나 작은 범위 – $\overline{X} \pm 1.96S$ – 에 전체 점수의 95%가 포함된다. 마찬가지로, 평균치들의 표집분포에서도, 평균치들의 95%는 μ로부터 1.96 표준오차 이상 멀리 있지는 않다(10.8절). 즉, $\mu \pm 1.96\sigma_{\overline{X}}$는 표집분포에서 모든 가능한 표본평균치들의 95%가 포함된다(그림 12.1). 여기까지는 새로운 것이 없다.

이제, 만약 표집분포에서 평균치들의 95%가 μ로부터 $1.96\sigma_{\overline{X}}$ 이상으로 더 떨어져 있지 않다면, 표본평균치들의 95%에서, μ가 $1.96\sigma_{\overline{X}}$보다 더 떨어져 있지 않다는 것 역시 사실이다. 즉, μ는 95%의 평균치들에 대해서 $\overline{X} \pm 1.96\sigma_{\overline{X}}$ 구간에 포함된다. 그림 12.1에 있는 각 표본평균치에 대해서 μ는 $\overline{X} \pm 1.96\sigma_{\overline{X}}$의 범위 안에 속한다고 진술했다고 가정해 보자. 평균치들의 95%에 대해서 이 진술은 맞지만, 평균치들의 5%에 대해서는 맞지 않는 것이다. 이것을 그림 12.2에서 예시하였다. 그림 12.2는 그림 12.1에 근거한 전집으로부터 추출된 20개의 무선표본($n = 100$) 각각에 대해서 $\overline{X} \pm 1.96\sigma_{\overline{X}}$ 구간을 보여주고 있다. $\sigma = 20$이라면, 표준오차는 $\sigma_{\overline{X}} = \sigma/\sqrt{n} = 20/10 = 2.0$이므로, 구간은 $\overline{X} \pm 1.96(2.00)$ 또는 $\overline{X} \pm 3.92$가 된다. 예를 들어, 첫 번째 표본의 평균치가 $\overline{X}_1 = 102$라면, 구간은 102 ± 3.92 또는 98.08부터 105.92 사이가 된다. 그림 12.2에는 20개의 표본평균치가 전집 평균치($\mu = 100$) 주변에 다양하게 펼쳐져 있지만 – 몇몇 평균치는 μ 이상에 몇몇 평균치는 μ 이하에 – 20개 표본 중에서 19개가 $\overline{X} \pm 1.96\sigma_{\overline{X}}$ 구간에 포함되는 것을 주목하라. 단지 하나의 표본에서만 그 구간이 μ를 포함시키지 못하고 있다. 표본

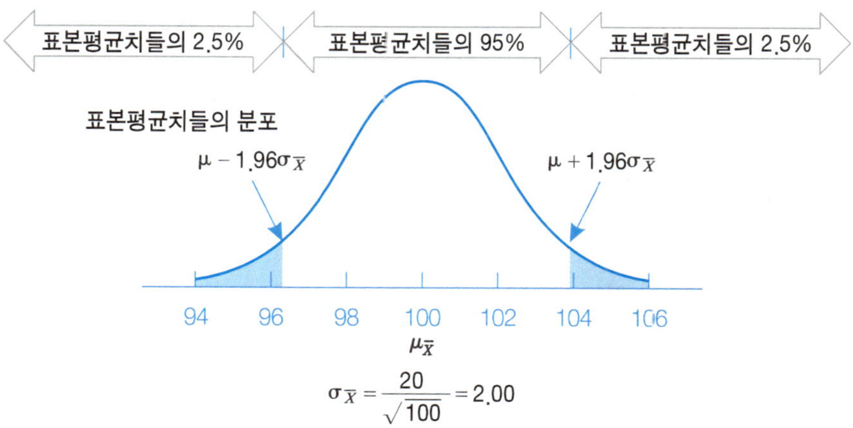

그림 12.1 $\mu = 100$이고 $\sigma = 20$인 전집으로부터 추출된 $n = 100$에 기초한 표본평균치들의 분포. 전체 표본평균치들 중에서 95%가 $\mu \pm 1.96\sigma_{\overline{X}}$ 구간에 포함됨

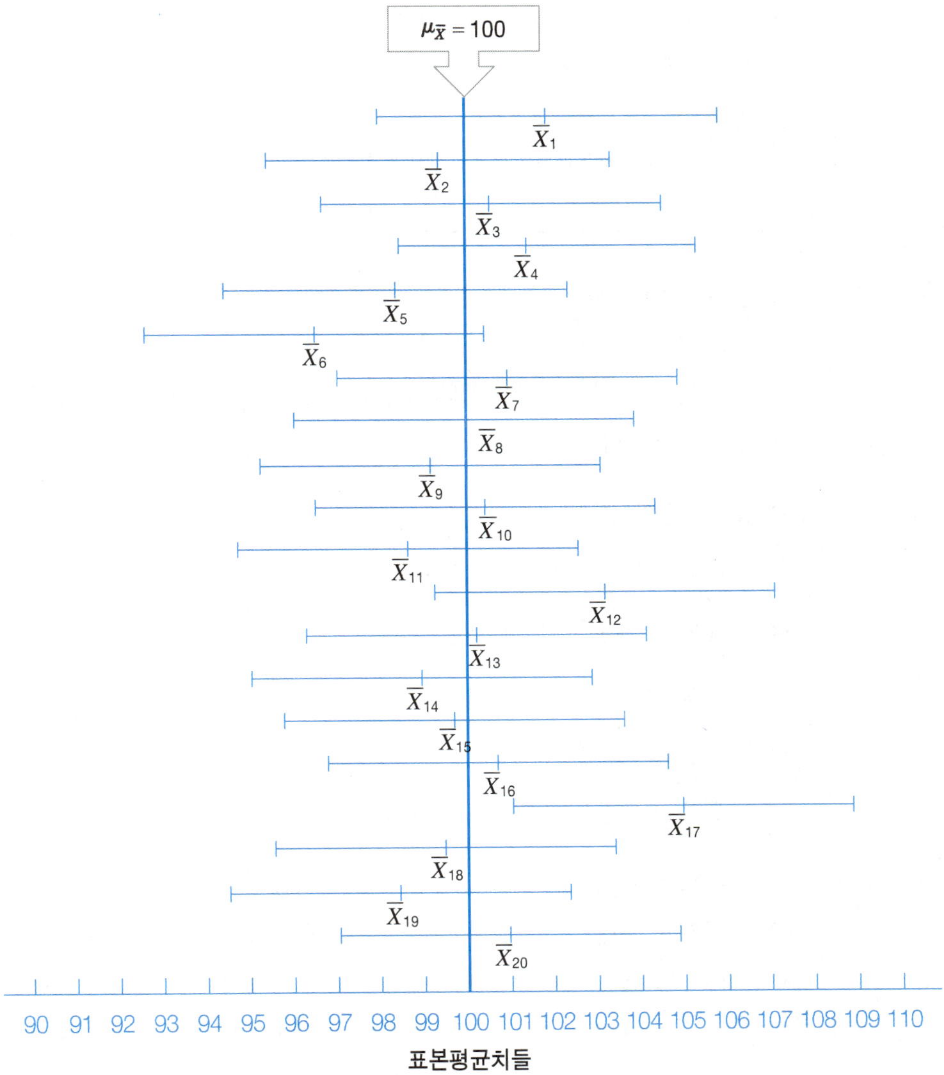

그림 12.2 $\mu = 100$인 전집으로부터 추출된 20개의 무선표본 각각에 대한 $\bar{X} \pm 1.96\sigma_{\bar{X}}$ 구간. 20개의 표본 중 19개의 표본에서 전집 평균치 μ가 이 구간에 포함됨.

17에서는 105 ± 3.92, 또는 101.08에서 108.92의 구간이 산출되었다(100을 포함하지 않는 것을 볼 수 있다).

이 모든 사실들은 중요한 원리를 도출한다.

> 무선적으로 표본들을 선택하는 경우, $\bar{X} \pm 1.96\sigma_{\bar{X}}$라는 규칙을 가지고 구간을 설정하면 μ가 이에 포함될 확률은 .95이다.

이러한 사실은 연구자로 하여금 μ가 포함될 것이라고 "**95% 확신**"하는, μ를 추정하는 신뢰구간의 설정을 가능하게 한다. 이 구간은 당연히 $\overline{X} \pm 1.96\sigma_{\overline{X}}$이다.

> 95% 신뢰구간에 대한 규칙(σ를 알 경우)
> $$\overline{X} \pm 1.96\sigma_{\overline{X}} \qquad (12.1)$$

구간 추정법의 예시를 위해서 Meyer 박사와 재택교육을 받는 4학년생 25명의 무선표본으로부터 산출된 272라는 그의 평균치로 돌아가 보자. 구간추정법의 관점에서, 그의 질문은 "**μ가 있을 것이라고 95% 확신할 수 있는 점수의 범위는 얼마인가?**"이다. 그는 다음과 같이 진행한다.

1 단계. $\sigma_{\overline{X}}$를 계산한다.

$\sigma_{\overline{X}} = \sigma/\sqrt{n} = 50/5 = 10$ ($n = 25$, $\sigma = 50$임을 기억하라.)

2 단계. $\overline{X}$와 $\sigma_{\overline{X}}$를 공식 12.1에 대입한다.

$\overline{X} \pm 1.96\sigma_{\overline{X}} = 272 \pm (1.96)(10) = 272 \pm 19.6$

3 단계. 구간 한계를 명시한다.

252.4(하한계)와 291.6(상한계)

그러므로 Meyer 박사는 μ는 272 ± 19.6 또는 252.4와 291.6 사이에 있을 것이라고 95% 확신하게 된다. 그는 만약 그가 재택교육을 받는 전집으로부터 많은 무선표집을 선택한다면, 각 표본마다 동일한 규칙을 적용하여 설정된 구간들은 $\overline{X}$가 다른 것처럼 다를 것이다. 그러나 평균적으로 100개의 구간 중에서 95개의 구간은 μ를 포함하게 된다. 따라서 이것이 Meyer 박사가 그의 구간이 μ를 포함할 것이라고 확인하는 정도이다.

다음으로 넘어가기 전에 또 다른 예시를 생각해 보자. 어느 심리학자가 대규모 공장의 조립라인에서 일하는 모든 노동자들의 IQ 평균치를 추정하도록 부탁을 받았다고 상상해 보자. 그녀는 무선적으로 추출된 36명의 노동자에게 전국 규준이 만들어진 지능검사 ($\mu = 100$, $\sigma = 15$)를 실시하여, 평균치 $\overline{X} = 97$이라는 값을 얻었다. 그녀는 표준오차를 $\sigma_{\overline{X}} = \sigma/\sqrt{n} = 15/\sqrt{36} = 15/6 = 2.50$과 같이 계산하였다. 그리고 나서 $\overline{X}$와 $\sigma_{\overline{X}}$를 공식 12.1에 대입하였다.

$$\overline{X} \pm 1.96\sigma_{\overline{X}} = 97 \pm (1.96)(2.50) = 97 \pm 4.9$$

그녀는 그 공장의 조립라인에서 일하는 모든 노동자들의 IQ 평균치는 97 ± 4.9 또는 92.1과 101.9 구간 내에 있다고 95% 확신한다.

해석할 때 주의할 점이 있다. 구간들이 $\overline{X} \pm 1.96\sigma_{\overline{X}}$ 규칙에 따라서 설정될 때, 사람들은 **이렇게 설정된** 구간이 μ를 포함할 확률이 .95라고 말할 것이다. 그러나 주어진 표본으로부터 구체적인 한계가 설정되었을 때, 설정된 구간은 μ를 **포함할 수도 있고 그렇지 않을 수도 있다.** 이 시점에서 표본 구간이 μ를 포함할 확률은 0 또는 1.00이라고 할 수 있다. 결과적으로, Meyer 박사가 252.4에서 291.6 사이에 μ가 있을 확률이 .95라고 말하는 것은 잘못된 것이다. 이러한 이유 때문에 특정한 구간에 대해 이야기할 때, 확률이라는 용어 대신에 **신뢰**라는 용어를 선호하는 것이다.

12.4 구간폭과 신뢰수준

위에서 언급한 심리학자가 95% 구간보다 더 큰 신뢰정도를 선호한다고 가정해 보자. 예를 들어 99% 신뢰구간을 설정하는 것은 표집분포 하에서 가운데 99%를 나타내는 z 값으로 대치하면 된다. 11장으로부터 이 값이 $z = 2.58$이라는 것을 알고 있고, 이 z 값을 넘는 면적은 양쪽 꼬리 부분들의 .005씩(합친 면적이 .01임) 이다. 따라서

> 99% 신뢰구간에 대한 규칙(σ를 알 경우)
>
> $$\overline{X} \pm 2.58\sigma_{\overline{X}} \qquad (12.2)$$

가 된다. 그 심리학자는 그 공장의 조립라인에서 일하는 노동자들의 IQ 평균치가

$$\overline{X} \pm 2.58\sigma_{\overline{X}} = 97 \pm (2.58)(2.50) = 97 \pm 6.45$$

또는 90.55에서 103.45 구간에 있을 것이라고 99% 확신한다.

이 구간은 그녀의 95% 신뢰구간인 92.1에서 101.9보다 상당히 넓다는 것을 주목하라. 간단히 말해서, 더 **높은 확신을 위해서는 더 넓은 구간이 필요하다.** 더 넓은 신뢰구간은 더 많은 μ 후보들을 포함할 수 있기 때문에 이것은 당연한 것이다. 따라서 그 심리학자가 그녀의 구간이 μ를 포함하고 있다고 더욱 확신하는 것은 물론이다! 그러나 신뢰성과 구체성 간에는 거래관계가 성립된다. 만약 95% 신뢰구간이 아닌 99% 신뢰구간을 선택한다면, 확신에서의 증가는 정보의 감소를 가져오는 넓은 구간을 받아들이게 됨으로써 그 대가를 지불하게 된다.

이러한 논의는 또한 신뢰구간을 설정하는 규칙에 대한 일반 공식에도 적용된다.

> 신뢰구간에 대한 일반적 규칙(σ을 알 경우)
>
> $$\overline{X} \pm z_\alpha \sigma_{\overline{X}} \tag{12.3}$$

여기서, z_α는 신뢰수준에 해당되는 표집 분포의 가운데 부분을 구분하는 z 값이다. 여러분이 앞서 보았듯이, 95% 신뢰구간일 경우에는 $z_\alpha = 1.96$이다(왜냐하면, 이 값은 표집분포의 가운데 95%를 나타내는 값이기 때문이다). 마찬가지로, 가운데 99%를 구분하기 때문에 99% 신뢰구간에 대한 $z_\alpha = 2.58$이다.

따라서 유의수준(α)과 신뢰수준은 밀접한 관계를 가진다. 즉, 우리가 앞서 지적했듯이, 신뢰수준은 (1 − α)(100)과 같다. 때때로 **신뢰수준**과 **유의수준**이라는 용어는 상호교환적으로 사용되기도 한다. 전자는 구간추정을 위해서, 후자는 가설검증을 위해서 사용하는 것이 좋다.

12.5 구간폭과 표본크기

표본크기는 신뢰구간의 폭에 영향을 줄 수 있는 두 번째 요인이다. n이 많으면 좁은 구간이 산출된다. Meyer 박사의 95% 신뢰한계는 표본크기가 $n = 25$일 때 252.4에서 291.6이었다. 그의 표본크기가 $n = 100$이라고 가정해 보자. 이는 얼마나 더 좁은 신뢰구간을 산출하겠는가?

답은 평균치의 표준오차에 미치는 n의 효과에서 찾을 수 있다. $\sigma_{\overline{X}} = \sigma/\sqrt{n}$이기 때문에, n이 커지면 작은 표준오차를 산출하게 된다.[1] $n = 100$이면 표준오차는 10에서 $\sigma_{\overline{X}} = 50/\sqrt{100} = 50/10 = 5$로 줄어든다. 95% 신뢰구간은 이번에는 $\overline{X} \pm 1.95\sigma_{\overline{X}} = 272 \pm (1.96)(5) = 272 \pm 9.8$로 신뢰한계는 262.2와 281.8이 된다. 대규모 표본으로부터 μ를 추정함으로써 Meyer 박사는 신뢰구간의 폭을 상당히 줄일 수 있어서, 좁고 보다 구체적인 μ의 추정치를 산출할 수 있다. n과 구간폭의 관계는 여러분이 평균치의 표준오차를 설명했던 10장(10.7절)에서 배운 것을 그대로 따른다. 구체적으로, 사례수가 커지면, 표집분포의 평균치들은 보다 μ 근처로 모이게 된다(그림 10.3을 보라).

구간폭과 n의 관계는 원하는 오차의 폭 안에서 추정치들을 명확하게 정의할 수 있는 중요한 방법을 제안해 준다. 큰 표본을 사용하라! 우리는 다음 장들에서 다른 맥락에서 구간추정법을 고려할 때 이러한 예시들을 다시 살펴볼 것이다.

---

1) 여러분은 우리가 통계적 유의성에 대한 표본크기의 효과에 대해 논의했던 11.10절에서 이러한 예를 보여 준 것을 기억할 것이다.

12.6 구간추정법과 가설검증

구간추정법과 가설검증은 하나의 동전의 양면이다. 우리가 같은 표본의 자료에 대해서 α=.05를 사용하여 μ에 관한 영가설을 **양방검증**을 하고 μ에 대한 95% 신뢰구간도 산출했다고 가정하자. 여러분은 이러한 시행으로부터 두 가지를 배울 수 있다.

첫째, 만약 영가설에서 명시된 값이 신뢰구간 **밖에 있다면** 영가설은 **기각**될 것이라는 것을 발견하게 된다. 다시 한 번 Meyer 박사의 경우로 돌아가 보자. 그의 통계적 가설은 H_0: $\mu = 250$이고, H_1: $\mu \neq 250$으로 양방검증이다. 그의 표본평균치는 $\overline{X} = 272$로, z 통계치는 $+2.20$으로 H_0은 기각된다(11.6절). 이제 H_0에 대한 그의 결정과 95% 신뢰구간인 272 ±19.6(12.3절)을 비교하여 보자. 결과로 얻어진 구간은 252.4에서 291.6으로 영가설 하에서의 전집 평균치인 250을 포함하고 있지 **않다**. H_0을 검증하는 것과 95% 신뢰구간을 설정하는 것은 동일한 결론을 도출한다. 250은 μ에 대한 타당한 값이 아니다(그림 12.3). 이는 신뢰구간 밖에 있는 어떤 값에도 해당된다.

둘째, 만약 영가설에서 명시된 값이 신뢰구간 **안에 있으면** 영가설은 **수용**될 것임을 발견하게 된다.

> 95% 신뢰구간은, H_0에서 명시되었다면 H_0을 5% 유의수준(양방)에서 수용했었을 μ의 모든 값들을 포함한다.

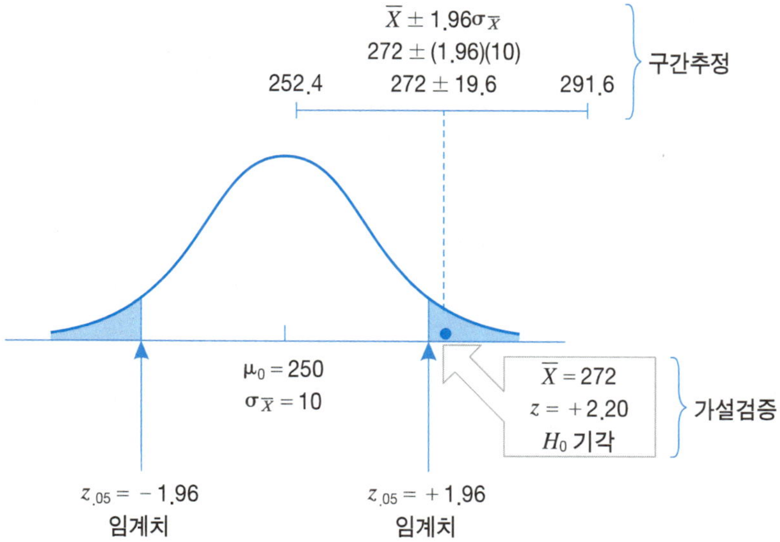

그림 12.3 가설검증과 구간추정: 영가설, H_0: $\mu = 250$은 기각($\alpha = .05$, 양방검증)되고, H_0에서 명시된 값은 μ에 대한 95% 신뢰구간 밖에 있다.

255라는 값을 생각해 보자. 이는 Meyer 박사의 95% 신뢰구간인 252.4에서 291.6에 속해 있고, 255는 (구간 내에 있는 **어떤** 값과 마찬가지로) μ를 위한 적절한 값이다. 이제 Meyer 박사가 그의 표본평균치인 $\overline{X} = 272$를 영가설인 H_0: $\mu = 255$($\sigma = 50$은 계속 같다고 가정한다)에 대항해서 검증한다고 생각해 보자. 이에 해당하는 z 통계치는 다음과 같다.

$$z = \frac{\overline{X} - \mu_0}{\sigma_{\overline{X}}} = \frac{272 - 255}{10} = \frac{17}{10} = +1.70$$

$+1.70 < +1.96$이기 때문에, H_0은 수용된다. 즉, 272는 255와 유의하게 다르지 않기 때문에 255는 μ에 대한 타당한 값으로 받아들여질 수 있다(그림 12.4를 보라). 다시 여러분은 H_0의 양방검증을 하는 것과 95% 신뢰구간을 설정하는 것은 동일한 결론을 도출한다는 것을 알 수 있다. 이것은 Meyer 박사의 신뢰구간 안에 속하는 값을 명시하는 모든 H_0의 운명이다. 왜냐하면 그 구간 내에 있는 어떤 값이든 μ에 대한 타당한 후보이기 때문이다.

당연히 99% 신뢰수준과 .01 유의수준은 동등한 관계를 가지게 된다. 즉, 99% 신뢰한계 밖의 μ 값을 포함하는 모든 H_0은 양방검증($\alpha = 0$)에서 기각되고, 반대로, 99% 신뢰한계 내의 μ 값을 포함하는 모든 H_0은 양방검증에서 수용된다.

우리는 가설검증과 구간추정법 사이의 동등성은 양방검증에 대해서만 정확하게 적용된다는 점을 지적하고자 한다. 예를 들어, 여러분이 일방검증($\alpha = .05$)을 실시하고, H_0을 가까스로 기각했다면(예: $z = +1.66$), μ에 대한 95% 신뢰구간은 기각된 H_0에서 명

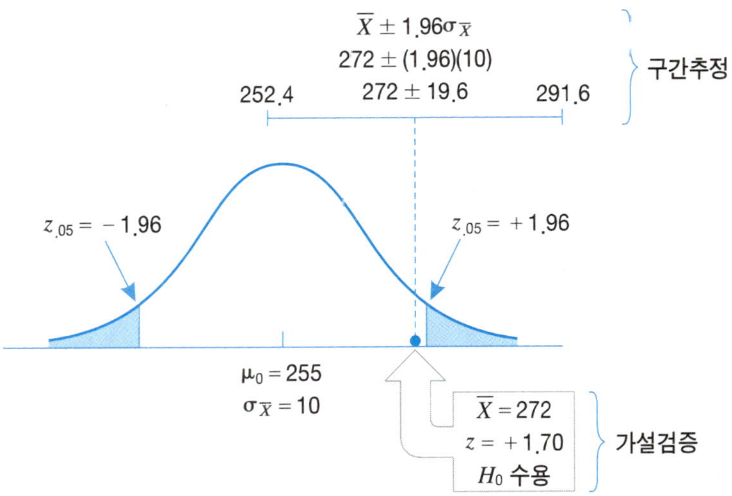

그림 12.4 가설검증과 구간추정: 영가설 H_0: $\mu = 255$는 수용($\alpha = .05$, 양방검증)되고, H_0에서 명시된 값은 μ에 대한 95% 신뢰구간 안에 포함된다.

시된 μ의 값을 **포함할** 것이다. "일방검증" 신뢰구간을 설정하는 절차가 있지만(예: Kirk, 1990, p. 431), 이러한 신뢰구간은 연구보고서에서 거의 볼 수 없다.

12.7 구간추정법의 장점

가설검증과 구간추정법 중에 어떤 접근법을 선택할 것인가? 가설검증은 전통적으로 행동연구자들에게 선호되어 왔지만, 구간추정법도 많은 장점을 가지고 있다.

첫째, 여러분이 일단, 예를 들어, 95% 신뢰수준의 구간추정치를 얻게 되면, 여러분은 어떠한 H_0의 양방검증($\alpha = .05$ 수준에서) 결과든지 자동적으로 알 수 있다. 95% 신뢰구간은 여러분의 표본평균치를 모든 가능한 영가설에 대항해서 동시적으로 검증하는 것으로 생각할 수 있다. 즉, 구간 내의 값에 기초한 H_0은 수용될 것이고, 구간 밖에 있는 값에 기초한 H_0은 기각될 것이다. 대조적으로 유의도 검증은 검증되는 하나의 H_0에 대한 결과만을 제공한다.

둘째, 구간추정치는 직접적인 방식으로 표집변이의 영향, 그리고 특히, 표본크기의 영향에 대해서 보여 준다. 주어진 신뢰수준에서, 큰 표본은 구간한계를 좁히고 보다 정확한 추정치를 제공하는데 반해, 작은 표본은 구간한계를 넓히고 상대적으로 부정확한 추정치를 제공하는 것을 기억하라. 구간폭을 검토함으로써 연구자(그리고 독자)는 추정치가 연구 목적을 위해 충분하게 정확한지 그래서 유용한지를 직접적으로 알 수 있다.

셋째, 가설검증에서는 "유의성"과 "중요성"을 혼돈하기 쉽다(11.10절을 보라). 이러한 위험은 구간추정에서는 근본적으로 사라지게 된다. 예외적으로 큰 표본으로부터 102라는 평균치를 얻고, 유의도 수준 .0000001에서 H_0: $\mu = 100$을 기각한 연구자를 가정해 보자. 상당히 감동적이다! 그러나 95% 신뢰구간은 μ를 100과 너무 가까운 101.2와 102.8 사이에 포함시킨다. 이런 점에서 구간추정법은 가설검증보다 더 연구자들로 하여금 그들의 결과가 얼마나 중요한가를 생각하게 만든다고 볼 수 있다.

넷째, 우리가 시작 부분에 언급했다시피, 구간추정법은 H_0을 명시할 의미 있는 근거가 없는 경우에 논리적인 접근법이 된다. 사실상 가설검증은 이러한 경우에는 쓸모가 없다.

구간추정법의 장점에도 불구하고, 가설검증이 행동과학에서는 더 폭넓게 사용되는 접근법이다. 이러한 전통의 우세가 계속되는 한, 연구자들은 적어도 가설검증 결과에 보다 정보적인 신뢰구간 정보를 추가하도록 권장되어야 한다. 이러한 이유로, 이 장 이후에 통계적 가설검증을 제시할 때, 신뢰구간을 설정하는 절차들을 포함시킬 것이다.

12.8 요약

통계적 추론의 두 번째 접근방법으로 추정법이 소개되었다. 전집의 특정한 조건에 대한 영가설을 검증하는 대신 (예를 들어, "$\mu = 250$인가?"), 연구자는 "전집의 값은 무엇인가?"라는 보다 일반적인 질문을 하게 된다.

표본 자료로부터 우리는 점추정치나 구간추정치를 구할 수 있다. 점추정치란 모수치(예를 들어, μ의 추정치로서 $\overline{X}$)에 대한 추정치로서 사용되는 단일한 표본값이다. 우연에 의한 표집변이 때문에 점추정치는 그 정도는 모르지만 거의 항상 틀린다. 반면에 구간추정치는 표집오차를 추정치에 통합해서 전집의 값이 포함되어 있으리라고 추정되는 범위를 제공한다.

구간추정치는 $(1 - \alpha)(100)$과 같은 특정한 신뢰수준을 가지고 제공된다(일반적으로 95%나 99%). 95% 신뢰구간은 $\overline{X} \pm 1.96\sigma_{\overline{X}}$라는 규칙에 따라서 설정되고, 99% 신뢰구간은 $\overline{X} \pm 2.58\sigma_{\overline{X}}$라는 규칙에 따라서 설정된다. 구간이 설정되면 그것은 전집의 값을 포함할 수도 있고 그렇지 않을 수도 있는데 우리는 확실히 알지 못한다. 그러나 구간을 산출하는 규정이, 장기적으로 보면, 이러한 구간의 95%(혹은 99%)가 추정된 전집의 값을 포함하도록 만들어졌다. 일반적으로, 선정된 신뢰수준이 클수록 구간은 넓어지고 추정이 부정확해진다. 주어진 신뢰수준에서 좀 더 정확한 추정을 하려면 표본크기를 늘리면 된다.

가설검증과 구간추정법은 밀접한 관계가 있다. 95% 신뢰구간은 .05의 유의도 수준에서 영가설이 수용될 범위를 알려 준다. 구간추정법은 구간들이 표본크기와 표집오차의 영향을 직접 나타내 주는데 반하여, 가설검증과 관련된 계산된 z는 그렇지 못하다. 구간추정법은 또한 통계적으로 의미 있는 차이와 실질적으로 중요한 것 사이의 혼동을 없애 준다. 비록 가설검증법이 대부분의 행동연구자들에 의해서 선호되고 있지만, 구간추정법의 장점들은 좀 더 널리 사용되어야 할 것을 제안한다. 이러한 목적을 위해 가설검증 결과와 더불어 신뢰구간을 보고해야 할 것을 권장한다.

연습문제

정의 또는 설명하라.

용어 및 개념

점추정치
구간추정치
신뢰구간
신뢰수준
신뢰한계
95% 신뢰구간
99% 신뢰구간

공식

$\overline{X} \pm 1.96\sigma_{\overline{X}}$　$\overline{X} \pm 2.58\sigma_{\overline{X}}$　$\overline{X} \pm z_{\alpha}\sigma_{\overline{X}}$

질문 및 문제

참고: *가 있는 문제는 부록 A에 답이 제시되어 있다.

***1.** 읽기 성취도에 대한 어느 표준화 검사에서 3학년 학생들에 대한 전국 규준은 27점이다($\sigma = 4$). Rachel 선생님은 그녀의 학군에 있는 3학년생들의 한 무선표본에 대해 실시한 그 검사의 평균 점수를 알았다.

(a) 그녀의 전집 평균치에 대하여, 가설을 검증함으로써 답을 얻을 수 있는 질문을 만들어 보라.

(b) 추정법이 적절할 질문을 만들어 보라.

***2.** 문제 1번에서 Rachel의 표본 결과가 $\overline{X} = 33.10(n = 36)$이었다.

(a) $\sigma_{\overline{X}}$를 계산하라.

(b) 그녀의 전집 평균치에 대한 95% 신뢰구간을 설정하라.

(c) 그녀의 전집 평균치에 대한 99% 신뢰구간을 설정하라.

(d) 문제 2b와 문제 2c에 대한 여러분의 답을 비교하여 일반화할 수 있는 사실은 무엇인가?

***3.** 문제 2b에서 여러분이 계산한 구간의 의미를 정확한 용어로 설명하라. "95% 확신"이라는 것은 정확하게 무엇을 의미하는가?

4. 문제 2a와 2b를 $n = 9$와 $n = 100$을 적용하여 반복하라. 답들의 비교를 통해서 일반화할 수 있는 것은 무엇인가(즉, $n = 9$ 대 $n = 100$)?

5. $\overline{X} = 48$, $n = 36$, $\sigma = 10$인 11장의 문제 4를 생각하라.

(a) μ에 대한 95% 신뢰구간을 설정하라.

(b) μ에 대한 99% 신뢰구간을 설정하라.

6. 11장의 문제 15a와 15c – 15e까지의 각 시나리오에 대해서 μ에 대한 신뢰구간을 설

정하라.

7. 문제 6d에서 보다 문제 6a에서 구간폭이 더 넓다. 이러한 결과에 대한 주요한 이유는 무엇인가? 공식 12.1에 있는 계산공식이 시사하는 관점에서 설명하라.

***8.** 무선표본 하나로부터 μ에 대한 99% 신뢰구간이 설정되었다. 이 값이 43.7에서 51.2라고 한다.

(a) 동일한 표본 결과에 대해서 H_0: $\mu = 48$을 $\alpha = .01$을 적용하여 검증하다고 가정하자(양방검증). 결과는 어떻게 나오겠는가?

(b) H_0: $\mu = 60$에 대한 검증 결과는 어떻게 나오겠는가?

(c) 문제 8a와 8b의 답에 대해 설명하라.

***9.** (a) 만약 가설에서 설정된 μ가 99% 신뢰구간에 포함되지 않았다면, 그 μ는 동일한 표본 결과에 대한 95% 신뢰구간에도 포함되지 않을 것인가?

(b) 만약 가설에서 설정된 μ가 95% 신뢰구간에 포함되지 않았다면, 그 μ는 동일한 표본 결과에 대한 99% 신뢰구간에도 포함되지 않을 것인가?

(c) 문제 9a와 9b에 대한 여러분의 답을 설명하라.

10. $\overline{X} = 83$, $n = 625$인 무선표본에서 $\sigma = 15$라고 가정하라.

(a) H_1: $\mu \neq 80$($\alpha = .05$)에 대항하여 H_0: $\mu = 80$을 검증하라. 이 결과는 μ에 대해 무엇을 말해 주는가?

(b) μ에 대한 95% 신뢰구간을 설정하라. 이것은 μ에 대해 무엇을 말해 주는가?

(c) 어떤 접근법이 μ에 대해서 보다 많은 정보를 제공해 주는가? (설명하라.)

제 13 장

σ를 알 수 없을 경우 μ에 대한 통계적 가설검증: 단일집단 t 검증

13.1 현실: 흔히 σ는 알려지지 않음

우리는 가설검증(11장)과 추정법(12장)을 전집의 표준편차인 σ를 아는 단순한 경우를 사용하여 소개하였다. 이는 단순하긴 하지만(그래서 거기서 시작하였지만), 현실적이지 못하다. 잘 알려진 바와 같이, **행동 연구자들이 전형적으로 탐색하는 유형의 문제 상황에서는 σ를 거의 알 수 없다.** 이것은 슬픈 소식이고, 좋은 소식은 연구자들이 σ를 알든 모르든 가설검증(그리고 추정법)의 논리는 동일하다는 것이다. 비록 통계적 절차가 σ를 모를 경우에는 약간 달라지지만, 이러한 변화들에 적응하는 것이 어렵지 않다는 것을 알 수 있을 것이다. 간단히 말해서 사건의 일반적인 순서는 σ을 알 때 진행되었던 것과 유사하다(표 11.2).

- H_0과 H_1을 명시하고, 유의도 수준(α)을 선정한다.
- 표본을 선정하고, 필요한 표본통계치를 계산한다.
- 검증통계치의 확률을 결정한다.
- H_0에 대한 결정을 내린다.

이 장에서, 우리는 σ를 모를 때 μ에 대한 통계적 가설검증 절차를 기술할 것이다. 다음의 시나리오로부터 얻은 자료는 우리가 소개할 다양한 개념들과 절차들을 예시하는 데 사용될 것이다.

Coffey 교수는 전국적인 설문조사로부터 미국 대학생들이 인터넷(이메일 작성과 확

표 13.1 인터넷 사용에 대한 Coffey 교수의 설문 자료

학생	전형적인 한 주의 인터넷 사용 시간 X	X^2
A	6	36
B	9	81
C	12	144
D	3	9
E	11	121
F	10	100
G	18	324
H	9	81
I	13	169
J	8	64
$n = 10$	$\Sigma X = 99$ $(\Sigma X)^2 = 99^2 = 9801$	$\Sigma X^2 = 1129$

인, 웹 탐색, 홈페이지 만들기, 등등)을 하는데 평균 6.75시간을 소비한다는 것을 알았다고 가정하자. 그 교수는 자신의 대학교 학생들의 인터넷 사용 정도가 전국 평균과 비교하여 어떤지에 관심이 있다. 그 지역의 사용 정도가 전국 평균보다 더 높은가 낮은가? 그녀의 통계적 가설은 H_0: $\mu = 6.75$와 H_1: $\mu \neq 6.75$이고, $\alpha = .05$로 유의도 수준을 선정하였다. 연구의 빠듯한 예산으로 인해 Coffey 교수는 단지 10명의 학생들만을 무선적으로 선정하였다.[1] 각 학생은 학기 중의 전형적인 한 주에 인터넷을 하면서 보내는 시간을 보고하도록 하였다. 이 자료는 표 13.1에 제시되어 있고, 여기서 일주일 동안의 인터넷 사용시간에 대한 표본평균치가 $\overline{X} = \Sigma X / n = 99/10 = 9.90$이라는 것을 계산할 수 있다.

13.2 평균치의 표준오차 추정

이제, 만약 σ를 알았다면, Coffey 교수는 단순히 단일 집단 z 검증을 실시하면 된다. 즉, 그녀는 검증통계치 z와 관련된 확률에 기초해서 H_0에 대한 결정을 내릴 것이다(공식 11.1).

$$z = \frac{\overline{X} - \mu_0}{\sigma_{\overline{X}}}$$

1) 이 작은 n은 단지 자료의 제시와 계산을 단순화하고자 하는 우리의 의도를 반영한 것이다. 물론 Coffey 교수는 이러한 유형의 연구에 대해서 더 큰 표본을 사용할 것이다.

그러나 σ를 알 수 없기 때문에, Coffey 교수는 $\sigma_{\overline{X}}$ (여러분이 기억하듯이 $\sigma/\sqrt{n}$임)를 계산할 수 없고, $\sigma_{\overline{X}}$를 계산할 수 없기 때문에 z를 계산할 수 없다. 그러나 그녀는 표본 자료로부터 σ를 **추정**할 수 있다. 추정된 σ는 적절한 검증통계치를 계산하는데 필요한 $\sigma_{\overline{X}}$를 추정하는데 사용될 수 있다. 여러분이 이제 곧 배우게 되겠지만, 이 검증통계치는 z 요비와 매우 비슷하다.

먼저, σ를 추정하는 문제이다. 여러분은 $S = \sqrt{SS/n}$(공식 5.2)가 전집의 표준편차인 σ를 예측하는 최선의 추정치라고 생각할지 모른다(SS는 "자승합"이라는 것을 기억하라). 그러나 표본 자료의 기술 통계치인 S는 σ에 대한 추정치로 약간 너무 작은 경향이 있다. 분모에 있는 n을 $n-1$로 바꿔 줌으로써 보다 나은 추정치를 얻을 수 있게 된다.

전집 표준편차에 대한 추정치

$$s = \sqrt{\frac{SS}{n-1}} \qquad (13.1)$$

작아진 분모로 인해서, s(공식 13.1)는 S(공식 5.2)보다 약간 커지게 된다. s와 S의 계산된 값에서의 차이는 흔히 매우 작지만 – 특히 n이 큰 경우에는 – **앞으로 나오는 모든 추론 문제에서 σ에 대한 대용으로 s를 사용할 것이다.**[2)]

Coffey 교수의 자료에서 s를 계산해 보자. 5장으로부터 자승합, SS가 다음과 같이 계산된다는 것을 기억하라.

$$SS = \Sigma(X - \overline{X})^2 = \Sigma X^2 - \frac{(\Sigma X)^2}{n}$$

표 13.1은 $\Sigma X^2 = 1129$이고, $(\Sigma X)^2 = 99^2 = 9801$이라는 것을 보여준다. 따라서 자승합은 다음과 같다.

$$\begin{aligned} SS &= \Sigma X^2 - \frac{(\Sigma X)^2}{n} \\ &= 1129 - \frac{9801}{10} \\ &= 1129 - 980.10 \\ &= 148.90 \end{aligned}$$

따라서 추정된 표준편차는 다음과 같다.

2) 만약 이미 S를 가지고 있다면, $s = S\sqrt{n/(n-1)}$이라는 공식을 이용하여 s를 계산할 수 있다.

$$s = \sqrt{\frac{SS}{n-1}} = \sqrt{\frac{148.90}{10-1}} = \sqrt{16.54} = 4.07$$

이제 평균치의 표준오차는 σ 대신 s를 대치함으로써 다음과 같이 추정될 수 있다.

추정된 평균치의 표준오차

$$s_{\overline{X}} = \frac{s}{\sqrt{n}} \tag{13.2}$$

Coffey 교수의 표본 값에 적용하면, $s_{\overline{X}}$는 다음과 같다.

$$s_{\overline{X}} = \frac{s}{\sqrt{n}} = \frac{4.07}{\sqrt{10}} = \frac{4.07}{3.16} = 1.29$$

평균치의 표준오차로서 $s_{\overline{X}}$는 이 전집으로부터 무선적으로 추출된 크기가 $n = 10$인 표본들에서 나온 모든 가능한 표본평균치들의 추정된 표준편차이다. 우리가 추정된 표준편차에 대해서 σ가 아닌 s를 사용하였던 것처럼 평균치의 추정된 표준오차에 대해 $\sigma_{\overline{X}}$가 아니라 $s_{\overline{X}}$를 사용했다는 점을 주목하라. 이러한 관행은 s나 $s_{\overline{X}}$가 "참" 혹은 전집의 값들이 아니라 추정치라는 점을 상기시켜주는 기능을 한다.

13.3 검증 통계치 *t*

σ를 알 수 없을 때는, z가 아닌 다른 검증통계치가 사용되어야 한다. 이 경우에 사용되는 통계치는 t이고, 이는 z와 매우 닮았다.

검증통계치 t

$$t = \frac{\overline{X} - \mu_0}{s_{\overline{X}}} \tag{13.3}$$

Coffey 교수의 표본 값들로부터 계산하면, 검증통계치 t 혹은 ***t* 요비**(ratio)는 다음과 같다.

$$t = \frac{\overline{X} - \mu_0}{s_{\overline{X}}} = \frac{9.90 - 6.75}{1.29} = \frac{3.15}{1.29} = +2.44$$

t와 z의 계산 상 차이는 공식 13.3에서 단지 $\sigma_{\overline{X}}$ 대신에 $s_{\overline{X}}$를 사용했다는 점이다. 개념

적으로 두 공식은 매우 유사해서, 각각은 영가설 하에서의 전집의 값(μ_0)과 표본평균치($\overline{X}$)의 차이를 평균치의 표준오차($s_{\overline{X}}$ 혹은 $\sigma_{\overline{X}}$) 단위로 표현한 것이다. 따라서 Coffey 교수의 표본평균치와 μ_0 사이의 차이는 거의 2.5 표준오차가 된다.[3)]

개념적 유사성은 차치하고, 앞서 언급한 t와 z의 차이는 – $\sigma_{\overline{X}}$에 대한 $s_{\overline{X}}$의 대치 – 통계적으로 중요한 것이다. z는 단지 한 개($\overline{X}$)만 필요하지만 t 요비는 표본 자료로부터 2개의 통계치 – $\overline{X}$와 $s_{\overline{X}}$ – 를 필요로 한다. 크기가 n인 무선표본을 반복적으로 추출하면, t의 표본들 간의 변산성은 $\overline{X}$와 $s_{\overline{X}}$ 둘 다와 관련된 표집변이를 반영할 것이다. 이에 비해서 z의 표집변이는 단지 $\overline{X}$와 관련된 변산성만을 반영할 것이다.

이 모든 것이 의미하는 것은 **t의 표집분포는 정상적으로 분포되는 z와는 차이가 있는데, 특히 적은 표본들에 대해서는 더욱 그렇다**는 것이다. 결과적으로 친숙한 z의 임계치인 ±1.96(양방검증)이나 – 1.65(일방검증)는 t 요비의 크기를 판단하기 위해서는 일반적으로 부적절하다는 것이다. 즉, t에 대한 표집분포에 적용될 경우, 이들 정상곡선 값으로 결정되는 기각역들은 제시한 유의도 수준($\alpha = .05$)과 대체적으로 일치하지 않는다. 표본이 큰 경우($n \geq 30$)에는 이렇게 하는 것이 별 차이가 없지만, Coffey 교수 경우에서처럼 표본들이 비교적 작은 경우에는 부정확성은 상당해진다.

그렇다면 t에 대한 임계치들은 어떻게 얻을 수 있는가? 이 문제에 대한 해결의 기초는 "현대 추리 통계 방법들의 시작으로 볼 수 있는"(Glass & Hopkins, 1996, p. 271) 통계이론에 공헌한 William Sealy Gosset에 의해 1900년대 초반에 제시되었다. Gosset는 Dublin의 Guinness Brewery를 위해 일하던 통계학자로, 13.5절에서 보게 되겠지만, t의 표집분포는 사실상 **일군의 확률분포**(a family of probability distributions)라는 것을 보여주었다. Gosset는 "Student"라는 가명을 사용했기 때문에, 분포들의 일군은 **Student 분포** 혹은 **Student *t* 분포**라고 알려져 있다. Gosset의 작업은 궁극적으로, 여러분이 곧 배우게 될, t의 임계치들을 밝혀내게 하였고, 이것들은 사용하기 쉬운 수표로 요약되었다. **어떤** 크기의 표본이든 간에, 여러분은 쉽게 정확한 임계치를 찾아내서, 계산된 t 요비와 비교하여 H_0에 대한 결정을 내릴 수 있다.

13.4 자유도

Student t 분포에 대한 논의를 계속하기 전에, 우리는 **자유도**(degree of freedom)라는 중요한 용어를 소개해야 한다.

3) 이 t 요비는 6장에서 여러분이 배운 표준점수인 "T 점수"와는 상관이 없는 것이다.

> 자유도(df)는 관찰치들의 표본이 통계적 추론이라는 목적을 위하여 제공해 줄 수 있는 독립적인 정보들의 수를 가리키는 수치이다.

t를 계산할 때, 여러분은 s(σ에 대한 추정치)와 $s_{\overline{X}}$($\sigma_{\overline{X}}$에 대한 추정치)를 계산하기 위해서 표본의 정보를 이용해야 한다. 이러한 목적을 위해서 표본은 얼마나 많은 **독립적인** 정보를 제공할 수 있는가?

이에 대한 대답은 s의 값 그리고 그에 따른 $s_{\overline{X}}$의 값이 표본평균치에 관한 우리의 표본 관찰들의 편차에 기초해 있다는 사실과 관련되어 있다. 이는 공식 13.1을 확인하면 분명해지는데, 그것은 다음과 같다.

$$s = \sqrt{\frac{\Sigma(X - \overline{X})^2}{n - 1}}$$

우리가 2, 2, 5라는 세 개의 관찰치들로 이루어진 표본을 하나 가지고 있다고 가정하자. 표본평균치는 3이고, 평균치에 대한 편차는 −1, −1, 그리고 +2이다. s의 기초가 되는 기본적인 정보인 이 세 개의 편차들이 서로 독립적인 것인가? 그렇지 않다. **왜냐하면 항상 다 더해지면 영이 되어야 한다는 제한이 있기 때문이다.** 즉, $\Sigma(X - \overline{X}) = 0$이다. 그래서 만약 우리가 두 개의 편차 점수가 −1과 −1이라는 것을 알면, 세 번째 편차점수는 우리에게 새로운 독립된 정보를 주지 못한다. 세 개가 모두 합쳐서 0이 되려면 그것은 +2여야만 한다. 우리가 어떠한 순서로 이들을 취하더라도 마지막 편차점수는 항상 나머지 것들에 의해서 전적으로 결정이 되고 따라서 종속되어 있는 것이다. 그러므로 이 세 점수들의 표본에는, s와 $s_{\overline{X}}$의 기초가 될 두 개의 독립적인 정보, 또는 자유도만을 가지고 있다. 마찬가지로 20개의 관찰로 이루어진 표본에는 s와 $s_{\overline{X}}$의 표본 추정치를 위해서는 19의 자유도만이 가용하다.

일반적인 용어로 말하면, s와 $s_{\overline{X}}$를 계산하는데 있어 하나의 표본에서 사용가능한 자유도는 $n - 1$이다. Coffey 교수의 경우에서는 $n = 10$이므로 자유도는 $10 - 1 = 9$($df = 9$)가 된다. 우리는 앞으로 추정치들이 하나 이상의 표본에 의거하거나 하나 이상의 제약이 포함된 다른 경우들을 접하게 될 것이다. 이러한 경우에는 자유도를 결정하는 규칙이 수정될 것이다.

13.5 Student t의 표집분포

Student t 분포의 특성은 무엇이고, 임계치는 어떻게 얻을 수 있는가? 이 질문의 앞부분

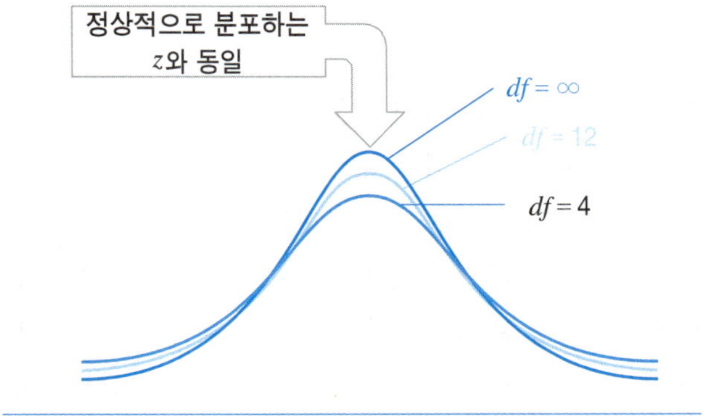

그림 13.1 세 가지 자유도 수준에 대한 Student t 분포

부터 시작해 보기로 하자.

무선 표본들이 크다면, s는 σ의 추정치로 상당히 정확할 것이고, $s_{\overline{X}}$는 $\sigma_{\overline{X}}$에 더 가까워질 것이고, 결국 t는 z와 거의 같을 것이다. 이 경우에는 t 분포는 거의 정상에 가까울 것이다.[4] 반대로, n이 작다면, $s_{\overline{X}}$는 $\sigma_{\overline{X}}$의 값과는 상당히 다를 것이다. t의 분포는 정상적으로 분포된 z 분포로부터 상당히 이탈된다. 그림 13.1은 어떤지를 보여주고 있다. 특히 df가 작은 경우(즉, 작은 표본 크기)에는 t를 보여주는 곡선은 꼬리 부분에 상당히 더 큰 면적을 가지게 된다. 이것은 **유의도 수준(.05나 .01)에 해당하는 t의 임계치를 찾기 위해서는, 정상적으로 분포하고 있는 z에서 요구되는 값보다는 더 바깥쪽으로 이동해야 함을 의미한다.**

그림 13.1은 t 분포는 각각의 자유도마다 하나 씩 있는 분포들을 가진 분포의 **일군**이라는 사실도 또한 보여주고 있다. t 분포가 정상분포곡선과 어느 정도로 다른가는 s가 표본들 사이에서 얼마나 변화하느냐에 달려 있고 이것은 따라서 자유도(혹은 "정보의 양")에 달려 있다. 아주 작은 표본, 즉 $n = 5$의 경우에는 우연 표집변이는 σ의 실제 값으로부터 상당히 달라진 s 값을 만들어 낸다. 그러므로 $df = 5 - 1 = 4$인 t 분포는 정상분포곡선과 많이 다르다. 반면에, 표본이 커질수록 자유도도 커지며 또한 s가 좀 더 비슷하게 σ를 추정할 것이다. 그림 13.1은 13 정도로 ($df = 12$) 작은 표본에서까지도 t 분포가 정상분포에 대략 접근하는 것을 보여주고 있다. 아주 큰 표본, 말하자면 200개 이상의 사례를 포함한 경우에는 s와 따라서 $s_{\overline{X}}$가 각각 σ와 $\sigma_{\overline{X}}$에 접근하게 되어 t 분포는 실질적으로 정상분포곡선과 구별이 되지 않는다. 결국은 표본이 무한히 커지면 (즉, $df = \infty$), t 분포와 정상분포곡선은 똑같은 하나가 된다.

4) 평균치들의 표집분포는 정상곡선을 따르는 것으로 가정된다.

*t*의 임계치 구하기

Student의 *t* 분포의 표가 표 B(부록 B)에 나와 있는데, 이는 *t*의 임계치를 결정하는데 사용된다. 우리는 이 논의를 위해서 그 표의 일부를 표 13.2에 재구성하였다.

표 B의 체재가 정상분포곡선의 체재(표 A)와 다른 것을 알 수 있다. 정상곡선표는 0부터 3.70 사이의 모든 가능한 *z* 값에 대한 면적을 보고하고 있어서, 여러분은 정확한 확률과 임계치를 결정할 수 있게 된다(11.5절과 11.6절). 이에 반해 표 B는 **선택된** 면적(기각역)에 대한 **임계치만**을 보고하고 있다. 더욱이, 이는 *df*에 따라서 구분되어 있다. 좀 더 자세히 살펴보자.

표 13.2의 상위 두 줄에 있는 숫자들은 각각 분포의 **한쪽 꼬리에서의 면적**(방향적인 H_1을 위한 것)과 **양쪽 꼬리에서의 면적**(비방향적인 H_0를 위한 것)이다. 이 표 속에 있는 숫자들은 가장 왼쪽에 나열된 자유도에 해당되는 *t*의 임계치이다. 예를 들어, $df = 9$인 경우에 각 열에 있는 수치들은 표의 상단에 있는 면적에 해당되는 *t* 값이다. 이것은 그림 13.2에서 칠해진 면적으로 나타나 있다. 여러분은 그 면적의 .025가 분포의 **한쪽 꼬리** 부

표 13.2 표 B의 일부: Student *t* 분포

	양방검증에서의 면적					
	.50	**.20**	**.10**	**.05**	**.02**	**.01**
	일방검증에서의 면적					
df	**.25**	**.10**	**.05**	**.025**	**.01**	**.005**
1	1.000	3.708	6.314	12.706	31.821	63.657
2	0.816	1.886	2.920	4.303	6.965	9.925
•	•	•	•	•	•	•
•	•	•	•	•	•	•
•	•	•	•	•	•	•
9	0.703	1.383	1.833	2.262	2.821	3.250
•	•	•	•	•	•	•
•	•	•	•	•	•	•
•	•	•	•	•	•	•
60	0.679	1.296	1.671	2.000	2.390	2.660
•	•	•	•	•	•	•
•	•	•	•	•	•	•
•	•	•	•	•	•	•
120	0.677	1.289	1.658	1.980	2.358	2.617
•	•	•	•	•	•	•
•	•	•	•	•	•	•
•	•	•	•	•	•	•
∞	0.674	1.282	1.645	1.960	2.326	2.576

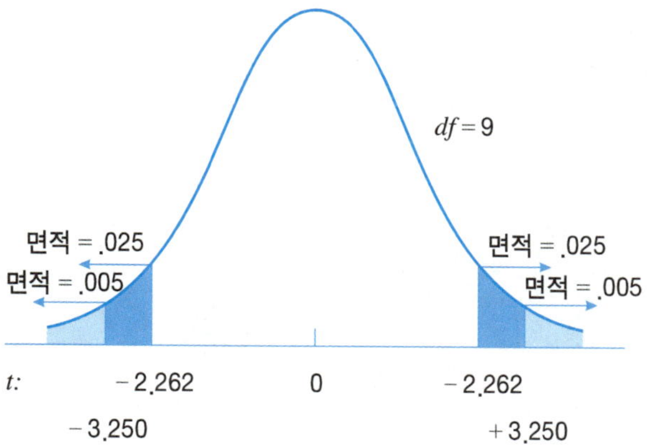

그림 13.2 $df=9$일 때, Student t 분포 밑에서의 면적

분에서 t가 2.262(+나 −) 이상인 곳에 있는 것을 볼 수 있다. 따라서 면적의 .05는 **양쪽 꼬리** 부분에서(.025 + .025 = .05) $t=-2.262$와 $t=+2.262$에 의해 경계가 지어진다. 마찬가지로 .005는 한쪽 꼬리 부분에서 t가 3.250(+나 −)을 넘는 부분이 되고, .01은 양쪽 꼬리 부분을 합쳐서 t가 +3.250과 −3.250을 넘는 부분이다.

t의 임계치 혹은 t_α는 H_1의 형태, 유의도 수준, 자유도에 따라서 μ에 대한 특정한 가설을 검증하기에 적절한 것이다. 다음 예들을 필요한 경우에 표 13.2를 참고해 가며 검토해 보라.

- H_1 = 비방향적, $\alpha=.05$, $df=60$ ☞ $t_{.05}=\pm 2.000$
- H_1 = 비방향적, $\alpha=.01$, $df=120$ ☞ $t_{.01}=\pm 2.617$
- H_1 = 방향적, $\alpha=.05$, $df=9$ ☞ $t_{.05}=-1.833$ (만약 H_1: $\mu<\mu_0$)
  ☞ $t_{.05}=+1.833$ (만약 H_1: $\mu>\mu_0$)
- H_1 = 방향적, $\alpha=.01$, $df=9$ ☞ $t_{.01}=-2.821$ (만약 H_1: $\mu<\mu_0$)
  ☞ $t_{.01}=+2.821$ (만약 H_1: $\mu>\mu_0$)

질문: 표 13.2에서 Coffey 교수의 정확한 임계치는 얼마인가?

여러분은 표 B에는 모든 가능한 df 값에 대한 t 값이 존재하지 않는다는 것을 볼 수 있을 것이다. 만약 정확한 자유도가 이 부록에 나타나 있지 않다면, 엄격한 기준은 표에 제시된 값과 가장 가까운 더 **작은** 값을 적용하는 것이다. 예를 들어, 여러분이 실제로 자유도가 33이라면, 표에서는 $df=30$($df=40$이 아니라)의 값을 적용한다.

13.6 Student t의 적용

Coffey 교수의 문제에 흔히 단일집단 t 검증이라고 불리는 방법을 적용해 보자. 이 과정

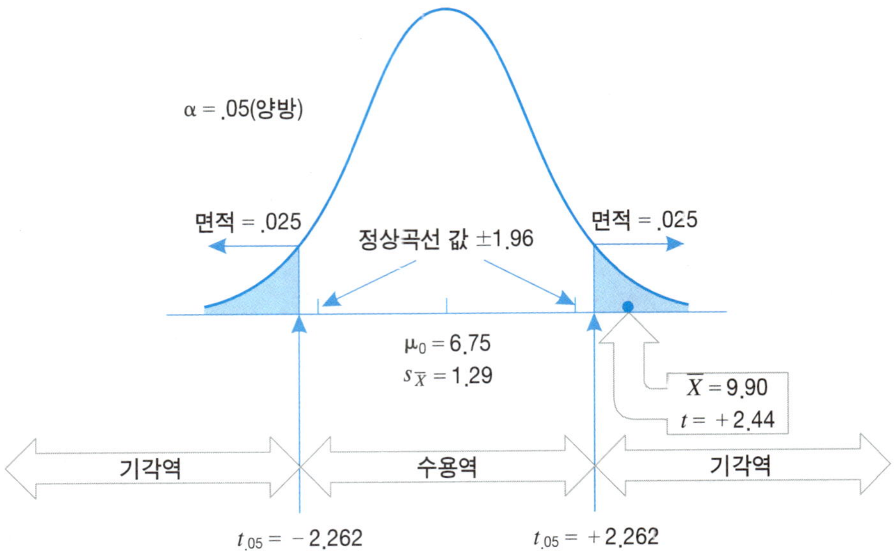

그림 13.3 Coffey 교수의 문제: $df = 9$일 때 Student t 분포에 기초한 양방적 결정 전략

을 명확하게 하기 위해서, 우리는 그녀의 활동을 단계별로 제시할 것이고, 이 중에 몇 가지는 여러분이 앞에서 보았던 내용의 반복이다.

1 단계. H_0**과** H_1**을 명시하고, 유의도 수준(α)을 선정한다.**

Coffey 교수의 영가설은 H_0: $\mu = 6.75$이고, 대립가설은 H_1: $\mu \neq 6.75$이며, $\alpha = .05$로 선정하였다. 그녀는 자기 학교 내에서의 인터넷 사용 정도가 전국 평균과 **어느 방향에서든** 차이가 있는가에만 관심이 있었기 때문에 **양방검증**을 시행하였다(즉, 그녀의 H_1은 비방향적임).

2 단계. 표본을 선정하고, 필요한 표본통계치를 계산한다.

세 가지 표본통계치는 평균치, $\bar{X} = 9.90$, 추정된 평균치의 표준오차, $s_{\bar{X}} = 1.29$, 그리고 t 요비인 $t = +2.44$이다.

3 단계. t**에 대한 임계치를 결정한다.**

비방향적 H_1에서 .05의 알파수준에 자유도가 9인 경우에 t의 임계치는 ±2.262(표 13.2를 참고하라)이다. 이 값들은 Student t 분포($df = 9$)의 양쪽 꼬리에서 기각역을 구분한다. 그림 13.3에서 이 표집분포의 5%에 해당되는 면적을 칠한 부분으로 제시하였다.

4 단계. H_0**에 대한 결정을 내린다.**

계산된 t 값은 기각역($+2.44 > +2.262$)에 포함되는데, 이것 역시 그림 13.3에서 보여주고 있다. 결과적으로, Coffey 교수는 그녀의 전집에 대한 $\mu = 6.75$라는 영가설을 기각하고, 이 전집에서는 일주일 동안의 인터넷 사용이 6.75 시간을 초과하는 것으로 보인다는 결론을 내리게 된다.

Coffey 교수가 방향적인 대립가설인 H_1: $\mu > 6.75$를 설정하였다고 가정해 보자. 이 경우에는 기각역 전체 5%는 오른쪽의 한쪽 꼬리 쪽에 위치하게 되고, 정확한 임계치는 $t_{.05} = +1.833$($df = 9$)이다. 이는 그림 13.4에 나타나 있다. $+2.262 > +1.833$이기 때문에 Coffey 교수는 마찬가지로, H_0을 기각하게 된다. (아마도 여러분은 이것을 예상하였을 것이다. 만약 t가 양방검증 임계치 밖에 있게 된다면, 같은 t값이 보다 작은 **일방검증** 임계치 이상에 포함되는 것은 당연하다!)

그림 13.3에는 정상곡선 값 ±1.96의 위치를 표시하였고, 마찬가지로 그림 13.4에는 정상곡선 값 +1.65의 위치를 표시하였다. 이 값들은 자유도가 9인 t 분포에서 기각역을 구분하는 것이 **아니라**는 것을 주목하라. 우리가 앞에서 언급했다시피, 여러분이 동일한 면적을 나누기 위해서는 t 분포에서는 꼬리 쪽으로 더 멀리 나아가야만 하기 때문에 t의 임계치는 항상 정상곡선에 얻은 수치보다는 커지게 된다. 다시 말해서 Student t의 꼬리는 "들려 있기" 때문에 더 많은 면적을 차지하기 때문이다. Coffey 교수의 자료의 경우에 t의 임계치(±2.262)는 정상곡선에서 얻은 것(±1.96)보다 상당히 커지게 된다. 이는 작은 표본인 경우에 예상되는 것이다. 그러나 만약 여러분이 표 13.2에서 df가 60인

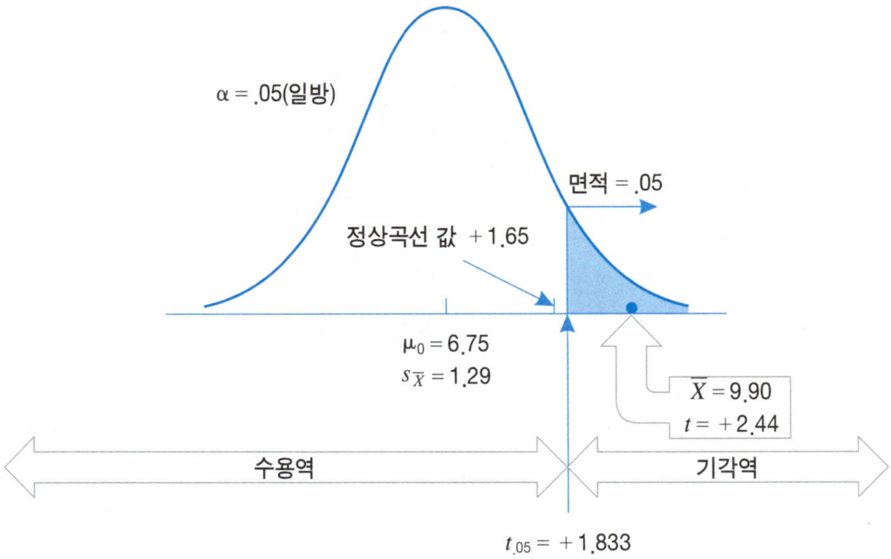

그림 13.4 $df = 9$일 경우 Student t 분포에 근거한 일방적 결정 전략

경우나 120인 경우의 값들을 마지막 줄에 있는 *df*가 ∞인 경우(정상곡선)의 값들과 비교하여 본다면, 차이가 거의 없다는 것을 알 수 있을 것이다. 이것은 큰 표본이 사용될 경우 정상곡선 값은 정확한 *t* 값들의 근사치가 된다는 앞서 지적한 사실과 일치하는 것이다.

13.7 전집의 정상성 가정

*s*가 σ의 추정치로 사용되는 경우에, 정상성으로부터 이탈하여 Student *t* 분포 형태를 취하는 것이 **평균치**들의 표집분포라고 생각하기 쉽다. 그러나 그렇지 않다. 여러분이 표 B에서 찾는 것은 표본의 평균치가 아니고, ***t* 통계치를 사용함으로써** 표본평균치의 위치를 간접적으로 평가하는 것이다. 우리가 *t* 수표를 보고 직접 평가하는 것은 *t* 요비의 위치이며, **Student *t* 분포를 따르는 것은 *t* 요비의** – *X*에 의해서 일부만 결정되는 – **표집분포**이다. 사실상 표본의 *t* 요비는 평균치의 표집분포 그 **자체**가 정확하게 정상일 경우에 한해서만 Student *t* 분포를 그대로 따르게 된다. 이것은 즉,

> 표본의 *t* 요비들은, 그 자체가 정상분포의 형태를 가진 관찰치들의 전집으로부터 표본들이 무선적으로 추출된 경우에 한해서만, 정확하게 Student *t* 분포를 따르게 된다.

만약 표본이 정상이 **아닌** 전집에서부터 추출되었다면 표 B에서 읽은 값들은 어느 정도는 부정확하다. 그러나 여러분이 추측하듯이, 여기서 중심극한정리(Central Limit Theorem)의 도움을 받아 해결해 나갈 수 있다(10.7절 참조). 표본의 크기가 증가하면 비정상전집의 경우에도 평균치들의 표집분포는 정상에 접근한다는 것을 기억하라. 결과적으로, *t*의 표집분포는 Student *t* 분포에 접근하게 된다. 실질적으로는 표 B에 나타난 수치들은, **만일 표본의 크기가 적당히 크면,** 예를 들어 $n>30$이면, 정상성에서 상당히 이탈된 전집들의 경우라 해도 꽤 정확할 것이다. 그러나 표본이 작으면($n<15$), 우리는 그 전집이 단봉이고 대칭적인 형태에서 뚜렷이 벗어난 어떤 증거가 있는지 표본 자료를 조사해 보도록 권유받게 될 것이다. 만약 그러한 증거가 보인다면, *t* 검증은 사용되어서 안 된다. 다행히 전집의 성격에 대해서 거의 가정을 두지 않거나 전혀 가정을 두지 않는 다양한 대안적인 방법들이 많이 있다. 이러한 "비모수적(nonparametric)" 혹은 "분포에 무관한(distribution- free)" 방법들 중의 몇 가지는 21장에서 간단히 논의될 것이다.

13.8 유의도 수준 대 p 값

단일집단 z 검증에서, z 요비의 **정확한 확률**은 정상곡선표에서 얻을 수 있다. 예를 들어, 만약 $z = -2.15$라면, 표 A(부록 B)는 여러분에게 양방확률인 $p = .0158 + .0158 = .0316$이라는 것을 알려줄 것이다. 그러나 여러분이 t 검증을 수행할 때에는 p의 일반적인 정도에 대해 맞는 생각을 가지고 있다고 하더라도 정확한 확률들은 얻을 수 없었다(적어도 손으로는). 여러분이 25명의 표본에 대해서 H_0: $\mu = 100$를 검증하고자 하는데, $t = +1.83$의 값을 얻었다고 가정해 보자. 자유도가 24인 t 분포에서, $+1.83$이라는 t 값은 1.711에서 2.064 사이에 있는 값이다. 이는 그림 13.5에서 볼 수 있듯이, 일방검증 영역과 양방검증 영역(괄호 안에)을 나타낸다. 따라서 여러분이 H_1: $\mu > 100$를 채택한다면, p 값은 .025에서 .05 사이에 해당될 것이다. 만약 H_1: $\mu \neq 100$이라면 p 값은 .05와 .10 사이에 있게 될 것이다. 이 논리를 따르면, Coffey 교수는 그녀의 t 요비가 2.262와 2.821 사이에 있기 때문에, 양방검증 p 값은 .025에서 .05 사이에 있다는 것을 알 수 있게 된다.

그러나 여러분이 t 검증(그리고 다른 통계적 검증들)을 수행해 주는 컴퓨터 프로그램을 사용한다면 정확 확률은 쉽게 얻을 수 있다. 그럼에도 불구하고, 연구자들은 거의 그들의 표본에 대한 p 값을 정확하게 밝히지 않는다. 대신에, 그들은 일반적으로 .05 그리고 .01 – 종종 .10이나 .001 – 에 대한 상대적 위치만을 보고한다. 만약 결과가 통계적으로 유의하다면(H_0이 기각되면), p 값은 전형적으로 경계보다 작다고 보고될 것이지만, 결과가 유의하지 않은 경우에는 경계보다 크다고 보고될 것이다. 몇 가지 예들이 표 13.3에 제시되어 있다.

어떤 연구자들은 자신의 연구 결과를 서술할 때 사용하는 용어의 혼동을 빚어서 p 값과 유의도 수준의 차이를 흐려놓는 경향이 있다. 그 한 예로, 어느 연구자가 한 세트의 연구에서는 그 결과들이 ".05 수준에서 유의하다"고 보고하고, 다른 세트의 연구에서는

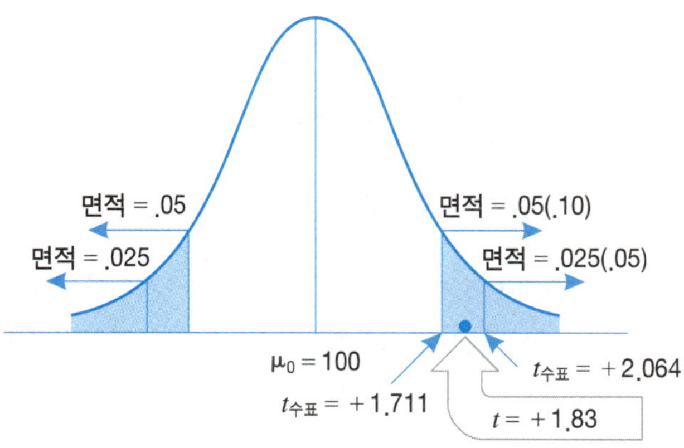

그림 13.5 $df = 24$일 경우 t 요비에 대한 p 값의 결정

표 13.3 정확한 확률값 대 보고되는 확률값

	보고되는 p 값	
	연구자들이 결과를 생각하는 바:	
정확한 p 값	"통계적으로 유의함"	"통계적으로 유의하지 않음"
.003	$p<.05$ 또는 $p<.01$	$p>.001$
.02	$p<.05$	$p>.01$
.08	$p<.10$	$p>.05$
.15	—	$p>.01$ 또는 $p>.05$

그 결과들이 ".001 수준에서 유의하다" 고 보고하고, 또 다른 세트에서는 ".10 수준에서 유의하지 못하였다"고 보고할 수 있다. 이것은 세 세트의 결과들을 평가하는 데 있어서 $\alpha = .05$, $\alpha = .001$, 그리고 $\alpha = .10$을 각각 사용하였다는 의미인가? 거의 틀림없이 아닐 것이다. 이것은 단지 세 개의 p 값인 $p<.05$, $p<.001$, 그리고 $p>.10$임을 보고한 한 방법일 것이다. 분명하게 서술되지는 않았지만 이 연구자가 마음속에 가지고 있는 유의도 수준은 이 세 세트의 결과를 평가하는데 있어서 모두 같은, 예를 들어 $\alpha = .05$일 가능성이 높다. 물론 이러한 모호성은 연구를 시작할 때 α를 제시함으로써 배제될 수 있다.

13.9 σ를 모를 때 μ에 대한 구간추정

여러분은 σ를 알 경우에 μ에 대한 신뢰구간은 공식 12.3을 이용하여 설정할 수 있다: $\overline{X} \pm z_\alpha \sigma_{\overline{X}}$. 95% 신뢰구간에 대해서 $z_\alpha = 1.96$이고, 99% 신뢰구간에 대해서는 $z_\alpha = 2.58$이다($\sigma_{\overline{X}}$는 평균치의 표준편차로 σ로부터 직접적으로 계산해낼 수 있다는 것을 기억하라).

공식 12.3은 σ를 **모를 때** 사용하려면 두 가지 변형이 필요하다. 즉, $\sigma_{\overline{X}}$ 대신 $s_{\overline{X}}$가 z_α 대신 t_α가 사용된다.

μ에 대한 신뢰구간을 위한 일반 규칙(σ를 모를 경우)

$$\overline{X} \pm t_\alpha s_{\overline{X}} \qquad (13.4)$$

신뢰수준은 백분율로 표현되는데 이는 $(1 - \alpha)(100)$이라는 것을 기억하라. 공식 13.4에서 t_α는 $df = n - 1$인 분포의 가운데 $(1 - \alpha)(100)$ 백분율을 포함하는 t 값을 의미한다. 예를 들어, $\alpha = .05$이고 $df = 60$이라고 하자. 표 13.2는 여러분에게 **양쪽 꼬리 부분을 합쳐서**

면적이 5%가 해당되는 지점의 t 값이 2.000이라는 것을 알려준다. 따라서 df가 60일 때, Student 분포의 가운데 95%는 $t_{.05} = \pm 2.000$ 범위이다.

Coffey 교수는 그녀의 표본평균치를 가지고 μ에 대한 95% 신뢰구간을 설정하기를 원한다고 가정해 보자. Coffey 교수의 질문은 이제 "**μ가 포함되어 있다고 95% 신뢰할 수 있는 범위는 무엇인가?**"이다. 그녀는 공식 13.4에 $\overline{X}$, $t_{.05}$, $s_{\overline{X}}$ 값을 대입한다.

$$\overline{X} \pm t_{\alpha} s_{\overline{X}} = 9.90 \pm (2.262)(1.29) = 9.90 \pm 2.92$$

Coffey 교수는 μ가 9.90 ± 2.92 구간에 있을 것이라고 95% 신뢰한다. 그녀가 처음질문에서 사용한 용어로 표현하면, 그녀는 자기 대학교의 학부 학생들은 일주일에 6.98시간(하한계)에서 12.82시간(상한계) 사이의 시간을 인터넷을 하면서 보낸다고 어느 정도 확신한다. (이 구간 폭은 – 거의 6시간 – Coffey 교수의 과도하게 작은 표본 수를 반영하는 것이다.)

이 95% 신뢰구간의 하한계는 Coffey 교수가 앞에서 자신의 영가설에서 설정하고, .05 유의도 수준에서 기각한(13.6절) 6.75를 포함하지 **않는다**. 이는 구간 추정법과 가설검증이 12.6절에서 지적한 바와 같이 "동일한 동전의 양면"을 나타낸다는 것을 보여주고 있다.

13.10 요약

σ를 모를 경우에는, μ에 대한 가설을 검증하기 위한 z 검증 대신에 t 검증이 사용된다. 이 두 가지는 t 공식: $t = (\overline{X} - \mu_0)/(s_{\overline{X}})$에서 $\sigma_{\overline{X}}$대신에 $s_{\overline{X}}$를 사용하는 것을 제외하고는 매우 비슷하다. 분모에 있는 $s_{\overline{X}}$는 평균치의 표준오차인 $\sigma_{\overline{X}}$에 대한 **추정치**이다. t는 표본자료로부터 **두 가지** 통계치 – $\overline{X}$와 $s_{\overline{X}}$ – 의 계산을 포함하고 있기 때문에 t의 표집분포는 특히 적은 표본의 경우에는 정확하게 정상분포는 아니다. 따라서 ±1.96과 같은 정상분포의 값은 계산된 t 값을 판단하기에는 일반적으로 부적절하다.

적절한 평가는 추정의 특성을 참작하는 t 값들의 특별한 수표인 표 B를 이용해서 할 수 있다. 이 표의 개발은 William Gosset의 기여 덕분으로, 그는 "Student"라는 가명으로 활동한 통계학자이다. 여러분은 자유도(df)와 연관된 추정치를 가진 표를 보게 될 것이다. 관찰치 표본에 대해 독립적인 정보를 제공하는 수에 의해서 결정되는 자유도는 통계적 추론의 목적을 위해 제공될 수 있다. 단일한 평균치들을 추론하기 위한 자유도는 $n - 1$이다. 이 표를 사용하면 t의 임계치는 정상적으로 분포된 z 값보다 극단적인 값을 가지게 된다. 어느 정도인가는 자유도에 달려 있는데(따라서 n에 달려 있다) 자유도가 작으면 작을수록 t의 임계치는 더 극단적이 된다. Student의 t 분포는 하나의 분포가 아니라 분포의 일군이고, 각각은 자유도에 따라서 달라진다. Student 분포를 사용한다고 해서 연구자들이 평균치들의 표집분포가 정상성에 가까워야 한다는 요구조건으로부터 벗어날 수 있는 것은 아니다. 만약 표본의 크기가 상당히 크다면, 중심극한정리가 도움이 되겠지만, 작은 표본의 경우에는 표본자료가 심한 비정상성을 보이는지 검토해야 한다.

실제 연구에서 α 수준을 분명하게 언급하지 않는 것을 쉽게 발견할 수 있다. 대신에 많은 연구자들은 전통적인 기준 값인 .05와 .01에 p 값을 비교하여 보고한다.

μ에 대한 신뢰구간은 $\overline{X} \pm t_\alpha s_{\overline{X}}$타는 규칙에 따라 설정될 수 있는데, t_α는 신뢰수준에 해당되는 t 분포($df = n - 1$)의 가운데 부분을 나누는 지점이다. t 통계치의 공식에서 $\sigma_{\overline{X}}$는 $s_{\overline{X}}$로 대치된다.

연습문제

정의 또는 설명하라.

용어 및 개념

추정된 표준편차
평균치의 추정된 표준오차
t 요비
단일집단 t 검증
Student t 분포
자유도
분포들의 일군
t의 임계치
t 분포 대 z 분포
정상성 가정
"기준" p 값들
μ에 대한 신뢰구간

공식

$$s = \sqrt{\frac{\Sigma(X - \overline{X})^2}{n - 1}} = \sqrt{\frac{SS}{n - 1}} \qquad s_{\overline{X}} = \frac{s}{\sqrt{n}}$$

$$t = \frac{\overline{X} - \mu_0}{s_{\overline{X}}} \qquad df = n - 1 \qquad \overline{X} \pm t_\alpha s_{\overline{X}}$$

질문 및 문제

참고: *가 있는 문제는 부록 A에 답이 제시되어 있다.

***1.** Ben은 특정 전집의 표준편차가 16이라는 것을 알고 있다. 그러나 그는 전집의 평균치는 알 수 없고, H_0: $\mu = 100$이라는 가설을 검증하기를 원했다. 그는 무선표본을 선정하여 $\overline{X}$, s, $s_{\overline{X}}$를 계산하고 t 검증을 실시하였다. 이에 대한 여러분의 생각은 어떠한가?

2. S(공식 5.2)와 s(공식 13.1)는 어떤 경우에 매우 유사한가? 또 어떤 때 매우 다른가? (그 이유를 설명하라.)

***3.** 5개의 관찰치로 이루어진 무선표본이 추출되었다. 처음 4개의 관찰치들의 편차점수

는 −5, 3, 1, −2였다.

(a) 다섯 번째 편차점수는 얼마인가?

5개의 관찰치의 표본에 대해 다음을 계산하라.

(b) SS

(c) $s_{\overline{X}}$

4. 10개의 관찰치로 이루어진 무선표본을 선정하여 σ에 대한 추정치인 s를 계산하였다. 비록 10개의 관찰치가 있지만, s는 실제로는 단지 9개의 독립적인 정보에 기초해서 산출되었다. (그 이유를 설명하라.)

5. 왜 t 분포는 하나의 분포가 아닌 일군의 분포인가?

***6.** $df = 3$이라고 가정하자. t 분포의 꼬리 부분은 정상분포의 꼬리에 비해서 어떠한가? 부록 B에 있는 표 A와 B를 이용하여 여러분의 답에 대한 근거를 제시하라 (α = .10 양방검증).

7. 다음 진술문에 대한 의견을 제시하라. "정상 전집으로부터 추출된 작은 표본들에 대해서, 평균치들의 표집분포는 Student t 분포를 따른다."

***8.** 다음 표본들에 대한 σ와 $\sigma_{\overline{X}}$에 대한 최선의 추정치를 계산하라.

(a) 심장박동 수: 72, 86, 75, 66, 90

(b) 표본의 종양의 수: 2, 7, 8, 6, 6, 11, 3

9. 표 B에서, $df = 15$일 경우에 t 값은 얼마인가?

(a) t 값들의 1%만 포함될 정도로 높은 값은?

(b) t 값들의 10%만 포함될 정도로 낮은 값은?

***10.** 표 B에서, $df = 8$일 때 분포의 중앙에 다음을 포함하는 한계는 얼마인가?

(a) t 값들의 90%

(b) t 값들의 95%

(c) t 값들의 99%

11. 표 B에서, $df = 25$일 때 다음에 해당되는 t 값들의 비율을 얼마인가?

(a) $t = -1.316$보다 작음

(b) $t = +1.316$보다 큼

(c) $t = -2.060$과 $t = +2.060$ 사이

(d) $t = -1.708$과 $t = +2.060$ 사이

***12.** 다음의 예들에 대해서, 대략적인 분포를 그리고 그 위에 기각역과 표본결과를 표시하고, 검증을 수행하고, μ 값에 대한 최종 결론을 도출하라.

(a) H_0: μ = 10, H_1: μ ≠ 10, α = .10, 표본: 15, 13, 12, 8, 15, 12
(b) α = .05를 제외하고는 문제 12a와 동일함
(c) H_0: μ = 50, H_1: μ ≠ 50, α = .05, 표본: 49, 48, 54, 44, 46
(d) H_0: μ = 20, H_1: μ<20, α = .01, 표본: 11, 19, 17, 15, 13, 22, 12, 22, 10, 17

13. 어느 개념형성 실험에서의 과제는 시행착오를 통해서 한 줄의 단추들을 누르는 맞는 순서를 찾아내는 것이다. 과제의 속성에 근거한 판단에 따르면, 일련의 기본적인 시행에서 순전히 무선적인 추측에 의해서만 얻을 수 있는 평균 점수는 20이 될 것이라는 것이다. 다음에 있는 것은 대학생 자원자들로 구성된 한 표본의 점수이다: 31, 24, 21, 25, 32. 여러분은 이 피험자들이 단순한 추측으로만 답을 했을 때 기대할 수 있는 것보다 평균적으로 더 잘한 것인가를 알고 싶다.
(a) H_0과 H_1을 설정하라.
(b) $t_{.05}$를 결정하라.
(c) 통계적 검증을 수행하라
(d) 최종 결론을 도출하라.

***14.** 문제 8a의 심장박동 수 자료를 생각해 보자. 연구자는 전집 평균치가 72라는 것을 검증하기를 원한다고 가정하자. 그녀는 표본이 이 평균치로부터 어느 방향으로든지 다른가에 관심이 있다.
(a) H_0와 H_1를 설정하라.
(b) $t_{.05}$를 결정하라.
(c) 통계적 검증을 수행하라.
(d) 최종 결론을 도출하라.

15. 문제 8b의 종양 자료를 사용하여, 연구자는 H_0: μ = 11.25를 H_1: μ ≠ 11.25에 대항해서 검증하고자 한다.
(a) $t_{.01}$을 결정하라.
(b) 통계적 검증을 수행하라.
(c) 최종 결론을 도출하라.

***16.** 5명의 8살짜리 아동들로 구성된 표본에서, 공간추리검사에서 특정한 문제를 푸는데 걸린 시간에 대한 $\overline{X}$ = 12.3이고 s = 9.8이다. 연구자는 이러한 결과를 사용하여 H_0: μ = 8에 대해서 *t* 검증을 수행하고자 한다.
(a) 표본결과로부터, 여러분으로 하여금 제안된 *t* 검증이 적절하지 않다고 판단하게 하는 점이 있는가?
(b) 만약 다른 표본이 추출된다면, *t* 검증이 적절하게 사용되기 위해서 달라져야 할 점은 무엇인가?

*17. 다음의 각 표본 t 요비에 대해 .10, .05, .01 가운데서 적절한 기준을 사용하여 p 값을 찾으라. 연구자는 각각의 경우에 대해 $\alpha = .05$를 생각하고 있다고 가정하라.

(a) H_1: $\mu < 100$, $n = 8$, $t = -2.01$

(b) H_1: $\mu \neq 60$, $n = 23$, $t = +1.63$

(c) H_1: $\mu > 50$, $n = 16$, $t = +2.71$

(d) H_1: $\mu > 50$, $n = 16$, $t = -2.71$

(e) H_1: $\mu \neq 2.5$, $n = 29$, $t = -2.33$

(f) H_1: $\mu \neq 100$, $n = 4$, $t = +7.33$

18. 연구자가 $\alpha = .01$을 생각했다고 하고 문제 17을 반복하라.

19. 다음 진술문을 p 값과 관련된 기호로 변환하라.

(a) "결과는 .05 수준에서 유의하지 않았다."

(b) "표본평균치는 .01수준에서 유의하게 50 이하였다."

(c) "결과는 .001 수준에서 유의하였다."

(d) "표본평균치와 설정된 μ 사이의 차이는 통계적으로 유의하지 않았다($\alpha = .05$)."

*20. $\alpha = .05$이고, 연구자가 표본평균치가 "유의성에 접근하였다"라고 보고하였다고 가정해 보자.

(a) 이 표현이 무엇을 의미한다고 생각되는가?

(b) 연구자의 진술문을 p 값과 관련된 기호로 변환하라.

21. "$p < .001$"이라는 표현은 학술논문의 결과 부분에 나온다. 이는 연구자가 영가설을 검증할 때 유의도 수준을 $\alpha = .001$이라는 매우 엄격한 기준을 사용했다는 의미인가? (설명하라.)

*22. 15년 전에 대규모 대학의 학부학생들 전체에 대해서 설문조사를 한 결과, 하루 평균 학생들의 흡연 양은 $\overline{X} = 8.3$이었다. 학생건강센터 소장은 15년이라는 기간이 지난 후에 그의 대학 학생들의 담배소비량이 감소하였는지 알아보기로 하였다. 그는 최근에 무선 표집된 학부학생들로부터 다음과 같은 결과(하루에 피는 담배 개수)를 얻었다: $\overline{X} = 4.6$, $s = 3.2$, $n = 100$.

(a) H_0과 H_1을 설정하라.

(b) 통계적 검증을 수행하라($\alpha = .05$).

(c) 최종 결론을 도출하라.

23. 문제 22에서 학생건강센터장은 전집에서 비정상성에 대한 증거가 있는데도 불구하고 t 검증을 실시한 것에 대해 비판을 받았다.

(a) 이러한 표본 결과치가 전집의 비정상성을 어떻게 알려주는가?

(b) 이러한 비판에 대한 여러분의 반응은 어떠한가?

***24.** 문제 8a와 8b의 자료로부터, μ에 대한 95% 신뢰구간을 계산하고, 해석하라.

25. 문제 24에서 결과로 나온 신뢰구간의 상당한 폭에 대해서 어떻게 설명할 수 있는가?

제 14 장

두 전집 평균치들의 비교: 독립표본

14.1 하나의 μ에서 둘로

공간능력 척도점수에서 남녀 차이가 있는가? 실험 중에 있는 치료약을 투여한 강박증 환자들이 위약을 투여한 환자보다 증상이 줄어들었는가? 발성학에 기초한 읽기 프로그램에 참여한 아동들이 "총체적 언어학습" 프로그램에 참여한 아동들에 비해 더 잘 읽는가? 두 가지 유형의 심리치료를 받은 환자들이 보고하는 심리적 안녕 수준에 차이가 있는가? 이러한 질문들은 지식 증진의 가장 중요한 방법의 하나인 관찰치들의 집단 간 차이를 연구하게 한다. 각 사례에서 여러분은 **두 개**의 표본을 구해야 하고, 여러분의 관심은 그 표본들이 추출된 **두 개**의 전집을 비교하는 것이다. 이것은 이제까지 우리의 초점이 되었던 **단일** 표본으로부터 **단일** 전집을 추론하는 것과는 대조적이다. 우리의 초점이 하나의 μ에서 두 개로 옮겨가기는 했어도, 일반적인 가설검증의 논리는 변하지 않았다는 것을 알면 안심이 될 것이다.

더 진행하기 전에, **독립표본**(independent sample)이라는 용어의 의미를 분명히 짚고 넘어가기로 한다. 한 집단 속에 있는 어느 한 관찰치라도 다른 집단에 있는 관찰치들과 어떤 방식으로든 관련성이 없으면 두 표본들은 독립적이라고 한다. 예를 들어, 표본들이 그 전집으로부터 무선적으로 추출되었거나 자원자 풀이 무선적으로 두 "처치"집단으로 분류된 경우가 그렇다. 대조적으로, 사전 사후 비교에서와 같이 두 집단에 **동일한** 개인을 사용한 경우와 같은 연구 설계는 **종속표본**(dependent sample)의 일반적인 예라고 할 수 있다(15장에서 종속표본에 대해 다룰 것이다).

Gregory가 심리학 과목에서 우등생 프로젝트의 일부로 수행한, 기억에 있어서 향기의 효과를 연구하기 위해 설계한 실험을 보자. 그는 심리학과 피험자 풀로부터 18명의 자원자를 선정하여 무선적으로 두 집단으로 나누었다. 집단 1의 피험자들은 아팔라치아 등산로를 혼자서 도보로 여행한 경험을 묘사한 1500 글자짜리 구문을 읽도록 한다. 이 구문은 기분 좋은, 드문 향기로 처리한 종이위에 쓰여서 집단 1의 피험자들이 그 여행객의 모험에 대한 글을 읽는 동안 두드러진 향기가 나도록 했다. 일주일 후에, Gregory는 구문을 읽은 것으로부터 그들이 기억할 수 있는 모든 것을 기록하게 하는 방식으로 그들의 기억을 검사하였다. 그들은 동일한 향기로 처리한 종이에 기록하도록 하였다. 집단 2의 피험자들은 실험시간 동안에 어떤 향기도 제공되지 않았다는 사실을 제외하고는 정확히 동일한 조건을 제공하였다. 결국, Gregory는 구문내용에 관해 맞게 기억한 사실들의 수(예를 들어, 날씨는 특별한 문제없이 협조적이었다, 엄마곰과 아기 곰을 가까이에서 만났다)에 대해 각 집단별로 평균치를 계산하였다.

$$\text{집단 1 (향기 있음): } \overline{X}_1 = 23.22$$
$$\text{집단 2 (향기 없음): } \overline{X}_2 = 18.00$$

평균적으로, 집단 1에 속한 피험자들이 집단 2에 속한 피험자들보다 구문에서 더 많은 사실을 기억해냈다. 두 표본 차이(23.22 − 18.00 = +5.22)는 두 조건 간의 "진짜" 차이, 즉 관찰치들의 두 이론적인 전집의 평균치간의 차이(μ_1와 μ_2)를 의미하는 것인가?[1)] 만약 그렇다면, 기억은 향기에 의해서 증진된다는 실질적인 결론을 지지하는 것이다. 그러나 두 표본평균치 차이가 우연 표집변이에 의해서 영향 받을 수 있다는 것을 알기 때문에, 단순히 이러한 자료를 검토하기만 해서는 확신할 수가 없다. **향기가 기억에 아무런 영향을 주지 않을 지라도 우연에만 근거한 표본평균치들 간의 차이를 기대할 수 있다.** 따라서 통계적 추론에서 항상 그렇듯이, 중요한 질문은 표본에 대한 것이 아니라 표본이 대표하는 전집에 대한 것이다.

두 표본평균치들 간의 차이($\overline{X}_1 - \overline{X}_2$)가 전집에서 차이($\mu_1 - \mu_2$)를 나타낼 만큼 큰가를 결정하기 위해서는 단일 전집의 평균치에 대한 가설 검증을 위한 동일한 논리를 사용한다. 이러한 논리를 두 전집의 평균치들을 비교하는데 적용하는 것이 이 장의 주요 관심사이고, 우리는 Gregory의 실험을 예제로 사용할 것이다.

1) 두 전집은 여기서 연구된 사람들과 유사한 특성을 가진, 이 실험의 두 조건에 참여할 가능성이 있는 모든 개인들로 이루어졌다.

14.2 통계적 가설

Gregory의 기억하는데 향기의 효과가 있느냐에 대한 관심은 다음의 연구문제로 표현될 수 있다. **구문을 읽는 동안과 나중에 읽은 것을 회상하는 동안 향기가 나는 것이 회상되는 기억의 양에 영향을 주는가?** 만약 그렇다면, 집단 1 조건(향기 제공)에서 얻은 점수와 집단 2 조건(향기 제공하지 않음)에서 얻은 점수는 달라져야 할 것이다. 이것은 대립가설인 H_1: $\mu_1 - \mu_2 \neq 0$이 된다. 비록 그는 차이가 **있는가**를 알고 싶지만 차이가 **없다**($\mu_1 - \mu_2 = 0$)는 가능성을 영가설로 채택하게 된다. 여러분이 11장에서 보았듯이, 가설은 영가설 형태로 진술될 때에만 통계적 검증이 가능한 특수성을 지니기 때문이다. 따라서 Gregory의 통계적 가설들은 다음과 같다.

H_0: $\mu_1 - \mu_2 = 0$ (향기는 회상에 **효과 없음**)

H_1: $\mu_1 - \mu_2 \neq 0$ (향기는 회상에 **효과 있음**)

거의 항상 두 전집평균치들을 비교할 때는 검증되어질 특정한 가설은 차이가 없는 것, H_0: $\mu_1 - \mu_2 = 0$이다. Gregory의 경우에는 비방향적 대립가설인 H_1: $\mu_1 - \mu_2 \neq 0$이 적합한데, 그는 처치에서의 차이가 반응변수(회상 검사에서의 점수)[2)]에 있어서 어떤 차이를 만들었는가에 관심이 있기 때문이다. 즉, **어느 방향이든 간에** 향기의 효과만이 그의 관심이다. 만약 **한** 방향에만 관심이 있다면, 대립가설은 두 가지 형태 중 하나가 될 것이다:

H_1: $\mu_1 - \mu_2 > 0$ (**긍정적** 향기 효과에만 관심)

또는

H_1: $\mu_1 - \mu_2 < 0$ (**부정적** 향기 효과에만 관심)

여기서부터 H_0: $\mu_1 - \mu_2 = 0$의 검증은 단일 평균치에 관한 가설검증을 위하여 11장과 13장에서 서술한 것과 같은 논리와 일반적 절차를 따른다. Gregory도 유의도 수준을 선정하고 표본의 크기를 결정하고 표본을 추출한다. 그리고 나서 **얻어진 전집 평균치들 간에 차이가 없을 때** 즉, H_0: $\mu_1 - \mu_2 = 0$일 때 예상되어지는 표본의 차이라고 생각되는 것과 얻어진 표본차이인 $\overline{X}_1 - \overline{X}_2$를 비교한다. 이러한 비교는 두 표본평균치들 간의 차이를 위해 변형된 t 검증을 통해서 얻어질 수 있다. 만약 우리의 표본차이가 매우 커서 영가설 하에서 아주 드문 결과들 중에 속하게 되면, Gregory는 H_0을 기각하고 H_1을 채택하게 된다. 만약 그렇지 않다면, H_0을 수용하게 된다.

2) 반응변수는 또한 종속변수라고 부른다.

14.3 평균치들 간의 차에 대한 표집분포

평균치들 **간의 차**에 대한 표집분포에 대한 일반적 개념은 11장이나 13장에서 단일집단 검증 시에 기초로 제공되었던 친숙한 평균치들의 표집분포와 다를 것이 없다. 만약 향기의 존재가 회상에 있어서 전혀 아무런 차이도 가져오지 않았고($\mu_1 - \mu_2 = 0$), 여러분이 재미삼아 Gregory의 실험을 무수히 반복했다고 가정해 보자. 앞서 언급한 한 쌍의 표본에서 Gregory는 $\overline{X}_1 = 23.22$와 $\overline{X}_2 = 18.00$을 얻었으며, 그 평균치들 간의 차는 $+5.22$이다. 이 실험이 동일한 방법으로 다른 새롭게 무선표집된 피험자들에게 반복되었다고 가정하자. 그리고 두 평균치들이 계산되고, 그들 간의 차가 계산되었다. 이번에는 $\overline{X}_1 - \overline{X}_2 = -2.14$여서 향기가 제공되었던 집단이 향기가 제공되지 않았던 집단에 비해서 더 낮은 평균치 점수를 보였다. 표본들의 세 번째 쌍은 표본 차이가 $\overline{X}_1 - \overline{X}_2 = +0.18$(거의 차이가 없었음)이었다. 만약 이러한 절차가 끝없는 표집실험 동안 계속된다면, 표본 차이는 **평균치들 간의 차에 대한 표집분포**를 생성할 수 있게 된다. 이는 그림 14.1에 예시되어 있으며, 다음과 같이 요약할 수 있다.

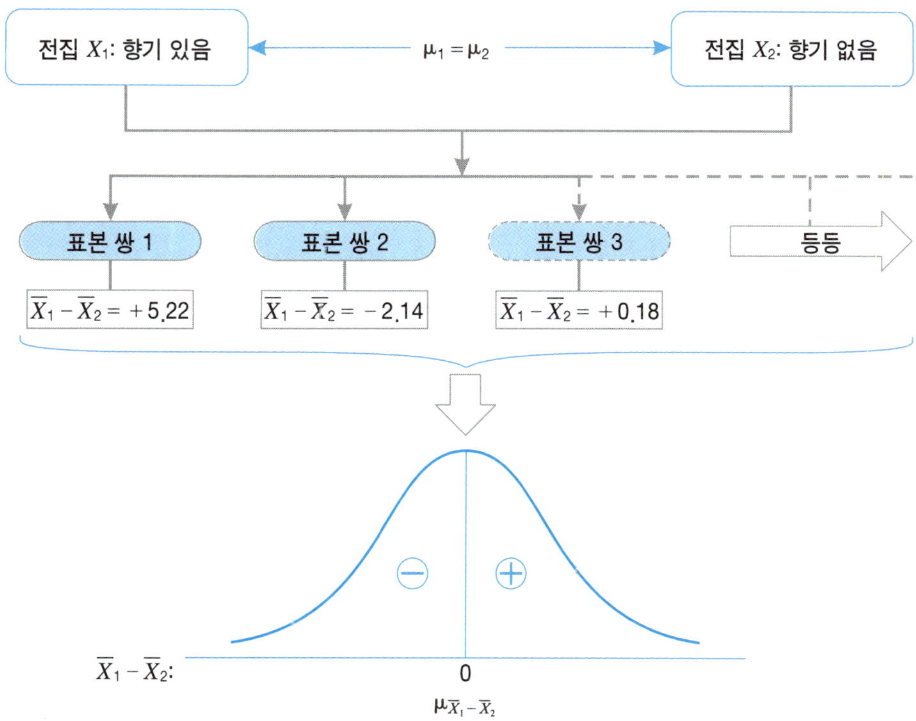

그림 14.1 독립집단의 평균치들 간의 차의 표집분포의 형성

평균치들 간의 차에 대한 표집분포는 $\overline{X}_1 - \overline{X}_2$의 상대적 빈도분포인데, 이 상대적 빈도분포는 두 개의 전집에서부터 각각 무선적으로 추출된, 주어진 크기의 표본의 쌍으로 이루어진 무한히 많은 표집실험들로부터 얻어진 것이다.

평균치들 간의 차에 관한 표집분포의 특성

10장에서 평균치들의 표집분포를 개관했을 때, 여러분은 각 분포가 평균치, 표준편차, 형태에 의해서 정의되었다는 것을 보았다(10.7절). 이것은 **평균치들 간의 차**에 대한 표집분포에도 마찬가지로 사실이다.

그림 14.1에 있는 표집분포는 H_0: $\mu_1 - \mu_2 = 0$이 사실일 경우에 기대되어지는 평균치들 간의 차이들의 표본, 즉 $\overline{X}_1 - \overline{X}_2$를 묘사하는 것이다. 이제 만약 두 전집의 평균치가 같고 쌍으로 구성된 표본들이 무선적으로 추출되었다면, 어떤 때는 $\overline{X}_1$가 $\overline{X}_2$보다 크고 (따라서 $\overline{X}_1 - \overline{X}_2$가 양의 값을 갖게 되고) 어떤 때는 $\overline{X}_2$가 $\overline{X}_1$보다 크게 될(따라서 $\overline{X}_1 - \overline{X}_2$는 음의 값을 갖게 될) 것이다. 물론 이는 표집변이 때문이다. 결과적으로는 플러스의 차들은 마이너스의 차들과 같아져서 모든 차들의 평균치는 영이 될 것이다. 우리가 차($\overline{X}_1 - \overline{X}_2$)의 표집분포의 평균치를 위한 기호를 $\mu_{\overline{X}_1 - \overline{X}_2}$로 사용하면,

H_0: $\mu_1 - \mu_2 = 0$이 사실일 경우평균치들 간의 차에 관한 표집분포의 평균치

$$\mu_{\overline{X}_1 - \overline{X}_2} = 0 \tag{14.1}$$

이것은 그림 14.1의 하단에 나와 있다.

평균치들 간의 차의 표준오차(standard error of the difference between means)라 알려져 있는 평균치들 간의 차들의 표집분포의 표준편차는 표본들이 서로 독립적으로 추출된 경우에는 다음과 같은 공식으로 제시된다.

두 평균치들 간의 차의 표준오차

$$\sigma_{\overline{X}_1 - \overline{X}_2} = \sqrt{\sigma^2_{\overline{X}_1} + \sigma^2_{\overline{X}_2}} \tag{14.2}$$

공식 14.2는 두 **독립**표본에만 적용되는데, 두 표본평균치들 간의 차의 표준오차는 거기에 포함되는 두 표본평균치들의 각각의 표준오차, 즉 $\sigma_{\overline{X}_1}$와 $\sigma_{\overline{X}_2}$에 의해 결정된다는 것을 예시해 주고 있다. 여기서, 우리가 $\sigma_{\overline{X}} = \sigma/\sqrt{n}$(공식 10.2)를 기억한다면, **전집분산**(σ^2)을 포함한 좀 더 편리한 형태의 공식으로 다시 써 볼 수 있다.

두 평균치들 간의 차의 표준오차(전집분산 사용)

$$\sigma_{\bar{X}_1-\bar{X}_2} = \sqrt{\frac{\sigma_1^2}{n_1} + \frac{\sigma_2^2}{n_2}} \qquad (14.3)$$

공식 14.3은 $\sigma_{\bar{X}_1-\bar{X}_2}$는 두 전집의 변산성의 정도($\sigma_1^2$와 σ_2^2)와 두 표본의 크기(n_1와 n_2)에 의해서 영향을 받는다는 것을 보여주고 있다. 공식에서의 각 항들의 위치 때문에, 변산성이 높은 전집은 더 큰 표준오차를, 큰 표본은 더 작은 표준오차를 만들어 낸다는 것을 알 수 있다.

마지막으로, 각각의 두 전집의 관찰치들의 분포가 정상이면, 표집분포는 정상이 된다. 그러나 표본의 크기가 증가될수록, 단일평균치들의 표집분포에서와 마찬가지로 (10.7절) 여기서도 중심극한정리가 적용되기 때문에, 우리는 전집의 정상성에 대해서 신경을 덜 써도 된다. 평균치들 간의 차들의 표집분포들은 n_1과 n_2가 각각 적어도 20 – 30 사례만 되어도(분명한 한계는 없음) 전집의 형태가 아주 특별하지 않은 한 정상분포곡선에 근접하게 된다.

14.4 $\sigma_{\bar{X}_1-\bar{X}_2}$의 추정

단일집단 연구에 있어서, 전집의 표준편차인 σ는 거의 알려져 있지 않았기 때문에 여러분은 표본결과로부터 평균들의 추정된 표준오차인 $s_{\bar{X}}$를 계산해야만 했다. 예상한대로 두 개의 표본이 포함되는 상황에서도 마찬가지이다. 전집의 표준편차인 σ_1과 σ_2는 거의 알려져 있지 않기 때문에(따라서 σ_1^2과 σ_2^2은 알 수 없음), 여러분은 평균치들 간 차이의 **추정된** 표준오차인 $s_{\bar{X}_1-\bar{X}_2}$를 구해야 한다.

어떻게 구할 수 있을까? 두 평균치들 간의 차이를 검증하기 위한 중요한 가정은 전집의 분산이 동일하다는 것, 즉, $\sigma_1^2=\sigma_2^2$이라는 것이다. 이를 **분산의 동질성 가정**(homogeneity of variance)이라고 부른다. 이 가정의 논리적 확장은 각 표본의 분리된 추정치를 사용하는 대신에 σ_1^2과 σ_2^2을 **모두** 대표하기 위해서 합쳐진 혹은 "통합된" 분산을 사용하는 것이다. 이것은 통합된 분산추정치, $s^2_{통합}$으로 $s_{\bar{X}_1-\bar{X}_2}$를 계산하는데 사용하게 된다. 먼저 해야 할 일은 $s^2_{통합}$을 계산하는 것이다.

$s^2_{통합}$ 계산

두 표본분산(s_1^2와 s_2^2)을 하나($s^2_{통합}$)로 통합하는 방법을 이해하기 위해서는 분산추정치의 특성을 검토해봐야 한다. 분산은 표준편차의 자승이라는 것을 기억하라. 이것을 계산할 때 마지막 단계에서 제곱근을 적용하는 것만 빼면 표준편차를 계산하는 것과 동일하다. 여러분은 공식 13.1이 표본의 표준편차를 다음과 같이 구한다는 것을 보았다.

$$s = \sqrt{\frac{SS}{n-1}} \xrightarrow{\text{추정}} \sigma$$

따라서

$$s^2 = \frac{SS}{n-1} \xrightarrow{\text{추정}} \sigma^2$$

현 상황에서, 우리는 **두** 개의 표본분산을 가지고 **하나의** 추정치를 만들 필요가 있다. 그러기 위해서는 두 표본에서 나온 자승합을 계산하고 전체 자유도인 $n_1 + n_2 - 2$로 나누면 된다.

σ_1^2과 σ_2^2의 통합된 분산추정치(자승합 이용)

$$s^2_{\text{통합}} = \frac{SS_1 + SS_2}{n_1 + n_2 - 2} \tag{14.4}$$

통합된 분산은 두 표본 분산의 "평균"으로 각각의 분산을 그들의 *df*로 가중치를 부여한 것이다. 이는 공식 14.4와 같은 다음 공식에서 쉽게 알 수 있다(그리고 특히 s_1^2과 s_2^2을 이미 알고 있는 경우에는 특히 유용함).

$$s^2_{\text{통합}} = \frac{(n_1 - 1)s_1^2 + (n_2 - 1)s_2^2}{n_1 + n_2 - 2}$$

각 분산이 $n - 1$의 자유도로 가중치가 부여되어 있고, 두 가중치 분산의 합이 전체 자유도로 나누어짐을 주목하라. 전체 *df*는 각각의 분산에서 하나씩의 자유도를 "잃게 된다."[3)]

$s_{\overline{X}_1-\overline{X}_2}$ 계산

만약 여러분이 공식 14.3에서 각각의 전집 분산 대신에 $s^2_{\text{통합}}$을 대치하기 위해서는 여러분은 $s_{\overline{X}_1-\overline{X}_2}$에 대한 공식이 필요하다.

---

3) $n_1 + n_2 - 2 = (n_1 - 1) + (n_2 - 1)$.

$$s_{\overline{X}_1-\overline{X}_2}=\sqrt{\frac{s^2_{통합}}{n_1}+\frac{s^2_{통합}}{n_2}}$$

이와 동일하지만, 사용하기 편리하게 이 공식을 표현하면 다음과 같다.

$$s_{\overline{X}_1-\overline{X}_2}=\sqrt{s^2_{통합}\left(\frac{1}{n_1}+\frac{1}{n_2}\right)}$$

이를 $s^2_{통합}$을 구하기 위한 공식 14.4에 대입하면:

$\sigma_{\overline{X}_1-\overline{X}_2}$에 대한 추정치

$$s_{\overline{X}_1-\overline{X}_2}=\sqrt{\frac{SS_1+SS_2}{n_1+n_2-2}\left(\frac{1}{n_1}+\frac{1}{n_2}\right)} \qquad (14.5)^{4)}$$

실제로는 공식 14.5에 있는 자승합은 보통 원점수로부터 직접 계산될 수 있다.

$$SS_1=\Sigma X_1^2-\frac{(\Sigma X_1)^2}{n_1} \qquad SS_2=\Sigma X_2{}^2-\frac{(\Sigma X_2)^2}{n_2}$$

집단의 소속(1 혹은 2)을 나타내는 아래 첨자를 추가한 것을 제외하고는 이 두 공식은 공식 5.3을 단순히 재진술한 것이다. 여러분이 보면 알겠지만 $s_{\overline{X}_1-\overline{X}_2}$를 계산하는 데는 간단한 표본 자료인 ΣX, ΣX^2, n만 필요하다.

이제 독립표본들을 위한 t 검증을 소개할 때가 되었으므로, 이것을 Gregory의 실험에서 나온 자료에 적용하고자 한다.

14.5 두 독립표본에 대한 t 검증

단일집단 t 검증의 구조를 기억하라. 그것은 표본결과($\overline{X}$)와 영가설에서 구체화한 조건(μ_0) 간의 차이를 표준오차($s_{\overline{X}}$)로 나누어 준 것이었다.

4) 만약 $n_1=n_2=n$이면, 공식 14.5는 다음과 같이 단순해진다.

$$s_{\overline{X}_1-\overline{X}_2}=\sqrt{\frac{SS_1+SS_2}{n(n-1)}}$$

여기서, n은 각 집단에 있는 피험자의 수를 의미한다(Gregory의 실험의 경우에는 $n=9$임).

$$t = \frac{\overline{X} - \mu_0}{s_{\overline{X}}}$$

독립표본들에 대한 t 검증도 동일한 일반적 구조를 가지고 있다. 표본의 결과($\overline{X}_1 - \overline{X}_2$)와 영가설 하에서 명시된 조건($\mu_1 - \mu_2$)을 비교하고 이 차이를 표준오차($s_{\overline{X}_1 - \overline{X}_2}$)로 나누어준다. 공식으로는 다음과 같이 표현될 수 있다.

$$t = \frac{(\overline{X}_1 - \overline{X}_2) - (\mu_1 - \mu_2)}{s_{\overline{X}_1 - \overline{X}_2}}$$

영가설 하에서는 $\mu_1 - \mu_2 = 0$이기 때문에 다음과 같이 단순해 질 수 있다.

두 독립집단에 대한 t 검증

$$t = \frac{\overline{X}_1 - \overline{X}_2}{s_{\overline{X}_1 - \overline{X}_2}} \qquad (14.6)$$

t 요비는 몇 가지 가정이 충족된다면 $df = n_1 + n_2 - 2$인 Student t 분포를 따른다. 앞에서 이 가정들을 언급했었지만, 이 시점에서 다시 반복하는 것이 도움이 될 것이다.

기본가정

첫째, 두 표본들은 독립적이어야 한다. 즉, 하나의 집단에서 관찰치들 중에 어느 것도 다른 집단에 있는 관찰치들과 어떤 식으로든 관련되어 있어서는 안 된다는 것이다. (여러분이 15장에서 배우겠지만, **종속**표본 t 검증은 약간 다른 표준오차를 가진다.)

둘째, 관찰치들의 두 전집은 각각 정상적으로 분포되어 있어야 한다. 여기서도 물론 우리가 단일 평균치에 대한 추론을 할 수 있는 것처럼 중심극한정리가 도움을 줄 수 있다. 결국, 각 표본이 20에서 30 사례 이상이 되면, 전집이 정상성으로부터 상당히 벗어난 경우에도 묵인될 수 있으며 대규모 표본의 경우에는 무시할 수도 있다.

세 번째 가정은 관찰치들의 두 전집이 동일한 변산성을 가지고 있어야 한다는 것이다. 즉, $\sigma_1^2 = \sigma_2^2$이어야 한다. 우리는 앞서서 "통합된" 분산 추정치인 $s^2_{통합}$을 계산하는데 필요한 분산의 동질성 가정에 대해서 언급했었다. 연구결과들은 이 가정의 위반은 분산들이 아주 다르고, 비교될 두 조건에 대한 표본의 크기가 또한 아주 다르고, **그리고** 표본 중에 하나나 혹은 둘 다가 작은 경우가 아니면 문제가 별로 되지 않는 것으로 보인다. 따라서 표본이 작은 경우에는, 변산성에 있어서 극단적인 편포성이나 큰 차이를 보이는지에 대해서 주의 깊게 자료를 살펴보아야 한다. 여기서 눈으로 검토하는 것은 상당히 강력한 방법이 될 수 있다. 만약 여러분이 이러한 검토를 통해서 문제를 발견할 수 없다면, 별 문제가 없을 것이다. 그러나 만약 표본크기가 작고, 명시된 조건들과 상당한 차이가 있으면, 모집단의 분포에 대한 가정이 없거나 적은 비모수적, 혹은 "가정과 무관한" 기법들을 고려하는 것이 바람직하다(21장).

14.6 두 독립표본에 대한 가설검증: 예제

이제 Gregory의 문제에 적용해 보자. **구문을 읽는 동안과 읽은 것을 회상하는 동안 두드러진 향기가 있는 것은 회상하는 정보량에 영향을 주는가?** 다시 우리는 H_0: $\mu_1 - \mu_2 = 0$을 검증하는데 있어서의 전반적인 논리는 모든 유의도 검증에서 동일하다는 것을 강조한다. 여러분은 H_0을 사실이라고 가정하고, 얻어진 표본결과가 H_0을 의심할 수 있을 정도로 충분히 드문 일인지를 H_1에서 명시된 방향에서 판단해야 한다. 이를 수행하기 위해서 여러분은 표본결과를 검증통계치로 표현해야 하고(이 경우에는 t), 그 후에 이론적 표집분포에서의 위치를 찾아내야 한다. 만약 검증통계치가 기각역에 포함되면 H_0은 기각되고, 그렇지 않으면, H_0은 수용된다. 이러한 점들을 기억하고, Gregory의 검증을 진행하기로 한다.

1 단계. 통계적 가설을 설정하고 유의도 수준을 선정한다.

Gregory의 통계적 가설들은 다음과 같다.

$$H_0: \mu_1 - \mu_2 = 0$$
$$H_1: \mu_1 - \mu_2 \neq 0$$

이제 결정기준을 정해야 하는데, $\alpha = .05$를 선정했다고 가정하기로 한다.

2 단계. 원하는 표본크기를 결정하고 표본을 추출한다.

계산 예제를 간단히 하기 위해 우리는 Gregory의 표본을 각각 9명씩으로 제한하였다. 실제로는 연구자 자신이 몇 명의 피험자가 필요할지를 결정해야 한다. 너무 작으면 차이가 있어도 발견하기 어려워서 이종오류를 범할 가능성을 증가시키며, 너무 많으면 낭비가 된다. (17장에서 표본 크기를 어떻게 선정해야 할지에 대해 좀 더 배울 것이다.)

3 단계. 필요한 표본통계치들을 계산한다.

원자료와 모든 계산들이 표 14.1에 나와 있다. Gregory는 모든 다음 단계들의 기초가 되는 ΣX_1, ΣX_1^2, ΣX_2, ΣX_2^2를 계산해야 한다(❶에 있는 행). 그는 다음

표 14.1 두 독립표본들의 평균치들 간의 차이 검증

집단 1 (향기 있음) $n = 9$		**집단 2 (향기 없음)** $n = 9$	
X_1	X_1^2	X_2	X_2^2
25	625	20	400
23	529	10	100
30	900	25	625
16	256	13	169
22	484	21	441
28	784	15	225
18	324	19	361
21	441	22	484
26	676	17	289

❶ $\Sigma X_1 = 209$　　$\Sigma X_1^2 = 5019$　　$\Sigma X_2 = 162$　　$\Sigma X_2^2 = 3094$

❷ $\overline{X}_1 = 209/9 = 23.22$　　$\overline{X}_2 = 162/9 = 18.00$

❸ $$SS_1 = \Sigma X_1^2 - \frac{(\Sigma X_1)^2}{n_1} = 5019 - \frac{(209)^2}{9} = 5019 - 4853.44 = 165.56$$

$$SS_2 = \Sigma X_2^2 - \frac{(\Sigma X_2)^2}{n_2} = 3094 - \frac{(162)^2}{9} = 3094 - 2916 = 178.00$$

❹ $$s^2_{통합} = \frac{SS_1 + SS_2}{n_1 + n_2 - 2} = \frac{165.56 + 178.00}{9 + 9 - 2} = \frac{343.56}{16} = 21.47$$

$$\left\{ \begin{array}{ll} s_1^2 = \dfrac{SS_1}{n_1 - 1} = \dfrac{165.56}{9 - 1} = 20.70 & s_1 = \sqrt{20.70} = 4.55 \\ s_2^2 = \dfrac{SS_2}{n_2 - 1} = \dfrac{178.00}{9 - 1} = 22.25 & s_2 = \sqrt{22.25} = 4.72 \end{array} \right\}$$

❺ $$s_{\overline{X}_1 - \overline{X}_2} = \sqrt{s^2_{통합}\left(\frac{1}{n_1} + \frac{1}{n_2}\right)} = \sqrt{21.47\left(\frac{1}{9} + \frac{1}{9}\right)} = \sqrt{21.47\left(\frac{2}{9}\right)} = \sqrt{\frac{42.94}{9}} = \sqrt{4.77} = 2.18$$

❻ $$t = \frac{\overline{X}_1 - \overline{X}_2}{s_{\overline{X}_1 - \overline{X}_2}} = \frac{23.22 - 18.00}{2.18} = \frac{+5.22}{2.18} = +2.39$$

❼ $df = n_1 + n_2 - 2 = 9 + 9 - 2 = 16$

❽ $t_{.05} = \pm 2.12$

❾ 통계적 결정: H_0: $\mu_1 - \mu_2 = 0$ 기각
실질적 결론: 향기의 존재는 기억을 향상시킨다.

에 두 평균치(❷)와 SS_1과 SS_2(❸)를 계산한다. 통합된 분산 추정치인 $s^2_{통합}$이 ❹에서 계산되면, ❺에서 $s_{\overline{X}_1 - \overline{X}_2}$가 계산된다. 마지막으로 Gregory는 그의 표본 통계치로부터 t 요비를 계산하고, $9 + 9 - 2 = 16$의 자유도(❼)를 가지는 $t = +2.39$(❻)를 얻는다.

이후의 계산을 위해서 꼭 필요한 것은 아니지만 표본의 분산과 표준편차를 각 집단별로 ❹에(괄호 안에) 제시하였음을 주목하라. 우리는 세 가지 이유에서 이를 제시하였다. 첫째, 검증 결과와 함께 s_1과 s_2를 보고하는 것은 좋은 관행이다. 따라서 여러분은 나중에 이것이 필요할 것이다. 둘째, 두 개의 분산, s_1과 s_2 각각을 알면 구해진 $s^2_{통합}$이 타당한 값인지를 쉽게 할인할 수 있다. $s^2_{통합}$은 s_1과 s_2의 가중된 평균이기 때문에 두 값 사이 어떤 값이어야 한다($n_1 = n_2$인 경우에는 정확히 가운데). 만약 그렇지 않다면, 계산착오가 생긴 것이다. Gregory의 $s^2_{통합}$(21.47)은 다행히 s_1과 s_2의 값인 20.70과 22.25 사이에 해당된다. 셋째, s_1과 s_2의 극단적인 차이는 전집 분산들인 σ_1^2과 σ_2^2 사이에 차이가 있다는 것을 알려주기 때문에, 동분산성 가정을 의심하게 한다.(Gregory 표본의 분산들은 이러한 점에서는 좋아 보인다.)

4 단계. 기각역(들)을 명시한다.

기각역을 명시하기 위해서는 물론, 임계치인 t_α를 확인해야 한다. 표 B(부록 B)로부터 임계치를 선택하기 위해서는 H_1, α, 그리고 df 세 가지를 고려해야 한다(13.5절 참고). 양방 H_1, $\alpha = .05$, $df = 16$이면, Gregory는 t_α를 찾기 위한 모든 정보를 다 가지고 있는 것이다. 그는 표 B에서 첫 번째 행에서 $df = 16$이고, ".05"(양쪽 꼬리에서) 열로 이동해서 2.120이라는 값을 찾는다. 따라서 만약 H_0이 사실인 경우에, 표본들의 가장 극단적인 5%(양쪽 꼬리를 합쳐서)를 포함하는 값은 $t_{.05} = \pm 2.12$(❽)이다. 기각역들과 표본 t 요비가 그림 14.2에 나타나 있다.

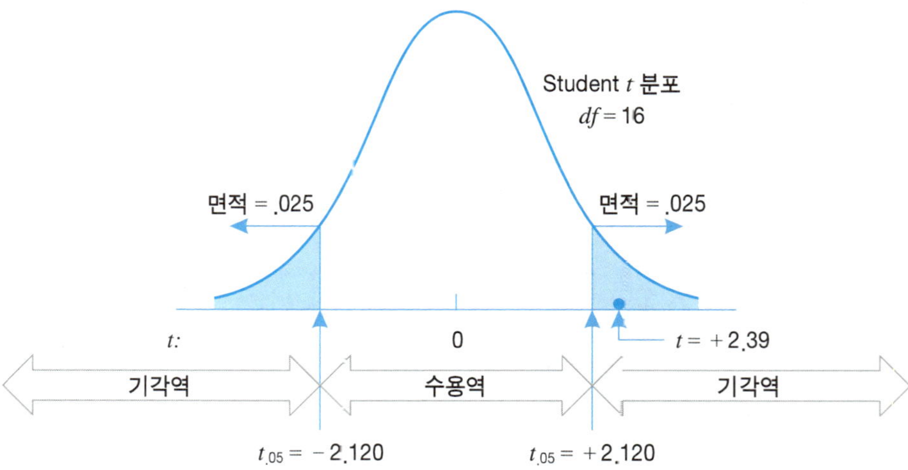

그림 14.2 $H_1: \mu_1 - \mu_2 \neq 0$에 대항하는 $H_0: \mu_1 - \mu_2 = 0$의 검증($\alpha = .05$)

5 단계. 통계적 결정을 내리고 결론을 도출한다.

얻어진 t 요비가 기각역 내에 포함되므로($+2.39 > +2.120$), 차이가 없을 것이라는 H_0(❾)은 따라서 기각된다. 두 평균치들 간의 차이는 **통계적으로 유의하다** ($\alpha = .05$). 집단 1(향기 있음)에 대한 회상점수의 평균치가 집단 2(향기 없음)의 평균치보다 더 높기 때문에, Gregory는 이러한 조건 하에서 향기는 기억을 향상시킨다는 실질적인 결론을 내린다(❾).

14.7 $\mu_1 - \mu_2$의 구간추정치

$\mu_1 - \mu_2$의 구간추정치에 대한 논리는 기본적으로 μ에 대한 추정치에서와 동일하다. 독립표본들에 대한 추정치의 형태는 다음과 같다.

$\mu_1 - \mu_2$의 신뢰구간에 대한 규칙

$$(\overline{X}_1 - \overline{X}_2) \pm t_\alpha s_{\overline{X}_1 - \overline{X}_2} \qquad (14.7)$$

공식 14.7은 구조적으로 13.9절에 제시된 μ에 대한 신뢰구간인 $\overline{X} \pm t_\alpha s_{\overline{X}_1 - \overline{X}_2}$(공식 13.4)와 동일하다. 우리는 $\overline{X}$ 대신에 $\overline{X}_1 - \overline{X}_2$로, $s_{\overline{X}}$ 대신에 $s_{\overline{X}_1 - \overline{X}_2}$로 바꾸었다. 전과 마찬가지로, t_α는 수표에 나타난 값으로 Student 분포의 면적의 가운데 $(1 - \alpha)(100)$퍼센트가 $-t$에서 $+t$ 내에 포함되는 값이다. 그러나 여기서는 자유도가 $n - 1$이 아닌 $df = n_1 + n_2 - 2$이다.

Gregory는 $\mu_1 - \mu_2$에 대한 95% 신뢰구간을 설정함으로써 H_0: $\mu_1 - \mu_2 = 0$에 대한 검증을 한다고 가정해 보자. 그의 질문은 "$\mu_1 - \mu_2$가 놓인다고 95% 신뢰할 값의 범위는 어떻게 되는가?"이다. 그는 이미 모든 필요한 값을 다 가지고 있다.

- $\overline{X}_1 - \overline{X}_2 = 23.22 - 18.00 = 5.22$
- $s_{\overline{X}_1 - \overline{X}_2} = 2.18$
- $t_{.05} = 2.12$

그는 이제 공식 14.7에 이 값들을 대입한다.

$$5.22 \pm (2.12)(2.18) = 5.22 \pm 4.62$$

Gregory는 $\mu_1 - \mu_2$가 구간 5.22 ± 4.62 사이에 포함될 것이라고 95% 확신한다. 즉, 그는 전집에서 기억에 대한 "진짜" 향기의 효과는 향기가 제공되지 않았을 때 회상해내는 사실들보다 추가되는 점수가 0.60(하한계)에서 9.84(상한계) 사이 어딘가에 있을 것이라고 대체적으로 확신한다는 것이다. 그는 물론 확실히 알 수는 없다. 그러나 그는 그의 실험을 계속해서 반복하고, 공식 14.7을 이용하여 신뢰구간을 설정하게 되면, 이 구간들의 95%는 $\mu_1 - \mu_2$를 포함할 것이라는 것은 알고 있다.

여러분이 예상했듯이, Gregory의 95% 신뢰구간은 0을 포함하지 않았기 때문에, H_0에서 설정한 값은 양방검증에서 기각된다. 가설검증이나 구간추정법 중에서 어떤 방법을 사용하든 간에, 이 경우에는 0(차이 없음)은 $\mu_1 - \mu_2$에 대한 타당한 값으로 보이지 않는다. 여러분은 또한 Gregory의 95% 신뢰구간이 넓다는 것에 놀라지 않을 것이라고 생각된다. 이는 작은 n_1과 n_2 값을 반영하는 것이다. 기억에 대한 향기의 "진짜" 효과는 무시할만한 것(한 개 이하의 추가적인 사실을 기억함)과 실질적인 것(거의 10개 정도의 추가적인 사실을 기억함) 사이 어딘가에 있을 것이다.

물론, 99% 신뢰구간인 경우에는 구간은 더 넓어지는데, 실제로 이번에는 구간이 0을 포함하게 된다. 이 신뢰구간에는 $t_{.01} = 2.921$ 값을 필요로 하는 이 신뢰구간은 다음과 같다.

$$5.22 \pm (2.921)(2.18) = 5.22 \pm 6.37$$
$$-1.15(\text{하한계})\text{에서 } +11.59(\text{상한계})$$

따라서 99% 신뢰구간에 따르면, Gregory는 기억에 대한 향기의 효과는 향기의 효과가 전혀 없다는 가능성을 포함하고, 작은 **부적인** 효과(회상을 손상시킴)에서 아주 큰 **정적** 효과(회상을 도움)까지 사이 어딘가에 있다고 결론내릴 수 있다. 이는 그림 14.3에 나타나 있다.

이 99% 신뢰구간에서 나온 결과와 일관되게, 만약 Gregory가 $\alpha = .01$(양방검증)을

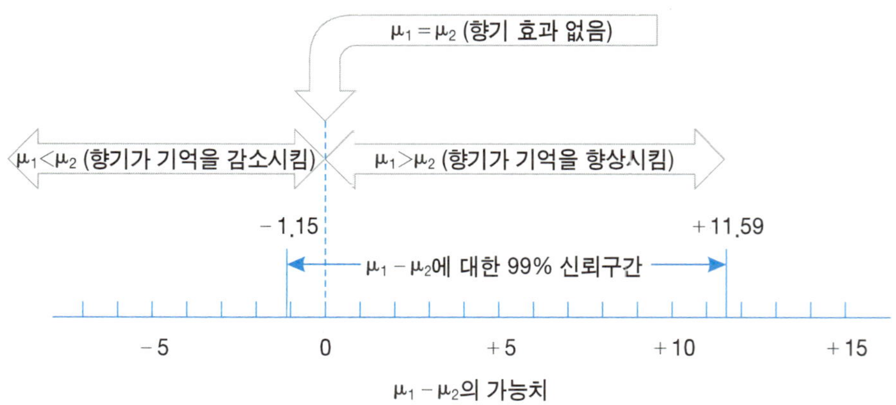

그림 14.3 향기 실험에서 평균회상 점수들의 진짜 차이에 대한 99% 신뢰구간

도입했다면 H_0: $\mu_1 - \mu_2 = 0$을 수용했을 것이다. 즉, 표본 t 요비가 $t_{.01}$보다 작고, 따라서 0은 (.01 유의도 수준에서) $\mu_1 - \mu_2$에 대한 합리적인 가능성이 될 수 있다는 것이다.

14.8 차이는 얼마나 유의한가? $\overline{X}_1 - \overline{X}_2$의 크기에 대한 평가

두 평균치 간의 차이를 검증하여 영가설을 기각할 때, 여러분은 "진짜" 차이를 발견한 것이다. 그러면 그 **차이는 얼마나 큰 것인가?** 불행히도 "통계적으로 유의한"이란 말은 우리가 11.10절에서 본 바와 같이 "중요한", "실질적인", "의미 있는" 혹은 "결과적인" 것과 자주 혼동을 일으킨다. 그러나 비록 작더라도 (따라서 중요하지 않을 가능성이 있더라도) 두 평균치 간의 차이는 표본들이 크다면 H_0을 기각할 수 있다. 이러한 표본크기의 효과는 표준오차인 $s_{\overline{X}_1 - \overline{X}_2}$를 줄일 수 있기 때문이다. 표준오차 내에서의 n_1와 n_2의 위치를 상기하라.

$$s_{\overline{X}_1 - \overline{X}_2} = \sqrt{s^2_{\text{통합}}\left(\frac{1}{n_1} + \frac{1}{n_2}\right)}$$

$s^2_{\text{통합}}$은 $(1/n_1 + 1/n_2)$를 곱하면 작아지고, 이것은 $s_{\overline{X}_1 - \overline{X}_2}$의 값이 작아지게 만든다. 그리고 $s_{\overline{X}_1 - \overline{X}_2}$는 t 공식에서 **분모**에 포함되기 때문에 표준오차가 작아지면, ($\overline{X}_1 - \overline{X}_2$가 0이 아니면) **큰** t 요비를 산출하게 된다.

유의도 검증에서 표본크기 효과에 대한 간단한 예시로 다음 상황을 생각해 보자. 앞 절에서 Gregory가 구한 $df = 9 + 9 - 2 = 16$를 가진 t 요비는 $\alpha = .01$ 수준에서 통계적으로 유의미하지 못했다. 우리가 만약 Gregory 표본에 있는 피험자들을 모두 복제해서 각 점수가 두 번씩 나타났다고 가정해 보자. 즉, $df = 18 + 18 - 2 = 34$이다. 표 14.2에서와 같이 이러한 행위는 어느 평균치도 바꾸지 못하고, 따라서 $\overline{X}_1 - \overline{X}_2$는 그대로 $+5.22$로 남아 있다. 두 표준편차는 아주 적게 변화된다. 그러나 두 배로 늘어난 사례수는 $s_{\overline{X}_1 - \overline{X}_2}$를 2.18에서 1.50으로 감소시키기 때문에, 결과적으로 표본 t 요비는 $+2.39$에서 $+3.49$로 증가된다. 34 df인 경우에 t의 임계치는 ± 2.750($\alpha = .01$)으로, 얻어진 t 요비인 $+3.49$는 기각역에 포함된다. 두 평균치 사이의 차이는 이제 .01 수준에서 통계적으로 유의하지만, 16 df에서는 동일한 차이가 유의하지 않았다.

표 14.2 관찰치의 수가 두 배로 늘어난 효과: 16 *df* 대 34 *df*

	$df = 9 + 9 - 2 = 16$	$df = 18 + 18 - 2 = 34$
$\overline{X}_1$:	23.22	23.22
s_1:	4.55	4.41
$\overline{X}_2$:	18.00	18.00
s_2:	4.72	4.58
$\overline{X}_1 - \overline{X}_2$:	5.22	5.22
$s_{\overline{X}_1 - \overline{X}_2}$:	2.18	1.50
t:	$5.22/2.18 = +2.39$	$5.22/1.50 = +3.49$
$t_{.01}$:	±2.921	±2.750
결정:	H_0 수용	H_0 기각

> 표본이 충분히 크면, 얻어진 어떠한 차이라도(0이 아니면) "통계적으로 유의하게" 될 수 있다. 이와 같은 결과는 차이라는 것은 큰 것이나 중요한 것이 아니라는 것을 시사한다. 그보다는, 이런 결과는 전집에서의 차이가 아마도 0이 아닐 것이라는 의미이다.

우리의 충고는 간단하다. **결과를 주의 깊게 검토하라!** H_0을 기각할 때, 두 표본평균치 사이의 차이가 얼마나 나는지 주목해야 한다. 이것은 어떤 경우에도 중요하지만, 표본들이 크면 사소한 차이도 통계적으로 유의할 수 있기 때문에 특히 중요하다.

차이의 크기는 항상 자명한 것은 아니다. 아마도 여름 기온 평균치에서 두 도시간의 차이가 "40"이라면(화씨 40°) 이것이 상당한 차이라는데 동의하지 않는 사람은 거의 없을 것이다. 그리고 이 같은 숫자($40)가 연봉 평균치에서 남성과 여성의 차이라면 별 차이가 없다는 것에 동의하지 않는 사람도 거의 없을 것이다. 그러나 온도와 돈과는 달리 행동연구에서 사용되는 많은 변수들은 평균치의 차이가 큰지 작은지에 대해서 말할 수 있는 경우가 많지 않다. 예를 들어, 여러분이 Gregory가 얻은 5.22점(표 14.1)에 대해서 어떻게 평가하겠는가?

효과크기

5.8절과 6.10절에서 여러분은 두 평균치 간의 차이는 통합된 표준편차의 비율로 표현함으로써 평가될 수 있다는 것을 보았다. 이것은 두 평균치들 간의 차이의 크기를 보고하는 가장 많이 사용되는 방법인 **효과크기**를 계산함으로써 할 수 있다. 우리는 일반적인 관행에 따라 표본자료로부터 효과크기를 추정할 때 *d*라는 기호를 사용한다.

효과크기(표집 추정치)

$$d = \frac{\overline{X}_1 - \overline{X}_2}{s_{통합}} = \frac{\overline{X}_1 - \overline{X}_2}{\sqrt{\dfrac{SS_1 + SS_2}{n_1 + n_2 - 2}}} \qquad (14.8)$$

분모에 있는 $s_{통합}$인 통합된 표준편차는 친숙한 통합된 분산추정치(공식 14.4)인 $s^2_{통합}$에 제곱근을 씌운 것이다. Gregory의 자료의 경우에, $s_{통합} = \sqrt{21.47} = 4.63$이다. 따라서

$$d = \frac{\overline{X}_1 - \overline{X}_2}{s_{통합}} = \frac{+5.22}{4.63} = +1.13$$

두 평균치 사이의 차이는 1.13 표준편차에 해당된다. 다시 말하자면, 집단 1의 기억한 사실의 수의 평균치가 집단 2의 평균치보다 1.13 표준편차 높다는 것을 의미한다. $d = +1.13$의 차이는 그림 14.4a에 나타나 있는데, 여기서 여러분은 두 분포에서의 실질적인 차이를 볼 수 있다. 즉, 만약 전집에서 정상분포가 가정된다면, 향기가 있었던 집단의

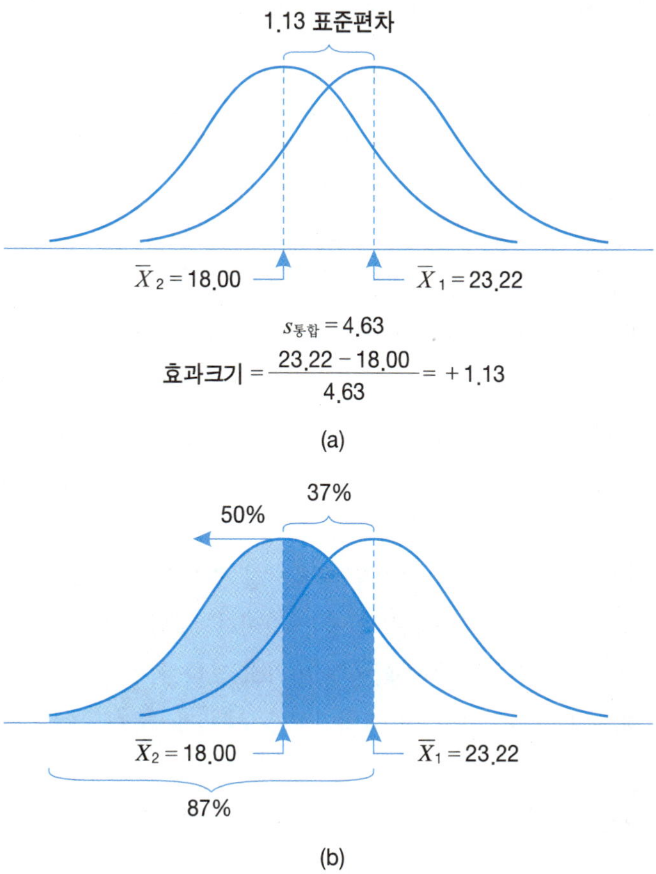

그림 14.4 효과크기의 예시: $d = +1.13$.

평균적인 피험자는 향기가 없던 집단의 87번째 백분위에 해당되고, 만약 향기가 기억에 영향이 없다고 가정된다면 37 백분위가 높은 수치이다. 그림 14.4b에 이를 제시하였다. (그림 14.4b에 기초가 되는 논리와 계산법에 대해서는 6.10절을 검토하는 것이 도움이 될 것이다.)

여러분이 5.8절에서 보았듯이, $d = .20$ 정도면 작다고 보고, $d = .50$ 정도면 중간 정도라고 보고, $d = .80$ 정도면 크다고 본다(Cohen, 1988). 이러한 관점에서도 이 연구에서의 결과는 인상적인 것이다. 그러나 다시 말하지만 효과크기에 대한 평가를 할 때는 항상 연구의 방법론적이고 실질적인 맥락에 대해 설명해야 한다. 그리고 어떤 표본 차이라도 표집변이에 의한 것일 수 있다는 점을 기억하라. 표본크기가 작은 경우에는(이번 경우에서처럼), d는 실험을 반복하게 되면 상당한 정도로 달라질 수 있다.

14.9 집단 구성 방법: 무선화의 역할

Gregory는 18명의 자원자들을 각각 9명 씩 두개의 표본으로 무선적으로 나누었는데 아마도 난수표를 사용했을 것이다. 피험자들을 처치 조건들에 무선 배정하는 것을 **무선화**(randomization)라고 한다.

> 무선화란 사용가능한 피험자나 관찰집단을 둘 이상의 하위집단으로 나누는데 사용되는 방법이다. 이것은 누가 어느 하위집단에 포함되느냐를 결정하는데 있어서 "우연성"이 작용하게 하는 모든 종류의 절차를 통칭하는 것이다.

무선화는 두 가지 매우 중요한 이점을 제공해 주기 때문에 연구자들은 가능한 한 항상 사용한다. 첫째는 통계적 혜택이다. 무선화된 표본에서는 표집변이를 지배하는 규칙을 적용하여서, 무리 없이 우연에 기인된 것이라고 할 수 있으려면 차이가 얼마 이상 커야 하는가를 말할 수 있게 해 준다는 것이다. 이는 알다시피 통계적 추론을 위해 필수적으로 필요한 사항이다.

두 번째 이점은 무선화가 실험의 결과를 왜곡시킬 수 있는 가외요인들에 대한 **실험적 통제**(experimental control)를 해 줄 수 있다는 것이다. 실험적 통제가 잘 되면, 연구자는 얻어진 차이의 원인이 실험조작에 의한 것이라고 보다 확신을 가질 수 있을 것이다. 간단히 말해서 결과에 대한 "원인"이 피험자들을 처치조건들에 무선적으로 배정했을 때 좀 더 분명해진다.

Gregory가 먼저 지원한 9명의 참가자들을 향기가 있는 조건에 배정하고, 나머지를 집단 2에 배정했다고 가정하자. 두 집단은 기억에 대한 주제에 대한 관심, 연구조사에 참여하고자 하는 열망, 연구 피험자로서의 역할에 대해서 그들이 보인 애착의 중요성 차원에서 상당히 달랐을 것이다. 이러한 요인들 중에서 어떤 것이든 수행에 대한 동기에 영향을 미칠 수 있고, Gregory가 얻은 결과에 영향을 주었을 것이다. 그가 연구하는 향기의 존재와 부재에 이러한 요인들의 영향은 집단 배정과 관련된 가외요인들, 즉 통제되지 않은 효과들로 인해 형편없이 오염되었을 것이다.

대조적으로, 무선화는 비교되는 집단들 간의 가외적인 영향을 **우연** 배정하는 결과를 낳을 것이다. 열심히 하는 피험자와 마지못해 하는 피험자, 능력 있는 피험자와 능력 없는 피험자, 관심 있는 피험자와 지겨워하는 피험자, 부유한 피험자와 가난한 피험자 등의 다양한 처치조건들에 있는 피험자들은 무선화를 적용할 때에만 동등해진다. 실제로, **무선화의 장점은 연구자가 가외효과가 존재하는지를 알든지 모르든지에 간에** 그 효과들에 대해서 실험적 통제를 가능하게 한다는 점이다. 결과적으로 연구자는 조작된 요인(예를 들어, 향기) 이 집단들을 차별화할 수 있는 유일한 요인이고, 따라서 실질적으로 얻어진 집단 차이를 설명할 수 있는 유일한 요인이라고 확신할 수 있게 된다. 우리는 피험자들을 처치집단에 무선 배정하는 것이 동전을 100번 던지면 50번 앞면이 나온다는 것을 **보장**하지 못하는 것처럼 가외요인들에 있어서 동등성을 보장하지는 못한다는 점을 강조하려고 한다. 그러나 무선화는 집단들을 동등하게 만드는 **경향이 있고**, 표본크기가 커지는 경우에는 특히 그렇다.

무선화가 가능하지 않은 경우

많은 경우에 무선화는 이론적으로 불가능하거나 매우 비현실적이다. 여러분이 성별, 가입정당, 사회계층, 인종, 종교 등의 특성에 따른 집단을 비교하기를 원한다고 가정해 보자. 혹은 여러분의 관심이 인공-수유한 신생아와 모유-수유한 신생아를 비교하는데 있을 수 있다(예를 들어, 어머니와의 애착 척도에서). 여러분은 분명히 피험자들을 남성 혹은 여성, 민주당 혹은 공화당 등등의 "처치조건"에 무선적으로 배정할 수 없을 것이다. 그리고 어머니들은 그들의 신생아에게 특정한 수유방법을 무선적으로 배정하는데 동의하지도 않을 것이다. 오히려 여러분은 "있는 그대로의" 개인을 받아들여야 한다. 이런 경우에는 상당부분의 가외요인들에 대한 통제를 하지 못하게 되고 "왜" 집단 간의 차이가 나왔는가를 판단하는 것이 쉽지 않게 된다. 이는 집단들이 이와 같이 형성되었기 때문이고 다른 특성들과 같이 마찬가지이다. 예를 들어, 남성과 여성은 생물학적으로 다르고 사회화에서도 차이가 있다. 민주당과 공화당은 정치적인 사상과 경제적/인구통계학적 특성에서 차이가 있다. 아이에 대한 모유-수유 혹은 인공-수유에 대한 결정 이

전에 어머니들의 모성에 대한 신념이나 행동 등은 두 집단이 다를 가능성이 있다. 따라서 이 모든 예에서, 예정했던 비교는 통제되지 않은 가외요인들과 혼입되는 것이다.

현장-기반의 교육 연구에서는 흔히 이미 형성된 집단을 사용하는데, 이는 서로 다른 교육프로그램을 채택한 학교들의 성취도 비교와 같은 연구에서 볼 수 있다. 무선화는 이러한 연구에서 대개는 용이하지 않고, 연구자는 가외 영향들에 대해서 무척 민감해져야만 한다. 예를 들어, 혁신적인 교육과정을 채택한 학교에는 유능한 교사들이 더 많이 있을 수 있고, 부모의 참여수준이 높을 수 있고, 사회경제적 배경이 상위계층인 학생들이 더 많이 있을 수도 있다. 이러한 요인들 중에서 어떤 것이라도 혁신적인 교육과정이 성취도에 영향을 줄 수 있는 것보다 더 큰 영향을 줄 수 있을지도 모른다.

혼입요인의 영향을 제거하는 것은 상당히 어려운 일이고, 이것이 가능하다고 하더라도 이는 통계학 입문 과정에서 요구하고 제공할 수 있는 절차를 뛰어넘는 것이다. 이것은 무선화가 가능한 연구들만을 수행해야 한다는 것이 절대 아니다. 그러나 무선화 과정이 없이도 심리학자들, 사회학자들, 교육학자들, 기타 연구자들이 많은 중요하고 흥미로운 관계들을 밝혔지만, 연구자들은 이러한 연구의 설계, 분석, 해석 시에 상당한 주의를 기울여야 할 것이다.

14.10 통계적 추론과 비통계적 일반화

이 책에서 다루고 있는 것들을 비롯하여 행동을 연구하는 사람들에 의해서 사용되는 대부분의 통계적 추론 과정들은 10.4절에서 서술한 무선표집 모델에 기초하고 있다. 그것은, 표본관찰들이 관심 대상 전집으로부터 무선적으로 추출되었다고 가정하는 것이다. 만약 우리의 표본이 이런 방법으로 추출되었다면, 그 과정들은 명시된 전집의 특성들(평균치 같은)에 대한 추론을 위한 수단을 제공해 준다. 이러한 추론은 **통계적 추론**(statistical inferences)이며, 확률의 법칙들과 통계치들에 직접 기초를 두고 있으며, 그것들의 기능은 우연적 표집변이를 고려하기 위한 것이다.

그러나 연구자들은 보통 표본을 무선적으로 추출한 원래의 전집 이상에까지 일반화하기를 원한다. 따라서 우리가 특정한 유형의 피험자들을 사용한 특수한 조건에서 특정 시간에 수행된 특정 연구의 결과를 얻었을 때, 우리는 그 결과를 좀 더 넓게 적용시키려고 시도한다. 우리가 10.5절에서 보여준 바와 같이 이는 피험자와 연구조건들에 대한 세밀한 분석, 그리고 접근 가능한 전집과 여러분의 결과를 적용할 보다 일반적인 전집의 특성들에 대한 합리적인 논의들을 포함한다. 이러한 유형의 일반화는 성격상 **비통계적**이다. 즉, 그것들은 통계치들이 보여 줄 수 있는 것 이상이 되고 판단과 해석을 포함한다.

행동연구에 대한 이것의 함의는 무엇인가? 사실상,

> 통계적 추론과정들은 특정한 표본결과에 있어서 우연에 의한 표집변이를 설명할 수 있다. 그것들은 그 당시 사용된 피험자의 유형이나 실험조건들과 똑같은 상황을 넘어서는 일반화나 추론에 대해서는 어떠한 수학적 근거를 둔 방법도 제공해 주지 않는다.

이 말은 좀 더 광범위한 일반화가 적절히 이루어질 수 없다는 의미는 아니다. 즉, 이러한 일반화는 이루어 질 수 있다. 그것은 단지 **통계학**이 이런 일반화를 하는 데 있어서 충분한 근거를 제공하지 않는다는 의미이다. 이런 종류의 일반화는 광범위한 영역에 대한 지식과 이해, 그리고 새로운 상황과 원래의 연구를 특징짓는 것들과의 유사성에 대한 판단에 또한 기초를 두어야 한다. 통계적 추론은 좀 더 광범위한 일반화를 향해 필요한 첫 단계인 것이다.

14.11 요약

이 장에서는 두 독립집단의 평균치에서의 차이를 검토하는 것을 다루었다. 두 집단은 한 집단 내의 관찰치들이 다른 집단에 있는 관찰치와 관련되어 있지 않으면 독립적이라고 한다. 두 집단 검증의 일반적인 논리와 절차는 단일 평균치에 대한 검증절차와 상당히 유사하다. 즉, 연구자는 가설을 설정해야 하고, 유의도 수준을 정하고, 자료를 수집하고, 검증통계치를 계산하고, 이를 임계치와 비교하여 영가설에 대한 결론을 내리게 된다.

검증통계치인 t의 공식은 $t = (\overline{X}_1 - \overline{X}_2)/s_{\overline{X}_1 - \overline{X}_2}$이다. 중요한 가정은 전집분포들의 모양이 정상적이어야 한다는 것이다. 그러나 중심극한정리로 인해서 평균치 간의 차에 대한 표집분포는 표본의 자료가 적은 경우이거나 두 분포가 상당히 비정상적이지 않는 경우를 제외하고는 정상분포와 가깝다고 볼 수 있다. 부가적인 가정은 전집들의 분산이 동일하다($\sigma_1^2 = \sigma_2^2$)는 가정으로 이는 $s_{\overline{X}_1 - \overline{X}_2}$를 계산하는데 필요한 통합된 분산추정치인 $s^2_{\text{통합}}$의 계산에 필요하다. t 요비를 계산하고 나면, 이것은 $df = n_1 + n_2 - 2$인 Student t 분포에 의해서 평가된다. $\mu_1 - \mu_2$에 대한 $(1 - \alpha)(100)\%$ 신뢰구간은 $(\overline{X}_1 - \overline{X}_2) \pm t_\alpha s_{\overline{X}_1 - \overline{X}_2}$의 규칙을 통해 추정될 수 있다.

두 평균치 사이에서 통계적으로 유의한 차이가 발견되면, 여러분은 이것이 중요할 정도로 큰 것인지에 대해서 질문해야 한다. 이를 알아보기 위한 가장 단순한 방법은 $\overline{X}_1$과 $\overline{X}_2$의 차이의 크기를 검토하는 것이긴 하지만, 효과크기를 알아보는 것이 더 도움이 된다. 효과크기는 차이를 (통합된) 표준편차 단위로 표현하는 것이다. 무선화란 사용가능한 피험자 집단이 둘 이상의 처치 하위집단으로 무선적으로 분할되는 과정이다. 무선화는 얻어진 표본차이를 평가하기 위한 통계적 기초를 제공해 줄 뿐 아니라 그 연구에 불필요한 요인들을 통제해 주는 효율적인 수단이기도 하다. 이러한 통제는, 나이나 전공과 같은 피험자들의 어떤 속성(예를 들어, 성별, 인종, 전공)을 근거로 집단들이 구성될 때보다 평균치들 간의 유의한 차에 대한 해석을 상당히 쉽게 만들어 준다.

무선표집에 관한 가정은 t 검증과 이 책에 서술된 다른 절차들을 포함한 행동과학자들에 의해서 사용되는 대부분의 모든 통계적 추론 기법들의 기초가 되는 것이다. 표본들이 무선적으로 추출된 전집에 대한 추론은 확률의 법칙들과 통계치들에 의해 직접적으로 뒷받침되어지고 이것은 통계적 추론이라고 알려져 있다. 그리고 모든 다른 집단들에 대한 추론이나 일반화는 성격상 비통계적이며 판단과 해석을 포함한다.

연습문제

정의 또는 설명하라.

용어 및 개념

독립표본들
종속표본들
평균치들 간의 차의 표집분포
전집분산
분산추정치
통합된 분산추정치
분산의 동질성 가정
전집의 정상성 가정
$\mu_1 - \mu_2$의 구간추정치
표본크기와 통계적 유의도
효과크기
무선화
실험적 통제
통계적 추론 대 비통계적 일반화

기호

$\mu_{\overline{X}_1 - \overline{X}_2}$

공식

$$\sigma_{\overline{X}_1 - \overline{X}_2} = \sqrt{\frac{\sigma_1^2}{n_1} + \frac{\sigma_2^2}{n_2}} \qquad s^2_{\text{통합}} = \frac{SS_1 + SS_2}{n_1 + n_2 - 2}$$

$$s_{\overline{X}_1 - \overline{X}_2} = \sqrt{s^2_{\text{통합}}\left(\frac{1}{n_1} + \frac{1}{n_2}\right)}$$

$$t = \frac{(\overline{X}_1 - \overline{X}_2) - (\mu_1 - \mu_2)}{s_{\overline{X}_1 - \overline{X}_2}} = \frac{\overline{X}_1 - \overline{X}_2}{s_{\overline{X}_1 - \overline{X}_2}}$$

$df = n_1 + n_2 - 2$

$(1 - \alpha)(100)\%$ 신뢰구간:

$$\overline{X}_1 - \overline{X}_2 \pm t_\alpha s_{\overline{X}_1 - \overline{X}_2}$$

$$d = \frac{\overline{X}_1 - \overline{X}_2}{s_{\text{통합}}} = \frac{\overline{X}_1 - \overline{X}_2}{\sqrt{\dfrac{SS_1 + SS_2}{n_1 + n_2 - 2}}}$$

질문 및 문제

참고: *가 있는 문제는 부록 A에 답이 제시되어 있다.

*1. 다음의 각각을 보통 말로 바꾸고, 각 평균치들 간의 **차이**를 영과 비교하는 기호의 형

태로 나타내 보라.

(a) $\mu_A > \mu_B$

(b) $\mu_A < \mu_B$

(c) $\mu_A = \mu_B$

(d) $\mu_A \neq \mu_B$

2. 정치학과에 다니는 대학원생이 정치적 태도에 대하여 부인과 남편을 비교하고자 한다. 그는 50쌍의 부부에게 진보주의-보수주의 척도를 실시하기로 하였다. 그리고 나서 그는 H_0: $\mu_{\text{남편}} - \mu_{\text{부인}} = 0$을 검증할 계획이다. 이번 장에서 논의된 방법이 이와 같은 검증에 적절할 것인가? (설명하라.)

***3.** A와 B라는 대규모 관찰치들의 전집을 생각해 보자. 여러분이 무한정한 시간과 자원을 갖고 있다고 가정하라.

(a) 일련의 표집실험들을 통해서, $n_A = 5$이고 $n_B = 5$인 표본들에서의 $\overline{X}_A - \overline{X}_B$의 표집분포를 어느 정도 정확하게 그릴 수 있는 방법을 서술하라.

(b) 표집분포를 만들기 위해 사용된 결과가 $\sigma_{\overline{X}_A - \overline{X}_B}$에 대한 추정치를 구하기 위해 어떻게 사용될 수 있는지 서술하라.

4. H_0: $\mu_1 - \mu_2 = 0$이 사실이라고 가정하자. 평균치들 간의 차이들에 대한 표집분포의 특징을 정의할 수 있는 세 가지는 무엇인가?

***5.** 다음의 결과는 두개의 무선표본들에 대한 것으로, 하나는 전집 1에서 나온 것이고 다른 하나는 전집 2에서 나온 것이다:

전집 1: 3, 5, 7, 5
전집 2: 8, 9, 6, 5, 12

(a) SS_1과 SS_2을 구하기 위해 필요한 기본적인 원점수 합을 계산하라.

(b) 문제 5a의 결과를 이용하여, SS_1과 SS_2을 계산하라.

(c) 문제 5b의 결과를 이용하여, 통합된 분산추정치를 계산하라.

(d) 문제 5c의 결과를 이용하여 $s_{\overline{X}_1 - \overline{X}_2}$를 계산하라.

(e) H_1: $\mu_1 - \mu_2 < 0$($\alpha = .05$)에 대항하여 H_0: $\mu_1 - \mu_2 = 0$를 검증하라.

(f) 최종 결론을 도출하라.

***6.** 문제 5에서 주어진 자료를 이용하여 효과크기인 d를 계산하고, Cohen의 기준과 정상곡선 용어를 이용하여 그 정도를 평가하라.

***7.** 다음 각각의 경우에 대해 t의 임계치를 제시하라.

(a) H_1: $\mu_1 - \mu_2 > 0$, $n_1 = 6$, $n_2 = 12$, $\alpha = .05$

(b) H_1: $\mu_1 - \mu_2 \neq 0$, $n_1 = 12$, $n_2 = 14$, $\alpha = .01$

(c) H_1: $\mu_1 - \mu_2 < 0$, $n_1 = 14$, $n_2 = 16$, $\alpha = .05$

(d) $H_1: \mu_1 - \mu_2 \neq 0$, $n_1 = 19$, $n_2 = 18$, $\alpha = .01$

8. 여러분은 암을 치료하는 데 사용될 가능성이 있는 약들을 골라내려고 한다. 11 마리의 실험용 쥐들에게 암세포를 이식시켰다. 그들 중에서 5마리가 무선적으로 추출되어 실험용 약물로 치료를 받았다. 두 달 후에 11마리 모두로부터 찾아낼 수 있는 모든 종양을 잘라내어 그 무게를 달았다. 다음은 그 결과이다(단위는 그램).

실험집단: 1.1, 1.5, 1.6, 1.3, 0.9
통제집단: 2.0, 1.8, 1.4, 2.2, 1.6, 1.6

(a) H_0과 H_1을 설정하라.
(b) 검증하라($\alpha = .05$).
(c) 최종 결론을 도출하라.

9. 유아원에 다닌 경험이 사회성에 영향을 주는지 알아보기를 원하는 심리학자가 있었다. 그녀는 1학년생을 두 집단으로 나누었는데, 한 집단은 유아원을 다닌 학생들이고, 나머지는 그렇지 않은 학생들이었다. 각각의 아동은 교실과 운동장에서의 관찰을 통해서 사회성 점수를 측정하였다. 얻어진 사회성 결과들은 다음과 같다.

유아원 다님	유아원 다니지 않음
$n_1 = 12$, $\Sigma X_1 = 204$, $\Sigma X_1^2 = 3660$	$n_2 = 16$, $\Sigma X_2 = 248$, $\Sigma X_2^2 = 3998$

(a) 적절한 통계적 가설을 설정하라.
(b) 검증하라($\alpha = .05$).
(c) 최종 결론을 도출하라.

***10.** 여러분은 성인이 되었을 때 그들이 하게 될 역할에 대한 과학의 유용성과 관련성에 대한 지각에 대해서 8학년 남학생들과 여학생들의 가능한 차이를 조사하고자 한다. 여러분의 연구가설은 남학생들이 이에 대해서 더 긍정적인 시각을 가질 것이라는 것이다. 적절한 도구를 사용하여, 여러분은 다음과 같은 결과를 얻었다(높은 점수가 보다 긍정적인 지각을 반영함).

남학생	여학생
$n_1 = 26$, $\overline{X}_1 = 65.0$, $s_1 = 10.2$	$n_2 = 24$, $\overline{X}_2 = 57.5$, $s_2 = 9.7$

(a) 적절한 통계적 가설을 설정하라.
(b) 검증하라($\alpha = .05$).
(c) 최종 결론을 도출하라.

11. 문제 10의 자료를 이용하여 효과크기인 d를 계산하고, 의미를 해석하라. Cohen의 기준과 정상곡선의 용어를 사용하여 정도에 대해 평가하라.

12. **모수적** 통계적 검증은 표본이 선정되는 전집의 어떤 특성에 대한 하나 이상의 가정에 기초하는 검증이다. H_0: $\mu_1 - \mu_2 = 0$의 t 검증에서 요구되는 가정은 무엇인가?

***13.** 여러분은 인기 있는 잡지에서 다음과 같은 글을 읽었다. "어느 여대생 집단이 정서지능 검사에서 남자 대학생 집단보다 평균적으로 **유의하게 높은** 점수를 받았다." (여러분의 답을 이번 장에서 다룬 통계적 내용에 국한시키라.)

(a) 위의 진술문은 통계를 잘 모르는 사람이 어떻게 해석하기 쉬운가(특히 굵은 글씨로 된 부분)?

(b) 그 진술문은 사실상 무엇을 의미하는가?

(c) 여학생과 남학생들의 평균치의 차이가 사실상 매우 작을 가능성도 있는가? 만약 그렇다면 어떻게 해서 **유의한** 차이가 관찰될 수 있는가?

(d) 여자와 남자들 간의 차이를 평가하기 위해서 여러분은 어떤 다른 통계적 정보가 필요한가?

***14.** 어느 교육심리학자가 기억에 대한 즉각적인 검사의 효과를 조사해 보려고 한다. 그의 교육심리학 강좌의 학생들이 무선적으로 두 집단으로 나뉘어졌다. 집단 1은 20분 동안 짧은 수필을 공부하도록 했고, 집단 2는 수필을 20분 동안 공부하고 나서 바로 10분짜리 시험을 보게 했다. 아래의 결과는 한 달 후에 실시한 그 수필에 대한 기말고사에서 나온 것이다.

집단 1(공부만 함)	집단 2(공부하고 시험 봄)
$n_1 = 15, \Sigma X_1 = 300, \Sigma X_1^2 = 6171$	$n_2 = 15, \Sigma X_2 = 330, \Sigma X_2^2 = 7452$

(a) 적절한 통계적 가설을 설정하라.

(b) 검증하라($\alpha = .05$).

(c) 최종 결론을 도출하라.

***15.** (a) 문제 14의 자료에 대해서 여러분이 $\mu_1 - \mu_2$에 대한 95% 신뢰구간을 설정한다고 가정하자. 여러분이 이미 이 구간에 속하는지 알고 있는 값은 무엇인가? (설명하라.)

(b) 문제 14의 자료에 대해 $\mu_1 - \mu_2$에 대한 95% 신뢰구간을 설정하라. 의외인 일이 있는가?

(c) 계산을 하지 않고, 동일한 자료에 대해서 추정된 99% 신뢰구간이 0을 포함하는지 답하라.

(d) 문제 14의 자료에 대해 $\mu_1 - \mu_2$에 대한 99% 신뢰구간을 설정하라. 의외의 일이

있는가?

16. 학업지원서비스센터의 소장이 유급 위기에 처한 학부 학생들을 대상으로 가능한 개입의 효과성을 검증하고자 한다. 그녀는 28명의 학생을 두 집단으로 무선적으로 배정하였다. 학기 첫 주 동안 집단 1에 속한 학생들은 매일 학습과 공부에 대한 지도를 받았다. 집단 2의 학생들은 동일한 시간 동안 대학에서 공부 잘하는 것의 중요성과 학교에서 가능한 지원서비스에 대한 일반적인 토론에 참여하였다. 학기말에 소장은 각 집단의 학년평점(GPA) 평균치를 비교하였다.

집단 1(전략 학습)	**집단 2(일반적 토론)**
$n_1 = 14, \overline{X}_1 = 2.83, s_1 = .41$	$n_2 = 14, \overline{X}_2 = 2.26, s_2 = .39$

(a) 적절한 통계적 가설을 설정하라.

(b) 검증하라($\alpha = .05$).

(c) 최종 결론을 도출하라.

17. 문제 16의 자료에서 효과크기인 d를 계산하고, 의미를 해석하라. Cohen의 기준과 정상곡선의 용어를 사용하여 정도에 대해 평가하라.

18. 문제 9와 문제 14에서 도사된 연구를 비교하라. 두 연구에서 모두 통계적으로 유의한 차이를 발견했다고 가정하자 – 문제 9에서는 유아원을 다닌 아동이 더 높았고, 문제 14에서는 집단 2에 속한 학생들이 더 높았다.

(a) 어느 연구가 원인과 결과의 관계를 규명하기가 더 쉬운가? (설명하라.)

(b) 문제 9에서 사회성에서 유의한 차이를 보인데 대해 아동이 유아원을 다닌 것 이외에 다른 가능한 설명은 어떤 것이 있는가?

***19.** 문제 8, 9, 10, 14와 16을 검토하라. 인과관계를 규명하기가 가장 쉬운 것은 어느 것인가? (설명하라.)

20. 무선화는 무선표집과 동일한가? (설명하라.)

21. 문제 13에서 보고한 유의한 차이를 근거로 다음과 같이 진술했다고 가정하자. "통계는 여성이 남성보다 정서지능이 높다는 것을 보여준다."

(a) 이 진술문은 통계적 추론인가, 비통계적 추론인가? (설명하라.)

(b) 연구에 기초한 통계적 추론의 한계점에 대해 기술하라.

제 15 장

종속표본 평균치들의 비교

15.1 "종속"의 의미

여러분은 방금 표본속의 관찰치들이 어떠한 의미로도 서로 관련되지 않은 두 개의 **독립적인** 표본들로부터 얻어진 평균치들 간의 차이를 평가하는 것을 배웠다. 때로는 실질적인 질문이나 연구 설계가 **종속적인 표본들**을 포함한다. 이런 경우, 한 표본내의 관찰치들은 다른 표본내의 관찰치들과 어떤 형태로건 관련되어 있다. 이번 장에서 우리는 종속표본들을 사용해야 하는 상황들의 종류와 종속표본들을 사용할 때 생길 수 있는 문제들을 규명해 보기로 한다. 여러분은 종속표본과 관련된 영가설을 검증하는 일반적 논리가 표본들이 독립적인 경우에 사용했던 것과 동일하다는 것을 알게 될 것이다.

표본들이 종속적이 되는 방식은 기본적으로 두 가지이다. 첫 번째 경우는 두 개의 평균치 $\overline{X}_1$와 $\overline{X}_2$가 **동일한 사람들**에 기초한 경우이다. 이것은 **반복측정 설계**(repeated-measures design)로 알려져 있다. "사전-사후" 시나리오가 하나의 예로서, 표본이 하나 선정되고 모든 참여자들이 사전검사를 치고, 어떤 형식의 중재가 진행되고, 그 후에 똑같은 사람들이 사후검사를 친다. 연구자의 관심은 사전평균치($\overline{X}_1$)와 사후평균치($\overline{X}_2$) 간의 차이이다. 만약 여러분이 체중감소 프로그램의 효과를 검증하기 원한다고 가정하자. 여러분은 30명의 자원자들을 선정해서 중재가 시작되기 전과 후의 체중을 기록했다. 아마도 중재효과와 상관없이 처음 체중($\overline{X}_1$)을 잴 때 무거운 피험자들은 일반적으로 키가 크고 골격이 큰 사람들이어서 나중에 체중($\overline{X}_2$)을 잴 때도 무거운 사람들 중의 하나일 경향을 보일 것이다. 마찬가지로, 시작할 때 (키가 작고 골격이 작은) 가벼운 사람들은 끝날 때도 가벼운 사람 중의 하나일 것이다. 다시 말해서, 만약 우리가 10쌍의 X_1과 X_2 점수들을 가지고 X_1과 X_2들 간의 관계의 정도를 알려주는 Pearson 상관계수를 계산한다면, 정적인 상관을 기대할 것이다.[1] 간단히 말해서, X_1과 X_2 점수들은 독립적이 아니다. 이것은, X_1과 X_2 점수를 짝지을 아무런 근거가 없는, 앞 장에서 설명한 독립표본들의 실험과는 다른 것이다.

때로는 한 집단의 참여자들이 한 실험의 두 가지 처치 조건을 다 경험할 수도 있는데, 이것은 또 다른 반복측정 설계의 예이다. 예를 들어, 여러분이 사람들에게 청각과 시각이라는 두 조건에서 제시된 단어목록으로부터 문항들을 회상할 것을 요구하였다. 따라서 각 피험자는 청각적으로 제시된 단어들을 회상한 숫자($\overline{X}_1$)와 시각적으로 제시된 단어들을 회상한 숫자($\overline{X}_2$)로 된 한 쌍의 점수를 갖게 되고, 여러분의 관심은 두 평균치, $\overline{X}_1$와 $\overline{X}_2$ 간의 차이에 있다. 어떤 의미에서 이 두 평균치들은 "종속적"인가? 언어능력과 단어지식이 높은 사람들은 낮은 사람들보다 이 두 조건들($\overline{X}_1$과 $\overline{X}_2$에서 둘 다 높은 점수)에서 더 잘하는 경향을 보일 것이고, 따라서 짝진 점수들 간에 정적 상관관계를 만들어 낼 것이다. 같은 개인들이 실험의 드 조건 모두에서 사용되는 경우, 각 사람은 어떤 의미에서 자기 자신에 대한 통제집단의 기능을 하는 것이다.

표본들은 다른 방식으로도 종속적일 수 있다. 여기서는 **서로 다른 개인들**이 한 실험의 두 조건에서 사용되는데, 다만 집단을 구성하기 전에 연구자는 반응변수들과 관련된 어떤 특성들을 가지고 사람들을 **짝짓는다. 짝진 피험자 설계**(matched- subject design)라고도 알려진 이 절차는 무선배정의 효과 이상으로 (짝진 변수들에서) 두 집단의 동질성을 증진시킨다. 여러분이 두 가지 일학년 국어읽기 중재 프로그램의 효율성을 비교하는 연구를 상상해 보라. 일학년을 시작하는 학생들 60명을 두 가지 중재프로그램 중 하나에 무선적으로 배정하기 전에, 여러분은 이 아동들을 읽기 준비도를 가지고 짝을 짓는다. 구체적으로 여러분은 최근에 실시된 읽기 준비도 검사에서 똑같거나 거의 같은 점수를 얻은 두 아동들을 짝을 지어 30쌍을 만들 수 있다. 순서대로 각 쌍을 상대로 동전을 던져서 한 학생은 프로그램 A에 다른 학생은 프로그램 B에 배정하는데 사용한다. 그리고 나서 학년말에 가서 모두에게 표준화된 읽기검사가 실시되고, 프로그램 A의 학생들의 성취점수 평균치($\overline{X}_A$)를 프로그램 B의 학생들의 성취점수평균치($\overline{X}_B$)와 비교한다. 짝짓기에 사용된 검사가 아동들이 읽기지도로부터 도움을 받을 수 있는 준비도를 측정하기에 얼마나 적절한 측정도구인가의 정도에 따라, 여러분은 높은 읽기 준비도를 가진 짝진 쌍들로부터는 비교적 높은 X_A와 X_B 점수를 기대할 수 있을 것이고, 낮은 준비도를 가진 쌍들로부터는 비교적 낮은 X_A와 X_B 점수를 기대할 수 있을 것이다. 다시 말해서, 만약 우리가 각 짝진 쌍의 두 성취점수들을 생각해 보면, 우리는 높은 X_A 점수는 높은 X_B 점수를 따르고 낮은 X_A 점수는 낮은 X_B 점수를 따르는 경향을 기대할 수 있다는 것이다. 여

1) 이러한 이유 때문에 종속표본은 "짝진" 혹은 "상관" 표본이라고도 부른다.

기서도 역시 각 쌍들 간에는 정적 상관이 있을 것이고 따라서 두 표본들은 독립적이라고 말할 수 없다.[2)]

15.2 종속평균치들 간의 차의 표준오차

표본들이 종속적일 때, 평균치들 간의 차의 표준오차는 짝진 점수들 사이의 상관정도를 고려하기 위해 수정되어야만 한다. 종속 평균치들에 대한 추정된 표준오차는 공식 15.1에서 보여주고 있다.

평균치들 간의 차에 대한 표준오차: 종속표본

$$s_{\overline{X}_1-\overline{X}_2} = \sqrt{\frac{s_1^2 + s_2^2 - 2r_{12}s_1s_2}{n}} \qquad (15.1)$$

첫 눈에 보기에 이 공식은 매우 복잡해 보일지도 모른다. 우선, 전에 이미 여러분이 보았던 모든 항들을 확인해 보자. s_1^2과 s_2^2은 전집 분산에 대한 추정치들이고, r_{12}는 X_1과 X_2 점수들 간의 표본상관이며, s_1과 s_2는 전집 표준편차들의 추정치, 그리고 n은 관찰치들의 **쌍**의 수이다. 만약 여러분이 자승근호 아래 있는 부분을 각각 공통분모 n을 가진 세 부분으로 나누면, 공식 15.1은 독립표본들을 위한 추정된 표준오차와 비교할 수 있게 된다(14.4절).

종속표본	**독립표본**
$s_{\overline{X}_1-\overline{X}_2} = \sqrt{\frac{s_1^2}{n} + \frac{s_2^2}{n} - \frac{2r_{12}s_1s_2}{n}}$	$s_{\overline{X}_1-\overline{X}_2} = \sqrt{\frac{s_{통합}^2}{n_1} + \frac{s_{통합}^2}{n_2}}$

만약 $n_1 = n_2 = n$이라면, 이 공식들은 두 가지 면에서만 다르게 나타난다. 첫째, 종속표본의 경우에는 두 개의 분산추정치가 그들의 해당 전집분산을 추정하는데 따로따로 사용되는 반면에, 독립표본의 경우는 통합된 분산추정치가 양쪽에 다 사용된다. 그러나 $n_1 = n_2$면 이것은 전혀 차이가 없는 것으로 증명된다. 즉, $n_1 = n_2$면 다음과 같이 나타낼 수 있다.

2) 때로는 표본들의 비독립성은, 일란성 쌍생아, 형제, 배우자, 혹은 같은 배의 동물들을 포함하는 연구들에서와 같이 "자연스러운" 짝짓기의 결과일 수 있다.

$$\left(\frac{s_1^2}{n} + \frac{s_2^2}{n}\right) = \left(\frac{s^2_{\text{통합}}}{n_1} + \frac{s^2_{\text{통합}}}{n_2}\right)$$

두 공식에 남아 있는 차이점은 (따라서 **유일한** 차이점) 종속표본의 공식에서 **빼기** 부분인 r_{12}를 포함하고 있는 항이다. 따라서

> 표본들이 종속적이면, 각 쌍내의 관계에 의해서 생기는 정적 상관관계 때문에 평균치들 간의 차의 표준오차는 일반적으로 독립적인 경우보다 **작아진다**.

공식 15.1의 오른쪽 부분에 있는 분모를 다시 보라. 표준오차에서의 감소량은 주로 상관계수, r_{12}의 크기에 달려 있다. 즉, 정적 상관이 클수록 표준오차는 작아진다. 같은 사람들은 두 조건에 모두 사용하는 것은 거의 항상 X_1과 X_2 점수들 간의 정적인 상관을 만들어 낸다(그 크기는 측정되고 있는 특정한 변수와 또한 실험에서 부여된 특정한 조건에 달려 있다).

짝진 피험자 설계의 경우, 짝진 쌍을 형성함으로써 생긴 표준오차의 감소는 짝진 변수의 관련정도에 크게 의존한다. 두 가지 읽기 프로그램의 효과를 연구할 때 읽기 준비도 점수에 따른 짝짓기는 의미가 있다, 왜냐하면 높은 읽기 준비도를 가진 아동들은 둘 중의 어떤 읽기 프로그램에서도 비교적 잘할 것이기 때문이다. 반면에, 아동들을 예를 들어 주근깨 정도를 가지고 짝을 짓는 것은 바보 같은 일일 것이다. 왜냐하면 주근깨는 읽기 성취도와는 아무런 관계가 없고 (적어도 우리는 이것은 알고 있다) 따라서 표준오차의 감소는 없을 것이기 때문이다.

표준오차가 작을수록 표본 결과는 "진짜" 혹은 전집에서의 차이 정도를 반영하기 때문에, **표준오차의 감소는 종속표본을 사용하는 중요한 통계적 혜택이다.** 17장에서 보게 될 것이지만, 작은 표준오차일수록 허위인 H_0을 기각할 가능성을 높인다.

15.3 자유도

종속표본들을 사용할 때 표준오차와 관련된 자유도는 $n-1$이다. 이때 n은 **쌍**의 수이다. 여기서의 df는 같은 크기의 두 독립적 표본들의 df인 $(n-1)+(n-1)$의 꼭 절반임을 주목하라. 만약 여러분이 표본결과가 표준오차를 추정하는 데 있어서 제공해 주는 정보의 **독립적인** 부분들의 숫자라는 **자유도**에 대한 일반적인 개념을 기억하면 왜 그런지를 알 수 있을 것이다. 표본들이 독립적이라면, X_1 점수들의 표본을 위한 df는 $(n-1)$이고 또한 X_2 점수들의 표본을 위한 df는 $(n-1)$일 것이다. 그러나 종속표본에서는 모든 X_1 점

수들은 어느 정도 X_2와 관련되어 있으므로 추정된 표준오차에서 X_1과 X_2 점수들을 둘 다 사용해도, 정보의 추가적인 **독립적** 부분을 얻게 되지는 않는다.

작아진 표준오차 대신에 자유도를 포기하는 것은 종속표본을 사용할 때의 통계적 거래이므로 이러한 거래는 신중하게 생각해야만 한다. 만약 r_{12}가 작다면 df 에서의 감소는 특히 n이 작은 경우에는 허위인 영가설을 기각하느냐 수용하느냐의 차이가 될 수도 있다. 이것은 표 B(부록 B)를 대충 훑어보면 확인할 수 있는 것처럼 df가 감소하면 t의 임계치가 **커져서** H_0을 기각하기가 더 어렵게 만들기 때문이다. 결과적으로 피험자들을 짝을 지을 때는 "도움을 줄지도 모르는" 변수에 대해서 짝짓기를 하면 안 되고 강력한 영향력을 지닐 것으로 어느 정도 확신하는 변수에 대해 짝짓기를 해야 한다.

15.4 두 종속표본들에 대한 t 검증

종속표본들을 위한 t 검증의 구조는 독립표본들의 t 검증과 동일하다.

$$t = \frac{(\overline{X}_1 - \overline{X}_2) - (\mu_1 - \mu_2)}{s_{\overline{X}_1 - \overline{X}_2}}$$

분모에서 여러분은 두 개의 (종속) 표본평균치들 간의 차이, $\overline{X}_1 - \overline{X}_2$가 영가설, $\mu_1 - \mu_2$에서 명시된 조건과 비교되고 있는 것을 볼 수 있다. 분자는 공식 15.1에서 주어진 표준오차이다. 영가설 하에서는 $\mu_1 - \mu_2 = 0$이기 때문에 종속표본들을 위한 t 검증은 다음과 같이 단순해진다.

두 종속표본들에 대한 t 검증

$$t = \frac{\overline{X}_1 - \overline{X}_2}{s_{\overline{X}_1 - \overline{X}_2}} \qquad (15.2)$$

t 요비는 $df = n - 1$인 Student t 분포를 따를 것이다(여기서도 n은 관찰치들의 **쌍**의 수이다). 두 개의 종속표본들의 경우에 t를 사용하는데 정상분포에 관한 가정이 기본이 되기는 하지만, 분산의 동질성에 대한 가정은 필요하지 않다.

공식 15.2는 현장에서는, 특히 표준오차를 위해 r_{12}를 계산해야 하기 때문에 다소 번거로울 수 있다. 따라서 우리는 t를 계산하는데 널리 보급되어 있는 대안적인 방법, **직접-차이계산법**(direct- difference method)을 제시하려고 한다. 그것은 공식 15.2와 같은데 사용하기는 더 쉽다.

직접-차이계산법

공식 15.2 방법은 X_1 점수들과 X_2 점수들의 분포인 **두 분포**들의 특성을 명시적으로 다룬다. 이와 대조적으로, 직접-차이계산법은 짝진 X_1과 X_2 점수들 간의 차이에 대한 분포인 **단일 분포**의 특성에 초점을 맞춘다.

종속표본 설계로부터 나온 자료의 일부를 제시하는 표 15.1을 보자. 각각의 X_2 점수들을 그 짝인 X_1로부터 뺌으로써 각 쌍들의 차이점수 D(❶)를 구한다. 예를 들어, 첫 번째 점수 쌍은 $D = X_1 - X_2 = 24 - 37 = -13$에 해당하며, 이 쌍에서는 두 번째 점수가 첫 번째 점수보다 높다는 것을 알려준다. 이제 $\mu_1 - \mu_2 = 0$이라는 영가설을 생각해 보자. 만약 이 가설이 사실이라면, 짝진 값들 사이의 차이들의 전집 평균치, μ_D도 영일 것이다. 즉, 두 전집이라는 관점에서 진술된 H_0: $\mu_1 - \mu_2 = 0$은 H_0: $\mu_D = 0$이라는 차이점수들의 단일 전집의 관점에서 재진술될 수 있다. 직접-차이계산법을 사용하면 차이점수들의 표본평균치, $\overline{D}$("디-바")를 얻을 수 있다(❷). 그리고 나서 여러분은 이 평균치가 차이점수들의 전집에 대한 가설적 평균치(영)와 유의하게 다른가를 질문한다.

$s_{\overline{D}}$로 기호화 한 차이점수들의 표준오차는 다음과 같이 계산된다.

표준오차: 직접-차이계산법

$$s_{\overline{D}} = \frac{s_D}{\sqrt{n}} = \sqrt{\frac{SS_D}{n(n-1)}} \qquad (15.3)$$

여기서 차이점수들의 자승합인 SS_D는 $\Sigma D^2 - (\Sigma D)^2/n$과 같다. [이 공식의 뒷부분은 X의 자승합을 계산하는 공식인 공식 5.3과 구조적으로 동일하다.]

결과적으로 나오는 검증통계치는 친숙한 형태를 취한다. 즉, 그것은 표본결과($\overline{D}$)와

표 15.1 종속표본 설계 자료

쌍	X_1	X_2	❶ $X_1 - X_2 = D$
1	24	37	−13
2	16	21	−5
3	20	19	+2
•	•	•	•
•	•	•	•
•	•	•	•
n	12	20	−8
			❷ $\overline{D} = \frac{\Sigma D}{n}$

영가설에서 명시된 조건(μ_D)과의 차이를 표준오차($s_{\overline{D}}$)로 나눈 것이다.

$$t = \frac{\overline{D} - \mu_D}{s_{\overline{D}}}$$

영가설 하에서는 $\mu_D = 0$이기 때문에 이 공식은 다음과 같이 단순해진다.

두 종속표본들에 대한 t 검증: 직접-차이계산법

$$t = \frac{\overline{D}}{s_{\overline{D}}} \tag{15.4}$$

$s_{\overline{D}}$를 공식 15.3으로 대치하면, 여러분은 다음과 같은 종속표본들의 t 검증에 대한 완전한 계산 공식을 얻는다.

두 종속표본들에 대한 t 검증: 직접-차이계산법 (계산 공식)

$$t = \frac{\overline{D}}{\sqrt{\dfrac{SS_D}{n(n-1)}}} = \frac{\overline{D}}{\sqrt{\dfrac{\Sigma D^2 - \dfrac{(\Sigma D)^2}{n}}{n(n-1)}}} \tag{15.5}$$

15.5 두 종속평균치들에 관한 가설검증: 예제

주의력결핍장애(ADD)에 대한 약초치료의 효능성에 대해 약한 증거를 가지고 강한 주장이 제기되었다고 가정하자. 여러분은 이러한 주장의 타당성을 경험적으로 검증하기로 마음먹은 어느 교수의 연구조교이다. 여러분은 ADD라고 진단을 받은 10명의 5학년생들을 10개의 각기 다른 학급에서 찾아냈다. 스톱워치를 들고 각 교실의 뒤에 눈에 띄지 않게 앉아서 조용히 책을 읽는 20분 동안 ADD를 가진 아동이 자리에서 일어나는 시간(X_1)을 초단위로 기록한다. 그리고 나서 모든 10명의 아동들은 한 달 동안 하루에 정한 양의 처방된 약초를 먹었다. 그 후 여러분은 다시 교실에 돌아가서 읽기 시간 동안 자리에서 일어나는 행동(X_2)을 기록하였다. 따라서 여러분은 결국 각 아동에 대한 처치 전 점수와 처치 후 점수로 이루어진 10쌍의 관찰치들을 얻은 것이다. (편리하도록 분 단위로 반올림한) 자료가 표 15.2에 나타나 있다.

약초치료의 효능에 대한 주장이 타당한가? 즉, 약초처방을 받은 후에 ADD 아동들은 덜 산만하고 과제이탈 행동이 줄었는가? 만약 그렇다면 여러분은 **정적인** 차이 점수들의

표 15.2 주의력결핍장애 아동들의 표본에서 나온 약초치료 전(X_1)과 후(X_2)에 자리에서 일어난 시간(분)

쌍	X_1	X_2	❶ D	D^2
1	11	8	+3	9
2	4	5	−1	1
3	19	15	+4	16
4	7	7	0	0
5	9	11	−2	4
6	3	0	+3	9
7	13	9	+4	16
8	5	4	+1	1
9	8	13	−5	25
10	6	3	+3	9
	$\overline{X}_1 = 8.5$	$\overline{X}_2 = 7.5$	❷ $\Sigma D = 10$	❸ $\Sigma D^2 = 90$

❹ $\overline{D} = \Sigma D/n = 10/10 = 1.00$

❺ $SS_D = \Sigma D^2 - \frac{(\Sigma D)^2}{n} = 90 - \frac{10^2}{10} = 90 - \frac{100}{10} = 90 - 10 = 80$

❻ $s_{\overline{D}} = \sqrt{\frac{SS_D}{n(n-1)}} = \sqrt{\frac{80}{10(9)}} = \sqrt{\frac{80}{90}} = \sqrt{.89} = .94$

❼ $t = \frac{\overline{D}}{s_{\overline{D}}} = \frac{1.00}{.94} = +1.06$

❽ $df = n - 1 = 10 - 1 = 9$

❾ $t_{.05}$(일방) = +1.833

❿ 결정: H_0 수용

평균치, $\overline{D}$를 기대한다. 다시 말해서, 쌍에 있는 X_2 점수가 해당 X_1 점수보다 **작은** 경향이 있어야 한다. 추론에서의 질문은 $\overline{D}$가 전집의 차이 평균치가 영($\mu_D = 0$)이라는, 차이가 없다는 영가설을 기각하기에 충분히 크냐는 것이다. 앞장들에서 나왔던 유의도 검증의 논법들과 유사한, 가설검증의 단계를 순서대로 밟아가기로 하자.

1 단계. 통계적 가설을 설정하고 유의도 수준을 선정한다.

여러분의 통계적 가설은 다음과 같다.

$$H_0: \mu_D = 0$$
$$H_1: \mu_D > 0$$

아동들이 한 달 동안의 약초처치를 받은 후에 (자리이탈 시간으로 나타나는) 산만함이 **감소**되어야 약초치료에 관해 광고된 주장이 타당하기 때문에 여러분은 **방향적** 대립가설을 수립한다. 유의도 수준은 $\alpha = .05$로 잡는다.

2 단계. 원하는 표본크기를 결정하고 표본을 추출한다.

이 예제에서 우리는 모든 계산절차가 쉽게 보이게 하기 위해서 열 쌍의 피험자만을 사용한다.

3 단계. 필요한 표본통계치들을 계산한다.

H_0의 검증에 대한 계산은 표 15.2에 있다. 첫째, 각 피험자들에 대한 D를 결정한다(❶에서 보여줌). 그리고 나서 D 점수들의 합인, ΣD를 구하고(❷), 자승된 값인 ΣD^2를 구한다(❸). 이것들은 나머지 모든 계산의 기초를 제공한다. 이제 표본의 차의 평균치를 계산한다. $\overline{D} = +1.00$이다(❹). 이 ADD 아동들의 표본에서는 한 달 동안의 약초치료 후의 자리이탈 시간의 평균 시간은 1분이 줄었다. $\overline{D}$는 $\overline{X}_1$과 $\overline{X}_2$ 간의 차이와 같다. 즉, $\overline{D} = \overline{X}_1 - \overline{X}_2 = 8.5 - 7.5 = +1.00$이다.

표준오차, $s_{\overline{D}}$로 가자. SS_D를 계산하고(❺), 이 값을 공식 15.3에 대입하면 $s_{\overline{D}} = .94$가 나온다(❻). 잠시 멈추고 표준오차를 보면 이 값은 t의 기저 표집분포 내에서의 변이의 양을 나타내는 것이다. 즉, .94는 여러분이 이와 같은 유형의 표집실험을 수없이 많이 수행한다면 얻을 수 있는 모든 가능한 $\overline{D}$ 값들의 표준편차에 대한 추정치이다. 마지막 계산은 t 요비로서 이것은 $\overline{D}$를 표준오차로 나누면 구할 수 있다. $t = +1.06$이다(❼).

4 단계. 기각역(들)을 명시한다.

표본의 t 요비는 $df = 10 - 1 = 9$(❽)인 Student의 t 분포를 따른다. $\alpha = .05$이고 df가 9인 일방검증을 위한 t의 임계치를 찾기 위해 표 B를 보라. 이 값은 $t_{.05} = +1.833$(❾)인데, H_0이 사실이라면 모든 가능한 표본들의 가장 극단적인 5%(위쪽 꼬리 부분에만)가 이 이상에 포함되는 값이다. 기각역과 구해진 표본 t 요비가 그림 15.1에 제시되어 있다.

5 단계. 통계적 결정을 내리고 결론을 도출한다.

표본 t 요비, $+1.06$은 수용역내에 들어있고, 따라서 H_0을 유지해야 한다(❿). 즉, 우리가 이것이 사실이라는 것을 보여줄 수 있는 방법은 없지만, $\mu_D = 0$이 사실**일 수도 있다**는 것이다. 일부 연구자들이 좋아하는 말처럼 평균치들 간에 **"유의한 차이가 없다."** 이것은 여러분들로 하여금, 한 달 동안의 약초치료 후에 ADD를 가진 아동들이 이러한 처치 전보다 산만함이 줄어들지 않았다는 실질적인 결론을 내리게 한다. 이러한 결론은 처치의 효능에 관한 널리 퍼져있는 주장에 의문을 제기하는 것이다.

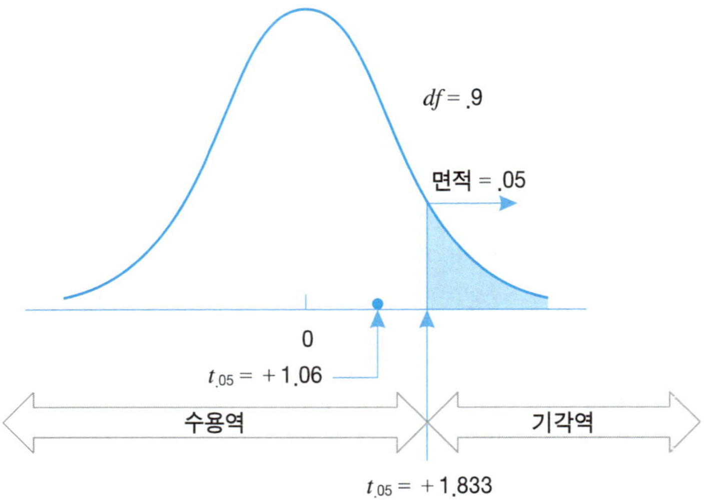

그림 15.1
H_1: μ_D>0에 대항한
H_0: μ_D = 0의 검증
(α = .05)

여러분이 공식 15.2, $t = (\overline{X}_1 - \overline{X}_2) / (s_{\overline{X}_1 - \overline{X}_2})$를 사용해서 H_0을 검증하였다고 해도, 결과는 동일할 것이다. 표 15.3에서 이것을 제시하였는데, 직접-차이계산법에서와 같은 t 요비가 구해졌고, 결과적으로 같은 통계적이고 실질적인 결론이 따라 나오는 것을 볼 수 있다.

직접-차이계산법은 계산하는 수고는 상당히 덜어주지만 우리에게 제공해 주는 정보는 적다는 것을 인정해야 한다. 계산을 마치고 나면 여러분은 두 표본평균치들 간의 차의 크기($\overline{D}$)와 통계적 유의미성을 알게 된다. 그러나 대부분의 연구에서 여러분은 두 평균치들과 표준편차들을 알기를 원할 것이고, 또한 보고하도록 되어 있다. 그리고 만약 여러분이 짝을 지움으로 인해서 어느 정도의 상관이 야기되었는가에 호기심이 생기면 r_{12}도 또한 원할 것이다(현 사례에서는 r_{12} = +.80이다). 그러나 **직접-차이계산법은 이러한 정보를 하나도 산출해내지 못한다.** 만약 이러한 수치들을 원할 때에는 다시 자료로 돌아가서 계산해내야 하고 따라서 전체 작업의 두 가지 방법이 거의 같다는 것을 알 수 있게 될 것이다.

15.6 μ_D에 대한 구간추정

종속표본들을 사용한 구간추정의 논리도 독립표본일 경우와 동일하다. 유일한 절차상의 차이는 관찰치들의 짝지어진 특성을 고려하기 위한 *df*와 표준오차를 결정하는 방법에 있다. 종속표본들에 대한 구간추정치의 형태는 다음과 같다.

표 15.3 공식 15.2를 사용한 약초치료 자료에 대한 분석

쌍	X_1	X_2	X_1^2	X_2^2	X_1X_2
1	11	8	121	64	88
2	4	5	16	25	20
3	19	15	361	225	285
4	7	7	49	49	49
5	9	11	81	121	99
6	3	0	9	0	0
7	13	9	169	81	117
8	5	4	25	16	20
9	8	13	64	169	104
10	6	3	36	9	18
$n=10$	$\Sigma X_1=85$ $(\Sigma X_1)^2=7225$	$\Sigma X_2=75$ $(\Sigma X_2)^2=5625$	$\Sigma X_1^2=931$	$\Sigma X_2^2=759$	$\Sigma X_1 X_1^2=800$

❶ 표본평균치들과 그 차이 계산:

$$\overline{X}_1=\frac{\Sigma X_1}{n}=\frac{85}{10}=8.5$$

$$\overline{X}_2=\frac{\Sigma X_2}{n}=\frac{87}{10}=7.5$$

$$\overline{X}_1-\overline{X}_2=8.5-7.5=+1.00$$

❷ 표준편차와 분산의 계산:

$$s_1=\sqrt{\frac{SS_1}{n-1}}=\sqrt{\frac{\Sigma X_1{}^2-\frac{(\Sigma X_1)^2}{n}}{n-1}}=\sqrt{\frac{931-\frac{7225}{10}}{9}}=\sqrt{\frac{208.5}{9}}=4.8132$$

$$s_1^2=(4.8132)^2=23.1667$$

$$s_2=\sqrt{\frac{SS_2}{n-1}}=\sqrt{\frac{\Sigma X_2{}^2-\frac{(\Sigma X_2)^2}{n}}{n-1}}=\sqrt{\frac{759-\frac{5625}{10}}{9}}=\sqrt{\frac{196.5}{9}}=4.6726$$

$$s_2^2=(4.6726)^2=21.8332$$

❸ X_1과 X_2 간의 상관 계산:

$$r_{12}=\frac{\Sigma X_1X_2-\frac{(\Sigma X_1)(\Sigma X_2)}{n}}{\sqrt{\left(\Sigma X_1{}^2-\frac{(\Sigma X_1)^2}{n}\right)\left(\Sigma X_2{}^2-\frac{(\Sigma X_2)^2}{n}\right)}}=\frac{800-\frac{(85)(75)}{10}}{\sqrt{\left(931-\frac{7225}{10}\right)\left(759-\frac{5625}{10}\right)}}$$

$$=\frac{800-637.5}{\sqrt{(208.5)(196.5)}}=\frac{162.5}{202.41}=+.803$$

표 15.3 공식 15.2를 사용한 약초치료 자료에 대한 분석 (계속)

❹ 표본 t 요비의 계산 (공식 15.2):

$$t = \frac{\overline{X}_1 - \overline{X}_2}{s_{\overline{X}_1 - \overline{X}_2}} = \frac{\overline{X}_1 - \overline{X}_2}{\sqrt{\dfrac{s_1^2 + s_2^2 - 2r_{12}s_1s_2}{n}}}$$

$$= \frac{+1.00}{\sqrt{\dfrac{23.1667 + 21.8332 - (2)(.803)(4.8132)(4.6726)}{10}}}$$

$$= \frac{+1.00}{\sqrt{\dfrac{44.9999 - 36.1192}{10}}} = \frac{+1.00}{\sqrt{\dfrac{8.8807}{10}}} = \frac{+1.00}{.9424} = +1.06$$

우리가 단언했듯이 계산된 $t(+1.06)$은 직접-차이계산법에 기초한 t 요비와 일치한다(표 15.2의 ❼을 보라). 결과적으로, 통계적 결정과 실질적 결론은 역시 같다.

> μ_D에 대한 신뢰구간 설정 규칙
>
> $$\overline{D} \pm t_\alpha s_{\overline{D}} \tag{15.6}$$

$\overline{D} = +1.00$이고 $s_{\overline{D}} = .94$인 약초치료 연구로부터 μ_D에 대한 95% 신뢰구간을 설정해 보자. 이를 위해서 여러분은 양방 임계치, 2.262($\alpha = .05$, $df = 9$)가 필요하다. 이제 공식 15.6에 $\overline{D}$, $s_{\overline{D}}$와 양방 임계치를 대입한다.

$$1.00 \pm (2.262)(.94) = 1.00 \pm 2.13$$

$$-1.13(\text{하한계})\text{에서} \ +3.13(\text{상한계})$$

따라서 여러분은 진짜 차이가, 자리이탈 시간이 약간 증가하는 것(−1.13 분)부터 다소 크게 감소하는 것(+3.13 분) 사이 어딘가에 있다고 95% 확신한다. 전혀 차이가 없다는 것을 포함해서, 이 구간 내에 있는 어느 값이라도 μ_D에 대한 타당한 후보이다. 이러한 결과를 볼 때, ADD에 대한 약초치료의 효능에 관한 강한 주장은 의심할 여지가 있는 것으로 보인다.

$\overline{D} = \overline{X}_1 - \overline{X}_2$, $\mu_D = \mu_1 - \mu_2$, 그리고 $s_{\overline{D}} = s_{\overline{X}_1 - \overline{X}_2}$이기 때문에 공식 15.6은 $\overline{X}_1 - \overline{X}_2$, $\mu_1 - \mu_2$, 그리고 $s_{\overline{X}_1 - \overline{X}_2}$로도 똑같이 나타낼 수 있다.

> $\mu_1 - \mu_2$에 대한 신뢰구간 설정 규칙
>
> $$\overline{X}_1 - \overline{X}_2 \pm t_\alpha s_{\overline{X}_1 - \overline{X}_2} \tag{15.7}$$

공식 15.7은 $\mu_1 - \mu_2$에 대한 $(1 - \alpha)(100)$ 퍼센트 신뢰구간을 제공하는데, 이것은 공식 15.6에서 나온 구간과 동일하다.

15.7 요약

두 평균치들 간의 차의 검증은 독립표본 뿐 아니라 종속표본으로도 수행될 수 있다. 종속표본을 만드는 데는 두 가지 흔히 사용되는 방법이 있다. 반복측정 설계에서는 $\overline{X}_1$과 $\overline{X}_2$가 같은 피험자에 근거한다. 예를 들어, 참여자들은 중재 전과 후에 검사를 받을 수도 있고, 아니면 한 실험의 두 가지 처치를 다 받을 수도 있다. 반면에 서로 다른 개인들은 짝진 피험자 설계에서 사용될 수 있는데, 처치 조건에 무선적으로 배정되기 전에 피험자들은 어떤 관련 특성에 따라 짝이 지워진다.

종속표본을 사용할 때의 통계적인 혜택은 표준오차가 작은 것인데, 이것은 차이가 존재하는 경우, 두 전집들 간의 차를 감지해낼 확률이 커진다는 의미이다. 이러한 혜택은 짝을 지움으로써 생겨난 정적 상관의 크기에 달려 있다. 즉, 상관이 높을수록 더 큰 이득을 보게 되는 것이다. 실험적인 이득은, 짝짓는 과정을 통해서 가외요인들을 일정하게 만듦으로 결과에 영향을 미치는 가외요인들에 대한 더 많은 통제를 이룰 수 있다는 것이다.

$t = (\overline{X}_1 - \overline{X}_2) / (s_{\overline{X}_1 - \overline{X}_2})$ 혹은 $t = \overline{D} / s_{\overline{D}}$로 계산할 수 있는 표본 t 요비는 $n - 1$ 자유도를 가진 Student 분포를 따르는데, 이때 n은 관찰치들의 쌍의 수이다. $(1 - \alpha)(100)$ 퍼센트 신뢰구간이 $\overline{X}_1 - \overline{X}_2 \pm t_\alpha s_{\overline{X}_1 - \overline{X}_2}$와 같은 $\overline{D} \pm t_\alpha s_{\overline{D}}$ 규칙을 사용함으로써 추정된다.

종속표본 설계를 사용하는데 문제가 생길 수 있다. 개인들이 반응변수와 관계가 적은 특성에 기초해서 짝이 지워지면 짝을 짓는 것에 대한 통계적 이익은 없어져 버린다. 이런 설계에서는 자유도가 줄어들기 때문에, 특히 n이 작을 경우에는 허위인 H_0을 기각하는 능력이 훼손될 수 있다.

연습문제

정의 또는 설명하라.

용어 및 개념

종속표본	짝진 피험자 설계
반복측정 설계	직접-차이계산법

기호

$\overline{X}_1$과 $\overline{X}_2$ (짝진 관찰치)
s_1^2과 s_2^2 r_{12} n D $\overline{D}$ μ_D

공식

$$s_{\overline{X}_1-\overline{X}_2} = \sqrt{\frac{s_1^2 + s_2^2 - 2r_{12}s_1s_2}{n}} \qquad df = n - 1$$

$$t = \frac{\overline{X}_1 - \overline{X}_2}{s_{\overline{X}_1-\overline{X}_2}} \qquad s_{\overline{D}} = \frac{s_D}{\sqrt{n}} = \sqrt{\frac{SS_D}{n(n-1)}}$$

$$SS_D = \Sigma D^2 - \frac{(\Sigma D)^2}{n}$$

$$t = \frac{\overline{D}}{s_{\overline{D}}} = \frac{\overline{D}}{\sqrt{\frac{SS_D}{n(n-1)}}} = \frac{\overline{D}}{\sqrt{\frac{\Sigma D^2 - \frac{(\Sigma D)^2}{n}}{n(n-1)}}}$$

$$\overline{D} \pm t_\alpha s_{\overline{D}} \qquad \overline{X}_1 - \overline{X}_2 \pm t_\alpha s_{\overline{X}_1-\overline{X}_2}$$

질문 및 문제

참고: *가 있는 문제는 부록 A에 답이 제시되어 있다.

***1.** 여러분이 시험불안을 감소시키기 위한 두 가지 처치조건의 상대적 효능성에 관한 연구를 위해 고등학교 3학년생들을 사용하기를 원한다고 가정하자. 근처 고등학교에서 3학년 학생들의 무선표본을 하나 추출해서, 피험자들을 처치에 무선적으로 배정하고, 통계적 검증을 수행한다. 여러분은 그들이 학년을 "맞추었기" 때문에, 즉 두 집단이 모두 고등학교 3학년생들이기 때문에 이것을 **종속**집단으로 간주하겠는가? (설명하라.)

2. (a) 짝진 쌍을 사용하는 것이 통계적으로 어떻게 도움이 될 수 있는가?
(b) 짝진 쌍을 사용한 연구 결과로부터 여러분이 계산해낼 수 있는, 짝짓기가 도움을 준 정도를 말해 줄 수 있는 **단일 수치**는 무엇인가?

***3.** 다음은 사전-사후검사설계를 적용한 연구에서 나온 다섯 명의 점수들이다.

	피험자				
	A	B	C	D	E
사전검사:	12	6	8	5	9
사후검사:	9	8	6	1	6

(a) $SS_{사전}$, $SS_{사후}$와 $r_{사전,\,사후}$를 계산하라.
(b) $SS_{사전}$과 $SS_{사전}$, $SS_{사후}$로부터 $S^2_{사전}$과 $S^2_{사후}$를 결정하라.
(c) $s_{\overline{X}_1-\overline{X}_2}$를 계산하라.
(d) H_1: $\mu_{사전} - \mu_{사후} > 0$에 대항하여 H_0: $\mu_{사전} - \mu_{사후} = 0 (\alpha = .05)$을 검증하라.
(e) 최종 결론을 도출하라.

4. 문제 3c를 직접-차이계산법을 사용해서 반복하라.

(a) 통계적 가설은 무엇인가?

(b) ΣD^2, $(\Sigma D)^2$와 SS_D를 계산하라.

(c) $\overline{D}$와 $s_{\overline{D}}$를 계산하라.

(d) H_0을 검증하라.

(e) 최종 결론을 도출하라.

(f) 문제 3으로부터 μ_D, $\overline{D}$, $s_{\overline{D}}$에 상응하는 값에 대한 기호들을 제시하라.

(g) 여러분의 결과를 문제 3의 것과 비교하라.

***5.** Civiello 교수는 소리에 대한 반응시간과 빛에 대한 반응시간을 비교하려고 한다. 아주 잘 통제된 실험을 통해서 부저소리에 반응하기 위해 요구되는 시간과 흰 신호불빛에 반응하기 위해 요구되는 시간이 각각 6명의 피험자들로부터 얻어졌다. 다음은 그 결과이다 (단위는 1/1000 초).

	피험자					
	A	**B**	**C**	**D**	**E**	**F**
불빛:	39	37	44	42	43	41
부저:	35	37	38	41	39	40

직접-차이계산법을 사용하여 다음에 답하라.

(a) 통계적 가설을 설정하라.

(b) $\overline{D}$, SS_D, $s_{\overline{D}}$를 계산하라.

(c) 검증을 수행하라($\alpha = .05$).

(d) 최종 결론을 도출하라.

***6.** 어느 큰 회사의 판매과장이 두 경영자문 경쟁사에서 제안된 두 가지 훈련 프로그램을 비교하려고 한다. 그녀는 입사 시에 얻은 사원들의 언어적성검사 결과를 근거로 해서 수습판매사원 8쌍을 짝지어 놓았다. 그리고 무선적으로 각 쌍 중의 한 사람은 프로그램 1에, 다른 한 사람은 프로그램 2에 배정하였다. 다음은 6개월 동안 일을 한 후에 얻은 두 집단의 결과이다(천 달러로 나타낸 판매량).

훈련 프로그램 1: $\overline{X}_1 = 56.3 \qquad SS_1 = 538$

훈련 프로그램 2: $\overline{X}_2 = 44.3 \qquad SS_2 = 354$

$(r_{12} = +.04)$

(a) $s_{\overline{X}_1 - \overline{X}_2}$를 계산하라.

(b) 통계적 가설을 명시하라.

(c) 검증을 수행하라($\alpha = .01$).

(d) 최종 결론을 도출하라.

(e) 여러분은 특별히 이 $r_{1,2}$의 크기에 관해 무슨 생각이 없는가? (설명하라.)

7. 문제 6을 생각하라.

(a) 아무런 계산을 하지 않고 $\mu_1 - \mu_2$에 대한 99% 신뢰구간 내에 포함되리라고 확실히 말할 수 있는 수치 하나는 무엇인가? (설명하라.)

(b) $\mu_1 - \mu_2$에 대한 99% 신뢰구간을 수립하고 해석하라.

(c) 7b에서 신뢰구간의 폭에 기여하는 두 가지 요인은 무엇인가?

(d) $\mu_1 - \mu_2$에 대한 95% 신뢰구간을 수립하고 해석하라.

***8.** 문제 5를 생각하라.

(a) 아무런 계산을 하지 않고 $\mu_1 - \mu_2$에 대한 95% 신뢰구간 내에 포함되지 않으리라고 확실히 말할 수 있는 수치 하나는 무엇인가? (설명하라.)

(b) $\mu_1 - \mu_2$에 대한 95% 신뢰구간을 수립하고 해석하라.

***9.** 문제해결 속도가 사용하는 전략에 따라 영향을 받는가? 어느 연구자가 자원자들 중에서 7명을 수학-추리문제를 추단법 1을 사용해서 풀게 하고 나서 비슷한 문제를 다른 추단법(추단법 2)을 사용해서 풀게 했다. 학생들의 반은 추단법 1을 먼저 사용했고 반은 추단법 2를 먼저 사용했다. 다음은 그 결과이다[푸는데 걸린 시간(초)].

	피험자						
	A	B	C	D	E	F	G
추단법 1:	26	55	71	80	93	105	120
추단법 2:	25	53	67	74	94	93	110

직접-차이계산법을 사용해서 다음에 답하라.

(a) 통계적 가설을 설정하라.

(b) $\overline{D}$, SS_D, $s_{\overline{D}}$를 계산하라.

(c) 검증을 수행하라($\alpha = .05$).

(d) 최종 결론을 도출하라.

10. 어느 심리검사회사가 대학 지원생들이 그들의 대학적성검사 점수를 검사를 두 번 치름으로써 향상시킬 수 있는가를 알아내려고 한다. 이 질문에 대한 답을 얻기 위해 40명의 고등학교 3학년 학생들로 된 표본에게 검사를 삼주 간격을 두고 두 번 치르게 하였다. 다음은 그 결과이다.

첫 번째 실시: $\overline{X}_1 = 48.3$ $S_1 = 9.2$

두 번째 실시: $\overline{X}_2 = 50.1$ $S_2 = 11.1$

$(r_{12} = +.81)$

(a) $s_{\overline{X}_1 - \overline{X}_2}$를 계산하라.

(b) 통계적 가설을 명시하라.
(c) 검증을 수행하라($\alpha = .05$).
(d) 최종 결론을 도출하라.

11. 어느 운동생리학자가 두 가지 심장혈관 단련 프로그램을 비교하려고 한다. 성별, 나이, 체중, 혈압, 운동, 식습관 등등과 같은 다양한 요인들에 근거해서 짝지어진 뚱뚱한 성인 자원자들의 쌍이 10개 만들어졌다. 각 쌍내에서 한 사람은 프로그램 1에 다른 사람은 프로그램 2에 무선적으로 배정되었다. 사 개월 후에 두 프로그램에 속했던 사람들이 몇 가지 다른 종류의 척도를 가지고 비교되었다. 다음은 쉴 때의 맥박을 잰 것이다.

$$\text{프로그램 1: } \Sigma X_1 = 762 \qquad \Sigma X_1^2 = 58{,}215$$
$$\text{프로그램 2: } \Sigma X_2 = 721 \qquad \Sigma X_2^2 = 52{,}114$$
$$(r_{12} = +.46)$$

(a) $s_{\overline{X}_1 - \overline{X}_2}$를 계산하라.
(b) 통계적 가설을 명시하라.
(c) 검증을 수행하라($\alpha = .05$).
(d) 최종 결론을 도출하라.

12. 여러분은 학생들이 논술형 시험과 선다형 시험에서 다르게 수행하는지를 알고 싶다. 생물학 개론 과목에 등록한 8명의 학생들로 구성된 표본을 선정하고, 각 학생이 논술형 시험과 선다형 시험을 치게 하였다. 두 검사는 같은 교수내용을 다루고 사실적 지식의 숙달정도를 평가하도록 설계되었다. (학생들의 반은 논술형 시험을 먼저 치고 나머지는 선다형 시험을 먼저 치렀다.) 결과는 다음과 같다.

	피험자							
	A	**B**	**C**	**D**	**E**	**F**	**G**	**H**
논술형:	43	39	44	47	30	46	34	41
선다형:	45	33	46	49	28	43	36	37

직접-차이계산법을 사용하여 다음에 답하라.
(a) 통계적 가설을 설정하라.
(b) $\overline{D}$, SS_D, $s_{\overline{D}}$를 계산하라.
(c) 검증을 수행하라($\alpha = .05$).
(d) 최종 결론을 도출하라.

***13.** 학부모-교사협의회로부터 이야기를 듣고는, 14명의 일학년 신입생 부모들이 새로 개발된 실험적 읽기 프로그램에 대한 시범적 수행에 자기들의 자녀를 참가시키기를 열

렬히 지원하였다. 비교하기 위한 “동일한” 집단을 얻으려고, 각 실험 아동은 유치원 때의 읽기준비도 검사 점수와 성별을 기초로 해서 정규 학급에 있는 아이들과 짝이 지워졌다. 일학년 말에 실시한 종속표본을 위한 t 검증 결과는 실험 프로그램에 참가했던 아동들이 정규 프로그램에 속했던 그들의 짝지어진 상대보다 유의하게 높은 읽기 성취점수를 받은 것으로 나타났다.

(a) 문제 6과 11에서 서술된 설계와 이 연구에서의 설계의 근본적인 차이는 무엇인가?

(b) 두 설계법이 서로 다른 것에 비해서 더 나은 중요한 장점이 있으면 설명하라.

(c) 실험아동들의 유의하게 높은 점수에 대해 (실험적 읽기 프로그램이외의) 어떤 다른 가능한 설명이 있으면 말해 보라.

14. 문제 3a에서 계산된 상관관계($r_{\text{사전, 사후}} = +.68$)는 각각 5명씩으로 구성한 두 개의 독립집단보다 피험자들을 두 조건에서 모두 사용하는 것의 상당한 장점이 있음을 보여준다. 이러한 장점을 보다 직접적으로 알아보기 위하여 문제 3의 자료를 (다섯 명씩 있는) **독립**집단 둘로부터 나온 점수인 것처럼 취급해서 재분석하라. 두 세트의 결과를 $s_{\bar{X}_1-\bar{X}_2}$과 표본 t 요비의 관점에서 비교하라.

15. 문제 6에서의 짝진 쌍들 간의 매우 낮은 상관을 기억하라($r_{12} = +.04$). 이 점수들을 각각 8명씩으로 구성된 두 개의 **독립**집단에서 나온 점수인 것처럼 취급해서 재분석하라.

(a) 두 세트의 결과를 $s_{\bar{X}_1-\bar{X}_2}$, 표본 t 요비, 그리고 적절한 통계적 결정의 관점에서 비교하라.

(b) 문제 14에서 예시한 것 이외에 어떤 중요한 원리를 이 연습문제로부터 도출해낼 수 있겠는가?

제 16 장

Pearson 상관계수에 관한 추론

16.1 μ에서 ρ로

이제까지 우리의 초점은 전집의 **평균치**들에 관한 추론에 맞춰졌었다. 여러분은 통계적 추론의 일반적 논리는 표본이 하나건 둘이건, 그리고 둘일 경우, 독립적이건 종속적이건 간에 상관없이 동일하다는 것을 보았다. 이러한 운 좋은 상태는 전집의 **상관계수**에 관한 추론이 목적인 경우에도 변하지 않는다. 즉, Pearson r도 $\overline{X}$, $\overline{X}_1 - \overline{X}_2$, $\overline{D}$와 마찬가지로 무선표집변이 때문에 표본에 따라 변한다. 여러분이 계산한 표본 상관계수를 가지고, 만약 무선표집변이의 효과가 배제된다면 그 상관계수가 어떠할지, 다시 말해서, "진짜" 혹은 **전집**의 상관은 어떤지를 알고 싶을 것이다. 여러분이 10.3절에서 기억하듯이 전집의 상관계수는 그리스 문자 ρ("로-"라고 발음)라는 기호로 표시한다. 따라서 r이 ρ에 관한 추론을 하는데 사용된다.

이번 장에서 우리는 단일 계수들에 관한 추론에 초점을 맞출 것이다. 앞에서와 마찬가지로 우리는 가설검증과 구간추정의 두 가지 관점에서 통계적인 추론을 하는 것을 생각해 볼 것이다.

16.2 $\rho = 0$일 경우 r의 표집분포

하나의 상관계수에 대한 검증을 위한 가장 일반적인 영가설은 H_0: $\rho = 0$이다. 즉, X와 Y 사이에는 아무런 **선형적 관계가 없다**는 것이다. 서로가 절대로 상관이 없다($\rho = 0$)고 확신하는 변수를 두 개 생각해 보라. 말하자면, 여러분 대학의 학생들의 시각적 예민함(X)과

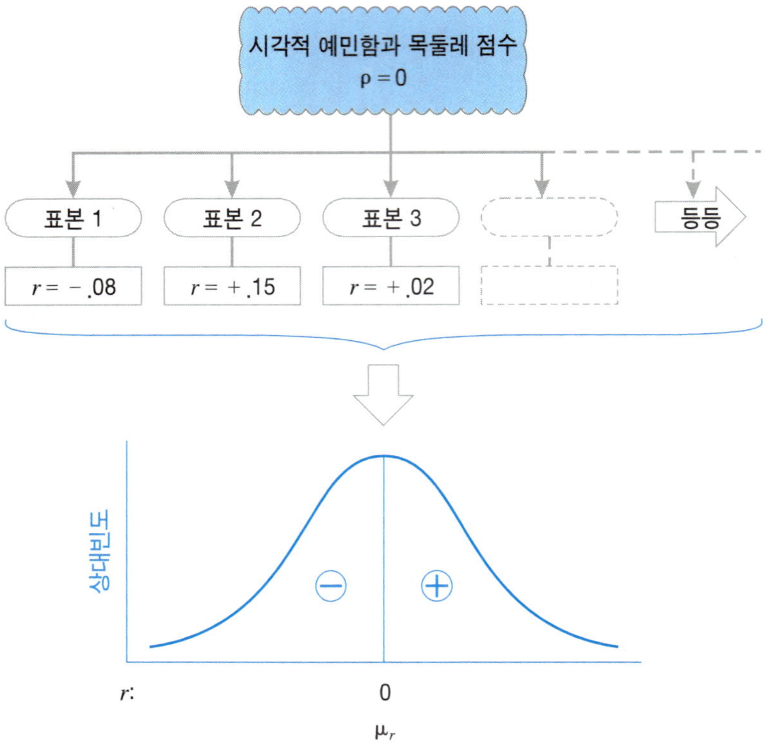

그림 16.1 r의 표본 값들에 대한 표집분포의 형성과정($n = 10$)

목둘레(Y) 사이의 상관은 어떤가? 이제 여러분이 이 전집에서부터 $n = 10$인 표본크기의 무선표본을 추출해서 매번 X와 Y 사이의 상관계수를 계산하고 다시 전집에 표본을 복원시키는 것을 반복했다고 가정하자. 비록 $\rho = 0$이기는 하지만 여러분은 r 값에서 표집변이를 기대할 것이다. 어떤 때는 r이 양수일 것이고 어떤 때는 음수일 수도 있다. r 값이 작은 경향이 있기는 하지만($\rho = 0$이므로), 어떤 것들은 중간 수준일 것이고 때로는 비교적 큰 r이 나올 수도 있다. 여러분의 처음 세 개 표본들에서 각각 $r = -.08$, $r = +.15$, $r = +.02$가 나왔다고 하자. 만약 여러분이 **무한히** 많은 수의 표본 계수를 이런 식으로 계산해서 그것들을 상대빈도분포로 점을 찍었다면, 여러분은 ***r*에 대한 표집분포**를 얻을 수 있을 것이다(그림 16.1을 보라).

$\rho = 0$일 경우, r의 표집분포는 여러분이 이제까지 보아왔던 다른 표집분포들과 유사하다. 첫째, r의 양의 값들은 음의 값들에 의해 상쇄되기 때문에 이 표집분포의 평균치(μ_r)는 영이다.

r의 표집분포의 평균치 ($\rho = 0$)

$$\mu_r = 0 \qquad (16.1)$$

이것은 그림 16.1에서 보여주고 있다. 둘째, **r의 표준오차**(s_r)로 알려진 r의 표집분포의 표준편차는 다음의 공식으로 표현된다.

r의 표준오차($\rho = 0$)

$$s_r = \sqrt{\frac{1 - r^2}{n - 2}} \qquad (16.2)$$

다른 표준오차와 마찬가지로, n이 커지면 s_r은 작아진다. 즉, 커다란 표본들에서 계산되면 r의 표본이 달라짐에 따른 변이는 적으며, 따라서 이런 경우 r은 ρ에 대한 보다 정확한 추정치이다. (이에 관한 시사점은 16.6절에서 다룰 것이다.) 셋째, $\rho = 0$일 경우 r의 표집분포는 그 형태가 정상성에 접근한다.

16.3 ρ=0의 통계적 가설 검증

선형관계가 없다는 가설, H_0: $\rho = 0$을 검증하기 위해서는 표본의 Pearson r이 영과 유의하게 다른가를 질문하게 된다. 여러분은 이 영가설을 t 검증을 적용함으로써 검증할 수 있다. 상관계수를 위한 t 요비는 익숙한 다른 모든 t 검증의 구조를 따른다.

$$t = \frac{r - \rho_0}{s_r}$$

이 공식에는 몇 가지 기호를 제외하고는 새로운 것이 없다. 표본결과(이 경우에는 r)는 영가설(ρ_0으로 나타냄) 하에서 명시된 조건들과 비교하게 되고, 그 차이는 표준오차(s_r)로 나눈다. $\rho_0 = 0$이므로 이 공식은 다음과 같이 단순해진다.

검증통계치 t($\rho = 0$에 대한 검증)

$$t = \frac{r}{s_r} \qquad (16.3)$$

이 t 요비는 $df = n - 2$인 Student t 분포를 따른다. 여기서 n은 점수들의 쌍의 수(즉, 상관계수가 계산된 사람들의 숫자)를 반영한다. 기본 가정은 관찰치들의 전집은 **이변량 정**

상분포(normal bivariate distribution)를 취한다는 것이다. 두드러진 **이(異)분산성**(heteroscedasticity)의 증거(8.8절을 보라)는 이 가정이 의심스럽다는 것을 시사하며, 이런 경우에는 이러한 가정을 요구하지 않는 대안적 검증을 고려해야 한다. (이런 검증은 21장에서 제시할 것이다.)

16.4 예제

7장에서 제시한 공간추리력과 수학능력간의 상관관계, $r = +.63$을 생각해 보자. (여러분은 기억을 새롭게 하기 위해서 그림 7.1의 산포도를 다시 볼 필요가 있을 것이다.) 여러분이 인지적 적성들과 그 상호관련성에 대한 문헌 검토를 한 후에 표본자료로부터 이 계수를 계산했다고 상상하라. 여러분은 가설, H_0: $\rho = 0$을 검증하게 된다. 이제 이 단계들을 밟아 나가 보자.

1 단계. 통계적 가설을 수립하고 유의도 수준을 선정한다.

여러분의 통계적 가설들은 다음과 같다.

$$H_0: \rho = 0$$
$$H_1: \rho > 0$$

만약 H_0이 허위라면, 논리와 이론이 제시하는 유일한 타당한 기대는 공간추리력과 수학능력이 **정적**으로 관련되어 있다(즉, $\rho > 0$)는 사실을 믿기 때문에 여러분은 **방향적** 대립가설을 수립하였다. 그리고 유의도 수준, $\alpha = .05$로 선정하였다.

2 단계. 원하는 표본크기를 결정하고 표본을 선정한다.

여러분은 30명으로 구성된 이 표본이 가상의 대학생들이라는 것을 기억할 것이다. (표본크기의 선정에 대해서는 다음 장에서 다룰 것이다.)

3 단계. 필요한 표본통계치를 계산한다.

- 물론 여러분은 r을 계산해야 한다. 계산 절차는 7장에서 기술하였으므로, 앞으로 나가기 전에 검토할 필요가 있을지도 모른다. 다시 말하면, 여기서 $r = +.63$이다.
- r의 표준오차는 쉽게 계산할 수 있다.

$$s_r = \sqrt{\frac{1-r^2}{n-2}} = \sqrt{\frac{1-(+.63)^2}{30-2}} = \sqrt{\frac{1-.40}{28}} = \sqrt{\frac{.60}{28}} = \sqrt{.0214}$$
$$= .146$$

즉, 여러분이 만약 이와 같은 속성의 무한히 많은 표집실험을 수행하였다면, 모든 가능한 r 값들에 대한 표준편차의 추정치가 .146이라는 것이다.

- 이제 표본 t 요비를 구하기 위해 공식 16.3에 해당 수치들을 대입하면 다음과 같다.

$$t = \frac{r}{s_r} = \frac{+.63}{.146} = +4.32$$

앞서 갈 필요는 없지만, 이 t 요비가 얼마나 큰지 주목하라. 만약 여러분이 특히 큰 표본들에서, t가 "z의 근사치"라고 생각한다면, 이 값은 수표를 벗어나 있다! (이것은 **글자 그대로** 사실이다 – 표 A는 $z = 4.32$까지는 나와 있지 않다.) 여러분이 의아하게 생각하듯이 이러한 특별한 t는 통계적 유의미성에 대한 전조로 보인다.

4 단계. 기각역을 명시한다.

일방검증($\alpha = .05$, 28 df)을 위한 t의 임계치는 $t_{.05} = +1.701$이다(표 B를 보라). 기각역과 구해진 t 요비를 그림 16.2에서 보여주고 있다.

5 단계. 통계적 결정을 내리고 결론을 도출한다.

표본 t 요비가 쉽게 기각역에 포함되므로($+4.32 > +1.701$), 이에 따라 H_0은 기각된다. 여러분의 표본 상관계수는 통계적으로 유의하다 (혹은, 다른 용어로 표현하면, 그것은 영과 유의하게 다르다는 것이다). 여러분은 이 연구에서와 같은

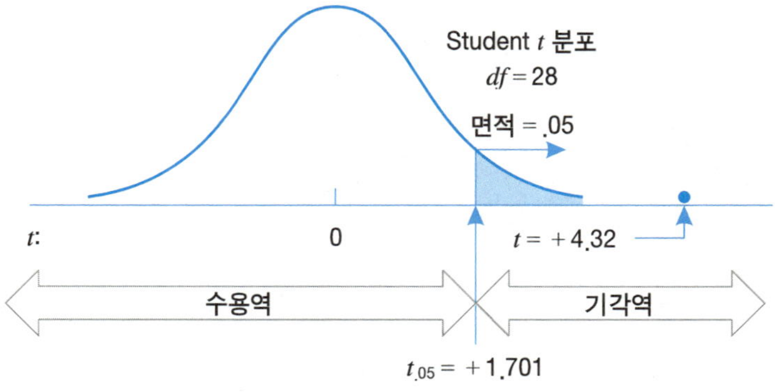

그림 16.2 t 검증을 사용해서 H_1: $\rho > 0$에 대항하는 H_0: $\rho = 0$의 검증. $+4.32 > +1.701$이므로 H_0은 기각.

특수한 조건 하에서 검토한 바로는 공간추리력과 수학능력 간에는 정적인 관계가 있다는 실질적인 결론을 도출한다.

16.5 표 C

앞에서 공식 16.3과 다섯 단계에서 보여준 것은 상관계수에 대한 가설검증의 일반적 논리가 평균치들에 관한 가설검증에서의 그것과 같다는 것을 보여주기 위함이다. 그러나 여러분은 표 C(부록 B)를 이용함으로써 t의 계산을 전혀 하지 않고 편하게 비껴갈 수 있다. 이 표는 t 요비로부터 유도된 것이므로 H_0에 대한 같은 결정을 내리게 해 준다. 이 부록은 ***r*의 임계치**(r_α), 즉 H_0: $\rho = 0$를 기각할 수 있는 최소값을 보여준다. 이 값들은 $\alpha = .05$와 $\alpha = .01$ 둘 다와 일방과 양방 검증 모두를 위한 값들을 제시한다. 요약하면, H_0: $\rho = 0$를 검증하기 위해서 여러분은 단지 r을 적절한 r_α와 비교하기만 하면 된다.

16.4절의 예제를 다시 보자. 여기서는,

$$H_1: \rho > 0$$
$$\alpha = .05$$
$$df = 28$$
$$r = +.63$$

이다. r의 임계치를 찾기 위해서 먼저 표 C의 왼쪽 열을 따라 28 df까지 내려간다. 이제 옆으로 가서 $\alpha = .05$에서 일방검증을 위한 열에 있는 수치를 찾으면, .306이라는 것을 볼 수 있다. 표본 상관계수가 일방 임계치와 **같거나 크고 또한 대립가설에서 진술한 방향**이

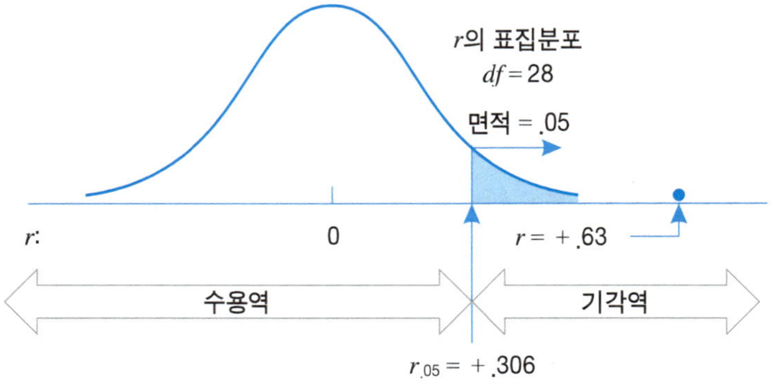

그림 16.3 표 C를 사용해서 H_1: $\rho > 0$에 대항하는 H_0: $\rho = 0$의 검증($\alpha = .05$). $+.63 > +.306$이므로 H_0은 기각.

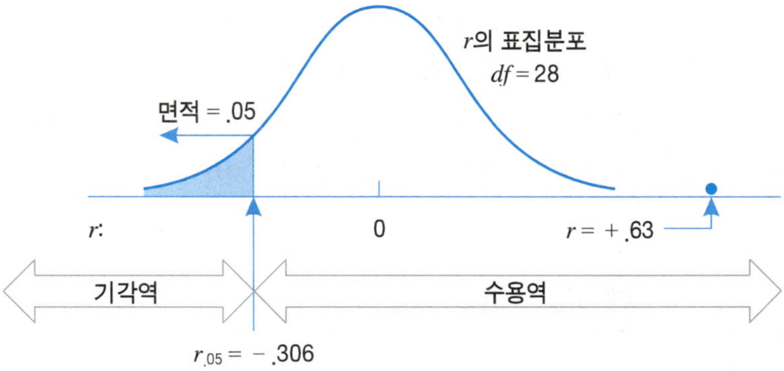

그림 16.4 H_1: ρ<0에 대한 기각역과 수용역(df = 28).

면 H_0은 기각된다. 여러분의 r이 양의 값이고 임계치를 초과했기 때문에 (즉, +.63> +.306), H_0은 기각된다. (r = +.20 혹은 r = −.45와 같이 +.306보다 작은 어떠한 r도 H_0을 수용하게 할 것이다.) 그림 16.3은 기각역과 표본 상관을 보여준다. 표 C를 사용할 때의 여러분의 통계적 결정은 표본 t 요비에 근거했을 때(위의 5 단계)와 같은 것을 주목하라.

만약 여러분의 방향적 대립가설이 **반대의** 형태인 H_1: ρ<0이었다면 어떻게 할 것인가? 이런 경우에는 r의 임계치가 $r_{.05}$ = −.306일 것이고 H_0은 표본 상관이 이 값이나 그것을 넘어설(예, r = −.35) 경우에만 기각된다. 따라서 여러분의 +.63이라는 r은 H_0을 **수용**하게 할 것이다(그림 16.4를 보라).

대립가설이 **비방향적**(H_1: ρ≠0)인 경우에는 영가설은 표본상관이 **부적이든 양적이든** 임계치와 같거나 크면 기각된다. α = .05이고 df = 28이면 r의 양방 임계치는 ±.361이다. 결과적으로 r = +.63은 H_0을 기각하게 한다(그림 16.5를 보라).

더 나아가기 전에 한 가지 주의사항. 방향적 대립가설, H_1: ρ<0는 두 가지 적성이 포

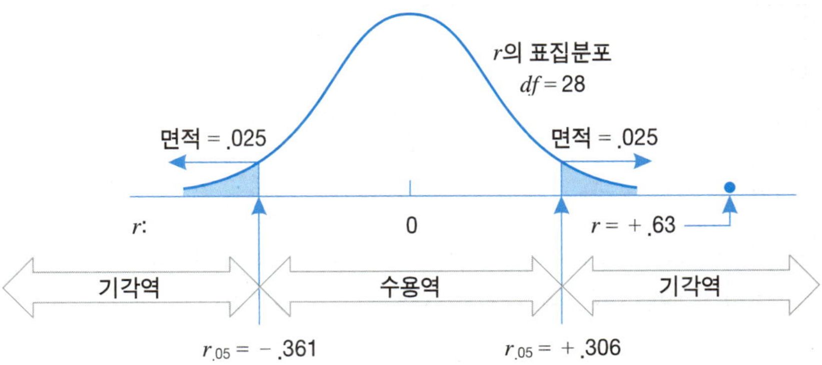

그림 16.5 H_1: ρ≠0에 대한 기각역과 수용역(df = 28).

함된 현재의 맥락에서는 정당화하기가 어렵다. 그림 16.4에서 볼 수 있듯이 **잘못된** 방향의 H_1 제시가 초래할 수 있는 결과는 상당한 상관이 있는 상황에서 H_0을 수용할 수밖에 없는 상황이다. 이러한 이유 때문에 **강력한 이론적 근거를 가진 경우에 한해서만** 방향적 대립가설을 설정하고, 그렇지 않으면 보다 신중한 양방 H_1을 도입하는 것이 중요하다.

16.6 r의 통계적 유의성에 대한 n의 역할

이제까지 소개한 모든 표준오차들($s_{\bar{X}}$, $s_{\bar{X}_1-\bar{X}_2}$, $s_{\bar{D}}$)에서와 마찬가지로 r의 표준오차는 표본크기의 영향을 받는다. 이것은 공식 16.2에서 n의 위치를 생각해 보면 쉽게 알 수 있다.

$$s_r = \sqrt{\frac{1 - r^2}{n - 2}}$$

따라서 주어진 r 값으로는, 분모에 있는 **큰** n은 **작은** 표준오차를 산출하고, 반대로 **작은** n은 **큰** 표준오차를 산출한다. 이 원리는 가설검증에서 두 가지 중요한 결론을 제시한다.

첫째, s_r은 t 검증에서 **분모**로 기능하기 때문에 큰 n은 결국 큰 t 요비를 산출한다.[1] 다시 말해서, (영이 아닌) 주어진 r 값에 대해서 n이 크면 통계적으로 유의할 가능성이 더 크다는 것이다. 이것을 다음의 비교에서 예시할 것이다.

$r = .50$ 그리고 $n = 10$:

$$t = \frac{.50}{\sqrt{\frac{1 - .25}{10 - 2}}} = \frac{.50}{.306} = 1.63$$

$r = .50$ 그리고 $n = 30$:

$$t = \frac{.50}{\sqrt{\frac{1 - .25}{30 - 2}}} = \frac{.50}{.164} = 3.05$$

$n = 30$에 대한 오차항이 $n = 10$에 대한 오차항의 약 **반**이고(.164 대 .306), 따라서 t 요비가 거의 **두 배**로 크다(3.05 대 1.63)는 것을 주목하라. 더욱이 이 더 큰 t 요비는 어떠한

1) 특히, 큰 n은 작은 s_r을 산출하고, 이것은 공식 16.3에서 s_r의 위치로 인해 더 큰 t를 만들어낸다.

관례적 기준에 비추어도 통계적으로 유의하지만, 작은 값은 그렇지 못하다(표 B를 보라). 이처럼 r이 같을지라도 표본크기의 차이는 다른 통계적 결정을 도출하고, 또한 다른 실질적 결론을 가져온다.

n과 s_r 간의 관계에 대한 두 번째 결론은 작은 표본은 H_0을 기각하기 위해서 **큰** 임계치를 요구하고, 반대로 큰 표본은 **작은** 임계치라는 이익을 누리게 한다는 것이다. s_r이 무한히 많은 표집실험들에서 기대할 수 있는 r에서의 변이의 양을 반영하는 것임을 기억하라. n이 작을 경우(큰 s_r), r은 표집변이가 클 것이고 따라서 n이 클 경우(작은 s_r) 보다 ρ에 대한 덜 정확한 추정치가 된다. 이러한 이유 때문에 작은 표본에서부터 계산된 r은 연구자가 $\rho = 0$이라는 가설을 기각하기 위해서 보다 엄격한 조건, 즉 높은 임계치를 만족시켜야만 한다. 여러분은 이것을 임계치들이 r 값으로 표현된 표 C에서 가장 직접적으로 확인할 수 있다. $\alpha = .01$(양방)이면 $df = 1$에 기초한 표본 상관은 적어도 .9999(!)이 되어야 통계적 유의성을 주장할 수 있지만, $df = 1000$이면 단지 .081의 상관이면 된다.

16.7 통계적 유의성 대 중요성(반복)

앞에 나온 여러 장들에서 우리는 몇 번에 걸쳐 통계적 유의성과 실질적 (혹은 이론적) 중요성을 구분하는 문제를 제기해 왔다. 이 구분은 상관계수의 유의도 검증과도 동일하게 관련되어 있다.

> "유의한 상관"이란 표현은 H_0: $\rho = 0$이 주어진 결정 기준(α)에 따라 검증되고 기각되었다는 것을 의미한다.

다시 말해서, "통계적 유의성"이란 ρ가 **0이라는 점 위에 정확하게** 놓이지 않았다는 결론이다. 통계적 유의성은 그 결과의 중요성에 대해서는 아무 것도 말하지 않는다. 실제로 여러분이 16.6절에서 보았듯이, 매우 큰 표본은, 0은 정확히 아니지만, 거의 가까운 r도 유의한 결과를 도출할 수 있다. 그리고 이런 표본에서는 r이 커지면 (아마도) ρ도 커질 것이다.

두 개의 평균치들 간의 차이의 중요성에서 효과크기가 설명을 도왔던 것(14.8절)처럼, **결정계수**(coefficient of determination), r^2은 표본 상관계수의 중요성에 대한 판단을 하는데 도움이 된다. (여러분은 앞으로 진행하기 전에 7.8절을 간단히 복습할 필요가 있을 것이다.)

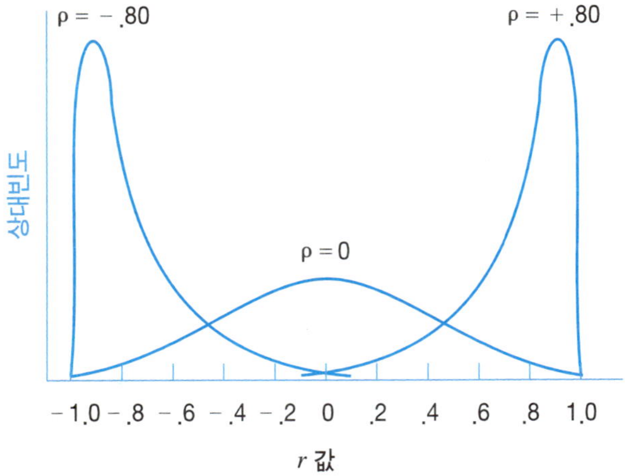

그림 16.6 세 개의 ρ 값들에 대한 r의 표집분포 ($n = 8$). (*Statistical Reasoning in Psychological and Education*, E. W. Minium, B. M. King, and G. Bear. John Wiley & Sons, Inc, p. 442.의 Copyright ⓒ 1993. John Wiley & Sons Inc.의 허가로 reprint됨)

16.8 $\rho = 0$ 이외의 가설 검증

영이 아닌 ρ 값들에서는 r의 표집분포는 편포되는데, ρ가 ±1.00에 접근할수록 점점 더 심해진다. 세 개의 ρ 값들에 대한 표집분포를 보여주는 그림 16.6을 보라. $r = -.80$인 경우를 보자. r은 −1.00을 초과하지 못하기 때문에 $r = -.80$의 왼쪽으로는 더 이상 표본의 r 값들이 ρ 주위에 대칭이 되게 있을 수 있는 자리가 많지 않다. 그러나 오른 쪽에는 더 많은 자리가 있다. 이것이 바로 이런 상황에서 r의 표집분포가 정적으로 편포된 이유를 설명해 주는 것이다. 이번에는 편포가 **부적인** 결과를 가져오기는 하지만, 비슷한 논리가 $\rho = +.80$에 적용된다. 이러한 현상이 주는 함의는 $\rho = 0$이 아닌 영가설을 검증할 때는 r에 대한 "정상화(normalizing)" 변환이 필요하다는 것이다 (자세한 내용은 Glass와 Hopkins, 1996이나 Minium 등, 1993을 보라).

16.9 ρ에 대한 구간추정

영가설 H_0: $\rho = 0$을 검증하는 대신에 선택한 신뢰수준에 해당하는 ρ에 대한 구간추정치를 제공하기를 원할 수도 있다. 구간추정법의 기본적인 논리가 여기서도 마찬가지로 적용된다. 그러나 r의 표집분포는 영이 아닌 ρ의 값들에 대해서는 대칭적이 아니기 때문에, 신뢰구간은 ($r = 0$ 이외의) 표본 r에 대해 대칭적으로 위치하게 되지 않는다. 결과적으로, 이런 한계들을 찾아 내려할 때는 앞에서 언급한 정상화를 위한 변환이 필요하다. 만약 여러분이 연구 보고서나 논문에서 r에 대한 구간추정치에 관해 공식적으로 제시하려고 한다면, 이와 같은 절차를 사용하는 것이 좋을 것이다. 그러나 만약 여러분의 주 관

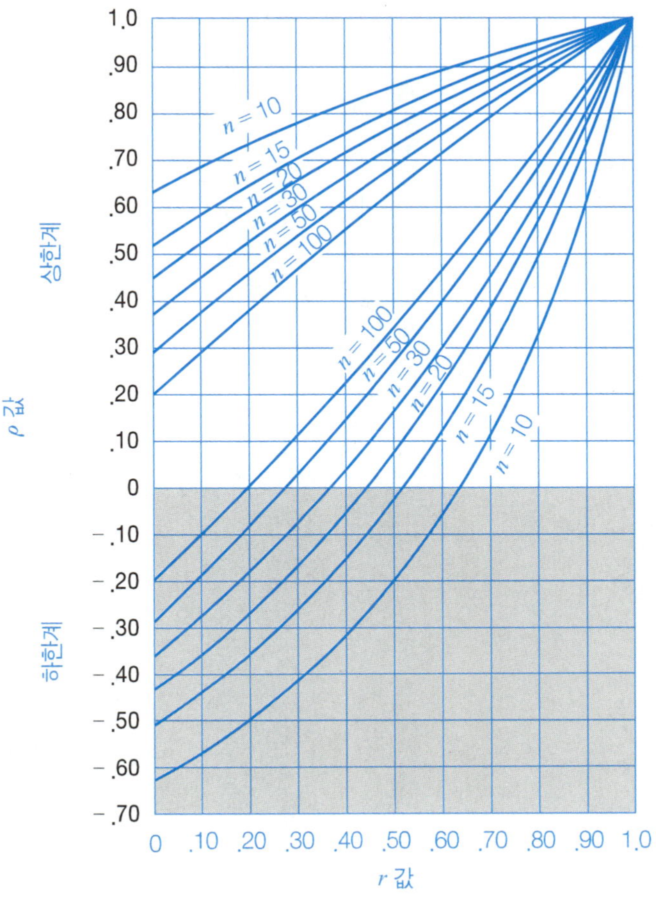

그림 16.7 ρ에 대한 95% 신뢰구간의 위치를 나타내는 곡선

심사가 표본의 r을 해석하는 데 있다면, 비교적 정확한 95% 신뢰구간에 해당하는 구간을 그림 16.7로부터 직접 얻을 수가 있다.

공간추리력과 수학능력 간의 상관 $r = +.63(n = 30)$에 대한 신뢰구간을 결정해 보자. 예시의 목적에서 간단하게 만든 그림 16.8을 가지고 보여 주기로 한다. 먼저, 이 그림에서 수평축을 따라서 $r = .63$에 근접하는 위치까지 이동하고, 그 점을 통과해서 수직으로 직선자를 놓는다. 이제 직선자가 $n = 30$에 대한 아래 곡선과 위 곡선과 교차하는 곳을 찾는다. (그림 16.7에서 제시한 수치들 사이에 있는 표본크기에 대해서는 곡선이 어디쯤 있겠는가를 눈으로 추정해야만 한다.) 교차지점들로부터 수평으로 왼쪽의 수직축까지 이동해서 수직척도 위에 있는 ρ에 대한 95% 신뢰구간들을 읽으면 된다. 하한계(r_L)는 대략 +.35이고 상한계(r_U)는 +.80이다. 이런 경우, 여러분은 전집 상관, ρ가 대략 −.35와 +.80 사이에 있을 것이라고 95% 확신할 수 있다.[2)]

2) 비록 이와 같은 "눈짐작 추정"이 부정확해 보일지 모르지만, 우리의 결과는 신뢰구간을 추정하

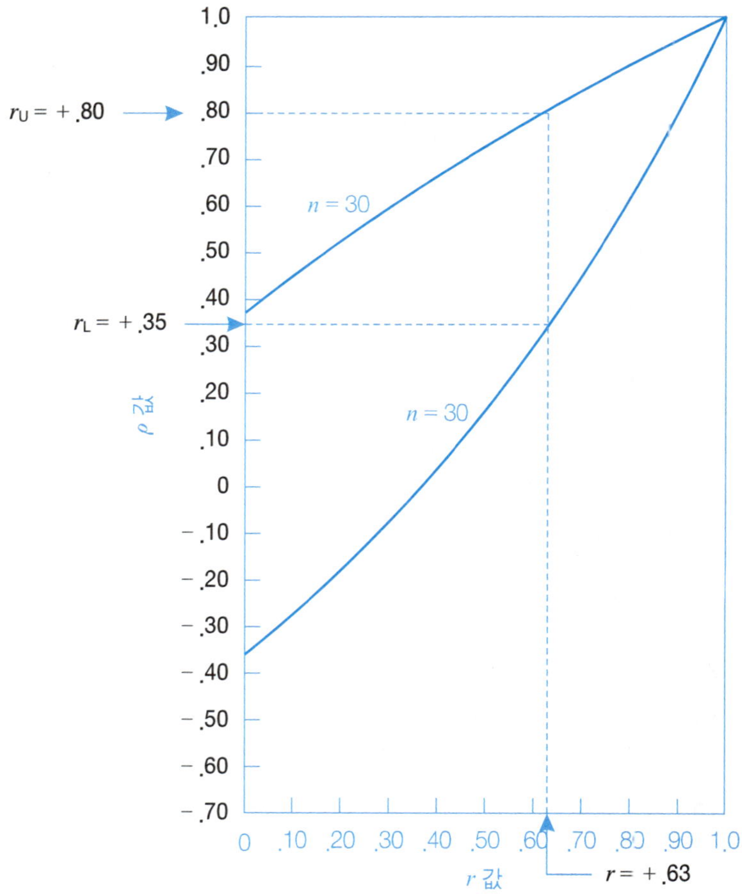

그림 16.7
$r = +.63(n = 30)$에 대한 상한계(r_U)와 하한계(r_L) 확인

구간에 대한 표본크기의 영향은 그림 16.7을 자세히 살펴보면 쉽게 알 수 있다. 주어진 r에 대한 구간들은 n이 증가함에 따라 점점 좁아지는 것에 주목하라. 이것은 큰 표본 때문에 생기는 작은 표준오차와 그에 따른 r이 ρ에 대한 보다 정확한 추정치임을 반영하는 것이다. 만약 여러분의 표본크기가 단지 $n = 10$이었다면, 신뢰구간은 상당히 넓어져서, 대략 .00에서 +.90까지 확장될 것이다. 여러분은 r의 값이 클수록 구간이 점점 좁아지는 것도 역시 알 수 있을 것이다.

그림 16.7은 r이 음의 값인 경우에도 마찬가지로 기능한다. 예를 들어, $\rho = -.63(n = 30)$이라고 가정하자. 단순히 r을 양수인 것처럼 취급하고 얻어진 한계의 부호를 바꾼다. 따라서 $r = -.63$에 대한 95% 신뢰한계는 −.35에서 −.80이 된다.

기 위해서 정상화된 변환을 사용하였다면 얻을 수 있을 값, $r_L = +.34$와 $r_U = +.81$에 매우 접근하였다. (자세한 내용은 Glass와 Hopkins, 1996, pp. 357-358과 Minium 등, 1993, pp. 446-448에서 찾을 수 있다.)

16.10 요약

우리가 현실에서 계산하는 상관계수는 보통 표본 값들이다. 따라서 표집변이가 있게 마련이다. 그러므로 통계적 추론 기술이 여기서도 역시 유용한 것이다. 가장 흔한 적용은 두 개의 변수들 사이에 선형적 관계가 존재하지 않는다는 가설에 대한 검증이다. H_0: $\rho = 0$에 대한 t 검증을 할 수도 있고, 아니면 부록에 나와 있는 수표(표 C)의 r의 임계치를 사용함으로서 t를 계산하는 잔일을 피할 수도 있다.

상관계수를 다룰 때는 통계적 유의미성과 실질적 또는 이론적 중요성을 구분하는 데 주의해야 한다. 표본상관이 통계적으로 유의미하다는 것(혹은 그렇지 않다는 것)은 전집의 계수(ρ)가 영이라는 가설에 대한 검증 결과를 의미하며, 유의미성에 도달했는가는 표본의 크기에 크게 좌우된다. 큰 표본에서 얻어진 표본상관을 해석할 때에는 유의미성보다는 결정계수(r^2)의 크기가 고려되어야만 한다. $\rho = 0$ 이외의 가설을 검증하기 위해서는 정상화 변환이 필요하다. 이러한 변환은 ρ에 대한 구간추정치를 설정하기 위해서 사용되거나, 아니면 그림 16.7의 곡선으로부터 대략적인 신뢰구간을 직접 결정할 때 필요하다. 표본이 크던 작던 구간추정법을 사용하면 표집변이의 영향을 바른 시각을 갖는 데 도움을 받을 수 있다.

연습문제

정의 또는 설명하라.

용어 및 개념

선형관계
r의 표집분포
r의 표준오차
이변량 정상분포
이(異)분산성
r의 임계치
결정계수

기호

ρ

공식

$\mu_r = 0 \qquad s_r = \sqrt{\dfrac{1 - r^2}{n - 2}} \qquad t = \dfrac{r}{s_r}$

질문 및 문제

참고: *가 있는 문제는 부록 A에 답이 제시되어 있다.

***1.** 여러분의 친구가 H_0: $\rho = .25$를 검증하기를 원해서 이 장에서 기술한 절차들을 사용하는데 여러분의 도움을 요청하였다고 가정하자. 여러분의 반응은 어떻겠는가?

***2.** 아래에 있는 상황들에 대해, s_r, 표본 t 요비, t의 임계치, 그리고 H_0: $\rho = 0$에 관한 통계적 결정을 내리라. (얻어진 상관은 H_1의 방향에 있다고 가정하라.)

(a) $r = -.38$, $n = 30$, $\alpha = .05$, 양방검증

(b) $r = +.60$, $n = 30$, $\alpha = .05$, 양방검증

(c) $r = -.17$, $n = 62$, $\alpha = .01$, 양방검증

(d) $r = +.69$, $n = 122$, $\alpha = .05$, 일방검증

(e) $r = -.43$, $n = 140$, $\alpha = .01$, 일방검증

***3.** 문제 2에 있는 다섯 가지 상황에 대해 r의 임계치를 제공하고, H_0: $\rho = 0$에 대한 통계적 결정을 도출하라. (통계적 결정이 두 문제에서 일치하는가?)

4. 다양한 배경을 가진 26명의 12살짜리들로 구성된 표본을 사용해서 어느 연구자가 자존감과 사회경제적 지위 사이의 관련성에 대한 탐색적 연구를 수행하였다. 그녀는 $r = -.12$의 표본 상관을 얻었다.

(a) 통계적 가설을 명시하라.

(b) r의 임계치를 명시하고 통계적 결정을 내리라($\alpha = .05$).

(c) 최종 결론을 도출하라.

5. 문제 4번의 연구자가 자신의 결과를 학회에서 제시하면서 다음과 같이 말했다. "흥미롭게도, 구해진 상관은 **부적**이다. 다시 말해서, 높은 사회경제적 배경을 가진 아동들은 약간 **낮은** 자존감을 가진 경향이 있다." 이러한 해석에 대해 여러분은 어떻게 반응하겠는가?

6. 다음의 각 경우에 대해 통계적으로 유의하기 위해 요구되는 표본 r의 크기를 제시하라.

(a) $n = 5$, $\alpha = .05$, 일방검증

(b) $n = 24$, $\alpha = .05$, 양방 검증

(c) $n = 42$, $\alpha = .01$, 양방검증

(d) $n = 125$, $\alpha = .05$, 양방검증

(e) $n = 1500$, $\alpha = .05$, 일방검증

(f) $n = 3$, $\alpha = .01$, 양방검증

7. 여러분이 어느 비평논문에서, "어느 연구자가 대규모 대학생 표본으로부터 인기도와 IQ 간에 유의한 정적 상관을 발견했다."는 것을 읽었다.

(a) 이러한 진술은 통계를 잘 모르는 독자들에 의해 얼마나 오해될 수 있겠는가?

(b) 그 진술은 사실상 무엇을 의미하는 것인가? (정확한 말로, 적절한 기호와 통계적 용어를 사용하여 답하라.

(c) 이렇게 주장하는 결과에 대한 적절한 해석에 가장 필요한 한 가지 추가적인 정보는 무엇인가?

***8.** 어느 커다란 은행의 인사부장이 출납계 직원에 대한 지원자들을 선별하는 데 사용 가능한 어떤 특정한 채용고사를 평가하기 위한 연구를 하고 있다. 15명의 지원자 집단이 그 시험을 치루고, 정식으로 채용되어서, 6개월간 그 업무를 본 후에 그들의 상사에 의해 평정되었다. 시험점수와 상사의 평정 사이에서 +.40의 표본 상관계수가 얻어졌다.

(a) 그 표본결과를 평가하기 위해 유의도검증 방법(표 C)을 사용하라($\alpha = .05$).

(b) 그 표본결과를 평가하는데 구간추정법을 사용하라(95% 신뢰구간).

(c) 문제 8b에 대한 여러분의 답에서 보이는 그 인사부장의 연구에서의 어떤 특별한 단점은 무엇인가?

***9.** 그림 16.7을 사용해서 다음의 각 사례에 대해 (가능한 한 정확하게) ρ에 대한 95% 신뢰구간을 설정하라.

(a) $r = +.90, n = 10$

(b) $r = +.50, n = 10$

(c) $r = +.20, n = 10$

(d) $r = +.20, n = 30$

(e) $r = +.20, n = 100$

***10.** (a) 문제 9a – 9c에서 얻어진 구간들의 폭에 대한 비교는 상관계수의 표집변이에 관해 어떠한 일반적인 결론을 시사하는가?

(b) 문제 9c – 9e에서 얻어진 구간들의 폭에 대한 비교는 상관계수의 표집변이에 관해 어떠한 일반적인 결론을 시사하는가?

11. 그림 16.7을 사용해서 (가능한 한 정확하게) 다음의 각 경우에, ρ에 대한 95% 신뢰구간을 설정하라.

(a) $r = +.35, n = 50$

(b) $r = -.45, n = 15$

(c) $r = +.78, n = 10$

(d) $r = -.52, n = 100$

12. 여러분이 문제 9와 11에서 추정한 신뢰구간을 생각하라. 만약 그 모든 사례에서 H_0: $\rho = 0$을 대신 검증하였다면($\alpha = .05$, 양방), 어느 것이 무의미하게 나왔겠는가? (설명하라.) (이 문제는 단순히 신뢰구간을 검토하여 답하라.)

13. (a) 두 변수 간의 상관이 1000명의 사례수를 가진 표본에서 “유의미하지 않다”고 보고되었다고 가정하라. 실제 r 값을 모르고 이 정보만으로 진짜 관계성 에 대한 정도에 관해 적절한 해석을 할 수가 있겠는가? (설명하라.)

(b) 두 변수간의 상관이 1,000명의 표본에서 “유의미하다”고 보고되었다고 가정하라. 실제 r 값을 모르고 이 정보만으로 진짜 관계성에 대한 정도에 관해 적절한

해석을 할 수가 있겠는가? (설명하라.)

***14.** 표본크기가 매우 크면 (말하자면 300 이나 400개) 적절한 해석을 하는데 표본의 r만으로도 충분한 반면, 작은 표본의 경우에는 구간추정법을 권장하는 이유는 무엇인가?

***15.** 어느 강사가 자신의 10명 학생들 표본에 대해서 최근에 본 중간고사에서의 "검사불안" (X)와 "정답률" (Y) 간의 상관을 냈다. 자료는 다음과 같았다.

	학생									
	A	B	C	D	E	F	G	H	I	J
정답률	73	92	55	84	64	88	69	96	59	77
검사불안	35	26	48	21	10	30	42	25	4	16

(a) 이 자료를 위해 Pearson r은 관련성에 대한 적절한 측정치인가? (설명하라.) (힌트: 산포도를 그려보라.)

(b) 이 자료로부터 Pearson r을 계산하는 것에 대한 통계적 귀결은 무엇인가? (계산은 필요 없다.)

16. 120명의 고등학생 표본을 사용해서 어느 연구자가 평균 교사봉급(X)과 중도탈락하는 학생의 비율(Y) 간에 $r = -.52(\rho < .05)$라는 상관을 얻었다. 앞에서 제기했던 상관과 인과관계에 관한 논의를 고려할 때(7.6절), 이 두 변수들 간의 상관의 이유에 대한 가장 그럴 듯한 설명은 무엇이라고 믿는가?

***17.** 어느 연구자가 전국교사시험(NTE)에서 받은 점수와 실제 교실관찰에 기초한 교수효율성(예를 들어, 교수활동의 명료성, 교실 운영 기술)에 대한 평정에 대한 상관에 관심이 있다. 그는 먼저 교생실습을 하는 교육전공자들의 표본을 사용해서 이 두 변수들 간의 상관을 계산하였다. 그리고 나서 그는 자신이 살고 있는 주에 있는 교사들의 무선표본 하나를 사용해서 상관계수를 계산하였다. 어느 상관이 더 높을 것으로 기대하는가? (설명하라.)

제 17 장

통계적 "검증력" 분석(증진 방법)

17.1 통계적 검증에서의 검증력

한 의학 연구팀이 비정상적으로 높은 혈압을 가진 사람들의 혈압을 낮출 수 있는 두 가지 약물을 조사하고 있다. 이 연구팀은 나타날 수 있는 부작용인 우울감정에 관해서 이 두 약물을 비교하고 싶어 한다. 그들은 자원한 환자들을 무선적으로 두 개의 표본으로 나누고, 한 표본집단에는 약물 1을 다른 집단에는 약물 2를 정기적으로 투여했다. 석 달이 지난 후에 그들은 Beck의 우울증 척도를 두 집단에 모두 실시하고 H_1: $\mu_1 - \mu_2 \neq 0$에 대항하는 H_0: $\mu_1 - \mu_2 = 0$을 검증함으로써 평균점수를 비교하였다.

이제 **H_0이 사실상 허위이고**, 실제로 약물 1을 투여 받은 환자들이 약물 2를 투여 받은 환자들보다 다소 더 우울하였다고 가정하자. 이것은 μ_1이 μ_2보다 어느 정도 높다는 것을 의미하고 따라서 $\mu_1 - \mu_2 > 0$이다 (물론 이 시나리오는 전적으로 가상적인 것이다. 연구팀은 H_0이 허위인지 "알지" 못한다. 만약 그들이 알았다면 처음부터 연구를 할 필요가 없었을 것이다.)

계속 이런 가설적인 맥락 속에서, 이 연구팀이 꼭 같은 조건하에서 실험을 여러 번 반복했다고 가정하자. **매** 반복 때마다 H_0을 기각할 수 있게 될 것인가? 여러분이 "아니다!"라고 크게 외치리라고 믿는다. 우연요인의 작용이 매 실험에서마다 $\overline{X}_1 - \overline{X}_2$의 값을 약간씩 다르게 만들기 때문에 어떤 때는 H_0이 기각될 것이고, 어떤 때는 그것이 허위지만 수용될 수도 있다. 이 연구팀이 기록을 남겨 두어서 반복실험 중의 33% 혹은 .33은 H_0을 기각하는 결정을 내리게 하고, 67% 혹은 .67은 H_0을 수용하는 결정을 내리게 한 것을 알아냈다고 가정하자. 이런 경우 여러분은 H_0에 대한 그 실험의 **검증력**(power of the test)은 .33이라고 한다. 다시 말해서,

통계적 검증력이란 H_0이 허위일 때 그것을 기각하게 하는 표본결과를 얻을 확률이다.

"검증의 검증력"은 분명히 중요한 개념이다. 바꾸어 말하자면, 검증력이 높은 검증이란 실제로 차이가 존재할 때 존재한다고 주장할 높은 가능성을 지닌 것이다.

표본으로부터 검증력을 계산하는 과정은 이 책을 집필한 목적에서 벗어나는 것이다. 그 대신, 검증력에 대한 전반적인 개념과, 영향을 주는 요인들, 그리고 표본크기를 선정하는데 이 모든 것이 무엇을 의미하는 가에 대해 집중하려고 한다. 우리는 약간 추상적 개념을 전개하는데 있어서 비교적 직접적인 맥락을 제공해 주기 때문에, 주로 두 개의 독립 평균치들 간의 차이에 대한 검증에 초점을 맞추려 한다. 게다가 두 개 이상의 전집 평균치들의 비교를 요하는 상황은 행동연구에서 흔히 부딪히는 것이기도 하다. 그러나 우리가 논의하는 원리들은 일반적인 것이고 다양한 연구 상황과 통계적 검증에 적용되는 것이다.

17.2 검증력과 이종오류

여러분이 11.7절에서 배웠던 두 가지 유형의 오류는 영가설에 관한 결정을 내릴 때 발생한다. 일종오류에서는 사실인 H_0을 기각하고, 이종오류에서는 허위인 H_0을 수용한다. (계속 하기 전에 그 절을 복습하는 것도 좋다.)

검증력과 이종오류를 범할 확률은 서로 반대쪽에 있다. 이종오류 확률은 영가설이 허위인 경우에 그것을 **수용**할 확률이다. 통계학자들은 이것을 β(베타) 확률이라고 부른다. 반대로 검증력은 영가설이 허위일 때 그것을 **기각**할 확률이다. 그러니까 검증력은 1 빼기 이종오류 확률, 즉 $1-\beta$와 같다.

검증력과 이종오류와의 관계를 예시하기 위해, $\beta = .67$이고 검증력은 $1-.67=.33$인 의학연구팀으로 돌아가자. 평균치들 간의 차이에 대한 두 개의 표집분포를 제시하는 그림 17.1을 보라. 점선으로 그려진 분포는, 우리의 가상적 시나리오에서 허위인 것으로 알려진 영가설 H_0: $\mu_1-\mu_2=0$ 아래의 표집분포이다. 이 표집분포에서 기각역과 수용역을 주목하라($\alpha=.05$, 양방). **진짜** 표집분포는 실선으로 그려져 있다. 현실에서는 약물 1을 받은 사람들 가운데서 더 많은 우울증상이 나타나기 때문에($\mu_1-\mu_2>0$), 이 분포는 H_0 분포보다 약간 오른 쪽에 위치한다. 실제 표본 결과들은 (허위인) 영가설 하에 있는 표집분포가 **아닌** 진짜 표집분포로부터 나오는 것이라는 것을 명심하라. 따라서 진짜 분포에서 그물모양으로 표시된 부분은 무한한 반복에서 나타나는 모든 표본 결과들 중에서 허위인 H_0을 **수용하게** 하는 비율이다. 이 비율, $\beta=.67$은 이종오류 확률이다. 칠해진

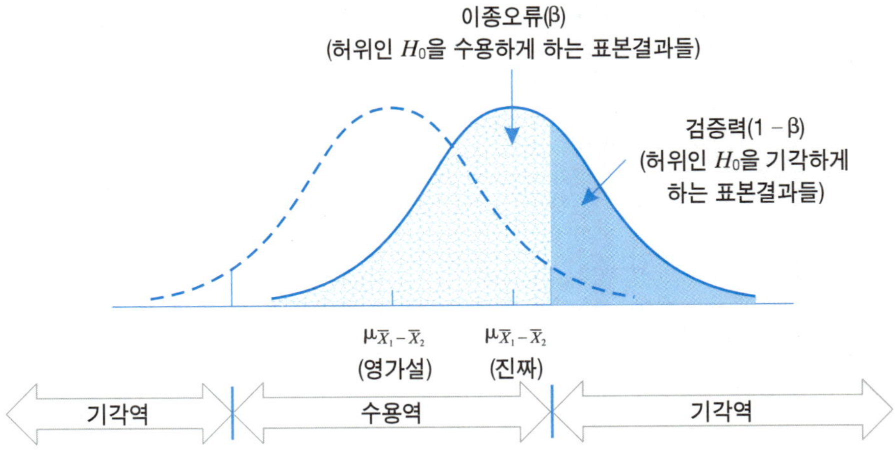

그림 17.1 검증력과 이종오류: 영가설 하에서의 두 평균치들 간의 차이에 대한 표집분포(점선으로 표시)와 진짜 표집분포(직선으로 표시).

부분은 허위인 H_0 **기각하게** 하는 모든 표본 결과들의 비율이다. 이것은 면적의 .33(1 − β)에 해당하고, 이것이 바로 여러분이 알고 있는 의학팀의 통계적 검증의 검증력인 것이다.

이 검증의 낮은 검증력에 대해 걱정을 하는 것은 아마도 여러분뿐만이 아닐 것이다. 결국 .33이라는 검증력은 **차이가 실제로 존재하는 경우에** 그 연구자는 세 번 중에 한 번의 기회에서만 그 차이를 발견할 것이라는 것을 의미한다. 두 가지 관련된 질문이 바로 떠오르게 된다. 즉, 어떤 요인들이 검증력에 영향을 미치는가? 자신의 검증이 적절한 검증력을 확보할 수 있게 하기 위해서 어떻게 연구 계획을 세울 수 있겠는가? 잠시 후에 이러한 질문들을 다룰 것이다. 그러나 먼저 우리가 고려해야 할 예비 사항이 있다.

17.3 효과크기(재론)

앞에서 정의를 내린 바와 같이 통계적 검증력이란 H_0이 허위일 때 그것을 기각할 확률이다. 그러나 H_0이 **허위일 경우, 허위의 정도에서 차이가 있다.** 즉, 진짜 모수치는 H_0에 명시된 것과 약간 다를 수도 있고 크게 다를 수도 있다. μ_1과 μ_2 사이의 차이는 $\mu_1 - \mu_2$가 작을 때보다는 클 때 그 차이를 발견하는 것이 훨씬 쉽다. 이것을 예시하기 위해서 우리는 먼저 μ_1과 μ_2 사이의 차이의 크기를 규정할 수 있는 방안이 필요하다. 우리에게 익숙한 **효과크기**를 사용하는 것이 관례이다.

여러분이 효과크기, d를 지난번에 보았을 때는 두 평균치들 간의 **표본 차이**의 크기를

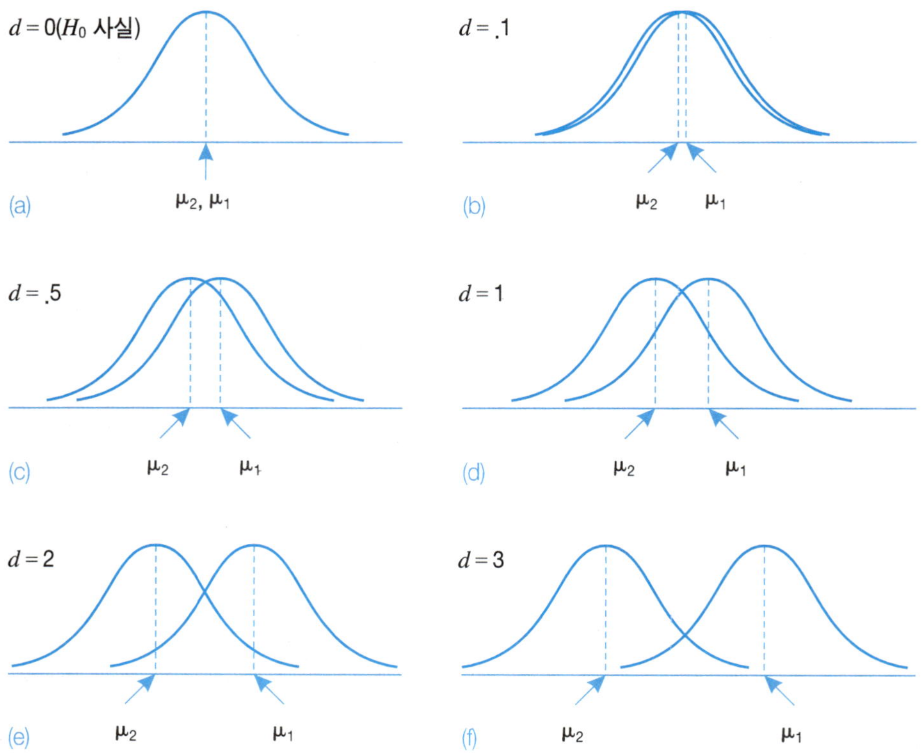

그림 17.2 다양한 $d = (\mu_1 - \mu_2)/\sigma$ 값에 대한 전집분포들 간의 분리

평가하기 위해 사용했었다(14.8절). 검증력 분석이라는 맥락에서도 d 는 **전집**에서의 두 개의 평균치들 간의 차이를 기호화 하는데 사용된다.

$$d = \frac{\mu_1 - \mu_2}{\sigma}$$

즉, d 는 전집의 표준편차로 나타낸 전집 평균치들 간의 차이이다.[1] 다양한 정도에 따라 구분되는 전집 분포들의 쌍들을 보여주는 그림 17.2를 생각해 보자.[2] 그림 17.2a에는 μ_1과 μ_2가 분리되어 있지 않아서 H_0: $\mu_1 - \mu_2 = 0$은 사실이고 따라서 $d = 0$이다. 그림 17.2b에서 17.2f에서는 H_0은 허위이며, 그 두 전집들은 점점 더 큰 분리정도를 보이고 있다. 예를 들어, 그림 17.2b($d = .1$)에서는 영가설이 약간만 벗어나있고, 두 평균치들은 표준편차의 십분의 일만큼만 떨어져 있으며, 의학연구팀은 이러한 전집의 차이는 무

1) 이 공식은 분산의 동질성을 가정한다($\sigma_1^2 = \sigma_2^2 = \sigma^2$).

2) 우리는 그림 17.2a – f가 그림 17.1에 있는 두 평균치들 간의 차이들에 대한 **표집분포**들과는 달리, 개별적인 관찰치들의 **전집 분포**들이라는 것을 강조한다.

시할 만한 것이라고 생각할 가능성이 높다. 반면에 진짜 차이가 그림 17.2e($d = 2$)에서 보여주는 것과 같다고 가정하자. 전집의 차이가 2 표준편차만큼 큰 것은 확실히 주목할 가치가 있을 것이다.

17.4 검증력에 영향을 주는 요인: 효과크기

전집에서의 실제 차이의 크기, d가 검증력과 어떻게 관련되어 있는가? 의학연구팀이 H_1: $\mu_1 - \mu_2 \neq 0$이라는 비방향적 대립가설에 대항해서 H_0: $\mu_1 - \mu_2 = 0$을 검증한다고 가정하자. H_0과 관련된 결정은 표본 t 요비의 크기에 달려 있다.

$$t = \frac{\overline{X}_1 - \overline{X}_2}{s_{\overline{X}_1 - \overline{X}_2}}$$

잠깐 동안 분자인 $\overline{X}_1 - \overline{X}_2$를 생각해 보자. 이 차이가 크면 클수록 t의 값은 커지고, μ_1과 μ_2 간에 차이가 없다는 가설은 점점 더 기각될 가능성이 커진다. 이제 그림 17.2에서 보여주고 있는 몇 가지 경우를 보자. 만약 여러분이 두 개의 전집들로부터 주어진 표본크기에 따라 한 쌍의 무선표본을 추출할 것이라면, 어떤 경우에 큰 표본평균치들 간의 차이 $\overline{X}_1 - \overline{X}_2$를 얻을 확률이 가장 클 것인가? 물론 $d = 3$일 경우이다. 표본의 평균치들은, 특히 표본이 클 경우 전집의 평균치를 반영하는 **경향**이 있다. 따라서 μ_1과 μ_2의 사이가 크게 벌어질수록 $\overline{X}_1 - \overline{X}_2$ 간의 큰 차이를 얻어서 H_0을 기각하기에 충분히 큰 t 요비를 얻기 쉽다. 요약하면,

> 효과크기 d가 클수록 비방향적 대립가설 H_1: $\mu_1 - \mu_2 \neq 0$에 대항하는 H_0: $\mu_1 - \mu_2 = 0$의 검증력은 커진다.

같은 원리가 일방검증에서도 마찬가지로 적용되는데, 다만 $\mu_1 - \mu_2$의 진짜 차이가 H_1에 명시된 방향으로 있어야 한다는 조건만 갖추면 된다.

위의 원리를 약물 예에 적용시켜 보기로 하자. 두 약물이 우울감정을 유발하는데 있어서 "진짜로" 다르면 다를수록, 차이가 없다는 가설은 기각되기 쉬워진다. 이것은 당연한 것이며, 분명히 여러분은 너무 작아서 무시할 정도보다는 중요할 정도로 충분히 큰 차이여서 영가설을 기각할 기회가 커지기를 원할 것이다.

효과크기는 일반적인 개념이고 두 개의 전집의 평균치들 간의 차이뿐만이 아닌 다른 상황들에도 적용할 수 있다는 점을 지적하고자 한다. 예를 들어 상관연구에서는 두 변수

들이 관찰치들의 전집에서 상관되어 있는 정도인 ρ가 전형적으로 효과크기의 측정치로서 기능한다. *d*에 적용되는 같은 원리가 ρ에도 적용된다. 효과크기, ρ가 클수록 H_0: ρ = 0의 검증력은 커진다. 즉, ρ가 크면(예를 들어, ρ = .75), ρ가 작을 경우(예를 들어, ρ = .15) 보다 상관이 없다는 가설은 기각될 가능성이 더 많다는 것이다.

17.5 검증력에 영향을 주는 요인: 표본크기

효과크기는 그 연구가 수행되어지는 조건들의 특정한 조합에 의해서 결정된다. 이러한 주어진 조건하에서는 검증력에 영향을 줄 목적으로 효과크기를 바꿀 방법이 없다. 어차피 여러분은 이것을 원치도 않을 것이다. 왜냐하면 특정한 처치 조건하에서 나타난 "효과"가 바로 연구를 하는 근본적인 목적이기 때문이다. 그러나 검증력에 영향을 주는 다른 요인들 중에는 실험자가 통제할 수 있는 것들이 있다. **이들 중에서 가장 중요한 것은 표본의 크기이다.**

실제로, 우리가 "검증력"이라는 용어는 사용하지 않았지만 이미 앞장들에서 이것을 알았다. 즉, 표본크기가 **증가**함에 따라 표준오차는 **감소**한다. 여러분은 이것을 평균치들 간의 차의 표준오차($s_{\bar{X}_1-\bar{X}_2}$; 14.8절)와 *r*의 표준오차(s_r: 16.6절)라는 관점에서 모두 보았다. 다른 조건들이 같으면, 표준오차가 작을수록 큰 *t* 요비가 산출되고 따라서 허위인 H_0을 기각할 가능성이 더 크다. 다른 말로 하면,

> (영을 제외한) 어떠한 효과크기의 경우에도 표본크기가 클수록 검증력은 커진다.

요약하면, 큰 표본을 사용하는 연구자들은 작은 표본을 사용하는 연구자들 보다 (같은 효과크기를 가정할 때) 전집에서의 효과를 발견할 가능성이 더 높다. 그러나 이것은 극단적으로 될 수 있다. 매우 큰 표본으로는 전집에서의 매우 하찮은, 따라서 중요하지 않은 효과도 통계적 검증에 의해 감지될 수 있다. 아니면, 효과가 중요하기는 하지만, 연구자들이 이런 효과를 감지하기 위해서 필요한 표본크기의 두 배나 사용하는 일도 생길 수 있다. 두 경우 모두 연구 자원을 낭비하는 것이다.

반대의 경우도 또한 사실이다. 작은 표본들은 큰 표준오차를 만들어 내고 따라서 검증력이 줄어들기 때문에 표본크기가 줄어들면 이종오류를 범할 기회도 더 많아진다. 따라서 불충분한 표본크기로는 연구자들이 실제로는 효과가 있는데 "없다"는 결론을 내릴 수가 있다.

효과크기와 표본크기는 통계적 검증력에 영향을 주는 가장 중요한 요인들이다. 다른

부수적인 요인들을 간단히 살펴보고 다시 이 문제로 돌아오기로 한다.

17.6 검증력에 영향을 주는 기타 요인들

유의도 수준

의학연구팀이 H_0: $\mu_1 - \mu_2 = 0$을 H_1: $\mu_1 - \mu_2 \neq 0$에 대항하여 검증할 목적으로 각 표본에서 20명의 사례를 사용하기로 결정하였다고 가정하자. 그림 17.3에, 결과로 나올 $\alpha = .05$에 대한 기각역과 $\alpha = .001$에 대한 기각역이 비교되어 있다. 여러분은 $\alpha = .05$에 대한 기각역이 $\alpha = .001$에 대한 기각역보다 더 많은 면적을 차지하고 있는 것을 볼 수 있다. 이것은 물론 유의도 수준(α)이 기각역을 이루는 표집분포에서의 **면적**을 명시하는 것이기 때문에 **자명한 사실**이다. 그러므로 만약 그 의학연구팀이 $\alpha = .001$이 아닌 $\alpha = .05$를 사용한다면 그들이 얻은 t 요비는 기각역 내에 떨어질 가능성이 더 높아지게 된다. 이것은 아래의 원리를 예시해 주는 것이다.

> α 값이 클수록 기각역이 커지고 따라서 검증력도 커진다. 반대로, α 값이 작을수록 검증력은 작아진다.

이것이 바로 .001처럼 낮은 유의도 수준을 행동연구자들이 거의 사용하지 않는 이유이다. 이와 같은 "엄격한" α는 (허위인 H_0을 수용하는) 이종오류를 범할 가능성을 증가시킨다. $\alpha = .001$를 도입함으로써, (사실인 H_0을 기각하는) 일종오류를 더욱 방지하려는 것은 일종오류를 범하는 것에 대해 다소 관대한 행동과학영역에서는 대체로 불필요한

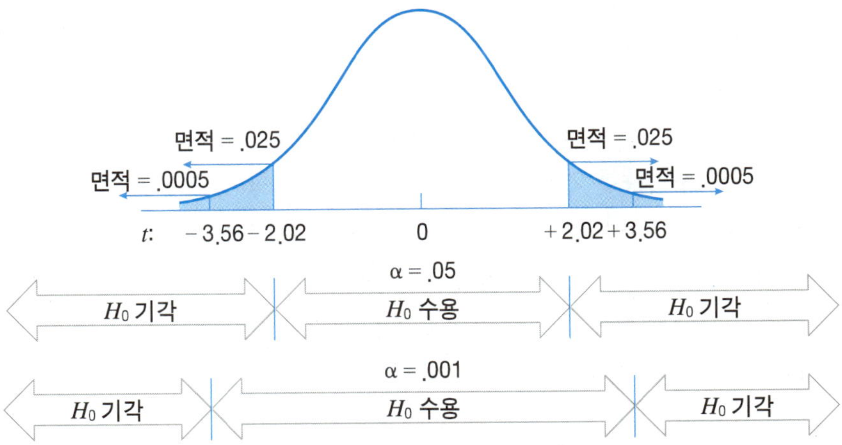

그림 17.3 38 df 를 가진 $\alpha = .05$와 $\alpha = .001$(양방검증)에 대한 기각역들의 비교

것으로 본다.

일방검증 대 양방검증

11.11절에서 보여준 것과 같이 방향적 대립가설을 정확하게 명시함으로써 통계적 이득을 얻을 수 있다. 그것은 만약 일방적 H_1을 제시하였고 그것이 **맞는 것이라면**, 여러분은 보다 큰 임계역을 가지게 되고 따라서 H_0을 기각할 가능성이 더 크게 된다는 것을 의미한다(그림 11.8을 보라). 따라서 이러한 상황에서는 양방검증보다는 일방검증이 좀 더 강력하다. 그러나 대립가설의 선정은 항상 연구의 논리로부터 나와야 한다는 것을 기억하라. 만약 그 논리가 일방검증을 할 수 밖에 없는 것으로 유도한다면, 여러분은 증가되는 검증력을 보너스로 기꺼이 받아들일 수 있다.

종속표본들의 사용

종속표본들에서는 독립표본들의 경우보다 평균치들 간의 차에 대한 표준오차가 작을 것을 예상할 수 있다는 것을 상기하라(15.2절). 그 감소량은 공식 15.1의 r_{12}의 크기에 의해서 알 수 있는 바와 같이, 짝지어진 관찰치들 간의 유사성에 달려 있는 것이다. 결과적으로 종속표본들을 사용하는 것은 표본크기를 증가시키는 것과 같은 효과를 가지고 있다. 다시 말해서, 표준오차가 줄어드는 경향이 있고, 따라서 영가설이 허위일 경우 t 요비가 커지는 경향이 있다. 따라서 H_0을 기각할 보다 큰 가능성으로 이끄는 것이다.

> 종속표본의 사용은 보통 H_0: $\mu_1 - \mu_2 = 0$의 검증력을 증가시킨다. 증가의 정도는 두 표본들의 관련정도에 달려 있다.

그러나 여러분은 종속표본을 사용함으로써 자유도를 포기하게 됨을 기억하라(15.3절). 만약 여러분이 작은 표본을 가졌다면 작아진 표준오차로부터 나온 증진된 검증력은 적은 df를 상쇄할 수 있고 따라서 H_0 검증을 위한 t의 임계치는 더 커지게 된다.

마지막 주의사항. 간단히 짚고 넘어가야 할 사항은, 연구 설계와 측정이 통계적 검증력에 영향을 미친다는 것을 인지해야 한다는 것이다. 다른 조건들이 같으면, 여러분은 신뢰도가 높은 도구와 채점절차를 사용하고, 자료에 대한 타당한 해석을 하고, 아니면 연구 설계와 측정에 대한 수립된 원칙을 고수함으로써 확실한 처치조건을 형성하여 보다 큰 검증력을 확보할 수 있을 것이다.

17.7 유의성 대 중요성

통계적으로 유의한 차이와 중요한 차이를 구별하는 것은 이 책에서 반복적으로 나타나는 주제가 되었다. 이제는 여러분이 잘 알겠지만, “통계적으로 유의”하지만 “실질적으로 중요하지 않은” 표본 결과를 얻는 것이 가능하다.

어느 정도의 전집에서의 효과(예를 들어, 평균치의 차이, 상관)가 중요한 차이가 되기에 충분한 것인가? 어떤 통계학자도 대답해 줄 수 없는 것이다. 이것은 그 연구 주제의 전문가에게 물어야 할 질문이며 또한 어떤 특정한 환경을 결정짓는 상황들과 수치들에 따라서 다를 수도 있는 것이다. 예를 들어, 만약 그것이 생명을 잃을 위험을 내포한다면 작은 차이도 중요하지만, 그것이 단지 어느 정도의 불편함이 따르느냐 안 따르느냐에 관한 것이라면 더 큰 차이도 비교적 중요하지 않을 수도 있는 것이다. 그러므로 $d = .2$로 규정되는 효과크기가 어떤 상황에서는 중요할 수도 있지만, 다른 상황에서는 .5라는 d도 별로 중요하지 않다고 볼 수도 있는 것이다.

효과크기와 검증력이라는 주제에 대한 권위자 Cohen(1988)은 특별히 반증할 정보가 없는 경우에는, $d = .2$에 해당하는 효과크기는 작은 것으로, .5는 보통으로, .8은 큰 것으로 간주하면 편리하다고 제안하고 있다. (여러분은 이것을 14.8절로부터 기억해낼 수 있을 것이다.) 이런 제안은 결정하기 어려운 경우에는 어느 정도의 가치가 있는 것이지만, 근본적으로 중요성의 문제는 연구의 실질적이고 방법론적인 맥락을 고려하여 연구자 자신이 결정해야 한다.

17.8 적절한 표본크기의 선정

분명히 여러분은 중요한 차이를 감지해낼 높은 가능성을 제공하기에 충분히 큰 표본을 선정하여야 한다. 그렇다고 해서 그것들이 너무 커서 시간과 노력을 낭비하거나, 차이가 작고 중요하지 않을 때 “통계적으로 유의한” 결과를 초래하여서는 안 된다. 그러면 어떻게 적절한 표본크기를 선정할 수 있겠는가?

다행히도 이러한 중요한 판단을 할 때 도움이 되는 수표들이 있다. Cohen(1988)이 다수의 통계적 검증들을 위한 표본크기 표들을 제공하고 있는데, 필요한 경우에 이 귀한 정보원을 활용할 것을 권한다. 여기서는 이 수표들 중에서 두 가지에 초점을 맞출 것인데, 하나는 두 개의 독립 평균치들 간의 차이 검증(H_0: $\mu_1 - \mu_2 = 0$)을 위한 것이고 다른 하나는 단일 상관계수에 대한 검증(H_0: $\rho = 0$)을 위한 것이다.

여러분이 H_0: $\mu_1 - \mu_2 = 0$에 대한 검증을 원하거나 H_0: $\rho = 0$에 대한 검증을 원하거나

간에 연구를 위한 적절한 표본크기를 결정하기 위해서는 이 단계들을 밟으면 된다.

1 단계. 비교적 확실하게 감지해내기를 원하는 최소의 효과크기(d 혹은 ρ)를 명시한다. 이것은 여러분의 최선의 판단에 비추어 볼 때, "중요하다"고 간주할 수 있기에 충분할 만한 d의 최소값이다. (이것이 가장 어려운 단계라고 말할 수 있다!)

2 단계. 원하는 검증력 수준을 설정한다. 즉, 여러분의 검증이 1 단계에서 명시한 효과를 감지할 수 있는 확률을 결정한다. Cohen(1988)은 연구자가 다른 값에 대한 논리적 근거를 가지고 있지 않은 한, 일반적으로 .80의 검증력을 제안한다.

3 단계. 표 17.1(d의 경우)와 표 17.2(ρ의 경우)에 있는 효과크기와 검증력 값들을 찾아서 원하는 표본크기를 읽는다. 두 수표 모두 $\alpha = .05$의 유의도 수준을 가정한 것이고 일방과 양방검증에 대한 표본크기를 포함하고 있다.

표 17.1을 가지고 좀 더 자세히 살펴보기로 하자. 두 가지 약물의 우울감정에 대한 영향을 연구하고 있는 그 의학연구팀이 $d = .5$ 이상의 전집의 차이를 중요한 것으로 결정할 것이라고 가정하자. (연구자들은 이 정도 크기의 차이는 둘 중에 하나를 선택해서 처방할 수 있는 함의를 갖는 것으로 믿으나, 그 보다 작은 차이는 그렇지 못한 것으로 믿고 있다.) 그들은 검증력을 .90로 결정했다. 즉, 그들은 전집에서 $d = .5$의 차이를 감지할 가능성이 적어도 .90이기를 원한다는 것이다. 마지막으로 그들은 5%의 유의도 수준(양방)을 도입하였다. 따라서 그들은 다음과 같은 정보를 가지고 표 17.1을 찾는다.

$$d = .50$$
$$\text{검증력} = .90$$
$$\alpha = .05(\text{양방})$$

표 17.1은 지정한 검증력 수준에서 주어진 d를 감지하는 데 필요한 **각 집단**의 표본크기를 제공한다. 표의 구조는 비교적 단순하다. 가능한 d 값들은 맨 윗줄에 나열되어 있고, 다양한 검증력 수준들은 왼쪽 열을 따라 제시되었으며 필요한 표본크기는 열과 행이 교차하는 지점에 나타나 있다. 표 17.1의 상단은 일방검증을 위한 것이고 하단은 일방검증을 위한 것이다($\alpha = .05$). 이제 $d = .50$을 맨 윗줄에서 찾고 검증력 = .90을 왼쪽 열을 따라가며 찾는다. 표본크기 85가 열과 행이 교차하는 지점에 나타난다. 따라서 $d = .50$ 만한 차이를 .90의 확률을 가지고 감지해내기 위해서 그 의학연구팀은 **각 집단**에 85명의 참여자가 필요하다.

만약 여러분이 상관연구를 계획했다면 여러분의 관심을 표 17.2에 있는 ρ에 두는 것을 제외하고는 같은 일반적 논리를 따르면 된다. 이 표도 맨 윗줄에 d가 아닌 ρ가 나타

표 17.1 지정된 검증력에서 명시된 효과, d를 감지하기 위해 필요한 (각 집단의) n: H_0: $\mu_1 - \mu_2 = 0$에 대한 t 검증을 위한 표본크기 표 (독립표본, $\alpha = .05$)

	양방검증(α = .05) d										
검증력	**.10**	**.20**	**.30**	**.40**	**.50**	**.60**	**.70**	**.80**	**1.00**	**1.20**	**1.40**
.25	332	84	38	22	14	10	8	6	5	4	3
.50	769	193	86	49	32	22	17	13	9	7	5
.60	981	246	110	62	40	28	21	16	11	8	6
.70	1235	310	138	78	50	35	26	20	13	10	7
.75	1389	348	155	88	57	40	29	23	15	11	8
.80	1571	393	175	99	64	45	33	26	17	12	9
.85	1797	450	201	113	73	51	38	29	19	14	10
.90	2102	526	234	132	85	59	44	34	22	16	12
.95	2600	651	290	163	105	73	54	42	27	19	14
.99	3675	920	409	231	148	103	76	58	38	27	20

	일방검증(α = .05) d										
검증력	**.10**	**.20**	**.30**	**.40**	**.50**	**.60**	**.70**	**.80**	**1.00**	**1.20**	**1.40**
.25	189	48	21	12	8	6	5	4	3	2	2
.50	542	136	61	35	22	16	12	9	6	5	4
.60	721	181	81	46	30	21	15	12	8	6	5
.70	942	236	105	60	38	27	20	15	10	7	6
.75	1076	270	120	68	44	31	23	18	11	8	6
.80	1237	310	138	78	50	35	26	20	13	9	7
.85	1438	360	160	91	58	41	30	23	15	11	8
.90	1713	429	191	108	69	48	36	27	18	13	10
.95	2165	542	241	136	87	61	45	35	22	16	12
.99	3155	789	351	198	127	88	65	50	32	23	17

Statistical Power Analysis for the Behavioral Sciences. (표 2.4.1, pp. 54-55) by Cohen, 1988, Hillsdale, NJ: Erlbaum. Copyright 1988 by Lawrence Erlbaum Asociates, 허가를 받아 게재함.

난 것만 제외하고는 표 17.1과 똑같이 조직되어 있다. 공간추리력과 수학능력간의 상관 (16.4)으로 돌아가 보자. 만약 인지적 적성들 간의 관련성에 대한 문헌들을 검토하고 나서, 여러분은 적어도 $\rho = .40$의 효과를 감지하기를 원하는 것으로 결정했다고 하자. 그리고 검증력은 .80으로 잡기로 결정했다. 따라서

표 17.2 지정된 검증력에서 명시된 효과, ρ를 감지하기 위해 필요한 (각 집단의) n: H_0: ρ = 0에 대한 t 검증을 위한 표본크기 표 (독립표본, α = .05)

	양방검증(α = .05) ρ								
검증력	**.10**	**.20**	**.30**	**.40**	**.50**	**.60**	**.70**	**.80**	**.900**
.25	167	42	20	12	8	6	5	4	3
.50	385	96	42	24	15	10	7	6	4
.60	490	122	53	29	18	12	9	6	5
.70	616	153	67	37	23	15	10	7	5
.75	692	172	75	41	25	17	11	8	6
.80	783	194	85	46	28	18	12	9	6
.85	895	221	97	52	32	21	14	10	6
.90	1047	259	113	62	37	24	16	11	7
.95	1294	319	139	75	46	30	19	13	8
.99	1828	450	195	105	64	40	27	18	11

	일방검증(α = .05) ρ								
검증력	**.10**	**.20**	**.30**	**.40**	**.50**	**.60**	**.70**	**.80**	**.90**
.25	97	24	12	8	6	4	4	3	3
.50	272	69	30	17	11	8	6	5	4
.60	361	91	40	22	14	10	7	5	4
.70	470	117	52	28	18	12	8	6	4
.75	537	134	59	32	20	13	9	7	5
.80	617	153	68	37	22	15	10	7	5
.85	717	178	78	43	26	17	12	8	6
.90	854	211	92	50	31	20	13	9	6
.95	1078	266	116	63	39	25	16	11	7
.99	1570	387	168	91	55	35	23	15	10

Statistical Power Analysis for the Behavioral Sciences. (표 3.4.1, pp. 101-102) by Cohen, 1988, Hillsdale, NJ: Erlbaum. Copyright 1988 by Lawrence Erlbaum Asociates, 허가를 받아 게재함.

$$\rho = .40$$

$$\text{검증력} = .80$$

$$\alpha = .05(\text{일방})$$

이다. 표 17.2로부터 전집에서 이와 같은 효과를 찾아내기 위해서는 37명의 표본이 필요하다는 것을 알 수 있다.

표 17.1이나 17.2의 어느 것에서나 특정 **열**을 훑어내려 가면 여러분은 주어진 효과크기에서 표본크기와 검증력이 어떻게 관련되어 있는지를 알 수 있게 되는데, 보다 강력한 검증은 더 큰 표본을 요구한다. 마찬가지로, 두 표 중 하나의 특정 **행**을 따라 이동하면, 여러분은 주어진 검증력에서 표본크기와 효과크기 사이의 관계를 알 수 있다. 전집에서 작은 효과는 큰 표본을 필요로 한다. 마지막으로, 이 두 가지 관찰을 종합하면, 작은 효과와 높은 검증력은 매우 큰 표본(왼쪽 하단 구석)을 요구한다는 것을 알 수 있다. 여러분도 동의하기를 희망하지만, 이러한 통찰은 이 장의 앞부분에서 우리가 강조했던 점들을 확인하는 것이다.

17.9 요약

이번 장에서는 현대 통계적 실습에서 중요한 개념의 하나인 통계적 검증력에 대해 개관하였다. 검증력이란 H_0이 사실상 허위일 때 그것을 기각할 확률이다. 검증력은 이종오류를 범할 확률(β)과 역의 관계를 가지고 있어서, 검증력이 증가하면 이종오류는 감소한다. 수학적으로 진술하면, 검증력 $= 1 - \beta$이다.

주어진 상황에서 영가설을 기각할 확률은 몇 가지 요인들에 달려 있는데, 그들 중 한 가지는 진실과 가설이 제시하는 것 사이의 차이이다. 이 차이는 효과크기라고 알려져 있다. H_0: $\mu_1 - \mu_2 = 0$의 검증을 위해 효과크기를 재는 유용한 측정치는 지수, $d = (\mu_1 - \mu_2)/\sigma$인데, 이것은 전집 평균치들 간의 차이의 크기를 전집의 표준편차 단위로 표현한 것이다. H_0: $\rho = 0$에 대한 검증을 위해서는 효과크기의 측정치는 관찰치들의 전집에서의 상관 정도인 ρ이다. 효과크기는 검증력과 관계가 있어서, 효과크기가 클수록 검증력도 커진다. 그러나 효과크기는 연구자가 통제할 수 있는 것이 아니다. 하지만 연구자는 다음의 방법들을 통해서 검증력을 증가시키거나 감소시키는 것이 **가능하다**.

1. **표본크기** – 표본들이 클수록 검증력은 커진다.
2. **유의도 수준** – 수준이 높을수록(.01에 비할 때 .05) 검증력은 커진다.
3. **일방 대 양방검증** – H_1의 방향이 정확하면, 일방검증을 사용할 경우 검증력이 더 크다.
4. **종속 표본** – 종속 정도가 클수록 검증력은 커진다.

매우 큰 표본은 중요하지 않은 효과에 대해 통계적으로 유의한 결과를 가져올 확률을 높이고, 너무 작은 표본은 중요한 효과가 유의하게 나타나지 못하게 할 수 있다. "유의성"은 통계적인 문제인 반면에, 주어진 효과크기에 대한 "중요성"은 다양한 본질적이고 가치가 관련된 문제들에 대해 신중하게 고려해서 결정해야 하는 문제이다.

일단 최소한의 중요한 효과크기가 결정되고 원하는 검증력이 선정되고 나면, 적절한 표본크기는 가용한 검증력 수표들을 적절하게 사용함으로써 결정할 수 있다. 이 수표들은 또한 검증력, 효과크기와 표본크기들 간의 관련성도 보여준다. 예를 들어, 효과크기가 작은데 큰 검증력을 원하는 경우에는 큰 표본이 필요하다.

예를 들어 설명할 목적으로 이 장에서는 H_0: $\mu_1 - \mu_2 = 0$과 H_0: $\rho = 0$에 대한 검증의 맥락에서 논의되었다. 그러나 검증력, 효과크기, 그리고 관련된 개념들과 원리들은 일반적인 것이며 모든 통계적 가설검증에 적용되는 것이다.

연습문제

정의 또는 설명하라.

용어 및 개념

검증력
효과크기
검증력에 영향을 미치는 요인들
유의미성 대 중요성
표본크기 수표

기호

β $1-\beta$ d ρ

공식

$$d = \frac{\mu_1 - \mu_2}{\sigma}$$

질문 및 문제

참고: *가 있는 문제는 부록 A에 답이 제시되어 있다.

***1.** 어떤 특정한 실험이 A 처치의 효과와 B 처치의 효과를 비교하기 위해 동일한 상황에서 500번 반복되었다는 가상적인 상황을 생각해 보라. 매번 H_0: $\mu_A - \mu_B = 0$에 대한 양방검증이 수행되었고, 무의미한 결과가 400번 얻어졌다.

(a) 만약 $\mu_A - \mu_B$의 **진짜** 값이 2.4라면, 이 실험의 검증력에 대한 여러분의 최선의 추정치는 무엇인가?

(b) 만약 사실상, A 조건과 B 조건의 효과가 **동일**하다면, 그 실험의 검증력은 어느 정도가 되는가? (대답하기 전에 검증력에 대한 정의를 다시 생각해 보라.)

2. 만약 여러분 실험의 검증력이 .62인데, 동일한 조건에서 이런 실험을 50번 수행했다면, 여러분은 몇 번이나 의미 없는 결과를 얻을 것으로 기대하겠는가?

***3.** 여러분은 어느 유아원의 언어지능에 대한 향상 프로그램의 효과를 알아보려고 한다.

여러분은 $\mu = 100$이고 $\sigma = 15$로 표준화된 도구를 사용해서 향상 프로그램에 참여한 한 집단의 아동들과 이들과 짝진 프로그램에 참여하지 않은 아동들의 집단을 비교하려고 한다. α는 .05(일방)로 잡았다. 다음에 제시된 진짜 차이들을 감지할 확률이 .90이 되게 하기 위해서 필요한 표본크기(각 집단)는 얼마나 되어야 하겠는가?

(a) IQ 3점?

(b) IQ 9점?

(c) IQ 15점?

(d) IQ 21점?

4. 문제 3을 검증력 = .50으로 해서 반복하라.

***5.** 문제 3에서 만약 여러분이 IQ 9점의 진짜 차이를 감지해내는 것에 관심이 있었는데 각 집단에 6명의 아동들 밖에 확보하지 못했다고 가정하자.

(a) 표 17.1로부터 알 수 있는 여러분의 실험의 검증력에 대한 최선의 추정치는 무엇인가?

(b) 그 향상 프로그램이 사실상 아동들의 언어지능에 영향을 준다고 가정하라. 문제 5a에서 나온 추정치가 주어질 경우, 이와 같은 실험이 동일한 조건에서 반복적으로 수행된다면 그 실험들의 몇 퍼센트에서 통계적으로 유의한 결과를 기대할 수 있겠는가?

6. 어느 초보 연구자가 자신의 연구를 위한 자원자를 많이 구하지 못했다. 그의 검증력을 증진시키기 위해서 그는 큰 효과크기를 명시하기로 결정하였다. 이러한 접근은 무엇이 잘못된 것인가?

7. 문제 6의 연구자는 자신의 연구결과를 살펴본 후, 이 결과에서 나타난 방향으로 일방검증을 적용함으로써 검증력을 증가시키기로 결정했다. 이러한 전략에 대한 여러분의 생각은 어떠한가?

***8.** 여러분은 실험 하나를 계획하고 있다. 검증력을 .85로 잡고, 적어도 $d = .30$($\alpha = .05$, 양방)의 효과크기를 감지하기 원한다.

(a) 어느 정도의 표본크기가 필요한가?

(b) 만약 여러분이 종속표본을 사용하기로 하였다면, 문제 8a에서의 n은 필요한 것보다 더 큰가 작은가? (설명하라.)

(c) 만약 여러분이 $\alpha = .01$을 도입하기로 하였다면, 문제 8a에서의 n은 필요한 것보다 더 큰가 작은가? (설명하라.)

***9.** 여러분은 대학생들 표본에 실시한 충동성 측정치에 대한 점수들과 문제해결에서 범한 오류 개수 간의 상관을 내려고 한다. 여러분의 가설은 충동성이 높은 학생들이 오류를 더 많이 범하는 경향이 있다는 것이다. 여러분은 $\rho = .40$의 효과를 감지하기를 원

하고, 검증력은 .80으로 잡았다.

(a) 여러분의 통계적 가설은 무엇인가?

(b) 원하는 검증력에서, 명시된 효과를 감지하기 위하여 필요한 표본크기는 얼마인가?

(c) H_0이 허위라고 가정하고, 동일한 조건에서 반복적으로 수행된다면, 이러한 연구들의 몇 퍼센트에서 유의하지 않은 결과를 기대하겠는가?

(d) 만약 여러분이 연구를 위해 22명의 자원자만을 확보할 수 있었다고 가정하라. 표 17.2로부터 알 수 있는 이 실험의 검증력에 대한 최선의 추정치는 무엇인가?

(e) 문제 9d의 상황에서 H_0이 허위라고 가정하면, 동일한 조건에서 반복적으로 수행된다면, 이러한 연구들의 몇 퍼센트에서 유의하지 않은 결과를 기대하겠는가?

***10.** 아래에 있는 각 상황들에 대해 필요한 표본크기를 결정하라.

	효과크기(ρ)	원하는 검증력	H_1의 형태
(a)	.10	.80	양방
(b)	.60	.85	일방
(c)	.70	.80	양방
(d)	.40	.99	일방
(e)	.50	.75	양방
(f)	.40	.25	일방

11. (a) 문제 10a와 10c의 비교는 어떠한 일반론을 예시하는 것인가?

(b) 문제 10d와 10f의 비교는 어떠한 일반론을 예시하는 것인가?

12. 문제 11에서 진술한 일반론은 전집의 상관계수에 관한 가설검증에 국한되는 것인가? (여러분의 답을 입증하는데 표 17.1을 사용하라.)

제 18 장

세 개 이상 독립표본들의 평균치 비교: 일원 분산분석

18.1 두 개 이상 집단 비교: 왜 다중 t 검증은 안 되는가?

여러분은 14장에서 두 개의 독립표본들의 평균치들 간에 차이가 없다는 가설을 검증하는 방법을 배웠다. 기억하겠지만 이것은 검증통계치 t를 가지고 수행하였다.

$$t = \frac{\overline{X}_1 - \overline{X}_2}{s_{\overline{X}_1 - \overline{X}_2}}$$

만약 여러분의 연구 문제가 두개 이상의 집단을 필요로 한다면 어떻게 할 것인가? 예를 들어 다음의 질문들은 쉽게 셋 이상의 집단을 포함할 수 있다. 불빛 자극의 색깔이 반응시간의 속도에 차이를 가져올 것인가? SAT 점수가 대학의 전공에 따라 다를 것인가? 독해력은 구문이 어떻게 조직되느냐에 따라 다른가? 추상추론에 있어서 인종 간에 차이가 있는가? 경영진들의 의사결정 양식에 따라 종업원들의 사기에 차이가 있는가? 서로 다른 유전적 혈통을 가진 쥐들 간에 학습속도의 차이가 있을 것인가?

여러분은 왜 전통적인 t 검증을 계속 사용할 수 없는지 궁금할 것이다. 예를 들어 세 개의 평균치가 있다면 왜 단순히 $\overline{X}_1 - \overline{X}_2$, $\overline{X}_1 - \overline{X}_3$, $\overline{X}_2 - \overline{X}_3$에 대해 각각 t 요비를 계산하고 어느 차이가 통계적으로 유의한지 결정하지 않는가? 이 방법은 몇 가지 점에서 부적당하다는 것이 밝혀졌다. 여러분이 실험용 쥐들의 다섯 가지 혈통의 학습속도를 비교하고 있다고 하자.

1. 집단의 수를 k라고 하면, $k(k-1)/2$번의 비교가 가능하다. $k=5$가지 쥐들의 혈통이 있고, 각 혈통을 다른 모든 혈통과 비교하려고 한다면, $5(4)/2=10$번의 독립적인 비교를 해야 한다.
2. 어느 한 비교에서든지, 비교되는 두 집단이 제공하는 정보만이 사용된다. 나머지 집단들이 그 검증을 더 민감하거나 통계적으로 강력하게 만들 수도 있는 정보를 가지고 있을 수 있다.
3. 열 개의 검증이 끝나면, 다섯 가지 유전적 혈통들 간의 학습속도 차이에 대한 증거 가 있는지에 대한 하나의 직접적인 해답이 아니라 열 조각의 정보가 생기게 된다.
4. 마지막으로, 그러나 절대로 하찮은 것이 아닌 사항은 이렇게 많은 검증을 하게 되면 **일종오류를 범할 확률이 증가**된다는 것이다. 다시 말해서, 진짜 차이가 존재하지 않는데도 "유의한 차이"를 얻게 될 가능성이 더 커진다는 것이다. 두 개의 평균치만 있어서 한 번의 검증만 하는 경우에는 이 확률은 α와 같아서 .05 이다. 그러나 열 번의 검증을 하면, 그 중에서 **적어도 한 번은** 일종오류일 가능성이 상당히 높다. 만약 이 열 번의 검증이 서로 독립적이라면, 적어도 한 번의 일종오류를 범할 확률은 .40으로, 알려진 α보다는 훨씬 더 커진다. 그러나 이 열 번의 검증들은 독립적이지 **않다**. 만약 $\overline{X}_1$가 $\overline{X}_4$보다 유의하게 크다면, 그리고 $\overline{X}_4$가 $\overline{X}_5$보다 유의하게 크다면, $\overline{X}_1$은 $\overline{X}_5$보다 유의하게 **커야만 한다**. 검증들이 독립적이지 않으면, (비록 정확한 숫자를 제공하는 것은 불가능하지만) 적어도 하나의 일종오류를 범할 확률은 더욱 **커진다**.

이런 문제들에 대한 해결책은 **분산분석**에서 찾을 수 있다. 1929년 Royal Society의 특별회원으로 선출되고 여왕으로부터 그의 통계적 업적으로 인해 나이트 작위를 받은 Ronald Aylmer Fisher 경에게 통계학에서 이와 같은 중요한 개발을 한 것에 대해 감사해야 한다. Fisher의 수리통계학(그리고 실험설계)에 대한 공헌은 전설적이고, 또한 너무 많고 심오해서 여기서 적절하게 요약할 수가 없다. 그 자신이 통계학 역사에서 탁월한 인물이었던 Maurice Kendall이 Fisher에 관해 한 말을 단순히 반복하면, "[1920년에서 1940년 사이에] 써진 어떠한 이론적 논문에서건 Fisher 연구의 일부를 인용하지 않는 것은 거의 뒤진 연구의 표시라고 할 정도였다" (Tankard, 1984, p. 112에서 인용).

연구문헌들에서 그리고 비공식적인 대화에서도 마찬가지로 분산분석은 **ANOVA** (ANalysis Of VAriance)라는 약자로 표현된다. ANOVA는 사실상 분석기법들의 한 종류이며, 이것을 주제로 책 한 권 전체가 써지기도 한다(예: Kirk, 1982; Winer, Brown, & Michels, 1991). 이 책에서는 가장 단순한 두 가지 형태에 대해서만 집중적으로 다루기로 한다. 하나는 이 장에서 다루려는 "일원"(one-way) 분산분석이라고 불리는 것이다. 일원 분산분석은 연구 질문이 하나의 **요인**(factor)이나 **독립변수**만을 포함할 때 사용된다. 예를 들어, 쥐들의 **유전적 혈통**이라는 요인의 다섯 가지 각기 다른 혈통이 **수준**(level)[1]이 된다. 우리가 다룰 ANOVA의 두 번째 형태는 다음 장에서 보게 될 "이원"(two- way) 분산분석으로 연구 질문이 두 개의 요인 혹은 독립변수를 수반하는 경우이다.

18.2 일원 분산분석에서의 통계적 가설

일원 분산분석은 두 개 이상의 독립적 집단들의 평균치들을 비교할 수 있게 한다. 이것은 두 개의 독립적 평균치들 간의 차에 대한 t 검증과 밀접한 관계가 있는데, 두 집단만 가진 특수한 경우에는 t 검증과 꼭 같은 결론을 가져온다. 그러므로 t 검증은 일원 분산분석의 특수한 경우라고 생각할 수 있고, 아니면 반대로 일원 분산분석이 두개 이상의 집단이 포함된 문제에 대한 독립집단 간의 t 검증의 확장이라고 생각할 수도 있다.

일원 분산분석에서는 k개의 집단들이 포함되는데, 이때 k는 2 이상이 될 수 있다. 몇 가지의 다양한 집단들은 집단 1, 집단 2, …, 집단 k 등으로 나타낼 수 있고, 그 집단의 표본평균치는 $\overline{X}_1, \overline{X}_2, \cdots, \overline{X}_k$, 그리고 해당 전집의 평균치는 $\mu_1, \mu_2, \cdots, \mu_k$ 등으로 나타낼 수 있다. 집단의 전집 평균치들 간에 차이가 있는가를 조사하려면, 여러분은 다음의 전체 가설(overall hypothesis)을 검증해야 한다.

$$H_0: \mu_1 = \mu_2 = \cdots = \mu_k$$

만약 $k = 4$라면 영가설은 $H_0: \mu_1 = \mu_2 = \mu_3 = \mu_4$가 될 것이다. 대립가설은 전집 평균치들이 "어떤 형태로건" 같지 않다는 것이다. H_1을 기술하는 하나의 정해진 규칙은 없지만 두 개 이상의 평균치들이 있는 경우 다음의 형태는 우리의 목적에 적절할 것이다.

$$H_1: H_0\text{이 사실이 아님}$$

두 개의 평균치들($k = 2$) 간에 차이가 없다는 가설을 검증할 때, 우리는 방향적 또는 비방향적 대립가설로 구분하였다. 하위 집단들의 수가 둘을 넘게 되면($k>2$), 이러한 구분은 더 이상 의미가 없어진다. 왜냐하면, H_0은 여러 다양한 형태들 중 어떠한 한 가지 형태로도 허위일 수 있기 때문이다. 즉, 둘 이상의 하위 집단 평균치들이 같고 나머지들은 다르거나, 모두 다 다르거나 하는 여러 상황이 있을 수 있다.

---

1) 이 용어는 약간 이름이 잘못 부쳐졌다. 현재의 맥락에서 "수준"은 집단으로 묶기 위한 기본적인 **순서**가 있다는 것을 의미하는 것은 아니다. 비록 어떤 요인들의 수준은 실제로 순서화할 수 있으나(예: 불안의 세 수준), 항상 그런 상황인 것은 아니다.

18.3 일원 분산분석의 논리: 개관

독립표본 t 검증에서와 마찬가지로 연구 참여자들은 k개 처치조건(예: 불빛자극의 색깔, 구문 조직화 방식)에 무선적으로 배정을 받든지 아니면 k개 전집(예: 대학전공, 인종집단)으로부터 추출되었다. ANOVA의 일반적인 논리는 집단이 어떻게 만들어졌는가에 관계없이 동일하다. 개관의 목적에서, 여러분이 $k = 3$의 각기 다른 처치조건에 피험자들을 무선적으로 배정한 진(眞)실험설계를 가정해 보자.

만약 "사실상" 다양한 처치들이 차별적인 효과가 없었다면, $\mu_1 = \mu_2 = \mu_3$라는 H_0은 사실이고, 관찰치들의 세 개의 분포들은 그림 18.1a와 같이 보일 것이다.[2] 그림에서 보는 바와 같이 세 표본 평균치들($\overline{X}_1$, $\overline{X}_2$, $\overline{X}_3$) 간의 차이는 크지 않고 여러분이 표집변이로부터 기대할 수 있는 것과 일치한다. 이와는 대조적으로 만약 처치효과가 있어서 μ_1, μ_2, μ_3가 서로 다른 값을 가졌다면, H_0은 허위이고 세 집단은 그림 18.1b에 있는 것과 같을 것이다. (각각의 $\overline{X}$들은 해당 μ로부터 멀리 떨어져있지 않지만) 세 개의 표본평균치들 간에는 큰 간격이 있는 것을 주목하라.

그림 18.1a와 18.1b를 좀 더 자세히 살펴보자. 특히, 이 그림들을, **집단 내 변이**(within-groups variation)와 **집단 간 변이**(between-groups variation)라는 두 가지 유형의 변이의 관점에서 비교해 보자.

집단 내 변이

각 표본집단 **내**에서, 개인들의 점수는 그들의 표본평균치와 다르다. 이러한 현상을 **집단 내 변이**(within-group variation)라고 부르며, 이것은 같은 처치를 받은 개인들 사이의 **고유한 변이**(inherent variation)를 직접 반영하는 것이다. 한 집단의 모든 사람들에게 같은 색채자극을 제시하였지만 여전히 반응시간의 차이를 관찰하게 된다. **아무리 동일한 조건이라고 해도 개인들이 수행의 차이를 보이는 것은 불가피한 것이다.** 이 점은 무선 배정이 불가능하고 비실용적인 설계에서도 여전히 사실이다. 예를 들어, 대학의 단일 전공 내에서도 SAT 점수의 상당한 변이가 있다.

그림 18.1a와 18.1b에 있는 세 개의 분포들 각각은 집단 내 변이를 나타낸다. 두 그림 모두의 집단 1, 2, 3에서, 점수들이 거의 같은 정도로 그들 집단의 평균 주위에 퍼져 있는 것을 주목하라. 특히, 세 전집 평균치들이 같으냐(H_0이 사실), 다르냐(H_0이 허위)에

2) 최근 장들에서 보여 준 많은 분포들과는 달리, 그림 18.1에 있는 분포들은 표본**평균치**가 아니라 표본 **관찰치**들의 분포라는 점을 강조한다. 즉, 그들은 (**표집**이 아닌) **표본**분포라는 것이다.

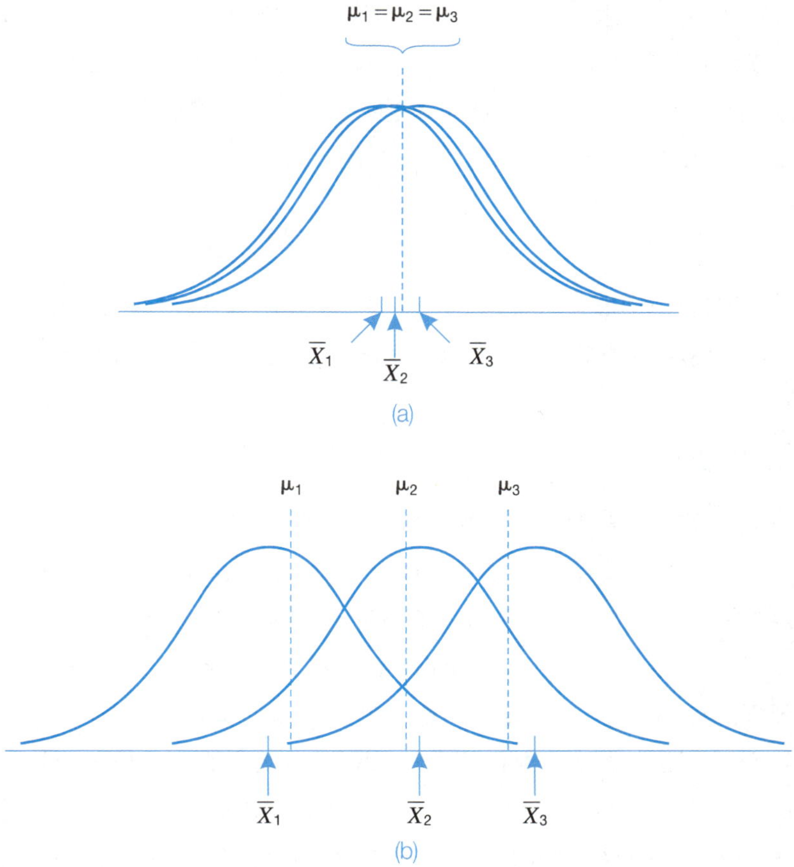

그림 18.1 세 가지 하위집단에서의 점수들의 분포: (a) H_0: $\mu_1 = \mu_2 = \mu_3$이 사실인 경우(처치효과 없음), (b) H_0: $\mu_1 = \mu_2 = \mu_3$이 허위인 경우(처치효과 있음).

관계없이 집단 내 변이의 양은 거의 같다는 것을 주목하라. 따라서

> 집단 내 변이는 고유한 변이만을 반영한다. 이것은 차별적인 처치 때문에 생겨나는 차이들은 반영하지 않는다.

그 이유는 특정한 처치집단 **내에서** 각 피험자는 **동일한** 처치를 받고 따라서 그 집단 내에서의 점수들의 차이는 처치가 다르기 때문이라고 할 수 없기 때문이다.

여러분은 어떻게 이러한 논의 속에 **분산**(variance)이 들어오게 되는지 궁금할 것이다. 이름에 걸맞게 ANOVA는 변이에 대한 기본 측정치로서 분산을 고려한다. 특정 집단, 예를 들어 집단 1의 표본분산이 전집에서의 특정 처치에 대한 고유한 분산의 추정치로 사용된다. 즉, s_1^2은 σ_1^2의 추정치이다. 만약 여러분이 고유한 변이가 모든 처치에서 동일

하다는 가정을 하면($\sigma_1^2 = \sigma_2^2 = \sigma_3^2$), **처치효과의 영향을 받지 않는 고유분산은 하나의 기호 σ^2로 대표될 수 있다.** 독립표본 t 검증에서 사용하였던 통합된 분산추정치에서와 같이($s^2_{통합}$), σ^2에 대한 최선의 추정치는 **집단 내 분산추정치**, $s^2_{집단\ 내}$를 제공하기 위하여 세 개의 표본분산들을 평균, 혹은 통합함으로써 찾을 수 있다. 따라서

$$s^2_{집단\ 내} \xrightarrow{추정} \sigma^2$$

이다. 자세한 계산방법은 나중에 알려 줄 것이고, 이 시점에서 중요한 것은 H_0이 사실(그림 18.1a)이건 허위(그림 18.1b)건 간에 $s^2_{집단\ 내}$은 고유분산만을 반영한다는 것이다.

집단 간 변이

여러분은 또한 그림 18.1a와 18.1b에서 표본평균치들이 자기들끼리도 다르다는 것을 알 수 있는데 이것을 **집단 간 변이**(between- group variation)라고 부른다.[3] H_0: $\mu_1 = \mu_2 = \mu_3$가 사실일 때는(그림 18.1a), 세 개의 표본평균치들 간의 변이가 우리가 무선표집에 대해 배운 것과 부합된다. 즉, $\mu_1 = \mu_2 = \mu_3$이기는 하지만, 여러분은 우연표집변이 때문에 $\overline{X}_1$, $\overline{X}_2$, $\overline{X}_3$ 간의 차이를 기대할 것이다. 이것이 표본평균치들 간의 변이를 반영하기는 하지만 **집단 간 변이 역시 개인들의 고유한 변이의 일부를 반영하는 것이다.** 만약 $\mu_1 = \mu_2 = \mu_3$이고 고유한 변이가 **없다면** 어떤 일이 생길 것인지 잠시 생각해 보자. 그 세 전집내의 모든 개인들은 **같은** 점수를 얻었을 것이고 따라서 그 세 표본의 평균치들은 서로 다를 수 없을 것이다. 반면에, 개인들 간의 고유한 변이가 클수록(비록 $\mu_1 = \mu_2 = \mu_3$일지라도) 우연성이 서로 다른 표본평균치들을 만들어낼 기회도 많아지는 것이다.

이제는 μ_1, μ_2, μ_3가 다른 값들을 가진 그림 18.1b에 있는 표본평균치들 간의 상당히 큰 변이에 주목하라. H_0이, 여기서처럼, 허위일 때, $\overline{X}_1$, $\overline{X}_2$, $\overline{X}_3$의 변이는 고유한 변이를 통해서 작용하는 우연성 단독의 영향에서 기대되어지는 것보다 커지게 된다. 요약하면,

> 집단 간 변이는 고유한 변이에다, 차별적인 처치효과가 만약 있다면 그것을 **합친** 것을 반영한다.

집단 내 변이와 마찬가지로 집단 간 변이도 **분산추정치**로 표현될 수 있다. 이것은 **집단 간 분산추정치**(between- group variance estimate)라고 부르는데, 우리는 $s^2_{집단\ 간}$의 기호

---

3) 여러분은 아마도 우리가 "간(between)"이라는 용어를 사용하는 것에 반대할 것이다. 비록 두 개 이상을 거론할 때는 "중(among)"이 적절한 영어이기는 하지만, "집단 간(between- groups)"이라는 통계학 내의 (문법적으로는 틀린) 관행이 있어서, 우리도 선례를 따를 것이다.

를 사용할 것이다. H_0이 사실일 경우에 $s^2_{집단\ 간}$은 단순히 고유분산 σ^2에 대한 제2의 독립적인 추정치를 제공한다. 즉, 표본평균치들의 분산 $s^2_{집단\ 간}$은 같은 전집으로부터 반복적인 표집을 할 때 기대하는 것보다 크지 않다는 것이다. 그러나 H_0이 허위일 경우에는 $s^2_{집단\ 간}$은 고유분산**과** 차별적인 처치효과를 모두 반영한다. 즉, H_0이 허위일 경우에는 다음과 같다.

$$s^2_{집단\ 간} \xrightarrow{추정} \sigma^2 + 처치효과$$

F 요비

$s^2_{집단\ 간}/s^2_{집단\ 내}$ 비율은 ***F* 요비**(*F* ratio)[4]라고 부르고 H_0: $\mu_1 = \mu_2 = \mu_3$을 검증하는 기초를 제공한다. 이전의 z나 t와 같이 F도 **검증통계치**이다. H_0이 사실일 때, $s^2_{집단\ 내}$와 $s^2_{집단\ 간}$은 둘 다 고유분산(σ^2)만에 대한 추정치이기 때문에 비슷한 크기일 것이다. 결과적으로 F 요비는 약 1.00이 될 것이다. 그러나 H_0이 허위일 경우는 분자인 $s^2_{집단\ 간}$이 고유분산에 **더해서** 처치효과를 반영하기 때문에 1.00보다 커지는 경향을 보일 것이다 (반면에, $s^2_{집단\ 내}$는 계속 σ^2만을 추정한다). 만약 F 요비가 1.00보다 너무 커져서 표집변이가 이러한 현상을 제대로 설명을 못하게 되면, H_0은 기각된다.

따라서 비록 우리의 초점이 집단 간과 집단 내 **분산**에 있다고 하지만 이러한 분산들은 결국은 **평균치들** 간의 차이에 관한 영가설에 관한 결정을 하게 한다. 이제 집단 내와 집단 간 변이를 결정하기 위한 계산관련 세부사항으로 가기 전에 그러한 논의를 위한 상황을 제공하는 연구 장면을 간단히 묘사하기로 한다.

18.4 Alison의 Gregory에 대한 대답

여러분은 14장에서 Gregory가 향기가 기억에 미치는 효과를 검토하기 위해 두 가지 처치조건을 비교한 것을 기억할 것이다. 읽기를 계속하기 전에 그의 연구의 세부사항을 다시 숙지할 필요가 있다(14.1절).

Gregory의 동료 심리학 전공생인 Alison이 그의 연구보고서를 읽고 향기가 기억을 증진시킨다는 그의 결과를 "반복(replicate)"하려고 한다고 가정해 보자. 만약, Gregory가 적용했던 같은 절차를 사용해서 그녀가 동등한 결과를 얻게 되면, Gregory의 실질적

4) 여러분은 겸손하지 못하게 통계치에 자신의 이름을 따서 붙였다고 Fisher를 비난하면 안 된다. *F* 요비라고 명명한 것은 (Fisher의 이름을 기리려고 한) George W. Snedecor였음을 알아야 한다.

표 18.1 Alison의 자료: 원점수, 집단평균치, 총평균치

집단 1 ($n_1 = 3$)	집단 2 ($n_2 = 3$)	집단 3 ($n_3 = 3$)
32	23	22
29	20	17
26	14	15
$\overline{X}_1 = 29$	$\overline{X}_2 = 19$	$\overline{X}_3 = 18$
	$\overline{\overline{X}} = 22$ ($n_{total} = 9$)	

결론은 추가적인 신임을 얻게 될 것이다. 그러나 Alison은 세 번째 처치조건을 추가하기로 결정하였다. 즉, 세 번째 집단의 피험자들에게 기분 좋은 낯선 향기를 읽기 단계 동안에만 제시하는 것이다. 따라서 그녀의 세 집단은 다음과 같다.

집단 1: 구문 읽는 동안**과** 회상하는 동안 향기 제공
(Gregory의 집단 1과 동일)

집단 2: 전혀 향기 제공하지 않음
(Gregory의 집단 2와 동일)

집단 3: 구문 읽는 동안**에만** 향기 제공
(새로운 집단)

Alison은 9명의 자원자들을 각각 세 가지 처치조건에 무선적으로 배정하였다.[5)]

집단 3을 추가한 것과 n들의 크기가 작은 것을 제외하고는 Alison의 연구는 Gregory의 것과 모든 측면에서 동일하다. 따라서 각 피험자는 1500단어 구문을 읽고, 일주일 후에, 그 구문에 있는 정보를 가능한 한 많이 회상할 것을 요구한다. 그리고 Alison은 각 피험자들의 점수를 정확하게 회상한 사실의 수효를 나타내는 결정한다. 우리는 표 18.1에 그녀의 자료를 제시하였다. 여기에는 각 표본의 집단 평균과 총 평균($\overline{\overline{X}}$)이 포함되었다. (총 평균은 4.4절에서 배웠듯이 모든 점수들을 활용한 평균이다.)

일원 분산분석 문제에서 가장 기본적인 요소는 표본 결과에서의 집단 내와 집단 간 변이를 반영하고 분산 추정치들을 얻을 때 사용될 수 있는 **자승합**(sums of squares)이다. 이제는 이들 자승합에 대해 살펴보기로 하자.

5) 앞 장들에서와 마찬가지로 작은 n은 계산을 최소화 하기위한 목적 때문이다. 적절한 통계적 검증력을 확보하려면 이런 유형의 실제 연구에서는 더 큰 n들이 필요한 것은 의심의 여지가 없다.

18.5 자승합의 분할

분산은 자승합을 자유도로 나눈 것과 같다. 여러분은 이것을 단일표본에 기초한 분산추정치,

$$s^2 = \frac{\Sigma(X - \overline{X})^2}{n - 1} = \frac{SS}{n - 1}$$

그리고 독립표본 t 검증에서 사용된 통합된 분산추정치,

$$s^2_{\text{통합}} = \frac{\Sigma(X_1 - \overline{X}_1)^2 + \Sigma(X_2 - \overline{X}_2)^2}{n_1 + n_2 - 2} = \frac{SS_1 + SS_2}{n_1 + n_2 - 2}$$

를 보았다. 당연히, $s^2_{\text{집단 내}}$와 $s^2_{\text{집단 간}}$은 이러한 초기의 분산추정치들과 같은 방식으로 유도된다. 즉,

$$s^2_{\text{집단 내}} = \frac{SS_{\text{집단 내}}}{df_{\text{집단 내}}} \quad \text{그리고} \quad s^2_{\text{집단 간}} = \frac{SS_{\text{집단 간}}}{df_{\text{집단 간}}}$$

이다. $s^2_{\text{집단 내}}$와 $s^2_{\text{집단 간}}$을 계산하려면 여러분은 먼저 **집단 내 자승합**($SS_{\text{집단 내}}$)과 **집단 간 자승합**($SS_{\text{집단 간}}$)을 계산해야 한다. 해당 자유도가 확인되면 계산기의 키를 한번만 더 누르면 $s^2_{\text{집단 내}}$와 $s^2_{\text{집단 간}}$을 얻게 된다.

이제 각각의 자승합과 그와 관련된 자유도를 생각해 보자.

집단 내 자승합($SS_{\text{집단 내}}$)

집단 내 자승합, $SS_{\text{집단 내}}$를 구하기 위해서는 먼저 각 점수를 그 점수가 속한 집단의 평균치로부터의 편차점수를 구해 자승해야 하는데, $(X - \overline{X})^2$으로 표시한다. 첫 번째 집단에 속한 각 피험자들의 자승된 편차점수는 $(X_1 - \overline{X}_1)^2$, 두 번째 집단에 속한 피험자들의 점수는 $(X_2 - \overline{X}_2)^2$, 세 번째 집단의 피험자들의 점수는 $(X_3 - \overline{X}_3)^2$이다. 표 18.2의 처음 세 개 열은 Alison의 자료에 대한 이러한 계산을 보여 준다. 예를 들어, 집단 1의 첫 번째 피험자는 $X = 32$이다(❶에 제시). $\overline{X}_1 = 29$이므로 이 사람의 자승된 편차는 $(32 - 29)^2$이고(❷), $3^2 = 9$가 된다(❸). 표 18.2의 처음 세 개 열을 아래로 훑어 내려가 보면 알 수 있듯이 나머지 8명의 피험자들에 대한 집단 내 편차자승은 같은 절차를 따라 구한다. 집단 내 자승합은 ❹에서 보는 바와 같이 이 자승된 편차들의 합이다. 즉,

표 18.2 집단 내, 집단 간, 전체 자승합의 계산

		집단 내			집단 간			전체		
	❶ X	❷ $(X-\bar{X})^2$		❸	❺ $(\bar{X}-\bar{\bar{X}})^2$		❻	❽ $(X-\bar{\bar{X}})^2$		❾
집단 1	32	$(32-29)^2$	=	9	$(29-22)^2$	=	49	$(32-22)^2$	=	100
$(\bar{X}_1=29)$	29	$(29-29)^2$	=	0	$(29-22)^2$	=	49	$(29-22)^2$	=	49
	26	$(26-29)^2$	=	9	$(29-22)^2$	=	49	$(26-22)^2$	=	16
집단 2	23	$(23-19)^2$	=	16	$(19-22)^2$	=	9	$(23-22)^2$	=	1
$(\bar{X}_2=19)$	20	$(20-19)^2$	=	1	$(19-22)^2$	=	9	$(20-22)^2$	=	4
	14	$(14-19)^2$	=	25	$(19-22)^2$	=	9	$(14-22)^2$	=	64
집단 3	22	$(22-18)^2$	=	16	$(18-22)^2$	=	16	$(22-22)^2$	=	0
$(\bar{X}_3=18)$	17	$(17-18)^2$	=	1	$(18-22)^2$	=	16	$(17-22)^2$	=	25
	15	$(15-18)^2$	=	9	$(18-22)^2$	=	16	$(15-22)^2$	=	49
$(\bar{\bar{X}}=22)$		❹ $\Sigma(X-\bar{X})^2=86$ $=SS_{\text{집단 내}}$			❼ $\Sigma(\bar{X}-\bar{\bar{X}})^2=222$ $=SS_{\text{집단 간}}$			❿ $\Sigma(X-\bar{\bar{X}})^2=308$ $=SS_{\text{전체}}$		

집단 내 자승합

$$SS_{\text{집단 내}} = \sum^{\text{모든 점수들}} (X-\bar{X})^2 \tag{18.1}$$

따라서 Alison의 자료에서는 $SS_{\text{집단 내}}=9+0+\cdots+9=86$이다. 다시, $SS_{\text{집단 내}}$는 어떠한 차별적인 처치효과의 영향도 받지 않는 고유변이의 직접적인 반영이다.

표본평균치에 대한 변이와 관련된 자유도는 $n-1$이다. 이 경우에는 세 개의 표본평균치들이 있으므로, $df_{\text{집단 내}}=(n_1-1)+(n_2-1)+(n_3-1)=6$이다. 일반적으로,

집단 내 자유도

$$df_{\text{집단 내}} = n_{\text{전체}} - k \tag{18.2}$$

여기서, $n_{\text{전체}}$ = 연구에 포함된 전체 사례수

k = 집단의 수

집단 간 자승합($SS_{\text{집단 간}}$)

표본평균치들 간의 변이의 측정치로서 $SS_{\text{집단 간}}$은 총평균치로부터 개별 점수의 집단평균치가 떨어진 정도인 편차점수의 자승에 기초하며, $(\bar{X}-\bar{\bar{X}})^2$으로 표시한다. 집단 1의 각

피험자의 자승된 편차는 $(\overline{X}_1 - \overline{\overline{X}})^2 = (29 - 22)^2$이고(❺), 계산 결과는 $7^2 = 49$(❻)이다. 집단 2 피험자들에 대한 계산은 $(\overline{X}_2 - \overline{\overline{X}})^2 = (19 - 22)^2 = 9$이며, 집단 3에서는 $(\overline{X}_3 - \overline{\overline{X}})^2 = (18 - 22)^2 = 16$이다. ❼에서 제시한 바와 같이, 집단 간 자승합, $SS_{\text{집단 간}}$은 이 자승된 편차들의 합이다.

> 집단 간 자승합
>
> $$SS_{\text{집단 간}} = \sum^{\text{모든 점수들}} (\overline{X} - \overline{\overline{X}})^2 \qquad (18.3)$$

주어진 자료에서, $SS_{\text{집단 간}} = 49 + 49 + \cdots + 16 = 222$이다. 이 변이의 근원 역시, 고유한 변이에다 각기 다른 어떤 처치효과를 **합친** 것을 반영하는 것이다.

이 세 가지 표본평균치들은 이것들이 얼마나 자주 사용되든지 간에 오직 세 가지 독립적인 정보들을 포함하고 있다. 따라서 근본적으로 우리는 그들의 평균치인 $\overline{\overline{X}}$에 대한 세 개의 표본평균치들의 편차를 갖는 것이다. 그러므로 $df_{\text{집단 간}} = 3 - 1 = 2$이다. 일반적으로,

> 집단 간 자유도
>
> $$df_{\text{집단 간}} = k - 1 \qquad (18.4)$$

전체 자승합($SS_{\text{전체}}$)

전체 자승합, $SS_{\text{전체}}$는 **소속 집단과는 관계없이**, 자료에 나타나 있는 전체 변이에 대한 측정치이다. $SS_{\text{전체}}$는 분산추정치를 구하기 위해 사용되지는 않지만 이 합계는 전체 상황을 완전하게 보여 주므로 여기서 생각해 보는 것은 도움이 될 것이다.

전체 변이의 측정치로서, $SS_{\text{전체}}$는 각 점수들의 총평균치로부터의 편차에 기초하며, $(X - \overline{\overline{X}})^2$로 표시한다. 9명 피험자들 각각에 대한 자승된 편차들은 표 18.2의 ❽과 ❾ 열에 제시되어 있다. $SS_{\text{전체}}$는,

> 전체 자승합
>
> $$SS_{\text{전체}} = \sum^{\text{모든 점수들}} (X - \overline{\overline{X}})^2 \qquad (18.5)$$

따라서 이 자료에서는 $SS_{\text{전체}} = 100 + 49 + \cdots + 49 = 308$이다(❿). $SS_{\text{전체}}$는 아홉 개의 평균치에 대한 전체 아홉 개 점수들의 편차에 기초하기 때문에, $9 - 1 = 8$의 자유도를 갖게

된다. 일반적으로,

> 전체 자유도
>
> $$df_{전체} = n_{전체} - 1 \qquad (18.6)$$

우리의 예제에서는, $SS_{전체} = 86$, $SS_{집단\ 간} = 222$, 그리고 $SS_{전체} = 308$이다. $SS_{전체}$는 앞의 두 값의 합임을 주목하라. 이런 관계는 어떤 분산분석에서도 성립된다.

> $SS_{전체}$의 성분
>
> $$SS_{전체} = SS_{집단\ 내} + SS_{집단\ 간} \qquad (18.7)$$

어떠한 분산분석에서나 자료 내의 모든 변이인 전체 자승합은 집단 내와 집단 간 성분으로 "분할"된다. $SS_{전체} = SS_{집단\ 내} + SS_{집단\ 간}$이기 때문에 전체 자승합을 **계산**하는 것은 $SS_{집단\ 내}$나 $SS_{집단\ 간}$에 있을 수 있는 계산오류를 찾아내는데 유용하고, 또한 전체 자승합을 **보고**하는 것은 전체가 정말로 그 부분들의 합과 같다는 것을 상기시켜 주는데 유용하다.

유사한 관계가 자유도에서도 성립된다. 예를 들어, 우리의 예제에서는 $df_{집단\ 내} = 6$, $df_{집단\ 간} = 2$ 그리고 $df_{전체} = 8$로서 나중 값은 앞의 두 값의 합이다. 따라서 분산분석에서는 $df_{전체} = df_{집단\ 내} + df_{집단\ 간}$이다.

18.6 집단 내와 집단 간 분산 추정치

이제 $SS_{집단\ 내}$와 $SS_{집단\ 간}$을 각각의 자유도로 나누면, 여러분은 Alison의 영가설, H_0: $\mu_1 = \mu_2 = \mu_3$을 검증하는데 필요한 두 가지 분산추정치들을 얻게 될 것이다. 이 분산추정치들과 그것들이 추정하는 것은 다음과 같다.

> 집단 내 분산추정치
>
> $$s^2_{집단\ 내} = \frac{SS_{집단\ 내}}{n_{전체} - k} \xrightarrow{추정} \sigma^2 \text{ (고유한 분산)} \qquad (18.8)$$

그리고

> 집단 간 분산추정치
>
> $$s^2_{\text{집단 간}} = \frac{SS_{\text{집단 간}}}{k-1} \xrightarrow{\text{추정}} \sigma^2 + \text{처치효과} \quad (18.9)$$

분산분석에서 "전체" 분산추정치는 계산되지 않는다. 왜냐하면 H_0의 검증은 두 개의 분산추정치가 서로 **독립적**일 것을 요구하기 때문이다. $SS_{\text{전체}} = SS_{\text{집단 내}} + SS_{\text{집단 간}}$이므로 $SS_{\text{전체}}$에 근거한 분산추정치는 분명히 $s^2_{\text{집단 내}}$나 $s^2_{\text{집단 간}}$과는 독립적이지 않을 것이다.

Alison에게는 $s^2_{\text{집단 내}} = 86/6 = 14.33$이고 $s^2_{\text{집단 간}} = 222/2 = 111$이다. 만약 H_0이 사실이라면 차별적인 처치효과는 없을 것이고, $s^2_{\text{집단 내}}$나 $s^2_{\text{집단 간}}$은 모두 같은 것, 즉 σ^2, 또는 고유분산을 추정할 것이다. 이런 경우, $s^2_{\text{집단 내}}$나 $s^2_{\text{집단 간}}$은 표집변이의 범위 내에서 같을 것이다. 반면에 H_0이 허위라면(차별적 처치효과가 존재), $s^2_{\text{집단 간}}$은 $s^2_{\text{집단 내}}$보다 커지는 경향이 있을 것이다. 앞에서 보았듯이, 검증통계치 F가 $s^2_{\text{집단 간}}$과 $s^2_{\text{집단 내}}$를 비교하는데 사용된다. F 검증을 보다 자세히 살펴보기로 하자.

18.7 *F* 검증

F 통계치는 두 개의 독립적인 분산추정치들의 비에 의해서 만들어진다.

> 일원 분산분석을 위한 F 요비
>
> $$F = \frac{s^2_{\text{집단 간}}}{s^2_{\text{집단 내}}} \quad (18.10)$$

만약 H_0이 사실이고 다른 특정한 전집에 대한 조건들이 부합된다면(18.12절에서 논의할 것이다), F 요비는 부록 B의 표 D에 제시된 이론적 F 분포를 따르게 된다.

t 분포와 마찬가지로, F 분포는 사실상 자유도에 따라 좌우되는 곡선들의 일군이다. 그러나 여기서 우리는 **두 가지**의 df를 고려해야만 하는데 하나는 분자, $s^2_{\text{집단 간}}$과 관련된 것이고, 하나는 분모, $s^2_{\text{집단 내}}$와 관련된 것이다. $df_{\text{집단 간}} = 2$와 $df_{\text{집단 간}} = 6$을 가진 이론적인 F 분포가 그림 18.2에 제시되어 있다. 분포가 0 이하로 확장되지 않는 것을 주목하라. 분산과 분산추정치들은 절대로 음수가 될 수 없기 때문에 그렇게 될 수는 분명히 없다.

Alison의 표본 F는 다음과 같다.

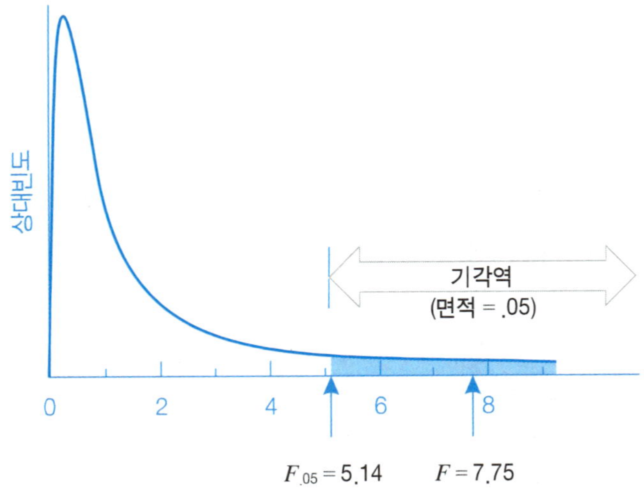

그림 18.2 자유도 2와 6을 가진 F 분포

$$F = \frac{s^2_{\text{집단 간}}}{s^2_{\text{집단 내}}} = \frac{111.00}{14.33} = 7.75$$

만약 H_0: $\mu_1 = \mu_2 = \mu_3$가 사실이라면, $s^2_{\text{집단 간}}$과 $s^2_{\text{집단 내}}$는 둘 다 고유분산 σ^2의 추정치이며, 표본 F 요비는 수표에 있는 2 *df* 와 6 *df* 를 가진 F 분포를 따를 것이다. 그러나 만약 차별적 처치효과가 있었다면(H_0이 허위), $s^2_{\text{집단 간}}$은 σ^2에다 차별적 처치효과를 **더하여서** 추정하게 되고, **따라서 너무 커지는 경향을 보이게 된다.** 이제, $s^2_{\text{집단 간}}$은 항상 F의 분자에 놓이게 되므로 H_0이 허위라는 증거가, H_0이 사실일 때 기대되어지는 것보다 **더 큰** 표본 F로서 나타나게 될 것이다. 따라서 기각역은 그림 18.2에서처럼 F 분포의 **위** 꼬리 부분에 전부 위치하게 된다.

표 D의 사용

F의 임계치를 구하려면 표 D로 가서 분자는 2 *df* 분모는 6 *df* 가 만나는 점의 수치를 찾으면 된다. (분모가 2 *df* 이고 분자가 6 *df* 에 해당하는 값을 찾지 않도록 주의해야 한다. F의 임계치가 같지 **않다.**) 만약 Alison이 .05의 유의도 수준을 적용한다면 임계치는 $F_{.05} = 5.14$이다. ($\alpha = .01$ 수준이면 $F_{.01} = 10.92$이고 굵은 글씨체로 나타난다.) **만약 H_0이 사실이라면,** 우연 표집변이를 통해서 오직 5%만 5.14보다 큰 F의 임계치를 얻을 수 있게 된다. 얻어진 $F = 7.75$는 임계치를 넘어서므로 Alison은 전집의 평균치들은 어떤 형태로건 다르다는 대립가설을 지지하면서 전집 평균치들 간의 모든 차이가 영이라는 전반적 가설(H_0: $\mu_1 = \mu_2 = \mu_3$)을 기각하게 된다.[6] 즉, 그녀는 기억에 대한 효과와 관련되어

6) H_0: $\mu_1 = \mu_2 = \mu_3$라는 전체 F 검증은 때때로 총체적(omnibus) F 검증이라고도 부른다.

표 18.3 일원 분산분석 요약표

분산원	SS	df	s^2(평균자승)	F	p
집단 간	222	2	111.00	7.75	$p<.05$
집단 내	86	6	14.33		
전체	308	8			

처치조건들 간에 진짜 차이가 있다는 결론을 내리게 된다.

ANOVA 요약표

분산분석에서는 분산원, 자승합, 자유도, 분산추정치, 그리고 계산된 F 요비를 나타내주는 **요약표**를 제시하는 것이 편리하다. 표 18.3에 제시된 Alison의 문제에 대한 표는 분석의 기본적 결과를 분명하게 보여 준다. 이것은 또한 집단 내와 집단 간 자승합이 전체 자승합으로 합쳐지고 또한 집단 내와 집단 간 자유도들이 전체 자유도로 합쳐진다는 것을 분명히 해 준다. 여러분도 상상할 수 있듯이, 이런 요약표는 ANOVA 계산을 진행하는 동안 다양한 값들을 기록하기 위한 "작업표"로서 매우 유용할 수 있다.

표 18.3에 괄호 속에 "평균 자승"이 있는 것은 무슨 이유인가? 이 책에서 우리는 그들의 성질이 **분산추정치**임을 강조하기 위해 집단 내 분산추정치를 $s^2_{\text{집단 내}}$로 기호화하고 집단 간 분산추정치를 $s^2_{\text{집단 간}}$으로 기호화하였다. 그러나 여러분은 연구문헌들에서 이것들이 평균자승화(mean square; MS)라는 기호(예: "$\text{MS}_{\text{집단 내}}$" "$\text{MS}_{\text{집단 간}}$")로 표기되는 것을 흔히 발견할 것이다.

18.8 일원 분산분석을 위한 원점수 공식

18.5절에서 우리는 각 편차점수를 계산하여 제곱을 한 다음 그것들을 합쳐서 다양한 자승합(SS)들을 구했다. 이와 같은 접근방법은 이러한 자승합들을 보다 잘 이해하는데 도움이 된다. 이해하는 것보다 계산의 편이가 목적인 경우에는 자승합들은 원점수로부터 좀 더 쉽게 계산될 수 있다. 원점수 혹은 계산 공식은 아래와 같다.

자승합들의 계산 공식

집단 내 자승합

$$SS_{\text{집단 내}} = \sum^{\text{모든 점수들}} X^2 - \left[\frac{(\Sigma X_1)^2}{n_1} + \frac{(\Sigma X_2)^2}{n_2} + \cdots + \frac{(\Sigma X_k)^2}{n_k}\right] \quad (18.11)$$

집단 간 자승합

$$SS_{\text{집단 간}} = \left[\frac{(\Sigma X_1)^2}{n_1} + \frac{(\Sigma X_2)^2}{n_2} + \cdots + \frac{(\Sigma X_k)^2}{n_k}\right] - \frac{\left(\sum^{\text{모든 점수들}} X\right)^2}{n_{\text{전체}}} \quad (18.12)$$

전체 자승합

$$SS_{\text{전체}} = \sum^{\text{모든 점수들}} X^2 - \frac{\left(\sum^{\text{모든 점수들}} X\right)^2}{n_{\text{전체}}} \quad (18.13)$$

새로운 용어가 포함된 것이 없는 것을 주목하라. 이 공식들은 일반적으로 *SS*(공식 5.3)를 위한 원래 계산공식보다 복잡하지만 기초 계산은 동일하다.

18.3절에 있는 것과 같이 여기의 아래첨자들은 소속 집단을 표시한다. 예를 들어, ΣX_1은 집단 1의 피험자들의 점수의 합이며, ΣX_k는 마지막 혹은 "*k*번째"집단 속의 피험자들의 점수의 합을 표시하며, n_k도 똑같이 해석한다. (Alison의 실험의 경우에는, "ΣX_k"는 "ΣX_3"과 같고, "n_k"는 "n_3"과 같다.) 이러한 계산 공식들은 표본집단의 크기가 같거나 다르거나 상관이 없이 적용된다.

표 18.4에서 우리는 Alison의 자료에 이 공식들을 적용하기 위해 다음의 4 단계를 사용한다.

1 단계. 각 점수들을 자승한다.

자승된 점수, X^2은 표 18.4의 두 번째 열에 나타난다. 집단 1의 첫 번째 피험자의 경우, $X^2 = 32^2 = 1024$이다.

2 단계. ΣX와 ΣX^2을 각 집단마다 따로 따로 구한다.

모든 다른 계산은 이 기초적인 수치(그리고 *n*들)로부터 나온다. 집단 1 피험자들에서 점수들의 합, ΣX와 자승된 점수들의 합, ΣX^2는 ❶과 ❷에서 각각 보여주고 있다 ($\Sigma X_1 = 87$이고 $\Sigma X_1^2 = 2541$). 집단 2의 이 두 합은 ❸과 ❹에서, 그리고 집단 3의 합은 ❺와 ❻에서 찾아 볼 수 있다.

표 18.4 자승합의 계산을 위한 ΣX와 ΣX^2의 결정

	X	X^2
집단 1	32	1024
	29	841
	26	676
	❶ $\Sigma X_1 = 32 + 29 + 26 = 87$	❷ $\Sigma X_1^2 = 1024 + 841 + 676 + 2541$
	X	X^2
집단 2	23	529
	20	400
	14	196
	❸ $\Sigma X_2 = 23 + 20 + 14 = 57$	❹ $\Sigma X_2^2 = 529 + 400 + 196 = 1125$
	X	X^2
집단 3	22	484
	17	289
	15	225
	❺ $\Sigma X_3 = 22 + 17 + 15 = 54$	❻ $\Sigma X_3^2 = 484 + 289 + 225 = 998$
	⇓	⇓
	❼ $\sum^{\text{모든 점수들}} X = 87 + 57 + 54 = 198$	❽ $\sum^{\text{모든 점수들}} X^2 = 2541 + 1125 + 998 = 4664$

3 단계. 세 집단에 걸쳐서 ΣX와 ΣX^2의 값들을 합친다.

전체 집단들의 점수들의 합(198)은 ❼에서 볼 수 있다. 여러분은 이 합을 아홉 명의 개별점수들을 더하거나, 또는 보다 편리하게 하려면, (우리가 한 것처럼) 세 개의 하위총합을 더함으로 구할 수 있다. ❽에서는 세 집단 전체를 통해 자승된 점수들의 합을 볼 수 있다 (4664). 이것도 역시 단순히 세 개의 하위총합을 합쳐서 구할 수 있다.

4 단계. $SS_{\text{집단 내}}$, $SS_{\text{집단 간}}$, 그리고 $SS_{\text{전체}}$를 계산한다.

$$SS_{\text{집단 내}} = \sum^{\text{모든 점수들}} X^2 - \left[\frac{(\Sigma X_1)^2}{n_1} + \frac{(\Sigma X_2)^2}{n_2} + \frac{(\Sigma X_3)^2}{n_3}\right]$$

$$= 4664 - \left[\frac{(87)^2}{3} + \frac{(57)^2}{3} + \frac{(54)^2}{3}\right]$$

$$= 4664 - [2523 + 1083 + 972]$$

$$= 4664 - 4578$$

$$= 86$$

$$SS_{\text{집단 간}} = \left[\frac{(\Sigma X_1)^2}{n_1} + \frac{(\Sigma X_2)^2}{n_2} + \frac{(\Sigma X_3)^2}{n_3}\right] - \frac{\left(\sum^{\text{모든 점수들}} X\right)^2}{n_{\text{전체}}}$$

$$= \left[\frac{(87)^2}{3} + \frac{(57)^2}{3} + \frac{(54)^2}{3}\right] - \frac{(198)^2}{9}$$

$$= [2523 + 1083 + 972] - 4356$$

$$= 4578 - 4356$$

$$= 222$$

$$SS_{\text{전체}} = \sum^{\text{모든 점수들}} X^2 - \frac{\left(\sum^{\text{모든 점수들}} X\right)^2}{n_{\text{전체}}}$$

$$= 4664 - \frac{(198)^2}{9}$$

$$= 4664 - 4356$$

$$= 308$$

$SS_{\text{집단 내}}$, $SS_{\text{집단 간}}$, 그리고 $SS_{\text{전체}}$를 위한 수치들이 18.5절에서 편차점수 공식으로 구한 것들과 정확히 일치함을 주목하라. (당연히 그래야 한다.)

이제 $SS_{\text{집단 간}}$과 $SS_{\text{집단 내}}$를 두 개의 분산추정치를 얻기 위해서 적절한 자유도 값으로 나눈다.

$$s^2_{\text{집단 내}} = \frac{SS_{\text{집단 내}}}{n_{\text{전체}} - k} = \frac{86}{6} = 14.33$$

그리고

$$s^2_{\text{집단 간}} = \frac{SS_{\text{집단 내}}}{k - 1} = \frac{222}{2} = 111.00$$

다행히 이 값들 역시 앞에서 계산한 것과 일치한다. 앞에서 지적했듯이 $SS_{\text{전체}}$로부터는 분산추정치를 계산하지 않는다.

집단 내 표준편차

세 집단에 대한 표본의 표준편차는 일원 분산분석에서 필요하지 않지만, 어떠한 논문이나 기술적 보고서에서도 필요할 것이다. 그것들은 자승합을 위한 계산공식(공식 5.3)을 사용함으로써 각 집단에 대한 ΣX와 ΣX^2으로부터 쉽게 구할 수 있다(위의 2 단계). 집단 1의 자승합은 다음과 같다.

$$SS_1 = \Sigma X_1^2 - \frac{(\Sigma X_1)^2}{n_1} = 2541 - \frac{87^2}{3} = 2541 - 2523 = 18$$

표준편차는 SS/df의 제곱근을 취함으로써 얻을 수 있는 것을 기억하라. 따라서 집단 1의 표준편차는 다음과 같다.

$$s_1 = \sqrt{\frac{SS_1}{n-1}} = \sqrt{\frac{18}{2}} = \sqrt{9} = 3.00$$

집단 2에 대한 계산은,

$$SS_2 = \Sigma X_2^2 - \frac{(\Sigma X_2)^2}{n_2} = 1125 - \frac{57^2}{3} = 1125 - 1083 = 42$$

$$s_2 = \sqrt{\frac{SS_2}{n-1}} = \sqrt{\frac{42}{2}} = \sqrt{21} = 4.58$$

집단 3에 대한 계산은,

$$SS_3 = \Sigma X_3^2 - \frac{(\Sigma X_3)^2}{n_3} = 998 - \frac{54^2}{3} = 998 - 972 = 26$$

$$s_3 = \sqrt{\frac{SS_3}{n-1}} = \sqrt{\frac{26}{2}} = \sqrt{13} = 3.61$$

이 된다.

18.9 Tukey의 "HSD" 검증

Alison의 표본 F 요비가 임계치인 5.14보다 **작은** 것으로 나타났다고 가정해 보자. 그녀는 자신의 자료가 향기가 나는가와 나지 않는가와 관련된 차별적 처치효과가 있다는 것을 지지하지 못하는 것으로 결론을 내리게 되고, 그렇게 끝나게 된다. 더 이상의 통계적 작업이 필요하지 않게 된다.

그러나 Alison의 결과는 그런 경우가 아니다. 7.75라는 전체 F 요비는 세 개의 전집의 평균치들이 "어떤 형태로건" 다르다는 매우 광범위한 대립가설을 지지하면서 H_0: $\mu_1 = \mu_2 = \mu_3$를 기각하게 한다. 그러나 **어디에** 진짜 차이가(혹은 차이들이) 있는가? μ_1과 μ_2 사이인가? μ_2와 μ_2 사이인가? μ_1과 μ_3 사이인가? 모두에서 차이가 났는가? 셋 중 둘에서인가? 이 질문에 답하기 위해서 우리는 의미 있는 전체 F를 얻으면 집단들의 평균치들을 가지고 하는 다음 단계의 통계적 비교를 해나가야 한다. 우리는 이러한 목적을 위해서 만들어진 다양한 절차들 중에서 **Tukey의 HSD 검증** 하나만을 예로 들려고 한다.

HSD(honestly significant difference) 검증은 집단 평균치들 간의 모든 가능한 쌍들

을 비교할 때 사용한다. Tukey **검증은 전체** F**가 유의하다는 것이 발견된 후에만 수행한다.** F가 유의하지 않으면 Tukey 검증은 하지 않는다. 이러한 비교들은 "사후에" 관심이 생기는 것이기 때문에 **사후비교**(post hoc comparisons)라고 알려져 있다.[7] 사후비교는 통상적인 t 검증을 평균치들 각 쌍마다에 수행할 때 생길 수 있는 일종오류 확률의 증가를 방지하기 위해 고안되었다(18.1절을 보라). Tukey 검증과 같은 사후검증은 통계적 유의성을 주장하기 위해 필요한 한 쌍에서의 평균치들의 보다 **큰** 차이를 요구함으로써 이러한 부풀림을 방지할 수 있게 한다. 따라서 전체 $k(k-1)/2$개의 비교에서 적어도 한 번의 일종오류를 범할 확률을 α와 같게 유지한다.

Tukey 검증에서는 여러분의 자료를 위한 HSD의 임계치를 결정하는 일이 필요하다. 전집 평균치들이 같다는 가설은, 표본평균치들 간의 절대값의 차이가 임계치이상 크면 어떠한 쌍의 집단에서라도 기각된다. 사후검증의 특성 상, 이 검증은 양방검증이며, 5%나 1%의 유의도 수준이 사용될 수 있다. HSD의 임계치는 다음의 공식으로 계산된다.

Tukey 검증을 위한 HSD 임계치

$$\text{HSD} = q\sqrt{\frac{s^2_{\text{집단 내}}}{n_{\text{집단}}}} \tag{18.14}$$

여기서, q는 표 E로부터 주어진 유의도 수준(α)과 집단 내 df, 그리고 집단의 수(k)로 얻어지는 **Studentized 범위 통계치**(range statistics)의 값이다. $s^2_{\text{집단 내}}$는 친숙한 집단 내 분산추정치이며 $n_{\text{집단}}$은 **각 집단 내에 있는** 사례수이다(예: Alison의 경우, $n_{\text{집단}} = 3$이다).

Tukey의 HSD 검증을 Alison의 자료에 적용해 보자. 그녀는 유의한 전체 F를 얻었고 이제 각 집단 평균치들 간의 차이를 검증하기 원한다. 이것은 네 개의 쉬운 단계를 밟아 수행할 수 있다.

1 단계. q**를 찾는다.**

표 E를 사용해서 Alison은 $k = 3$ 열과 $df_{\text{집단 내}} = 6$ 행에 해당하는 교차지점을 찾는다. $q = 4.34(\alpha = .05)$이다. (만약 α를 .01로 잡았다면 $q = 6.33$이었을 것이다.)

2 단계. HSD 임계치를 계산한다.

$s^2_{\text{집단 내}} = 14.33$이며 $n = 3$이기 때문에 HSD의 임계치는 다음과 같다.

---

7) 때때로 연구자는 연구의 논리에 근거해서 모든 가능한 비교들 중에서 **일부 쌍**만을 조사하는데 대한 근거를 가질 수 있다. 이런 경우에는 "사전비교(planned comparisons)"를 하는 것이다 (Kirk, 1982 참조).

$$\text{HSD} = 4.34\sqrt{\frac{14.33}{3}} = 9.48$$

따라서 어떤 두 개의 표본평균치들 간의 차이의 절대값이 통계적으로 유의하려면 그 값은 적어도 9.48이 되어야 한다.

3 단계. 표본 평균치들의 모든 가능한 쌍에서 차이를 계산한다.

모든 쌍의 차이가 아래 표에 제시되어 있다.

	$\overline{X}_1 = 29$	$\overline{X}_2 = 19$	$\overline{X}_3 = 18$
$\overline{X}_1 = 29$	–	10	11
$\overline{X}_2 = 19$		–	1
$\overline{X}_3 = 18$			–

각 수치는 옆에 열거된 평균치들과 윗줄에 열거된 평균치들 간의 차이이다(예: $10 = \overline{X}_1 - \overline{X}_2$).

4 단계. 각각의 계산된 차이를 HSD의 임계치와 비교하고, 결론을 내린다.

세 쌍 중에서 두 쌍의 차이가 9.48을 넘는 크기이고 따라서 .05 수준에서 유의하다. $\overline{X}_1 - \overline{X}_2$와 $\overline{X}_1 - \overline{X}_3$. 이것은 Alison이 $\mu_1 - \mu_2 = 0$과 $\mu_1 - \mu_3 = 0$라는 두 개의 영가설을 기각하는 것을 의미한다. 따라서 그녀는 구문을 읽는 동안과 회상하는 동안에 향기가 나는 것(집단 1)이 향기가 전혀 없는 것(집단 2)이나 구문을 읽는 동안만 향기가 나는 것(집단 3)에 비해 더욱 많은 회상을 하게 한다고 결론을 내린다. 그러나 그녀는 H_0: $\mu_2 - \mu_3 = 0$은 기각하지 못하고, 따라서 이 두 처치조건 간에는 차이가 없다고 결론을 내린다.

만약 Alison의 설계가 세 명씩으로 구성된 네 개의 집단이었다고 가정하자($n_{전체} = 12$). 그러면 $k = 4$, $df_{집단\ 내} = 12 - 4 = 8$이고 $q = 4.53(\alpha = .05)$이다. 첨가된 집단이 집단 내 분산추정치(14.33)의 변화를 가져오지 않았다고 가정하자. 이제 HSD의 임계치는 다음과 같아진다.

$$\text{HSD} = 4.53\sqrt{\frac{14.33}{3}} = 9.90$$

따라서 $k(k-1)/2 = 4(3)/2 = 6$개의 비교에서 이제 Alison은 통계적 유의성을 주장하려면 9.90의 차이가 필요하다. 더 큰 임계치 – 9.90 대 9.48 – 는 세 개에서 추가된 비교를 하기 위해 감당해야만 하는 통계적 대가이다. 다시 말해서, $k = 3$일 때보다는 $k = 4$일 때, 하나의 비교가 통계적으로 유의하게 되기가 약간 더 어렵다는 것이다. 이것은

Tukey의 HSD 검증이 모든 가능한 쌍을 비교할 때 일종오류 가능성이 부풀려지는 것을 어떻게 방지를 하느냐를 예시해 주는 것이다.

동일하지 않은 사례수

만약 k 집단들 속의 n들이 같지 않으면 HSD는 n의 **조화평균치**(harmonic mean), $\tilde{n}$을 공식 18.14 속에 대치함으로써 근사치의 결과를 얻을 수 있다.

n의 평균: 조화평균치

$$\tilde{n} = \frac{k}{\frac{1}{n_1} + \frac{1}{n_2} + \cdots + \frac{1}{n_k}} \qquad (18.15)$$

Alison의 세 번째 집단이 세 명 대신 **네** 명의 피험자를 포함했다고 (그리고 $s^2_{\text{집단 내}}$도 그대로였다고) 가정하자. 조화평균치와 HSD($\alpha = .05$)는 각각 다음과 같다.

$$\tilde{n} = \frac{3}{\frac{1}{3} + \frac{1}{3} + \frac{1}{4}} = \frac{3}{.917} = 3.27$$

그리고

$$\text{HSD} = 4.34\sqrt{\frac{14.33}{3.27}} = 9.09$$

18.10 $\mu_i - \mu_j$에 대한 구간추정

연구에 집단이 두 개 이상이 포함된 경우($k>2$), 어느 두 평균치들 간의 차이에 대한 신뢰구간을 설정하는 일반적 논리는 두 개의 집단만이 포함된 경우와 동일하다. 그러나 일반적 규칙을 진술하기 위한 새로운 기호법을 소개할 필요가 있다. $k>2$일 경우, 어느 두 표본평균치들 간의 차이는 $\overline{X}_i - \overline{X}_j$로, 두 전집 평균치들 간의 차이는 $\mu_i - \mu_j$라는 식을 사용하는 것이 일반적인 관례이다. 여기서 아래첨자 i는 단순히, 비교하려는 첫 번째 집단을 나타내며, j는 두 번째 집단을 나타낸다. 예를 들어, 여러분이 집단 1과 집단 3을 비교한다면, $i = 1$이고 $j = 3$이다.

모든 쌍의 비교가 이루어질 때, k 전집 평균치들 중 어느 두 개 사이의 차이에 대한 구간추정치의 형태는 다음과 같다.

$\mu_i - \mu_j$에 대한 신뢰구간 설정 규칙

$$\overline{X}_i - \overline{X}_j \pm \text{HSD} \qquad (18.16)$$

만약 HSD가 $\alpha = .05$에 기초한다면, 공식 18.16은 95% 신뢰구간을 제공한다. Alison의 자료에서는 95% 신뢰구간이 $\overline{X}_i - \overline{X}_j \pm 9.48$이다. 즉,

$\overline{X}_1 - \overline{X}_2$: 29 − 19 ± 9.48 = 10 ± 9.48 = .52에서 19.48
$\overline{X}_1 - \overline{X}_3$: 29 − 18 ± 9.48 = 11 ± 9.48 = 1.52에서 20.48
$\overline{X}_2 - \overline{X}_3$: 19 − 18 ± 9.48 = 1 ± 9.48 = −8.48에서 10.48

이다.

Alison은 $\mu_1 - \mu_2$가 .52에서 19.48 사이 어딘가에, 그리고 $\mu_1 - \mu_3$가 1.52에서 20.48 사이 어딘가에 있으리라고 95% 확신한다. (이 구간들이 상당히 넓은 것은 그녀의 지나치게 작은 표본 크기들을 반영하는 것이다.) 여러분은 $\mu_2 - \mu_3$에 대한 신뢰구간이 0을 포함하고 있는 것에 놀라지 않을 것이다. 이것은 $\overline{X}_2$와 $\overline{X}_3$ 간에 통계적으로 유의하지 않은 결과를 제시한 Tukey 검증의 결과와 일치하는 것이다.

99% 신뢰구간을 설정하기 위하여 Alison은 표 E에서 $\alpha = .01$에 해당하는 q 값을 찾고 (6.33), HSD를 다시 계산하고, 새로운 HSD를 공식 18.16에 대입한다.

- $q = 6.33$ ($\alpha = .01$, $k = 3$, $df_{\text{집단 내}} = 6$)
- $\text{HSD} = 6.33\sqrt{\frac{14.33}{3}} = 13.83$
- 99% 신뢰구간: $\overline{X}_i - \overline{X}_j \pm 13.83$

99% 신뢰구간들은 각각 영을 포함한다. (가설검증의 맥락에서 이것은 어느 쌍의 비교도 .01 수준에서 통계적으로 유의하지 않다는 말이다.)

18.11 일원 분산분석: 단계 요약

이 장에서 우리는 여러분에게 상당히 많은 것들을 던져주었다. Alison의 실험을 맥락으로 해서 이제까지의 과정을 요약해 보자. 아래의 단계들은 여러분이 나무가 아닌 숲을 더 잘 볼 수 있게 도와줄 것이며, 동시에 분산분석의 일반적 논리가 여러분이 이미 경험

한 유의도 검증의 논리와 같다는 것을 재확인 해 줄 것이다. 즉, 여러분은 H_0이 사실이라는 가정을 하고, 얻은 표본 결과가 H_0에 관한 의심을 하기에 충분하리만큼 드문 결과인가를 결정한다. 이를 위해서 여러분은 표본결과를 검증통계치(이 경우에는 F)로 변환하고, 그것을 이론적 표집분포(F 분포) 내에 위치시킨다. 만약 검증통계치가 기각역 내에 포함되면 H_0은 기각되고, 그렇지 않으면 H_0은 수용된다. 한 가지 유일하게 다른 점은 H_0이 기각되었을 때, 유의미성의 구체적인 근원을 확인하기 위한 사후검증이 필요하다는 점이다.

1 단계. 통계적 가설을 수립하고 유의도 수준을 선정한다.

Alison의 통계적 가설은 다음과 같다.

$$H_0: \mu_1 = \mu_2 = \mu_3$$

$$H_1: H_0\text{이 아님}$$

유의도 수준으로 $\alpha = .05$를 선정한다.

2 단계. 원하는 표본크기를 결정하고 표본을 선정한다.

우리는 계산에 대한 예시를 단순하게 하기 위해 Alison의 표본크기를 제한했다. 앞장들에서 본 것과 같이 실제 상황에서는 여러분이 알아내고자 하는 전집 효과의 크기와 그것을 감지하기 위해 필요한 표본크기를 고려해야 한다. 반복하면, 너무 작은 사례는 이종오류(진짜 효과를 놓침)의 기회를 증가시키고, 너무 많은 사례는 낭비적이고 비용이 많이 든다.

3 단계. 필요한 검증통계치를 계산한다.

- 표본평균치와 총평균치:

$$\overline{X}_1 = 29, \quad \overline{X}_2 = 19, \quad \overline{X}_3 = 18, \quad \overline{\overline{X}} = 22$$

- 집단 내 자승합, 자유도와 분산추정치:

$$SS_{\text{집단 내}} = 86$$

$$df_{\text{집단 내}} = n_{\text{전체}} - k = 9 - 3 = 6$$

$$s^2_{\text{집단 내}} = 86/6 = 14.33$$

- 집단 간 자승합, 자유도와 분산추정치:

$$SS_{\text{집단 간}} = 222$$

$$df_{\text{집단 간}} = k - 1 = 3 - 1 = 2$$

$$s^2_{\text{집단 간}} = 222/2 = 111$$

- 전체 자승합과 자유도:

  $SS_{전체} = 306$

  $df_{전체} = n_{전체} - 1 = 9 - 1 = 8$

  (308 = 86 + 222 그리고 8 = 6 + 2임을 확인한다.)

- *F* 요비:

$$F = \frac{s^2_{집단\ 간}}{s^2_{집단\ 내}} = \frac{111}{14.33} = 7.75$$

4 단계. 기각역을 명시한다.

$df_{집단\ 간} = 2$이고 $df_{집단\ 내} = 6$이면 F의 임계치는 5.14이다(표 D).
이러한 F 값은 영가설이 사실일 때 표본결과의 가장 극단적인 5%가 그 이상에 포함되는 값이다.

5 단계. 통계적 결정을 하고 결론을 도출한다.

표본의 F 요비가 기각역에 포함되었음으로 (즉, 7.75>5.14), Alison은 H_0: $\mu_1 = \mu_2 = \mu_3$을 기각한다. 전체 F 요비는 통계적으로 유의하므로($\alpha = .05$), Alison은 전집의 평균치들은 어떤 방식으로든 서로 다를 것이라고 결론을 내린다. 향기가 (어떤 방식으로든) 회상에 영향을 미친 것으로 보인다. 그러므로 그녀는 통계적 유의성의 구체적인 근원(들)을 찾아내기 위한 사후비교를 진행한다.

6 단계. Tukey의 HSD 검증을 수행한다.

- HSD를 계산한다.

$$\text{HSD} = q\sqrt{\frac{s^2_{집단\ 내}}{n}} = 4.34\sqrt{\frac{14.33}{3}} = 9.48$$

- HSD를 표본평균치들 간의 차이들과 각각 비교한다.

  $\overline{X}_1 - \overline{X}_2 = 29 - 19 = 10$ (HSD보다 큼)

  $\overline{X}_1 - \overline{X}_3 = 29 - 18 = 11$ (HSD보다 큼)

  $\overline{X}_2 - \overline{X}_3 = 19 - 18 = 1$ (HSD보다 작음)

- 통계적 결정을 내리고 결론을 도출한다.

  집단 1은 집단 2와 3과 유의하게 다르며, 집단 2와 3의 차이는 유의하지 않다. Alison은 구문 읽기와 회상을 하는 동안에 향기가 나는 것은 향기가 전혀 나지 않는 상황이나 구문을 읽는 동안만 향기가 나는 상황에서보다 회상을 더 많이 하게 한다고 결론을 내린다.

18.12 ANOVA 가정(기타 고려사항)

일원 분산분석을 위한 F 검증의 기본이 되는 가정들은 독립표본을 위한 t 검증의 것과 같다.

1. **k개의 표본들은 독립적이어야 한다.** 종속표본들을 위한 t 검증에서와 마찬가지로 k개 표본들이 독립적이지 **않으면** 다른 절차가 도입되어야 한다(예: 짝진 피험자나 같은 피험자에 대한 반복측정의 경우).[8)]
2. **k개의 관찰치들의 전집은 정상적으로 분포한다.** t 검증의 경우에서와 같이 이것은 표본들이 아주 작을 때만 중요해진다. 표본들이 커질수록, 검증 결과를 부당하게 왜곡시키지 않고 정상성으로부터의 이탈을 묵인할 수 있는 정도가 커진다. 21장에서 우리는 전집의 정상성이 가정되지 않을 경우를 위한 ANOVA에 대한 대안을 제시할 것이다.
3. **관찰치들의 k개의 전집들은 동일하게 변화한다. 즉, $\sigma_1^2 = \sigma_2^2 = \cdots = \sigma_k^2$이다.** 여러분은 이것이 분산의 동질성에 대한 가정이라는 것을 기억할 것이다. 여기서도 역시 표본크기가 크면 일반적으로 위배가 묵인될 수 있다. 그러나 표본이 작아서 – 특히 n들이 크기가 다르게 구성되어서 – 표본의 분산들이 심하게 다른 경우는 쉽게 무시해서는 안 된다. 한 가지 일반적 경험 규칙은 동일하지 않은 분산들은 가장 큰 집단의 n과 가장 작은 집단의 n의 비율이 1.5를 넘지 않는 한 무시할 만 하다는 것으로, 이 비율이 1.5를 넘는 경우에는 대안적 절차들이 고려되어야 한다.[9)]

또한 너무 작은 표본들은 무의미한 결과를 가져오는 경향이 있다. 즉, 이종오류를 초래해서 전집에 있는 중요한 효과를 알아낼 기회를 놓칠 수가 있다. 반면에 어떤 의미에서 표본이 너무 크면 낭비가 될 수 있고, 별로 중요하지 않은 작은 처치효과가 있는 경우

8) 세 개 이상의 종속표본들로부터 나온 평균치들 간의 차이를 분석하기 위한 절차는 **반복측정 분산분석**(repeated measures analysis of variance)이라고 부른다. (Minium 등, 1993, pp. 402-407을 보라.)

9) Welch 절차가 이런 대안의 예이며, 또 다른 것으로 Brown-Forsythe 절차가 있다. 둘 다 우리가 여기서 제시하는 공식에 대한 비교적 간단한 확장이다. (세부사항은 Glass & Hopkins, 1996, pp. 405-406을 보라.)

에도 통계적으로 유의미한 결과를 가져올 수도 있다. 분산분석 문제에서 적절한 표본크기의 선정에 도움을 줄 수 있는 수표가 있다. (이런 원리들에 대한 논의와 수표들에 관한 참고문헌에 대해서는 17장을 참고하라.)

마지막으로 피험자들이 처치조건에 무선적으로 배정되지 않은 경우의 결과해석에서 특히 신중해야 할 것을 상기시킨다. 14.9절의 독립표본 t 검증의 경우에서 지적했듯이 무선배정이 도입되지 않은 (혹은 할 수 없는) 경우에는 여러분이 얻은 결과의 "원인"이 상당히 모호하다. 여러분은 14.9절을 세밀하게 되짚어 보기를 권한다. 왜냐하면 거기서의 논의가 여기서도 똑같이 관련이 있기 때문이다.

18.13 요약

그 이름에도 불구하고, 분산분석은 (여기서 제시한 형태에서는) **평균치**들에 관한 검증법으로 생각할 수 있다. 일원 ANOVA는 두 개 이상의 독립적인 평균치들 사이에서 적용하는 t 검증의 확장이라고 생각할 수 있거나, 아니면 거꾸로, 독립표본들의 t 검증을 일원 분산분석의 특수한 경우로 생각할 수 있다.

일원 분산분석에서는 두 종류의 분산이 비교된다. 개인 점수들의 집단 내 변이와 표본평균치들의 집단 간 변이가 그것이다. H_0이 사실이면 두 종류의 변이가 다 고유한 변이를 반영하며, 개인의 수행상의 변이는 동일한 조건이어야 한다. H_0이 허위이면 집단 내 변이는 영향을 받지 않지만 집단 간 변이는 이제 고유한 변이에다 각기 다른 처치효과를 **더하여** 반영한다.

이름에 걸맞게, 분산분석은 기본적인 변이의 측정치로서의 **분산**에 관한 것이다. 따라서 고유한 변이는, 만약 분산의 동질성에 대한 가정을 한다면 단일한 기호 σ^2으로 나타낼 수 있는 고유한 분산이 된다. σ^2을 추정하기 위해서 우리는 분산추정치의 기본형태인 SS/df를 사용하는데, 자승합을 자유도로 나눈 것이다. 표본결과로부터 세 가지 SS를 계산할 수 있다. 즉, $SS_{집단\ 내}$(표본평균치에 관한 표본집단들 **내**에서의 개인들의 변이), $SS_{집단\ 간}$(표본평균치들 **간**의 변이), 그리고 $SS_{전체}$(표본자료 내의 **전체** 변이)이 그것이다. 자승합들은 이해를 촉진시키는 목적에서 편차점수들로부터 계산될 수도 있지만, 원점수 공식이 계산하는 데는 더 편리하다. 일원 분산분석에서는 전체 자승합($SS_{전체}$)과 관련된 자유도($df_{전체}$)는 집단 내와 집단 간 성분으로 분할될 수 있다. 즉, $SS_{전체} = SS_{집단\ 내} + SS_{집단\ 간}$이고, $df_{전체} = df_{집단\ 내} + df_{집단\ 간}$이 된다.

두 가지 분산추정치 $s^2_{집단\ 간}$과 $s^2_{집단\ 내}$는 H_0의 검증에서 사용된다. H_0이 사실이면, $s^2_{집단\ 간}$과 $s^2_{집단\ 내}$는 σ^2의 독립적인 추정치가 되고, 표집오차의 한계 내에서 비슷해야 한다. H_0이 허위이면, $s^2_{\text{집단 간}}$은 서로 다른 처치효과의 영향이 더해졌기 때문에 $s^2_{\text{집단 내}}$보다 커지는 경향이 있다. $s^2_{\text{집단 간}}/s^2_{\text{집단 내}}$인 F 요비는 $s^2_{\text{집단 간}}$과 $s^2_{\text{집단 내}}$를 비교하기 위해 사용된다. 만약 H_0이 사실이면, 계산된 F 요비가 $k-1$과 $n_{\text{전체}}-k$ 자유도를 가진 이론적 F 분포를 따른다. 만약 표본 F가 임계치 F보다 크면 H_0은 기각될 것이다.

일원 분산분석을 위한 F 검증은 독립 평균치들 간의 t 검증에서 요구되어지는 독립집단, 정상성과 분산의 동질성의 가정들을 공유한다. 뒤의 두 가정은 표본이 작을 때에만 중요해진다.

전체 F 검증은 처치집단 평균치들의 전집의 수치가, 어떤 형태로든 같지 않다는 광범위한 대립가설에 대항해서 모두 같은가에 대해 검토한다. Tukey의 HSD 검증은 유의한 전체 F 요비를 얻은 후에 적용하는 유용한 사후검증의 하나로서, 집단평균치들 간의 모든 가능한 쌍별 비교를 한다. 이것은 다수의 t 검증으로부터 초래되는 부풀려진 일종오류 가능성을 방지한다. k개의 전집 평균치들 중 어느 두 평균치든지 간에 그 차이에 대한 구간추정치도 구할 수 있다.

연습문제

정의 또는 설명하라.

용어 및 개념

ANOVA
일원 분산분석
요인 (독립변수)
수준
일원 분산분석에 대한 H_0과 H_1
집단내 변이
고유한 변이
집단 간 변이
집단 내 자승합
집단 간 자승합
전체 자승합
자승합의 분할
집단 내 분산추정치
집단 간 분산추정치
F 요비
F 분포(표 D)
ANOVA 요약표
평균자승
Tukey의 HSD 검증
Studentized 범위 통계치 (표 E)
사후비교
조화평균치
ANOVA 가정

기호

k $\mu_1, \mu_2, \ldots, \mu_k$ $\overline{X}_1, \overline{X}_2, \ldots, \overline{X}_k$
$n_1, n_2, \ldots, n_k$
$\overline{\overline{X}}$ $SS_1, SS_2, \ldots, SS_k$ q
$\overline{X}_i - \overline{X}_j$ $\mu_i - \mu_j$

공식

$\frac{k(k-1)}{2}$ = k 집단들에서 가능한 쌍별 비교의 수

$$SS_{\text{집단 내}} = \sum_{\text{모든 점수들}}(X - \overline{X})^2 \qquad df_{\text{집단 내}} = n_{\text{전체}} - k$$

$$SS_{\text{집단 간}} = \sum_{\text{모든 점수들}}(X - \overline{\overline{X}})^2 \qquad df_{\text{집단 간}} = k - 1$$

$$SS_{전체} = \sum^{모든 점수들}(X - \overline{\overline{X}})^2 \qquad df_{전체} = n_{전체} - 1$$

$$SS_{전체} = SS_{집단 내} + SS_{집단 간}$$

$$df_{전체} = df_{집단 내} + df_{집단 간} = k - 1$$

$$SS_{집단 내} = \sum^{모든 점수들} X^2 - \left[\frac{(\Sigma X_1)^2}{n_1} + \frac{(\Sigma X_2)^2}{n_2} + \cdots + \frac{(\Sigma X_k)^2}{n_k}\right]$$

$$SS_{집단 간} = \left[\frac{(\Sigma X_1)^2}{n_1} + \frac{(\Sigma X_2)^2}{n_2} + \cdots + \frac{(\Sigma X_k)^2}{n_k}\right] - \frac{\left(\sum^{모든 점수들} X\right)^2}{n_{전체}}$$

$$SS_{전체} = \sum^{모든 점수들} X^2 - \frac{\left(\sum^{모든 점수들} X\right)^2}{n_{전체}}$$

$$s^2_{집단 내} = \frac{SS_{집단 내}}{df_{집단 내}} \xrightarrow{추정} \sigma^2 \text{ (고유한 분산)}$$

$$s^2_{집단 간} = \frac{SS_{집단 간}}{df_{집단 간}} \xrightarrow{추정} \sigma^2 + \text{ 처치효과}$$

$$F = \frac{s^2_{집단 간}}{s^2_{집단 내}} \qquad \text{HSD} = q\sqrt{\frac{s^2_{집단 내}}{n}}$$

$$\overline{X}_i - \overline{X}_j \pm \text{HSD} \qquad \tilde{n} = \frac{k}{\dfrac{1}{n_1} + \dfrac{1}{n_2} + \cdots + \dfrac{1}{n_k}}$$

질문 및 문제

참고: *가 있는 문제는 부록 A에 답이 제시되어 있다.

1. $k(k-1)/2$ 라는 공식을 사용해서, 아래의 조건들에 대한 모든 가능한 쌍별 비교를 하기 위해 요구되는 t 검증의 개수를 결정하라.

(a) $k=2$

(b) $k=4$

(c) $k=6$

(d) $k=7$

2. 문제 1c에서 모든 가능한 비교를 나열하라(예: "1 대 2" "1 대 3", ⋯).

***3.** 여러분은 네 개의 집단들을 비교하는 연구를 설계하였다.

(a) H_0을 기호 형태로 표현하라.

(b) 왜 H_1은 기호 형태로 표현할 수 없는가?

(c) H_0이 허위가 될 수 있는 몇 가지 가능한 형태를 열거하라.

(d) 대립가설을 H_0: $\mu_1 \neq \mu_2 \neq \mu_3 \neq \mu_4$로 표현하는 것은 무엇이 잘못된 것인가?

***4.** 여섯 명의 만성적인 정신분열증 환자들이 세 가지 약물 처치조건에 무선적으로 배정되었다(이것은 물론 실제 연구에서는 너무 적은 피험자이다). 3개월 후에 이들은 표준화된 면담 상황에서 그들의 행동의 "정상성"에 대한 평정을 받았다. 그 결과는 다음과 같다.

여섯 명의 정신분열증 환자의 행동 평정점수	
약물 1:	3, 7
약물 2:	4, 10
약물 3:	6, 12

(a) H_0을 기호 형태로 나타내고, H_1은 말로 표현하라.

(b) $SS_{집단 내}$, $SS_{집단 간}$, $SS_{전체}$를 구하는데 표 18.2의 편차점수 방법을 사용하라. (전체는 그 부분들의 합과 같다는 것을 실제로 증명하라.)

(c) $df_{집단 내}$, $df_{집단 간}$, $df_{전체}$의 값은 무엇인가? ($df_{전체} = df_{집단 내} + df_{집단 간}$인가?)

(d) $s^2_{집단 내}$, $s^2_{집단 간}$, 그리고 F를 계산하라.

(e) 통계적 결정($\alpha = .05$)과 최종 결론은 무엇인가?

5. 문제 4d에서 $s^2_{집단 간}$과 $s^2_{집단 내}$을 생각하라.

(a) 어느 것이 고유한 변이의 추정치이고 어느 것이 차별적 처치효과에 대한 추정치인가?

(b) 이 문제의 맥락에서 "고유한 변이"와 "차별적 처치효과"가 무엇을 의미하는지 설명하라.

6. (a) 여러 가지 자승합의 속성을 이해하는 목적이라면, 표 18.2의 편차점수방법과 18.8절의 원점수 방법 중 어느 것이 더 좋은가? (설명하라.)

(b) 실제 현장에서 손으로 계산하는데 보통 사용되는 방법은 어느 것인가? (설명하라.)

7. ANOVA 계산에서 제일 먼저 계산되어야 하며, 그 수치로부터 그 이후 계산이 진행되는 각 집단에 대한 두 개의 원점수 수치는 무엇인가?

***8.** 문제 4를 원점수 방법을 적용해서 반복하라.

(a) ΣX_1, ΣX_1^2, ΣX_2, ΣX_2^2, ΣX_3와 ΣX_3^2을 계산하라.

(b) $SS_{집단 내}$, $SS_{집단 간}$과 $SS_{전체}$를 계산하라.

(c) 문제 8b에서 구한 값들과 문제 4b에서 구한 값들을 비교하라.

***9.** 아래의 상황에 대해 $F_{.05}$와 $F_{.01}$을 표 D로부터 찾으라.

	전체 표본 크기	집단 수
(a)	82	3
(b)	25	5
(c)	120	4
(d)	44	3

10. 아래에 있는 ANOVA 요약표를 검토한 후, a ~ f로 표시된 칸에 들어갈 정보를 채워 넣으라.

분산원	*SS*	*df*	s^2	*F*	*p*
집단 간	(a)	3	(b)	(c)	(d)
집단 내	64	(e)	(f)		
전체	349	19			

***11.** 아래에 있는 ANOVA 요약표를 검토한 후, a ~ f로 표시된 칸에 들어갈 정보를 채워 넣으라.

분산원	*SS*	*df*	s^2	*F*	*p*
집단 간	1104	(a)	(b)	3.00	
집단 내	(d)	(e)	184		
전체	4416	(f)			

12. (a) 문제 10에는 몇 개의 집단이 있는가? (어떻게 알 수 있나?)
(b) 문제 10의 전체 표본크기는 얼마인가? (어떻게 알 수 있나?)
(c) 문제 11에는 몇 개의 집단이 있는가? (어떻게 알 수 있나?)
(d) 문제 11의 전체 표본크기는 얼마인가? (어떻게 알 수 있나?)

13. 문제 10과 문제 11 중 어느 경우에 Tukey의 HSD 검증이 필요한가? (설명하라.)

***14.** 일원 분산분석을 위한 *F* 검증의 기본 가정들을 생각하라(18.12절). 아래에 주어진 자료를 가지고 *F* 검증의 정당성을 주장할 수 있을 것으로 믿는가? (설명하라.)

	$\overline{X}$	*s*	*n*
집단 1	75	21	36
집단 2	58	16	37
집단 3	60	10	18

***15.** Loomis 교수는 각기 다른 읽기 지도 프로그램을 제공하고 있는 세 개 학교로부터 2학년 학생들의 표본을 하나씩 선정하였다. 그는 이 학교 학생들의 "음성 인식"에서 차이가 있을 것인지 확인하기를 희망한다. Loomis 교수는 각 학생들로 하여금 음성 인식 설문지를 완성하게 하고 다음의 결과를 얻었다.

	음성 인식 점수
프로그램 1:	17, 13, 14, 10
프로그램 2:	7, 5, 12, 8
프로그램 3:	16, 9, 15, 18

(a) H_0을 제시하라.

(b) 원점수 방법을 사용해서, $SS_{집단\ 내}$, $SS_{집단\ 간}$, $SS_{전체}$를 계산하라. ($SS_{집단\ 내} + SS_{집단\ 간} = SS_{전체}$인가?)

(c) $df_{집단\ 내}$, $df_{집단\ 간}$, $df_{전체}$의 값은 무엇인가?

(d) F 검증을 실시하고($\alpha = .05$), 결과를 ANOVA 요약표로 제시하라.

(e) H_0에 대한 여러분의 통계적 결정은 무엇인가?

(f) 이 분석으로부터 얻은 여러분의 실질적 결론은 무엇인가? (여러분의 분석은 완전한가?)

16. (a) 문제 15의 결과에 Tukey의 HSD 검증($\alpha = .05$)을 적용하라.

(b) 결론을 진술하라.

17. (a) 문제 15에 있는 각각의 평균치의 차이들에 대한 95% 신뢰구간을 설정하라.

(b) 이 신뢰구간들을 문제 16에 대한 답과 어떻게 비교되는가?

(c) $\mu_2 - \mu_3$에 대한 신뢰구간을 해석하라.

18. 여러분이 유의한 F 요비를 얻었고 이제 Tukey 검증을 적용하려고 한다. 그러나 n들의 크기가 다르다. 즉, $n_1 = 15$, $n_2 = 18$, $n_3 = 14$이다. 조화평균치를 계산하라.

19. 각각 20개의 사례를 포함한 다섯 개의 표본으로부터 나온 관찰치들을 사용해서 연구가 수행된다. 일원 분산분석으로부터 나온 일부 결과들은 $SS_{집단\ 간} = 717$과 $SS_{전체} = 6861$이다.

(a) $s^2_{집단\ 간}$과 $s^2_{집단\ 내}$를 계산하라.

(b) F 검증을 완성하고($\alpha = .01$), H_0에 대한 여러분의 통계적 결정을 진술하고, 결과를 요약표로 제시하라.

***20.** 한 집단에 아홉 개의 사례를 포함한 다섯 개의 다른 처치집단으로부터 나온 수행 점수들을 사용해서 일원 분산분석이 수행되었다. 유의한 F가 나왔다. 이 분석에서 $s^2_{집단\ 내} = 20.5$이고 처치집단의 평균치는 다음과 같다.
$\overline{X}_1 = 20.3$, $\overline{X}_2 = 12.2$, $\overline{X}_3 = 15.3$, $\overline{X}_4 = 13.6$, $\overline{X}_5 = 19.1$이다.

(a) $k(k-1)/2$ 공식을 사용해서 평균치들의 모든 가능한 쌍의 수를 결정하라.

(b) 18.9절(3단계)에서 예시한 것과 같이 표본들의 모든 가능한 평균치 쌍에서의 차이를 열거하라.

(c) 평균치들 간의 모든 가능한 쌍별 비교를 위해 Tukey 검증($\alpha = .05$)을 적용하고

최종 결론을 도출하라.

(d) 문제 20c를 $\alpha = .01$을 사용해서 반복하라.

***21.** 여러분은 초등학교 아동들에게 메타인지 전략을 가르치기 위한 네 가지 지도방법의 효과성을 비교하려고 한다. 40명의 5학년 학생들이 네 집단으로 무선적으로 나뉘어서 네 가지 방법 중의 하나에 따라 지도를 받았다. 그리고 나서 여러분은 각 아동들로 하여금 "소리내어 생각하기" 문제해결 과제를 풀게 하고, 그 동안 여러분은 그 아동이 사용하는 메타인지적 전략의 수를 기록하였다. 결과는 다음과 같다.

교수법			
1	**2**	**3**	**4**
$n_1 = 10$	$n_2 = 10$	$n_3 = 10$	$n_4 = 10$
$\Sigma X_1 = 242$	$\Sigma X_2 = 295$	$\Sigma X_3 = 331$	$\Sigma X_4 = 264$
$\Sigma X_1^2 = 6384$	$\Sigma X_2^2 = 9064$	$\Sigma X_3^2 = 11395$	$\Sigma X_4^2 = 7270$

(a) H_0을 제시하라.

(b) 원점수 방법을 사용해서, $SS_{집단 내}$, $SS_{집단 간}$과 $SS_{전체}$를 계산하라. ($SS_{집단 내} + SS_{집단 간} = SS_{전체}$인가?)

(c) F 검증을 완성하고($\alpha = .05$), H_0과 관련된 통계적 결정을 진술하고 결과를 ANOVA 요약표로 제시하라.

(d) 적절할 경우, Tukey 검증을 적용하라($\alpha = .05$).

(e) 이 분석에 대한 여러분의 최종 결론을 도출하라.

***22.** (a) 문제 21에 있는 각 평균치들의 차이에 대한 95% 신뢰구간을 설정하라.

(b) 이 신뢰구간이 문제 21의 결과와 어떻게 비교되는가?

***23.** 문제 15에서 기술한 연구를 문제 21에서 기술한 연구와 비교하라.

(a) 어느 연구에서 인과관계를 주장하기가 더 어렵겠는가? (설명하라.)

(b) 문제 15에서 나온 유의한 F 요비에 대한 교수 프로그램 이외의 가능한 설명은 무엇이 있겠는가?

제 19 장

요인분산분석: 이원 분산분석

19.1 "요인" 설계

분산분석(ANOVA)은 대부분 두 집단 이상이 포함된 연구에서 평균치들을 비교하기 위해 사용되는 기법들의 광범위한 집합이다. 일원 설계의 경우에는 집단들이 불빛자극의 색깔, 대학 전공, 등과 같은 **하나의** 요인 혹은 독립변수의 각기 다른 수준들을 대표한다. **요인설계**(factorial design)에서 연구자들은 **두 가지 이상의 요인**들을 동시에 연구한다. 이제 우리는 한 단계 복잡한 설계로 이동해서, 두 가지 요인을 포함하는 요인설계를 위한 통계적 분석인 **이원 분산분석**(two- way analysis of variance)을 살펴보려고 한다.

예를 들어, 한 실험심리학자가 (1) 언어학습 과제에서의 수행과 관련해서 불안한 피험자들이 불안하지 않은 피험자들과 다른지, 그리고 (2) 피험자들에게 압박감을 주는 정도가 다른 세트들의 지시문들이, 같은 과제에서의 수행에 영향을 미치는지를 알고 싶어 한다고 가정하자. 여기에는 **두 가지** 처치변수 혹은 요인들이 있다. 이 심리학자는, 하나는 첫 번째 요인(피험자의 불안)의 효과만을 다루고, 다른 하나는 두 번째 요인(지시문)의 효과만을 전적으로 다루는 두 개의 단일 요인 실험들을 따로 따로 수행할 수 있다. 그러나 보다 나은 전략은 요인설계를 사용하여 두 처치 변수들을 하나의 실험에서 동시에 조사할 수 있는 것이다.

이것이 왜 더 나은 전략인가? 이원 분산분석은 별도의 일원 ANOVA를 수행하는 것에 비해 세 가지 장점을 제공한다. 첫째, 이원 ANOVA는 보다 민감한, 또는 강력한 검증이다. 둘째, 이원 ANOVA는 보다 효율적이다. 어떤 의미에서 하나의 질문으로 두 가지에 대한 답을 얻는 것이다. 셋째, 가장 중요한 것으로 볼 수 있는 장점으로, 이원 ANOVA는 요인들 간의 "상호작용"에 관한 부가적인 질문을 할 수 있게 해 준다. 즉, 서로 다른 지시문의 효과가 개인이 불안수준이 높은지 낮은지에 따라 달라지는가? (아마도 높은 불안을 가진 사람들은 높은 압박감을 느끼게 하는 상황에서 수행 수준이 저하될 수 있고, 반면에 낮은 불안을 가진 사람들은 느끼는 압박감에 관계없이 동일한 수행을 할 수 있을 것이다.) **상호작용**에 관한 질문 – 두 가지 요인들이 같이 작용하는 "연합효과" – 은 이론과 실제에서 모두 매우 중요한데, 이것은 각 요인을 서로 다른 실험에서 별도로 연구해서는 답을 얻을 수가 없다. 우리는 19.5절과 19.6절에서 상호작용의 의미와 중요성에 대해 더 자세히 다룰 것이다.

방금 다룬 이원 요인설계는 **요인분산분석**(factorial analysis of variance)의 한 형태이다. 동시에 셋 이상의 요인들을 고려하는 것도 가능하다.[1] 그러나 이러한 설계는 이 장에서 배우게 될 이원 설계의 단순한 확장에 불과하다.

19.2 이원 ANOVA의 논리: 개관

두 번째 요인을 첨가하는 것은 **상호작용**이라는 개념을 도입하고, 또한 앞으로 제시될 절들에서 보게 되겠지만, 몇 가지 계산의 정교화를 요구한다. 그러나 이원 ANOVA의 전반적인 논리는 일원 ANOVA의 논리와 유사하다. 자세한 내용으로 들어가기 전에 이 논리에 대한 간단한 개관을 하기로 한다.

두 개의 변수들은 "A요인"과 "B요인"으로, 그들의 상호작용은 "A×B" ("에이 바이 비"라고 읽는다)라고 칭하기로 한다. 단일 요인설계에서와 마찬가지로 이원 ANOVA에서의 전체 자승합도 집단 내와 집단 간 자승합으로 이루어져 있다. 즉,

$$SS_{\text{전체}} = SS_{\text{집단 내}} + SS_{\text{집단 간}}$$

이다. 그러나 이제 $SS_{\text{집단 간}}$은 세 가지 추가적인 변이의 근원으로 분할될 수 있는데, A요인(SS_A), B요인(SS_B), 그리고 A×B 상호작용($SS_{A\times B}$)과 관련된 것들이다. 따라서

$$SS_{\text{집단 간}} = SS_A + SS_B + SS_{A\times B}$$

이다. 그러므로

$$SS_{\text{전체}} = SS_{\text{집단 내}} + SS_A + SS_B + SS_{A\times B}$$

가 된다. 그림 19.1은 이원 ANOVA에서의 전체 자승합에 대한 분할을 예시해 준다.

1) Kirk(1982) 책은 "다원(multi- way)" 요인설계의 훌륭한 정보원이다.

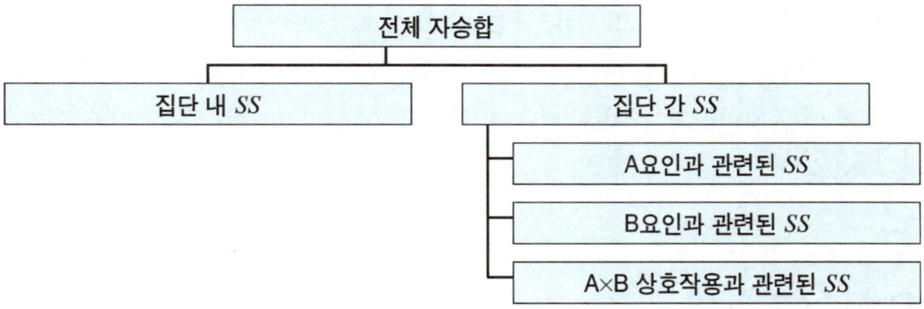

그림 19.1 이원 ANOVA에서 전체 자승합의 분할

$SS_{집단\ 내}$, SS_A, SS_B, $SS_{A\times B}$는 각각 해당 자유도로 나누면 분산추정치로 변환된다.

$$s^2_{집단\ 내} = \frac{SS_{집단\ 내}}{df_{집단\ 내}} \qquad s^2_A = \frac{SS_A}{df_A} \qquad s^2_B = \frac{SS_B}{df_B} \qquad s^2_{A\times B} = \frac{SS_{A\times B}}{df_{A\times B}}$$

일원 ANOVA에서와 같이 $s^2_{집단\ 내}$는 고유분산(σ^2)**만**에 대한 추정치이다. 반면에 s^2_A는 σ^2에 A요인의 효과를 **합친** 추정치이고, s^2_B는 σ^2에 B요인의 효과를 **합친** 추정치이며, $s^2_{A\times B}$는 σ^2에 두 요인들의 연합효과를 **합친** 것에 대한 추정치이다. 즉,

$$s^2_{집단\ 내} \xrightarrow{추정} \sigma^2\ (고유\ 분산)$$
$$s^2_A \xrightarrow{추정} \sigma^2 + A요인\ 효과$$
$$s^2_B \xrightarrow{추정} \sigma^2 + B요인\ 효과$$
$$s^2_{A\times B} \xrightarrow{추정} \sigma^2 + 상호작용효과$$

이다.

전집에서 A요인은 아무런 효과가 없다는 영가설 하에서(예를 들어, 높거나 낮은 불안의 개인들의 언어학습 수행의 평균은 같다), s^2_A와 $s^2_{집단\ 내}$는 둘 다 σ^2만을 추정하기 때문에 크기가 비슷해야 한다. 마찬가지로, B요인에 관한 영가설이 사실이라면(예를 들어, 전집에서 수행에 대한 압박감은 언어학습 수행에 아무런 영향을 주지 않는다), s^2_B와 $s^2_{집단\ 내}$도 크기가 비슷할 것이라고 기대한다. 그리고 이것은 $s^2_{A\times B}$에서도 마찬가지이다. 만약, 사실상, 전집에서 이 두 요인들 사이에 연합효과가 없다면 $s^2_{A\times B}$와 $s^2_{집단\ 내}$는 거의 비슷해야 한다. 따라서 그들의 해당 영가설 하에서는 다음의 F 요비들은 1.00으로부터 유의하게 다르지 않아야 한다.

$$F_A = \frac{s^2_A}{s^2_{집단\ 내}} \qquad F_B = \frac{s^2_B}{s^2_{집단\ 내}} \qquad F_{A\times B} = \frac{s^2_{A\times B}}{s^2_{집단\ 내}}$$

전집에서의 요인A, 요인B, 혹은 A×B 상호작용에 관한 효과의 정도에 따라 해당 분산 추정치들은 $s^2_{집단 내}$보다 더 커지는 경향을 보일 것이다. 만약 F 요비가 1.00보다 훨씬 커져서 표집변이가 그것을 제대로 설명할 수 없으면, 여러분은 기본 영가설을 기각하게 된다.

19.3 "2×3" 설계의 예

실험을 준비하면서 앞서 소개한 심리학자는 우선 심리학과 피험자 풀로부터 자원한 사람들에게 Taylor Manifest Anxiety Scale(Taylor의 표출 불안 척도)를 실시하였다. 그 불안점수에 근거해서 그는 각각 6명의 피험자들로 "높은 불안" 집단과 "낮은 불안" 집단의 두 집단을 구성하고, 나머지 중간 수준의 불안 점수를 가진 사람들은 정중하게 돌려보냈다.[2] 우리는 이 처치 변수를 A요인이라고 지칭할 것이다. 그것은 A_1(낮은 불안)과 A_2(높은 불안)의 두 수준을 가졌다. 이 심리학자는 그리고 나서 각 집단을 무선적으로, 서로 다른 세트의 지시문이 주어질 2명으로 된 세 개의 하위 집단으로 나누었다. 이 두 번째 처치변수, B요인은 따라서 세 수준을 갖는다. 첫 번째 지시문(B_1)은 언어학습 과제의 하찮음을 강조하고(낮은 압박감), 두 번째 지시문(B_2)은 잘하도록 노력하라고 피험자들에게 권고하고(보통 압박감), 세 번째(B_3)에서는 그 과제가 실험의 피험자로서 앞으로 참여할 자원자들을 걸러내기 위한 일종의 지능검사라고 알려 주었다(높은 압박감).[3]

표 19.1에서 보여 주고 있는 것과 같이 전체 연구는 각각 2명($n_{칸}=2$)의 피험자로 된 여섯 개의 독립적인 집단을 포함하는 것이다. 2요인설계에서는, **칸**(cell)은 특정 **행**(A_1, A_2)과 특정 **열** 수준(B_1, B_2, B_3)의 유일한 조합이다. 이 경우에는 두 개의 행과 세 개의 열이 있으므로 "2×3" 설계라는 명칭을 얻게 되는 것이다. 각 칸이, $n_{A_1}=n_{A_2}$ 그리고 $n_{B_1}=n_{B_2}=n_{B_3}$의 같은 사례수인 것을 주목하라. 두 요인의 모든 수준들에 걸친 n들의 합은 전체 사례수가 된다.

$$n_{A_1}+n_{A_2}=n_{B_1}+n_{B_2}+n_{B_3}=12=n_{전체}$$

이 연구의 결론에서 이 심리학자는 학습과제에서의 수행점수들로부터 칸 평균치, 행

2) 이전의 관례에서와 마찬가지로 이 예제에서 작은 n들은 계산의 세부사항을 최소화하기 위한 목적을 반영하는 것이다.

3) 물론 이 연구가 끝나면 피험자들에게는 적절한 해명을 해 줄 것이다.

표 19.1 이원 ANOVA: 처치조건에 대한 피험자 배정

		지시문			
		낮은 압박감 (B1)	보통 압박감 (B2)	높은 압박감 (B3)	
피험자 불안	낮은 불안 (A1)	$n_{칸} = 2$	$n_{칸} = 2$	$n_{칸} = 2$	$n_{A_1} = 6$
	높은 불안 (A2)	$n_{칸} = 2$	$n_{칸} = 2$	$n_{칸} = 2$	$n_{A_2} = 6$
		$n_{B_1} = 4$	$n_{B_2} = 4$	$n_{B_3} = 4$	$n_{전체} = 12$

평균치, 열 평균치들을 계산할 수 있다. 그것들이 표 19.2에 나타난 것과 같다고 가정하자. 표의 가장자리에 있는 칸외항(margin)들에서 볼 수 있는 행과 열의 평균치들은 그 행(또는 열)에 속해 있는 칸 평균치들의 **평균**이 되는 것을 주목하라. 이것은 칸의 사례수들이 같을 때는 항상 그렇다. 총평균치, $\bar{\bar{X}}$가 **모든** 점수들의 평균치인 것을 기억하라. 각 칸의 **사례수**가 같으면, $\bar{\bar{X}}$는 칸 평균치들의 평균이기도 하며, 행 평균치들의 평균이고, 열 평균치들의 평균이기도 하다(이것은 표 19.2에서 쉽게 확인할 수 있다).

19.4 주효과

이 심리학자는 피험자 불안의 **전체적인** 영향과, 또한 서로 다른 지시문들의 **전체적인** 영향에 관한 질문을 할 수 있다. 분산분석의 용어로, 이것은 **주효과**(main effects)에 관한

표 19.2 이원 ANOVA: 칸 평균치, 칸외 평균치, 총평균치(각 칸의 원점수는 괄호 속에 있음)

		지시문			
		낮은 압박감 (B1)	보통 압박감 (B2)	높은 압박감 (B3)	
피험자 불안	낮은 불안 (A1)	$\bar{X}_{A_1B_1} = 5.00$ (3, 7)	$\bar{X}_{A_1B_2} = 8.00$ (7, 9)	$\bar{X}_{A_1B_3} = 11.00$ (10, 12)	$\bar{X}_{A_1} = 8.00$
	높은 불안 (A2)	$\bar{X}_{A_2B_1} = 4.00$ (3, 5)	$\bar{X}_{A_2B_2} = 6.00$ (5, 7)	$\bar{X}_{A_2B_3} = 2.00$ (2, 2)	$\bar{X}_{A_2} = 4.00$
		$\bar{X}_{B_1} = 4.50$	$\bar{X}_{B_2} = 7.00$	$\bar{X}_{B_3} = 6.50$	$\bar{\bar{X}} = 6.00$

질문이라 한다. 앞에서 암시했던 바와 같이 각각의 주효과에 해당하는 영가설이 있다. 그것들을 공식적으로 진술하면,

$$\text{A요인의 주효과 (불안)}: H_0: \mu_{A_1} = \mu_{A_2}$$

$$\text{B요인의 주효과 (지시문)}: H_0: \mu_{B_1} = \mu_{B_2} = \mu_{B_3}$$

$H_0: \mu_{A_1} = \mu_{A_2}$에 대한 F 검증은 **행 평균치들**($\overline{X}_{A_1} = 8.00$과 $\overline{X}_{A_2} = 4.00$)이 유의하게 다를 것인지를 알려 줄 것이다. 본질적으로, 여러분은 12명의 피험자들을 각각 6명씩의 높은 불안과 낮은 불안 집단으로 나누어서 두 집단의 평균치들을 비교하기 위한 일종의 일원 분산분석을 수행하는 것이다. 마찬가지로 $H_0: \mu_{B_1} = \mu_{B_2} = \mu_{B_3}$에 대한 F 검증도 세 가지 지시문들에 대한 **열 평균치들**($\overline{X}_{B_1} = 4.50$, $\overline{X}_{B_2} = 7.00$, $\overline{X}_{B_3} = 6.50$)이 유의하게 다른가를 결정하기 위한 일원 분산분석과 유사한 것이다. 여러분은 **같은** 12명의 피험자들을 사용하는데, 단지 이번에는 그들이 받는 지시문의 유형에 따라 각각 네 명씩 세 집단으로 나누는 것이다. 일원 분산분석에서처럼, 각 경우에서의 대립가설은 H_0이 어떤 형태로든지 사실이 아니라는 것이고 따라서 비방향적이다.

결과적으로, 주효과는 표 19.2에 있는 것과 같이 표의 칸외항에 있는 평균치들 간의 차이만을 일컫는 것이다. 한 요인의 한 수준에 대한 전체, 또는 칸외항 평균치들은 **다른 요인의 모든 수준들에서**의 칸 평균치들의 평균이라는 것을 기억하라. 예를 들어, 낮은 불안 피험자들에게 더 유리하게 나온 4점 차이, 즉, $\overline{X}_{A_1} - \overline{X}_{A_2} = 8.00 - 4.00 = 4.00$를 생각해 보자. 이것은 낮은 불안 집단 피험자들은 **낮은 압박감** 조건에서는 1점(즉, 5.00 대 4.00)을 앞서고, **보통 압박감** 조건에서는 2점(8.00 대 6.00)을, 그리고 **높은 압박감** 조건에서는 9점(즉, 11.00 대 2.00)을 앞선 것의 평균이다. 따라서

> 한 요인에 대한 주효과는 "평균적인" 효과이다. 그것은 다른 요인의 수준들에 퍼져 있는 그 요인과 관련되어 나타나는 차별적인 효과이다.

주효과를 해석할 때는, 그들의 "평균적인" 속성을 절대로 잊어서는 안 된다. 이것은 특히 앞으로 곧 보게 될 상호작용이 존재하는 경우에는 더욱 중요한 권고 사항이다.

19.5 상호작용

요인설계를 하면, 우리는 새롭고 중요한 질문에 대해 생각해 볼 수 있는데, 이것은 단순 t 검증이나 일원 분산분석으로는 답을 얻을 수 없는 것이다. **높은 불안과 낮은 불안 피험자**

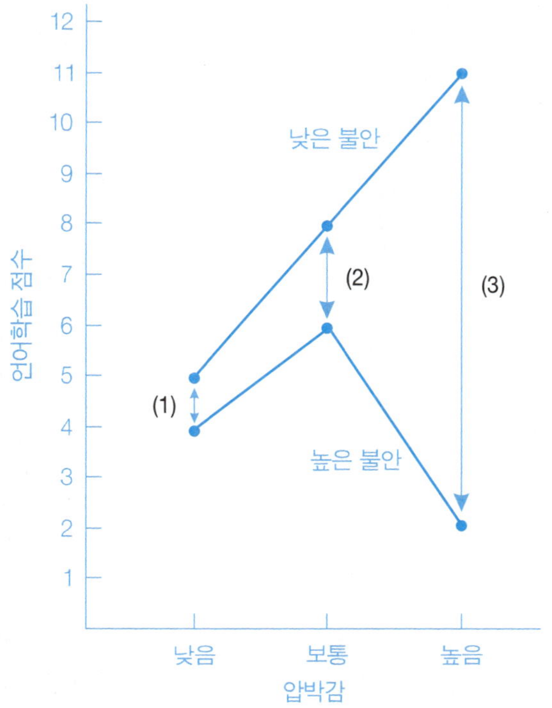

그림 19.2 2×3 분산분석의 칸 평균치 (표 19.2의 자료): ordinal 상호작용

들 사이에 어떤 차이가 있든지 간에, 그 차이가 몇 가지 다른 세트의 지시문들에 있어서 같은가?[4] 이미 알고 있듯이, 이 질문은 두 요인들 사이에 가능한 **상호작용**의 존재를 알아보려는 것이다. 여기서도 F 요비가 계산될 수 있다. 만약 상호작용 효과가 유의하게 나오면, 이것은 피험자의 불안 때문에 생기는 차이가 세 가지 지시문들에 있어서 같지 **않다**는 것을 의미한다.

따라서 이원 ANOVA에서 세 번째로 검증될 영가설은 **상호작용이 없다**는 것이다. 그것은 다음과 같은 일반적 용어로 진술될 수 있다.

> 상호작용이 없으면, 한 요인의 여러 수준들 간의 전집의 차이들은 다른 요인의 수준에 관계없이 같다.

만약 표본의 차이가, 다른 요인의 수준에 따라서, 표집변이에 기초해서 예상될 수 있는 것보다 더 변동이 많다면, 우리는 H_0을 기각한다. 이런 경우 우리는 한 요인의 영향이

4) 이 질문은 똑같이 타당하게 다음과 같이 진술될 수 있다. "몇 가지 지시문들의 세트들 간에 차이가 무엇이든지 간에 그 차이들은 낮거나, 높은 불안 피험자들에게서 같은가?" 어떤 연구에서는 질문을 어느 한 방향에서 묻는 것이 더 의미가 있을 수 있다. (결과는 어느 방향으로든 간에 같게 나온다.)

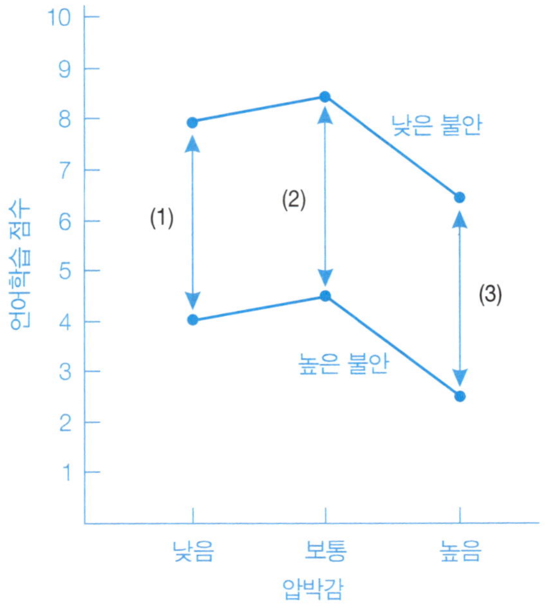

그림 19.3 2×3 분산분석의 칸 평균치: 상호작용 없음

사실상 다른 요인의 특정한 수준에 따라 달라진다는 결론을 내리게 된다.

상호작용의 상황은 그림 19.2에서 보여 주는 것과 같이 그림으로 그려서 나타내 보면 좀 더 쉽게 이해될 수 있을 것이다. 여기서, 여섯 개의 점들은 표 19.2의 칸 평균치들을 나타내고, 세 개의 불안 수준에 대한 칸 평균치들이 하나의 직선으로 연결되었다. **각 지시문에서**의 높은 불안과 낮은 불안의 칸 평균치들 간의 차이를 주목하라. (1), (2), (3)으로 표시된 이 차이들이 큰 차이가 있음을 볼 수 있다. 이것이, 두 요인간의 상호작용이 존재하는 상황의 특징이다. 즉, **학습수행에 미치는 불안수준의 영향은 주어지는 지시문에 따라 다른 것으로 보인다.** 좀 더 구체적으로 말하면, 피험자들에게 상당한 압박감을 주도록 만들어진 지시문이 낮은 불안과 높은 불안 피험자들 간의 수행의 차이를 가장 많이 초래하였다.

그림 19.3은 만약 상호작용이 **없었다면** 이 그림이 어떻게 될 것인가를 보여 준다. 이 그림은 불안이 높고 낮은 피험자들 간의 전체 평균치의 차이는 그림 19.2에서처럼 4점이지만, 개개의 칸 평균치들이 **전혀 상호작용이 없는** 것을 보여 주도록 수정되었다. 불안이 높고 낮은 피험자들 간의 차이 (1), (2), (3)이 세 가지 유형의 지시문에서 어떻게 같은가에 주목하라. 두 선들은 완벽하게 평행이다. 즉, **주어진 지시문에 관계없이** 낮은 불안 피험자들이 높은 불안 피험자들 보다 평균적으로 4점 더 잘했다. 물론 현실적으로는 그림 19.3에 있는 것 같은 표본결과를 만난다는 것은 거의 있을 수 없는 일이다. 전집에서는 상호작용이 없다고 해도, 우리는 불안이 높고 낮은 피험자들 간의 표본에서의 차이가, 무선표집에 연루되는 우연요인의 결과로, 지시문의 종류에 따라 어느 정도 달라질

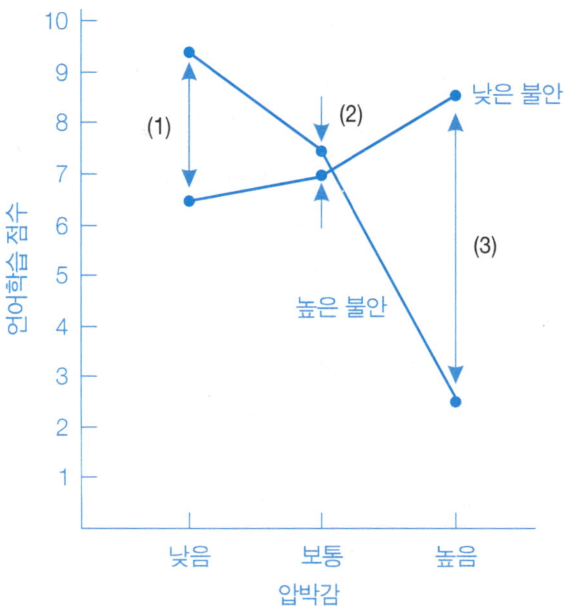

그림 19.4 2×3 분산분석의 칸 평균치: disordinal 상호작용

것을 예상할 수 있다.

그림 19.2는 두 선들이 교차하지 않는, **ordinal 상호작용**을 예시한다. 선들이 교차하면 그 상호작용은 **disordinal 상호작용**이라고 한다. 예를 들어, 앞의 심리학자의 자료가 그림 19.4와 같이 그려졌다고 가정하자. 낮고 높은 불안 피험자들 간의 평균의 차이가 지시문의 세트에 따라 **크기**가 다를 뿐만 아니라 그 크기의 차이의 **부호**도 다르다. 다시 말해서, 여기서는 낮은 불안 피험자들은 높은 압박을 받을 경우 수행에서 유리한 반면에, 높은 불안 피험자들은 낮은 압박을 받는 경우에 유리하다는 것이다.

19.6 상호작용의 중요성

상호작용을 알아볼 수 있다는 것이 이원 요인설계가 "기본적인" 단일 요인설계에 비해 중요한 장점을 제공해 주는 것이라는 것을 아는 것은 어려운 일이 아니다. 상호작용이 없는 (아니면 최소인) 경우에 주효과에 대한 일반적인 결론은 매우 타당한 것이다. 즉, 문제의 처치변수의 효과가 다른 변수의 여러 수준들에서 같다는 것이다. 그러나 중요한 정도의 상호작용이 있을 경우에는 이런 결론은 잘 맞지가 않는다.

상황이 그림 19.3에서와 같고, 불안에 대한 유의한 주효과가 나왔다고 가정하자. 낮은 불안 피험자들이 높은 불안 피험자들보다 "유의하게" 수행을 더 잘했다는 결론은 두 번째 요인의 모든 수준에 **일반화할 수 있는** 것으로 보인다. 그러나 만약 상황이 그림 19.2와 같다면, 똑 같은 주효과에 대한 결론은 정말로 잘못된 것이다. 구체적으로 보면, 주효과에 대한 결론은 높고 낮은 불안 피험자들의 차이가 낮은 압박감을 주는 지시문에서는 무시할 정도이지만, 반면에 지시문이 그들에게 잘하라는 압박감을 주는 경우에는 높은 불안 피험자들은 큰 (그리고 중요할 수도 있는) 손해를 볼 수 있다는 사실을 생각하지 못한 것이다. 즉, 주효과 결론을 각기 다른 지시문들에 일반화할 수 없다는 것이다. 더욱 오도하게 하는 것은 그림 19.4에서와 같이 상호작용이 존재하는 경우에 불안의 주효과가 있는 경우($\overline{X}_{A_1} > \overline{X}_{A_2}$)이다.

상호작용효과는 주효과의 의미에 자격을 부여하거나 (혹은 제한해) 주기 때문에 유의한 상호작용효과는 해석 시 붉은 깃발의 기능을 한다고 할 수 있다.

> 상호작용이 나타나면 우리는 해석을 하기 전에 상호작용을 하는 요인의 각 수준에서 관심이 있는 요인의 효과를 살펴보아야 한다.

분명히 가장 좋은 시작은 칸 평균치들의 표와 이 값들의 그림(예: 표 19.2와 그림 19.2)을 검토하는 것이다.

때로는 상호작용에 관한 질문이 주효과에 관한 질문보다 상당히 더 중요하다. 예를 들면, 다양한 교수방법들의 효과를 연구하는 많은 연구자들은 그들의 연구 설계에 피험자의 능력수준을 대표하는 요인을 포함시킨다. 이때, 연구자들의 목표는 높은 능력의 피험자들은 교수방법에 무관하게 낮은 능력의 피험자들보다 성취과제에서 더 수행을 잘하는 경향이 있다는 이미 확립된 결과(능력의 주효과)를 확인하는 것이 아니다. 그보다는 이러한 연구들의 핵심은, 그림 19.5에 예시된 것과 같은, 능력과 교수방법 간의 **상호작용**을 탐색하는 것이다. 높은 능력의 피험자들은 평균적으로 낮은 능력의 피험자들보다 방법에 관계없이 잘하는 것은 놀라운 일이 아니다. 중요한 결과는 높은 능력의 피험자들은 B 방법보다 A 방법으로부터 더 많은 혜택을 받는 반면에 낮은 능력의 피험자들은 A 방

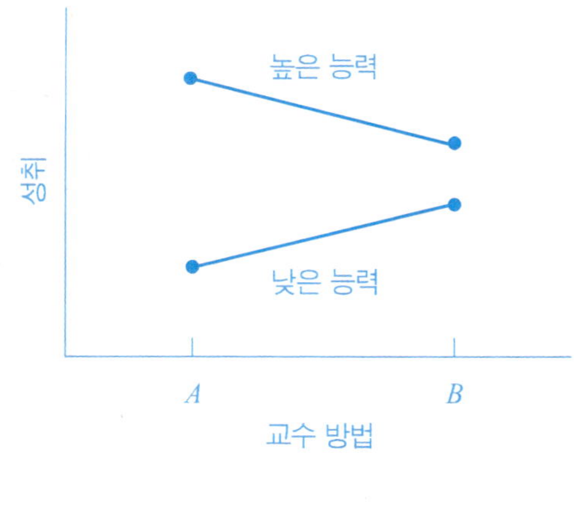

그림 19.5 학생들의 능력과 교수방법 간의 ordinal 상호작용(2×2 요인설계)

법보다 B 방법으로부터 더 많은 혜택을 받는다는 사실이다. “최선”의 처치라는 것은 없다는 것이다. 즉, 한 집단을 돕는 방법이 다른 집단은 방해를 할 수 있다는 것이다. 이와 같은 상호작용은 분명히 교수이론과 실제 모두에 중요한 시사점을 제공하며, 이러한 시사점들은 주효과에서만 나온 발견과 관련된 사항을 한참 넘어서는 것이다. 또한 상호작용의 중요성은 궁극적인 목적이 처치와 환자 간의 적절한 조화인 임상심리학에서 볼 수 있다.

19.7 기본가정 (및 기타 고려사항)

이원 ANOVA를 위한 F 검증의 기본 가정들도 일원 ANOVA와 독립표본 t 검증과 동일하다. 다만 여기서는 “집단”이라는 용어대신에 **칸**이라는 용어가 이 가정들을 사용할 때 사용된다. 구체적으로 보면, 하나의 칸에 포함된 관찰들은 다른 칸의 관찰치들과 독립적이어야 한다는 점, σ^2이 모든 칸들에서 같아야 하는 점(분산의 동질성), 칸의 전집들이 정상적으로 분포한다는 점들이다. 전과 마찬가지로, 분산의 동질성과 정상성은 표본의 크기가 증가됨에 따라 큰 관심거리가 되지 않는다.

이 장에 기술된 절차들은 각 칸의 피험자 수가 같아야 한다는 가정이 필요한데, 이런 경우를 **균형 설계**(balanced design)라고 부른다. 일원 분산분석에서는 “불균형(unbalanced)” 설계가 사용될 수 있지만, **칸의 사례수가 서로 다른 요인설계는 문제를 야기시킨다.** 불균형 설계에서 발생할 문제를 다루는 방법들이 있지만, 그것은 개론 수준의 교재의 범위를 많이 벗어나는 것이다. 여러분에게 줄 수 있는 최선의 충고는 요인설계를 계획할 때는 균형을 맞추라는 것이다. 만약 여러분의 설계가 어떤 이유에서 불균형적이 되었다면(예: 피험자 탈락), 가능한 해결방안에 대해 통계적 자문을 구하도록 해야 한다.

마지막으로, 2요인설계에서는 피험자들이 여러 수준의 처치변수들에 무선적으로 배정을 받든지(예: 서로 다른 약물의 용량) 아니면 원래 특성(예: “남성” 대 “여성”)에 근거해서 배정을 받는다. 앞의 심리학자의 실험에서와 같이 두 배정 방법이 다 한 연구에서 사용될 수 있다. 그 심리학자는 피험자들을 그들의 불안수준에 따라 A_1과 A_2에 배정하고 난 다음에 각 피험자를 여러 지시문 유형들 중 하나에 무선적으로 배정하였다. 이원 ANOVA의 일반적인 논리는 피험자 집단이 어떻게 구성되느냐에 관계없이 다 마찬가지이다. 그러나 여러분은 무선배정 절차를 적용하지 않은(혹은 못한) 연구로부터 얻어진 결과를 해석할 때는 특별히 신중을 기해야 한다. 다시 한 번, 앞에서 지적했듯이 (14.9절을 보라) 이와 같은 경우에 여러분의 결과가 나타나게 된 “원인”은 대체적으로 그렇게 단순하지가 않다.

19.8 전체 자승합과 자유도의 분할

이제는 구체적인 계산절차로 들어가자. 이원 분산분석에서는 다섯 가지 자승합을 고려해야 하는데, $SS_{전체}$, $SS_{집단 내}$, SS_A, SS_B, $SS_{A\times B}$가 그것들이다(그림 19.1을 보라). 앞의 네 개는 앞 장의 일원 분산분석의 전개로부터 쉽게 이해할 수 있는 것들이다. 이번 절에서 우리는 F 검증을 하는 데 있어서의 자세한 내용을, 분석과정 중에 추출되는 자승합들과 그것들과 연결된 자유도를 살펴봄으로써, 단계별로 전개해 나가는 것으로 시작하려 한다. 우리는 자승합들을 계산하는데 원점수 공식들이 실제 현장에서 더욱 편리하기 때문에 원점수 공식들에 초점을 맞출 것이다.

전체 자승합(total sum of squares): $SS_{전체}$

이것은 일원 분산분석에서의 $SS_{전체}$와 동일하다. 이것은 자료 속에 존재하는 전체 변이의 측정치이다. 이것은 분석에 포함되는 모든 점수들의 총평균치로부터의 개인점수의 자승된 편차들에 기초한다: $(X-\overline{\overline{X}})^2$.

$SS_{전체}$는 일원 ANOVA에서와 같은 방식으로 계산된다.

표 19.3 이원 ANOVA를 위한 자승합을 결정하기 위한 기본 계산

	B_1 ($n_{B_1}=4$)	B_2 ($n_{B_2}=4$)	B_3 ($n_{B_3}=4$)	
A_1 ($n_{A_1}=6$)	($n_{칸}=2$) ❷ $\Sigma X=3+7=10$ ❶ $\Sigma X^2=9+49=58$	($n_{칸}=2$) $\Sigma X=7+9=16$ $\Sigma X^2=49+81=130$	($n_{칸}=2$) $\Sigma X=10+12=22$ $\Sigma X^2=100+144=244$	❸ $\Sigma X_{A_1}=10+16+22$ $=48$
A_2 ($n_{A_2}=6$)	($n_{칸}=2$) $\Sigma X=3+5=8$ $\Sigma X^2=9+25=34$	($n_{칸}=2$) $\Sigma X=5+7=12$ $\Sigma X^2=25+49=74$	($n_{칸}=2$) $\Sigma X=2+2=4$ $\Sigma X^2=4+4=8$	❹ $\Sigma X_{A_2}=8+12+4$ $=24$
	❺ $\Sigma X_{B_1}=10+8=18$	❻ $\Sigma X_{B_2}=16+12=28$	❼ $\Sigma X_{B_3}=22+4=26$	

❽ $\sum^{모든\ 점수들} X^2 = 48+24(또는\ 18+28+26)=72$

❾ $\sum^{모든\ 점수들} X^2 = 58+130+\cdots+8=548$

$n_{전체}=12$

전체 자승합: 이원 ANOVA

$$SS_{전체} = \sum^{모든\ 점수들} X^2 - \frac{\left(\sum^{모든\ 점수들} X\right)^2}{n_{전체}} \quad (19.1)$$

첫 번째 항은 익숙한 **모든** 자승된 점수들의 합이다. (합치기 **전에** 각 점수들을 자승하는 것을 기억하라!) **모든 칸**에 대한 자승된 점수들의 합을 계산하는 것으로부터 시작한다. 표 19.3의 ❶에서 A_1B_1 칸 속의 두 개의 자승된 점수들에 대한 합계를 볼 수 있는데, $\Sigma X^2 = 3^2 + 7^2 = 9 + 49 = 58$이다. 이제 ΣX^2 값을 모든 칸들에서 다 더한다. 이 값은 ❾에서 볼 수 있다. 공식 19.1의 분모는 모든 점수들의 합의 자승이다. 각 칸의 ΣX를 계산하고(❷), 이 값들을 더해서 **행의 합들**(❸과 ❹)을 구하고, 또한 **열의 합들**(❺, ❻, ❼)을 구하고 그리고 나서 행의 합**이나** 열의 합 중 하나를 더한다(❽). 이제 $SS_{전체}$를 계산한다.

$$SS_{전체} = 548 - \frac{72^2}{12} = 548 - 432 = 116$$

일원 ANOVA에서와 마찬가지로 2요인설계(two-factor design)에서 $SS_{전체}$의 자유도는 전체 사례수 빼기 일과 같다.

전체 자유도: 이원 ANOVA

$$df_{전체} = n_{전체} - 1 \quad (19.2)$$

현 자료에서는 $df_{전체} = 12 - 1 = 11$이다.

집단 내 자승합(within-groups sum of squares): $SS_{집단\ 내}$

요인 분산분석에서는 "집단"은 **칸**이다. 따라서 요인설계에서 $SS_{집단\ 내}$는 **칸 내** 변이를 반영하고, 따라서 개인 점수들이 그것이 속한 칸의 평균치들로부터 떨어진 편차를 자승한 것에 기초한다. 즉, $(X - \overline{X}_{칸})^2$이다. 이 2×3 설계에서는 $SS_{집단\ 내}$는 여섯 개 집단을 가진 일원 ANOVA에서와 같이 자료를 분석하면 얻는 $SS_{집단\ 내}$와 같다.

$SS_{집단\ 내}$는 개인 점수들과 칸의 합으로부터 계산된다.

집단 내 자승합: 이원 ANOVA

$$SS_{\text{집단 내}} = \sum^{\text{모든 점수들}} X^2 - \frac{\sum^{\text{모든 칸들}}\left(\sum^{\text{칸}} X\right)^2}{n_{\text{칸}}} \quad (19.3)$$

여러분은 이미 이 공식의 첫 번째 식에 익숙해 있다(표 19.3의 ❾를 보라). 공식의 오른쪽 부분의 괄호 속에 있는 **식은 주어진 칸에** 있는 점수들을 다 더하고 그 합을 자승하라는 것을 의미한다. A_1B_1 칸에서는 이 합계가 $3 + 7 = 10$이고(❷) 그것의 자승은 100이다. 두 번째 괄호 밖에 있는 Σ 기호는 단순히 여러분들로 하여금 이 값들을 여섯 개의 칸들에서 모두 더하라고 지시하는 것이다. 그 결과는 $10^2 + 16^2 + \cdots + 4^2 = 1064$이고 이것을 각 칸에 있는 점수들의 숫자($n_{\text{칸}}$)로 나눈다. 이것들을 모두 합치면 다음과 같다.

$$SS_{\text{집단 내}} = 548 - \frac{1064}{2} = 548 - 532 = 16$$

각 칸 내에는 $n_{\text{칸}} - 1$ 자유도가 있다. 만약 R을 행(A요인의 수준들)의 수를 나타내고 C를 열(B요인의 수준들)의 수를 나타내는 것으로 놓으면, $SS_{\text{집단 내}}$와 관련된 자유도는 $(R)(C)(n_{\text{칸}} - 1)$이 된다.

집단 내 자유도: 이원 ANOVA

$$df_{\text{집단 내}} = (R)(C)(n_{\text{칸}} - 1) \quad (19.4)$$

여기서는, $df_{\text{집단 내}} = (2)(3)(2 - 1) = 6$이다.

A요인에 대한 자승합: SS_A

이것은 A요인의 각 수준들이 하나의 집단으로 간주되는(B요인의 수준들은 무시하고) 일원 설계에서의 $SS_{\text{집단 간}}$과 유사하다. 즉, SS_A는 현재의 예가 두 개의 집단, A_1과 A_2를 가진 일원 분산분석에서처럼 분석된다면 얻어질 수 있는 $SS_{\text{집단 간}}$과 동일하다. 이것은 행 평균치들이 총평균치로부터 떨어진 편차들의 자승에 기초한다. 즉, $(\overline{X}_{A_1} - \overline{\overline{X}})^2$, $(\overline{X}_{A_2} - \overline{\overline{X}})^2$ 등등이다.

SS_A는 행의 합들과 전체 총합으로부터 계산된다.

자승합: A요인

$$SS_A = \frac{(\Sigma X_{A_1})^2 + (\Sigma X_{A_2})^2 + \cdots}{n_A} - \frac{\left(\sum^{\text{모든 점수들}} X\right)^2}{n_{\text{전체}}} \qquad (19.5)$$

여기서 새로운 부분은 $(\Sigma X_{A_1})^2 + (\Sigma X_{A_2})^2 + \cdots / n_A$뿐이다. 현 설계에 적용하면, 먼저 ❸과 ❹에서 볼 수 있는 두 행 합계를 자승한다. 그리고 나서 이것들을 합해서 각 행의 합을 만든 점수들의 숫자인 n_A로 나눈다($n_A = 6$). 이 결과로부터, 이미 $SS_{\text{전체}}$를 계산할 때 얻은, 공식 19.5의 나머지 부분을 빼면 된다. 따라서 이를 계산하면 다음과 같다.

$$SS_A = \frac{48^2 + 24^2}{6} - \frac{72^2}{12} = 480 - 432 = 48$$

A요인에는 R개 수준이 있으므로, R개의 평균치들이 총평균치 근처에 있게 된다. 그러므로 자유도는 다음과 같다.

자유도: A요인

$$df_A = R - 1 \qquad (19.6)$$

따라서 이 예제에서는 $df_A = 2 - 1 = 1$이다.

B요인에 대한 자승합: SS_B

$SS_{\text{집단 간}}$과의 유사성은 여기서도 마찬가지로 적용되는데, 단지 이번에는 B**요인**들의 수준이 (A요인의 수준들은 무시하고) 집단이 된다. SS_B는 총평균치로부터 떨어진 편차들의 자승에 기초한다. 즉, $(\overline{X}_{B_1} - \overline{\overline{X}})^2$, $(\overline{X}_{B_2} - \overline{\overline{X}})^2$ 등등이다.

SS_B의 계산은 SS_A의 계산과 같은 구조를 따른다.

자승합: B요인

$$SS_B = \frac{(\Sigma X_{B_1})^2 + (\Sigma X_{B_2})^2 + \cdots}{n_B} - \frac{\left(\sum^{\text{모든 점수들}} X\right)^2}{n_{\text{전체}}} \qquad (19.7)$$

열의 합계는 ❺, ❻, ❼에서 볼 수 있고, 이것들은 자승이 되고 합쳐져서 n_B(각 열의 합이 나온 사례들의 숫자)로 나눈다. 공식 19.7의 친숙한 두 번째 부분을 빼면, SS_B를 얻는다.

$$SS_{\mathrm{B}} = \frac{18^2 + 28^2 + 26^2}{4} - \frac{72^2}{12} = 446 - 432 = 14$$

B요인에는 C개 수준이 있으므로, C개의 평균치들이 총평균치 근처에 있게 된다. 그러므로 자유도는 다음과 같다.

> 자유도: B요인
>
> $$df_{\mathrm{B}} = C - 1 \quad (19.8)$$

따라서 $df_{\mathrm{B}} = 3 - 1 = 2$이다.

A×B 상호작용에 대한 자승합: $SS_{\mathrm{A \times B}}$

$SS_{\mathrm{A \times B}}$는 새로운 요소이다. 이것은 상호작용이 없을 것을 기대할 때 칸 평균치들로부터 실제로 얻어진 각 칸의 평균치들의 편차의 자승으로부터 만들어진다. 이것은 빼기를 함으로써 가장 쉽게 구할 수 있다.

> 자승합: A×B 상호작용
>
> $$SS_{\mathrm{A \times B}} = SS_{\text{전체}} - (SS_{\text{집단 내}} + SS_{\mathrm{A}} + SS_{\mathrm{B}}) \quad (19.9)$$

여기서는, $SS_{\mathrm{A \times B}} = 116 - (16 + 48 + 14) = 116 - 78 = 38$이다. 이에 해당하는 자유도는 df_{A}와 df_{B}를 곱한 값이다.

> 자유도: A×B 상호작용
>
> $$df_{\mathrm{A \times B}} = (R - 1)(C - 1) \quad (19.10)$$

따라서 $df_{\mathrm{A \times B}} = (1)(2) = 2$가 된다.

다양한 자승합들을 결정하는 동안 계산을 확인할 것을 잊지 말아야 한다. 이 계산 도중에 생기는 오류는 $SS_{\mathrm{A \times B}}$에서의 오류의 원인이 된다. 그리고 음수인 자승합은 불가능하다는 것도 기억해야 한다. 이런 결과는 계산을 잘못하지 않는 한 생길 수 없는 결과이다.

19.9 분산추정치와 F 검증

F 검증을 수행하려면 분산추정치가 필요하다. (결국은 **분산**분석을 하는 것이다.) 이러한 목적을 위해서는 네 가지 자승합들, $SS_{\text{집단 내}}$, SS_{A}, SS_{B}, $SS_{\text{A×B}}$를 각각 그들의 자유도로 나눔으로써 $s^2_{\text{집단 내}}$, s^2_{A}, s^2_{B}, $s^2_{\text{A×B}}$를 얻을 수 있다. 일원분석에서처럼, $s^2_{\text{집단 내}}$는 고유한 분산(σ^2) 만의 추정치이다. 즉, 이것은 A요인, B요인, 또는 A×B 상호작용 효과들의 영향을 받지 않는다. 다른 값들은 고유한 분산에 각기 이름이 부쳐진 그 효과들을 **합친** 것의 추정치이다. 이것을 이제까지 계산된 수치들을 사용해서 다음에 제시한다.

분산추정치

집단 내:

$$s^2_{\text{집단 내}} = \frac{SS_{\text{집단 내}}}{df_{\text{집단 내}}} = \frac{16}{6} = 2.67 \xrightarrow{\text{추정}} \sigma^2 \text{ (고유 분산)}$$

A요인:

$$s^2_{\text{A}} = \frac{SS_{\text{A}}}{df_{\text{A}}} = \frac{48}{1} = 48.00 \xrightarrow{\text{추정}} \sigma^2 + \text{A요인 효과}$$

B요인:

$$s^2_{\text{B}} = \frac{SS_{\text{B}}}{df_{\text{B}}} = \frac{14}{2} = 7.00 \xrightarrow{\text{추정}} \sigma^2 + \text{B요인 효과}$$

A×B 상호작용:

$$s^2_{\text{A×B}} = \frac{SS_{\text{A×B}}}{df_{\text{A×B}}} = \frac{38}{2} = 19.00 \xrightarrow{\text{추정}} \sigma^2 + \text{상호작용효과}$$

이제 s^2_{A}, s^2_{B}, $s^2_{\text{A×B}}$를 $s^2_{\text{집단 내}}$로 나누어서 세 개의 F 요비를 구한다.

$$F_{\text{A}} = \frac{s^2_{\text{A}}}{s^2_{\text{집단 내}}} = \frac{48.00}{2.67} = 17.98$$

$$F_{\text{B}} = \frac{s^2_{\text{B}}}{s^2_{\text{집단 내}}} = \frac{7.00}{2.67} = 2.62$$

$$F_{\text{A×B}} = \frac{s^2_{\text{A×B}}}{s^2_{\text{집단 내}}} = \frac{19.00}{2.67} = 7.12$$

여기서도 F 요비들에 대한 논리는 단순분산분석에서와 같다. 즉, 만약 A요인에 관한 영가설이 사실이면($\mu_{\text{A}_1} = \mu_{\text{A}_2}$), 이 요인의 주효과가 없고, s^2_{A}와 $s^2_{\text{집단 내}}$가 모두 고유한 분산의 추정치가 된다. 따라서 그들은 표집변이의 범위 내에서 동일해야 한다는 것이다. 만약 이 H_0이 허위이면, s^2_{A}는 고유분산 **이상**을 추정하여서 $s^2_{\text{집단 내}}$보다 더 **커지는** 경향이 있으며, 큰 F 요비가 결과적으로 나오게 될 것이다. 같은 논리가 F_B와 $F_{A \times B}$에도 적용된다.

표본의 F 요비들이 우리 손에 있으니, 이제 우리는 통계적 유의도 검증을 위한 임계치를 찾기 위해 표 D로 가야 한다. F_A는 분자와 관련된 df가 1이고, 분모와 관련된 df가 6이므로, F의 임계치는 5.99($\alpha = .05$)이다. F_B와 $F_{A \times B}$에 대한 F는 각각 2 df와 6 df를 각각 분자와 분모와 관련되어 갖고 있으므로, 그 임계치들은 5.14($\alpha = .05$)이다. 이 표본 F 값들을 임계치와 비교함으로써 여러분은 유의한 A요인의 주효과($17.98 > 5.99$), 유의하지 않은 B요인의 주효과($2.62 < 5.14$)와 유의한 A×B 상호작용효과($7.12 > 5.14$)를 확인할 수 있다. 따라서 여러분은 $\mu_{A_1} = \mu_{A_2}$라는 영가설과 두 요인간의 상호작용이 없다는 영가설을 **기각**한다. 그러나 $\mu_{B_1} = \mu_{B_2} = \mu_{B_3}$이라는 영가설은 수용한다.

이 결과들은 전집에서 낮은 불안과 높은 불안 피험자들 간에 수행에 있어서 차이가 있다는 결론을 지지하기는 하지만, 이 결과는 두 요인들 간에 드러난 유의한 상호작용의 맥락에서 해석되어야만 한다. 표 19.2와 그림 19.2가 이런 측면에서 매우 유용한데, 거기서는 낮은 불안과 높은 불안 피험자들 간의 차이가, 낮거나 보통 수준의 압박감 조건에서 보다는 높은 압박감 조건에서 훨씬 크다는 것을 보여 준다. 여러분이 보듯이, **표와 그림은 유의한 주효과와 상호작용 효과에 대한 해석에서 핵심적인 역할을 한다.**

이 이원 분산분석 결과가 표 19.4에 요약되어 있다. (일원 분산분석의 요약표와 마찬가지로, 이 표는 여러분이 계산을 하는 동안 여러 수치들을 기록해 두는 유용한 기록표가 될 수 있다.) 자승합이 100이고 df가 5인 "집단 간" 분산원 값을 주목하라. 이것은 단순히 분산분석에서 집단 간 자승합과 자유도들의 "가법적(additive)" 속성을 확인해 주는 것이다. 즉,

$$SS_{\text{집단 간}} = SS_A + SS_B + SS_{A \times B} = 46 + 14 + 38 = 100$$

과

$$df_{\text{집단 간}} = df_A + df_B + df_{A \times B} = 1 + 2 + 2 = 5$$

임을 보여 준다. 표 19.4는 집단 간과 집단 내 분산원들을 합치면 전체 자승합과 자유도가 된다는 것을 증명해 준다.

$$SS_{\text{전체}} = SS_A + SS_B + SS_{A \times B} + SS_{\text{집단 내}} = 48 + 14 + 38 + 16 = 116$$

이고

$$df_{\text{전체}} = df_A + df_B + df_{A \times B} + df_{\text{집단 내}} = 1 + 2 + 2 + 6 = 11$$

표 19.4 이원 ANOVA 요약표

분산원	*SS*	*df*	s^2(평균자승)	*F*	*p*
집단 간	100	5			
불안(A)	48	1	48.00	17.98	$p<.05$
지시문(B)	14	2	7.00	2.62	$p>.05$
A×B	38	2	19.00	7.12	$p<.05$
집단 내	16	6	2.67		
전체	116	11			

주: 여러분은 표 D에서 F_A 값이 1% 유의도 수준에서의 임계치($F_{.01}=13.74$)도 넘는 것을 보았을 것이다. 이런 경우 연구자들은 때때로, 시작할 때는 $\alpha=.05$로 명시했지만, "$p<.01$"을 해당 열에 보고하기도 한다.

이다.

다음으로 넘어가기 전에 유의한 주효과와 상호작용 효과를 검색하기 위해 사용할 수 있는 18.9절에서 제시했던 Tukey HSD의 한 가지 변형을 지적하려고 한다. 이 예제에서 A요인은 두 개의 수준만을 가지고 있기 때문에 사후검증은 분명히 불필요하다. 그러나 만약 B요인의 주효과가 유의하게 나왔다면 여러분은 세 가지 가능한 평균치들의 쌍을 비교할 수 있다, 즉 $\overline{X}_{B_1}-\overline{X}_{B_2}$, $\overline{X}_{B_1}-\overline{X}_{B_3}$, $\overline{X}_{B_2}-\overline{X}_{B_3}$을 비교할 수 있다. 유의한 A×B 상호작용 효과(그림 19.2)에서는, $\overline{X}_{A_1B_1}-\overline{X}_{A_2B_1}$, $\overline{X}_{A_1B_2}-\overline{X}_{A_2B_2}$, $\overline{X}_{A_1B_3}-\overline{X}_{A_2B_3}$의 비교에 관심을 갖게 된다.[5)]

19.10 이원 분산분석: 단계 요약

여러분이 "좀 더 큰 그림"을 볼 수 있도록 이원 ANOVA의 단계들을 요약하기로 한다. 이 단계들은 여러분으로 하여금 앞 장에서 여러분이 만났던 검증들과 이원 ANOVA의 기본적 논리 사이의 유사성을 파악하게 할 것이다. 앞의 심리학자의 자료를 사용할 것이다.

1 단계. 통계적 가설을 수립하고 유의도 수준을 선정한다.

---

5) 만약 여러분이 이 마지막 세 비교를 했다면 여러분은 $\overline{X}_{A_1B_3}-\overline{X}_{A_2B_3}$만이 유의한($\alpha=.05$) 것을 알았을 것이다. 따라서 유의한 A×B 상호작용은 낮거나 보통의 압박감 조건에서는 아무런 차이가 없이, 높은 압박감 조건에서만 낮은 불안과 높은 불안 피험자들이 유의하게 달랐다는 사실을 반영하는 것이다. 다시 말하면, 피험자들의 수행에 대한 불안 효과는 높은 압박감 조건에서만 제한적으로 나타난다는 것이다.

영가설은 다음과 같다.

A요인: H_0: $\mu_{A_1} = \mu_{A_2}$

B요인: H_0: $\mu_{B_1} = \mu_{B_2} = \mu_{B_3}$

상호작용: H_0: B요인의 모든 수준에서 A요인의 수준들 간의 전집에서의 차이는 같다(상호작용이 없다).

각 경우의 H_1은 비방향적이며 일반적이다: 해당 H_0은 (어떤 방식으로든) 사실이 아니다. 알파는 5% 수준으로 잡는다.

2 단계. 원하는 표본크기를 결정하고 표본을 선정한다.

여기서도 우리는 계산의 편이를 위해 칸의 사례수를 제한하였다. 언제나 마찬가지로 여러분이 알아내고자 하는 전집효과의 크기와 그것을 감지하기 위해 필요한 표본크기를 고려해야 한다.

3 단계. 필요한 검증통계치를 계산한다.

- 평균치

칸 평균치: $\overline{X}_{A_1B_1} = 5.00$, $\overline{X}_{A_1B_2} = 8.00$, $\overline{X}_{A_1B_3} = 11.00$,
$\overline{X}_{A_2B_1} = 4.00$, $\overline{X}_{A_2B_2} = 6.00$, $\overline{X}_{A_2B_3} = 2.00$

행 평균치: $\overline{X}_{A_1} = 8.00$, $\overline{X}_{A_2} = 4.00$

열 평균치: $\overline{X}_{B_1} = 4.50$, $\overline{X}_{B_2} = 7.00$, $\overline{X}_{B_3} = 6.50$

총 평균치: $\overline{\overline{X}} = 6.00$

- 전체 자승합과 자유도

$$SS_{\text{전체}} = \sum^{\text{모든 점수들}} X^2 - \frac{\left(\sum^{\text{모든 점수들}} X\right)^2}{n_{\text{전체}}} = 548 - \frac{72^2}{12} = 116$$

$$df_{\text{전체}} = n_{\text{전체}} - 1 = 12 - 1 = 11$$

- 집단 내 자승합, 자유도와 분산추정치

$$SS_{\text{집단 내}} = \sum^{\text{모든 점수들}} X^2 - \frac{\sum^{\text{모든 칸들}}\left(\sum^{\text{칸}} X\right)^2}{n_{\text{칸}}} = 548 - \frac{1064}{2} = 16$$

$$df_{\text{집단 내}} = (R)(C)(n_{\text{칸}} - 1) = (2)(3)(1) = 6$$

$$s^2_{\text{집단 내}} = \frac{16}{6} = 2.67$$

- A요인 자승합, 자유도와 분산추정치

$$SS_A = \frac{(\Sigma X_{A_1})^2 + (\Sigma X_{A_2})^2}{n_A} - \frac{\left(\sum^{\text{모든 점수들}} X\right)^2}{n_{\text{전체}}} = \frac{48^2 + 24^2}{6} - \frac{72^2}{12} = 48$$

$$df_A = R - 1 = 2 - 1 = 1$$

$$s_A^2 = \frac{48}{1} = 48.00$$

- B요인 자승합, 자유도와 분산추정치

$$SS_B = \frac{(\Sigma X_{B_1})^2 + (\Sigma X_{B_2})^2 + (\Sigma X_{B_3})^2}{n_B} - \frac{\left(\sum^{\text{모든 점수들}} X\right)^2}{n_{\text{전체}}}$$

$$= \frac{18^2 + 28^2 + 26^2}{4} - \frac{72^2}{12} = 14$$

$$df_B = C - 1 = 3 - 1 = 2$$

$$s_B^2 = \frac{14}{2} = 7.00$$

- A×B 자승합, 자유도와 분산추정치

$$SS_{A \times B} = SS_{\text{전체}} - (SS_{\text{집단 내}} + SS_A + SS_B) = 116 - (16 + 48 + 14) = 38$$

$$df_{A \times B} = (R-1)(C-1) = (1)(2) = 2$$

$$s_{A \times B}^2 = \frac{38}{2} = 19.00$$

- F 요비

$$F_A = \frac{s_A^2}{s_{\text{집단 내}}^2} = \frac{48.00}{2.67} = 17.98$$

$$F_B = \frac{s_B^2}{s_{\text{집단 내}}^2} = \frac{7.00}{2.67} = 2.62$$

$$F_{A \times B} = \frac{s_{A \times B}^2}{s_{\text{집단 내}}^2} = \frac{19.00}{2.67} = 7.12$$

4 단계. *F*의 임계치를 확인한다 (표 D).

A요인 주효과 검증 (1과 6 *df*): $F_{.05} = 5.99$

B요인 주효과 검증 (2와 6 *df*): $F_{.05} = 5.14$

A×B 상호작용효과 검증 (2와 6 *df*): $F_{.05} = 5.14$

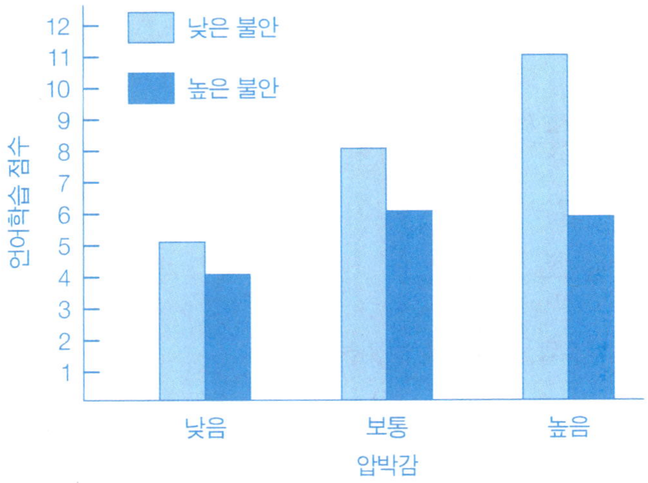

그림 19.6 막대도표로 다시 그린 그림 19.2

5 단계. 통계적 결정을 하고 결론을 도출한다.

- **A요인.** F_A가 기각역에 포함되므로 (즉, 17.98>5.99), $\mu_{A_1} = \mu_{A_2}$라는 영 가설은 기각된다. 전집에서는 평균적으로 낮은 불안과 높은 불안을 가진 사람들의 언어학습 수행은 (낮은 사람들이 더 높은 수행을 나타내면서) 차이가 있는 것으로 보인다.

- **B요인.** $\mu_{B_1} = \mu_{B_2} = \mu_{B_3}$라는 영가설은 F_B가 수용역에 포함되므로 (즉, 2.62<5.14) 유지된다. 이 처치 조건과 관련되어서는 전집의 차이가 없는 것으로 보인다.

- **A×B 상호작용.** $F_{A\times B}$가 기각역에 포함되므로 (즉, 7.12>5.14), 상호작용이 없다는 영가설은 기각된다. 그림 19.2에서 예시한 바와 같이 낮은 불안과 높은 불안을 가진 사람들 간에 차이는 낮거나 보통 압박감을 느낄 때보다 높은 압박감을 느낄 때 더 큰 것으로 보인다.

마지막 주의사항. 상호작용을 예시하기 위해서 그림 19.2에서 19.5와 같은 선 그래프가 교과서에서는 일반적이다. 그러나 연구 논문들에서는 이러한 목적에서 막대도표를 사용하는 것도 볼 수 있다.[6] 예를 들어, 그림 19.6에서 우리는 표 19.4에서 보고하고 그림 19.2에서 예시한 유의한 상호작용을 막대도표의 형태로 다시 그렸다. 여섯 개의 칸 평균치들이 커다란 점으로 (그림 19.2) 나타내지든지 아니면 막대의 높이로 (그림 19.6) 나

6) 예를 들어, Publication Manual of the American Psychological Association (미국 심리학회의 논문 작성법)에서는 이 방식을 지지한다.

타내지든지 간에 두 그림은 같은 이야기를 해 준다. 즉, 낮은 불안 수준과 높은 불안 수준을 가진 사람들 간의 차이는 다른 두 조건에서보다 높은 압박감 조건에서 상당히 더 크다는 것이다. 다시 말해서 두 요인들 간에는 상호작용이 있다는 말이다.

19.11 요약

이번 장에서 우리는 분산분석의 개념을 두 가지 처치변수, 혹은 요인이 포함된 상황으로 확장시켰다. 이원 분산분석은 일원 분산분석에 비해 몇 가지 장점을 제공하는데, 이원 ANOVA는 매우 강력하고, 보다 효율적이고, 상호작용을 조사할 수 있게 한다는 것이다. 2요인설계는 다양한 전집들의 평균치들과 관련된 세 개의 영가설을 검증할 수 있게 하는데, A요인(행 요인)의 주효과가 없다는 것, B요인(열요인)의 주효과가 없다는 것, A×B 상호작용 효과가 없다는 것이다. 한 요인의 주효과는 "평균적인" 효과이며, 이것은 한 요인의 다른 요인의 모든 수준들에 걸쳐서 퍼져 있는 서로 다른 효과들이다. 주효과에 대한 *F* 검증은 피험자들을 그 요인만을 가지고 분리시킨 일원 분산분석에 비유할 수 있다.

한 요인의 차별적 효과가 두 번째 요인의 수준에 따라 다르거나, 혹은 그와 반대이거나 하면, 상호작용이 있는 것이다. 만약 상호작용이 한 방향에서 나타나면 다른 방향에서도 나타난다. 상호작용이 존재하는 경우에는 관심이 있는 요인의 효과가 다른 요인의 각 수준들에서 따로따로 검토되어야 한다. 칸 평균치들의 표나 그림이 여기서 매우 큰 도움이 될 것이다. 상호작용효과와 주효과가 모두 유의한 경우에는 주효과는 일반적으로 두 번째로 중요하다, 왜냐하면 주효과의 의미가 상호작용의 존재에 의해서 상당히 제한되기 때문이다.

이원 요인설계에서는 전체 자승합이 행, 열, 상호작용과 집단 내(칸-내) 성분으로 분할될 수 있다. 이들 자승합들은 실제로 일할 때 가장 편리한 방법인 원점수로부터 직접 계산될 수 있다. 이 네 개의 자승합들을 각기 해당 자유도로 나누면 우리는 세 개의 *F* 요비를 만들 때 사용되는 분산추정치들을 얻게 된다. 집단 내 분산추정치는 고유분산만의 추정치이며 행, 열, 혹은 상호작용효과에 의해 영향 받지 않는다. 그것은 각 *F* 요비의 분모로 사용된다. 그 외의 나머지 세 분산추정치는 세 개의 *F* 요비들의 분자가 된다. 효과가 나타나면 (H_0이 허위), 해당 분산추정치가 커지고, 따라서 *F* 요비는 매우 커지는 경향이 있다. 만약 *F* 요비가 너무 커서 임계치 밖에 위치하게 되면 H_0은 기각된다. 이원 ANOVA의 기본이 되는 가정들은 앞 장의 단일 요인설계 때와 같다. 즉, 독립적 집단들, 분산의 동질성과 정상성이다.

연습문제

정의 또는 설명하라.

용어 및 개념

요인, 처치변수, 독립변수
수준
요인설계
이원 분산분석
요인 분산분석
주효과
"평균적" 효과로서의 주효과
주효과 영가설
상호작용, 연합효과
ordinal, disordinal 상호작용
상호작용 영가설
상호작용과 주효과의 일반화
행, 열, 칸
이원 ANOVA의 가정
균형설계와 불균형설계
전체자승합(그리고 df)
집단내(칸 내) 자승합, df, 분산추정치
A요인 (행) 자승합, df, 분산추정치
B요인 (열) 자승합, df, 분산추정치
상호작용 자승합, df, 분산추정치

기호

$n_{칸}, n_{A_1}, n_{A_2}, n_{B_1}, n_{B_2}, n_{B_3}, n_{전체}$
$\overline{X}_{A_1}, \overline{X}_{A_2}, \overline{X}_{B_1}, \overline{X}_{B_2}, \overline{X}_{B_3}, \overline{\overline{X}}$
R, C

공식

$$SS_{집단\ 내} = \sum^{모든\ 점수들} X^2 - \frac{\sum^{모든\ 칸들}\left(\sum^{칸} X\right)^2}{n}$$

$$df_{집단\ 내} = (R)(C)(n \quad - 1)$$

$$SS_A = \frac{(\Sigma X_{A_1})^2 + (\Sigma X_{A_2})^2 + \cdots}{n_A} - \frac{\left(\sum^{모든\ 점수들} X\right)^2}{n_{전체}}$$

$$df_A = R - 1$$

$$SS_B = \frac{(\Sigma X_{B_1})^2 + (\Sigma X_{B_2})^2 + \cdots}{n_B} - \frac{\left(\sum^{모든\ 점수들} X\right)^2}{n_{전체}}$$

$$df_B = C - 1$$

$$SS_{A \times B} = SS_{전체} - (SS_{집단\ 내} + SS_A + SS_B)$$

$$df_{A \times B} = (R-1)(C-1)$$

$$SS_{전체} = \sum^{모든\ 점수들} X^2 - \frac{\left(\sum^{모든\ 점수들} X\right)^2}{n_{전체}}$$

$$df_{전체} = n_{전체} - 1$$

$$SS_{전체} = SS_{집단\ 내} + SS_A + SS_B + SS_{A \times B}$$

$$s^2_{집단\ 내} = \frac{SS_{집단\ 내}}{SS_{집단\ 내}} \qquad s^2_A = \frac{SS_A}{df_A} \qquad s^2_B = \frac{SS_B}{df_B}$$

$$s^2_{A \times B} = \frac{SS_{A \times B}}{df_{A \times B}}$$

$$F_A = \frac{s^2_A}{s^2_{집단\ 내}} \qquad F_B = \frac{s^2_B}{s^2_{집단\ 내}} \qquad F_{A \times B} = \frac{s^2_{A \times B}}{s^2_{집단\ 내}}$$

질문 및 문제

참고: *가 있는 문제는 부록 A에 답이 제시되어 있다.

***1.** 어느 심리학자가 학습 실험에서 칸 당 같은 수의 사례를 가지고 이원(3×3) 설계를 사용하였다. 설계내용과 얻어진 칸 평균치들이 아래 표에 나와 있다.

인종 (A요인)		보상의 종류 (B요인) B₁	B₂	B₃	
	A_1	$\overline{X}_{A_1B_1} = 14$	$\overline{X}_{A_1B_2} = 13$	$\overline{X}_{A_1B_3} = 18$	$\overline{X}_{A_1} = ?$
	A_2	$\overline{X}_{A_2B_1} = 23$	$\overline{X}_{A_2B_2} = 8$	$\overline{X}_{A_2B_3} = 20$	$\overline{X}_{A_2} = ?$
	A_3	$\overline{X}_{A_3B_1} = 17$	$\overline{X}_{A_3B_2} = 6$	$\overline{X}_{A_3B_3} = 13$	$\overline{X}_{A_3} = ?$
		$\overline{X}_{B_1} = ?$	$\overline{X}_{B_2} = ?$	$\overline{X}_{B_3} = ?$	

(a) 행과 열의 평균치들을 계산하라.

(b) 두 가지 주효과에 대한 영가설을 기호 형태로 제시하라.

(c) 어느 표본평균치들을 A요인과 B요인의 주효과를 검증하는데 비교할 것인가?

(d) $\overline{X}_{B_1} - \overline{X}_{B_2}$의 전체적인 차이가 다른 처치의 세 가지 수준에서의 B_1과 B_2 평균치 간의 차이들의 평균이라는 것을 보이라.

(e) 행 평균치들의 평균과 열 평균치들의 평균과 칸 평균치들의 평균이 모두 같은 수치라는 것을 보이라. 그 수치에 대한 명칭과 기호를 제시하라.

(f) 그림 19.2에서와 같이 칸 평균치들의 그림을 그리라. (수평축이 A요인을 나타내도록 하라.)

(g) 전체 표본 크기가 매우 크다고 가정하라. 문제 1f에서 만든 그림을 눈으로 검토해 보면, 상호작용이 있는 것같이 보이는가? (설명하라.)

2. 문제 1의 이원 표를 참고해서 다음의 문제에 답하라.

(a) $SS_{전체}$, $SS_{집단\ 내}$, SS_A(A_1에 대해서), SS_B(B_3에 대해서)에 들어갈 자승된 편차들을 기호의 형태로 제시하라.

(b) A_2B_3 칸에 24라는 개별 점수를 생각하라. 그것이 $SS_{전체}$와 $SS_{집단\ 내}$에 기여하는 정도를 계산하라.

(c) A_2와 B_1에 대한 자승된 편차들을 계산하라.

***3.** 아래의 다섯 개의 표 속에는 칸들에 대한 전집(**표본**이 아니고)의 평균치들이 나와 있다. 각 경우에 행과 열 평균치들을 계산하고, 그 표가 (1) A요인 주효과, (2) B 요인 주효과, (3) A×B 상호작용 효과를 보이는지 말하라. (**전집**의 수치들은 표집변이의 효과를 보여 주지 않는다는 것을 기억하라.)

(a)

	B_1	B_2
A_1	14	6
A_2	10	18

(b)

	B_1	B_2
A_1	12	6
A_2	8	18

(c)

	B_1	B_2
A_1	14	18
A_2	4	8
A_3	9	13

(d)

	B_1	B_2
A_1	13	9
A_2	15	7
A_3	5	17

(e)

	B_1	B_2
A_1	5	5
A_2	6	6
A_3	10	10

***4.** 문제 3의 표의 각 칸 평균치들을 그림 19.2와 같이 도표로 그리라. (가로 축이 A요인을 나타내도록 하라.) 각각의 경우에, 도표만을 보고 주효과들과 상호작용 효과가 있는지 (없는지)에 대해서 정확한 결론을 내릴 수 있는지 보라. 문제 3의 표는 매우 인위적이라는 것을 명심하라. 즉, 그것들은 전집의 값들이고 실제 상황에서 당면할 표집변이의 효과를 반영하고 있지 않다.

***5.** 어느 교육심리학자가 15살짜리 집단에게 내향성-외향성 척도에 답하게 해서 8명의 내향성과 8명의 외향성을 확인하였다. 각 학생은 두 가지 교수 처치 조건 중 하나에 무선적으로 배정 받았다. 한 조건은 개인적으로 자습한 후에 강의를 듣는 조건이고, 다른 조건은 강의를 듣고 난 후에 작은 협동학습 집단 활동을 하는 조건이었다. 다섯 번의 연속적인 아침 학습시간에 모든 학생들은 월남전에 대한 단원을 배우고 숙달 검

사를 받았다. 그 결과는 다음과 같다.

		교수 방법 (B요인)	
		강의 + 협동 학습 활동 (B_1)	강의 + 개별 자습 (B_2)
내향성-외향성 (A요인)	외향성(A_1)	7, 8, 7, 11	4, 8, 5, 5
	내향성(A_2)	6, 2, 5, 2	6, 11, 9, 12

(a) 칸 평균치들, 행과 열 평균치들과 총평균치를 계산하고, 이 값들을 제시하기 위한 표를 만들어 보라. (문제 1에서 주어진 표를 보라.)

(b) 두 가지 주효과의 영가설을 기호 형태로 제시하라.

(c) 상호작용에 관한 영가설을 위한 두 가지 표현 방법을 각기 한 문장씩으로 나타내보라.

(d) 이 자료로부터 계산할 수 있는 자승합들을 열거하라.

(e) 각 자승합들과 관련된 자유도는 얼마인가?

(f) 어느 자승합(들)이 일원 분산분석의 $SS_{\text{집단 간}}$과 유사한가? (설명하라.)

(g) 여러 자승합(들) 중에서 어느 것들이 일원 분산분석에서의 $SS_{\text{집단 내}}$와 유사한가? (설명하라.)

***6.** 문제 5를 적용하라.

(a) 각 칸, 행, 열의 ΣX 를 계산하라. 각 칸의 ΣX^2을 계산하라. 그리고 표 19.3에서와 같이 모든 값들을 제시하라.

(b) $SS_{\text{전체}}$, $SS_{\text{집단 내}}$, SS_A, SS_B, 그리고 $SS_{A\times B}$를 계산하고, 각각의 자유도를 찾아라.

(c) 분산추정치들을 계산하라.

(d) 세 개의 F 검증을 수행하고, 각각의 $F_{.05}$를 명시하고 통계적 결론을 내리라.

***7.** 문제 d에서 얻어진 A×B 상호작용 효과를 생각하라.

(a) 문제 4에서와 같이 이 상호작용 효과를 도표로 나타내라. (가로축이 A요인을 나타내도록 하라.)

(b) 여러분은 이 상호작용을 어떻게 해석하겠는가? 즉, 교수방법과 내향성/외향성 간에 어떤 관계가 있는 것으로 보이는가?

8. 다음의 세 개의 3×2 분산분석으로부터 나온 칸 평균치들의 도표를 보라. 각각의 경우들에서 그 결과는 주효과들과 상호작용효과의 세 가지 F 검증이 모두 의미 있는 결과를 제시할 정도로 충분한 표본들에 기초하였다고 가정하라. 어느 경우에 **주효과에만** 근거한 행 요인에 관한 결론이 실질적인 목적에서 볼 때 잘못 판단하게 하는가? 이유

를 설명하라.

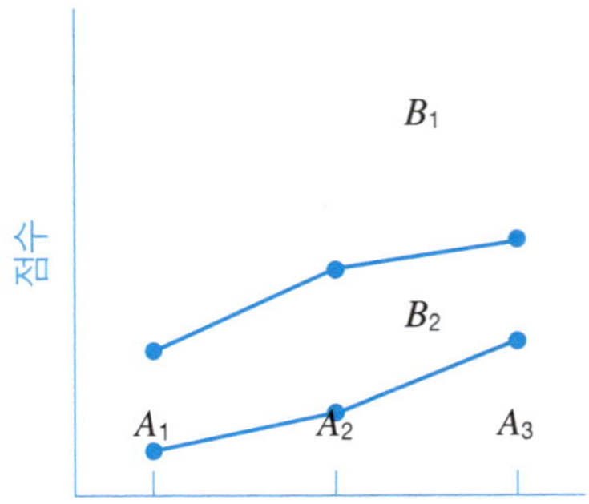

(a)

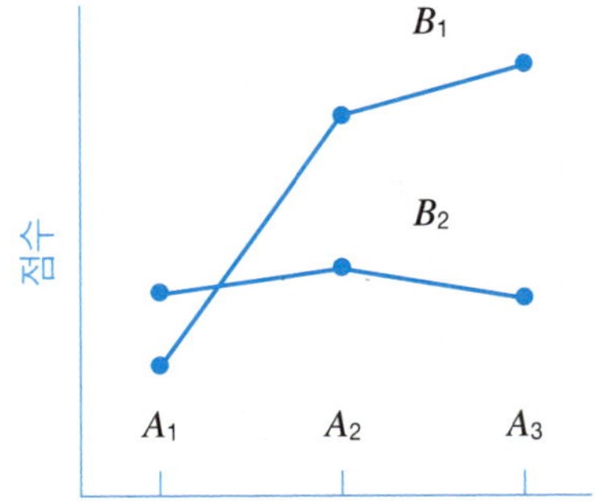

(b)

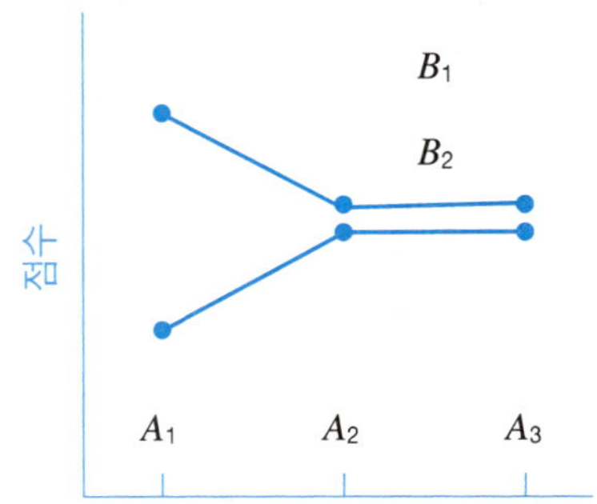

(c)

9. 아래에 있는 도표들에서 (1) ordinal 상호작용이 있는지, (2) disordinal 상호작용이 있는지, (3) 상호작용이 없는지를 판단하라. (이것들은 문제 3에서와 같이 전집의 자료라고 가정하라.)

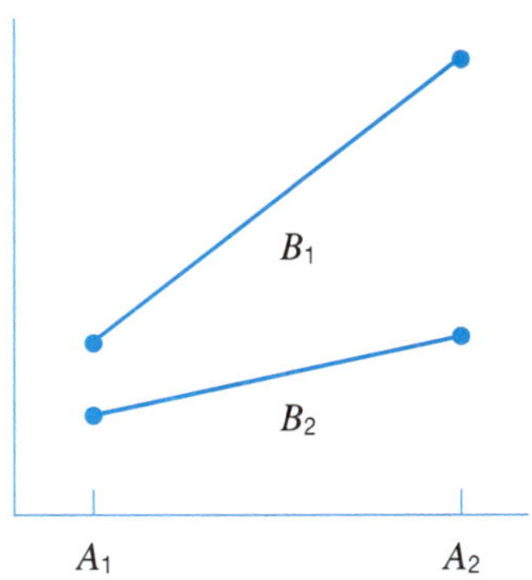

(a)

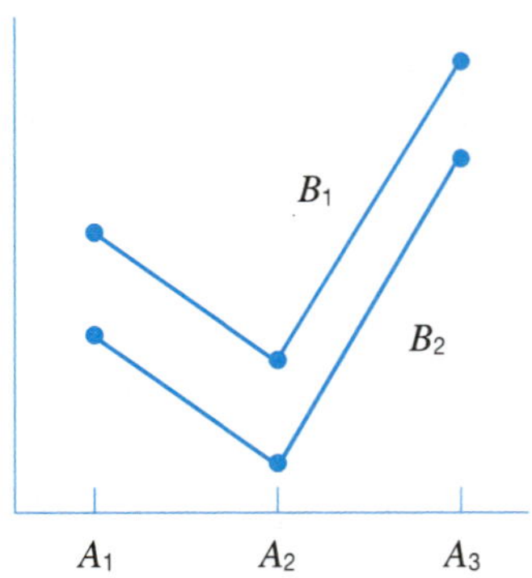

(b)

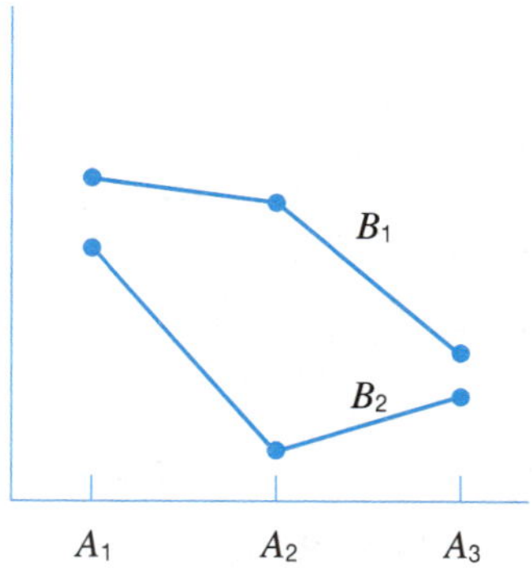

(c)

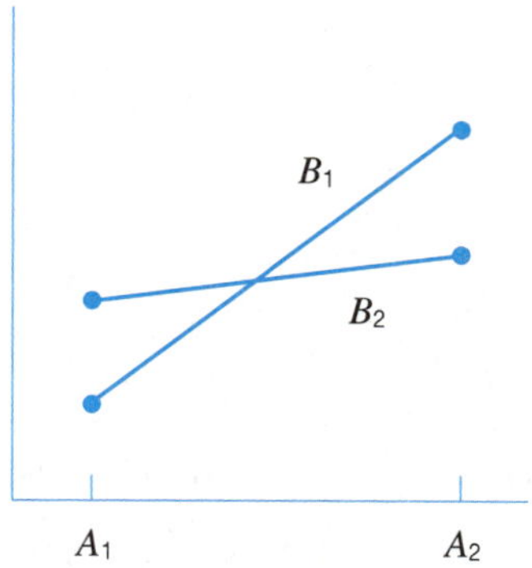

(d)

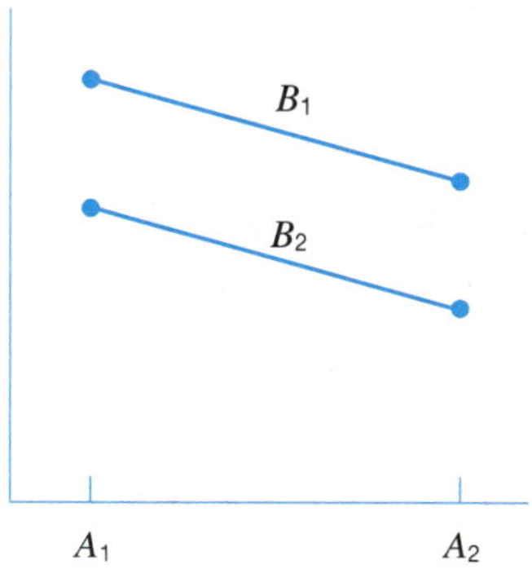

(e)

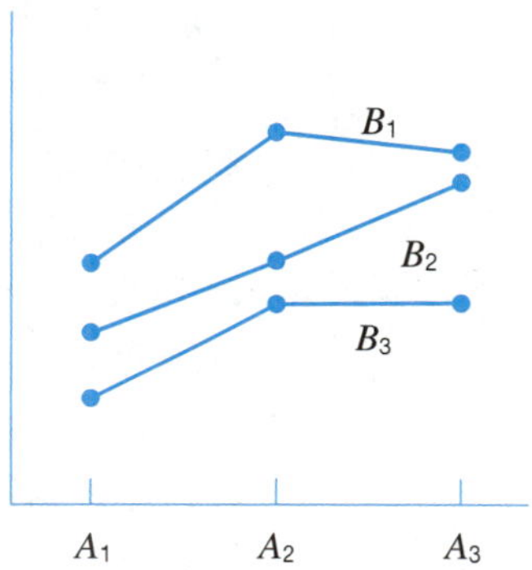

(f)

10. 아래의 자료를 보라($n_{칸} = 5$라고 가정하라).

분산원	*df*	S^2
A 요인	1	60
B 요인	4	24
A×B		48
칸-내		12
전체		

(a) $df_{A \times B}$, $df_{집단\ 내}$, 그리고 $df_{전체}$ 값을 말하라.

(b) $\alpha = .05$와 $\alpha = .01$을 적용해서 가능한 F 검증들을 수행하고, 통계적 결론을 내리라.

(c) $\alpha = .05$로 가정하라. A요인의 주효과와 관련된 결과의 의미에 대해 무슨 말을 할 수 있는가?

11. 3×2 설계로부터 나온 아래의 자료를 생각하라.

	B_1	B_2
A_1	2, 6, 7	4, 5, 9
A_2	1, 3, 5	3, 4, 5
A_3	4, 8, 9	6, 10, 11

(a) 이와 같은 설계를 적용할 수 있는 연구 시나리오를 하나 만들어 보라. A요인 (A_1, A_2, A_3)은 무엇인가? B요인(B_1, B_2)은 무엇인가?

(b) 두 개의 주효과의 영가설을 기호 형태로 제시하라.

(c) 상호작용에 관한 영가설을 위한 두 가지 표현 방법을 각기 한 문장씩으로 나타내 보라.

(d) 칸 평균치들, 행과 열 평균치들과 총평균치를 계산하고, 이 값들을 제시하기 위한 표를 만들어 보라(문제 5a에서 한 것과 같이).

(e) 칸 평균치들을 그림으로 나타내라(수평축이 A요인을 나타내도록 하라).

(f) $SS_{전체}$, $SS_{집단\ 내}$, SS_A, SS_B, $SS_{A\times B}$, 분산추정치, F 요비들을 계산하라($\alpha = .01$). 표 19.4와 같이 결과를 제시하라.

(g) 문제 11f의 결과에 기초해서 통계적 결론과 실제적 결론을 도출하라.

***12.** Rubin 박사는 성인 우울증을 대적하는 두 가지 치료법의 상대적 효율성을 조사하기를 원한다. 그녀는 또한 개인의 성별이 결과와 관련되는지를 알고 싶다. 그녀는 두 가지 치료법 조건에 8명의 남성과 8명의 여성들을 각각 무선적으로 배정하였다. 그리고 나중에 각 사람이 성격검사에서 나온 우울증 척도에 반응하게 하였다. 결과는 다음과 같다 (높은 점수는 더 큰 우울 감정에 해당한다.)

		치료법 (B요인)	
		Q 치료법 (B_1)	**Z 치료법 (B_2)**
성별 (A요인)	**남성(A_1)**	2, 3, 5, 6	4, 6, 8, 9
	여성(A_2)	4, 6, 7, 9	7, 8, 10, 11

(a) 두 개의 주효과의 영가설을 기호 형태로 제시하라.

(b) 상호작용에 관한 영가설을 위한 두 가지 표현 방법을 각기 한 문장씩으로 나타내 보라.

(c) 칸 평균치들, 행과 열 평균치들과 총평균치를 계산하고, 이 값들을 제시하기 위한 표를 만들어 보라(문제 5a에서 한 것과 같이).

(d) 칸 평균치들을 그림으로 나타내라(수평축이 A요인을 나타내도록 하라).

(e) $SS_{전체}$, $SS_{집단\ 내}$, SS_A, SS_B, $SS_{A \times B}$, 분산추정치, F 요비들을 계산하라($\alpha = .05$). 표 19.4와 같이 결과를 제시하라.

(f) 통계적 결론과 실제적 결론을 도출하라.

13. 아래의 ANOVA 요약표를 검토하고, a – l로 표시된 칸에 빠진 정보를 채워 넣으라.

분산원	***SS***	***df***	s^2	***F***	***p* (.05 혹은 .01인 경우에 상대적인 확률)**
집단 간	(a)	11			
A	(b)	(c)	8	(d)	(e)
B	36	3	(f)	6	(g)
A×B	(h)	6	3	(i)	(j)
집단 내	72	(k)	(l)		
전체	142	47			

14. 문제 13에 관해 다음의 문제에 답하라.

(a) A요인과 B요인은 몇 개의 수준을 가지고 있는가? (어떻게 알 수 있나?)

(b) 전체 표본 크기는 얼마인가? (어떻게 알 수 있나?)

(c) $n_{칸}$을 계산하라(균형 설계를 가정하라).

15. 아래에는 2×2 설계를 사용한 실험으로부터 나온 결과가 있다($n_{칸} = 5$).

	B_1	B_2
A_1	$\Sigma X = 96$ $\Sigma X^2 = 1906$	$\Sigma X = 146$ $\Sigma X^2 = 4305$
A_2	$\Sigma X = 136$ $\Sigma X^2 = 3743$	$\Sigma X = 124$ $\Sigma X^2 = 3128$

(a) 두 개의 주효과의 영가설을 기호 형태로 제시하라.

(b) 칸 평균치들, 행과 열 평균치들과 총평균치를 계산하고, 이 값들을 제시하기 위한 표를 만들어 보라.

(c) 칸 평균치들을 도표로 제시하라 (A요인을 수평축에 놓으라.)

(d) $SS_{전체}$, $SS_{집단\ 내}$, SS_A, SS_B, $SS_{A \times B}$, 분산추정치, F 요비들을 계산하라($\alpha = .01$). 표 19.4와 같이 결과를 제시하라.

(e) 통계적 결론을 도출하라.

16. 주효과를 해석할 때 어떤 의미에서 유의한 상호작용은 "붉은 깃발"과 같은가?

제 20 장

카이-자승과 빈도 자료

20.1 빈도자료 대 점수자료

이제까지 우리가 다룬 추론은 공간능력, 수학 성취도, 컴퓨터를 하면서 보낸 시간, 회상한 사실들의 수효 등과 같은 하나 또는 그 이상의 변수들을 숫자로 나타낸 **점수들**에 관한 것이었다. 이러한 점수들이 전집의 평균치나 상관계수에 관한 추론을 하는 데 사용되었다. 분명히 모든 연구문제들이 점수자료를 포함하고 있는 것은 아니다. 이번 장에서 분석될 자료는 **빈도들로** 구성되어 있다. 즉, 어떤 변수의 범주들에 속하는 **사람들의 수효이다**. 여기서 여러분이 해야 할 일은 전집의 빈도분포에 관한 추론을 하는 것이다. 구체적으로 말하면, 여러분의 목표는 여러 가지 범주들에 속하는 전집 속의 사례들의 **상대적 빈도** 혹은 **비율**들에 관한 결론을 추출해내는 것이다. 흔히 변수들은 **질적**(명명척도)이다. 다시 말해서 1장에서 기억해낼 수 있는 것같이 기저의 범주들은 "종류에서만" 다르다. 대학의 전공, 인종, 제조사, 그리고 정당 등은 질적 변수들의 예이다. 아래에서 기술할 절차들은 **양적** 변수들과 관련된 빈도에도 적용될 수 있으며 20.13절에서 어떻게 하는지 보여 줄 것이다.

고려의 대상이 되는 자료의 일반적인 형태가 점수에서 빈도로 바뀌기는 했지만 통계적 추론의 전반적인 논리는 그대로이다. 전집의 비율에 관한 영가설로부터 시작할 것이다. (예를 들어, "사형제도에 찬성하는 남자와 여자의 비율이 같음.") 그리고 나서 얻어진 또는 **관찰된** 표본의 빈도들을 영가설 하에서 **기대되는** 빈도들과 비교할 것이다. 만약 얻어진 빈도들이 기대되는 것과 상당히 다르면 우리는 영가설을 기각할 것이다. 많이 들어본 소리이다. 전집의 평균치와 상관계수에 관한 가설을 검증하기 위하여 점수 자료를 사용할 때는 검증통계치로서 z, t나 F 요비를 사용하는 반면, 빈도자료를 위한 검증통계치는 **카이-자승,** χ^2이다 . 구체적으로, χ^2의 크기는 관찰빈도와 기대빈도 간의 불일치의 정도를 반영하고, 따라서 H_0의 유지여부를 결정한다.

χ^2에 대한 두 가지 적용에 대해 생각해 보기로 한다. 먼저 반응들이 하나의 변수에 대해서만 분류되는 **단일변수사례**(one- variable case)로부터 시작하기로 한다. 이것은 χ^2 **적합도 검증**(goodness- of- fit test)으로 불리기도 하는데 그 이유는 곧 분명해질 것이다. 20.7절에서는 반응들이 동시에 두 가지 변수들에 의해 분류되는 **2변수 사례**(two-variable case) 혹은 χ^2 **독립성 검증**(test of independence)을 설명할 것이다.

20.2 빈도가 포함된 문제: 단일변수사례

지방 시의원회의 공석을 채우는데, Martzial, Breece, Dunton, Artesani라는 네 명의 후보자가 있다고 가정하자. 여러분은 선거인 등록이 된 200명의 무선표본을 대상으로 후보자 선택에 관한 여론조사를 실시하였다. **각 예비 시의원들을 선호하는 유권자들의 비율에 차이가 있는가?**

여러분은 이 경우에 네 가지 범주(Martzial, Breece, Dunton, Artesani)를 구성하는 하나의 변수(정치 후보자)를 다루는 것이다. 표 20.1에서와 같이, **관찰빈도**(observed frequency)는 각 후보자를 선호하는 등록된 유권자들의 수이다. 각 범주마다 하나의 관찰빈도, f_o가 있는 것을 주목하라. 예를 들어, 40명의 유권자들이 Martzial을 선호한다고 ($f_o = 40$) 입장을 표명한 반면, 62명은 특별히 Breece를 좋아하는 것으로($f_o = 62$) 보인다. 네 명의 모든 후보자들에 대한 관찰빈도는 당연히 n으로 합쳐진다. 즉, $\Sigma f_o = n = 200$이다.

제기된 질문에 답하기 위해, 여러분은 전집에서는 네 명의 후보자 중에서 하나를 선호하는 사람들의 비율이 서로 다르지 않다는 가설을 세운다. 다시 말해서, 전집에서는 각각의 후보가 선호되는 추보자로 네 번에 한번은 선택될 것이다. 이것이 여러분의 영가설이고 다음과 같은 식으로 나타낸다.

$$H_0: P_{\text{Martzial}} = P_{\text{Breece}} = P_{\text{Dunton}} = P_{\text{Artesani}} = .25$$

이때 P_{Martzial}, P_{Breece}, P_{Dunton}, P_{Artesani}는 전집의 비율들이다.

대립가설은 그렇게 간단히 표현될 수가 없다. 대립가설은, 비율들은 다르고 따라서 모두 .25는 아니라고 진술하게 된다. 이런 상황은 여러 가지 형태로 생길 수 있는 것이다. 즉, P_{Martzial}과 P_{Breece}는 서로 같으나 P_{Dunton}과 P_{Artesani}와는 다르다든지, 넷이 모두 다르

표 20.1 네 정치 후보자들에 대한 유권자 선호도에 대한 기대빈도와 관찰빈도 및 χ^2 계산 ($n = 200$)

	유권자 선호도				
	Martzial	**Breece**	**Dunton**	**Artesani**	
관찰빈도	$f_o = 40$	$f_o = 62$	$f_o = 56$	$f_o = 42$	$\Sigma f_o = 200$
기대빈도	$f_e = 50$	$f_e = 50$	$f_e = 50$	$f_e = 50$	$\Sigma f_e = 200$
$\dfrac{(f_o - f_e)^2}{f_e}$	❶ $\dfrac{(40-50)^2}{50} = \dfrac{(-10)^2}{50} = 2.00$	❷ $\dfrac{(62-50)^2}{50} = \dfrac{(12)^2}{50} = 2.88$	❸ $\dfrac{(56-50)^2}{50} = \dfrac{(6)^2}{50} = .72$	❹ $\dfrac{(42-50)^2}{50} = \dfrac{(-8)^2}{50} = 1.28$	

❺ $\chi^2 = \Sigma\left[\dfrac{(f_o - f_e)^2}{f_e}\right]$
$= 2.00 + 2.88 + .72 + 1.28$
$= 6.88$

다든지, 등등이다. 따라서 이 경우에 H_1은 비방향적이다.

> H_0은 여러 범주에 속하는 전집의 비율들이 미리 결정된 특정 수치와 같다고 진술하고, H_1은 모든 다른 가능성을 포함한다.

영가설 하에서 유권자 선호에 대한 **기대빈도**(expected frequency)도 표 20.1에 나타나 있다. 이것은 f_e로 표시한다. f_e 각각은 가설에서 제시된 비율에 전체 표본크기를 곱함으로 결정된다. 예를 들어, Martzial에 대한 기대빈도는 다음과 같다.

$$f_e = (P_{\text{Martzial}})(n) = (.25)(200) = 50$$

기대빈도들은 모든 전집비율이 .25인 실험을 무한히 반복할 때 **평균적으로** 생기는 그런 것들이다. 관찰빈도에서와 마찬가지로 기대빈도의 합도 n으로 합쳐진다. 즉, $\Sigma f_e = n = 200$이다.

H_0이 사실이면, 관찰빈도와 기대빈도 간에 높은 "일치도"를 발견하기를 기대한다. 그래서 χ^2 "적합도" 검증이다. 다시 말해서, 영가설 하에서는 f_o와 f_e는 각 범주 내에서 유사해야 한다. 물론 앞장들에서 논의한 상황과 마찬가지로 표집변이가 작용하기 때문에, 만약 여러분이 관찰빈도와 기대빈도가 **동일한** 것을 발견하면 놀랄 것이다. 영가설이 사

실이라면 어느 정도 다른 것이 적절한 것인가? 관찰빈도와 기대빈도 간의 불일치에 대한 측정치가 필요하게 되고, 또한 불일치가 우연성 만에 기초해서 예상할 수 있는 정도보다 큰가를 검증할 방법이 필요하다.

20.3 χ^2: 기대빈도와 관찰빈도 간의 불일치 측정치

Karl Pearson에 의해 발명된 χ^2 통계치는 기대빈도와 관찰빈도간의 불일치에 대한 측정치를 제공한다.

카이-자승

$$\chi^2 = \Sigma\left[\frac{(f_o - f_e)^2}{f_e}\right] \qquad (20.1)$$

이 공식은 다음의 단계를 따라야 한다는 것을 알려 준다.

1 단계. 각 범주에서 불일치, $f_o - f_e$를 구할 것

2 단계. **자승된** 불일치를 f_e로 나눌 것

3 단계. 주어진 문제에 포함된 모든 범주들에서 나온 값들을 합칠 것

자승되지 않은 불일치, $\Sigma(f_o - f_e)$를 왜 그냥 더하지 않는지 궁금하다면, 그 이유는 그렇게 하면 매번 영이 되기 때문이다. 관찰빈도의 합과 기대빈도의 합 모두 n과 같다는 것을 기억하라. 즉, $\Sigma f_o = \Sigma f_e = n$이다. 따라서

$$\begin{aligned}&\Sigma(f_o - f_e)\\&= \Sigma f_o - \Sigma f_e\\&= n - n\\&= 0\end{aligned}$$

각각의 불일치를 자승을 하면 이 문제가 해결된다. 그리고 나서 각 자승된 불일치를 합치기 전에 f_e로 나눔으로써 여러분은 각 불일치에 기대빈도에 따른 "가중치"를 부여하는 것이 된다. 이것이 표 20.1의 ❶, ❷, ❸, ❹에 제시되어 있다. 표본의 χ^2은 단순히 이 네 가지 값들의 합이다(❺). 즉,

$$\begin{aligned}\chi^2 &= \frac{(40-50)^2}{50} + \frac{(62-50)^2}{50} + \frac{(56-50)^2}{50} + \frac{(42-50)^2}{50} \\ &= 2.00 + 2.88 + .72 + 1.28 \\ &= 6.88\end{aligned}$$

공식 20.1과 예시된 계산과정을 살펴보면 χ^2에 관한 몇 가지 흥미로운 점을 찾아볼 수 있다. 첫째, χ^2은 모든 불일치가 자승되기 때문에 음수가 될 수 없으며, 양의 불일치와 음의 불일치가 **모두** χ^2 값에 대해 긍정적인 공헌을 한다. 둘째, f_e들과 그에 대응하는 f_o들 간의 불일치가 클수록 χ^2은 커진다. 셋째, χ^2는 각 f_o가 그에 대응하는 f_e와 **똑같은** 아주 드문 경우에만 영이 된다.

마지막 관심 사안은 단일변수 χ^2에 대한 **자유도**에 관한 것이다. χ^2 값은 또한 계산에 포함된 **불일치 혹은 범주의 개수**에 따라 달라짐을 주목하라. 예를 들어, 만약 위의 연구에서 후보자가 세 명(범주)만 있었다면, χ^2 전체에 공헌하는 불일치는 세 개뿐이다. 결과적으로 단일변수사례에서 자유도는 $C-1$이며, 이때 C는 범주의 개수이다.

자유도: 단일변수 χ^2

$$df = C - 1 \tag{20.2}$$

따라서 예비 유권자들에 관한 설문조사에서 $df = 4 - 1 = 3$이다.

20.4 χ^2의 표집분포

얻어진 χ^2, 6.88은 영가설 하에서 관찰된 빈도와 기대되어지는 빈도 사이의 불일치를 반영하는 것이다. 이러한 상황에서 우연성만의 결과로는 어떠한 χ^2을 기대할 수 있겠는가? 자유도가 3인 경우에 영가설을 기각하기 위해 요구되는 χ^2의 최소값은 무엇인가? 이 값과 비교해서 6.88이라는 구해진 χ^2은 어디에 위치하겠는가? 여러분도 알겠지만 이러한 질문들은 z, t, F와 관련된 앞장들에서 당면했던 것과 유사한 것들이다. 이러한 질문에 답하기 위해서 여러분은 χ^2의 표집분포를 고려해야 한다.

영가설, $P_{\text{Martzial}} = P_{\text{Breece}} = P_{\text{Dunton}} = P_{\text{Artesani}} = .25$이 사실이라고 가정하자. 또한 여러분이 동일한 상황에서 실험을 수없이 반복했다고 가정하자. 즉, 200명의 등록된 유권자들의 무선표본을 매번 추출하고, 각 유권자들에게 어느 후보자를 선호하는지 물어서, 위에서 서술한 방식에 따라 χ^2를 계산한다. 여러분은 무선표집에 포함되는 우연요인 때문에 χ^2 값이 달라질 것을 기대할 것이다. 표본 χ^2 값들의 분포는, H_0이 사실이면 그림

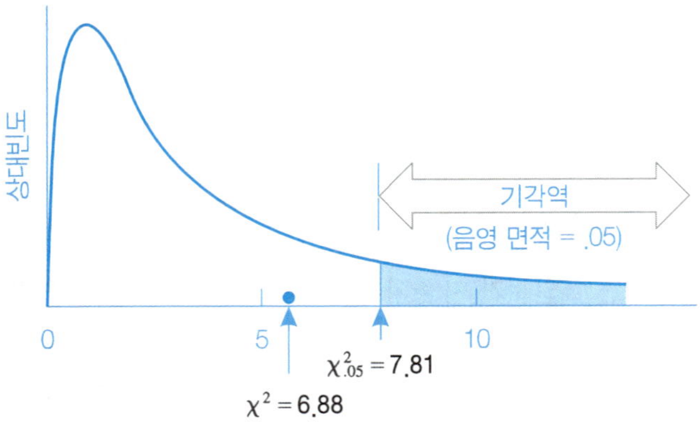

그림 20.1 유권자 설문조사 문제에 대한 계산과 임계치를 보여 주는 자유도 3의 χ^2 분포에 대한 표집분포

20.1에서 보여 주는 *df* 가 3인 이론적 χ^2 분포를 따를 것이다. *t* 분포에서와 마찬가지로 **이론적 χ^2 분포는 사실상 모든 자유도의 값에 대해 하나씩 있는 일군의 분포들이다.** 예를 들어, 오직 세 명의 정치 후보자들만 선거에 나왔다면 3 − 1 = 2 *df* 에 해당하는 다른 χ^2 분포가 적절한 것이다. 다양한 자유도를 가지는 이론적 χ^2 분포들이 부록 B의 표 F에 요약되어 있으며, 다음 절에서 그 사용법에 대해 논의할 것이다.

그림 20.1의 분포가 정적으로 편포된 것을 주목하라. 이것은 여러분이 예상한 것이다. 왜냐하면 χ^2 값은 영이라는 하한계는 (전혀 $f_o - f_e$의 불일치가 없는) 있지만, 이론적으로 상한계는 없기 때문이다. 방향에 관계없이 불일치가 커지면 커질수록 χ^2 값은 점점 더 커지게 된다. 물론, 영가설이 사실이라면, 불일치가 클수록 점점 있음직한 일일 가능성은 적어지게 되어서, 그림 20.1에 있는 분포에 오른쪽으로 긴 꼬리를 갖게 한다. 그러나 그림 20.2에서 보는 것과 같이 χ^2 표집분포의 정적인 편포는 자유도가 증가함에 따라 덜 두드러지게 된다. 커다란 χ^2 값들만이 영가설에 대항하는 증거로 받아들이게 한다.

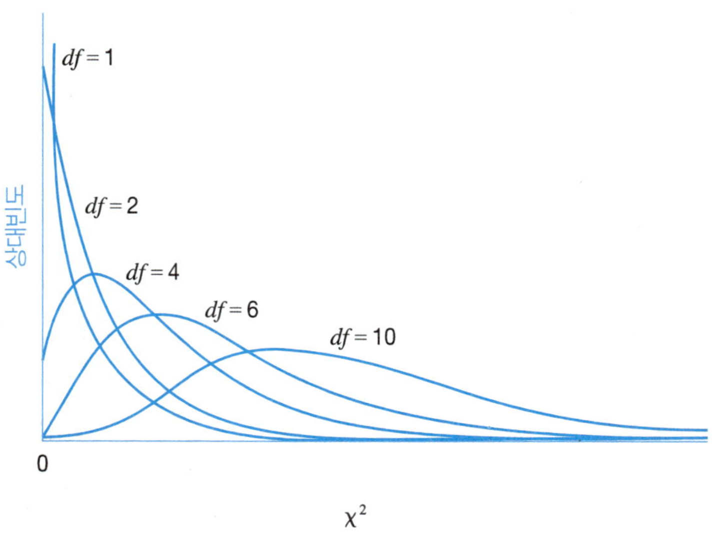

그림 20.2 *df* = 1, 2, 4, 6, 10을 가진 χ^2의 표집분포

따라서 **기각역은** (그림 20.1에서 보는 바와 같이) **전부 위쪽 꼬리에 있게 된다.**

20.5 유권자 설문조사 문제의 완결: χ^2 검증

이제 우리는 유권자 설문조사에 대한 χ^2 적합도 검증을 완결할 준비가 되었다. 검증과정이 아래에 단계 순으로 요약되어 있다.

1 단계. 통계적 가설을 수립하고 유의도 수준을 선정한다.

H_0: $P_{\text{Martzial}} = P_{\text{Breece}} = P_{\text{Dunton}} = P_{\text{Artesani}} = .25$

H_1: H_0에 명시된 것 이외의 모든 상황(비방향적)

$\alpha = .05$

2 단계. 원하는 표본크기를 결정하고 표본을 추출한다.

200명의 등록된 유권자들의 표본을 하나 추출한다. 여기서도 역시, 17.8절의 적절한 표본크기를 선정하기 위한 일반적인 방법을 사용할 수 있다.

3 단계. 필요한 표본통계치를 계산한다.

기대빈도와 관찰빈도가 표 20.1에 요약되어 있고, 6.88이라는 표본 χ^2 값이 구해졌다(계산과정은 표 20.1을 참고).

4 단계. χ^2 임계치를 명시한다.

영가설이 사실일 경우, 단일변수사례를 위한 표본 χ^2 값들은 $C - 1$의 df를 가진 χ^2 표집분포를 따를 것이다. 현재 예시에서는 $df = 4 - 1 = 3$이다. χ^2 임계치를 찾기 위해서 표 F에서 df가 3인 행과 면적(α) = .05인 열이 만나는 지점을 찾는다. $df = 3$이고 $\alpha = .05$를 가진 χ^2 임계치는 $\chi^2_{.05} = 7.81$이다.

5 단계. 통계적 결정과 결론을 내린다.

표본의 χ^2 6.88은 $\chi^2_{.05}$에 못 미치는 값이다. 이것도 그림 20.1에서 보여 주고 있는데, 여기서 여러분은 표본의 χ^2 값이 기각역 밖에 있는 것을 볼 수 있다. 따라서 H_0은 타당한 가능성으로 수용된다. 비록 관찰빈도와 기대빈도 사이에 불일치가 있기는 하지만, 그것은 H_0이 사실일 때 기대될 수 있을 정도로 충분히 작다. 다시 말해서, 표본에 포함된 200명의 등록된 유권자들의 선호도는 그 후보자들이 똑같이 인기가 있을 때 기대될 수 있는 결과에서 유의하게 벗어나지는 않았다는 것이다. 따라서 전집에서는 네 명의 후보자를 유권자들이 선호하는 비율이 다르다는 증거가 충분치 않다고 결론을 내리게 된다 (즉, $P_{\text{Martzial}} = P_{\text{Breece}} = P_{\text{Dunton}} = P_{\text{Artesani}} = .25$).

만약 임계치 7.81보다 **큰** 표본 χ^2 값을 얻었다면, 여러분은 H_0을 기각하고 어떤 후보자가 다른 후보자보다 더 선호되고 있다고 결론을 내릴 수 있다. 누가 선호되고 있는가? χ^2 값만 가지고는 말할 수가 없는데 그 이유는 대립가설은 단순히 H_0이 어떤 형태로든 사실이 아니고 그 형태는 여러 가지가 있기 때문이다. 그러나 표본 χ^2는 C개의 불일치 항들의 합(예: $6.88 = 2.00 + 2.88 + .72 + 1.28$)이라는 것을 기억하라. 통계적으로 유의한 χ^2을 얻었을 때 이 항들의 크기를 살펴보면, 여러분은 때때로 어느 불일치가 표본 χ^2에 가장 큰 공헌을 하는지에 대한 감을 잡을 수 있다.

여러분은 아마도 현재의 예시에서처럼 영가설 하에서 명시되는 비율들은 항상 서로 똑 같아야만 하는 가에 대해 궁금할 것이다. 절대 그런 것은 아니다. (비록 모두 합쳐서 1.00이 되어야만 하지만) **실질적인 질문이 H_0 하에서 가정되는 비율들을 결정한다**. 예를 들어, 만약 실질적인 질문이 그것을 요구했다면, 여러분은 가설을 다음과 같이 진술할 수도 있었다.

$$H_0: P_{\text{Martzial}} = .10,\ P_{\text{Breece}} = .30,\ P_{\text{Dunton}} = .20,\ P_{\text{Artesani}} = .40$$

아마도 이러한 비율은 네 명의 후보자들의 텔레비전이나 라디오 방송시간의 전체 양 중에서 각 후보의 시간에 해당하는 비율일 수도 있다 (Martzial는 전체 방송시간의 10%, Breece는 30% 등등). 여기서, 실직적인 질문은 유권자 선호도는 단순히 각 후보자의 방송매체에의 노출 정도를 반영하는 것인가에 대한 것이다. 물론 실제 상황에서는 단 하나의 H_0만이 주어진 표본으로부터 나온 자료를 가지고 검증될 것이다.

20.6 두 범주 경우: 단일 비율에 대한 χ^2 검증

변수의 범주 수가 둘인 경우, 단일변수사례는 단일 비율을 검증하는 것과 같다. 만약 미로 속의 선택지점에서 두 가지 다른 통로가 주어졌을 때 밝고 어두움이 쥐의 선택에 개입하는가를 알고 싶다고 하자. 여러분은 모든 쥐가 밝은 통로와 어두운 통로 중에 하나를 선택할 수 있도록 연구를 설계를 했다. 질문에 답하기 위해서는 밝은 통로가 선택될 경우들의 비율이 전집에서는 .5라는 가설을 검증한다(어두운 통로를 명시할 수도 있었지만 별로 상관이 없다). 이제 이것을 비방향적 대립가설과 함께 영가설로 바꾼다.

$$H_0: P_{\text{밝은 쪽}} = .5$$

$$H_1: P_{\text{밝은 쪽}} \neq .5$$

여러분은 50마리의 쥐로 구성된 표본을 하나 추출하고, 각각의 쥐가 어느 통로를 선택하는지 관찰하고 빈도를 구한다.

$$\text{밝은 쪽: } f_o = 15 \qquad \text{어두운 쪽: } f_o = 35$$

만약 조명이 차이를 가져오지 않는다면, 밝은 쪽에 대한 선호의 비율은 위에서 서술한 영가설에 명시된 것같이 .5 이어야 한다. 영가설 하에서 기대빈도는 따라서,

$$\text{밝은 쪽: } f_e = (.5)(50) = 25 \qquad \text{어두운 쪽: } f_e = (.5)(50) = 25$$

이고 이제 공식 20.1을 적용한다.

$$\begin{aligned}
\chi^2 &= \frac{(15 - 25)^2}{25} + \frac{(35 - 25)^2}{25} \\
&= \frac{(-10)^2}{25} + \frac{(10)^2}{25} \\
&= 4 + 4 \\
&= 8.00
\end{aligned}$$

범주의 수가 둘이므로 이 문제는 $C - 1 = 2 - 1 = 1$ df인 χ^2을 따르고, 임계치, $\chi^2_{.05} = 3.84$이다. 표본의 χ^2이 이 값을 초과함으로 H_0은 기각된다. 여러분은 밝고 어두움은 쥐들의 선택에 간여하는 요인이며 어두운 통로가 선호된다는 것을 알 수 있다고 결론을 내린다.

자유도가 1일 **경우에만** 방향적 검증이 가능한데 그 이유는 H_0이 틀릴 수 있는 길은 두 가지밖에 없기 때문이다. 이 문제에서는 $P_{\text{밝은 쪽}}$이 .5보다 작을 수도 있고 클 수도 있다. 자유도 1을 가진 일방검증에 대해서 카이-자승의 임계치는 유의도 수준이 5%인 경우에는 $\chi^2_{.05} = 2.71$이고 1%인 경우에는 $\chi^2_{.01} = 5.41$이다. 물론 일방검증의 경우 영가설은 대립가설에 명시된 방향으로 차이가 있는 **경우에만** 기각되어야 한다. 쥐들이 밝은 통로를 **덜** 선호하는 쪽으로 가설을 세웠다고 가정하자. 먼저, 표본에서 나온 증거는 밝은 통로에 대한 선택의 작은 부분을 보여 준다는 것을 주목하라 (만약 그렇지 않다면, 이 문제는 더 이상 계속할 의미가 없다). 만약 검증을 5%의 유의도 수준에서 수행한다면, 표본의 χ^2 값 8.00은 임계치, $\chi^2_{.05} = 2.71$보다 더 크기 때문에 H_0을 기각한다.

20.7 2 변수 사례와 독립성 검증: 유관표

이제까지 우리는 χ^2을 하나의 변수의 경우에 적용하는 경우로 제한했었다(예를 들어, 정치 후보자, 조명). 카이-자승은 **이변량** 빈도분포들의 분석에도 적용될 수 있다. 이때 그 범주들은 **두** 변수들에 대한 결과의 가능한 조합으로 이루어진다.

유권자 설문조사의 경우, 여러분이 반응자들의 성별 기록도 가지고 있다고 가정하고, 이제는 남성과 여성이 네 명의 후보자에 대한 선호도가 다른가를 알고 싶어 한다. 다시 말해서, 유권자 선호도가 성별과 **유관성이 있는가**(contingent)를 알고 싶은 것이다. 이 질문을 연구하기 위해서 여러분은 표 20.2에서 보여 주는 것과 같은 **유관표**(contingency table)를 준비해야 한다. 이 유관표는 사실상 이변량빈도분포, 혹은 행은 한 변수(성별)의 범주들을, 열은 두 번째 변수(선호하는 후보자)의 범주들을 나타내는 **교차분할표**(cross-tabulation)이다. 행의 빈도($f_{행}$)를 보면 200명의 예비 유권자들 중에서 106명이 여성이고 94명이 남성인 것을 알 수 있다. 열의 빈도($f_{열}$)는 4명의 후보자 각각을 선호하는 유권자들의 수에 상응하는 것으로, Martzial이 40, Breece가 62, Dunton이 56, Artesani가 42이다. (열의 빈도들은 단일변수경우에서의 관찰빈도와 일치하는 것을 주목하라.) 여덟 개의 칸들은 각각 특정한 행과 열의 교차지점에 해당하는 관찰빈도를 포함하고 있다. 예를 들어, 106명의 여성 반응자들 중에 30명은 Breece를 선호하고, Artesani는 94명의 남성들 중에서 18명이 선호한다.

다음 단계는 각 관찰빈도를 **관찰비율**(observed proportion), p_o로 전환하는 것이다. 이것은 각 칸의 관찰빈도를 그 칸이 속한 행의 전체 사례수로 나누면 된다.

관찰비율(유관표)

$$p_o = \frac{f_o}{f_{행}} \tag{20.3}$$

표 20.2 유관표: 반응자의 성별에 따른 유권자 선호도

		유권자 선호도				
		Martzial	**Breece**	**Dunton**	**Artesani**	$f_{행}$
성별	**여성**	$f_o = 10$	$f_o = 30$	$f_o = 42$	$f_o = 24$	106
	남성	$f_o = 30$	$f_o = 32$	$f_o = 14$	$f_o = 18$	94
	$f_{열}$	40	62	56	42	$n = 200$

표 20.3 유관표에서 행의 합계들에 대한 비율로 표현된 관찰빈도(표 20.2의 자료)

		유권자 선호도				
		Martzial	Breece	Dunton	Artesani	$f_{행}$
성별	여성	$p_o = \frac{10}{106} = .09$	$p_o = \frac{30}{106} = .28$	$p_o = \frac{42}{106} = .40$	$p_o = \frac{24}{106} = .23$	106
	남성	$p_o = \frac{30}{94} = .32$	$p_o = \frac{32}{94} = .34$	$p_o = \frac{14}{94} = .15$	$p_o = \frac{18}{94} = .19$	94
		$p_{열} = \frac{40}{200} = .20$	$p_{열} = \frac{62}{200} = .31$	$p_{열} = \frac{56}{200} = .28$	$p_{열} = \frac{42}{200} = .21$	$n = 200$

이 계산은 표 20.3에 나와 있다. 106명의 여성 중에서 .09가 Martzial을, .28이 Breece를, .40이 Dunton을, 그리고 .23이 Artesani를 선호한다. 94명 남성의 이에 상응하는 비율들이 여성들의 것과 같지 않은 것을 주목하라. 예를 들어 이 106명 여성들 중에서 무선적으로 추출된 한 사람은 94명의 남성 중에서 무선적으로 추출된 반응자보다 Dunton을 선호할 가능성이 상당히 많다(.40 대 .15). 반면에, 여성 반응자는 남성 반응자보다 Martzial을 선호할 가능성이 적다(.09 대 .32). 즉, 이 200명 표본에서 **유권자 선호도는 어느 정도 성별에 유관적(의존적)**이다. 다른 말로 하면, 이 두 변수들 간에는 관련성이 있다는 것이다.

표 20.3에서 열의 빈도들을 전체사례수로 나눔으로써 열의 합계들을 비율들로 바꾸었음을 주목하라: $p_{열} f_{열}/n$. 그 결과 나온 비율 .20, .31, .28, .21은 전체 200명 반응자 표본에 대한 유권자 선호도를 나타내는 것이며, **반응자의 성별이라는 두 번째 변수는 고려하지 않은 것이다.** 열의 비율의 합은 항상 1.00이어야 한다.

20.8 독립성에 대한 영가설

Pearson 상관계수(r)에 대한 검증에서, 영가설은 전집에서는 두 변수들 사이에 관련성이 **없다**는 것이었음을 상기하라(16장). 마찬가지로 전집에서 유권자 선호도와 성별 사이에 관련이 있는지를 판단하기 위해서는 그들이 관련되지 **않았다**는 가설을 검증한다. 이것은 **독립성에 대한 영가설**이라 부른다.

> 독립성에 대한 영가설에서는 전집의 빈도들의 비율분포는 모든 행들에서 같다.

만약 두개의 변수들이 독립성을 (혹은 의존성을) 행에서 보인다면 그것들은 열에서도 필연적으로 보이게 된다. 문제를 가능한 한 간단히 하기 위해서 우리는 계속해서 행을 중심으로 보기로 한다. 그러나 열을 중심으로 해도 비슷한 전개를 해 나갈 수 있다는 것을 기억해 두어야 한다. 실제로 최종 결과는 어느 방법으로 하든 같게 나온다.

이제 만약 독립성에 대한 영가설이 사실이라면, 각 행에서 유권자 선호에 대해서 어떠한 비율분포를 **기대**할 수 있겠는가? 영가설 하에서는 성별이 유권자 선호와 어떤 관계를 갖고 있어서는 안 된다. 즉, 어떤 사람이 남성이냐 여성이냐는 정치 후보자를 선호하는 것과 아무런 관련이 없어야 한다는 것이다. 만약 유권자 선호와 성별 간에 아무 관계가 없다면, **각 행에 있어서의 유권자 선호의 비율에 대한 최선의 추정치는 성별을 고려하지 않은 비율들이다.** 즉, **전체** 표본 200명으로부터 얻어진 .20, .31, .28과 .21이다. 이것들은 표 20.3에서 보여 주는 것과 같이 열의 합계로부터 만들어진다. 다시 말해서,

기대비율(유관표)

$$p_e = \frac{f_{열}}{n} \qquad (20.4)$$

이 공식이 열의 비율에 대한 것과 동일한 것에 주목하라.

이러한 기대되어지는 비율들이 표 20.4에 요약되어 있다. 독립성에 대한 영가설 하에서 우리는 **그들이 여성이냐 남성이냐에 관계없이** 모든 반응자들에서의 유권자 선호에 관하여 같은 예측을 하게 된다. 예를 들어, 만약 성별이 "사실상" 유권자 선호와 관련이 되지 않고, 나아가서 200명 반응자들의 20%(.20)가 Martzial을 선호한다면, 여성의 20%와 남성의 20%가 Martzial을 선호해야 한다. 그러므로 영가설에 대한 검증은 표 20.4에서 보여 주는 비율들과 관찰된 칸의 비율들(표 20.3)이 의미 있게 다르냐 하는 것에 대한 물음과 같은 것이다.

대립가설 – 의존성에 대한 가설 – 은 단일변수경우에서와 마찬가지로 많은 가능성들

표 20.4 유관표에서 각 행에 대한 기대비율(표 20.2의 자료)

		유권자 선호도			
		Martzial	**Breece**	**Dunton**	**Artesani**
성별	**여성**	$p_e = .20$	$p_e = .31$	$p_e = .28$	$p_e = .21$
	남성	$p_e = .20$	$p_e = .31$	$p_e = .28$	$p_e = .21$
		$p_{열} = \frac{40}{200} = .20$	$p_{열} = \frac{62}{200} = .31$	$p_{열} = \frac{56}{200} = .28$	$p_{열} = \frac{42}{200} = .21$

을 포함한다. 분명히 행들에 대한 빈도들의 비율분포는 수많은 다른 형태로 나타날 수 있다.

20.9 유관표에서 기대빈도 구하기 및 χ^2 계산

독립성에 대한 영가설을 검증하려면, H_0 하에서 기대되어지는 빈도들과 유관표에 있는 관찰빈도들을 비교하기 위하여 χ^2를 사용한다. 만약 $(f_o - f_e)$의 차이가 크면 χ^2은 커지며, 이것은 두 변수들 간에 한 변수(유권자 선호)는 다른 변수(성별)과 유관적인, 또는 종속적인 관계가 있음을 시사한다. 반면에, 작은 χ^2은 독립성을 타당한 가능성으로 받아들이게 한다. 그래서 "독립성에 대한 χ^2 검증"이라 하는 것이다.

H_0 하에서, 기대되어지는 칸의 빈도들은 기대되는 칸의 비율로부터 쉽게 구할 수 있다. 단순히 행의 총합을 그 행에 있는 각 칸의 기대비율로 곱하면 된다.

기대빈도(유관표)

$$f_e = (p_e)(f_{행}) \tag{20.5}$$

예를 들어, Martzial을 선호하는 여성들의 기대빈도는 106의 20% 또는 (.20)(106)이다.

$$(p_e)(f_{행}) = \left(\frac{f_{열}}{n}\right)f_{행} = \left(\frac{40}{200}\right)106 = (.20)(106) = 21.20$$

같은 방법으로, Martzial을 선호하는 남성들의 기대빈도는 94의 20%, 또는 (.20)(94)이다.

$$(p_e)(f_{행}) = \left(\frac{f_{열}}{n}\right)f_{행} = \left(\frac{40}{200}\right)94 = (.20)(94) = 18.80$$

이 예제에는 두 개의 행과 네 개의 열이 있지만, 공식 20.5는 어떤 수의 열이나 행에서도 사용된다.[1)] 이 문제에 대한 여섯 개의 기대빈도들이 관찰빈도들과 함께 표 20.5에 제시되어 있다. 항상 어떤 열이나 행에서의 기대빈도의 합은 그 열이나 행의 관찰빈도의

1) 공식 20.5 개념적 이해를 도와주기는 하지만 아래의 대안이 실제로 사용하는 데는 약간 더 쉽다.

$$f_e = \frac{(f_{행})(f_{열})}{n}$$

특정 칸의 기대빈도를 얻기 위해서는 단순히 행의 합과 열의 합을 곱하고 n으로 나누면 된다. [이 공식이 공식 20.5와 같다는 것을 보여 줄 수 있는가?]

표 20.5 유관표 속의 기대빈도(표 20.2의 자료)

		유권자 선호도				
		Martzial	**Breece**	**Dunton**	**Artesani**	$f_{행}$
성별	**여성**	$f_o = 10$ $f_e = \left(\frac{40}{200}\right)106$ $= (.20)(106)$ $= 21.20$	$f_o = 30$ $f_e = \left(\frac{62}{200}\right)106$ $= (.31)(106)$ $= 32.86$	$f_o = 42$ $f_e = \left(\frac{56}{200}\right)106$ $= (.28)(106)$ $= 29.68$	$f_o = 24$ $f_e = \left(\frac{42}{200}\right)106$ $= (.21)(106)$ $= 22.26$	**106**
	남성	$f_o = 30$ $f_e = \left(\frac{40}{200}\right)94$ $= (.20)(94)$ $= 18.80$	$f_o = 32$ $f_e = \left(\frac{62}{200}\right)94$ $= (.31)(94)$ $= 29.14$	$f_o = 14$ $f_e = \left(\frac{56}{200}\right)94$ $= (.28)(94)$ $= 26.32$	$f_o = 18$ $f_e = \left(\frac{42}{200}\right)94$ $= (.21)(94)$ $= 19.74$	**94**
	$f_{열}$	40	62	56	42	$n = 200$
	$p_{열}$	.20	.31	.28	.21	

합과 같은지를 확인한다. (예를 들어, 여성들의 기대빈도 - 행 - 는 106으로 합쳐지고, Breece에 대한 기대빈도 - 열 - 는 62로 합쳐진다.) 만약 그렇지 않으면 계산의 오류가 있는 것이다.

이제 표 20.6에서와 같이, 공식 20.1을 표 20.5에 있는 관찰빈도와 기대빈도에 적용하자.

$$\chi^2 = \Sigma\left[\frac{(f_o - f_e)^2}{f_e}\right]$$
$$= 5.92 + .25 + 5.11 + .14 + 6.67 + .28 + 5.77 + .15$$
$$= 24.29$$

영가설 하에서는 독립성에 대한 검증을 위한 표본 χ^2 값은 $(R-1)(C-1)$의 자유도를 가진 χ^2 표집분포를 따르는데, 여기서 R은 행의 수이고 C는 열의 수이다.[2)]

자유도: 2변수 χ^2

$$df = (R-1)(C-1) \quad (20.6)$$

2) 2- 변수 경우의 "열"은 단일변수경우의 "범주들"과 같다.

표 20.6 2- 변수 χ^2의 계산 (표 20.5로부터 나온 관찰빈도와 기대빈도)

		유권자 선호도			
		Martzial	Breece	Dunton	Artesani
성별	여성	$\frac{(f_o - f_e)^2}{f_e} = \frac{(10 - 21.20)^2}{21.20} = \frac{125.44}{21.20} = 5.92$	$\frac{(f_o - f_e)^2}{f_e} = \frac{(30 - 32.86)^2}{32.86} = \frac{8.18}{32.86} = .25$	$\frac{(f_o - f_e)^2}{f_e} = \frac{(42 - 29.68)^2}{29.68} = \frac{151.78}{29.68} = 5.11$	$\frac{(f_o - f_e)^2}{f_e} = \frac{(24 - 22.26)^2}{22.26} = \frac{3.03}{22.26} = .14$
	남성	$\frac{(f_o - f_e)^2}{f_e} = \frac{(30 - 18.80)^2}{18.80} = \frac{125.44}{18.80} = 6.67$	$\frac{(f_o - f_e)^2}{f_e} = \frac{(32 - 29.14)^2}{29.14} = \frac{8.18}{29.14} = .28$	$\frac{(f_o - f_e)^2}{f_e} = \frac{(14 - 26.32)^2}{26.32} = \frac{151.78}{26.32} = 5.77$	$\frac{(f_o - f_e)^2}{f_e} = \frac{(18 - 19.74)^2}{19.74} = \frac{3.03}{19.74} = .15$

$$\chi^2 = \Sigma\left[\frac{(f_o - f_e)^2}{f_e}\right]$$
$$= 5.92 + .25 + 5.11 + .14 + 6.67 + .28 + 5.77 + .15$$
$$= 24.29$$

이 문제에서는 $df = (2 - 1)(4 - 1) = 3$이다. 만약 H_0이 허위라면, 표본 χ^2은 전집에서의 의존성 정도에 따라 커지는 경향이 있다. 전과 마찬가지로 결국 기각역은 χ^2 분포의 위쪽 꼬리 부분에 놓이게 된다. 자유도가 3이면 표 F에서 $\chi^2_{.05} = 7.81$임을 알 수 있다.

20.10 독립성에 대한 χ^2 검증: 절차 요약

이제 우리는 현 예제에 대한 2- 변수 χ^2 검증을 요약할 수 있다.

1 단계. 통계적 가설을 설정하고 유의도 수준을 선정한다.

통계적 가설:

H_0: 전집의 행과 열 변수들의 독립성 (이 경우에는 유권자 선호도와 반응자 성별)

H_1: H_0에서 명시되지 않은 다른 어떤 상황들

유의도 수준은 $\alpha = .05$ 로 한다.

2 단계. 원하는 표본크기를 결정하고 표본을 추출한다.

200명의 등록된 유권자들로 구성된 표본을 추출한다.

3 단계. 필요한 표본통계치를 계산한다.

- 유관표를 만들고 20.9절에서 서술된 것과 표 20.5에서 보여 준 것과 같이 각 칸의 기대빈도들을 계산한다.
- 표 20.6에서 보여 준 것같이 관찰빈도와 기대빈도들로부터 χ^2를 계산하기 위하여 공식 20.1을 사용한다.

4 단계. χ^2의 임계치를 명시한다.

$df = (R-1)(C-1) = 3$인 $\chi^2_{.05} = 7.81$이다(표 F).

5 단계. 통계적 결정을 하고, 결론을 내린다.

표본의 χ^2인 24.29는 임계치 이상에 위치하고, 독립성에 대한 영가설은 기각된다. 따라서 유권자 선호도는 반응자의 성별에 어느 정도 의존적이라는 결론을 내린다.

단일 변수의 경우에서와 마찬가지로, 대립가설은 다양한 가능성들을 내포한다. 즉, 의존적인 관계가 나타날 수 있는 방법은 다양하다는 것이다. 유의한 χ^2 값을 얻으면 표 20.3에서와 같이 각 행(또는 각 열)에 대한 관찰된 비율을 계산하고 그것들이 행과 행 사이에서 어떻게 다른가 하는 것을 검토해 보아야 한다. 이것은 흔히 통계적 유의미성의 "근원"을 밝혀주는 일을 한다. 예를 들어 여기서 여러분은 Martzial는 여성들에게는 덜 인기가 있는 반면에 Dunton은 남성들에게 인기가 적은 것을 알 수 있다. 이것은 표본 χ^2를 구성하는 칸들의 불일치의 크기에서도 분명한데(표 20.6), χ^2에 가장 크게 공헌한 것이 Martzial (5.92, 6.67)과 Dunton (5.11, 5.77)과 관련된 칸이다.

20.11 2×2 유관표

유관표가 두개의 행과 두개의 열만을 가지고 있는 경우에 χ^2를 계산하는 간편 계산공식이 있다.

2×2 표를 위한 카이-자승

$$\chi^2 = \frac{n(AD - BC)^2}{(A + B)(C + D)(A + C)(B + D)} \tag{20.7}$$

여기서: n = 전체 사례수

A, B, C, D = 유관표의 네 개의 칸들에 있는 **관찰**빈도 (표 20.7에 제시된 것)

표 20.7의 자료는 어느 정신분열증 환자 표본에게 환청을 줄이기 위한 실험용 약물과 위약성분 중 하나를 투여하는 가상적인 연구로부터 나온 것이다. 연구자는 약물투여 후에 각 환자들에서 환청의 증거가 있는지에 주목했다고 가정하자. 이 자료에 공식 20.7을 적용해 보기로 한다.

$$\begin{aligned}\chi^2 &= \frac{120[(15)(10) - (46)(49)]^2}{(15 + 46)(49 + 10)(15 + 49)(46 + 10)} \\ &= \frac{120[150 - 2254]^2}{(61)(59)(64)(56)} \\ &= \frac{120[4,426,816]}{12,898,816} \\ &= 41.18\end{aligned}$$

자유도 $(2-1)(2-1) = 1$에 대한 χ^2 임계치는 6.63($\alpha = .01$)이다. 얻어진 표본 χ^2 값은 $\chi^2_{.01}$을 쉽게 넘으므로 독립성에 대한 영가설은 기각된다. 결론은, 우리가 표집한 전집에서는 실험용 약물을 투여 받은 환자들이 위약을 투여 받은 환자들보다 환청을 적게 경험하는 것 같다는 것이다.

표 20.7 2×2 유관표: 실험용 약물이나 위약 처치를 받은 정신분열증 환자들 간에 환청에 대한 사례

		후속 환청 여부		
		있음	없음	$f_{행}$
처치	실험용 약물	A $f_o = 15$	B $f_o = 46$	61(A + B)
	위약	C $f_o = 49$	D $f_o = 10$	59(C + D)
	$f_{열}$	64(A + C)	56(B + D)	$n = 120$

앞의 20.6절에서 자유도가 1인 단일변수 χ^2 검증은 단일비율에 관한 가설검증과 같다고 한 것을 상기하라. 마찬가지로, 2×2 표($df = 1$)에 대한 χ^2의 적용은 독립표본들에서 나온 **두 개의 비율 간의 차이**에 대한 검증과 동일하다. 표 20.7에 있는 자료에 대한 영가설과 대립가설은 다음과 같이 나타낼 수 있다.

$$H_0: P_{실험집단} - P_{위약집단} = 0$$
$$H_1: P_{실험집단} - P_{위약집단} \neq 0$$

여기서 $P_{실험집단}$은 약물처치 후에 환청의 증거를 보이지 않은 전집에서의 실험집단의 비율이고, $P_{위약집단}$은 위약처치를 받은 환자들에 대한 값이다. **표본**의 비율은 실험집단의 환자들에서는 46/61 = .75이고 위약집단에서는 10/59 = .17로서 표본의 차이는 .75 − .17 = .58이 된다. 표본 χ^2 값 41.18은 $H_0: P_{실험집단} - P_{위약집단} = 0$의 기각을 지지한다.

χ^2은 1의 자유도를 가졌기 때문에 일방 검증이 가능하다. 이 연구자가 $H_1: P_{실험집단} - P_{위약집단} > 0$라는 방향적 대립가설을 적용하려고 했다면 χ^2의 (일방적) 임계치는 $\chi^2_{.01} = 5.41$였을 것이다.

20.12 관찰의 독립성

카이-자승 검증 통계치는 관찰빈도들이 서로 독립적이어야 한다는 가정을 요한다. 단일사례나 2-변수 사례에서나 마찬가지로 각 반응자들은 하나의 관찰빈도만으로 대표되어야 한다. 예를 들어 표 20.2를 보면 각 개인은 네 개의 칸들 중 하나에만 포함되어야 한다. 즉, 한 사람의 반응은 여성 **아니면** 남성 중 하나로 분류되고 그 사람이 선호하는 후보자는 네 가지 선택 중에 하나로만 제한된다. 다시 말해서, 칸들은 **상호배타적**이다. 일반적으로 하나의 관찰 세트는 그들의 숫자가 반응자들의 수를 넘으면 완전히 독립적이라고 볼 수 없다. 예를 들어, 여러분이 50명으로 구성된 표본에서 논란이 되고 있는 쟁점에 대해 "찬성"하거나 "반대"하는 사람들의 숫자를 결정하려고 한다고 상상해 보자. 그리고 여러분은 이것을 그 사람들이 그 주제에 관한 비디오를 보기 **전에** 한번 하고 비디오를 본 **후에** 다시 한다고 상상하자. 결과적으로 이 50명 표본은 (50)(2) = 100 관찰로 구성되는 2×2 유관표, 즉, 비디오 보기 전 50개와 후 50개로 구성된 표를 만들어낸다. 이런 경우, χ^2 검증통계치는 적절하지 않고 다른 절차가 사용되어야 한다.[3)]

---

3) 예를 들어, 이러한 설계에 적절한 검증은 McNemar의 상관된 비율을 위한 검증법이 있다 (Glass와 Hopkins, 1996, pp. 339-340 참조).

20.13 χ^2와 양적 변수

이 장에 있는 χ^2 예제들은 모두 **질적** 변수들을 포함하고 있다, 즉, 명명척도를 포함하는 변수들이다 (예를 들어, 정치 후보자, 반응자의 성별). 우리가 처음에 지적한 바와 같이 단일변수와 2- 변수 χ^2 검증은 분류하는 변수가 **양적**인 경우에도 동일하게 적용된다.[4)]

서열척도의 예인 다음에 제시되는 설문조사 문항들을 생각해 보자.

학생들이 교실에 개를 데리고 올 수 있게 해야 한다.				
A	B	C	D	E
매우 반대	반대	미결정	찬성	매우 찬성

여러분이 이와 같은 문항들을 포함하는 설문지를 여러분 대학에 있는 60명의 학생으로 구성된 무선표본에 실시하고 각각 5, 9, 19, 17, 10라는 관찰빈도를 기록했다고 하자. 각 관찰빈도는 특정 반응을 선택한 학생 수이며, 여러분은 이것을 영가설 하에서 기대되는 빈도와 비교한다. (예를 들어, H_0은 아마도 $P_A = P_B = P_C = P_D = P_E$가 될 것이며, 이 경우에 각각의 다섯 가지 범주에 대한 $f_e = 12$가 될 것이다.) 공식 20.1을 사용해서 여러분은 $\chi^2(df = 5 - 1 = 4)$을 계산하고 표본의 χ^2을 적절한 χ^2 임계치($\chi^2_{.05} = 9.49$, $\chi^2_{.01} = 13.28$)와 비교하고 H_0에 대한 통계적 결론을 내릴 것이다.

만약 분류된 변수가 등간척도나 비율척도로 측정한 것이라면 어떻게 할 것인가? 예를 들어, 두 변수 중 하나가 시험 점수일 수도 있다. 이런 경우에는 2장에서 서술된 바와 같이 점수들은 좀 더 작은 수의 급간으로 묶고 급간들을 범주로 취급한다. 그리고 나서 표본 χ^2을 평상시와 같은 방식으로 계산한다.

질적 변수에서나 양적 변수에서나 마찬가지로 χ^2 문제에서 분석되는 관찰치는 (점수나, 평정 혹은 순위가 아니라) **빈도**라는 것을 명심해야 한다.

20.14 기타 고려사항

작은 기대빈도

χ^2의 표집분포는 **기대**빈도가 작아지게 되면 표 F에 나와 있는 이론적 분포로부터 이탈

4) 여러분은 질적 변수와 양적 변수, 그리고 측정에서의 척도를 논의한 1.5절을 다시 돌아가 볼 것을 권한다.

되기 시작한다. 얼마나 작은 것이 너무 작은 것인가? 수년 동안 보수적인 경험적 기준은 $df>1$인 경우에는 각 칸의 기대빈도가 적어도 5는 되어야 하고, $df=1$인 경우에는 적어도 10이 되어야 한다는 것이었다. 게다가 연구자들은 특히 어떤 기대빈도라도 5 이하가 되면, 2×2표가 포함된 경우에 카이-자승을 적용할 때는 "Yates의 연속성에 대한 교정절차(Yates correction for continuity)"를 사용할 것이 권장되었다. 요즈음에는 이러한 권고사항이 필요이상으로 보수적인 것으로 보인다. 예를 들어, 평균 기대빈도가 2까지 낮아질 경우에도 χ^2은 정확한 결과를 제공하는 것으로 나타나고 있다(예: Glass와 Hopkins, 1996, p. 335).

표본크기

쉽게 눈에 띄지는 않지만, 표본 χ^2 통계치의 크기는 **표본크기**와 직접 관련되어 있다. 만약 여러분이 10배의 큰 표본을 사용하는데 각 칸에 있는 사례수의 비율이 그대로라면, 범주의 수가 같고 따라서 df가 그대로라 할지라도, χ^2 통계치가 10배로 커지는 것을 기대할 것이다. 여기서도 또한 여러분은 표본크기와 유의미성과 중요성간의 차이에 대한 문제에 부딪치게 된다. 간단히 말하면, 아주 큰 표본은 그 관계가 아주 적고 중요하지 않은 경우라 할지라도 의미 있는 결과를 가져온다. 이러한 단서는 χ^2 적합도 검증과 χ^2 독립성 검증에도 동일하게 적용된다.

20.15 요약

앞의 장들에서는 분석될 표본자료가 주로 개인들의 수량적인 **점수들**로 이루어졌다. 이번 장에서는 **빈도**자료가 관심대상이었다. 다시 말해서 여러 범주들에 속하는 개인들의 숫자들이었다. χ^2 적합도 검증인 단일변수사례에서는 범주들이 하나의 변수들에 기초한 것이다. χ^2 독립성 검증인, 2-변수사례에서는 범주(칸)들은 두 가지 변수들에 대해 가능한 결과들의 조합에 기초한다. 이 두 가지 검증 모두, 분석될 관찰치들이 빈도의 형태로 제시되는 한, 질적 변수(명명척도)나 양적 변수(서열, 등간, 비율척도)에서 적용이 가능하다.

단일변수사례에서는 검증될 영가설이 각 범주에 속하는 사례들의 전집에서의 비율로 설정된다. 대립가설은 매우 광범위해서 영가설에서 명시되지 않은 모든 다른 상황들을 다 포함한다. 검증을 위한 전반적인 도식은 관찰된 빈도(f_o)들과 영가설 하에서 기대되는 빈도(f_e)들과의 불일치가 무선표집변이에 기초할 때 예상되는 것보다 큰가를 결정짓는 내용을 포함한다. 기대빈도들은 가설에 나타난 비율을 표본크기, n으로 곱해서 계산한다. 관찰빈도와 기대빈도간의 불일치는 표본 χ^2 통계치로 요약된다. 만약 H_0이 사실이라면 표본 χ^2들은 $C-1$의 자유도를 가진 이론적 χ^2을 따르는데 이때 C는 범주의 수이다. 큰 불일치는 방향에 관계없이 큰 χ^2을 만들어 내므로, 비록 그 검증은 본래 비방향적이지만, 오른쪽의 기각역 만이 검증에 사용된다. 자유도가 1보다 크고 영가설이 기각되면, 적절한 해석을 하기 위해 자료를 좀 더 자세히 관찰해야 한다. 단일변수사례에서 두 개의 범주만이 포함되어 있을 때 영가설은 하나의 비율에 대한 검증으로 설정될 수 있다. 이러한 검증은 원하는 대로 비방향적일 수도 있고 방향적일 수도 있다.

두 개의 변수들이 포함되는 2- 변수사례에서는 자료가 유관표라고 불리는 이변량 빈도분포표로 교차분할되어 만들어진다. 이때의 통상적인 영가설은 두 변수들의 독립성에 관한 것이다. 대립가설은 역시 매우 광범위해서, 두 변수가 어떤 방식으로든 관련이 있다는 것이다. 만약 두 변수가 전집에서 독립적이라면, 빈도들의 비율분포는 각 행에서, 또는 각 열들에서도 다 같을 것이라는 것이다. 행들에서 기대되어지는 (영가설 하에서) 비율분포는 유관표에서의 열의 합들로부터 계산될 수 있고 기대빈도를 결정하는데 사용된다. 그리고 나서 관찰빈도를 기대빈도에 비교하는 χ^2 통계치가 계산된다. 자유도가 $(R-1)(C-1)$인 임계치보다 큰 χ^2은 영가설을 기각하게 하고 두개의 변수들은 어떤 형태로 종속적이라는 결론을 내리게 한다. 자유도가 1보다 큰 경우, 2- 변수사례에서 유의미한 χ^2에 대한 적절한 해석을 하려면 관찰된 비율들을 좀 더 세밀하게 조사해야 한다. 2×2 유관표의 경우, 영가설은 두 개의 비율간의 차에 대한 검증으로 서술될 수 있고, 대립가설은 방향적일 수도 있고 비방향적일 수도 있다. 2×2 표에 대해서는 간편 계산공식이 사용될 수 있다.

빈도자료를 가지고 χ^2을 사용할 때 중요한 가정은 관찰치들이 서로 독립적이어야 한다는 것이다. 다시 말해서, 모든 개인은 단 하나의 관찰빈도만으로 나타내야 한다는 것이다.

연습문제

정의 또는 설명하라.

용어 및 개념

빈도자료 대 점수자료
관찰 빈도
기대 빈도
영가설과 대립가설
유관표
교차분할
관찰비율
독립성에 대한 영가설

공식

$$\chi^2 = \Sigma\left[\frac{(f_o - f_e)^2}{f_e}\right]$$

$$df = C - 1$$

카이- 자승 통계치
단일변수사례
적합도 검증
χ^2의 표집분포
단일 비율에 대한 검증
2변수 경우
유관표 내의 기대빈도
독립성 검증
두 비율 간의 차에 대한 검증
관찰치들의 독립성
양적 변수

$$p_o = \frac{f_o}{f_{행}}$$

$$p_e = \frac{f_{열}}{n}$$

$$f_e = (p_e)(f_{행})$$

$$df = (R-1)(C-1)$$

$$\chi^2 = \frac{n(AD - BC)^2}{(A+B)(C+D)(A+C)(B+D)}$$

기호

f_o f_e p P C R

질문 및 문제

참고: *가 있는 문제는 부록 A에 답이 제시되어 있다.

***1.** 아래에 있는 단일변수 문제에 대한 영가설을 $\alpha = .05$와 $\alpha = .01$ 수준에서 검증하기 위한 χ^2의 임계치를 제시하라.

(a) H_0: $P_1 = P_2 = P_3 = P_4$
(b) H_0: $P_1 = .10$, $P_2 = .10$, $P_3 = .80$
(c) H_0: $P_1 = .25$, $P_2 = .75$
(d) H_0: $P_1 = \mathrm{P}_2$
(e) $P_1 = .50$, $P_2 = P_3 = P_4 = P_5 = P_6 = .10$

2. (a) 문제 1에서 어느 H_0에 대해 방향적 H_1이 가능하겠는가? (설명하라.)
(b) $\chi^2_{.05}$와 $\chi^2_{.01}$에 대한 한쪽 꼬리 부분의 값은 얼마인가?

***3.** 어느 연구자가 소비자의 선택이 포장의 색깔에 영향을 받는지 알고 싶어 한다. 새로운 세제를 무료로 증정하기 위해 주황색, 밤색, 분홍색, 파랑색의 플라스틱 용기에 넣어서 지역 슈퍼마켓에 진열하였다. 연구자는 어떤 색깔이 소비자들에게 선호되는지에 대한 가설을 세우기 위한 아무런 근거도 가지고 있지 않다. 연구자는 60명의 고객들이 선택하는 색깔을 관찰하였다(소비자들은 한 개만 가지도록 제한하였다). 결과는 다음과 같았다.

색깔:	주황색	밤색	분홍색	파랑색
선택 빈도:	18	6	12	24

(a) 이 상황에 대한 두 가지 동일한 H_0을 기호 형태로 서술하라.
(b) H_1은 하나의 기호 형태로 서술될 수 있겠는가? (설명하라.)
(c) H_0 하에서의 기대빈도를 계산하라. (이것들이 n으로 합쳐지는가?)

(d) χ^2을 계산하고 H_0을 $\alpha = .01$ 수준에서 검증하라.

(e) 이 χ^2으로부터 포장의 색깔과 소비자 선택 간의 관련성에 대해 어떠한 일반적 결론을 내리겠는가?

4. χ^2 검증에서는 왜 χ^2 분포의 위쪽 꼬리 부분의 면적만이 관심의 대상이 되는가?

***5.** 특정 암에 걸린 환자들 다섯 명 중에 한명이 양성으로 판정된 지 일 년 이내에 사망하였다. 새로운 혈청이 이 병으로 진단된 50명의 환자들에게 투여되었다. 진단 후 12개월 후에 이 환자들 중에 45명이 여전히 살아 있다. 이 혈청은 효과가 있는가?

(a) 일 년 후에도 살아 있는 환자들의 비율을 가지고 H_0과 H_1를 제시하라.

(b) $\alpha = .05$ 수준에서 계산하고 검증을 수행하라.

(c) 최종 결론을 내리라.

6. 100명의 학생들이 이상심리학 수업에서 선다형 시험을 보았다. 담당교수는 학생들이 36번 문제에서 무선적으로 추측했다는 가설을 검증하려고 한다. 그 문항에 대한 반응의 빈도는 다음과 같다.

선택항:	A	B	C	D
반응 빈도:	15	40	5	12

(a) H_0을 제시하라.

(b) χ^2을 계산하고 $\alpha = .01$ 수준에서 영가설을 검증하라.

(c) 최종 결론을 내리라.

7. 여러분 친구의 주사위에 "무게가 주어졌는지"를 알고 싶다. 그 주사위를 120번 던져서 다음과 같은 결과를 얻었다.

위에 나온 면:	1	2	3	4	5	6
관찰된 횟수:	16	16	10	20	28	30

(a) 이러한 상황에 관한 H_0을 제시하라 (분수를 사용하라).

(b) H_1을 기호형태의 진술문 하나로 나타낼 수 있는가? (설명하라.)

(c) χ^2을 계산하고, 검증을 완성하라 ($\alpha = .05$). 이 주사위에 대한 최종 결론을 내리라.

(d) 이 결과들은 그 주사위에 무게가 주어져서 공정한 것이 아니라는 것을 증명하는가? (설명하라.)

8. 다음의 유관표에 대해 $\alpha = .05$와 $\alpha = .01$ 수준에서 독립성에 대한 영가설을 검증하기 위한 χ^2의 임계치를 제시하라.

(a) 2×3 유관표

(b) 2×6 유관표

(c) 3×5 유관표

(d) 2×2 유관표

***9.** 예비 유권자 163명으로 구성된 표본이 도시와 농촌 지역으로부터 추출되었다. 각 유권자들에게 다가 올 주정부가 진행하는 "동성애자 권리"에 관한 투표에 대한 입장을 물었다. 결과는 다음과 같았다.

	찬성	**반대**
농촌:	35	55
도시:	53	20

(a) 이러한 상황에 대해, 비율을 적용한 독립성에 대한 가설을 말로 서술하라.

(b) 이 2×2 유관표의 네 개의 칸에 대한 f_o와 f_e를 계산하라. 이 정보를 행의 합, 열의 합, 전체 총합을 포함하는 2×2표로 제시하라. (각 행에서 $\Sigma f_e = f_{행}$가 되는가?)

(c) 공식 20.1을 사용해서 χ^2을 계산하고, $\alpha = .05$와 .01 수준에서 양방 검증을 수행하라.

(d) 이 χ^2에 대한 일반적 결론은 무엇인가?

(e) 모든 관찰빈도를 행의 빈도에 기초한 비율로 변형시키라. 어떤 해석이 가능한 것으로 보이는가?

***10.** (a) 문제 9의 상황에서 왜 방향적 H_1이 가능한가?

(b) 방향적 H_1의 예를 하나 말로 제시하라.

***11.** 문제 9에서 주어진 자료를 사용해서 공식 20.7로부터 χ^2을 계산하라.

***12.** 태도 변화에 관한 실험에 40명의 피험자가 자원을 하였다. 이 주제에 대한 태도문항이 하나 실시되었고, 활발한 토론을 담은 비디오를 보고 난 후에 다시 실시되었는데 그 결과는 다음과 같다.

	태도 진술문에 대한 반응		
	찬성	**미정**	**반대**
전:	8	20	12
후:	18	12	10

연구자는 $\chi^2 = 6.03$라고 계산했고, $\chi^2_{.05} = 5.99$이므로 독립성에 관한 영가설을 기각하였다. 2×3 유관표의 여섯 개의 칸에 해당하는 관찰 비율을 계산한 후에 (즉, $f_o \div$ 행의 합), 연구자는 토론 관람이 많은 "미정"이었던 사람들을 "찬성" 범주로 전환하게 한

것 같다는 결론을 내렸다. 이 연구자가 범한 결정적인 오류는 무엇인가?

13. 사춘기 여성들에서 성적인 활동 여부와 흡연여부가 관련이 있는가? Harriet Imrey는 「*The Journal of Irreproducible Results*」지에 나타난 논문에서 508명의 14에서 17세 사이에 있는 사춘기 소녀들로부터 얻은 다음과 같은 자료를 제공하였다(Imrey, 1983).

	성적인 활동	성적인 미활동
흡연자	24	122
비흡연자	11	351

(a) 이 상황에 대해, 비율을 적용한 독립성에 대한 영가설을 두 가지 동일한 식으로 서술하라.

(b) 문제 13a의 각 H_0에 대한 (비방향적) H_1을 말로 제시하라.

(c) 이 2×2 유관표의 네 개의 칸에 대한 f_o와 f_e를 계산하라. 이 정보를 행의 합, 열의 합, 전체 총합을 포함하는 2×2표로 제시하라.

(d) 공식 20.1을 사용해서 χ^2을 계산하고, $\alpha = .05$ 수준에서 검증을 완결하라.

(e) 이 유의한 χ^2으로부터 도출되는 일반적 결론은 무엇인가?

(f) 모든 관찰빈도를 행의 빈도에 기초한 비율로 변형시키라. 어떤 해석이 가능한 것으로 보이는가?

14. 문제 13에서 제시한 자료를 사용해서, 공식 20.7을 적용하여 χ^2을 계산하라.

***15.** 225명의 등록된 유권자들의 한 무선표본에게 세 명의 시장 후보 중에서 누구를 선호하는가를 물었다. 반응자들에게 그들 가정의 연간수입도 보고하게 했다. 자료는 다음과 같다.

	후보자		
가정 내 수입	Jadallah	Yung	Pandiscio
<$20,000	8	11	6
$20,000~$39,999	23	17	18
$40,000~$59,999	20	22	20
≥$60,000	25	33	22

(a) 이 상황에서 매우 일반적으로 서술되는 독립성에 대한 영가설은 무엇인가?

(b) 이 3×4 유관표의 12개의 칸에 대한 f_o와 f_e를 계산하라. 이 정보를 행의 합, 열의 합, 전체 총합을 포함하는 3×4표로 제시하라.

(c) 공식 20.1을 사용해서 χ^2을 계산하고, $\alpha = .05$ 수준에서 검증을 완결하라.

(d) 이 χ^2으로부터 도출되는 일반적 결론은 무엇인가?

***16.** 문제 15에서 주어진 자료를 가지고 모든 후보자가 모두 똑 같이 인기가 있다는 영가설을 검증하라($\alpha = .05$).

17. 어떠한 χ^2 문제에서든지, 행의 빈도와 그 행의 기대빈도들 간에는 어떤 관련성이 있는가?

제 21 장

(거의) 가정과 무관한 검증

21.1 모수적 검증과 비모수적 검증

이제까지 다룬 추리통계 검증들은 **모수적 검증**(parametric tests)으로 알려져 있다. 이 검증은 전집의 모수치들(예를 들어, μ, ρ)에 관한 가설을 포함하거나 전집의 분포에 관한 가정을 요구한다. 예를 들어 후자의 경우, 독립집단을 위한 t 검증에서와 같이 전집의 정상성과 분산의 동질성이 가정되어야 하며, F 검증에서도 역시 마찬가지이다. 다행히 이런 검증들이 항내성(robustness)이 있다는 것, 즉 가정에 대한 위반이 있어도 상당히 강력하다는 것을 알았다, 즉 가정된 조건들에서 상당히 이탈되어도 표본크기가 보통 이상이거나 커지면 검증을 심각하게 무효화하지는 않는다. 그러나 분포에 대한 가정들이 심각하게 위배되고 **또한 표본크기가 작으면** 문제가 생긴다.

이 마지막 장은 전집의 분포들에 대하여 완화된 조건을 요하는 대안적인 절차에 관한 것이다. 그것들은 **"분포와 무관한" 방법**(distribution- free methods)으로 불리는 데 우리는 이 보다는 좀 더 서술적인 용어인 **가정과 무관한**(assumption- free) 방법으로 부르는 것을 선호한다. 이러한 절차는 또한 **비모수적 기법**(non- parametric techniques)으로도 알려져 있다.[1] 이장의 제목에서 "거의"라는 말을 붙인 것은 우리가 통계적 검증을 수행해 나가는 데 있어서 기본 가정들로부터 완전히 자유로울 수는 절대로 없다는 것을 강조하기 위함이다. 즉, 이것은 단지 어떤 검증에서는 가정이 덜 엄격하다는 것일 뿐이다.

기본 논리와 필요한 계산과정의 측면에서 보면 비모수적 검증이 모수적 검증보다 훨

1) 기술적으로는 동의어가 아니지만, "가정과 무관한"(또는 "분포와 무관한")이라는 용어와 "비모수적 기법"이라는 용어는 상호교환적으로 사용되는 경향이 있다.

씬 "친절하다"는 것을 알게 될 것이다. 그러나 모든 것은 다 대가를 치루어야 하는 것이므로, 비모수적 검증들이 이에 상응하는 모수적 기법들의 **가정들이 충분히 지켜졌을 때**보다는 다소 덜 민감하다는 것, 즉 검증력이 떨어진다는 사실이 별로 놀랄 일은 아니다. 다시 말해서, 비모수적 검증은 영가설이 사실이 아닐 때 통계적으로 유의한 결과를 가져올 확률이 적다는 것이다. 그러나 가정에 무관한 검증절차들은 일반적으로 모수적 가정이 충족되지 못한 경우보다는 좀 더 강력한 검증력을 보여 준다.

앞에서 기술했던 *t* 검증과 분산분석 절차들은 분포의 평균치에 초점을 맞추었다. 여기에 기술되는 이에 대응하는 기법들은 그렇게 특수한 것들에 관한 것이 아니다. 흔히 사용되는 영가설은, 어떤 특정한 집중경향 측정치(예를 들어, 평균치)에 관련된 분포들 간에 차이가 없다는 것이 아니라, 단순히 그 전집 분포들이 **어떤 양상으로든지** 간에 다르지 않다는 것이다. 이것은 "유의미성"이라는 것이 집중경향(위치), 변산도, 대칭성 등의 차이들의 어떤 알 수 없는 조합의 결과로부터 생길 수 있다는 것을 (정확하게) 시사해 주기 때문에 약간 불만족스러운 측면이다. 그러나 만약 분포의 변산도나 형태가 크게 다르지 않다면, 이런 검증들은 특정한 집중경향 측정치를 구체적으로 지칭하지는 않지만, 위치에 대한 좋은 검증법이 된다. 어쨌든 이 방법들은 모수적 가정이 정당화 될 수 없고 표본의 크기가 작을 경우에는 적절한 검증법들이다.

시중에는 책 전체가 비모수적 절차들만 다룬 책들이 나와 있다(예를 들어, Daniel, 1990; Marascuilo와 McSweeney, 1977). 이 장에서는 흔히 사용되는 네 가지 비모수적 검증 기법들을 제시할 것이다. 각각에 대응하는 모수적 대안들을 가지고 있는 이러한 검증법들은 (a) 수집된 자료가 순위의 형태일 때 혹은 (b) 모수적 검증에서 요구되는 분포에 대한 가정들이 유지될 수 없고 또한 표본도 작은 경우에는 특히 고려해 볼 수 있다.

21.2 점수들의 순위 배정

앞으로 설명하려는 검증 기법들에서는, 자료가 이미 순위 형태로 제시된 것이 아닌 한, 숫자들을 크기에 따라서 **순위를 배정하는 것**이 필요하다. 순위 배정 절차는 대부분이 기저 변수들이 "연속"변수임을 가정하기는 하지만 전집 분포의 형태에 대한 가정은 하지 않는다. 변수에 대한 측정이, 적어도 이론적으로는, 무한히 작은 값으로 이루어질 수 있는 경우(예를 들어, 키, 경과된 시간) 연속변수라고 한다. 이런 경우가 아니고, 변수가 "비연속" 혹은 이산적일 경우(예를 들어, 정답 수, 가족 수)에는 동점을 흔히 접하게 되는데, 이것은 **순위의 동점**을 이루게 되므로 문제를 야기한다.

동점 점수들을 다루는 간단하고 좋은 방법의 하나는 각 동점 점수들에 해당 순위들의 평균치를 배정하는 것이다. 다음의 7개 점수들과 해당 순위를 생각해 보자.

점수:	4	5	5	8	11	15	19
순위:	1	2.5	2.5	4	5	6	7

두 번째와 세 번째 점수(5, 5)는 모두 2.5의 순위를 배정 받는다. 이것은 두 번째와 세 번째 점수들 간에 동점이 아니었다면 배정받았을 순위인 "2"와 "3"의 평균치이다. 이런 절차는 보통, 전체 점수들의 삼분의 일 이상이 동점이 아닌 한 동점 문제에 대한 만족스러운 해결방법을 제공해 줄 것이다.

점수들이 꽤 많고 특히 동점들이 있을 때는 순위를 배정하는 데 오류를 범하기가 쉽다. 한 가지 유용한 확인 방법은 순위들의 합이 $n(n+1)/2$와 같다는 사실에서 나온 것인데, 이때 n은 순서가 매겨지는 점수들의 수이다. 이것은 동점이 있거나 없거나 사실이다. 예를 들면 다음과 같다.

$$\Sigma(1, 2.5, 2.5, 4, 5, 6, 7) = \frac{7(7+1)}{2} = 28$$

21.3 두 독립집단들의 위치 검증: Mann-Whitney 검증

Mann-Whitney 검증은 두개의 독립표본들의 평균치의 차에 대한 t 검증의 대안이다 (14장). 표본이 작고 t 검증을 위하여 필요한 분포에 대한 가정들이 심각하게 문제가 될 때 고려할 수 있는 방법이다 (14.5절 참조). 영가설은 두 전집의 특정 평균치들의 동일성에 대한 것이 아니라 두 전집분포들의 일반적인 동일성에 관한 것이다. 그러나 만약 두 전집의 분포들이 어느 정도 비슷한 형태나 변산도를 가진 경우에는, Mann-Whitney 검증은 집중경향치에 대한 우수한 검사가 된다.

Mann-Whitney 검증의 논리는 비교적 단순하다. 표 21.1a에 나타난 것 같은 분포를 가진 두 집단($n_1 = n_2 = 7$)이 있다고 가정하자. 우리는 두 분포가 전혀 겹쳐지지 않고, 집단 1에 있는 모든 점수들은 집단 2에 있는 모든 점수들보다 낮은 것을 볼 수 있다. 만약 두 분포가 합쳐져서 14개의 점수가 1(가장 낮은 점수)에서 14(가장 높은 점수)까지 순위가 매겨졌다고 하자. 두 분포에는 겹친 것이 없기 때문에 집단 1의 점수들의 **순위**는 집단 2의 순위보다 낮다. 결과적으로 (표 21.1a의 ❶에서 보는 바와 같이) 집단 1의 **순위의 합**($\Sigma R_1 = 28$)은 집단 2의 순위의 합($\Sigma R_2 = 77$)보다 작다. 이제는, 두 집단이 표 21.1b에서 보는 것처럼 좀 덜 벌어져 있다고 가정하자. 여기서는, 차이가 표 21.1a에서보다는 덜하겠지만 ΣR_1은 ΣR_2보다 여전히 작을 것이다(❷). 이것은 집단 1의 몇몇 순위들이 이제는 집단 2의 순위보다 높아져서 ΣR_1이 표 21.1a에서 보다 약간 커지고(39 대 28) ΣR_2는 약간 작아졌기(66 대 77) 때문이다. 마지막으로, ΣR_1과 ΣR_2는 두 분포가 심하게 겹쳐지면 비슷한 값이 될 것이다. 이것은 표 21.1c에서 볼 수 있는데(❸), 여기서는 ΣR_1 = 52이고 ΣR_2 = 53이다. 요약하면, Mann- Whitney 검증은 ΣR_1과 ΣR_2 간의 불일치에 기초를 둔 것이다. 이 검증은 어떤 분포에서의 순위들의 합(ΣR_1)이 기대되는 순위의 합보다 (두 분포들이 같다는 가설 하에) 주어진 정도 이상으로 다른 값을 얻을 확률을 도출하는 것이다.

Mann- Whitney 검증을 하려면 아래의 절차를 따른다.

1 단계. 두 집단을 집단 1과 집단 2라고 이름을 붙인다. **만약 한 집단이 다른 집단보다 적은 사례수를 포함하고 있으면, 작은 집단을 집단 1로 해야 한다.**

2 단계. 모든 점수들을 $n_1 + n_2$ 사례를 가진 하나의 분포로 합친다. 그리고 나서 가장 낮은 점수에 1, 다음으로 낮은 것에 2, 등등으로 모든 점수들이 다 순 서가 매겨질 때까지 순위를 배정한다. 만약 동점이 있으면 21.2절에서 기술한 대로 순위를 배정한다.

3 단계. 집단 1의 모든 점수들의 순위의 합인 ΣR_1을 구한다. 부록 C에 있는 표 G는 n_1 값이 3부터 15까지와 n_2 값이 3부터 15까지인 경우에 대한 .005, .01, .025, .05의 일방 확률에 해당하는 ΣR_1의 임계치를 제공해 준다.

4 단계. 표 G에서 n_1과 n_2에 해당하는 행을 찾는다. 그리고 나서 대립가설의 유형에 따라서 아래의 (a), (b), 혹은 (c)의 절차를 따른다.

(a) H_1: **집단 1≠집단 2.** 만약 대립 가설이 비방향적이라면, $\alpha/2$인 열에 해당하는 한 쌍의 수치를 찾는다. 만약 α = .05면, .025(α = .01이면, .005)라고 된 열을 사용한다. 만약 ΣR_1이 둘 중에 작은 수치 이하**이거나** 큰 수치 이상이면, 두 전집이 어떠한 측면에서도 다르지 않다는 영가설을 기각한다.

(b) H_1: **집단 1<집단 2.** 이러한 방향적 대립가설의 경우는 α에 해당하는 열에서 한 쌍의 숫자를 찾는다. 만약 ΣR_1이 작은 수치 **이하**이면 영가설을 기각한다.

(c) H_1: **집단 1>집단 2.** 여기서도, α에 해당하는 열에서 한 쌍의 숫자를 찾는다. 만약 ΣR_1이 큰 수치 **이상**이면 영가설을 기각한다.

큰 표본(20 이상)의 경우에는 공식 21.1을 사용한다.

표 21.1 겹쳐진 정도가 다른 분포들: ΣR_1과 ΣR_2에 미치는 효과

(a) 겹침 없음

집단:	1	1	1	1	1	1	1	2	2	2	2	2	2	2
점수:	5	8	9	12	14	15	16	17	19	21	23	24	27	29
순위:	1	2	3	4	5	6	7	8	9	10	11	12	13	14

❶ $\Sigma R_1 = 1+2+3+4+5+6+7 = 28$
$\Sigma R_2 = 8+9+10+11+12+13+14 = 77$

(b) 약간 겹침

집단:	1	1	1	1	2	2	1	2	2	1	2	1	2	2
점수:	5	8	9	12	14	15	16	17	19	21	23	24	27	29
순위:	1	2	3	4	5	6	7	8	9	10	11	12	13	14

❷ $\Sigma R_1 = 1+2+3+4+7+10+12 = 39$
$\Sigma R_2 = 5+6+8+9+11+13+14 = 66$

(c) 심하게 겹침

집단:	1	2	2	1	1	2	1	2	2	1	1	2	2	1
점수:	5	8	9	12	14	15	16	17	19	21	23	24	27	29
순위:	1	2	3	4	5	6	7	8	9	10	11	12	13	14

❸ $\Sigma R_1 = 1+4+5+7+10+11+14 = 52$
$\Sigma R_2 = 2+3+6+8+9+12+13 = 53$

큰 표본을 위한 Mann- Whitney 검증 통계치

$$z = \frac{\Sigma R_1 - .5[n_1(n_1 + n_2 + 1)]}{\sqrt{\dfrac{n_1 n_2(n_1 + n_2 + 1)}{12}}} \tag{21.1}$$

공식 21.1에서 제시한 통계치는 정상분포에 접근한다. 음수의 z 값은 집단 1<집단 2임을 암시하고 양수의 z 값은 집단 1>집단 2임을 암시한다.

예제

여러분이 어느 실험으로부터 다음의 결과를 얻었다고 가정하자. 그 실험에는 불안을 감소시키기 위한 두 가지 실험처치에 참여한 사람들의 두 개의 독립 표본이 포함되어 있다(높은 점수는 높은 불안을 나타낸다).

집단 1:	7	8	10	10	12	15	17	19	
집단 2:	10	12	13	14	23	26	29	31	38

여러분은 두 전집을 비교하려고 한다.

풀이

이 점수들을 살펴보면 상당히 정적으로 편포되어서 전집의 정상성에 대한 의문을 제기한다. 표본들이 상당히 작으므로 독립평균치들을 위한 t 검증보다는 Mann-Whitney 검증을 사용하기로 하였다. 양방검증이 $\alpha = .01$ 수준에서 수행되었다.

어떤 점수들은 순위의 동점을 이룰 것임을 주목하라. 이 점수들의 순위는 21.2절에서 설명한 절차에 따라 배정될 것이며 집단 1의 순위들이 합쳐진다.

집단 1:	1	2	4	4	6.5	10	11	12	
집단 2:	4	6.5	8	9	13	14	15	16	17

$$\Sigma R_1 = 50.5 \qquad \Sigma R_2 = 102.5$$

ΣR_2를 계산하는 것이 필요하지는 않지만 이것은 계산이 정확하게 되었는지 확인하는데 도움을 주기 때문에 이 합산을 해 보는 것은 좋은 일이다. 왜냐하면 ΣR_1과 ΣR_2를 합치면 $n_{전체}(n_{전체}+1)/2$와 같아야 하기 때문이다. 위의 계산을 확인해 보자.

$$\Sigma R_1 + \Sigma R_2 = 50.5 + 102.5 = 153$$

이고,

$$n_{전체}(n_{전체}+1)/2 = 17(18)/2 = 153$$

이다.

이제는 $n_1 = 8$, $n_2 = 9$와 $\alpha = .01$(양방검증을 하려면 .005라는 항을 본다)을 가지고 표 G를 보면 ΣR_1의 임계치가 45와 99인 것을 찾아낼 수 있다. $\Sigma R_1 = 50.5$는 이 두 수치 사이에 들어있으므로 영가설은 유지된다. 집단 1의 점수들이 집단 2의 점수들 보다 낮은 경향이 있기는 하지만 (예를 들어, 집단 1 순위의 평균치는 $50.5/8 = 6.3$인데 반해 집단 2의 순위들의 평균치는 $102.5/9 = 11.4$이다), 이러한 경향은 우연표집변이 만으로 기대할 수 있는 값을 넘지 못한다. 따라서 전집 수준에서는 불안을 감소시키기 위한 이 두 처치들과 관련된 효과에 차이가 없다는 결론을 내리게 된다.

예시의 목적에서 공식 21.1로부터 결과를 산출해 보자.

$$z = \frac{50.5 - .5[8(8+9+1)]}{\sqrt{\frac{(8)(9)(8+9+1)}{12}}}$$
$$= \frac{-21.5}{10.39}$$
$$= -2.07$$

이 값은 정상적으로 분포하는 z의 임계치인 $z_{.01} = \pm 2.58$(양방검증에 의한 $\alpha = .01$)을 넘지 않는다. ΣR_1에 기초한 결정과 마찬가지로 두 전집 분포들 간에는 차이가 없다는 영가설은 유지된다.

Mann-Whitney 검증의 근본적인 가정들은 (a) 표본들의 독립성과 (b) 연속적인 점수라야 한다는 점이다. 21.2절에서 본 것과 같이 동점 순위는 연속적인 경우(경과된 시간) 보다는 비연속적인 경우(맞힌 숫자)에 가능하다. **같은** 집단 내의 동점 순위들은 문제가 되지 않는다. 그러나 양 집단에 **걸친** 동점이 있으면 그 결과는 통계적 검증력의 감소로 나타난다. 다행히, 예제에서 본 것 같이, 어느 정도의 동점을 이루는 순위들은 결과를 심하게 교란시키지는 않는다.

21.4 몇 개의 독립집단들의 위치에 관한 검증: Kruskal-Wallis 검증

Kruskal-Wallis 검증은 일원분산분석(18장)에 대한 대안이다. 이것은 일원분산분석이 두 개 독립집단을 위한 t 검증의 확장인 것과 마찬가지로 두 개 이상의 독립집단들을 위한 Mann-Whitney 검증의 확장이라고 생각할 수 있다.

Kruskal-Wallis 검증의 기본 논리는 Mann-Whitney 검증의 논리와 유사하다. 만약 k개의 집단으로부터 나온 점수들을 다 모아서 모든 점수들을 1(가장 낮은 점수)에서 $n_1 + n_2 + \cdots + n_k$(가장 높은 점수)까지 순위를 매겼다고 가정하자. 만약 k개의 표본이 동일한 전집에서 나왔다면 k개의 순위의 총점들은 우연표집변이 결과만큼만 다르고 다 비슷할 것을 기대할 수 있다. 그러나 만약 표본들이 서로 다른 전집에서 나왔다면 순위의 총점들은 더 많은 차이가 날 것을 기대할 것이다. Kruskal-Wallis 검증 통계치 H는 이러한 변산성에 대한 측정치이다.

Kruskal- Wallis 검증 통계치: H

$$H = \frac{12}{n_{전체}(n_{전체}+1)}\left[\frac{(\Sigma R_1)^2}{n_1} + \frac{(\Sigma R_2)^2}{n_2} + \cdots + \frac{(\Sigma R_k)^2}{n_k}\right] - 3(n_{전체}+1) \quad (21.2)$$

여기서, $\Sigma R_1, \Sigma R_2, \cdots, \Sigma R_k$ = 해당 하위집단에서의 순위들의 합

$n_1, n_2, \cdots, n_k$ = 해당 하위집단의 사례수

$n_{전체}$ = 모든 집단들을 합쳤을 때의 사례수

(즉, $n_1 + n_2 + \cdots + n_k$)

적어도 세 개의 집단과 각 집단에 4개 이상의 사례수를 포함하였다면, H의 이론적 표집분포는 카이- 자승(χ^2) 분포에 근접한다. (세 개 이상의 집단을 가지고 있으면, 어떤 집단들은 두세 개 정도의 사례만 있어도 된다). 영가설은 H_0: 집단 1 = 집단 2 = ⋯ = 집단 k이다. 영가설을 검증하려면 계산된 H를 $df = k - 1$에 해당하는 χ^2의 수표값과(표 F) 비교하는데, 이때 k는 집단의 수이다. H는 차이의 크기를 반영하는 것이지 방향에는 민감하지 않기 때문에 기각역은 χ^2 분포의 위쪽 꼬리 부분에 놓이게 된다. 예를 들어, 만약 $k = 4$이고 $\alpha = .01$이라면, 표본의 H 값이 $\chi^2_{.01} = 11.34$와 같거나 크면 영가설은 기각된다.

예제

여러분이 만약 어떤 퍼즐문제를 푸는데 세 가지 다른 지도방법(A, B 혹은 C)으로 가르친 사람들의 풀이시간을 비교하려고 한다고 하자. 영가설은 H_0: A = B = C이며, $\alpha = .05$를 선택하였다. 표 21.2에 자료가 제시되어 있다.

풀이

표본크기가 작고 정적 편포와 분산의 동질성에 대한 염려 때문에 여러분은 세 집단이 서로 다를 수 있다는 가능성을 조사하는데 Kruskal- Wallis 검증을 사용하기로 하였다.

1 단계. 5 + 5 + 5 = 15개의 점수들을 하나의 분포로 합친다. 가장 낮은 점수(62)에 1을 배정하는 것으로 시작하여 가장 높은 점수(270)에 15까지의 순위를 배정한다. 만약 동점이 있다면 평소와 같이 처리한다(21.2절 참고).

2 단계. 각 집단의 순위의 합인 ΣR을 계산한다. 이것은 표 21.2의 ❶에서 볼 수 있다. $\Sigma R_1 + \Sigma R_2 + \cdots + \Sigma R_k = n_{전체}(n_{전체}+1)/2$(❷)라는 사실로부터 순위에 대한 배정

표 21.2 Kruskal- Wallis 검증: 세 가지 퍼즐풀이 조건에 대한 풀이 시간(단위: 초)

A ($n_1 = 5$)		B ($n_2 = 5$)		C ($n_3 = 5$)	
점수	순위	점수	순위	점수	순위
62	1	108	7	72	3
138	9	216	13	132	8
78	4	174	11	156	10
96	6	234	14	204	12
66	2	270	15	84	5
❶ $\Sigma R_1 = 22$		$\Sigma R_2 = 60$		$\Sigma R_3 = 38$	

❷ $\Sigma R_1 + \Sigma R_2 + \Sigma R_3 = \dfrac{n_{전체}(n_{전체} + 1)}{2}$

$$22 + 60 + 38 = \frac{15(16)}{2} = 120$$

❸ $H = \dfrac{12}{15(15+1)}\left[\dfrac{22^2}{5} + \dfrac{60^2}{5} + \dfrac{38^2}{5}\right] - 3(15+1)$

$$= .05[96.8 + 720 + 288.8] - 48$$

$$= (.05)(1105.6) - 48$$

$$= 7.28$$

❹ $df = k - 1 = 3 - 1 = 2$, $\chi^2_{.05} = 5.99$이므로 H_0은 $\alpha = .05$에서 기각.

을 확인할 수 있다.

3 단계. 공식 21.2로부터 나온 H의 계산 결과는 7.28이다(❸). 자유도, $df = 2$인 χ^2의 임계치는 $\chi^2_{.05} = 5.99$이다. 표본의 H 값이 이 값을 넘어섰기 때문에 영가설은 기각된다(❹). 여러분은 세 가지 지도방법들이 퍼즐을 푸는데 걸리는 시간의 차이를 가져온다고 결론을 내린다. 각 집단의 순위 평균치들은 차이의 패턴에 대한 감을 잡을 수 있게 해 주는데, 평균적으로 A 집단에 있는 사람들이 퍼즐을 푸는데 가장 빨랐고(순위 평균치 = 22/ 5 = 4.4), 반면에 B 집단에 있는 사람들이 가장 느렸다(순위 평균치 = 60/ 5 = 12.0).[2)]

Kruskal- Wallis 검증에 대한 가정들은 Mann- Whitney 검증에서와 같다. 즉, 표본들의 독립성과 (동점이 없는) 연속적인 점수라는 것이다. Mann- Whitney 검증에서와

2) 일원분산분석에서와 마찬가지로, 통계적으로 유의한 H에 대해 Tukey 검증이 사후검증으로 적용될 수 있다. 자세한 내용은 Shavelson(1996, pp. 596- 598)을 참고할 것.

마찬가지로, 너무 많지만 않으면 동점의 영향은 그다지 크지 않다.

21.5 두 종속집단들의 위치에 대한 검증: 기호검증법

기호검증법(sign test)은 표본들이 종속적일 경우 두개의 분포의 위치를 비교하는 데 보통 사용된다. 따라서 이것은 종속평균치들을 위한 t 검증에 대한 대안적 방법의 하나라고 생각하면 된다.

예제

여러분이 14명의 남학생들에게 새로운 과제를 수행하는데 얼마나 자신이 있는지를 물었다고 하자. 모든 학생에게 동료 학생 하나가 그 과제를 성공적으로 수행하는 것을 관찰하기 전과 후에 질문이 주어졌다. 표 21.3에는 12명의 남학생들이 자신감 정도를 평정한 두 세트의 결과가 제시되어 있다(1 = 낮은 자신감, 10 = 높은 자신감).

풀이

두 세트의 평정은 같은 학생들로부터 나온 것이므로, 여러분은 종속표본들을 다루고 있는 것이다. 기호검증을 하기 위해서는 먼저, 한 학생의 자신감 평정 점수 쌍에서 동료를

표 21.3 기호검증: 성공적인 수행 관찰 전과 후의 자신감에 대한 자기평정

	조건		
학생	전	후	차이
A	3	6	+
B	7	10	+
C	5	9	+
D	8	10	+
E	5	4	−
F	7	10	+
G	1	2	+
H	6	5	−
I	6	8	+
J	8	9	+
K	4	7	+
L	2	1	−
M	9	10	+
N	4	8	+

관찰한 **후에** 점수가 높아졌으면 "+" 기호를 배정하고, 평정 점수가 낮아졌으면 "−" 기호를 배정한다. 이것이 표 21.3에 나타나 있는데, 14개의 쌍 중에서 11개에서 두 번째 평정이 높은 것으로 나타났다. 이제, 동료의 성공을 관찰한 경험이 자기평정에 영향을 주지 않았다면, 여러분은 표집의 유동성의 범위 내에서 "양의 기호"의 수만큼의 "음의 기호"의 수를 기대하게 될 것이다. 다시 말해서 영가설은 전집에서의 "양의 기호"의 수와 "음의 기호"의 수의 비율이 같다는 것이다. 이것을 기호로 나타내면, H_0: $P_{(+)} = P_{(-)} = .50$이 된다. 카이-자승(χ^2)의 적합도 검증을 적용할 수 있는 상황이다. 얻어진 "+"와 "−"의 빈도와 기대되는 빈도들은 아래와 같다.

	(+)	(−)
f_o:	11	3
f_e:	7	7

이제 χ^2 값을 20.1절에서 서술된 것과 같이 계산한다.

$$\begin{aligned}\chi^2 &= \Sigma\left[\frac{(f_o - f_e)^2}{f_e}\right] \\ &= \frac{(11-7)^2}{7} + \frac{(3-7)^2}{7} \\ &= \frac{16}{7} + \frac{16}{7} \\ &= 2.29 + 2.29 \\ &= 4.58\end{aligned}$$

표 F에서 χ^2의 임계치를 찾는다. 자유도 $df = 1$이고 비방향적 검증으로 .05 수준에서 의미 있으려면 χ^2은 3.84 이상이 되어야 하고, .01 수준에서 의미 있으려면 6.63 이상이 되어야 한다. 20장을 기억한다면 방향적 검증($df = 1$)의 임계치는 $\chi^2_{.05} = 2.71$이고 $\chi^2_{.01} = 5.41$이다. 이 예제에서 여러분은 α를 .05로 잡고, 성공적인 동료를 관찰하는 것이 자신감에 대한 **더 높은** 자기평정 결과를 가져올 것이라는 가설을 세웠다고 가정하자. 즉, H_1: $P_{(+)} > .50$이라고 하였다. 여러분의 표본 χ^2 값(4.58)이 $\chi^2_{.05} = 2.71$을 넘었기 때문에 여러분은 영가설을 기각하고 자신감에 대한 자기평정이 성공적인 동료를 관찰 한 후에 사실상 더 높아진다고 결론을 내리게 된다.

기타 고려사항

기호검증을 할 때, 때때로 차이가 없이 영이어서 "+"나 "−"로 분류할 수 없는 일이 생길 것이다. 이런 문제를 해결할 수 있는 몇 가지 방법이 있다. 아마도 가장 단순한 것은 이런 사례들을 무시하고 n을 그에 따라 줄이고 나머지 수치들에 대해 검증하는 것이다. 기호검증은 어떤 차이도 정확히 영이 아니라는 가정을 필요로 하지만, 영의 개수가 작으면, 위에서 서술한 방법은 상당히 만족스러울 것이다.

기호검증을 χ^2으로 실시할 경우 10개 이상의 점수 쌍인 경우에는 비교적 정확한 결과를 제공한다. 이 숫자 이하가 되면 이항검증을 사용하는 것이 더 좋다(Glass와 Hopkins, 1996, pp. 212-213 참고).

기호검증법의 특별한 장점은 적용하기가 쉽고, 가정들이 그다지 제한적이 아니라는 점이다. 그러나 이 방법은 원점수들에 담겨있는 정보를 무시하기 때문에, 약간의 민감성을 잃게 한다는 것이다. 구체적으로 말하자면, 각 "+"는 같은 학생이 관찰 전보다 관찰 후에 더 높게 자기평정을 했다는 것을 알려 주는 것 외에 얼마나 더 높아졌느냐는 고려하지 않는다는 것이다.[3)]

21.6 관련성에 대한 검증: Spearman 순위상관

마지막으로 다룰 검증기법은 Pearson의 적률상관계수(16장)에 대한 비모수적 대안이다. 16장에서 다룬 Pearson r에 기초한 통계적 추론은 관찰치들의 전집이 **이변량 정상분포**(normal bivariate distribution)를 따라야 한다는 가정을 필요로 한다(16.3절). 두드러진 동분산성에 대한 위반이 있는 경우(8.8절)와 같이, 가정이 심각하게 의심될 경우에는 X와 Y 값을 순위로 전환하고 두 순위들 간의 상관을 계산함으로써 해결방안을 찾을 수 있다. 아래에 그 절차가 제시될 **Spearman 순위상관**(Spearman rank correlation, $r_{순위}$)은 Pearson r에서 요구되는 분포에 관한 가정이 의심스러울 때 적용될 수 있는 비모수적 관련성 측정치의 하나이다.[4)] 이 방법을 고안한 영국의 심리학자 Charles

---

3) 기호검증보다 더 예민하고 강력한 대안으로 Wilcoxon의 기호화된 순위 검증법(singed-rank test)이 있는데 이 검증에서는 점수들의 차이의 **크기**가 고려된다(Minium 등, 1993, pp. 488-490을 참고할 것).

4) Spearman 순위상관은 때때로 r_S로 표시하기도 한다. 예를 들어, 이것은 『APA 발행지침』을 따른 연구 논문집에서 사용되는 기호이다. 이 책에서는 통계학적으로 특수한 적용점을 보다 잘 서술하기 때문에 $r_{순위}$를 선호한다.

Spearman을 따라 이름이 붙었으며, 이 방법은 또한 원변수 중 하나가, 혹은 두 변수 값이 모두, 순위의 형태를 가진 경우 사용될 수 있다. $r_{순위}$는 Pearson r의 특수 사례라는 것을 주지해야 한다. 사실상 이 두 절차는 동점이 없는 순위 쌍에 적용될 경우 동일한 계수를 산출한다.

$r_{순위}$를 위한 공식은 다음과 같다.

Spearman 순위상관

$$r_{순위} = 1 - \frac{6\Sigma D^2}{n(n^2 - 1)} \tag{21.3}$$

여기서, D = 개인의 순위 쌍 간의 차이

n = 순위 **쌍**의 개수

Pearson의 r과 마찬가지로 Spearman 순위상관은 +1.00에서 −1.00의 값을 가진다. 개인의 X 순위가 Y 순위와 같으면, 두 순위들의 세트 간에는 완전한 정적 관계가 있는 것으로 $r_{순위} = +1.00$이다. 반대로, $r_{순위} = -1.00$은 순위들 간에 완전한 역(부적)의 관계가 있는 경우이다.

영가설은 전집 수준에서 X와 Y가 관련이 없다는 것이다. 대립가설은 비방향적일 수도 있고 방향적일 수도 있다. 만약 전자라면 H_1은 단순히 X와 Y가 어떤 형태로건(정적 혹은 부적) 관련이 있다는 것이다. 이에 반해 방향적 H_1은 정적 관련성과 부적 관련성 둘 중에 **하나**를 취하게 된다. $r_{순위}$에 대한 일방과 양방검증을 위한 $\alpha = .05$와 $\alpha = .01$의 임계치가 표 H에 제시되어 있다. H_1이 비방향적인 경우, H_0은 표본의 $r_{순위}$가 **정적이건 부적이건 간에** 양방적 임계치와 같거나 크면 H_0은 기각된다. 즉, 표본 $r_{순위}$의 **절대값**과 임계치를 비교하면 된다. 이에 반해, H_1이 방향적인 경우 영가설의 기각을 정당화 하려면 **대립가설에 제시된 방향으로** 표본의 상관계수가 일방 임계치와 같거나 커야 한다.

예제

여러분이 여덟 명의 고등학생들 각각에 대한 인기도(X)와 그 학년의 평균 학업성취도(Y)라는 두 개의 점수를 가지고 있다고 가정하자. 인기도가 성취와 관련이 있는가? 사례 수도 작은데다가 분포에 대한 가정에 의심이 가기 때문에, 이 질문에 대한 답을 얻기 위해 여러분은 Spearman의 순위상관을 사용하기로 했다.

표 21.4 Spearman 순위상관: 인기도와 학업성취도 간의 관계

학생	인기도(X)	학업성취(Y)	❶ X의 순위(R_X)	❷ Y의 순위(R_Y)	❸ $D = R_X - R_Y$	❺ D^2
A	40	84	6	4	2	4
B	23	56	3	3	0	0
C	31	34	5	1	4	16
D	48	95	7	7	0	0
E	55	42	8	2	6	36
F	12	92	1	6	−5	25
G	18	88	2	5	−3	9
H	24	98	4	8	−4	16
$n = 8$					❹ Check: $\Sigma D = 0$	❻ $\Sigma D^2 = 106$

❼
$$
\begin{aligned}
r_{\text{순위}} &= 1 - \frac{6\Sigma D^2}{n(n^2 - 1)} \\
&= 1 - \frac{(6)(106)}{8(8^2 - 1)} \\
&= 1 - \frac{636}{504} \\
&= -.26
\end{aligned}
$$

풀이

표 21.4에 자료가 제시되어 있다.

1 단계. ❶에서 보는 것처럼 인기도 점수를 순위(R_X)로 변환한다. 이전에 했던 것과 마찬가지로, 가장 낮은 점수(12)가 1 순위를 배정받고 가장 높은 점수(55)가 8 순위를 배정받는다. 마찬가지로, ❷에서 보는 것처럼 성취점수에도 순위(R_Y)를 배정한다.

2 단계. 각 쌍의 순위들 간의 차이 점수 D를 계산한다(❸). 예를 들어, A 학생의 순위들 간의 차이는 $R_X - R_Y = 6 - 4 = 2$가 된다. r 순위를 계산하는데 필요하지는 않지만 ΣD를 계산했다(❹). ΣD는 영이 **되어야 하기** 때문에 이 합계는 계산오류를 확인하는 손쉬운 방법이다.

3 단계. 차이들을 자승하고(❺), 자승된 차이들의 합을 구한다(❻).

4 단계. ❼과 같이, 공식 21.3을 사용해서 r 순위를 계산한다. 표본의 $r_{\text{순위}}$는 $-.26$이다.

5 단계. $r_{순위}$를 적절한 임계치와 비교한다(표 H). 여러분은 α를 .05로 잡고 비방향적 대립가설을 세웠다고 하자. $n = 8$일 경우 $r_{순위}$에 대한 양방적 임계치는 .7143이다. 표본의 $r_{순위}$ 절대값이 이 기준에 못 미치고(.26<.7143), 따라서 영가설은 수용된다. 여러분은 전집 수준에서는 인기도와 학업성취도 간에 관계가 없는 것으로 보인다는 결론을 내리게 된다.[5)]

엄격하게 말하자면, 표 H는 타이가 없어야 사용할 수 있다. 그러나 이 장에서 우리가 다룬 다른 비모수적 검증에서와 마찬가지로, 순위의 타이들이 지나치게 많지만 않으면 그다지 문제가 되지 않는다. 이런 경우에 권장되는 해결방안은 순위점수들에 대한 Pearson r을 계산하고 그 결과를 타이효과를 교정한 Spearman 순위상관으로 취급하는 것이다(Kirk, 1990, p. 186).

21.7 요약

두 개 이상의 전집의 평균치들을 비교하기 위한 통상적인 절차들은 기저 전집분포에 대한 특정한 가정들을 포함하는데, 주로 정상성과 분산의 동질성이다. 그러나 표본이 보통이거나 크면 이러한 가정들이 상당히 위반되어도 그 검증은 충분히 정확한 결과를 제공해 준다. 반면에 표본이 작으면, 가정된 분포의 특성들로부터 너무 심한 이탈이 문제를 야기할 수 있다. 이러한 상황에서 사용하기 위하여 덜 제한적인 가정을 포함하는 여러 가지 대안적 방법들이 개발되었다. 이들은 비모수적 방법 혹은 가정과 무관한 방법들로 알려져 있다.

이번 장에서는 분포들을 비교하는데 흔히 사용되는 세 가지 비모수적 방법들을 제시하였다. 처음에 소개한 두 방법인, Mann-Whitney 검증과 Kruskal-Wallis 검증은 순위에 기초한 것으로 모든 집단들을 합쳐서 관찰치들을 순서대로 나열하는 절차가 필요하다. 그것들은 어떤 의미에서 각각 독립평균치들 간의 t 검증과 일원분산분석을 위한 F 검증에 대한 가정과 무관한 대안적 기법이다. Mann-Whitney 검증과 Kruskal-Wallis 검증에서의 영가설은 모두 전집들의 분포가 모든 면에서 다 같다는 것이지만, 이 두 검증법은 변산도나 분포의 형태의 차이가 두드러지지 않을 경우에는 집중경향이나 위치에 대한 차이를 알아내는데 유용하다.

---

5) 물론 n이 더 컸다면, 영가설에 대한 보다 강력한 검증을 할 수 있어서, 이러한 결론을 내리는데 보다 확신을 가질 수 있었을 것이다. 사실상 이러한 단서는 지나치게 작은 n에 기초한 **어떠한** 검증에서라도 적용되는 것이다.

분포들을 비교하기 위한 세 번째 검증방법으로 기호검증법을 설명하였다. 이것은 종속평균치들 간의 t 검증에 대한, 가정과 무관한 대안적 기법이다. 여기서는 각 쌍의 관찰치들에서, 한 쌍 중에 어느 것이 더 크냐에 따라 "양"이나 "음"이 배정된다. 영가설은 전집에서는 관찰치들의 쌍들 중에서 반은 "양"이고 반은 "음"이라는 것이다. 이것은 20장에서 서술된 χ^2 절차를 사용해서 쉽게 검증된다.

네 번째 절차는 Spearman 순위상관으로 두 변수들 간의 관련성을 평가하는데 사용된다. 이것은 관찰치들의 전집이 이변량 정상분포에서 상당히 벗어났거나, 수집된 자료가 순위 형태인 경우에 적절한 방법이다. Pearson r과 같이 Spearman 순위상관은 +1.00에서 −1.00의 점수 범위를 가진다.

연습문제

정의 또는 설명하라.

용어 및 개념

모수적
가정에 무관한
비모수적
Mann-Whitney 검증
Kruskal-Wallis 검증
기호검증
Spearman 순위상관

기호

$\Sigma R_1, \Sigma R_1, \cdots, \Sigma R_k$

공식

$$\Sigma R = n(n+1)/2$$

$$z = \frac{\Sigma R_1 - .5[n_1(n_1 + n_2 + 1)]}{\sqrt{\dfrac{n_1 n_2(n_1 + n_2 + 1)}{12}}}$$

$$H = \frac{12}{n_{전체}(n_{전체} + 1)}\left[\frac{(\Sigma R_1)^2}{n_1} + \frac{(\Sigma R_2)^2}{n_1} + \cdots + \frac{(\Sigma R_k)^2}{n_k}\right] - 3(n_{전체} + 1)$$

$$\Sigma R_1 + \Sigma R_2 + \cdots + \Sigma R_k = \frac{n \quad (n \quad + 1)}{2}$$

$$D = R_X - R_Y$$

$$r_{순위} = 1 - \frac{6\Sigma D^2}{n(n^2 - 1)}$$

질문 및 문제

참고: *가 있는 문제는 부록 A에 답이 제시되어 있다.

***1.** (a) 가정과 무관한 방법을 사용하는 주된 이유는 무엇인가?
(b) 이러한 방법들이 정말 가정과 무관한가? 설명하라.

***2.** 다음의 각 점수 세트들을 낮은 점수에서 높은 점수로 순위를 매기고, 21.2절의 끝부분에서 제시한 확인 절차를 수행하라.

(a) 23, 48, 69, 75, 82, 97, 100, 108, 112

(b) 11, 13, 15, 19, 19, 25, 46, 62

(c) 8, 21, 33, 33, 33, 45, 57, 69, 69, 71

***3.** Mann-Whitney 검증의 모수적 대안은 무엇인가?

***4.** 연구 프로그램을 시작하기에 앞서, 두 가지 혈통의 실험쥐들이 미로 달리기 능력에서 차이가 있는지 확인하려고 한다. 각 혈통으로부터 실험대상이 된 적이 없는 쥐들을 대상으로 무선 표본을 추출한 후, 각각의 쥐들이 연속해서 두 번을 오류 없이 미로를 통과할 때까지 달리게 한다. 결과는 다음과 같다(학습할 때까지 시도한 횟수).

A 혈통: 9, 4, 20, 13
B 혈통: 4, 12, 8, 3, 9

(a) Mann-Whitney 검증에 의해 검증될 영가설을 대립가설과 함께 제시하라.

(b) Mann-Whitney 검증을 적용하라($\alpha = .05$): ΣR_1, 임계치, 통계적 결정을 제시하라.

(c) 최종 결론을 내리라.

(d) ΣR_2를 계산하고 $\Sigma R_1 + \Sigma R_2 = n(n+1)/2$임을 증명하라.

5. 어느 대규모 생물학 강의에서 13명의 학생들이 추가시험을 보아야 했다. 그들은 수업 스케줄 때문에 월요일에 8명이 시험을 치고 나머지 5명은 화요일에 치기로 하였다. (두 집단의 학생들은 다른 모든 측면에서는 비슷한 것으로 보인다.) 나중에 보니 월요일에는 시험을 친 교실 창 밖에서 공사를 하느라고 매우 시끄러운 소음이 있었으나, 화요일에는 조용하였다. 그 교수는 Mann-Whitney 검증을 실시하여 지나친 소음이 더 낮은 수행을 초래하는 가를 알아보기로 하였다. 다음은 시험 결과이다.

월요일: 55, 38, 46, 59, 35, 61, 56, 47
화요일: 62, 56, 47, 65, 63

(a) H_0과 H_1을 제시하라.

(b) ΣR_1을 계산하고, $\alpha = .05$에 대한 임계치를 찾고, 통계적 결정을 제시하라.

(c) 최종 결론을 제시하라.

(d) $\Sigma R_1 + \Sigma R_2 = n_{전체}(n_{전체}+1)/2$임을 증명하라.

***6.** 문제 4와 5를 공식(21.1)을 사용해서 다시 풀어보라. (물론 실제현장에서는 공식 21.1을 사용하려면 상당히 더 큰 표본크기를 필요로 할 것이다.)

***7.** Kruskal-Wallis 검증의 모수적 대안은 무엇인가?

8. 어느 경영 심리학자가 효과적인 문제해결을 위한 세 가지 팀조직 유형을 비교하려고 한다. 그는 경영 수련자들 한 반을 아홉 팀으로 나누어서 세 가지 유형에 무선적으로 배정하였다. 그리고 나서 각 팀에게 가상적인 경영문제 시리즈를 제시하였다. 아홉 팀들은 각각 그 과제에서의 수행에 따라 문제해결 점수를 받았다. 따라서 세 가지 처치집단에 세 개의 팀 점수가 아래와 같이 얻어졌다.

		팀 점수		
조직 유형:	A	7	4	9
	B	8	18	15
	C	5	3	3

이 심리학자는 세 가지 처치집단 간에 유의한 차이가 있는지를 결정하기 위해 Kruskal-Wallis 검증을 사용하였다.

(a) H_0은 무엇인가?

(b) H를 계산하고 통계적 결정을 기술하라($\alpha = .05$).

(c) 세 가지 경영 유형에 관한 일반적인 결론은 어떻게 내려야 하는가?

(d) $\Sigma R_1 + \Sigma R_2 + \Sigma R_3 = n_{전체}(n_{전체} + 1)/2$임을 증명하라.

9. (a) 18장의 문제 15 자료에 Kruskal-Wallis 검증을 적용하라($\alpha = .05$).

(b) 앞에서 일원분산분석의 결과로 ($\alpha = .05$) 도달한 결론과 여기서 나온 결론을 비교하라. 가정과 무관한 방법과 관련된 어떠한 원리가 이 비교에 의해 예시되고 있는가?

***10.** 기호검증의 모수적 대안은 무엇인가?

11. 어느 문제 상황에서 24명의 아동들이 한번은 칭찬을 받고, 다른 한번은 비난을 받았다. (아동들의 반은 칭찬을 먼저 받았고 나머지 반은 비난을 먼저 받았다.) 각 문제 상황 후에 기록된 그들의 반응이 타인에 대한 공격성으로 판단되었다. 공격적 행동에 대한 평정 결과는 다음과 같다.

	아동											
	A	B	C	D	E	F	G	H	I	J	K	L
칭찬:	6	8	2	1	11	5	12	9	8	3	7	3
비난:	7	11	0	5	8	7	9	10	4	5	9	6

	아동(계속)											
	M	N	O	P	Q	R	S	T	U	V	W	X
칭찬:	10	5	2	3	13	1	6	7	4	9	7	2
비난:	8	4	1	6	15	1	9	11	3	10	7	8

두 조건 간에 차이가 없다는 가설을 검증하는데 기호검증법을 사용하라.

(a) H_0과 H_1을 제시하라. (양방검증을 가정하라.)

(b) χ^2을 계산하고, 임계치를 찾고($\alpha = .05$), 통계적 결론을 기술하라.

(c) 이 두 처치 효과에 관한 일반적 결론은 어떻게 내릴 것인가?

12. 광범위한 지능수준을 대표하는 20명의 자원자들이 실험에 참여시키려고 모집되었다. 각 사람이 일반적 문제해결 전략에 대한 지도를 받기 전과 후에 공간추론 문제를 푸는데 걸리는 시간을 기록하였다. 초단위로 표시된 자료는 아래와 같다.

참여자	전	후
A	17	18
B	19	15
C	20	17
D	21	15
E	23	25
F	24	14
G	27	16
H	30	18
I	52	61
J	75	46

(계속)

참여자	전	후
K	93	66
L	128	84
M	135	139
O	169	110
P	187	126
Q	203	145
R	249	175
S	271	284
T	320	203
U	347	287

전략 지도가 효과가 없다는 가설을 검증하는데 기호검증을 사용하라.

(a) H_0과 H_1을 제시하라.

(b) χ^2을 계산하고, 임계치를 찾고($\alpha = .05$), 통계적 결론을 기술하라.

(c) 전략 지도의 효과에 관한 일반적 결론은 어떻게 내릴 것인가?

***13.** Spearman 순위상관에 대한 모수적 대안은 무엇인가?

***14.** 여러분에게 세대 당 수입의 중앙치(X)와 대학을 다니는 학생의 비율(Y)에 관한 10개 교육청의 순위를 보여 주는 아래와 같은 자료가 주어졌다고 가정하자.

교육청	세대 당 수입의 중앙치(X)	대학에 다니는 학생비율(Y)
A	1	3
B	2	5
C	3	1
D	4	2
E	5	8
F	6	4
G	7	6
H	8	10
I	9	7
J	10	9

여러분은 $r_{순위}$를 계산하고 통계적 유의미성을 결정하라는 요청을 받았다(일방검증, $\alpha = .05$).

(a) H_0과 H_1을 말로 제시하라.

(b) $r_{순위}$를 계산하고, 임계치를 찾고, 통계적 결정을 기술하라.

(c) 이 두 변수들 간의 관련성에 대해 어떠한 결론을 내릴 것인가?

15. Spearman 순위상관을 8장의 문제 1에 적용하라. 특히,

(a) H_0과 H_1을 말로 제시하라.

(b) $r_{순위}$를 계산하고, 임계치를 찾고($\alpha = .05$), 통계적 결정을 기술하라.

(c) 이 두 변수들 간의 관련성에 대해 어떠한 결론을 내릴 것인가?

참고문헌

Abelson, R. P. (1995). *Statistics as principled argument.* Hillsdale, NJ: Erlbaum.

Acton, F. S. (1959). *Analysis of straight-line data.* New York: Wiley.

American Psychological Association. (1994). *Publication manual of the American Psychological Association* (4th ed.). Washington, DC: APA.

Babbie, E. R. (1995). *The practice of social research* (7th ed.). Belmont, CA: Wadsworth.

Cohen, J. (1988). *Statistical power analysis for the behavioral sciences* (2nd ed.). Hillsdale, NJ: Erlbaum.

Daniel, W. W. (1990). *Applied nonparametric statistics* (2nd ed.). Boston: PSW-KENT.

Gaito, J. (1980). Measurement scales and statistics: Resurgence of an old misconception. *Psychological Bulletin, 87*, 564-567.

Galton, F. (1889). *Natural inheritance.* London: Macmillan.

Glass, G. V, and Hopkins, K. D. (1996). *Statistical methods in education and psychology* (3rd ed.). Boston: Allyn & Bacon.

Gould, S. J. (1996). *Full house: The spread of excellence from Plato to Darwin.* New York: Harmony Books.

Imrey, H. H. (1983). Smoking cigarettes: A risk factor for sexual activity among adolescent girls. *Journal of Irreproducible Results, 28*(4), 11.

Kirk, R. E. (1982). *Experimental design: Procedures for the behavioral sciences* (2nd ed.). Monterey, CA: Brooks/Cole.

Kirk, R. E. (1990). Statistics: *An introduction* (3rd ed.). Fort Worth, TX: Holt, Rinehart & Winston.

Marascuilo, L. A., and McSweeney, M. (1977). *Nonparametric and distribution-free methods for the social sciences.* Monterey, CA: Brooks/Cole.

Minium, E. W., King, B. M., and Bear, B. (1993). *Statistical reasoning in psychology and education* (3rd ed.). New York: Wiley.

Paulos, J. A. (1988). *Innumeracy: Mathematical illiteracy and its consequences.* New York: Vintage Books.

Shavelson, R. J. (1996). *Statistical reasoning for the behavioral sciences* (3rd ed.). Boston: Allyn & Bacon.

Stigler, S. M. (1986). *The history of statistics: The measurement of uncertainty before 1900.* Cambridge, MA: The Belknap Press of Harvard University Press.

Stine, W. W. (1989). Meaningful inference: The role of measurement in statistics. *Psychological Bulletin, 105*, 147-155.

Tankard, J. W. (1984). *The statistical pioneers*. Cambridge, MA: Schenkman.

Winer, B. J., Brown, D. R., and Michels, K. M. (1991). *Statistical principles in experimental design* (3rd ed.). New York: McGraw-Hill.

부록 A

연습문제 해답편

제 1 장

1. (a) 비율 (b) 서열 (c) 명명
(d) 등간 (e) 명명 (f) 서열
(g) 비율 (h) 명명 (i) 서열
(j) 명명 (k) 비율

4. (a) 9, −43, 123, 0 (b) 27.3, 1.9, −.4, 5.0
(c) 31.52, 76.00, .83, 40.74

제 2 장

1. 급간들의 폭이 다르고, 급간들이 겹치고(30은 두 급간에서 나타남), 연속적이 아니며 (45 − 50의 값이 삭제됨), 급간들의 수가 너무 적고, 높은 점수가 아래에 있다.

3. (a) 46, 3, 24 − 26, 69 − 71
(b) 74, 5, 25 − 29, 100 − 104(비록 짝수이지만, 4나 6도 만족할 만한 급간폭임)
(c) 13, 1, 56, 69
(d) 634, 50, 150 − 199, 800 − 849(30, 40이나 60도 역시 만족할 만한 급간폭임)
(e) 15.6, 1.0, 6.0 − 6.9, 21.0 − 21.9
(f) 2.20, .20, 1.20 − 1.39, 3.40 − 3.59(.10이나 .15도 만족할 만한 급간크기임)
(g) 26, 2.0, 36 − 37, 62 − 63

5. (a) 26% (b) 5% (c) .4%
(d) 55.5% (e) 79%

7. (a) 범위를 10으로 나누어서 나온 3.2를 반올림하면 3이고, 범위를 20으로 나누어서 나온 1.6을 반올림하면 2이다.

(b)

점수한계	정확한계	빈도(f)	%	누적빈도	누적%
96-98	95.5-98.5	1	3	30	100
93-95	92.5-95.5	0	0	29	97
90-92	89.5-92.5	3	10	29	97
87-89	86.5-89.5	4	13	26	87
84-86	83.5-86.5	3	10	22	73
81-83	80.5-83.5	7	23	19	63
78-80	77.5-80.5	5	17	12	40
75-77	74.5-77.5	2	7	7	23
72-74	71.5-74.5	3	10	5	17
69-71	68.5-71.5	1	3	2	7
66-68	65.5-68.5	0	0	1	3
63-65	62.5-65.5	1	3	1	3
		$n = 30$			

(c)

점수한계	정확한계	빈도(f)	%	누적빈도	누적%
96-97	95.5-97.5	1	3	30	100
94-95	93.5-95.5	0	0	29	97
92-93	91.5-93.5	1	3	29	97
90-91	89.5-91.5	2	7	28	93
88-89	87.5-89.5	2	7	26	87
86-87	85.5-87.5	3	10	24	80
84-85	83.5-85.5	2	7	21	70
82-83	81.5-83.5	5	17	19	63
80-81	79.5-81.5	4	13	14	47
78-79	77.5-79.5	3	10	10	33
76-77	75.5-77.5	1	3	7	23
74-75	73.5-75.5	2	7	6	20
72-73	71.5-73.5	2	7	4	13
70-71	69.5-71.5	1	3	2	7
68-69	67.5-69.5	0	0	1	3
66-67	65.5-67.5	0	0	1	3
64-65	63.5-65.5	1	3	1	3
		$n = 30$			

(d) 만약 여러분이 우리와 같은 생각이라면, $i = 3$인 빈도분포를 선호할 것이다. 큰 급간폭을 선택하면 더 적은 급간들이 0이나 1의 빈도를 가질 것이고, 기저 분포의 형태를 파악하는데도 도움이 된다는 점을 주목하라.

10. 상대빈도에 관심을 두어야 한다. 왜냐하면 절대빈도는 비교하고자 하는 집단 간에 전체 사례수가 다른 경우에는 비교할 수 없기 때문이다. 200명의 여자와 50명의 남자가

있고, 각 분포에서 어떤 점수 급간에 빈도가 4($f=4$)라고 가정해보자. 이것은 여자 분포에서는 2%에 해당되지만, 남자분포에서는 8%로 4배나 된다.(이것이 그림 3.7에 제시되었다.)

12.

점수한계	빈도(f)	비율
3.90–4.19	3	.05
3.60–3.89	5	.08
3.30–3.59	8	.13
3.00–3.29	16	.27
2.70–2.99	10	.17
2.40–2.69	7	.12
2.10–2.39	5	.08
1.80–2.09	3	.05
1.50–1.79	1	.02
1.20–1.49	1	.02
.90–1.19	1	.02
	$n=60$	

14.

점수한계	빈도(f)	비율
50–54	3	.04
45–49	11	.14
40–44	12	.15
35–39	19	.24
30–34	17	.21
25–29	8	.10
20–24	8	.10
15–19	2	.02
	$n=80$	

불규칙성이 완곡화되는 경향이 있고, 분포의 형태를 더 잘 볼 수 있게 된다. 예를 들어, 빈도가 0인 51 – 53과 갑자기 낮아진 42 – 44와 36 – 38이 삭제되었다.

제 3 장

1. 상당히 다른 모양의 도표들이 동일한 분포로부터 만들어질 수 있기 때문에 어떤 상황에서는 도표로 제시하는 것이 오해를 불러일으키기도 한다. 그러나 자료의 분명한 형태는 도표를 통해서 보다 잘 파악할 수 있다(예, 분포의 형태). 빈도 분포와 자료의 도표를 둘 다 검토하는 것은 상당히 중요한 일임에 분명하다.

3. (a) 12 (b) 299.5 (c) 2.62
(d) 3.095 (e) 35

4.

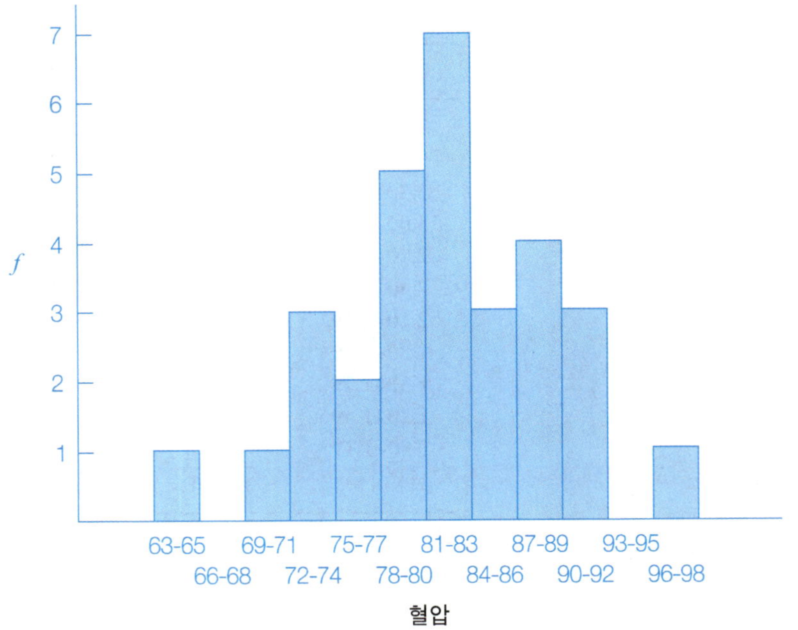

8. 빈도절선도표에서 중간값이 (급간폭이 짝수이기 때문에) 작업하기에 약간 어색하다는 것을 발견했는가?

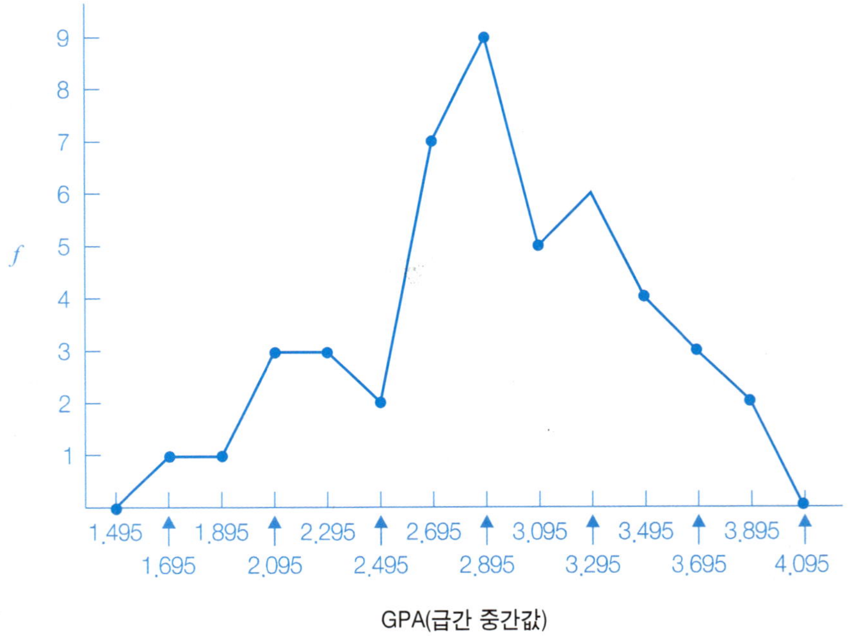

11. (a) 약간 양봉(키에서의 성별 차이) (b) 두드러진 양봉
(c) 정상 (d) 부적 편포
(e) 정적 편포 (f) 역 J 곡선

13. 도표로부터 점수값들을 읽어야 한다면 정확하게 그릴 수 있고, 읽기 쉽기 때문에 큰 도표가 좋다. 수치들을 제시하기 위한 것이 아니라, 관련된 분포의 형태만보기 위해서는 작은 도표가 좋다.

제 4 장

2. (a) $Mo = 8$, $Mdn = 10$, $\overline{X} = 12$ (b) Mo 없음, $Mdn = 15.5$, $\overline{X} = 17$
(c) $Mo = 11$, $Mdn = 11$, $\overline{X} = 11$

6. (a) 부적 편포 (b) 정상
(c) 양봉 (d) 정적 편포

7. (a) $Mo < Mdn < \overline{X}$ (b) $Mo = Mdn = \overline{X}$
(c) $Mo > Mdn > \overline{X}$ (d) $Mo < Mdn < \overline{X}$

10. (a) 먼저 ΣX를 계산해야 하는데, 이것은 $(n)(\overline{X}) = (25)(23) = 575$이다. ΣX에서 9점을 빼고 25로 나누어 정확한 $\overline{X} = 22.64$를 구한다.
(b) Mdn과 Mo는 이 오류에 영향을 받지 않는다.

11. 중앙치 바로 밑에 있는 학생들이다. 만약 그들이 중앙치를 넘을 만큼 올라간다면, 중앙치는 그 이상과 이하에 있는 숫자가 같게 유지하기 위해 올라갈 것이기 때문이다.

12. $\overline{X} = 3964/50 = 79.28$; $Mdn = 80.5$; $Mo = 86$

14. 평균치로서, 이를 계산하기 위해서는 정확한 값을 알아야 하기 때이다.

제 5 장

3. (a) 범위 = 8, $S^2 = 7.00$, $S = 2.65$ (b) 범위 = 8, $S^2 = 7.67$, $S = 2.77$
(c) 범위 = 7, $S^2 = 5.00$, $S = 2.24$

6. 최빈치, 중앙치, 그리고 평균치는 일점이 올라가지만, 범위, 분산, 표준편차 등은 영향을 받지 않는다. 변산도는 그렇지 않지만 집중경향성의 측정치는 분포에 있는 각 점수에 일정한 상수를 더하게 되면 영향을 받는다.

8. $\overline{X}$와 S는 각 점수의 값에 따라 달라지기 때문에 영향을 받는다. 두 극단점수에 의해 결정되는 범위도 역시 영향을 받는다. 그러나 중앙치는 극단점수에 의해서 영향을 받지 않기 때문에 변화하지 않는다. 중간값은 달라지지 않기 때문이다.

10. 분포 (a)와 (b)는 평균치가 29인 정상분포이지만, 분포 (b)가 약간 더 다양한 점수들을 포함하고 있다. 분포 (c)는 상당히 부적으로 편포되어 있고, 분포 (d)는 변산성이 없어서, 모든 사람들이 50이라는 점수를 받았다.

11. (a) (1)이 가장 적은 변산도를 보이고, (3)과 (4)가 가장 큰 변산도를 보임
(b) (1) $\overline{X} = 8$, $S^2 = 0$, $S = 0$; (2) $\overline{X} = 8$, $S^2 = 3.2$, $S = 1.79$; (3) $\overline{X} = 8$, $S^2 = 8$, $S = 2.83$; (4) $\overline{X} = 1008$, $S^2 = 8$, $S = 2.83$
(c) 표본들은 평균치는 같아도 변산도가 다를 수 있고, 또한 평균치들은 다르지만 변산도가 같을 수 있다.

14. (a) 평균치 위
(b) "평균"; 비록 평균치 위에 있긴 하지만 그의 점수는 분포의 중간쯤에 놓인다.
(c) 매우 높음; 그의 점수는 $\overline{X} + 2S$와 $\overline{X} + 3S$ 사이에 있다.

15. (a) 9.10
(b) 13.06
(c) 수학성취도 = +.22, 언어능력 = −.23
(d) 두 경우에서, 평균치들 간의 차이는 표준편차의 1/5과 1/4 사이이다. Cohen의 분류에 따라서 "작은" 효과크기라고 할 수 있다.

제 6 장

2. (a) −1.00 (b) +0.67 (c) +2.00
(d) +1.50 (e) −1.67 (f) −0.17

5. (a) .1587 (b) .0228 (c) .0013
(d) .5000 (e) .8997 (f) .0526

7. (a) .3174 (b) .6170 (c) .1374
(d) .0500

8. (a) ± 2.58 (b) ± 1.96 (c) ± 1.15
(d) ± .67

11. (a) 16 (b) 31 (c) 12
(d) 54 (e) 82 (f) 96

13. 모든 점수를 z 점수로 표현하면 다음과 같이 가장 잘한 것부터 가장 못한 것 순으로 배열할 수 있다: e, a, c, b, d.

14. 그렇지 않다. 이는 대칭적인 분포일 경우에만 그렇다; 편포된 분포에서는 평균치(z = 0)와 중앙치는 동일하지 않다. 정적으로 편포되어 있을 때에는 분포에서 반 이하의 z 점수들이 양의 값을 가지게 되고; 부적으로 편포되어 있을 때에는 분포에서 반 이하의 z 점수들이 음의 값을 가지게 된다. (만약 이러한 사실이 미심쩍으면, 두 분포의 그림을 그려서 평균치와 중앙치의 상대적인 위치를 확인해 보아라.)

16. 수학성취도: 만약 두 분포가 정상적이라면, 여자 점수들의 약 59%(58.71%)가 남자들의 평균치 이하에 놓이게 된다. 언어능력: 정상성이 가정된다면 남자 점수들의 약 59%(59.10%)가 여자들의 평균치 이하에 놓이게 된다.

제 7 장

3. (a)

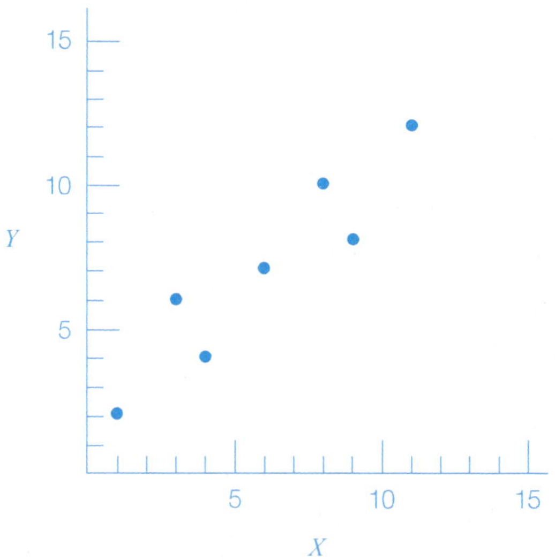

(b) 이 산포도는 두 변수들 사이의 강한 정적 관련성을 보여준다.

(c) 국외자나 곡선성에 대한 증거는 없다.

(d) Pearson r은 대략 +.90 정도로 예측된다.

4. (a) $r = +.93$

(b) $r^2 = .932 = .86$; X와 Y는 86% 라는 분산의 상당 부분을 공유한다; 즉, X 변이의 86%가 Y에서의 변이와 관련되어 있다.

5. 9.71

7. (a) 공분산의 분자는 음의 교차곱으로 인해서 줄어들 것이다; 결과적으로 공분산 역시 줄어들 것이다.
(b) r 역시 줄어들 것이다.
(c) 우리는 r이 +.30 정도일 것이라고 예측한다.

8. +.28

12. (a) −.60 (b) 변화 없음 (c) 변화 없음
(d) r은 줄어들 것임 (e) 변화 없음 (f) r은 줄어들 것임

14. 사관학교 학생들에 비해서 경험이 있는 비행기 조종사들 사이에서 X와 Y의 변산성이 낮다. 범위의 제한으로 r이 감소하였다.

제 8 장

1. (a) Keith: 7.9, Bill: 8.5, Charlie: 5.4, Brian: 4.1, Mick:4.1
(b) +2.1, −2.5, +2.6, +.9, −3.1
(c) 27.8
(d) 커질 것이다.

3. (a) $a = 21.94$[1], $b = .94$: 따라서 $Y' = 21.94 + .94(X)$
(b) Jean: 61.89 in, Albert: 73.92 in, Burrhus:69.03 in.
(c) Jean의 10살 때 키에 대한 Y'는 10살 때 42.5 인치였던 사람들의 성인 키의 평균치에 대한 추정치이다.

4. (a) $a = 2.84$, $b = +.63$, $Y' = 2.84 + .63(X)$
(b) Keith: 7.9, Bill: 8.5, Charlie: 5.4, Brian: 4.1, Mick: 4.1; 어떠한 차이든 간에 반올림 등의 오차에 의한 것이다.
(c) $\overline{Y}' = 6.00$; 예측된 Y의 평균치는 실제 Y값의 평균치와 동일하다.
(d) $\Sigma(Y - Y') = 0$; 회귀선에 대한 편차의 합은 0이다.

5. 문제 3: 10살일 때 키가 1인치 증가할 때마다 성인의 키는 .94인치만큼 증가한다.
문제 4: 퀴즈 1에서 1점 증가할 때마다 퀴즈 2에서 .63점만큼 증가한다.

7. (a) 8.83($\overline{Y}$); 어떤 X 값이 주어지든 간에 $r = 0$이면 Y에 대한 최선의 예측치는 $\overline{Y}$이다.

---

1) 이 값을 계산할 때, 반올림 오차를 최소화하기 위해서 반올림하지 않은 $b = .9390322$를 사용하였다. 만약 여러분이 $b = .94$를 사용했다면, 절편으로 21.90이라는 값을 얻었을 것이다.

(b) $Y' = 8.83 + 0(X)$

9. (a) $+1.00$ (b) $-.33$
(c) $+.75$ (d) $-.20$

11. (a) Jean: -1.87, Albert: $+2.26$, Burrhus: $+.58$
(b) Jean: -1.33, Albert: $+1.60$, Burrhus: $+.41$
(c) Jean: $67.3 + (-1.33)(4.1) = 61.8$, Albert: $67.3 + (1.60)(4.1) = 73.9$, Burrhus:$67.3 + (.41)(4.1) = 69.0$

13. (a) $a = 1.34$, $b = .0023$; $Y' = 1.34 + .0023(X)$
(b) Val: 2.46, Mike: 2.97
(c) .30
(d) Val: 1.87에서 3.05, Mike: 2.38에서 3.56
(e) $z = (2.65 - 2.46)/.30 = +.63$, 따라서 비율은 .26이다.
(f) $z = (2.00 - 2.46)/.30 = -1.53$, 따라서 비율은 .06이다.
(g) $z = (2.50 - 2.97)/.30 = -1.57$, 따라서 비율은 .94이다.

제 9 장

1. 우연 요인들의 효과를 설명하기 위한 것이다; 표본의 차이들은 우연에 의한 것과 다른 처치에 관련된 효과에 의한 것이 반영된 것이다.

3. (a) .0333 (b) .0033
(c) .02 (d) .01

4. 그의 추론은 잘못되었다; 어떤 달은 다른 달에 비해서 출생이 더 많기 때문에 12달 이 동일한 가능성을 가진다고 볼 수 없다.

6. 각 학점을 받을 가능성은 동일하지 않기 때문이다.

9. (a) $1/2 + 1/6 = .67$ (b) $(1/2)(1/6) = .083$

11. (a) 그렇다 (b) 그렇지 않다 (c) 그렇지 않다
(d) 그렇지 않다 (e) 그렇다 (f) 그렇지 않다
(g) 그렇지 않다 (h) 그렇다 (i) 그렇지 않다

13. (a) .04 (b) .16 (c) .96

15. (a) 맞음, 맞음, 틀림; 맞음, 틀림, 맞음; 틀림, 맞음, 맞음
(b) .125

(c) (.125)(3) = .375
(d) 맞음, 맞음, 맞음
(e) .375 + .125 = .50

18. (a) .50 + .1554 = .66 (b) .6554 − .3446 = .31 (c) .04
(d) .08 (e) 433과 567 (f) 628
(g) 372

19. 양방검증이다. SAT − V가 320점(z = − 1.80)은 680점(z = = 1.80)만큼이나 극단적인 점수이고, 이 점수들을 넘는 면적은 해당 확률을 계산할 때 고려되어야 한다.

제 10 장

1. (a) 거리에서 만난 사람(일반인)
(b) 지역 스포츠 바에서 만난 단골고객
(c) 그렇지 않다. 전집에 비해서 표본은 스포츠에 관심 있고 스포츠 바에 자주 들리는 사람들을 대표한다; 다른 가능한 오류들로는 성별과 나이가 있다.

3. 표본이 무선적인가 아닌가는 그 구성이 아니라 어떻게 선택되었는가에 달려 있는 것이다. 우연 요인들이 무선표집에 영향을 미치면 종종 매우 편향된 표본들이 산출되기도 한다.

5. 문제 4에서 얻은 표본 평균치를 점수들로 취급하고 5장의 절차에 따라 그들의 표준편차를 계산할 것이다.

8. 표본 값이 반복된 무선표본에서 얼마나 일어날 것이라고 기대되는 가? 그리고 그것의 상대빈도는 얼마인가?

9. (a) 5 (b) .95
(c) .05 (d) .42
(e) 111.65 (f) $\overline{X}_L = 90.2$, $\overline{X}_U = 109.8$

10. (a) 100 (b) 5
(c) 정상분포 (중심극한정리)

14. (a) 2.12 (b) $z = 5/2.12 = \pm 2.36$, $p = .98$
(c) .65 (d) (1.96)(2.12) = 4.16

15. (a) $z = (108 - 107)/2.12 = .47$; 그렇다. 왜냐하면 $\mu = 107$일 때 $\overline{X} = 108$인 표본 평균치를 얻을 확률은 (.32)(2) = .64이기 때문이다.

(b) $z = (108 - 107)/2.12 = 3.77$; 그렇지 않다. 왜냐하면 $\mu = 107$일 때 $\overline{X} = 108$인 표본 평균치를 얻을 확률은 $(.0001)(2) = .0002$ 이하이기 때문이다.

제 11 장

1. 그 이사는 $\mu = 50$이라는 가설이 참일 때 무선 표집을 통해서 기대되는 표본 평균치와 $\overline{X}$를 비교할 것이다. 만약 $\overline{X}$가 전형적이라면 그는 이 가설이 합리적으로 가능한 것이라고 생각하여 이 가설을 수용할 것이고, $\overline{X}$가 전형적이지 않다면 이 가설을 합리적이지 않다고 생각해서 기각할 것이다.

3. (a) $\mu = 50$

(b) 비방향적; 인사 담당 이사가 어떤 방향이든 간에 차이가 있는지를 알고 싶기 때문이다.

(c) $\mu \neq 50$

(d) $z_{.05} = \pm 1.96$, $z_{.01} = \pm 2.58$

4. (a) 1.67

(b) -1.20

(c) $(.1151)(2) = .23$

(d) 표본 z 값이 임계치에 미치지 못하기 때문에 H_0은 수용된다($p \geq \alpha$).

(e) 그 회사에 있는 비서들의 타자 속도는 전국 평균과 비슷하다.

5. (a) 1.00

(b) -2.00

(c) $(.0228)(2) = .05$

(d) 표본 z 값은 기각역에 해당되기 때문에 H_0은 기각된다($p \leq \alpha$).

(e) 그녀 회사에 있는 비서들의 타자 속도는 전국 평균보다 느리다.

6. 큰 n은 더 작은 평균치의 표준오차를 가져오기 때문에, 결과적으로 큰 z 요비($\overline{X} - \mu = 0$이 아니라면)를 산출한다. 따라서 더 작은 p 값이 산출된다. 큰 표본은 따라서 작은 표본에 비해서 통계적으로 유의할 가능성이 높다.

7. n이 충분히 크면 거의 $\overline{X}$와 μ의 차이가 사소하고 중요하지 않은 것이라고 할지라도 "통계적으로 유의한"차이가 될 수 있다. 통계적 유의성은 전형적으로 "중요성"이라는 것과는 차이가 있다.

10. (a) ± 2.58

(b) ± 1.96

(c) ± 1.65

(d) 양방 대립가설($H_1 \neq 500$)에 대한 임계치는 문제 9에 있는 일방 대립가설에 비해서 크다. 이는 양방검증에서는 기각역이 양쪽 꼬리로 나누어지기 때문에($\alpha = .05$인 경우에 각 꼬리 당 .025씩) 일방검증에서 보다 더 큰 정상곡선 임계치(각 꼬리에서)를 갖게 되기 때문이다.

(e) H_1에서 설정한 방향이 맞는다면 일방검증이다.

11. 일반적으로 H_1은 연구문제와 직접적으로 관련되는 반면, H_0은 검증을 가능하게 하는 특수성을 제공한다. H_0의 수용 혹은 기각은 H_1과 연구문제에 대한 결론을 유도한다.

15. (a) $z_{.05} = \pm 1.96$, $z = -2.92$, $p = (.0018)(2) = .004$, H_0 기각

(b) $z_{.05} = +2.33$, $z = +.91$, $p = .18$, H_0 수용

(c) $z_{.05} = \pm 1.96$, $z = +1.25$, $p = (.1056)(2) = .21$, H_0 수용

(d) $z_{.05} = \pm 1.96$, $z = -2.64$, $p = (.0041)(2) = .01$, H_0 기각

(e) $z_{.05} = \pm 3.30$, $z = -3.54$, $p = (.0002)(2) = .0004$, H_0 기각

(f) 표본 크기가 상당히 다르다; 전자의 경우에는 $n = 1000$이고, 후자는 $n = 9$이다(위의 문제 6을 참고하라).

16. (a) 3.50 (b) 3.50이 아닌

19. 사실인 영가설을 기각할 가능성은 거의 없는 반면, Josh는 받아들일 수 없을 만큼 큰 거짓인 영가설을 수용할 가능성인 이종오류를 범하게 된다. 그는 보다 일반적인 유의도 수준을 채택할 것을 권고 받게 될 것이다(이 예에서는, .01이나 .001과 같은).

제 12 장

1. (a) 그녀의 학군 평균치는 27과 다른가? 다르다면 어느 방향으로 다른가?

(b) 그녀 학군의 평균치는 얼마인가?

2. (a) .67

(b) 33.10 ± 1.31, 31.79에서 34.41

(c) 33.10 ± 1.73, 31.37에서 34.83

(d) 신뢰수준이 높을수록 구간이 넓어진다.

3. 구간 31.79에서 34.41은 학군 (전집) 평균치를 포함하지 않는다. 만약 사례수가 36인 수없이 많은 무선 표본들을 얻을 수 있다면, 동일한 방법으로 μ를 포함하는 95% 신뢰구간을 만들 수 있다. 따라서 μ가 31.79에서 34.41 사이에 해당된다고 95% 신뢰할 수 있게 된다.

8. (a) H_0 수용

(b) H_0 기각

(c) 만약 H_0에서 설정된 값이 99% 신뢰구간에 해당되면, 동일한 자료 결과에 대해서 H_0은 .01 수준에서 수용된다; 만약 이 값이 구간 밖에 포함되면, H_0을 기각된다.

9. (a) 그렇다.

(b) 아마도 그럴 것이다.

(c) 동일한 자료로부터 계산된 99% 신뢰구간은 95% 신뢰구간보다 더 넓을 것이기 때문에 전자에서 구간밖에 포함되는 값이면, 후자에서도 밖에 포함될 수밖에 없다, 그러나, 95% 신뢰구간 밖에 포함된다면 99% 신뢰구간 안에 포함될 수도 있고 그렇지 않을 수도 있다.

제 13 장

1. σ의 값을 알고 있다면, Ben은 $\sigma_{\overline{X}}$를 계산할 수 있고, (정상곡선을 사용하여) 단일집단 z 검증을 수행할 수 있다.

3. (a) $+3$ (b) $SS = 48$ (c) $s_{\overline{X}} = 1.55$

6. t 분포($df = 3$)의 꼬리는 정상곡선보다 두껍다. 즉, 전자가 많은 면적을 가지고 있다. 예를 들어, t 분포($df = 3$)에서 .10의 면적은 t의 값이 ± 2.353이 넘어야 하지만, z에서는 단지 ± 1.65에 해당된다.

8. (a) $s = 9.96$, $s_{\overline{X}} = 4.45$ (b) $s = 3.02$, $s_{\overline{X}} = 1.14$

10. (a) ± 1.860 (b) ± 2.306 (c) ± 3.355

12. (a) $\overline{X} = 12.50$, $s_{\overline{X}} = 1.06$, $t = +2.36$, $t_{.10} = \pm 2.015$; H_0 기각; $\mu > 10$이라고 결론을 내린다.

(b) $t = +2.36$, $t_{.05} = \pm 2.571$; H_0 수용; 10이 μ에 대한 타당하지 않은 값이라는 결론을 내리지 못한다.

(c) $\overline{X} = 48.20$, $s_{\overline{X}} = 1.69$, $t = -1.07$, $t_{.05} = \pm 2.776$; H_0 수용; 50이 μ에 대한 타당하지 않은 값이라는 결론을 내리지 못한다.

(d) $\overline{X} = 15.80$, $s_{\overline{X}} = 1.37$, $t = -3.07$, $t_{.01} = -2.821$; H_0 기각; $\mu < 20$이라고 결론을 내린다.

14. (a) $H_0: \mu = 72$, $H_1: \mu \neq 72$

(b) $t_{.05} = \pm 2.776$

(c) $\overline{X} = 77.80$, $s_{\overline{X}} = 4.45$, $t = +1.30$, H_0 수용

(d) 전집의 평균 맥박수가 72라고 하는 것은 타당하다.

16. (a) 가장 낮은 점수가 0초이기 때문에, 이 $\overline{X}$와 s는 상당히 정적으로 편포된 분포임을 보여주고 있다. 관찰치의 수가 단지 5이기 때문에 이러한 편포성은 t 검증을 위한 정상성 가정을 위반하게 된다.
(b) 더 큰 표본을 사용하라.

17. (a) $p<.05$ (b) $p>.05$ 혹은 $p>.10$ (c) $p<.05$ 혹은 $p<.01$
(d) $p>.05$ 혹은 $p>.10$ (e) $p<.05$ (f) $p<.05$ 혹은 $p<.01$

20. (a) 결과는 완벽하지는 않지만 거의 .05 수준에서 유의하다.
(b) $p>.05$ 혹은 $p<.10$

22. (a) H_0: $\mu = 8.3$, H_1: $\mu<8.3$
(b) $s_{\overline{X}} = .32$, $t = -11.56$, $t_{.05} = -1.658$; H_0을 기각하고 H_1을 지지한다.
(c) 15년 전보다 대학교에서 담배를 피우는 양이 줄어들었다.

24. (a) 77.80 ± 12.35, 65.45에서 90.15; 전집에서 맥박수의 평균치가 65.45에서 90.15 사이에 있다고 95% 신뢰할 수 있다.
(b) 6.14 ± 2.79, 3.35에서 8.93; 전집에서의 종양 수의 평균치는 3.35에서 8.93 사이에 있다고 95% 신뢰할 수 있다.

제 14 장

1. (a) μ_A는 μ_B보다 크다; $\mu_A - \mu_B>0$
(b) μ_A는 μ_B보다 적다; $\mu_A - \mu_B<0$
(c) μ_A는 μ_B와 같다; $\mu_A - \mu_B = 0$
(d) μ_A는 μ_B와 같지 않다; $\mu_A - \mu_B \neq 0$

3. (a) 두 전집으로부터 $n_A = 5$이고 $n_B = 5$인 무선표본의 쌍을 반복적으로 뽑아서 각 쌍의 $\overline{X}_A - \overline{X}_B$의 표본 차이를 계산한다; 표본 차이들을 묶어서 빈도분포를 만들고, 빈도절선도표를 그린다.
(b) 문제 3a에서 얻은 표본 차이에 대한 표준편차를 계산한다.

5. (a) $\Sigma X_1 = 20$, $\Sigma X_1^2 = 108$, $\Sigma X_2 = 40$, $\Sigma X_2^2 = 350$
(b) $SS_1 = 8$, $SS_2 = 30$
(c) 5.43
(d) 1.56
(e) $\overline{X}_1 - \overline{X}_2 = -3$, $t = -1.92$, $t_{.05} = -1.895$, H_0을 기각하고, H_1을 지지한다.
(f) $\mu_1<\mu_2$라고 결론을 내린다.

6. $d = -1.29$; 표본 1의 평균치가 표본 2의 평균치보다 1.29 표준편차 아래에 있고, 이는 Cohen의 기준에 따르면 큰 효과이다. 평균치와 $z = 1.29$ 사이에 해당되는 면적은 .40이므로 이 효과는 전집 2에 속한 보통 사람이 전집 1에서는 90 백분위에 해당되는 것이다(전집의 정상성을 가정하면).

7. (a) $+1.746$ (b) ± 2.797
(c) -1.701 (d) ± 2.750

10. (a) H_0: $\mu_1 - \mu_2 = 0$, H_1: $\mu_1 - \mu_2 > 0$
(b) $\overline{X}_1 - \overline{X}_2 = +7.5$, $SS_1 = 2601$, $SS_2 = 2164.07$, $s_{\overline{X}_1 - \overline{X}_2} = 2.82$, $t = +2.66$, $t_{.05} = +1.684$, H_0을 기각하고, H_1을 지지한다.
(c) 평균적으로 8학년 남학생들이 여학생들보다 과학의 성인 생활에서의 유용성과 관련성에 대해 긍정적인 시각을 가지고 있다고 할 수 있다.

13. (a) 여성과 남성의 차이는 크고 중요한 것이다.
(b) H_0: $\mu_{여성} - \mu_{남성} = 0$는 검증되었고, 기각되었다; 결론은 $\mu_{여성} - \mu_{남성} > 0$이다.
(c) 그렇다. 매우 큰 표본은 매우 작은 표준오차($s_{\overline{X}_1 - \overline{X}_2}$)를 산출해 큰 t 요비를 산출할 것이다.
(d) 여러분은 $\overline{X}_{여성}$, $\overline{X}_{남성}$, $s_{통합}$, 예측된 효과크기인 d 등이 필요하다는 것을 알 수 있을 것이다.

14. (a) H_0: $\mu_1 - \mu_2 = 0$, H_1: $\mu_1 - \mu_2 \neq 0$
(b) $\overline{X}_1 - \overline{X}_2 = 20 - 22 = -2$, $SS_1 = 171$, $SS_2 = 192$, $s_{\overline{X}_1 - \overline{X}_2} = 1.31$, $t = -1.52$, $t_{.05} = \pm 2.048$, H_0을 수용한다.
(c) 기억에 있어서 즉각적인 시험의 효과는 없는 것으로 나타났다.

15. (a) 0이다. 문제 14에서 H_0이 수용되었기 때문에 여러분은 0이 $\mu_1 - \mu_2 (\alpha = .05)$에 대한 타당한 가능성이라는 것을 알 수 있었다. 결국, 0은 $\mu_1 - \mu_2$에 대한 95% 신뢰구간 안에 포함될 것이다.
(b) $-2 \pm (2.048)(1.31) = -2 \pm 2.68$, 혹은 -4.68에서 $+0.68$이다. 놀랄 것 없이 95% 신뢰구간은 0을 포함한다.
(c) 이 예에서는 0을 포함한다. 99% 신뢰구간은 95% 신뢰구간보다 더 넓어지기 때문에 전자가 0을 포함했다면, 후자도 0을 포함할 것이다.
(d) $-2 \pm (2.763)(1.31) = -2 \pm 3.62$, 혹은 -5.62에서 $+1.62$이다. 여기서도 놀랄 것 없이 99% 신뢰구간은 넓어지고 0을 포함한다.

19. 문제 8, 14, 16에서는 무선화를 사용하였다; 문제 9, 10에서는 무선화를 사용하지 않았다.

제 15 장

1. 그렇지 않다. "짝짓기"는 개인에 따라서 다른 특성을 가지고 짝을 구성하는 것이다; 학년은 모든 개인에게 동일한 조건이다.

3. (a) $SS_{사전} = 30$, $SS_{사후} = 38$, $r_{사전,\,사후} = +.68$

(b) $s^2_{사전} = 7.5$, $s^2_{사후} = 7.5$

(c) $s_{\overline{X}_{사전}-\overline{X}_{사후}} = \sqrt{\dfrac{7.5 + 9.5 - 2(.68)(2.74)(3.08)}{5}} = 1.05$

(d) $t = +2/1.05 = +1.90$, $t_{.05} = +2.132$; H_0을 수용

(e) 두 처치조건들의 차별적인 효과가 있다고 결론지을 충분한 증거가 없다.

5. (a) H_0: $\mu_D = 0$, H_1: $\mu_D \neq 0$

(b) $\overline{D} = +2.67$, $SS_D = 27.33$, $s_{\overline{D}} = .95$

(c) $t = +2.67/.95 = +2.81$, $t_{.05} = \pm 2.571$; H_0을 기각

(d) $\mu_{불빛} > \mu_{부저}$라고 결론내릴 수 있다: 반응시간은 부저보다는 불빛에 반응하는 시간이 더 길다고 할 수 있다.

6. (a) $s_{\overline{X}_1-\overline{X}_2} = \sqrt{\dfrac{76.86 + 50.57 - 2(.04)(8.77)(7.11)}{8}} = 3.91$

(b) H_0: $\mu_1 - \mu_2 = 0$, H_1: $\mu_1 - \mu_2 \neq 0$

(c) $t = +12.00/3.91 = +3.07$, $t_{.01} = \pm 3.499$; H_0을 수용

(d) 표본 차이는 두 훈련 프로그램 간에 실제적인 차이가 존재한다고 결론짓기에 충분하지 않다.

(e) 이와 같이 낮은 상관($r_{12} = .04$)은 표준오차를 줄일 수 없고, 따라서 짝을 지우는 것의 통계적 장점을 무효화한다.

8. (a) H_0: $\mu_1 - \mu_2 = 0$($\alpha = .05$, 양방)이 먼저 기각되었기 때문에 여러분은 95%신뢰구간이 0을 포함하지 않는다는 것을 알 수 있다.

(b) $2.67 \pm (2.571)(.95)$ 혹은 $+.23$에서 $+5.11$. 95% 신뢰를 가지고, "진짜" 처치효과가 .23에서 5.11 밀리세컨즈만큼 더 부저 자극에 더 빨리 반응한다고 결론지을 수 있다.

9. (a) H_0: $\mu_D = 0$, H_1: $\mu_D \neq 0$.

(b) $\overline{D} = +4.86$, $SS_D = 136.86$, $s_{\overline{D}} = 1.81$.

(c) $t = +4.86/1.81 = +2.96$, $t_{.01} = \pm 2.447$; H_0을 기각

(d) $\mu_{추단법\ 1} > \mu_{추단법\ 2}$이라고 결론내림; 문제해결 속도는 추단법 2를 사용하는 것이 더 빠르다.

13. (a) 문제 6, 11과는 달리 여기서는 쌍을 배정할 때 무선배정을 하지 않았다.
(b) 무선배정을 하면, 원인- 결과 관계에 대해 보다 쉽게 밝힐 수 있다.
(c) 자원자들의 부모는 그들의 자녀들에 대해 학업적인 지원과 격려를 더 많이 제공했을 가능성이 많다.

제 16 장

1. 이러한 절차는 H_0: $\rho = 0$인 경우에만 가능하다는 것을 지적할 것이다. H_0에서 ρ의 값을 0으로 지정하지 않은 경우에는 "정상화"하는 절차가 필요하다.

2. (a) $s_r = .175$, $t = -2.17$, $t_{.05} = \pm 2.048$, H_0 기각
(b) $s_r = .283$, $t = +2.12$, $t_{.05} = \pm 2.306$, H_0 수용
(c) $s_r = .127$, $t = -1.34$, $t_{.05} = \pm 2.660$, H_0 수용
(d) $s_r = .066$, $t = +10.45$, $t_{.05} = +1.658$, H_0 기각
(e) $s_r = .077$, $t = -5.58$, $t_{.05} = -2.358$, H_0 기각

3. (a) $r_{.05} = \pm .361$, H_0 기각
(b) $r_{.05} = \pm .632$, H_0 수용
(c) $r_{.01} = \pm .325$, H_0 수용 (물론, 통계적 결정은 두 문제에서 동일하다.)
(d) $r_{.05} = +.150$, H_0 기각
(e) $r_{.01} = -.210$, H_0 기각

8. (a) $r_{.05} = .441$(일방), H_0 수용
(b) 근사구간: $-.14$에서 $+.76$
(c) 매우 큰 구간은 만족스러운 정확도를 가진 ρ를 예측하는 데 있어서 표본이 너무 작다는 것을 의미한다.

9. (a) $+.62$에서 $+.98$ (b) $-.19$에서 $+.86$ (c) $-.49$에서 $+.74$
(d) $-.17$에서 $+.52$ (e) $+.01$에서 $+.38$

10. (a) 구간은 r이 높을수록 좁아진다; 표본 크기가 주어진 경우, 높은 상관이 표집오차를 줄이기 때문이다.
(b) 구간은 n이 클수록 좁아진다; 표본 r이 주어진 경우, 큰 표본크기는 표집오차를 줄이기 때문이다.

14. 큰 표본의 경우에는 표집오차가 충분히 작기 때문에 r만으로 ρ에 대한 정확한 추정치로 간주할 수 있다. 적은 표본의 경우에는 표집오차가 상당하기 때문에 구간 추정법을 사용해서 표집오차를 고려해야 한다.

15. (a) 그렇지 않다. 왜냐하면 산포도는 상당한 곡선성을 드러내고 있기 때문이다.

(b) 피어슨 r은 선형적 관계성을 보여주는 측정치이기 때문에 r은 두 변수들 간의 관련성의 정도를 과소 추정할 것이다(7.7절).

17. 두 번째 표본에서의 상관이 더 큰 변산성으로 인해 아마 더 클 것이다. 즉, 교육전공자 표본은 한 변수 혹은 두 변수 모두에서의 범위의 제한으로 인해 r의 크기가 감소할 것이다(7.7절).

제 17 장

1. (a) .20

(b) 이 질문은 말이 되지 않는다; 검증력은 H_0이 거짓이라는 것을 전제로 할 때 이를 기각할 수 있는 확률을 의미한다.

3. (a) 429 (b) 48

(c) 18 (d) 10

5. (a) .25 혹은 네 개 중에서 하나 (b) 네 개 중에서 하나

8. (a) 각 집단에서 201명 (b) 커야 함 (c) 작아야 함

9. (a) H_0: $\rho = 0$, H_1: $\rho > 0$ (b) 37 (c) .20

(d) .60 (e) .40

10. (a) 783 (b) 17 (c) 12

(d) 91 (e) 25 (f) 8

제 18 장

3. (a) H_0: $\mu_1 = \mu_2 = \mu_3 = \mu_4$

(b) H_0이 틀릴 수 있는 경우들이 다양하기 때문이다.

(c) 예를 들어, $\mu_1 = \mu_2 \neq \mu_3 = \mu_4$이거나, 모든 μ가 다 다르거나, $\mu_1 \neq \mu_2 = \mu_3 = \mu_4$인 경우들이 있다.

(d) 쓰여진 바대로라면, 이 H_1은 인접한 μ들끼리는 같지 않다(μ_1은 μ_3과 여전히 같을 수 있다). 이 H_1은 H_0이 틀릴 수 있는 많은 경우들 중에서 일부만을 포함하는 것이다.

4. (a) H_0: $\mu_1 = \mu_2 = \mu_3$; H_1: 세 개의 전집 평균치가 같다는 것을 제외한 가능한 모든 집합

(b) $SS_{집단 내} = 44$, $SS_{집단 간} = 16$, $SS_{전체} = 60$. (그렇다, $60 = 44 + 16$.)

(c) $df_{집단 내} = 3$, $df_{집단 간} = 2$, $df_{전체} = 5$. (그렇다, $5 = 3 + 2$.)

(d) $s^2_{집단 내} = 14.67$, $s^2_{집단 간} = 8$, $F = .55$

(e) H_0은 수용된다($F_{.05} = 9.55$): 세 가지 약물들이 정신분열증 행동에 차별적인 영향을 미친다는 증거는 없다.

8. (a) $\Sigma X_1 = 10$, $\Sigma X_1^2 = 58$, $\Sigma X_2 = 14$, $\Sigma X_2^2 = 116$, $\Sigma X_3 = 18$, $\Sigma X_3^2 = 180$

(b) $SS_{집단 내} = 44$, $SS_{집단 간} = 16$, $SS_{전체} = 60$

(c) 물론 두 세트의 수치들은 동일하다.

9. (a) $F_{.05} = 3.13$, $F_{.01} = 4.92$

(b) $F_{.05} = 2.87$, $F_{.01} = 4.43$

(c) $F_{.05} = 2.70$, $F_{.01} = 3.98$

(d) $F_{.05} = 3.23$, $F_{.01} = 5.18$

11. (a) 2

(b) 552

(c) $p > .05$($F_{.05} = 3.55$)

(d) 3312

(e) 18

(f) 20

14. 분산들이 상당히 다르고, 사례수도 꽤 다르기 때문에 F 검증은 이 경우에는 적절하지 않다.

15. (a) H_0: $\mu_1 = \mu_2 = \mu_3$

(b) $SS_{집단 내} = 96$, $SS_{집단 간} = 98$, $SS_{전체} = 194$. (그렇다, $96 + 98 = 194$.)

(c) $df_{집단 내} = 9$, $df_{집단 간} = 2$, $df_{전체} = 11$. (확인: $9 + 2 = 11$.)

(d) 요약표:

분산원	자승합(*SS*)	자유도(*df*)	분산추정치(s^2)	*F*	*p*
집단 간	98	2	49	4.59	$p < .05$
집단 내	96	9	10.67		
전체	194	11			

(e) H_0을 기각($F_{.05} = 4.26$)

(f) 전집에서 학생들의 음성 인식은 읽기 프로그램 간에 차이를 보인다. 사후검증(예를 들어, Tukey)을 통해 세 가지 가능한 비교 쌍들($\overline{X}_1$와 $\overline{X}_2$, $\overline{X}_1$와 $\overline{X}_3$, $\overline{X}_2$와 $\overline{X}_3$) 간에 통계적으로 유의한 차이가 있는지를 검증해야 한다.

20. (a) 10

(b)

	$\overline{X}_1 = 20.3$	$\overline{X}_2 = 12.2$	$\overline{X}_3 = 15.3$	$\overline{X}_4 = 13.6$	$\overline{X}_5 = 19.1$
$\overline{X}_1 = 20.3$	—	8.1	5.0	6.7	1.2
$\overline{X}_2 = 12.2$		—	−3.1	−1.4	−6.9
$\overline{X}_3 = 15.3$			—	1.7	−3.8
$\overline{X}_4 = 13.6$				—	−5.5
$\overline{X}_5 = 19.1$					—

(c) $HSD = 4.04\sqrt{20.5/9} = 6.10$; $\mu_1 > \mu_2$, $\mu_1 > \mu_4$, $\mu_2 < \mu_5$

(d) $HSD = 4.93\sqrt{20.5/9} = 7.44$; $\mu_1 > \mu_2$

21. (a) H_0: $\mu_1 = \mu_2 = \mu_3 = \mu_4$

(b) $SS_{\text{집단 내}} = 34113 - 32484.6 = 1628.4$

$$SS_{\text{집단 간}} = 32484.6 - \frac{(1132)^2}{40} = 449$$

$SS_{\text{전체}} = 34111 - 32035.6 = 2077.4$(확인: $1628.4 + 449 = 2077.4$.)

(c) $F = 3.31$, H_0을 기각 ($F_{.05} = 2.86$.) 요약표:

분산원	자승합(*SS*)	자유도(*df*)	분산추정치(s^2)	*F*	*p*
집단 간	449	3	149.67	3.31	$p < .05$
집단 내	1628.4	36	45.23		
전체	2077.4	39			

(d) $\text{HSD} = 3.85\sqrt{45.23/10} = 8.19$; $\overline{X}_1$과 $\overline{X}_3$의 차이(-8.9)만 이 값을 넘음

(e) $\mu_3 > \mu_1$: 방법 3이 방법 1에 비해서 5학년생들의 메타인지 전략 교수법으로 우수함

22. (a) $\mu_1 - \mu_2$: -5.3 ± 8.19, 혹은 -13.49에서 $+2.89$

$\mu_1 - \mu_3$: -8.9 ± 8.19, 혹은 -17.09에서 $-.71$

$\mu_1 - \mu_4$: -2.2 ± 8.19, 혹은 -10.39에서 $+5.99$

$\mu_2 - \mu_3$: -3.6 ± 8.19, 혹은 -11.79에서 $+4.59$

$\mu_2 - \mu_4$: 3.1 ± 8.19, 혹은 -5.09에서 $+11.29$

$\mu_3 - \mu_4$: 6.7 ± 8.19, 혹은 -1.49에서 $+14.89$

(b) 물론 그것들은 일치한다. H_0이 수용되었을 때에는 95% 신뢰구간이 0을 포함하고, H_0이 기각되었을 때($\mu_1 - \mu_3$)에는 95% 신뢰구간 밖에 0이 위치한다.

23. (a) 문제 15: 학생들은 교수프로그램에 무선 배정되지 않았기 때문에, 교수프로그램과 학생들의 음성인식 간에 인과관계가 존재한다고 결론내리기 힘들다.

(b) 세 학교는 그들이 속한 공동체의 사회경제적 지위, 교사 – 학생의 비율, 교사들의 경력과 능력 수준에서 물론 다를 수 있다.

제 19 장

1. (a) $\overline{X}_{A_1}=15, \overline{X}_{A_2}=17, \overline{X}_{A_3}=12, \overline{X}_{B_1}=18, \overline{X}_{B_2}=9, \overline{X}_{B_3}=17$

(b) $H_0\colon \mu_{A_1}=\mu_{A_2}=\mu_{A_3}$, $H_0\colon \mu_{B_1}=\mu_{B_2}=\mu_{B_3}$

(c) 요인 A: $\overline{X}_{A_1}$ 대 $\overline{X}_{A_2}$ 대 $\overline{X}_{A_3}$, 요인 B: $\overline{X}_{B_1}$ 대 $\overline{X}_{B_2}$ 대 $\overline{X}_{B_3}$

(d) $18-9=[(14-13)+(23-8)+(17-6)]/3=9$

(e) $(15+17+12)/3=14.67$; $(18+9+17)/3=14.67$;
$(14+13+18+23+8+20+17+6+13)/9=14.67$; 총평균, $\overline{\overline{X}}$.

(f)

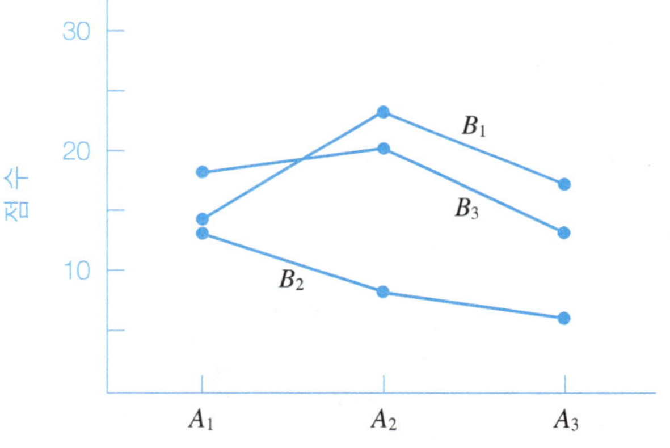

(g) 상호작용이 존재한다: 요인 B에서의 차이는 A_2나 A_3에서의 차이보다는 A_1에서 더 작다.

3. (a) A, A×B (b) A, B, A×B (c) A, B
(d) A×B (e) A

4.

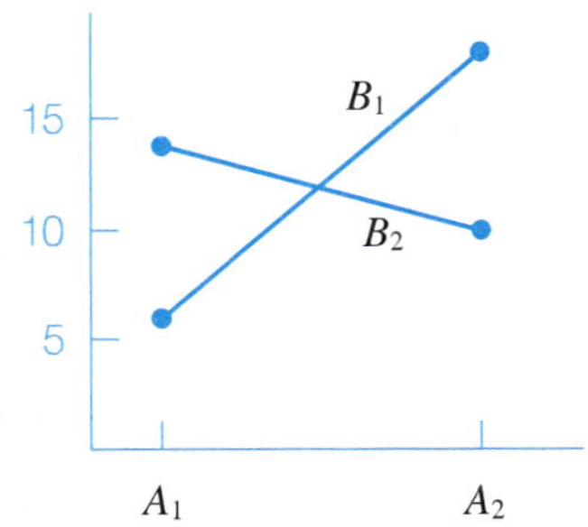
15
10
5
B_1
B_2
A_1
A_2

(a)

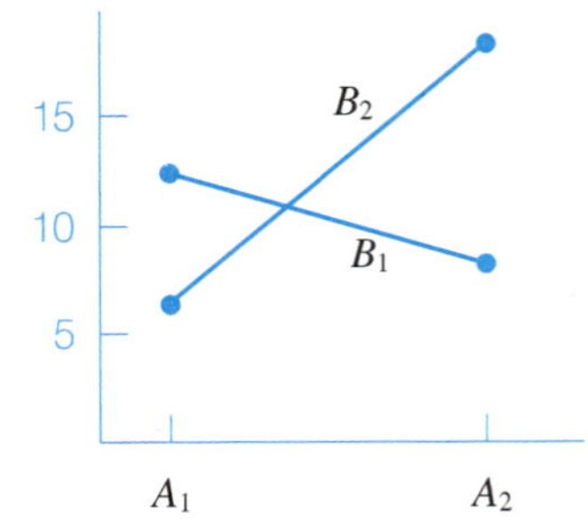
15
10
5
B_2
B_1
A_1
A_2

(b)

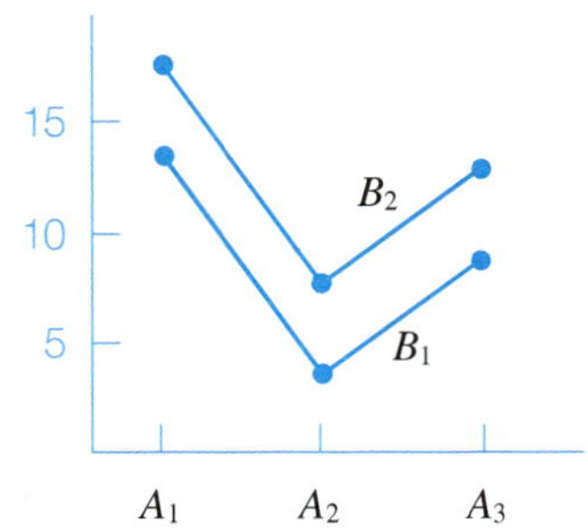
15
10
5
B_2
B_1
A_1
A_2
A_3

(c)

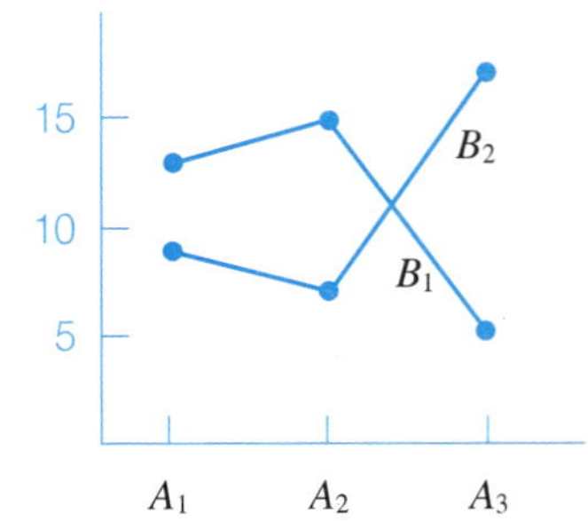
15
10
5
B_2
B_1
A_1
A_2
A_3

(d)

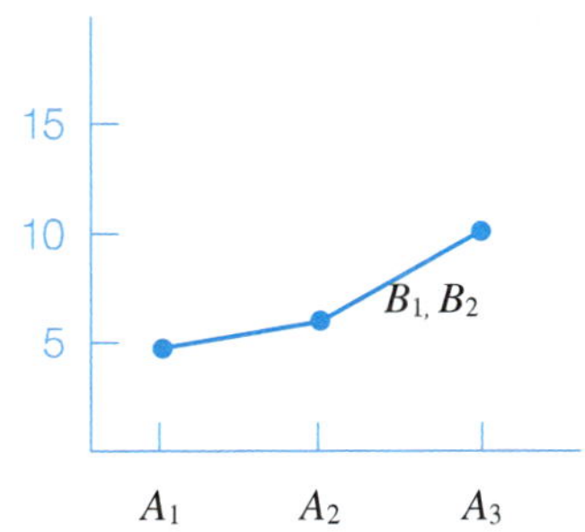
15
10
5
B_1, B_2
A_1
A_2
A_3

(e)

5. (a)

		교수 방법 (요인 B) 강의 + 협동학습 (B_1)	강의 + 자율학습 (B_2)	
내향성-외향성 (요인 A)	외향성(A_1)	$\overline{X}_{A_1B_1} = 8.25$	$\overline{X}_{A_1B_2} = 5.50$	$\overline{X}_{A_1} = 6.88$
	내향성(A_2)	$\overline{X}_{A_2B_1} = 3.75$	$\overline{X}_{A_2B_2} = 9.50$	$\overline{X}_{A_2} = 6.62$
		$\overline{X}_{B_1} = 6.00$	$\overline{X}_{B_2} = 7.50$	$\overline{\overline{X}} = 6.75$

(b) H_0: $\mu_{A_1} = \mu_{A_2}$, H_0: $\mu_{B_1} = \mu_{B_2}$

(c) 두 교수법 사이의 전집 차이는 내향성을 가진 사람과 외향성을 가진 사람들에서 동일할 것이다. 내향성과 외향성 간의 전집 차이는 두 교수법에서 동일할 것이다.

(d) $SS_{전체}$, $SS_{집단\ 내}$, SS_A, SS_B, $SS_{A \times B}$

(e) $df_{전체} = 15$, $df_{집단\ 내} = 12$, $df_A = 1$, $df_B = 1$, $df_{A \times B} = 1$

(f) SS_A는 각 행을 집단으로 취급한다; SS_B는 각 열을 집단으로 취급한다.

(g) $SS_{집단\ 내}$는 일원 분산분석에서 $SS_{집단\ 내}$와 마찬가지이다; 각 칸은 집단으로 취급된다.

6. (a)

	B_1	B_2	
A_1	$\Sigma X = 33$ $\Sigma X^2 = 283$	$\Sigma X = 22$ $\Sigma X^2 = 130$	$\Sigma X_{A_1} = 55$
A_2	$\Sigma X = 15$ $\Sigma X^2 = 69$	$\Sigma X = 38$ $\Sigma X^2 = 382$	$\Sigma X_{A_2} = 53$
	$\Sigma X_{B_1} = 48$	$\Sigma X_{B_2} = 60$	

$$\sum_{모든\ 점수들} X = 108, \quad \sum_{모든\ 점수들} X^2 = 864$$

$(n_{전체} = 16, n_{칸} = 4)$

(b) $SS_{전체} = 135.00(df_{전체} = 15)$, $SS_{집단\ 내} = 53.50(df_{집단\ 내} = 12)$,
$SS_A = .25(df_A = 1)$, $SS_B = 9.00(df_B = 1)$, $SS_{A \times B} = 72.25(df_{A \times B} = 1)$

(c) $s^2_{집단\ 내} = 4.46$, $s^2_A = .25$, $s^2_B = 9.00$, $s^2_{A \times B} = 72.25$

(d) $F_A = .06$, $F_B = 2.02$, $F_{A \times B} = 16.20$. 각 F 검증에 대해서, 1과 12의 자유도를 가지므로 $F_{.05} = 4.75$이다. H_0: $\mu_{A_1} = \mu_{A_2}$와 H_0: $\mu_{B_1} = \mu_{B_2}$는 수용되고, 상호작용이 없다는 영가설은 기각된다.

7. (a)

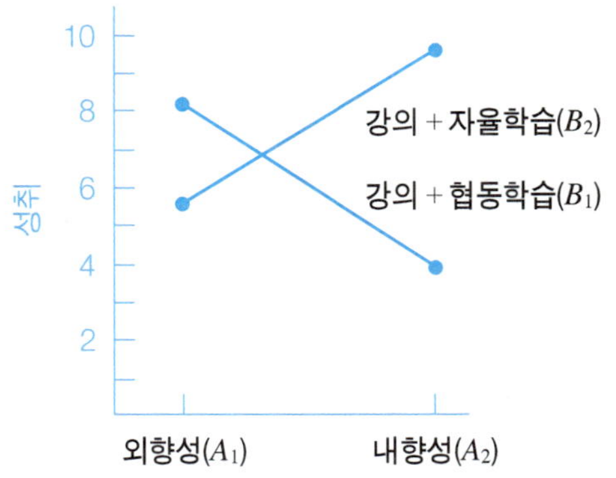

(b) 내향성인 경우에는 강의 후에 협동학습을 한 경우보다 강의 후 자율학습을 한 경우에 더 높은 성취를 보인 반면, 외향성인 경우에는 크지는 않았지만 반대의 경향을 보였다. (Tukey의 HSD 검증과 같은 부가적인 절차들이 $\overline{X}_{A_1B_1} - \overline{X}_{A_1B_2}$와 $\overline{X}_{A_2B_2} - \overline{X}_{A_2B_1}$의 통계적 유의미성을 결정하기 위해 요구된다.)

12. (a) H_0: $\mu_{A_1} = \mu_{A_2}$, H_0: $\mu_{B_1} = \mu_{B_2}$

(b) 두 치료법 간의 전집 차이는 남자와 여자에서 동일할 것이다.
남자와 여자 간의 전집 차이는 두 치료법에서 동일할 것이다.

(c)

		치료법 (요인 B)		
		치료법 Q (B₁)	**치료법 Z (B₂)**	
성별 (요인 A)	**남자(A₁)**	$\overline{X}_{A_1B_1} = 4.00$	$\overline{X}_{A_1B_2} = 6.75$	$\overline{X}_{A_1} = 5.38$
	여자(A₂)	$\overline{X}_{A_2B_1} = 6.50$	$\overline{X}_{A_2B_2} = 9.00$	$\overline{X}_{A_2} = 7.75$
		$\overline{X}_{B_1} = 5.25$	$\overline{X}_{B_2} = 7.88$	$\overline{\overline{X}} = 6.56$

(d)

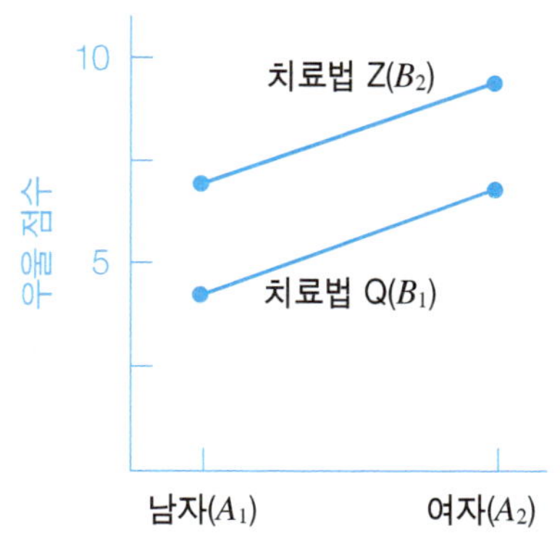

(e)

분산원	자승합(SS)	자유도(df)	분산추정치(s^2)	F	p
집단 간	50.19	3			
성별(A)	22.56	1	22.56	5.67	$p<.05$
치료법(B)	27.56	1	27.56	6.92	$p<.05$
A×B	.07	1	.07	.02	$p>.05$
집단 내	47.75	12	3.98		
전체	97.94	15			

(f) 1과 12의 자유도에서 상호작용은 유의하지 않았지만($F_{.05}=4.75$), 두 주효과는 유의했다. 따라서 $\mu_{A_1}=\mu_{A_2}$와 $\mu_{B_1}=\mu_{B_2}$의 영가설을 기각되었고, 상호작용이 없다는 영가설은 수용되었다. 여자는 남자보다 더 우울했고, 치료법 Q는 치료법 Z보다 더 효과적이었고, 치료법 Z에 대한 치료법 Q의 우수성은 남자와 여자에서 동일하게 유지되었다.

15. (a) H_0: $\mu_{A_1}=\mu_{A_2}$, H_0: $\mu_{B_1}=\mu_{B_2}$

(b)

	B_1	B_2	
A_1	$\overline{X}_{A_1B_1}=19.20$	$\overline{X}_{A_1B_2}=29.20$	$\overline{X}_{A_1}=24.20$
A_2	$\overline{X}_{A_2B_1}=27.20$	$\overline{X}_{A_2B_2}=24.80$	$\overline{X}_{A_2}=26.00$
	$\overline{X}_{B_1}=23.20$	$\overline{X}_{B_2}=27.00$	$\overline{\overline{X}}=25.10$

(c)

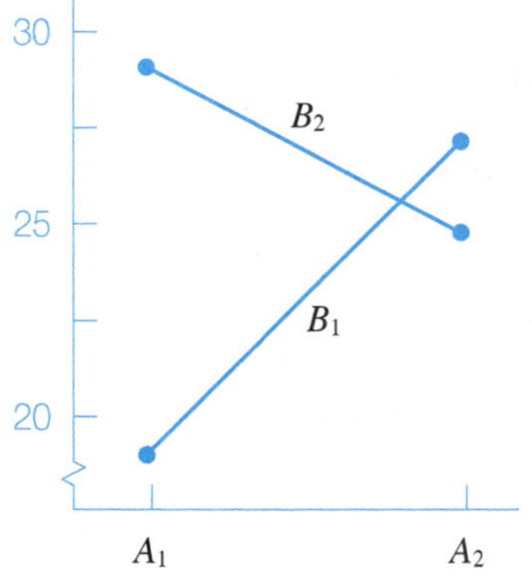

(d)

분산원	자승합(SS)	자유도(df)	분산추정치(s^2)	F	p
집단 간	280.60	3			
요인 A	16.20	1	16.20	1.29	$p > .01$(혹은 .05)
요인 B	72.20	1	72.20	5.74	$p > .01$
A×B	192.20	1	192.20	15.28	$p < .01$
집단 내	201.20	16	12.58		
전체	481.80	19			

(e) 모든 F 검증에 대해서 $F_{.01} = 8.53$이므로, H_0: $\mu_{A_1} = \mu_{A_2}$와 H_0: $\mu_{B_1} = \mu_{B_2}$는 수용되었고, 두 요인 간에 상호작용이 없다는 영가설은 기각되었다.

제 20 장

1. (a) $\chi^2_{.05} = 7.81$, $\chi^2_{.01} = 11.34$ (b) $\chi^2_{.05} = 5.99$, $\chi^2_{.01} = 9.21$

(c) $\chi^2_{.05} = 3.84$, $\chi^2_{.01} = 6.63$ (d) $\chi^2_{.05} = 3.84$, $\chi^2_{.01} = 6.63$

(e) $\chi^2_{.05} = 11.07$, $\chi^2_{.01} = 15.09$

3. (a) H_0: $P_{주황색} = .25$, H_0: $P_{밤색} = .25$, H_0: $P_{분홍색} = .25$, H_0: $P_{파랑색} = .25$;
H_0: $P_{주황색} = P_{밤색} = P_{분홍색} = P_{파랑색}$

(b) 그렇지 않다, 왜냐하면 H_0이 거짓일 가능성은 매우 여러 가지이기 때문이다.

(c) 각 색깔별로 $f_e = 60/4 = 15$(그렇다, $\Sigma f_e = n = 60$.)

(d) $\chi^2 = 12.0$, $\chi^2_{.01} = 11.34$, H_0 기각한다.

(e) 포장지의 색깔은 소비자의 선택에 관련되어 있다. 파랑색이 더 많이 선택되고, 갈색은 다른 것보다 덜 선택된다.

5. (a) H_0: $P_{생존} = .80$, H_1: $P_{생존} > .80$

(b) $\chi^2 = 3.12$, $\chi^2_{.05} = 2.71$, H_0 기각한다.

(c) 혈청은 사망률을 줄이는 데 효과적이다.

9. (a) 국민투표에 찬성하는 농촌 지역의 주민의 비율과 도시 지역의 주민의 비율은 동일하다.

(b)

	찬성	반대	$f_{행}$
농촌	$f_o = 35$ $f_e = 48.59$	$f_o = 55$ $f_e = 41.41$	90
도시	$f_o = 53$ $f_e = 39.41$	$f_o = 20$ $f_e = 33.59$	73
$f_{열}$	88	95	163

(c) $\chi^2 = 18.45$, $\chi^2_{.05} = 3.84$, $\chi^2_{.01} = 6.63$, H_0은 각 수준에서 기각된다. (실제에서는 물론 단지 하나의 유의도 수준만을 선택하면 된다.)

(d) 동성애자의 국민투표 권리에 대한 입장은 사는 지역이 농촌이냐 도시냐에 따라 다르다.

(e) 농촌: .39가 찬성이고, .61이 반대했다; 도시: .73이 찬성이고, .27이 반대했다. 국민투표에 대해 찬성하는 사람들이 농촌 지역에 비해서 도시 지역이 더 많다.

10. (a) 단지 하나의 자유도만이 있기 때문이다.

(b) 연구자는 다음과 같은 방향적인 H_1을 설정하는 것이 유리할 것이다: “도시 지역에서 국민투표에 찬성하는 사람의 비율이 농촌지역에서 찬성하는 사람의 비율에 비해 높을 것이다.” 이 H_1은 물론 자료 수집 전에 보수성과 지역 간의 관계에 대해 알아보고자 할 때 미리 설정되어야 한다.

11. $\chi^2 = [163(700 - 2915)^2]/[(90)(73)(88)(75)] = 18.44$(반올림을 하면 문제 9c에서 얻은 결과와 동일한 값이다.)

12. 전과 후의 반응이 동일한 개인에게 기초한 것이기 때문에 관찰치는 서로 독립적이지 않다. 따라서 독립성에 대한 χ^2검증은 이 사례에서는 적절하지 않다.

15. (a) 두 변수들은 독립되어 있다: 후보자의 선택은 가족의 수입과 관련이 없다.

(b)

		후보자			
		Jadallah	Yung	Pandiscio	$f_{행}$
가족수입	<$20,000	$f_o=8$ $f_e=8.44$	$f_o=11$ $f_e=9.22$	$f_o=6$ $f_e=7.33$	25
	$20,000~$39,999	$f_o=23$ $f_e=19.59$	$f_o=17$ $f_e=21.40$	$f_o=18$ $f_e=17.01$	58
	$40,000~$59,999	$f_o=20$ $f_e=20.94$	$f_o=22$ $f_e=22.87$	$f_o=20$ $f_e=18.19$	62
	≥$60,000	$f_o=25$ $f_e=27.02$	$f_o=33$ $f_e=29.51$	$f_o=22$ $f_e=23.47$	80
	$f_{열}$	76	83	66	225

(c) $\chi^2=3.07$, $\chi^2_{.05}=12.59$, H_0 수용한다.

(d) 후보자 선택은 응답자의 가족수입과는 관계가 없다.

16. 이 문제에 응답하기 위해서 단변인 χ^2이 열 빈도에 기초하여 수행되었다. $\chi^2=1.95$, $\chi^2_{.05}=5.99$, H_0이 수용된다.

제 21 장

1. (a) 이들 방법은 분포의 가정들이 상당히 위반되었거나 표본크기가 작은 경우에 사용된다.

(b) 그렇지 않다, 그러나 가정들은 덜 제한적이다.

2. (a) 1, 2, 3, 4, 5, 6, 7, 8, 9; $\Sigma(1, 2, 3, 4, 5, 6, 7, 8, 9)=9(9+1)/2=45$

(b) 1, 2, 3, 4.5, 4.5, 6, 7, 8; $\Sigma(1, 2, 3, 4.5, 4.5, 6, 7, 8)=8(8+1)/2=36$

(c) 1, 2, 4, 4, 4, 6, 7, 8.5, 8.5, 10; $\Sigma(1, 2, 4, 4, 4, 6, 7, 8.5, 8.5, 10)=10(10+1)/2=55$

3. 독립집단 t 검증

4. (a) H_0: 혈통 A = 혈통 B; H_1: 혈통 A ≠ 혈통 B

(b) $\Sigma R_1=25$; ΣR_1의 임계치는 11($\alpha=.05$)과 29이다; H_0 수용된다.

(c) 실험실 쥐의 두 혈통은 미로 달리기 능력에서 차이를 보이지 않는다.

(d) $\Sigma R_2=20$; $25+20=9(10)/2=45$

6. 문제 4: $z=+1.22$, $z_{.05}=\pm1.96$, H_0 수용.

문제 5: $z=+1.90$, $z_{.05}=+1.65$, H_0 기각.

7. 일원 분산분석

8. (a) H_0: A = B = C

(b) $H = \frac{12}{9(10)}\left[\frac{(15)^2}{3} + \frac{(23)^2}{3} + \frac{(7)^2}{3}\right] - 3(10) = 5.68$; $\chi^2_{.05} = 5.99$; H_0 수용.

(c) 조직유형이 팀 문제해결 수행에서 차이를 보인다는 증거가 불충분하다.

(d) $15 + 23 + 7 = 9(10)/2 = 45$

10. 종속집단 t 검증

11. (a) H_0: $P_{(+)} = P_{(-)} = .50$, H_1: $P_{(+)} \neq P_{(-)} \neq .50$

(b) $\chi^2 = 1.64$, $\chi^2_{.05} = 3.84$, H_0 수용. (주의: 우리는 높은 공격성이 "비난" 상황과 연관되어 있을 때 "+"라고 한다. 만약 반대의 경우에 동일한 χ^2 값을 얻을 수 있을 것이다. 왜 그런지 알 수 있는가?)

(c) 비난을 받는지 혹은 칭찬을 받는지에 따라서 공격성과 관련이 있는지에 대한 결론을 내리기에 증거가 불충분하다.

13. Pearson r

14. (a) H_0: 지역사회의 가족 수입 중앙치와 대학에 가는 학생의 비율은 관련성이 없다.
H_1: 지역사회의 가족 수입 중앙치와 대학에 가는 학생의 비율은 정적인 관련성이 있다.

(b) $r_{순위} = 1 - [6(44)]/[10(99)] = .73$; 임계치 $r_{순위} = .5515$; H_0 기각한다.

(c) 지역사회의 가족 수입 중앙치는 대학을 가는 학생의 비율과 정적으로 관련되어 있다.

부록 B

통 계 표

표 A 정상곡선 밑의 면적

제2열은 평균치($z = 0$)와 정적인 z값 사이에 있는 전체 곡선 밑의 면적의 비율을 제시한다. 곡선을 대칭적이기 때문에 부적인 z값에 대한 면적은 정적인 값에 대한 것과 같다.

제3열은 정적인 z값 밖에 놓인 전체 곡선 밑의 면적에 대한 비율을 제시한다. 곡선이 대칭적이기 때문에 부적인 z값에 대한 면적은 정적인 값에 대한 것과 같다.

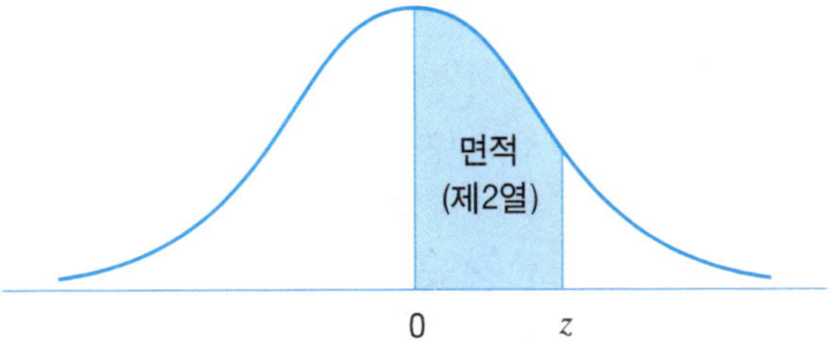

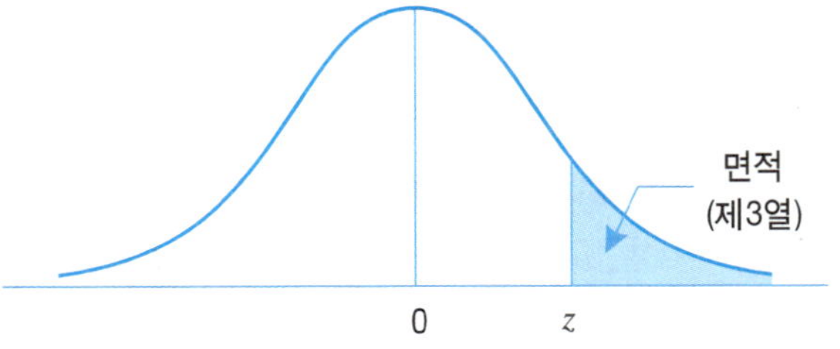

z	평균치와 z 사이의 면적	z밖의 면적	z	평균치와 z 사이의 면적	z밖의 면적	z	평균치와 z 사이의 면적	z밖의 면적
1	2	3	1	2	3	1	2	3
0.00	.0000	.5000	0.15	.0596	.4404	0.30	.1179	.3821
0.01	.0040	.4960	0.16	.0636	.4364	0.31	.1217	.3783
0.02	.0080	.4920	0.17	.0675	.4325	0.32	.1255	.3745
0.03	.0120	.4880	0.18	.0714	.4286	0.33	.1293	.3707
0.04	.0160	.4840	0.19	.0753	.4247	0.34	.1331	.3669
0.05	.0199	.4801	0.20	.0793	.4207	0.35	.1368	.3632
0.06	.0239	.4761	0.21	.0832	.4168	0.36	.1406	.3594
0.07	.0279	.4721	0.22	.0871	.4129	0.37	.1443	.3557
0.08	.0319	.4681	0.23	.0910	.4090	0.38	.1480	.3520
0.09	.0359	.4641	0.24	.0948	.4052	0.39	.1517	.3483
0.10	.0398	.4602	0.25	.0987	.4013	0.40	.1554	.3446
0.11	.0438	.4562	0.26	.1026	.3974	0.41	.1591	.3409
0.12	.0478	.4522	0.27	.1064	.3936	0.42	.1628	.3372
0.13	.0517	.4483	0.28	.1103	.3897	0.43	.1664	.3336
0.14	.0557	.4443	0.29	.1141	.3859	0.44	.1700	.3300

표 A 정상곡선 밑의 면적 (계속)

z	평균치와 z 사이의 면적	z밖의 면적	z	평균치와 z 사이의 면적	z밖의 면적	z	평균치와 z 사이의 면적	z밖의 면적
1	2	3	1	2	3	1	2	3
0.45	.1736	.3264	0.80	.2881	.2119	1.15	.3749	.1251
0.46	.1772	.3228	0.81	.2910	.2090	1.16	.3770	.1230
0.47	.1808	.3192	0.82	.2939	.2061	1.17	.3790	.1210
0.48	.1844	.3156	0.83	.2967	.2033	1.18	.3810	.1190
0.49	.1879	.3121	0.84	.2995	.2005	1.19	.3830	.1170
0.50	.1915	.3085	0.85	.3023	.1977	1.20	.3849	.1151
0.51	.1950	.3050	0.86	.3051	.1949	1.21	.3869	.1131
0.52	.1985	.3015	0.87	.3078	.1922	1.22	.3888	.1112
0.53	.2019	.2981	0.88	.3106	.1894	1.23	.3907	.1093
0.54	.2054	.2946	0.89	.3133	.1867	1.24	.3925	.1075
0.55	.2088	.2912	0.90	.3159	.1841	1.25	.3944	.1056
0.56	.2123	.2877	0.91	.3186	.1814	1.26	.3962	.1038
0.57	.2157	.2843	0.92	.3212	.1788	1.27	.3980	.1020
0.58	.2190	.2810	0.93	.3238	.1762	1.28	.3997	.1003
0.59	.2224	.2776	0.94	.3264	.1736	1.29	.4015	.0985
0.60	.2257	.2743	0.95	.3289	.1711	1.30	.4032	.0968
0.61	.2291	.2709	0.96	.3315	.1685	1.31	.4049	.0951
0.62	.2324	.2676	0.97	.3340	.1660	1.32	.4066	.0934
0.63	.2357	.2643	0.98	.3365	.1635	1.33	.4082	.0918
0.64	.2389	.2611	0.99	.3389	.1611	1.34	.4099	.0901
0.65	.2422	.2578	1.00	.3413	.1587	1.35	.4115	.0885
0.66	.2454	.2546	1.01	.3438	.1562	1.36	.4131	.0869
0.67	.2486	.2514	1.02	.3461	.1539	1.37	.4147	.0853
0.68	.2517	.2483	1.03	.3485	.1515	1.38	.4162	.0838
0.69	.2549	.2451	1.04	.3508	.1492	1.39	.4177	.0823
0.70	.2580	.2420	1.05	.3531	.1469	1.40	.4192	.0808
0.71	.2611	.2389	1.06	.3554	.1446	1.41	.4207	.0793
0.72	.2642	.2358	1.07	.3577	.1423	1.42	.4222	.0778
0.73	.2673	.2327	1.08	.3599	.1401	1.43	.4236	.0764
0.74	.2704	.2296	1.09	.3621	.1379	1.44	.4251	.0749
0.75	.2734	.2266	1.10	.3643	.1357	1.45	.4265	.0735
0.76	.2764	.2236	1.11	.3665	.1335	1.46	.4279	.0721
0.77	.2794	.2206	1.12	.3686	.1314	1.47	.4292	.0708
0.78	.2823	.2177	1.13	.3708	.1292	1.48	.4306	.0694
0.79	.2852	.2148	1.14	.3729	.1271	1.49	.4319	.0681

표 A 정상곡선 밑의 면적 (계속)

z	평균치와 z 사이의 면적	z밖의 면적	z	평균치와 z 사이의 면적	z밖의 면적	z	평균치와 z 사이의 면적	z밖의 면적
1	2	3	1	2	3	1	2	3
1.50	.4332	.0668	1.85	.4678	.0322	2.20	.4861	.0139
1.51	.4345	.0655	1.86	.4686	.0314	2.21	.4864	.0136
1.52	.4357	.0643	1.87	.4693	.0307	2.22	.4868	.0132
1.53	.4370	.0630	1.88	.4699	.0301	2.23	.4871	.0129
1.54	.4382	.0618	1.89	.4706	.0294	2.24	.4875	.0125
1.55	.4394	.0606	1.90	.4713	.0287	2.25	.4878	.0122
1.56	.4406	.0594	1.91	.4719	.0281	2.26	.4881	.0119
1.57	.4418	.0582	1.92	.4726	.0274	2.27	.4884	.0116
1.58	.4429	.0571	1.93	.4732	.0268	2.28	.4887	.0113
1.59	.4441	.0559	1.94	.4738	.0262	2.29	.4890	.0110
1.60	.4452	.0548	1.95	.4744	.0256	2.30	.4893	.0107
1.61	.4463	.0537	1.96	.4750	.0250	2.31	.4896	.0104
1.62	.4474	.0526	1.97	.4756	.0244	2.32	.4898	.0102
1.63	.4484	.0516	1.98	.4761	.0239	2.33	.4901	.0099
1.64	.4495	.0505	1.99	.4767	.0233	2.34	.4904	.0096
1.65	.4505	.0495	2.00	.4772	.0228	2.35	.4906	.0094
1.66	.4515	.0485	2.01	.4778	.0222	2.36	.4909	.0091
1.67	.4525	.0475	2.02	.4783	.0217	2.37	.4911	.0089
1.68	.4535	.0465	2.03	.4788	.0212	2.38	.4913	.0087
1.69	.4545	.0455	2.04	.4793	.0207	2.39	.4916	.0084
1.70	.4554	.0446	2.05	.4798	.0202	2.40	.4918	.0082
1.71	.4564	.0436	2.06	.4803	.0197	2.41	.4920	.0080
1.72	.4573	.0427	2.07	.4808	.0192	2.42	.4922	.0078
1.73	.4582	.0418	2.08	.4812	.0188	2.43	.4925	.0075
1.74	.4591	.0409	2.09	.4817	.0183	2.44	.4927	.0073
1.75	.4599	.0401	2.10	.4821	.0179	2.45	.4929	.0071
1.76	.4608	.0392	2.11	.4826	.0174	2.46	.4931	.0069
1.77	.4616	.0384	2.12	.4830	.0170	2.47	.4932	.0068
1.78	.4625	.0375	2.13	.4834	.0166	2.48	.4934	.0066
1.79	.4633	.0367	2.14	.4838	.0162	2.49	.4936	.0064
1.80	.4641	.0359	2.15	.4842	.0158	2.50	.4938	.0062
1.81	.4649	.0351	2.16	.4846	.0154	2.51	.4940	.0060
1.82	.4656	.0344	2.17	.4850	.0150	2.52	.4941	.0059
1.83	.4664	.0336	2.18	.4854	.0146	2.53	.4943	.0057
1.84	.4671	.0329	2.19	.4857	.0143	2.54	.4945	.0055

표 A 정상곡선 밑의 면적 (계속)

z	평균치와 z 사이의 면적	z밖의 면적	z	평균치와 z 사이의 면적	z밖의 면적	z	평균치와 z 사이의 면적	z밖의 면적
1	2	3	1	2	3	1	2	3
2.55	.4946	.0054	2.80	.4974	.0026	3.05	.4989	.0011
2.56	.4948	.0052	2.81	.4975	.0025	3.06	.4989	.0011
2.57	.4949	.0051	2.82	.4976	.0024	3.07	.4989	.0011
2.58	.4951	.0049	2.83	.4977	.0023	3.08	.4990	.0010
2.59	.4952	.0048	2.84	.4977	.0023	3.09	.4990	.0010
2.60	.4953	.0047	2.85	.4978	.0022	3.10	.4990	.0010
2.61	.4955	.0045	2.86	.4979	.0021	3.11	.4991	.0009
2.62	.4956	.0044	2.87	.4979	.0021	3.12	.4991	.0009
2.63	.4957	.0043	2.88	.4980	.0020	3.13	.4991	.0009
2.64	.4959	.0041	2.89	.4981	.0019	3.14	.4992	.0008
2.65	.4960	.0040	2.90	.4981	.0019	3.15	.4992	.0008
2.66	.4961	.0039	2.91	.4982	.0018	3.16	.4992	.0008
2.67	.4962	.0038	2.92	.4982	.0018	3.17	.4992	.0008
2.68	.4963	.0037	2.93	.4983	.0017	3.18	.4993	.0007
2.69	.4964	.0036	2.94	.4984	.0016	3.19	.4993	.0007
2.70	.4965	.0035	2.95	.4984	.0016	3.20	.4993	.0007
2.71	.4966	.0034	2.96	.4985	.0015	3.21	.4993	.0007
2.72	.4967	.0033	2.97	.4985	.0015	3.22	.4994	.0006
2.73	.4968	.0032	2.98	.4986	.0014	3.23	.4994	.0006
2.74	.4969	.0031	2.99	.4986	.0014	3.24	.4994	.0006
2.75	.4970	.0030	3.00	.4987	.0013	3.30	.4995	.0005
2.76	.4971	.0029	3.01	.4987	.0013	3.40	.4997	.0003
2.77	.4972	.0028	3.02	.4987	.0013	3.50	.4998	.0002
2.78	.4973	.0027	3.03	.4988	.0012	3.60	.4998	.0002
2.79	.4974	.0026	3.04	.4988	.0012	3.70	.4999	.0001

표 B Student t 분포

첫 번째 열은 자유도에 따른 특정 t 분포를 제시한다. 나머지 열들은 열의 제목에 따라서 일방 혹은 양방에서의 **t밖의 면적**에 해당하는 t 값을 제시한다. 곡선이 대칭적이므로 부적인 t 값은 정적인 값과 같다.

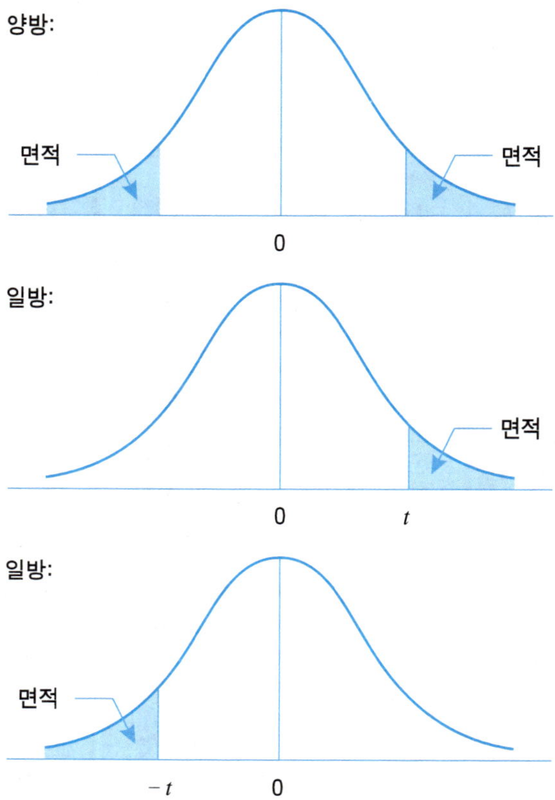

	양쪽 꼬리 부분의 면적					
	.50	**.20**	**.10**	***.05***	***.02***	***.01***
	한쪽 꼬리 부분의 면적					
df	**.25**	**.10**	***.05***	**.025**	***.01***	**.005**
1	1.000	3.078	6.314	12.706	31.821	63.657
2	0.816	1.886	2.920	4.303	6.965	9.925
3	0.765	1.638	2.353	3.182	4.541	5.841
4	0.741	1.533	2.132	2.776	3.747	4.604
5	0.727	1.476	2.015	2.571	3.365	4.032
6	0.718	1.440	1.943	2.447	3.143	3.707
7	0.711	1.415	1.895	2.365	2.998	3.499
8	0.706	1.397	1.860	2.306	2.896	3.355
9	0.703	1.383	1.833	2.262	2.821	3.250
10	0.700	1.372	1.812	2.228	2.764	3.169
11	0.697	1.363	1.796	2.201	2.718	3.106
12	0.695	1.356	1.782	2.179	2.681	3.055
13	0.694	1.350	1.771	2.160	2.650	3.012
14	0.692	1.345	1.761	2.145	2.624	2.977
15	0.691	1.341	1.753	2.132	2.602	2.947
16	0.690	1.337	1.746	2.120	2.583	2.921
17	0.689	1.333	1.740	2.110	2.567	2.898
18	0.688	1.330	1.734	2.101	2.552	2.878
19	0.688	1.328	1.729	2.093	2.539	2.861
20	0.687	1.325	1.725	2.086	2.528	2.845
21	0.686	1.323	1.721	2.080	2.518	2.831
22	0.686	1.321	1.717	2.074	2.508	2.819
23	0.685	1.319	1.714	2.069	2.500	2.807
24	0.685	1.318	1.711	2.064	2.492	2.797
25	0.684	1.316	1.708	2.060	2.485	2.787
26	0.684	1.315	1.706	2.056	2.479	2.779
27	0.684	1.314	1.703	2.052	2.473	2.771
28	0.683	1.313	1.701	2.048	2.467	2.763
29	0.683	1.311	1.699	2.045	2.462	2.756
30	0.683	1.310	1.697	2.042	2.457	2.750
40	0.681	1.303	1.684	2.021	2.423	2.704
60	0.679	1.296	1.671	2.000	2.390	2.660
120	0.677	1.289	1.658	1.980	2.358	2.617
∞	0.674	1.282	1.645	1.960	2.326	2.576

출처: *Statistical Tables for Biological, Agricultural, and Medical Research*, R. A. Fisher and F. Yates. (Copyright © 1974 by Addison Wesley Longman Ltd.,Table III. Addison Wesley Longman Ltd.의 허락을 받아 게재함)

표 C *r*의 임계치

	일방검증을 위한 유의도 수준					일방검증을 위한 유의도 수준			
	.05	.025	*.01*	.005		*.05*	.025	*.01*	.005
	양방검증을 위한 유의도 수준					양방검증을 위한 유의도 수준			
df	.10	*.05*	.02	*.01*	*df*	.10	*.05*	.02	*.01*
1	.988	.997	.9995	.9999	24	.330	.388	.453	.496
2	.900	.950	.980	.990	26	.317	.374	.437	.479
3	.805	.878	.934	.959	28	.306	.361	.423	.463
4	.729	.811	.882	.917	30	.296	.349	.409	.449
5	.669	.755	.833	.875	35	.275	.325	.381	.418
6	.622	.707	.789	.834	40	.257	.304	.358	.393
7	.582	.666	.750	.798	45	.243	.288	.338	.372
8	.549	.632	.716	.765	50	.231	.273	.322	.354
9	.521	.602	.685	.735	55	.220	.261	.307	.339
10	.497	.576	.658	.708	60	.211	.250	.295	.325
11	.476	.553	.634	.684	70	.195	.232	.274	.302
12	.458	.532	.612	.661	80	.183	.217	.256	.283
13	.441	.514	.592	.641	90	.173	.205	.242	.267
14	.426	.497	.574	.623	100	.164	.195	.230	.254
15	.412	.482	.558	.606	120	.150	.178	.210	.232
16	.400	.468	.542	.590	150	.134	.159	.189	.208
17	.389	.456	.529	.575	200	.116	.138	.164	.181
18	.378	.444	.516	.561	300	.095	.113	.134	.148
19	.369	.433	.503	.549	400	.082	.098	.116	.128
20	.360	.423	.492	.537	500	.073	.088	.104	.115
22	.344	.404	.472	.515	1000	.052	.062	.073	.081

(오른쪽 열에 계속)

출처: *Statistical Tables for Biological, Agricultural, and Medical Research*, R. A. Fisher and F Yates. (Copyright © 1974 by Addison Wesley Longman Ltd.,Table VI. Addison Wesley Longman Ltd.의 허락을 받아 게재함. Supplementary values were calculated at San Jose State University by K. Fernandes.)

표 D *F* 분포

F 값들은 분포의 위쪽 꼬리 부분에 있는 면적의 5%(로마체)와 1%(**볼드체**)에 해당하는 것이다. 특정 *F* 분포는 *F*의 분모와 분자를 규정짓는 자유도의 수를 가지고 찾아야 한다.

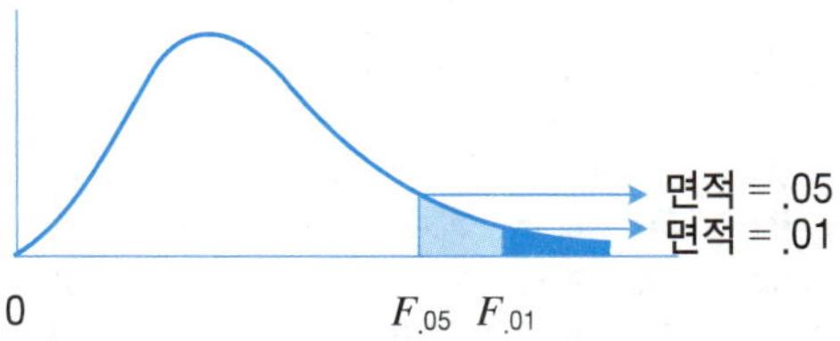

분모의 자유도	분자의 자유도 1	2	3	4	5	6	7	8	9	10	11	12	14	16	20
1	161	200	216	225	230	234	237	239	241	242	243	244	245	246	248
	4,052	**4,999**	**5,403**	**5,625**	**5,764**	**5,859**	**5,928**	**5,981**	**6,022**	**6,056**	**6,082**	**6,106**	**6,142**	**6,169**	**6,208**
2	18.51	19.00	19.16	19.25	19.30	19.33	19.36	19.37	19.38	19.39	19.40	19.41	19.42	19.43	19.44
	98.49	**99.00**	**99.17**	**99.25**	**99.30**	**99.33**	**99.34**	**99.36**	**99.38**	**99.40**	**99.41**	**99.42**	**99.43**	**99.44**	**99.45**
3	10.13	9.55	9.28	9.12	9.01	8.94	8.88	8.84	8.81	8.78	8.76	8.74	8.71	8.69	8.66
	34.12	**30.82**	**29.46**	**28.71**	**28.24**	**27.91**	**27.67**	**27.49**	**27.34**	**27.23**	**27.13**	**27.05**	**26.92**	**26.83**	**26.69**
4	7.71	6.94	6.59	6.39	6.26	6.16	6.09	6.04	6.00	5.96	5.93	5.91	5.87	5.84	5.80
	21.20	**18.00**	**16.69**	**15.98**	**15.52**	**15.21**	**14.98**	**14.80**	**14.66**	**14.54**	**14.45**	**14.37**	**14.24**	**14.15**	**14.02**
5	6.61	5.79	5.41	5.19	5.05	4.95	4.88	4.82	4.78	4.74	4.70	4.68	4.64	4.60	4.56
	16.26	**13.27**	**12.06**	**11.39**	**10.97**	**10.67**	**10.45**	**10.27**	**10.15**	**10.05**	**9.96**	**9.89**	**9.77**	**9.68**	**9.55**
6	5.99	5.14	4.76	4.53	4.39	4.28	4.21	4.15	4.10	4.06	4.03	4.00	3.96	3.92	3.87
	13.74	**10.92**	**9.78**	**9.15**	**8.75**	**8.47**	**8.26**	**8.10**	**7.98**	**7.87**	**7.79**	**7.72**	**7.60**	**7.52**	**7.39**
7	5.59	4.47	4.35	4.12	3.97	3.87	3.79	3.73	3.68	3.63	3.60	3.57	3.52	3.49	3.44
	12.25	**9.55**	**8.45**	**7.85**	**7.46**	**7.19**	**7.00**	**6.84**	**6.71**	**6.62**	**6.54**	**6.47**	**6.35**	**6.27**	**6.15**
8	5.32	4.46	4.07	3.84	3.69	3.58	3.50	3.44	3.39	3.34	3.31	3.28	3.23	3.20	3.15
	11.26	**8.65**	**7.59**	**7.01**	**6.63**	**6.37**	**6.19**	**6.03**	**5.91**	**5.82**	**5.74**	**5.67**	**5.56**	**5.48**	**5.36**
9	5.12	4.26	3.86	3.63	3.48	3.37	3.29	3.23	3.18	3.13	3.10	3.07	3.02	2.98	2.93
	10.56	**8.02**	**6.99**	**6.42**	**6.06**	**5.80**	**5.62**	**5.47**	**5.35**	**5.26**	**5.18**	**5.11**	**5.00**	**4.92**	**4.80**

출처: *Statistical Methods*, G. W. Snedecor and W. G. Cochran. (Copyright © 1989 by The Iowa State University Press, Table A14 Part I. 허락을 받아 게재함.)

표 D *F* 분포 (계속)

분모의 자유도	분자의 자유도 1	2	3	4	5	6	7	8	9	10	11	12	14	16	20
10	4.96	4.10	3.71	3.48	3.33	3.22	3.14	3.07	3.02	2.97	2.94	2.91	2.86	2.82	2.77
	10.04	**7.56**	**6.55**	**5.99**	**5.64**	**5.39**	**5.21**	**5.06**	**4.95**	**4.85**	**4.78**	**4.71**	**4.60**	**4.52**	**4.41**
11	4.84	3.98	3.59	3.36	3.20	3.09	3.01	2.95	2.90	2.86	2.82	2.79	2.74	2.70	2.65
	9.65	**7.20**	**6.22**	**5.67**	**5.32**	**5.07**	**4.88**	**4.74**	**4.63**	**4.54**	**4.46**	**4.40**	**4.29**	**4.21**	**4.10**
12	4.75	3.88	3.49	3.26	3.11	3.00	2.92	2.85	2.80	2.76	2.72	2.69	2.64	2.60	2.54
	9.33	**6.93**	**5.95**	**5.41**	**5.06**	**4.82**	**4.65**	**4.50**	**4.39**	**4.30**	**4.22**	**4.16**	**4.05**	**3.98**	**3.86**
13	4.67	3.80	3.41	3.18	3.02	2.92	2.84	2.77	2.72	2.67	2.63	2.60	2.55	2.51	2.46
	9.07	**6.70**	**5.74**	**5.20**	**4.86**	**4.62**	**4.44**	**4.30**	**4.19**	**4.10**	**4.02**	**3.96**	**3.85**	**3.78**	**3.67**
14	4.60	3.74	3.34	3.11	2.96	2.85	2.77	2.70	2.65	2.60	2.56	2.53	2.48	2.44	2.39
	8.86	**6.51**	**5.56**	**5.03**	**4.69**	**4.46**	**4.28**	**4.14**	**4.03**	**3.94**	**3.86**	**3.80**	**3.70**	**3.62**	**3.51**
15	4.54	3.68	3.29	3.06	2.90	2.79	2.70	2.64	2.59	2.55	2.51	2.48	2.43	2.39	2.33
	8.68	**6.36**	**5.42**	**4.89**	**4.56**	**4.32**	**4.14**	**4.00**	**3.89**	**3.80**	**3.73**	**3.67**	**3.56**	**3.48**	**3.36**
16	4.49	3.63	3.24	3.01	2.85	2.74	2.66	2.59	2.54	2.49	2.45	2.42	2.37	2.33	2.28
	8.53	**6.23**	**5.29**	**4.77**	**4.44**	**4.20**	**4.03**	**3.89**	**3.78**	**3.69**	**3.61**	**3.55**	**3.45**	**3.37**	**3.25**
17	4.45	3.59	3.20	2.96	2.81	2.70	2.62	2.55	2.50	2.45	2.41	2.38	2.33	2.29	2.23
	8.40	**6.11**	**5.18**	**4.67**	**4.34**	**4.10**	**3.93**	**3.79**	**3.68**	**3.59**	**3.52**	**3.45**	**3.35**	**3.27**	**3.16**
18	4.41	3.55	3.16	2.93	2.77	2.66	2.58	2.51	2.46	2.41	2.37	2.34	2.29	2.25	2.19
	8.28	**6.01**	**5.09**	**4.58**	**4.25**	**4.01**	**3.85**	**3.71**	**3.60**	**3.51**	**3.44**	**3.37**	**3.27**	**3.19**	**3.07**
19	4.38	3.52	3.13	2.90	2.74	2.63	2.55	2.48	2.43	2.38	2.34	2.31	2.26	2.21	2.15
	8.18	**5.93**	**5.01**	**4.50**	**4.17**	**3.94**	**3.77**	**3.63**	**3.52**	**3.43**	**3.36**	**3.30**	**3.19**	**3.12**	**3.00**
20	4.35	3.49	3.10	2.87	2.71	2.60	2.52	2.45	2.40	2.35	2.31	2.28	2.23	2.18	2.12
	8.10	**5.85**	**4.94**	**4.43**	**4.10**	**3.87**	**3.71**	**3.56**	**3.45**	**3.37**	**3.30**	**3.23**	**3.13**	**3.05**	**2.94**
21	4.32	3.47	3.07	2.84	2.68	2.57	2.49	2.42	2.37	2.32	2.28	2.25	2.20	2.15	2.09
	8.02	**5.78**	**4.87**	**4.37**	**4.04**	**3.81**	**3.65**	**3.51**	**3.40**	**3.31**	**3.24**	**3.17**	**3.07**	**2.99**	**2.88**
22	4.30	3.44	3.05	2.82	2.66	2.55	2.47	2.40	2.35	2.30	2.26	2.23	2.18	2.13	2.07
	7.94	**5.72**	**4.82**	**4.31**	**3.99**	**3.76**	**3.59**	**3.45**	**3.35**	**3.26**	**3.18**	**3.12**	**3.02**	**2.94**	**2.83**
23	4.28	3.42	3.03	2.80	2.64	2.53	2.45	2.38	2.32	2.28	2.24	2.20	2.14	2.10	2.04
	7.88	**5.66**	**4.76**	**4.26**	**3.94**	**3.71**	**3.54**	**3.41**	**3.30**	**3.21**	**3.14**	**3.07**	**2.97**	**2.89**	**2.78**
24	4.26	3.40	3.01	2.78	2.62	2.51	2.43	2.36	2.30	2.26	2.22	2.18	2.13	2.09	2.02
	7.82	**5.61**	**4.72**	**4.22**	**3.90**	**3.67**	**3.50**	**3.36**	**3.25**	**3.17**	**3.09**	**3.03**	**2.93**	**2.85**	**2.74**
25	4.24	3.38	2.99	2.76	2.60	2.49	2.41	2.34	2.28	2.24	2.20	2.16	2.11	2.06	2.00
	7.77	**5.57**	**4.68**	**4.18**	**3.86**	**3.63**	**3.46**	**3.32**	**3.21**	**3.13**	**3.05**	**2.99**	**2.89**	**2.81**	**2.70**
26	4.22	3.37	2.98	2.74	2.59	2.47	2.39	2.32	2.27	2.22	2.18	2.15	2.10	2.05	1.99
	7.72	**5.53**	**4.64**	**4.14**	**3.82**	**3.59**	**3.42**	**3.29**	**3.17**	**3.09**	**3.02**	**2.96**	**2.86**	**2.77**	**2.66**
27	4.21	3.35	2.96	2.73	2.57	2.46	2.37	2.30	2.25	2.20	2.16	2.13	2.08	2.03	1.97
	7.68	**5.49**	**4.60**	**4.11**	**3.79**	**3.56**	**3.39**	**3.26**	**3.14**	**3.06**	**2.98**	**2.93**	**2.83**	**2.74**	**2.63**
28	4.20	3.34	2.95	2.71	2.56	2.44	2.36	2.29	2.24	2.19	2.15	2.12	2.06	2.02	1.96
	7.64	**5.45**	**4.57**	**4.07**	**3.76**	**3.53**	**3.36**	**3.23**	**3.11**	**3.03**	**2.95**	**2.90**	**2.80**	**2.71**	**2.60**
29	4.18	3.33	2.93	2.70	2.54	2.43	2.35	2.28	2.22	2.18	2.14	2.10	2.05	2.00	1.94
	7.60	**5.42**	**4.54**	**4.04**	**3.73**	**3.50**	**3.33**	**3.20**	**3.08**	**3.00**	**2.92**	**2.87**	**2.77**	**2.68**	**2.57**
30	4.17	3.32	2.92	2.69	2.53	2.42	2.34	2.27	2.21	2.16	2.12	2.09	2.04	1.99	1.93
	7.56	**5.39**	**4.51**	**4.02**	**3.70**	**3.47**	**3.30**	**3.17**	**3.06**	**2.98**	**2.90**	**2.84**	**2.74**	**2.66**	**2.55**

표 D *F* 분포 (계속)

분모의 자유도	1	2	3	4	5	6	7	8	9	10	11	12	14	16	20
32	4.15	3.30	2.90	2.67	2.51	2.40	2.32	2.25	2.19	2.14	2.10	2.07	2.02	1.97	1.91
	7.50	**5.34**	**4.46**	**3.97**	**3.66**	**3.42**	**3.25**	**3.12**	**3.01**	**2.94**	**2.86**	**2.80**	**2.70**	**2.62**	**2.51**
34	4.13	3.28	2.88	2.65	2.49	2.38	2.30	2.23	2.17	2.12	2.08	2.05	2.00	1.95	1.89
	7.44	**5.29**	**4.42**	**3.93**	**3.61**	**3.38**	**3.21**	**3.08**	**2.97**	**2.89**	**2.82**	**2.76**	**2.66**	**2.58**	**2.47**
36	4.11	3.26	2.86	2.63	2.48	2.36	2.28	2.21	2.15	2.10	2.06	2.03	1.98	1.93	1.87
	7.39	**5.25**	**4.38**	**3.89**	**3.58**	**3.35**	**3.18**	**3.04**	**2.94**	**2.86**	**2.78**	**2.72**	**2.62**	**2.54**	**2.43**
38	4.10	3.25	2.85	2.62	2.46	2.35	2.26	2.19	2.14	2.09	2.05	2.02	1.96	1.92	1.85
	7.35	**5.21**	**4.34**	**3.86**	**3.54**	**3.32**	**3.15**	**3.02**	**2.91**	**2.82**	**2.75**	**2.69**	**2.59**	**2.51**	**2.40**
40	4.08	3.23	2.84	2.61	2.45	2.34	2.25	2.18	2.12	2.07	2.04	2.00	1.95	1.90	1.84
	7.31	**5.18**	**4.31**	**3.83**	**3.51**	**3.29**	**3.12**	**2.99**	**2.88**	**2.80**	**2.73**	**2.66**	**2.56**	**2.49**	**2.37**
42	4.07	3.22	2.83	2.59	2.44	2.32	2.24	2.17	2.11	2.06	2.02	1.99	1.94	1.89	1.82
	7.27	**5.15**	**4.29**	**3.80**	**3.49**	**3.26**	**3.10**	**2.96**	**2.86**	**2.77**	**2.70**	**2.64**	**2.54**	**2.46**	**2.35**
44	4.06	3.21	2.82	2.58	2.43	2.31	2.23	2.16	2.10	2.05	2.01	1.98	1.92	1.88	1.81
	7.24	**5.12**	**4.26**	**3.78**	**3.46**	**3.24**	**3.07**	**2.94**	**2.84**	**2.75**	**2.68**	**2.62**	**2.52**	**2.44**	**2.32**
46	4.05	3.20	2.81	2.57	2.42	2.30	2.22	2.14	2.09	2.04	2.00	1.97	1.91	1.87	1.80
	7.21	**5.10**	**4.24**	**3.76**	**3.44**	**3.22**	**3.05**	**2.92**	**2.82**	**2.73**	**2.66**	**2.60**	**2.50**	**2.42**	**2.30**
48	4.04	3.19	2.80	2.56	2.41	2.30	2.21	2.14	2.08	2.03	1.99	1.96	1.90	1.86	1.79
	7.19	**5.08**	**4.22**	**3.74**	**3.42**	**3.20**	**3.04**	**2.90**	**2.80**	**2.71**	**2.64**	**2.58**	**2.48**	**2.40**	**2.28**
50	4.03	3.18	2.79	2.56	2.40	2.29	2.20	2.13	2.07	2.02	1.98	1.95	1.90	1.85	1.78
	7.17	**5.06**	**4.20**	**3.72**	**3.41**	**3.18**	**3.02**	**2.88**	**2.78**	**2.70**	**2.62**	**2.56**	**2.46**	**2.39**	**2.26**
55	4.02	3.17	2.78	2.54	2.38	2.27	2.18	2.11	2.05	2.00	1.97	1.93	1.88	1.83	1.76
	7.12	**5.01**	**4.16**	**3.68**	**3.37**	**3.15**	**2.98**	**2.85**	**2.75**	**2.66**	**2.59**	**2.53**	**2.43**	**2.35**	**2.23**
60	4.00	3.15	2.76	2.52	2.37	2.25	2.17	2.10	2.04	1.99	1.95	1.92	1.86	1.81	1.75
	7.08	**4.98**	**4.13**	**3.65**	**3.34**	**3.12**	**2.95**	**2.82**	**2.72**	**2.63**	**2.56**	**2.50**	**2.40**	**2.32**	**2.20**
65	3.99	3.14	2.75	2.51	2.36	2.24	2.15	2.08	2.02	1.98	1.94	1.90	1.85	1.80	1.73
	7.04	**4.95**	**4.10**	**3.62**	**3.31**	**3.09**	**2.93**	**2.79**	**2.70**	**2.61**	**2.54**	**2.47**	**2.37**	**2.30**	**2.18**
70	3.98	3.13	2.74	2.50	2.35	2.23	2.14	2.07	2.01	1.97	1.93	1.89	1.84	1.79	1.72
	7.01	**4.92**	**4.08**	**3.60**	**3.29**	**3.07**	**2.91**	**2.77**	**2.67**	**2.59**	**2.51**	**2.45**	**2.35**	**2.28**	**2.15**
80	3.96	3.11	2.72	2.48	2.33	2.21	2.12	2.05	1.99	1.95	1.91	1.88	1.82	1.77	1.70
	6.96	**4.88**	**4.04**	**3.56**	**3.25**	**3.04**	**2.87**	**2.74**	**2.64**	**2.55**	**2.48**	**2.41**	**2.32**	**2.24**	**2.11**
100	3.94	3.09	2.70	2.46	2.30	2.19	2.10	2.03	1.97	1.92	1.88	1.85	1.79	1.75	1.68
	6.90	**4.82**	**3.98**	**3.51**	**3.20**	**2.99**	**2.82**	**2.69**	**2.59**	**2.51**	**2.43**	**2.36**	**2.26**	**2.19**	**2.06**
125	3.92	3.07	2.68	2.44	2.29	2.17	2.08	2.01	1.95	1.90	1.86	1.83	1.77	1.72	1.65
	6.84	**4.78**	**3.94**	**3.47**	**3.17**	**2.95**	**2.79**	**2.65**	**2.56**	**2.47**	**2.40**	**2.33**	**2.23**	**2.15**	**2.03**
150	3.91	3.06	2.67	2.43	2.27	2.16	2.07	2.00	1.94	1.89	1.85	1.82	1.76	1.71	1.64
	6.81	**4.75**	**3.91**	**3.44**	**3.14**	**2.92**	**2.76**	**2.62**	**2.53**	**2.44**	**2.37**	**2.30**	**2.20**	**2.12**	**2.00**
200	3.89	3.04	2.65	2.41	2.26	2.14	2.05	1.98	1.92	1.87	1.83	1.80	1.74	1.69	1.62
	6.76	**4.71**	**3.88**	**3.41**	**3.11**	**2.90**	**2.73**	**2.60**	**2.50**	**2.41**	**2.34**	**2.28**	**2.17**	**2.09**	**1.97**
400	3.86	3.02	2.62	2.39	2.23	2.12	2.03	1.96	1.90	1.85	1.81	1.78	1.72	1.67	1.60
	6.70	**4.66**	**3.83**	**3.36**	**3.06**	**2.85**	**2.69**	**2.55**	**2.46**	**2.37**	**2.29**	**2.23**	**2.12**	**2.04**	**1.92**
1000	3.85	3.00	2.61	2.38	2.22	2.10	2.02	1.95	1.89	1.84	1.80	1.76	1.70	1.65	1.58
	6.66	**4.62**	**3.80**	**3.34**	**3.04**	**2.82**	**2.66**	**2.53**	**2.43**	**2.34**	**2.26**	**2.20**	**2.09**	**2.01**	**1.89**
∞	3.84	2.99	2.60	2.37	2.21	2.09	2.01	1.94	1.88	1.83	1.79	1.75	1.69	1.64	1.57
	6.64	**4.60**	**3.78**	**3.32**	**3.02**	**2.80**	**2.64**	**2.51**	**2.41**	**2.32**	**2.24**	**2.18**	**2.07**	**1.99**	**1.87**

표 E Studentized Range 통계치

df_w	α	k = 집단의 수								
		2	**3**	**4**	**5**	**6**	**7**	**8**	**9**	**10**
5	.05	3.64	4.60	5.22	5.67	6.03	6.33	6.58	6.80	6.99
	.01	5.70	6.98	7.80	8.42	8.91	9.32	9.67	9.97	10.24
6	.05	3.46	4.34	4.90	5.30	5.63	5.90	6.12	6.32	6.49
	.01	5.24	6.33	7.03	7.56	7.97	8.32	8.61	8.87	9.10
7	.05	3.34	4.16	4.68	5.06	5.36	5.61	5.82	6.00	6.16
	.01	4.95	5.92	6.54	7.01	7.37	7.68	7.94	8.17	8.37
8	.05	3.26	4.04	4.53	4.89	5.17	5.40	5.60	5.77	5.92
	.01	4.75	5.64	6.20	6.62	6.96	7.24	7.47	7.68	7.86
9	.05	3.20	3.95	4.41	4.76	5.02	5.24	5.43	5.59	5.74
	.01	4.60	5.43	5.96	6.35	6.66	6.91	7.13	7.33	7.49
10	.05	3.15	3.88	4.33	4.65	4.91	5.12	5.30	5.46	5.60
	.01	4.48	5.27	5.77	6.14	6.43	6.67	6.87	7.05	7.21
11	.05	3.11	3.82	4.26	4.57	4.82	5.03	5.20	5.35	5.49
	.01	4.39	5.15	5.62	5.97	6.25	6.48	6.67	6.84	6.99

출처: *Biometrika Tables for Statisticians*, E. Pearson and H. Hartley. (Copyright © 1976 by the Oxford University Press, Table 29. Oxford University Press의 허락을 받아 게재함.)

표 E Studentized Range 통계치 (계속)

df_w	α	k = 집단의 수								
		2	3	4	5	6	7	8	9	10
12	.05	3.08	3.77	4.20	4.51	4.75	4.95	5.12	5.27	5.39
	.01	4.32	5.05	5.50	5.84	6.10	6.32	6.51	6.67	6.81
13	.05	3.06	3.73	4.15	4.45	4.69	4.88	5.05	5.19	5.32
	.01	4.26	4.96	5.40	5.73	5.98	6.19	6.37	6.53	6.67
14	.05	3.03	3.70	4.11	4.41	4.64	4.83	4.99	5.13	5.25
	.01	4.21	4.89	5.32	5.63	5.88	6.08	6.26	6.41	6.54
15	.05	3.01	3.67	4.08	4.37	4.59	4.78	4.94	5.08	5.20
	.01	4.17	4.84	5.25	5.56	5.80	5.99	6.16	6.31	6.44
16	.05	3.00	3.65	4.05	4.33	4.56	4.74	4.90	5.03	5.15
	.01	4.13	4.79	5.19	5.49	5.72	5.92	6.08	6.22	6.35
17	.05	2.98	3.63	4.02	4.30	4.52	4.70	4.86	4.99	5.11
	.01	4.10	4.74	5.14	5.43	5.66	5.85	6.01	6.15	6.27
18	.05	2.97	3.61	4.00	4.28	4.49	4.67	4.82	4.96	5.07
	.01	4.07	4.70	5.09	5.38	5.60	5.79	5.94	6.08	6.20
19	.05	2.96	3.59	3.98	4.25	4.47	4.65	4.79	4.92	5.04
	.01	4.05	4.67	5.05	5.33	5.55	5.73	5.89	6.02	6.14
20	.05	2.95	3.58	3.96	4.23	4.45	4.62	4.77	4.90	5.01
	.01	4.02	4.64	5.02	5.29	5.51	5.69	5.84	5.97	6.09
24	.05	2.92	3.53	3.90	4.17	4.37	4.54	4.68	4.81	4.92
	.01	3.96	4.55	4.91	5.17	5.37	5.54	5.69	5.81	5.92
30	.05	2.89	3.49	3.85	4.10	4.30	4.46	4.60	4.72	4.82
	.01	3.89	4.45	4.80	5.05	5.24	5.40	5.54	5.65	5.76
40	.05	2.86	3.44	3.79	4.04	4.23	4.39	4.52	4.63	4.73
	.01	3.82	4.37	4.70	4.93	5.11	5.26	5.39	5.50	5.60
60	.05	2.83	3.40	3.74	3.98	4.16	4.31	4.44	4.55	4.65
	.01	3.76	4.28	4.59	4.82	4.99	5.13	5.25	5.36	5.45
120	.05	2.80	3.36	3.68	3.92	4.10	4.24	4.36	4.47	4.56
	.01	3.70	4.20	4.50	4.71	4.87	5.01	5.12	5.21	5.30
∞	.05	2.77	3.31	3.63	3.86	4.03	4.17	4.29	4.39	4.47
	.01	3.64	4.12	4.40	4.60	4.76	4.88	4.99	5.08	5.16

표 F χ^2 통계치

첫 번째 열은 자유도의 수에 따른 χ^2 분포를 나타낸다. 나머지 열들은 수표에 나타난 χ^2 값 이상에 놓이는 전체 곡선 밑의 면적에 대한 비율을 제시한다.

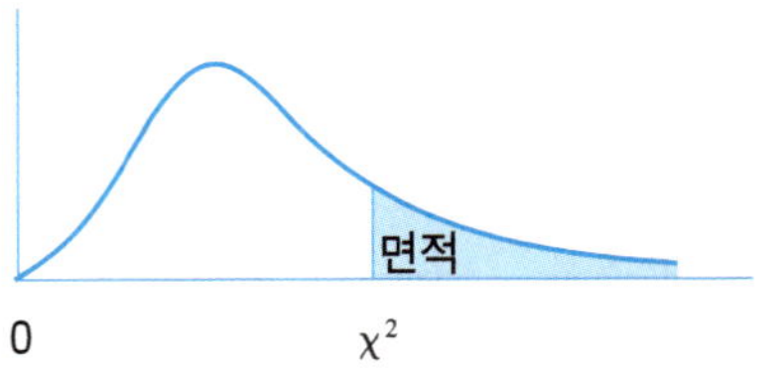

	위쪽 꼬리 부분의 면적				
df	**.10**	**.05**	**.025**	**.01**	**.005**
1	2.71	3.84	5.02	6.63	7.78
2	4.61	5.99	7.38	9.21	10.60
3	6.25	7.81	9.35	11.34	12.84
4	7.78	9.49	11.14	13.28	14.86
5	9.24	11.07	12.83	15.09	16.75
6	10.64	12.59	14.45	16.81	18.55
7	12.02	14.07	16.01	18.48	20.28
8	13.36	15.51	17.53	20.09	21.96
9	14.68	16.92	19.02	21.67	23.59

출처: *Biometrika Tables for Statisticians*, E. Pearson and H. Hartley. (Copyright © 1976 by the Oxford University Press, Table 8. Oxford University Press의 허락을 받아 게재함.)

표 F χ^2 통계치 (계속)

	위쪽 꼬리 부분의 면적				
df	**.10**	***.05***	**.025**	***.01***	**.005**
10	15.99	18.31	20.48	23.21	25.19
11	17.28	19.68	21.92	24.72	26.76
12	18.55	21.03	23.34	26.22	28.30
13	19.81	22.36	24.74	27.69	29.82
14	21.06	23.68	26.12	29.14	31.32
15	22.31	25.00	27.49	30.58	32.80
16	23.54	26.30	28.85	32.00	34.27
17	24.77	27.59	30.19	33.41	35.72
18	25.99	28.87	31.53	34.81	37.16
19	27.20	30.14	32.85	36.19	38.58
20	28.41	31.41	34.17	37.57	40.00
21	29.62	32.67	35.48	38.93	41.40
22	30.81	33.92	36.78	40.29	42.80
23	32.01	35.17	38.08	41.64	44.18
24	33.20	36.42	39.36	42.98	45.56
25	34.38	37.65	40.65	44.31	46.93
26	35.56	38.89	41.92	45.64	48.29
27	36.74	40.11	43.19	46.96	49.64
28	37.92	41.34	44.46	48.28	50.99
29	39.09	42.56	45.72	49.59	52.34
30	40.26	43.77	46.98	50.89	53.67
40	51.81	55.76	59.34	63.69	66.77
50	63.17	67.50	71.42	76.15	79.49
60	74.40	79.08	83.30	88.38	91.95
70	85.53	90.53	95.02	100.42	104.22
80	96.58	101.88	106.63	112.33	116.32
90	107.56	113.14	118.14	124.12	128.30
100	118.50	124.34	129.56	135.81	140.17

표 G Mann – Whitney 검증을 위한 ΣR_1의 임계치

열의 제목은 일방확률을 반영한 것으로, 양방검증을 위해서는 열의 제목은 α/2가 되어야 한다(예를 들어, α = .05인 경우에는 .025, α = .01인 경우에는 .005).

	$n_1 = 3$					$n_1 = 4$			
n_2	.005	.01	.025	.05	n_2	.005	.01	.025	.05
3				6-15	4			10-26	11-25
4				6-18	5		10-30	11-29	12-28
5			6-21	7-20	6	10-34	11-33	12-32	13-31
6			7-23	8-22	7	10-38	11-37	13-35	14-34
7		6-27	7-26	8-25	8	11-41	12-40	14-48	15-37
8		6-30	8-28	9-27	9	11-45	13-43	14-42	16-40
9	6-33	7-32	8-31	10-29	10	12-48	13-47	15-45	17-43
10	6-36	7-35	9-33	10-32	11	12-52	14-50	16-48	18-46
11	6-39	7-38	9-36	11-34	12	13-55	15-53	17-51	19-49
12	7-41	8-40	10-38	11-37	13	13-59	15-57	18-54	20-52
13	7-44	8-43	10-41	12-39	14	14-62	16-60	19-57	21-55
14	7-47	8-46	11-43	13-41	15	15-65	17-63	20-60	22-58
15	8-49	9-48	11-46	13-44					

	$n_1 = 5$					$n_1 = 6$			
n_2	.005	.01	.025	.05	n_2	.005	.01	.025	.05
5	15-40	16-39	17-38	19-36	6	23-55	24-54	26-52	28-50
6	16-44	17-43	18-42	20-40	7	24-60	25-59	27-57	29-55
7	16-49	18-47	20-45	21-44	8	25-65	27-63	29-61	31-59
8	17-53	19-51	21-49	23-47	9	26-70	28-68	31-65	33-63
9	18-57	20-55	22-53	24-51	10	27-75	29-73	32-70	35-67
10	19-61	21-59	23-57	26-54	11	28-80	30-78	34-74	37-71
11	20-65	22-63	24-61	27-58	12	30-84	32-82	35-79	38-76
12	21-69	23-67	26-64	28-62	13	31-89	33-87	37-83	40-80
13	22-73	24-71	27-68	30-65	14	32-94	34-92	38-88	42-84
14	22-78	25-75	28-72	31-69	15	33-99	36-96	40-92	44-88
15	23-82	26-79	29-76	33-72					

출처: "Extended Tables of Critical Values for Wilcoxon's Test Statistic", L. R. Verdooren, *Biometrika*, *50*, pp. 177-186. (Copyright © 1963 by the Oxford University Press, Table 1. Oxford University Press의 허락을 받아 게재함.)

표 G Mann – Whitney 검증을 위한 ΣR_1의 임계치 (계속)

$n_1 = 7$

n_2	.005	.01	.025	.05
7	32-73	34-71	36-69	39-66
8	34-78	35-77	38-74	41-71
9	35-84	37-82	40-79	43-76
10	37-89	39-87	42-84	45-81
11	38-95	40-93	44-89	47-86
12	40-100	42-98	46-94	49-91
13	41-106	44-103	48-99	52-95
14	43-111	45-109	50-104	54-100
15	44-117	47-114	52-109	56-105

$n_1 = 8$

n_2	.005	.01	.025	.05
8	43-93	45-91	49-87	51-85
9	45-99	47-97	51-93	54-90
10	47-105	49-103	53-99	56-96
11	49-111	51-109	55-105	59-101
12	51-117	53-115	58-110	62-106
13	53-123	56-120	60-116	64-112
14	54-130	58-126	62-122	67-117
15	56-136	60-132	65-127	69-123

$n_1 = 9$

n_2	.005	.01	.025	.05
9	56-115	59-112	62-109	66-105
10	58-122	61-119	65-115	69-111
11	61-128	63-126	68-121	72-117
12	63-135	66-132	71-127	75-123
13	65-142	68-139	73-134	78-129
14	67-149	71-145	76-140	81-135
15	69-156	73-152	79-146	84-141

$n_1 = 10$

n_2	.005	.01	.025	.05
10	71-139	74-136	78-132	82-128
11	73-147	77-143	81-139	86-134
12	76-154	79-151	84-146	89-141
13	79-161	82-158	88-152	92-148
14	81-169	85-165	91-159	96-154
15	84-176	88-172	94-166	99-161

$n_1 = 11$

n_2	.005	.01	.025	.05
11	87-166	91-162	96-157	100-153
12	90-174	94-170	99-165	104-160
13	93-182	97-178	103-172	108-167
14	96-190	100-186	106-180	112-174
15	99-198	103-194	110-187	116-181

$n_1 = 12$

n_2	.005	.01	.025	.05
12	105-195	109-191	115-185	120-180
13	109-203	113-199	119-193	125-187
14	112-212	116-208	123-201	129-195
15	115-221	120-216	127-209	133-203

$n_1 = 13$

n_2	.005	.01	.025	.05
13	125-226	130-221	136-215	142-209
14	129-235	134-230	141-223	147-217
15	133-244	138-239	145-232	152-225

$n_1 = 14$

n_2	.005	.01	.025	.05
14	147-259	152-254	160-246	166-240
15	151-269	156-264	164-256	171-249

$n_1 = 15$

n_2	.005	.01	.025	.05
15	171-294	176-289	184-281	192-273

표 H Spearman 순위 상관을 위한 임계치

	일방검증을 위한 유의도 수준		양방검증을 위한 유의도 수준	
n	**.05**	**.01**	**.05**	**.01**
4	.8000	—	—	—
5	.8000	.9000	.9000	—
6	.7714	.8857	.8286	.9426
7	.6786	.8571	.7450	.8929
8	.6190	.8095	.7143	.8571
9	.5833	.7667	.6833	.8167
10	.5515	.7333	.6364	.7818
11	.5273	.7000	.6091	.7545
12	.4965	.6713	.5804	.7273
13	.4780	.6429	.5549	.6978
14	.4593	.6220	.5341	.6747
15	.4429	.6000	.5179	.6536
16	.4265	.5824	.5000	.6324
17	.4118	.5637	.4853	.6152
18	.3994	.5480	.4716	.5975
19	.3895	.5333	.4579	.5825
20	.3789	.5203	.4451	.5684
21	.3688	.5078	.4351	.5545
22	.3597	.4963	.4241	.5426
23	.3518	.4852	.4150	.5306
24	.3435	.4748	.4061	.5200
25	.3362	.4654	.3977	.5100
26	.3299	.4564	.3894	.5002
27	.3236	.4481	.3822	.4915
28	.3175	.4401	.3749	.4828
29	.3113	.4320	.3685	.4744
30	.3059	.4251	.3620	.4665

출처: "Critical values of the coefficient of rank correlation for testing the hypothesis of independence", G. J. Glasser and R. F. Winter, *Biometrika*, *48*, pp. 444-448. (Copyright © 1961 by the Oxford University Press, Tables 2 and 3. Corrections in *Practical Nonparametric Statistics*, W. J. Conover, copyright ©1971 by John Wiley & Sons, Inc., Table 10. John Wiley & Sons, Inc.와 Oxford University Press의 허락을 받아 게재함.)

찾아보기

<ㄴ>

<ㄷ>

<ㅁ>

<ㅂ>

<ㅅ>

<ㅇ>

<ㅈ>

<ㅎ>

<기타>

역자 소개

■ 김아영

이화여자대학교 교육심리학 문학사
미국 University of Iowa, 교육측정 및 통계학 M.A.
동 대학원, 교육심리학 Ph. D.
동 대학원, 객원교수
현, 이화여자대학교 사회과학대학 심리학전공 교수

■ 차정은

이화여자대학교 교육심리학 문학사
동 대학원, 심리학(심리측정 전공) M.A.
동 대학원, 심리학(심리측정 전공) Ph. D.
현, 이화여대, 서울디지털대 강사

통계분석 논리의 기초, 2판

인 쇄 일	2008년 9월 25일 초판 2쇄 인쇄
발 행 일	2008년 10월 1일 초판 2쇄 발행
저 자	Edward W. Minium · Robert C. Clarke · Theodore Coladarci 지음
역 자	김아영 · 차정은 옮김
발 행 인	구본하
발 행 처	도서출판 박학사
주 소	서울시 마포구 서교동 476-53 세화회관
전 화	(02)3142-3765
팩 스	(02)3142-3766
E-mail	pakhaksa@kornet.net
웹사이트	www.pakhaksa.co.kr
등록번호	제10-2230호

정가 22,000원 ISBN 89-91633-21-8

유용한 공식

μ_D에 대한 신뢰구간 설정 규칙	$\overline{D} \pm t_\alpha s_{\overline{D}}$	(공식 15.6)
r의 표준오차($\rho = 0$)	$s_r = \sqrt{\dfrac{1 - r^2}{n - 2}}$	(공식 16.2)
검증통계치 t ($\rho = 0$에 대한 검증)	$t = \dfrac{r}{s_r}$	(공식 16.3)
집단 내 자승화: 일원 분산분석	$SS_{\text{집단 내}} = \sum^{\text{모든 점수들}} (X - \overline{X})^2 = \sum^{\text{모든 점수들}} X^2 - \left[\dfrac{(\Sigma X_1)^2}{n_1} + \dfrac{(\Sigma X_2)^2}{n_2} + \cdots + \dfrac{(\Sigma X_k)^2}{n_k}\right]$	(공식 18.1과 18.11)
집단 간 자승합: 일원 분산분석	$SS_{\text{집단 간}} = \sum^{\text{모든 점수들}} (\overline{X} - \overline{\overline{X}})^2 = \left[\dfrac{(\Sigma X_1)^2}{n_1} + \dfrac{(\Sigma X_2)^2}{n_2} + \cdots + \dfrac{(\Sigma X_k)^2}{n_k}\right] - \dfrac{\left(\sum^{\text{모든 점수들}} X\right)^2}{n_{\text{전체}}}$	(공식 18.3과 18.12)
전체 자승합: 일원 분산분석	$SS_{\text{전체}} = \sum^{\text{모든 점수들}} (X - \overline{\overline{X}})^2 = \sum^{\text{모든 점수들}} X^2 - \dfrac{\left(\sum^{\text{모든 점수들}} X\right)^2}{n_{\text{전체}}}$	(공식 18.5와 18.13)
집단 내 분산추정치	$s^2_{\text{집단 내}} = \dfrac{SS_{\text{집단 내}}}{n_{\text{전체}} - k}$	(공식 18.8)
집단 간 분산추정치	$s^2_{\text{집단 간}} = \dfrac{SS_{\text{집단 간}}}{k - 1}$	(공식 18.9)
일원 분산분석을 위한 F 요비	$F = \dfrac{s^2_{\text{집단 간}}}{s^2_{\text{집단 내}}}$	(공식 18.10)

Tukey 검증을 위한 HSD 임계치	$\text{HSD} = q\sqrt{\dfrac{s^2_{\text{집단 내}}}{n_{\text{집단}}}}$	(공식 18.14)
$\mu_i - \mu_j$에 대한 신뢰구간 설정 규칙	$\overline{X}_i - \overline{X}_j \pm \text{HSD}$	(공식 18.16)
집단 내 자승합: 이원 ANOVA	$SS_{\text{집단 내}} = \sum^{\text{모든 점수들}} X^2 - \dfrac{\sum^{\text{모든 칸들}}\left(\sum^{\text{칸}} X\right)^2}{n_{\text{칸}}}$	(공식 19.3)
자승합: A요인	$SS_{\text{A}} = \dfrac{(\Sigma X_{\text{A}_1})^2 + (\Sigma X_{\text{A}_2})^2 + \cdots}{n_{\text{A}}} - \dfrac{\left(\sum^{\text{모든 점수들}} X\right)^2}{n_{\text{전체}}}$	(공식 19.5)
자승합: B요인	$SS_{\text{B}} = \dfrac{(\Sigma X_{\text{B}_1})^2 + (\Sigma X_{\text{B}_2})^2 + \cdots}{n_{\text{B}}} - \dfrac{\left(\sum^{\text{모든 점수들}} X\right)^2}{n_{\text{전체}}}$	(공식 19.7)
자승합: A×B 상호작용	$SS_{\text{A} \times \text{B}} = SS_{\text{전체}} - (SS_{\text{집단 내}} + SS_{\text{A}} + SS_{\text{B}})$	(공식 19.9)
카이-자승	$\chi^2 = \Sigma\left[\dfrac{(f_{\text{o}} - f_{\text{e}})^2}{f_{\text{e}}}\right]$	(공식 20.1)
2×2 표를 위한 카이-자승	$\chi^2 = \dfrac{n(AD - BC)^2}{(A + B)(C + D)(A + C)(B + D)}$	(공식 20.7)
큰 표본을 위한 Mann-Whitney 검증 통계치	$z = \dfrac{\Sigma R_1 - .5[n_1(n_1 + n_2 + 1)]}{\sqrt{\dfrac{n_1 n_2(n_1 + n_2 + 1)}{12}}}$	(공식 21.1)
Kruskal-Wallis 검증 통계치: H	$H = \dfrac{12}{n_{\text{전체}}(n_{\text{전체}} + 1)}\left[\dfrac{(\Sigma R_1)^2}{n_1} + \dfrac{(\Sigma R_2)^2}{n_2} + \cdots + \dfrac{(\Sigma R_k)^2}{n_k}\right] - 3(n_{\text{전체}} + 1)$	(공식 21.2)
Spearman 순위상관	$r_{\text{순위}} = 1 - \dfrac{6\Sigma D^2}{n(n^2 - 1)}$	(공식 21.3)